Excel-VBA-Programmierung
Kompendium

Excel-VBA-Programmierung

Bernd Held

KOMPENDIUM

Markt+Technik Verlag

Die Deutsche Bibliothek – CIP-Einheitsaufnahme

Ein Titeldatensatz für diese Publikation ist bei
Der Deutschen Bibliothek erhältlich.

Die Informationen in diesem Buch werden ohne Rücksicht auf einen eventuellen Patentschutz veröffentlicht. Warennamen werden ohne Gewährleistung der freien Verwendbarkeit benutzt. Bei der Zusammenstellung von Texten und Abbildungen wurde mit größter Sorgfalt vorgegangen. Trotzdem können Fehler nicht vollständig ausgeschlossen werden. Verlag, Herausgeber und Autoren können für fehlerhafte Angaben und deren Folgen weder eine juristische Verantwortung noch irgendeine Haftung übernehmen. Für Verbesserungsvorschläge und Hinweise auf Fehler sind Verlag und Herausgeber dankbar.

Fast alle Hardware- und Softwarebezeichnungen, die in diesem Buch erwähnt werden, sind gleichzeitig auch eingetragene Warenzeichen oder sollten als solche betrachtet werden.

Umwelthinweis:
Dieses Buch wurde auf chlorfrei gebleichtem Papier gedruckt. Die Einschrumpffolie – zum Schutz vor Verschmutzung – ist aus umweltverträglichem und recyclingfähigem PE-Material.

10 9 8 7 6 5 4 3 2

04 03 02 01

ISBN 3-8272-5815-4

ein Imprint der Pearson Education Deutschland GmbH,
Martin-Kollar-Straße 10–12, D-81829 München/Germany

Einbandgestaltung: Grafikdesign Heinz H. Rauner, Gmund
Lektorat: Rainer Fuchs, rfuchs@pearson.de
Herstellung: Elisabeth Egger, eegger@pearson.de
Satz: reemers publishing services gmbh, Krefeld
Druck und Verarbeitung: Kösel, Kempten (www.KoeselBuch.de)
Printed in Germany

Inhaltsübersicht

Inhaltsverzeichnis

Vorwort

Dieses Excel-VBA-Kompendium ist in erster Linie für fortgeschrittene Anwender und Programmierer gedacht, die noch mehr über VBA der Versionen Excel 97/2000 lernen möchten. In den ersten drei Kapiteln des ersten Teils erfolgt trotzdem eine kurze Einführung in die Programmierung von VBA. Die Themen sind die Bedienung der Entwicklungsumgebung sowie die Anwendung von Datentypen, Variablen und Konstanten. Im letzten Kapitel dieses Teils werden die verschiedenen Sprachelemente, wie Verzweigungen und Schleifen, anhand von zahlreichen Praxisaufgaben anschaulich erklärt.

Im zweiten Teil des Buches beginnen die »heißen« Themen. Dort werden die wichtigsten Objekte anhand von nützlichen und interessanten Aufgaben aus der täglichen Arbeit mit Excel vorgestellt sowie wirklich brauchbare Lösungen präsentiert. Beginnend mit der einzelnen Zelle über Spalten und Zeilen bis hin zu Tabellenblättern und Arbeitsmappen werden hierbei Schritt für Schritt die Objekte angewendet und erklärt. Im Vordergrund hierbei steht immer die Frage »Was können Sie mit dem Objekt anfangen und welche Aufgaben können Sie damit in der Praxis erledigen?« Abgerundet wird dieser Teil mit einem Kapitel über die Programmierung von Diagrammen und Pivot-Tabellenberichten. Hierbei lernen Sie, wie Sie aus Rohdaten auf Knopfdruck aussagekräftige Diagramme sowie Pivot-Auswertungen zaubern können.

Im dritten Teil lernen Sie mit Hilfe von selbst erstellten Funktionen Ihre Arbeit noch effizienter zu gestalten bzw. Arbeitsabläufe noch besser zu automatisieren. Dabei erstellen Sie zum einen benutzerdefinierte Funktionen, die Sie im Funktionsassistenten von Excel unterbringen und danach in Tabellenblättern anwenden können.

Zum anderen programmieren Sie Funktionsmakros, die Ihnen helfen, Ihre Module strukturiert und übersichtlich zu gestalten, um dabei die Geschwindigkeit und Sicherheit Ihrer Makros zu erhöhen. Ein weiteres Kapitel beschäftigt sich mit der Frage, wie Sie Ereignisse in Excel einsetzen können, um noch mehr Automatismus und Arbeitserleichterung in Ihre Anwendung zu bringen. Im abschließenden Kapitel dieses Buchteils lernen Sie, wie Sie auf Module innerhalb der Entwicklungsumgebung zugreifen können. Dies ist mitunter sehr nützlich, wenn es darum geht, Ihre Module zu sichern bzw. bestimmte Module in andere Arbeitsmappen zu integrieren.

Der vierte Teil ist der klassischen Anwendungsentwicklung gewidmet. Dort erfahren Sie, wie Sie mit Dialogen/Userforms arbeiten und wie Sie Steuerelemente auf Tabellenblättern integrieren und programmieren können. Ein weiteres interessantes Kapitel ist die Programmierung von Menü- und Symbolleisten. Dabei lernen Sie u.a., wie Sie auf integrierte Excel-Funktionen zurückgreifen und diese Funktionalität in eigenen Leisten bereitstellen können. Die Zusammenarbeit von Excel mit anderen Office-Komponenten und externen Anwendungen ist ein weiteres Thema dieses Buchteils. So erstellen Sie z.B. eine Schnittstelle für Excel und Access, über die Sie Daten mit Hilfe die Datenzugriffsmethode ADO austauschen. Sie werden ebenso erfahren, wie Sie Daten zwischen Excel und Word übertragen und wie Sie E-Mails mit Excel versenden können.

Im fünften Teil des Buches, welches den Praxisführer darstellt, geht es darum, wie Sie vorgehen können, wenn ein Makro nicht den gewünschten Erfolg bringt bzw. wenn Sie ein Makro überhaupt nicht zum Laufen bringen. Angefangen von der Ermittlung und Beseitigung von Fehlern bis hin zur Recherche nach Material im Internet ist alles enthalten. Aber auch das Tuning von Makros bzw. der Schutz von VBA-Projekten soll in diesem Teil nicht zu kurz kommen. Im letzten Kapitel des Praxisführerteils sehen Sie anhand einer FAQ die am häufigsten gestellten Fragen zum Thema VBA mit Excel und die dazugehörigen Antworten.

Im abschließenden Anhang dieses Buches wurde bewusst auf das Auflisten von Methoden, Eigenschaften und Objekten verzichtet. Diese Informationen können Sie ganz leicht selber in der Online-Hilfe von Excel nachschlagen, dafür müssen nicht wertvolle Seiten geopfert werden. Ich habe mich daher entschlossen auch im Anhang möglichst viel Nützliches für Sie bereitzustellen. Es sind dies eine Sammlung an Supermakros, mein »Machero-Add-In« mit nützlichen Funktionen für Excel, eine Linksammlung mit den besten kostenlosen VBA-Seiten und Foren im Internet, die Beschreibung zur Handhabung der mitgelieferten CD und ein Stichwortverzeichnis.

Mein persönliches Anliegen ist es, Ihnen VBA für Excel 97/2000 anhand von praxisnahen Aufgaben leicht verständlich zu vermitteln. Das Buch spiegelt mein Wissen wider, welches ich mir die letzten Jahre durch meine ehrenamtliche Arbeit im deutschen Excel-Forum von Microsoft und durch meine bisherigen VBA-Projekte angeeignet habe.

Bei Fachfragen und allgemeinem Feedback zu meinem Buch erreichen Sie mich unter meiner Excel-Homepage `http://members.aol.com/Machero` oder unter meiner E-Mail-Adresse `Machero@aol.com`. Besuchen Sie auch ruhig einmal das Excel-Diskussionsforum `news:microsoft.public.de.excel`. Sollten Sie noch nicht mit Diskussionsforen gearbeitet haben, so finden Sie im Anhang C dieses Buches eine Erklärung, wie Sie sich diese wertvolle Wissensquelle zugänglich machen können.

Ich wünsche Ihnen während des Lesens des Buches und beim späteren Anwenden der Lösungen viel Spaß!

Bernd Held
MVP für Microsoft Excel

Über den Autor

Bernd Held ist gelernter Informatiker und programmierte drei Jahre lang bei der DEKRA Warenwirtschafts- und Suchsysteme für den KFZ-Bereich. Seit nahezu fünf Jahren arbeitet er hauptberuflich bei debis Systemhaus im Controlling. Dort ist er verantwortlich für das Berichtswesen, die Leistungsverrechnung, das Erstellen von betrieblichen Auswertungen und Wirtschaftlichkeitsrechnungen sowie für die Erstellung neuer Controlling-Tools auf Basis von Microsoft Excel.

Zusätzlich schreibt er Fachartikel in renommierten Zeitschriften und verfasst Computerbücher. Sein Spezialgebiet ist Microsoft Office. Dort hat er sich auf den Bereich Excel und die VBA-Programmierung spezialisiert. Aber auch über Microsoft Works hat er schon mehrere Bücher geschrieben.

Vor zwei Jahren wurde er das erste Mal als MVP (Most Valuable Professional) von der Firma Microsoft ausgezeichnet. Dieser Titel wird für besondere fachliche Kompetenz, außerordentlichen Einsatz in den Diskussionsforen und für außergewöhnliches Kommunikationstalent verliehen. Im deutschsprachigen Excel-Forum von Microsoft (*news:microsoft.public.de.excel*) können Sie Bernd Held fast täglich antreffen, wenn Sie Fragen zu Excel und zur VBA-Programmierung haben. Dort hilft er Ihnen gerne weiter.

Ehrenamtlich betreut er den Württembergischen Versehrtensportverband, für den er u.a. eine Excel-Lösung für die Erfassung und Auswertung von Wettkämpfen programmiert hat.

Voraussetzungen

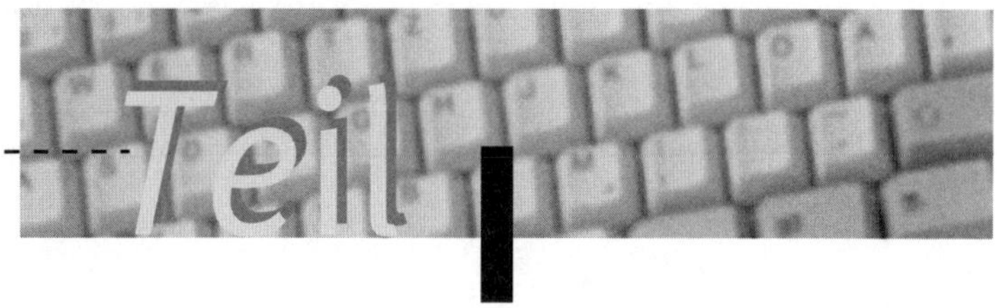

1. Grundsätzliches zur Programmierung
2. Die Arbeitsumgebung für die Programmierung
3. Datentypen, Variablen und Konstanten
4. Sprachelemente in VBA in der praktischen Anwendung

Grundsätzliches zur Programmierung

1

Wenn Sie beginnen möchten zu programmieren, sollten Sie die ersten Gedanken erst einmal dafür aufwenden, sich zu fragen, warum Sie überhaupt VBA einsetzen möchten. Welche Vorteile bieten sich Ihnen damit an? Dabei sind u.a. folgende Punkte zu nennen:

Warum programmieren?

Ich setze VBA ein, um...

- meine täglichen Abläufe zu automatisieren,
- noch mehr mit Excel machen zu können, indem man Excel um weitere eigene Funktionen anreichert,
- einen Vorteil in Bezug auf Arbeitssicherheit und Arbeitserleichterung zu haben. Gerade lästige Routinearbeiten können mit VBA sicher und elegant ausgeführt werden,
- eine erhöhte Arbeitsgeschwindigkeit durch den Einsatz von VBA zu erreichen,
- eigene Anwendungen zu entwickeln, die von anderen leicht zu bedienen sind,
- um am Ball zu bleiben. VBA ist eine universelle Sprache, die im ganzen Office-Paket verwendet wird. Mehr und mehr auch andere Microsoft-unabhängige Anwendungen stellen auf VBA um.

1.1 Wie gehe ich von Anfang an richtig vor?

:-) TIPP

Wichtig ist, dass Sie sich vorher überlegen, welche Aufgaben Sie mit VBA lösen möchten. Schreiben Sie sich das ruhig in ein paar Stichworten auf einem Stück Papier auf. Wenn Sie später dann beginnen zu programmieren, schadet es nichts, die einzelnen Befehle im Code selbst zu beschreiben, also im Code als Kommentar zu hinterlegen. Im Laufe der Zeit werden Sie feststellen, dass Ihnen solche Aufzeichnungen immer wieder weiterhelfen werden. Vieles, was in Vergessenheit gerät, muss so nicht noch einmal erarbeitet werden. Ein kurzer Blick auf die Aufzeichnungen genügt und Sie sind wieder voll im Bilde.

Zu Beginn werden Sie häufig mit dem Makrorekorder arbeiten, um sich die Syntax der einzelnen Befehle leichter einzuprägen. Excel 2000 bietet Ihnen die Möglichkeit automatisch Programmcode aufzeichnen zu lassen. Das läuft dann so ab, dass Sie den Makrorekorder starten und die Aufgabe zunächst manuell durchführen. Haben Sie Ihre Aufgabe ausgeführt, beenden Sie den Makrorekorder. Der Makrorekorder hat Ihre Arbeitsschritte im Hintergrund aufgezeichnet. Diese Aufzeichnung können Sie dann als Ausgangsposition für weiteres Programmieren verwenden.

1.1.1 Den Makrorekorder einsetzen

Als erste Aufgabe kopieren Sie vom Tabellenblatt *Tabelle1* die Zelle *A1* und fügen den Inhalt dieser Zelle auf dem Tabellenblatt *Tabelle2* in Zelle *A1* ein. Dazu gehen Sie wie folgt vor:

STEP

1. *Wählen Sie aus dem Menü* EXTRAS *den Befehl* MAKRO/AUFZEICHNEN.
2. *Belassen Sie den Eintrag* DIESEARBEITSMAPPE, *wenn Sie das Makro in der momentan geöffneten Arbeitsmappe ablegen möchten. Wenn Sie hingegen ein Makro aufzeichnen, welches in Zukunft immer für jede Arbeitsmappe verfügbar sein soll, dann wählen Sie aus dem Dropdown den Eintrag* PERSÖNLICHE MAKROARBEITSMAPPE, *ansonsten behalten Sie den standardmäßig eingestellten Eintrag* DIESEARBEITSMAPPE *bei. In diesem Fall können Sie die Makros nur nutzen, wenn Sie die entsprechende Arbeitsmappe auch geöffnet haben.*
3. *Belassen Sie den voreingestellten Namen des Makros und klicken Sie auf* OK.

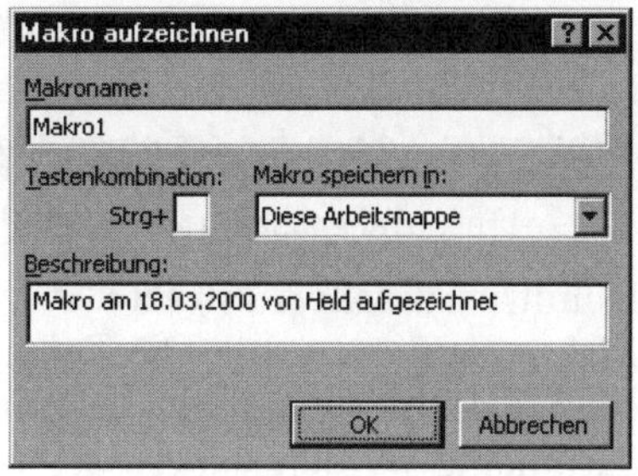

Abbildung 1.1: *Makros selber aufzeichnen mit dem Makrorekorder*

4. *Kopieren Sie auf* TABELLE1 *die Zelle A1, wechseln Sie auf die* TABELLE2 *und fügen Sie den Inhalt aus der Zwischenablage in Zelle A1 ein.*
5. *Klicken Sie auf das Symbol* AUFZEICHNUNG BEENDEN.
6. *Schauen Sie sich das Ergebnis des Makrorekorders an, indem Sie aus dem Menü* EXTRAS *den Befehl* MAKRO/MAKROS *auswählen.*
7. *Klicken Sie im Dialog* MAKRO *auf die Schaltfläche* BEARBEITEN.

```
Sub Makro1()
' Makro1 Makro
' Makro am 18.03.2000 von Held aufgezeichnet
    Selection.Copy
    Sheets("Tabelle2").Select
    ActiveSheet.Paste
    Application.CutCopyMode = False
End Sub
```

:-) TIPP

Eine Variante, um Makros schon beim Excel-Start zur Verfügung zu haben, ist, die Makros in der persönlichen Arbeitsmappe zu speichern. Diese Arbeitsmappe befindet sich standardmäßig im Office-Unterverzeichnis XLSTART. *Diese Arbeitsmappe heißt* PERSONAL.XLS *und wird automatisch beim Excel-Start geöffnet. Diese Arbeitsmappe ist standardmäßig jedoch ausgeblendet, was auch ganz richtig ist, um den Anwender nicht zu verunsichern und ihn auch daran zu hindern, Änderungen an dieser Arbeitsmappe auszuführen.*

1.1.2 Die Aufzeichnung des Makrorekorders ergänzen

Die Programmiersprache in VBA ist in Englisch. Jedes Makro fängt mit der Anweisung `Sub` an. Danach folgt ein Leerzeichen, gefolgt von einem Namen, den Sie frei wählen können. Abschließend geben Sie ein Klammernpaar ein und drücken auf die Taste [↵]. Excel ergänzt Ihnen nun automatisch die Schlusszeile des Makros `End Sub`. Vermeiden bei der Benennung müssen Sie Leer- und Sonderzeichen.

:-) TIPP

Es empfiehlt sich, den Makros sprechende Namen zu geben. So könnte ein sprechender Namen für das obige Makro lauten:

```
Sub ZelleKopierenUndAufNächstemBlattEinfügen()
```

Damit wird schon im Titel des Makros klar, welche Aufgabe das Makro ausführen soll. Die Zeilen im Code, welche mit einem einfachen Anführungszeichen beginnen, sind Kommentarzeilen. Standardmäßig werden dabei der Name des Makros, das Erstelldatum und der Makro-Aufzeichner festgehalten. Der Makrorekorder liefert wertvolle Hinweise über die Syntax der einzelnen Befehle, leider verschluckt er aber auch einige Befehle. Aus diesem Grund kann das nur der erste Schritt sein, um ein Makro zu erstellen. Es ist auf jeden Fall noch Nacharbeit notwendig. Das obige erste Makro könnte also nach ein wenig Überarbeitung wie folgt aussehen:

```
Sub ZelleKopierenUndAufNächstemBlattEinfügen()
' Makro am 18.03.2000 von Held aufgezeichnet
' Das erste Makro zum Kopieren und Einfügen von Daten
    Sheets("Tabelle1").Range("A1").Copy
    Sheets("Tabelle2").Select
    Range("A1").Select
    ActiveSheet.Paste
    Application.CutCopyMode = False
End Sub
```

Wie Sie sehen, wurde das Makro um eine zusätzliche Kommentarzeile ergänzt, die den Zweck des Makros beschreibt. Ebenso wurde der Ausgangspunkt des Makros, also die Zelle *A1* in *Tabelle1*, nachgezogen und der `Copy`-Befehl zusammengezogen.

Das angepasste Makro stellt immer noch nicht den Idealzustand dar; im Moment soll uns das aber reichen. Im späteren Verlauf des Buches werden Sie weitere Vereinfachungsmechanismen und Optimierungsmöglichkeiten kennen lernen.

1.1.3 Makro ausführen

Zum Starten eines Makros haben Sie mehrere Möglichkeiten:

STEP

- *Starten eines Makros auf dem Tabellenblatt über das Menü* EXTRAS *und den Befehl* MAKRO/MAKROS *und die Auswahl des Makros im Listenfeld mit abschließendem Klick auf die Schaltfläche* AUSFÜHREN.
- *In der Entwicklungsumgebung in der Symbolleiste* VOREINSTELLUNG *mit einem Klick auf das Symbol* SUB/USERFORM AUSFÜHREN.

- *Starten eines Makros direkt aus der Entwicklungsumgebung im Codefenster, indem Sie den Mauszeiger auf die erste Zeile des Makros setzen und die Taste* [F5] *drücken.*

- *Start über eine Schaltfläche auf Ihrem Tabellenblatt. Dazu verfahren Sie wie folgt:*

  - *Blenden Sie die Symbolleiste* FORMULAR *ein.*

  - *Klicken Sie auf das Symbol* SCHALTFLÄCHE *und ziehen Sie diese auf Ihrer Tabelle an der gewünschten Position auf.*

  - *Klicken Sie im Dialog* MAKRO ZUWEISEN *auf das Makro* `ZelleKopierenUndAufNächstemBlattEinfügen` *und klicken Sie auf die Schaltfläche* OK.

  - *Schreiben Sie direkt auf die Schaltfläche eine geeignetere Bezeichnung, indem Sie den Schaltflächentext* SCHALTFLÄCHE 1 *einfach überschreiben.*

1.1.4 Wie erfahre ich mehr über die einzelnen Befehle?

Recherche

Der zweite Schritt bei der Programmierung sollte sein, mehr über die verwendeten Befehle zu erfahren. Dazu können Sie die eingebaute Online-Hilfe in Anspruch nehmen.

Setzen Sie im Listing einfach einmal den Mauszeiger auf den Befehl `Copy` und drücken Sie die Taste [F1].

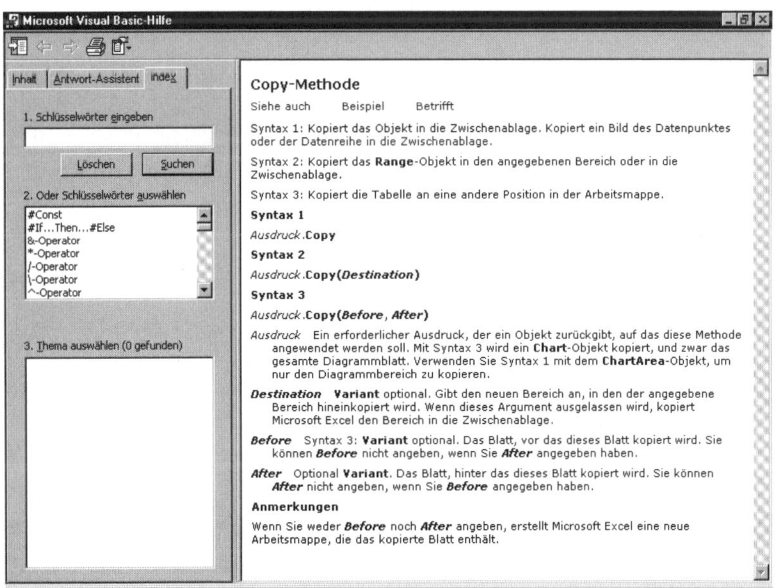

Abbildung 1.2: Die Online-Hilfe bietet Ihnen ein komplettes Nachschlagewerk an

:-) TIPP

Wenn Sie Beispiele aus der Online-Hilfe herauskopieren und für eigene Zwecke verwenden möchten, ist das kein Problem. Klicken Sie im Online-Hilfe-Fenster ruhig einmal auf den Text BEISPIEL. *Sie können sich das Beispiel mit der linken Maustaste markieren, kopieren und über die Zwischenablage in Ihr Modul in der Entwicklungsumgebung einfügen. Auf diesem Beispielcode können Sie dann aufbauen und das eingefügte Makro auf Ihre Wünsche hin noch anpassen.*

Erfahren Sie im nächsten Kapitel, wie Sie die Entwicklungsumgebung bedienen, die Ihnen für die Programmierung zur Verfügung steht.

Die Arbeitsumgebung für die Programmierung

Kapitel 2

In die Entwicklungsumgebung von Excel gelangen Sie, wenn Sie die Tastenkombination [Alt] + [F11] drücken. Danach sehen Sie folgendes Bild vor sich:

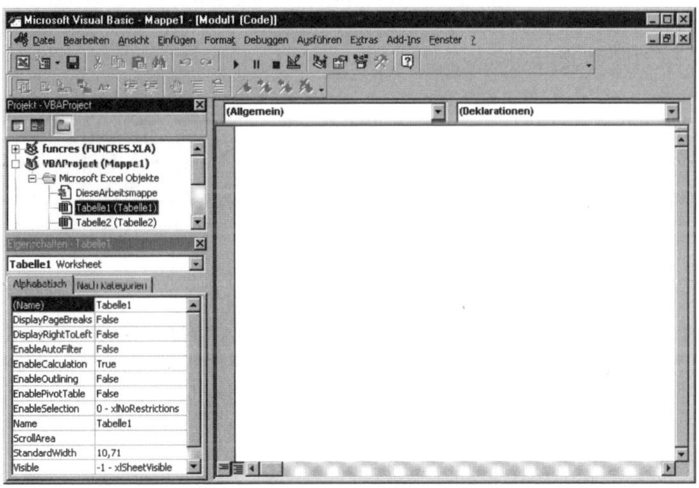

Abbildung 2.1: Die Entwicklungsumgebung von Excel 2000

Momentan sehen Sie in der Abbildung 2.1 den Projekt-Explorer sowie das Eigenschaften-Fenster. Im Projekt-Explorer erkennen Sie alle Komponenten Ihrer Arbeitsmappe.

2.1 Die Scroll Area festlegen

Im Eigenschaften-Fenster können Sie die Einstellungen der einzelnen Komponenten einstellen. So können Sie z.B. in einer Tabelle den Bereich festlegen, in dem der Anwender in der Tabelle sich bewegen darf. Stellen Sie dazu einmal im Eigenschaften-Fenster für die TABELLE1 in der Kategorie SCROLLAREA den Zellenbezug $A$1:$E$100 ein und drücken Sie die [Tab]-Taste. Verlassen Sie danach die Entwicklungsumgebung und aktivieren Sie das Tabellenblatt TABELLE1. Jetzt können Sie sich lediglich im Bereich A1:E100 bewegen. Alle anderen Zellen sind für Sie tabu.

2.2 Tabellenblätter ein- und ausblenden

Im Eigenschaften-Fenster lassen sich auch einzelne Tabellen ein- und ausblenden. Dazu verfahren Sie wie folgt:

STEP

1. *Klicken Sie dazu im Projekt-Explorer auf den Eintrag* TABELLE1.
2. *Klicken Sie im Eigenschaften-Fenster in der Zeile* VISIBLE *auf das Zellendropdown und wählen Sie den Eintrag* 0 – XLSHEETHIDDEN *aus.*
3. *Verlassen Sie die Entwicklungsumgebung, indem Sie beispielsweise die Tastenkombination* [Alt] + [Q] *betätigen, um auf Ihre Tabellenansicht in Excel zu gelangen.*

Wie Sie sehen, ist die Tabelle TABELLE1 nun nicht mehr sichtbar. Einblenden können Sie diese Tabelle wieder mit dem Befehl BLATT/EINBLENDEN aus dem Menü FORMAT. Wählen Sie die Tabelle TABELLE1 aus dem Listenfeld und bestätigen Sie mit OK.

:-) TIPP

Im vorherigen Fall war es möglich, das ausgeblendete Tabellenblatt TABELLE1 *über den Befehl* BLATT/EINBLENDEN *aus dem Menü* FORMAT *wieder verfügbar zu machen. Wenn Sie dies unterbinden möchten, dann stellen Sie in der Entwicklungsumgebung im Eigenschaften-Fenster in der Zeile* VISIBLE *den Eintrag 2 –* XLSHEETVERYHIDDEN *ein.*

2.3 Neue Module einfügen

Um überhaupt programmieren zu können müssen Sie zuerst einmal ein Modulblatt einfügen. Dazu klicken Sie im Projekt-Explorer mit der rechten Maustaste und wählen aus dem Kontextmenü den Befehl EINFÜGEN/MODUL. Geben Sie nun Ihr erstes Makro im Code-Fenster ein. Orientieren Sie sich dabei an der Abbildung 2.2. Es reicht dabei, wenn Sie lediglich die erste Zeile erfassen und mit [↵] bestätigen. Excel ergänzt automatisch die Ende-Anweisung des Makros.

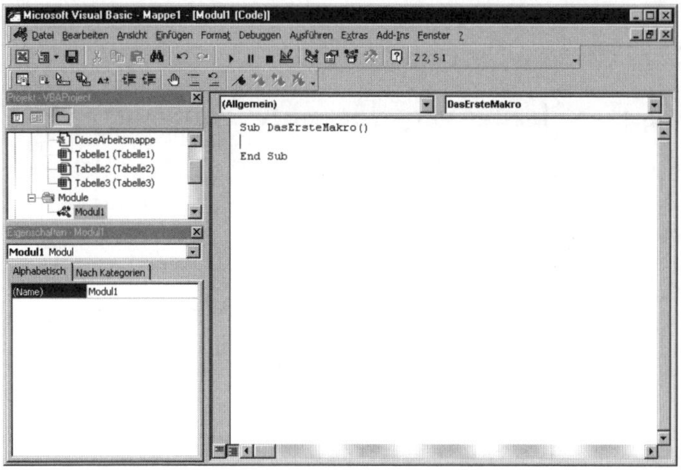

Abbildung 2.2: Das erste Makro im Codefenster

Klar, das Makro macht momentan noch gar nichts. Wie wäre es, wenn das Makro Ihnen die Uhrzeit anzeigen würde?

Datum und Zeit

Dazu erfassen Sie innerhalb des Makros die folgende Zeile:

```
MsgBox Time & " Uhr"
```

Setzen Sie den Mauszeiger auf die erste Zeile des Makros und drücken Sie die Taste [F5]. Als Ergebnis sehen Sie folgende Meldung auf dem Bildschirm:

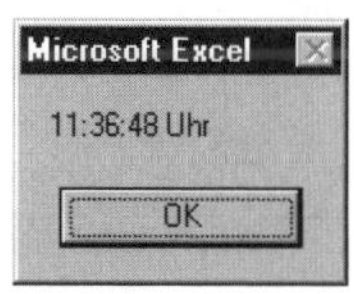

Abbildung 2.3: Die aktuelle Uhrzeit als Bildschirmmeldung

INFO

Wenn Sie möchten, können Sie auch das heutige Datum in einem Meldungsfenster anzeigen lassen. Der Befehl dafür lautet: `Msgbox Date`. *Dabei holt Excel sich das aktuelle Datum aus Ihrer Systemeinstellung unter Windows.*

2.4 Die Symbolleiste Bearbeiten

Die Symbolleiste BEARBEITEN enthält Funktionen, die Ihnen helfen sollen, den Programmcode schnell und sicher zu bearbeiten.

Abbildung 2.4: Die Symbolleiste Bearbeiten

Auf die wichtigsten Funktionen dieser Symbolleiste wird nun kurz eingegangen.

2.4.1 Einzüge vergrößern bzw. verkleinern

Mit dieser Funktion können Sie einzelne Zeilen oder auch mehrere Zeilen blockweise nach links einrücken. Dies macht den Programmcode leichter lesbar.

Analog zur vorherigen Funktion können Sie mit der Funktion EINZUG VERKLEINERN eingerückte Programmteile wieder nach links rücken und pro Klick jeweils den markierten Text um einen Tabstopp versetzen.

2.4.2 Haltepunkte setzen

Wenn Sie ein Makro starten, welches einen Haltepunkt aufweist, dann stoppt es genau an diesem Haltepunkt. Hiermit können Sie Programm-Zwischenstände abchecken. Wenn Sie an das Beispiel denken, in dem Sie eine Zelle kopiert haben, dann auf das Tabellenblatt gewechselt und letztendlich das Kopierte in einer Zelle eingefügt haben, könnten Sie den Haltepunkt einsetzen:

Abbildung 2.5: Das Kopierbeispiel mit dem gesetzten Haltepunkt

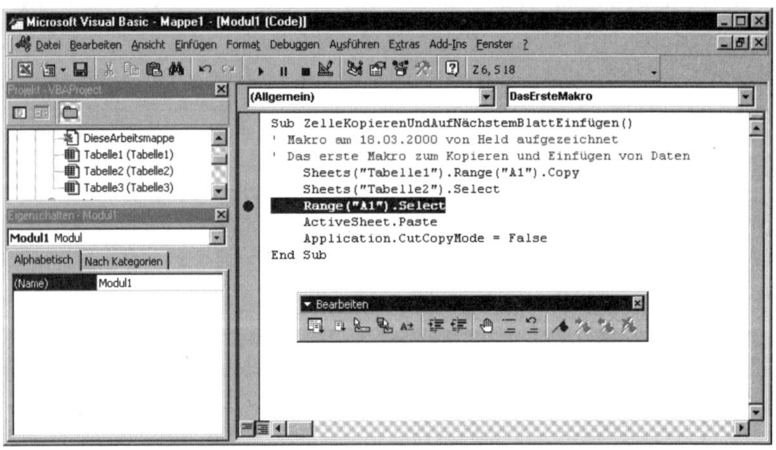

:-) TIPP

Setzen Sie einen Haltepunkt nach dem Befehl, bei dem Sie auf das Tabellenblatt TABELLE2 *wechseln, indem Sie auf das Symbol* HALTEPUNKT EIN/AUS *klicken oder alternativ die Taste* [F9] *klicken. Die Zeile bekommt daraufhin einen braunen Balken, der den Haltepunkt darstellen soll. Setzen Sie den Mauszeiger auf die erste Zeile des Makros und drücken Sie die Taste* [F5]*, um das Makro zu starten. Das Makro fängt an zu laufen und stoppt* *genau an dem gesetzten Haltepunkt. Wechseln Sie jetzt zurück in Ihre Excel-Arbeitsoberfläche und kontrollieren Sie, ob wirklich die* TABELLE2 *gerade aktiviert ist. Begeben Sie sich zurück in Ihre Entwicklungsumgebung und drücken Sie abermals die Taste* [F5]*, um das Makro fortzusetzen. Bei längeren Makros empfiehlt es sich, mehrere Haltepunkte zu setzen. Einen Haltepunkt können Sie übrigens wieder entfernen, indem Sie den Mauszeiger darauf setzen und die Taste* [F9] *drücken. Der Haltepunkt verschwindet dann augenblicklich wieder.*

2.4.3 Kommentare im Code hinterlegen

:-) TIPP

Hinterlegen Sie bitte ausreichend Kommentare in Ihren Makros. Es fällt Ihnen dadurch später leichter, die einzelnen Befehle nachzuvollziehen. Auch Änderungen am Makro selbst können auf diese Art und Weise festgehalten werden.

Um einen Kommentar zu hinterlegen, haben Sie mehrere Möglichkeiten:

- Geben Sie ein einfaches Anführungszeichen vor dem eigentlichen Befehl oder Text ein oder
- erfassen Sie etwas altertümlicher die Anweisung `Rem` gefolgt von einem Leerzeichen und dem Befehl oder Text.

Die Befehlszeile nimmt dann standardmäßig die Schriftfarbe grün an. Diese so kommentierten Zeilen werden beim Makroablauf nicht ausgewertet. Sie können ganze Kommentarzeilen anlegen oder auch innerhalb einer Zeile am Ende einen Kommentar anfügen. Möchten Sie innerhalb einer Zeile einen Kommentar am Anschluss eines Befehls erfassen, fügen Sie nach dem eigentlichen Befehl ein einfaches Anführungszeichen ein und schreiben Ihren Kommentar dazu.

:-) TIPP

Eine der am häufigsten gebrauchten Funktionen ist die Funktion für das schnelle Auskommentieren von Makrobefehlen. Wenn Sie im späteren Verlauf des Buches programmieren, werden Sie mit Sicherheit auch mal etwas auf die Schnelle einfach probieren wollen. Dazu werden Sie dann und wann auch mal einzelne bzw. auch mal mehrere Zeilen vorübergehend deaktivieren. Klar, die schnellste Methode ist, die Zeilen zu löschen. Der Nachteil daran ist, dass diese Zeilen dann weg sind. Einfacher ist es, die momentan nicht gebrauchten Zeilen als Kommentar zu definieren. Dazu geben Sie anfangs der Zeile ein einfaches Anführungszeichen mit der Tastenkombination [⇧] + [#] *ein.*

Damit wird die Zeile als Kommentar betrachtet und Excel ignoriert diese Zeile bei der Programmausführung. Sicher, wenn es sich dabei nun um einzelne Zeilen handelt, klappt diese Vorgehensweise. Umständlicher wird es aber, wenn Sie gleich blockweise Zeilen auskommentieren möchten. Dazu markieren Sie den Bereich, den Sie auskommentieren möchten, und klicken auf das Symbol BLOCK AUSKOMMENTIEREN.

Möchten Sie hingegen einzelne Zeilen oder auch einen ganzen Block wieder aktiv werden lassen, dann markieren Sie die entsprechende(n) Zeile(n) und klicken auf das Symbol AUSKOMMENTIERUNG DES BLOCKS AUFHEBEN.

2.5 Automatische Syntaxprüfung

Der VBA-Editor unterstützt Sie schon bei der Eingabe von Befehlen sehr tatkräftig. Sehen Sie sich dazu einmal das nächste Beispiel in Abbildung 2.6 an.

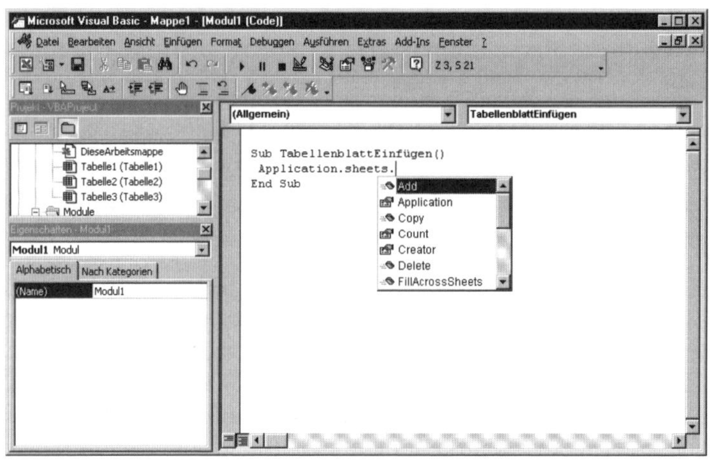

Abbildung 2.6: *Der VBA-Editor bietet Ihnen die möglichen Befehle an*

Begonnen haben Sie im Makro `TabellenblattEinfügen` damit, das Objekt `Application` einzugeben. Sobald Sie den Punkt eintippen, bietet der VBA-Editor Ihnen an, was er an Befehlen genau für dieses Objekt im Angebot hat. U.a. ist dies das Auflistungsobjekt `Sheets`. Sie brauchen nichts weiter zu tun, als im obigen Beispiel die Methode `Add` aus dem Dropdown zu wählen. Mit diesem Automatismus stellt der VBA-Editor sicher, dass Sie keine Eigenschaften oder Methoden verwenden, die den Objekten fremd sind.

Grobe syntaktische Fehler bemerkt Excel, sobald Sie die [↵]*-Taste am Ende einer Zeile drücken. Die entsprechende Zeile wird dann in roter Schriftfarbe dargestellt und es erscheint eine Meldung auf dem Bildschirm, welche die Fehlerursache bekannt gibt.*

STOP

Fehlermeldungen werden in der Entwicklungsumgebung von Excel mit roter Schriftfarbe und Kommentare mit grüner Schriftfarbe formatiert. Wenn Sie andere Farben dafür einstellen möchten, wählen Sie in der Entwicklungsumgebung den Menübefehl EXTRAS/OPTIONEN, *wechseln auf die Registerkarte* EDITIERFORMAT *und stellen Ihre favorisierten Farben im Listenfeld* CODE-FARBEN *ein.*

:-) TIPP

2.5.1 Befehle in der nächsten Zeile fortsetzen

Selbstverständlich können Sie längere Befehlsketten in einer Zeile eingeben. Der Nachteil daran ist, dass Sie irgendwann so weit nach rechts scrollen müssen, dass Sie den Anfang der Zeile nicht mehr sehen. Hier empfiehlt sich, über ein Trennzeichen dem Editor mitzuteilen, dass der Befehl in der nächsten Zeile weitergehen soll.

Auch hier leistet die automatische Syntaxprüfung in Excel hervorragende Hilfe, denn nicht jeder Befehl lässt sich an einer beliebigen Stelle trennen. Um einen Befehl in der nächsten Zeile fortzusetzen, drücken Sie am Ende der Zeile zunächst die Taste [   ] und geben anschließend das Zeichen _ ein. Damit weiß der Editor, dass der Befehl in der nächsten Zeile fortgesetzt werden muss.

```
Sub Fortsetzungszeichen()
Sheets("Tabelle1").Activate
MsgBox "Sie haben das Tabellenblatt " & _
      ActiveSheet.Name & " ausgewählt!"
End Sub
```

Listing 2.1: Der richtige Gebrauch des Fortsetzungszeichens

Das Verkettungszeichen & wird in der Meldung verwendet, um einen weiteren Befehl, nämlich den zur Ermittlung des Blattnamens, einzubauen.

2.5.2 Mehrere Befehle in einer Zeile

Wenn Sie möchten, können Sie auch mehrere kleinere Befehle in einer einzigen Zeile darstellen. Dazu verwenden Sie den Doppelpunkt als Trennzeichen zwischen den einzelnen Befehlen.

Listing 2.2: Mehrere Befehle in einer Zeile unterbringen

```
Sub MehrereBefehleIneinerZeile()
 Sheets("Tabelle1").Activate: Range("A1").Select
End Sub
```

INFO

Mit dieser Möglichkeit sollten Sie jedoch nicht übertreiben, weil es den Programmiercode schwer lesbar macht. Obiges Makro können Sie übrigens noch kürzer schreiben:

Listing 2.3: Makro in kürzester Form

```
Sub Kurzform()
 Sheets("Tabelle1").Range("A1").Select
End Sub
```

Mit diesen Kurzformen können Sie in Excel eine erhebliche Geschwindigkeitssteigerung erreichen. Klar, der Editor muss sich nicht durch mehrere Zeilen quälen und kann so schneller die eingegebenen Befehle interpretieren.

2.5.3 Automatische Anpassung der einzelnen Befehle

Sicher haben Sie es schon gemerkt, dass der Editor Ihre eingegebenen Befehle automatisch umsetzt. Wenn Sie beispielsweise folgende Zeile eingeben:

```
sheets("Tabelle1").range("a1").select
```

erfolgt folgende Umsetzung

```
Sheets("Tabelle1").Range("A1").Select
```

Bei allen Befehlen, die Excel bekannt sind, werden jeweils die Anfangsbuchstaben groß geschrieben. Geben Sie deshalb ruhig alle Befehle in der Kleinschreibweise ein. An der automatischen Umsetzung erkennen Sie dann, ob bei den eingegebenen Befehlen auch keine Schreibfehler gemacht wurden. In diesem Fall würden die Befehle dann in der Kleinschreibweise verbleiben.

INFO

Übrigens erfolgt keine Umsetzung von Buchstaben, welche innerhalb von Anführungszeichen stehen.

Eine weitere automatische Anpassung erkennen Sie, wenn Sie z.B. folgende Zeile eingeben:

```
ergebnis=1000*1,016
```

Hier werden zwischen den Operatoren automatisch Leerzeichen eingefügt.

```
Ergebnis = 1000 * 1,016
```

Dieser Automatismus hat jedoch keine funktionale Bedeutung, er dient lediglich zur übersichtlicheren Darstellung der einzelnen Befehle.

2.6 Parameterinfos anzeigen

Wenn Sie einen Befehl in den Codebereich eingeben, welcher mehrere Parameter benötigt, werden diese in einer QuickInfo angezeigt.

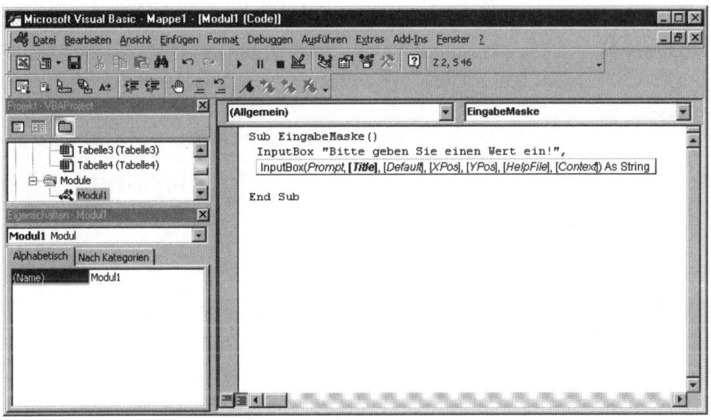

Abbildung 2.7: Alle verfügbaren Parameter für die Eingabemaske InputBox

Sie brauchen nun nur noch die einzelnen Parameter einzugeben. Dabei wandert die Markierung in der Quickinfo mit jeder weiteren Parametereingabe nach rechts.

2.7 Konstanten anzeigen

Neben den Befehlen, die weitere Parameter benötigen, gibt es auch Befehle und Funktionen, für die es bestimmte Konstanten gibt. Ein kleines Beispiel dazu ist der Aufruf eines Excel-Standarddialogs.

Wenn Sie sich die verfügbaren Konstanten der Auflistung `Dialogs` anzeigen lassen, dann positionieren Sie Ihren Mauszeiger direkt darauf und wählen Sie aus dem Kontextmenü den Befehl KONSTANTEN ANZEIGEN aus. Im folgenden Listenfeld führen Sie einen Doppelklick auf die gewünschte Konstante aus. Die Konstante wird dann automatisch eingefügt.

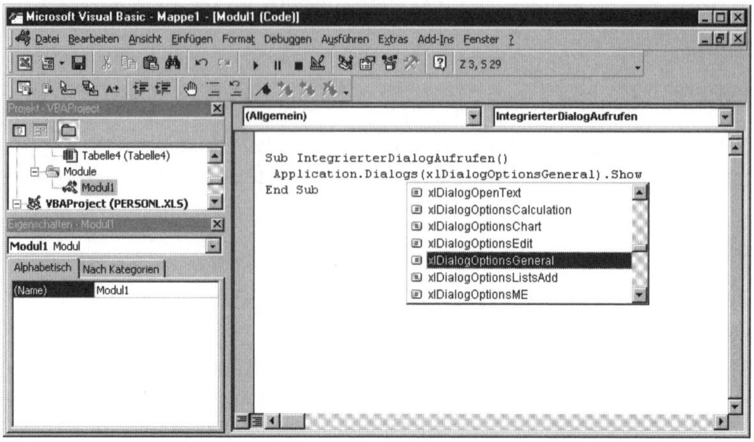

Abbildung 2.8: Der Aufruf eines Excel-eigenen Dialogs

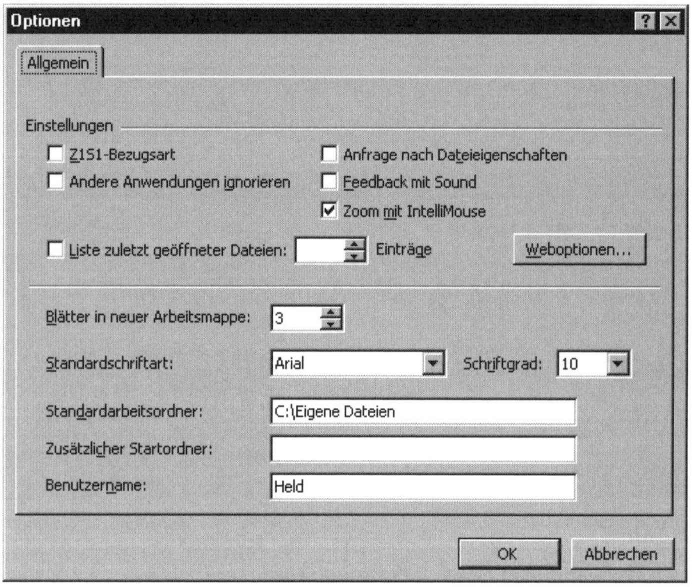

Abbildung 2.9: Der integrierte Excel-Dialog Allgemein

2.8 Der Objektkatalog

Die Entwicklungsumgebung stellt Ihnen einen Objektkatalog zur Verfügung, in dem Sie sich über Objekte, Methoden und Eigenschaften informieren können. Lassen Sie mich an dieser Stelle etwas über die gerade genannten Fachwörter sagen.

- Objekte
  Als Objekt bezeichnet man alle Teile, die Sie in Excel sehen können. Die wichtigsten Objekte sind die Arbeitsmappe, das Tabellenblatt, die Zeilen bzw. Spalten und die Zelle als kleinste Einheit in Excel.
- Eigenschaften
  Dahinter verbergen sich die Merkmale eines Objekts. So ist z.B. die Formatierung einer Zelle eine Eigenschaft des Objekts Zelle.
- Methoden
  Wenn von Methoden die Rede ist, fragen Sie sich am besten immer, was Sie mit den einzelnen Objekten anstellen können. Angewandt auf eine Arbeitsmappe wären das die Methoden für das Öffnen, Drucken, Speichern und Schließen.

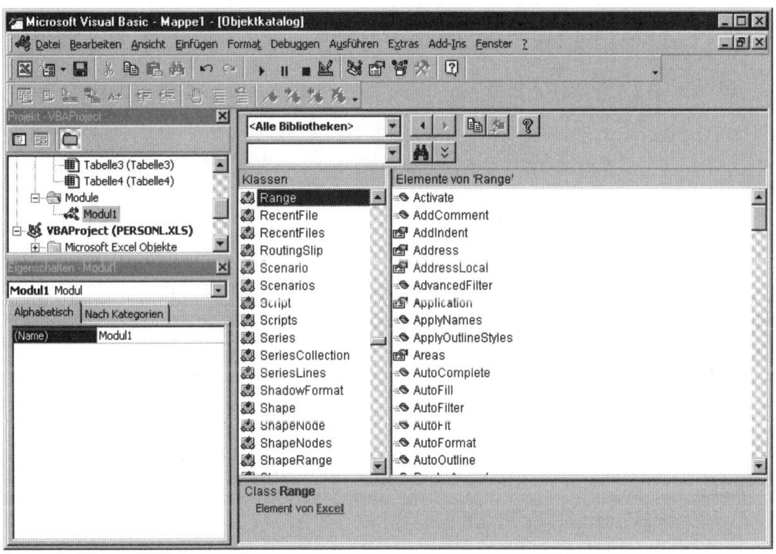

Abbildung 2.10: Alle Methoden und Eigenschaften für das Objekt Range

Wie wird der Objektkatalog aufgerufen? Dazu haben Sie mehrere Möglichkeiten:

- Drücken Sie die Taste [F2].
- Klicken Sie in der Symbolleiste VOREINSTELLUNG auf das Symbol OBJEKTKATALOG.
- Klicken Sie im Code-Fenster mit der rechten Maustaste und wählen aus dem Kontextmenü den Befehl OBJEKTKATALOG.
- Wählen Sie den Menübefehl ANSICHT/OBJEKTKATALOG.

INFO

Alle in VBA zur Verfügung stehenden Objekte werden in Bibliotheken verwaltet. Standardmäßig ist im ersten Dropdown der Eintrag ALLE BIBLIOTHEKEN *ausgewählt. Wenn Sie die Anzeige ein wenig einschränken und die Inhalte einzelner Bibliotheken einsehen möchten, wählen Sie die gewünschte Bibliothek im Dropdown aus. So können Sie z.B. in der Bibliothek VBA-Befehle ansehen, welche nicht nur auf die Tabellenkalkulation Excel beschränkt sind, sondern im gesamten Office-Paket eingesetzt werden können. So finden Sie in dieser Bibliothek die Anweisungen* `ChDir` *bzw.* `ChDrive` *zum Wechseln eines Verzeichnisses bzw. Wechseln eines Laufwerks. Klar, es würde keinen Sinn machen, diese Anweisungen ausschließlich in der Excel-Bibliothek zu speichern, da diese Anweisungen allgemein von allen Office-Anwendungen eingesetzt werden können.*

2.9 Die Testumgebung

Im Verlauf der Programmierung wird es nicht ausbleiben, dass Programmierfehler auftreten. Wichtig ist aber immer zu wissen, wie weit das Programm lief, und vor allem, ob es bis zum Fehler richtig lief.

2.9.1 Hilfe im Direktfenster

Sie können beispielsweise bestimmte Inhalte von Variablen, die Sie im nächsten Kapitel kennen lernen werden, im Direktfenster ausgeben. Erfassen Sie zunächst einmal einen kleinen Beispielcode:

***Listing 2.4:** Schleifendurchläufe im Debugger protokollieren*

```
Sub Testmakro()
Dim i As Integer
For i = 1 To 10
  Debug.Print "Schleifendurchlauf: " & i
Next i
End Sub
```

Das Makro in Listing 2.4 wird eine Schleife genau zehnmal durchlaufen. Bei jedem Schleifendurchlauf soll ein Eintrag ins Direktfenster geschrieben werden, der den aktuellen Schleifendurchlauf festhält. Setzen Sie den Mauszeiger auf die erste Zeile des Makros und drücken Sie die Taste [F5], um das Makro zu starten. Kontrollieren Sie jetzt einmal das Ergebnis im Direktfenster. Dazu wählen Sie den Menübefehl ANSICHT/ DIREKTFENSTER oder drücken die Tastenkombination [Strg] + [G].

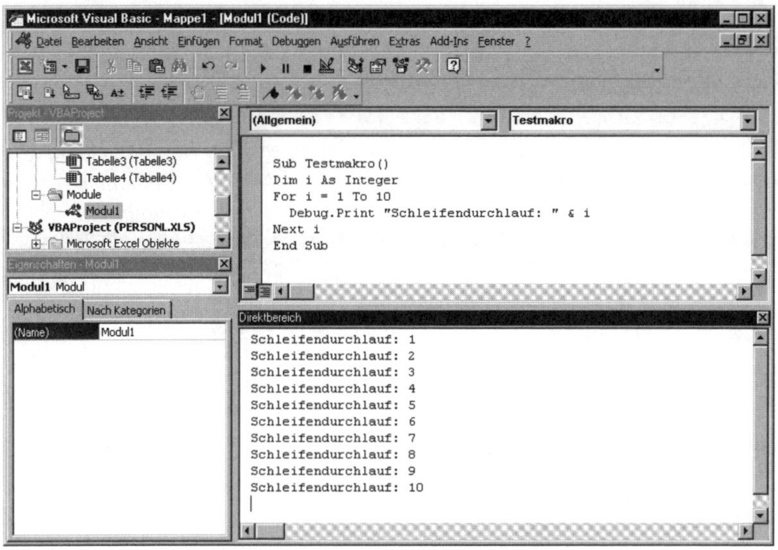

Abbildung 2.11: Das Direktfenster zur Kontrolle des Programmablaufs

2.9.2 Code Schritt für Schritt durchlaufen lassen

Eine weitere Möglichkeit der Fehlersuche in Excel ist es, das Makro Zeile für Zeile abzuarbeiten. Dazu setzen Sie den Mauszeiger auf die erste Zeile des Makros und drücken die Taste [F8]. Alternativ dazu können Sie ebenso den Menübefehl DEBUGGEN/EINZELSCHRITT wählen. Das Makro hält nach jedem Befehl an. Sie können dann prüfen, ob das Makro auch die gewünschte Aktion ausführt hat, indem Sie die Entwicklungsumgebung kurzfristig verlassen und auf Ihrem Tabellenblatt die Ergebnisse kontrollieren. Wenn Sie beispielsweise im folgenden Makro eine Zelle von einem Tabellenblatt auf ein anderes Tabellenblatt kopieren möchten, können Sie überprüfen, ob Excel nach dem Kopiervorgang auch das Zieltabellenblatt aktiviert.

Listing 2.5: Daten kopieren und einfügen

```
Sub KopierenUndEinfügen()
    Sheets("Tabelle1").Activate
    Range("A1").Select
    Selection.Copy
    Sheets("Tabelle2").Activate
    Range("B1").Select
    ActiveSheet.Paste
    Application.CutCopyMode = False
End Sub
```

Weitere Variante

Eine weitere Variante ist es, im obigen Makro den Mauszeiger auf die Zeile zu setzen, bis zu der das Makro durchlaufen werden soll. Setzen Sie beispielsweise den Mauszeiger auf die Zeile

```
Range("B1").Select
```

und drücken die Tastenkombination [Strg] + [F8].

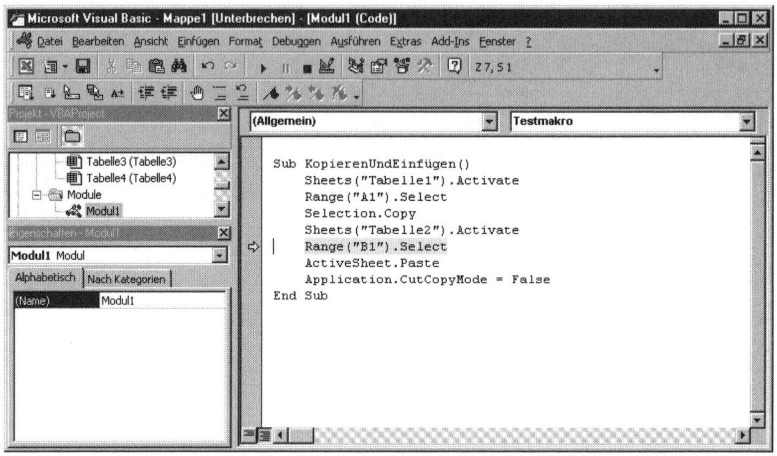

Abbildung 2.12: *Der Code wird bis zur markierten Stelle durchlaufen*

Der Code wird jetzt bis zu der markierten Zeile in Abbildung 2.12 durchlaufen und stoppt genau an dieser Position. Nun können Sie in der Tabellenansicht prüfen, ob die richtige Tabelle auch aktiviert ist. Wenn alles soweit stimmt, können Sie durch die Taste [F5] dafür sorgen, dass das Makro bis zum Ende durchläuft. Sollte etwas bei dem Makro nicht stimmen, brechen Sie es ab, indem Sie den Menübefehl AUSFÜHREN/ZURÜCKSETZEN wählen.

Datentypen, Variablen und Konstanten

Kapitel 3

Das folgende Kapitel bildet die Voraussetzung für eine strukturierte Programmierung in Excel. Mit Variablen speichern Sie Informationen dauerhaft während der Laufzeit eines Makros, d.h., Sie können somit Variablen auch mehrmals im Makro benutzen, indem Sie Variablen füllen und Werte hochzählen oder subtrahieren. Mit Konstanten legen Sie Informationen fest, die sich selten oder sogar nie ändern. Excel bietet für die Deklaration von Variablen und Konstanten eine ganze Auswahl an Datentypen. Je nach Aufgabe setzten Sie dazu die vorgesehenen Datentypen ein.

3.1 Der Einsatz von Variablen

Sicher werden Sie sich fragen, warum Sie Variablen in der Programmierung brauchen. Variablen werden u.a. dazu benötigt, um Daten zwischenzuspeichern. Wenn Sie beispielsweise das erste Makro ansehen, in dem Sie eine Zelle von einem Tabellenblatt auf ein anderes kopiert haben, werden Sie merken, dass Sie für diese Aufgabe die Zwischenablage als »Variable« missbraucht haben. Wenn es sich nur um eine einzige zu übertragende Information handelt, mag diese Vorgehensweise noch in Ordnung sein. Stellen Sie sich aber einmal vor, Sie müssten mehrere Informationen von einem Blatt auf das andere übertragen. Da kommen Sie um den Einsatz von Variablen nicht herum. Außerdem bietet die Zwischenablage nicht die Beständigkeit wie eine Variable. So ist die Zwischenablage leer, sobald Sie den Inhalt der Zwischenablage einmal z.B. in eine Zelle eingefügt haben. Mit Variablen können Sie dauerhaft arbeiten, d.h. Sie können jederzeit darauf zugreifen, diese abfragen oder verändern und zum Schluss ausgeben.

3.1.1 Regeln für die Syntax von Variablen

Wenn Sie Variablen einsetzen, müssen Sie sich dabei an bestimmte Konventionen für deren Benennung halten:

Regeln für Variablen

- Das erste Zeichen muss aus einem Buchstaben bestehen. Als folgende Zeichen können Sie Buchstaben, Zahlen und einige Sonderzeichen verwenden.
- Sie dürfen keine Leerzeichen in einem Variablennamen verwenden. Wenn Sie einzelne Worte trennen möchten, verwenden Sie dazu das Unterstrichzeichen z.B. `Dim Miete_Januar as Currency`.
- Sonderzeichen wie #, %, &, ! oder ? sind nicht erlaubt.

:-) TIPP

Wenn Sie Ihre Variablennamen übersichtlich und auch sprechend definieren möchten, empfiehlt sich folgende Schreibweise:

```
Dim TextMeldungFürFehler as String
```

Hier geht aus dem Namen der Variablen klar hervor, für was die Variable eingesetzt werden soll. Als zweiter Punkt ist die Variable durch die Schreibweise leicht lesbar.

3.1.2 Variablen am Beginn vom Makro deklarieren

INFO

Variablen werden immer zu Beginn eines Makros deklariert, also nach der `Sub`*-Zeile. Dabei spricht man von* ***lokalen*** *Variablen. Diese Variablen können nur in dem Makro verwendet werden, in dem sie deklariert wurden. Nachdem ein Makro durchgelaufen ist, wird diese Variable wieder aus dem Speicher gelöscht.*

Von **globalen** Variablen spricht man, wenn Sie diese allgemein gültig, also in mehreren Makros verwenden möchten. Dann muss die Variablendeklaration vor der `Sub`-Zeile stattfinden.

!! STOP

Globale Variablen können gleich für mehrere Makros verwendet werden. Diese werden nach dem Ende eines Makros auch nicht gelöscht und behalten ihren aktuellen Wert bei. Es gibt Beispiele, bei denen diese Vorgehensweise auch sinnvoll ist. In den meisten Fällen sollten globale Variablen aber weitestgehend vermieden werden, da sie wertvollen Speicherplatz auf dem Stapelspeicher belegen, was sich negativ auf das Laufverhalten von Makros auswirken kann.

Eine Variablendeklaration beginnt immer mit der Anweisung `Dim`, gefolgt von einem Variablennamen, den Sie frei wählen können. Danach geben Sie mit dem Schlüsselwort `As` an, welchen Datentyp die Variable erhalten soll. Eine Tabelle mit den gängigsten Datentypen sehen Sie weiter unten im Kapitel.

3.1.3 Variablendeklarationen erzwingen

Sie können Excel so einstellen, dass jede verwendete Variable deklariert sein muss. Vorher läuft dann kein einziges Makro an, sofern es mit Variablen arbeitet, die zuvor nicht deklariert wurden. Um diese wichtige Einstellung vorzunehmen, wechseln Sie in die Entwicklungsumgebung und wählen den Befehl EXTRAS/OPTIONEN. Aktivieren Sie das Blattregister EDITOR und aktivieren Sie das Kontrollkästchen VARIABLENDEKLARATION ERFORDERLICH.

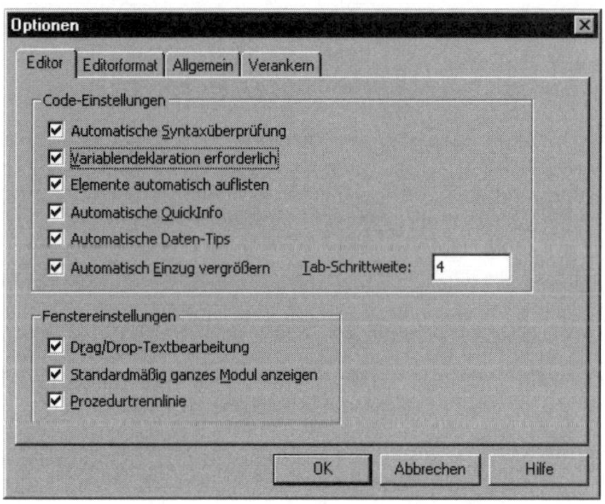

Abbildung 3.1: *Lieber auf Nummer Sicher gehen und alle Variablen definieren*

INFO

Was bewirkt diese Einstellung aber genau? Immer wenn Sie ein neues Modul einfügen, wird die Anweisung `Option Explicit` *in die erste Zeile Ihres Modulblattes automatisch eingefügt. Diese Anweisung können Sie selbstverständlich auch von Hand erfassen. Die Anweisung bedeutet nichts anders, als dass verwendete Variablen im Code vorher deklariert werden müssen. Vorher läuft gar nichts!*

3.1.4 Die wichtigsten Variablentypen

Die beiden wichtigsten Variablentypen sind zum einen die Variable vom Typ `String` und zum anderen die `Integer`-Variable. In einer Variablen von Typ `String` können Sie Texte zwischenspeichern, manipulieren und ausgeben. In einer Variablen vom Typ `Integer` führen Sie mathematische Berechnungen aus. Integer-Variablen werden oft als Zähler in Schleifen verwendet, die Sie im weiteren Verlauf des Buches noch kennen lernen werden.

Entnehmen Sie der Tabelle 3.1 die gängigsten Variablentypen und deren Speicherbedarf:

Tabelle 3.1: Die Datentypen für die Programmierung

Variablen-Typ	Wertebereich/Speicherbedarf
`Byte`	ganze Zahlen zwischen 0 und 255 (1Byte)
`Boolean`	Wahrheitswert, entweder True oder False (2 Bytes)
`Currency`	Währungs-Datentyp: Festkommazahlen mit 15 Stellen vor und 4 Stellen nach dem Komma. (8 Bytes)
`Date`	Datums- und Zeit-Datentyp (8 Bytes)
`Double`	Fließkommazahlen mit einer Genauigkeit von 16 Stellen hinterm Komma. (8 Bytes)
`Integer`	ganze Zahlen zwischen -32768 und +32767 (2 Bytes)
`long`	ganze Zahlen im Wertebereich von -2.147.483.648 und + 2.147.483.647 (4 Byte)
`object`	Datentyp gibt einen Verweis auf ein Objekt wieder (4 Bytes)
`single`	Fließkommazahlen mit einer Genauigkeit von 8 Stellen hinterm Komma. (4 Bytes)
`string`	der Datentyp für alle Texte (10 Bytes)
`variant`	Standarddatentyp, wird automatisch gewählt, wenn kein anderer Datentyp definiert ist. (16 Bytes)

Im weiteren Verlauf dieses Buches werden Sie die verschiedenen Datentypen im Praxiseinsatz sehen.

STOP

Einen weiteren Vorteil, Variablen zu deklarieren, möchte ich Ihnen nicht vorenthalten. Wenn Sie vergessen, Variablen zu deklarieren, und auch nicht die Anweisung `Option explicit` *gesetzt haben, gehen Sie sehr verschwenderisch mit Ihrem Speicher um. Wird für eine Variable kein Datentyp angegeben, wird automatisch der Datentyp* `Variant` *verwendet. Wegen seines hohen Speicherbedarfs von 16 Byte ist er aber nicht zu empfehlen.*

3.1.5 Noch kürzere Deklaration von Variablen

Wenn Sie nach und nach geübter in der Programmierung werden, möchten Sie möglicherweise die Variablennamen nicht mehr ganz so lang schreiben und auch bei der Datentypenanweisung weniger Schreibarbeit haben. Sehen Sie sich dazu einmal folgende Tabelle an:

Ausführlich	Kurzform
Dim Zähler as Integer	Dim Zähler%
Dim Zähler Groß as Long	Dim ZählerGroß&
Dim Betrag as Currency	Dim Betrag@
Dim Meldung as String	Dim Meldung$

Tabelle 3.2: Datentyp-Deklaration noch kürzer

Für jeden oben aufgeführten Datentyp gibt es ein Kurzzeichen, welches Sie einsetzen können, um Programmiercode zu kürzen. Sie sollten aber zumindest am Anfang bei den sprechenden Variablen bleiben.

:-) TIPP

Wenn Sie möchten, können Sie bei der Benennung von Variablen auch jeweils den Namen der Variablen mit einem Kürzel beginnen lassen, welches schon Auskunft über den Datentyp der Variable gibt. So symbolisiert die Variable `str_Meldung` *eindeutig eine Variable vom Datentyp* `String`*, in der Sie Texte zwischenspeichern können. Die Variable* `i_AnzahlGefüllterZellen` *stellt eine Variable vom Typ* `Integer` *dar, in welcher Sie Zahlenwerte verwalten können.*

3.1.6 Die Verwendung von Variablen im Praxisbeispiel

Im folgenden Beispiel sollen Daten von einem Tabellenblatt auf ein anderes übertragen werden. Dazu sollen Sie sprechende Variablen verwenden.

Die dazugehörige Beispieltabelle wird in Abbildung 3.2 dargestellt.

Folgende Aufgaben sollen nun erledigt werden:

- Definieren Sie die benötigten Variablen und verwenden Sie dazu sprechende Variablennamen.
- Übertragen Sie die Zellen in Spalte A Name, Vorname, Straße, PLZ, Ort, Geburtsdatum und Monatsgehalt.
- Das Alter soll errechnet und ausgegeben werden.

- Aus dem Monatsgehalt soll das Jahresgehalt errechnet und ausgegeben werden.
- Die prozentuale Erfolgsbeteiligung 10 Prozent soll ermittelt werden.
- Ein Gesamtverdienst soll berechnet und ausgegeben werden.

Abbildung 3.2: Die Ausgangstabelle

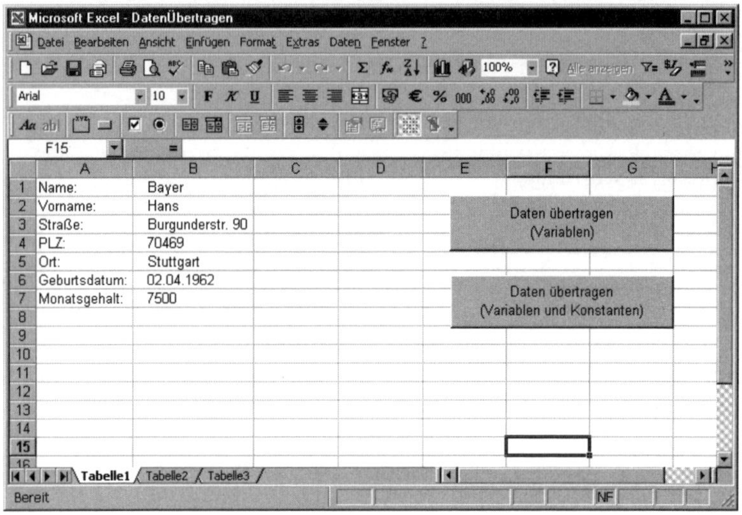

CD-ROM

Das dazugehörige Beispiel finden Sie auf der beiliegenden CD im Verzeichnis KAP03 *unter dem Namen* DATENÜBERTRAGEN.XLS.

Das Makro für diese Aufgabe sieht wie folgt aus:

Listing 3.1: Daten übertragen mit Variablen

```
Sub DatenÜbertragen()
Dim Name As String
Dim Vorname As String
Dim Straße As String
Dim PLZ As String
Dim Ort As String
Dim GebDatum As Date
Dim Alter As Integer
Dim Monatsgehalt As Currency
Dim Jahresgehalt As Currency
Dim Erfolgsbeteiligung As Currency
Dim Gesamtverdienst As Currency

Sheets("Tabelle1").Activate
'Zuweisen der Zellinhalte an die Variablen
```

```
Name = Range("B1").Value
Vorname = Range("B2").Value
Straße = Range("B3").Value
PLZ = Range("B4").Value
Ort = Range("B5").Value
GebDatum = Range("B6").Value
Monatsgehalt = Range("B7").Value
'Wechsel auf Ziel-Tabellenblatt
Sheets("Tabelle2").Select
'Einfügen der Variablen in die Zellen
Range("B1").Value = Name
Range("B2").Value = Vorname
Range("B3").Value = Straße
Range("B4").Value = PLZ
Range("B5").Value = Ort
Range("B6").Value = GebDatum
Range("B8").Value = Monatsgehalt
'Alter ausrechnen
Alter = Date - GebDatum
Range("B7").Value = Round((Alter / 360), 0)
'Jahresgehalt errechnen
Jahresgehalt = Monatsgehalt * 12
Range("B9").Value = Jahresgehalt
'Erfolgsbeteiligung errechnen
Erfolgsbeteiligung = Jahresgehalt * 1.1 - Jahresgehalt
Range("B10").Value = Erfolgsbeteiligung
'Gesamtverdienst errechnen
Gesamtverdienst = Jahresgehalt + Erfolgsbeteiligung
Range("B11").Value = Gesamtverdienst
End Sub
```

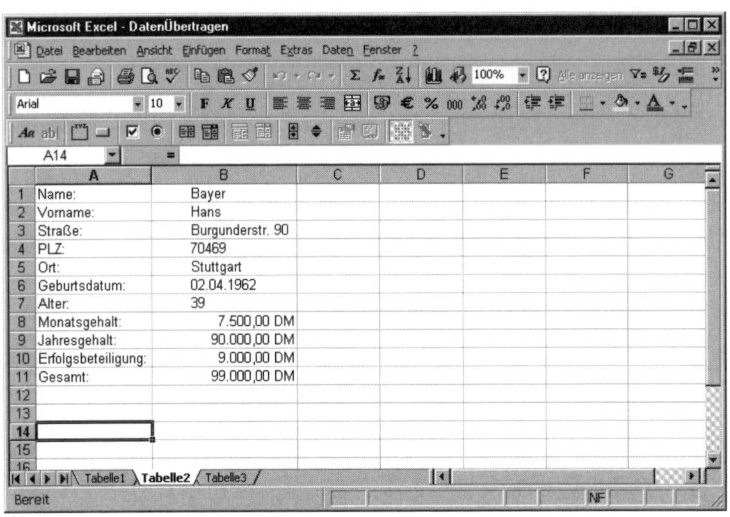

Abbildung 3.3: Die Daten wurden übertragen und ergänzt

3.1.7 Alter ermitteln

Nach der Deklaration der Variablen werden diese mit den Inhalten der einzelnen Zellen gefüllt. Danach wird das Alter des Mitarbeiters errechnet. Dazu wird die Anweisung `Date` herangezogen. Das Alter ergibt sich, wenn Sie vom heutigen Datum das Geburtsdatum subtrahieren. Excel setzt intern Datumsangaben in Zahlen um. Wenn man das 1900-Datumsystem von Excel heranzieht, bedeutet dies, dass der 1. Januar 1900 mit der Zahl 1 gleichgesetzt wird. Von nun an wird weiter gezählt. So entspricht z.B. der 19. März 2000 der Zahl 36604. Demnach wird also mit Tagen gerechnet. Im zweiten Schritt möchten Sie aus den ermittelten Tagen, die seit der Geburt des Mitarbeiters und dem heutigen Datum vergangen sind, die Anzahl der Jahre ermitteln. Dazu gehen Sie von der Prämisse aus, dass ein Jahr 360 Tage hat. Demnach dividieren Sie also die ermittelten Tage mit der Konstanten 360 und erhalten so die Anzahl der Lebensjahre des Mitarbeiters. Jetzt möchten Sie aber keine Nachkommastellen mit ausgeben und setzen die Funktion `Round` ein. Da Sie keine Nachkommastellen wünschen, geben Sie als zweites Argument die Zahl 0 ein.

3.1.8 Jahresgehalt und Erfolgsbeteiligung errechnen

Als nächste Aufgabe ermitteln Sie aus dem Monatsgehalt des Mitarbeiters das Jahresgehalt. Dazu multiplizieren Sie den Monatswert mit dem Multiplikator 12 oder 13, je nach Fall. Danach errechnen Sie ausgehend vom Jahresgehalt die Erfolgsbeteiligung, die im Beispiel bei 10 Prozent liegt. Hierfür wird das Jahresgehalt mit der Konstanten 1.1 multipliziert, anschließend dann das Jahresgehalt subtrahiert. Am Ende summieren Sie Jahresgehalt und die Erfolgsbeteiligung und geben die Summe in Zelle B11 aus.

STOP

Sollten Sie einmal nach dem Starten eines Makros die Fehlermeldung »Code kann nicht im Haltemodul ausgeführt werden« erhalten, müssen Sie das Makro zurücksetzen. Dazu wählen Sie in der Entwicklungsumgebung den Menübefehl AUSFÜHREN/ZURÜCKSETZEN.

3.2 Die Verwendung von Konstanten

Im Gegensatz zu den Variablen ändern die Konstanten ihre Werte nie und bleiben während der Programmausführung immer konstant. Auch hier wird zwischen lokalen und globalen Konstanten unterschieden. Globale Konstanten werden außerhalb der einzelnen

Makros definiert und sind damit für alle Makros im Modul verwendbar. Lokale Konstanten hingegen gelten nur in dem Makro, in welchem sie definiert wurden. Wie schon bei den Variablen sollten Sie darauf achten, nicht allzu viele globale Konstanten zu verwenden, da sich dies merkbar auf Ihren Speicher auswirkt.

Anbei folgen ein paar typische Deklarationen mit Konstanten:

```
Const Arbeitsmappe = "Mappe1.xls"
Const StartDatum = #1/1/1999#
Const Fehlermeldung1 = "Fehler beim Drucken aufgetreten!"
Const MWST = 1.16
```

Was kann hier noch verbessert werden? Was für die Variablen gilt, hat auch bei den Konstanten Konsequenzen. In den obigen Beispielen ist noch nicht erklärt worden, welche Datentypen verwendet werden sollen. Momentan wird in allen vier Beispielen der Datentyp `Variant` eingesetzt. Es geht auch etwas genauer und speichersparender:

```
Const Arbeitsmappe as String = "Mappe1.xls"
Const StartDatum As Date = #1/1/1999#
Const Fehlermeldung1 as String = "Fehler beim Drucken!"
Const MWST as Single = 1.16
```

3.2.1 Das Praxisbeispiel mit Einsatz von Konstanten

In der letzten Aufgabe haben Sie schon Konstanten verwendet, allerdings wurden diese Konstanten (Name der Tabellenblätter, 360 Tage pro Jahr, Prozentsatz für die Erfolgsbeteiligung, Anzahl der Monate, die für die Ermittlung des Jahresgehaltes herangezogen werden) mitten im Code eingebaut. Dies ist nicht vorteilhaft, da eine Änderung am Programmcode so recht mühsam ist. Definieren Sie diese konstanten Werte gleich zu Beginn Ihres Makros. So können Sie bei Bedarf schnell Änderungen vornehmen. Diese Deklaration der Konstanten sieht dann wie folgt aus:

```
Const EingabeTab as String = "Tabelle1"
Const AusgabeTab as String  = "Tabelle2"
Const AnzTageProJahr as Integer = 360
Const AnzMonate as Integer = 12
Const Erfolgsbet as Single = 1.1
```

Alle Änderungen können nun gleich zu Beginn des Makros übersichtlich vorgenommen werden. Durch die Einführung von Konstanten ändert sich auch am übrigen Programmcode einiges. Die einzelnen Elemente werden dann über die Konstanten angesprochen. Sehen Sie das Endergebnis:

CD-ROM

Das dazugehörige Beispiel finden Sie auf der beiliegenden CD im Verzeichnis KAP03 *unter dem Namen* DATENÜBERTRAGEN.XLS.

***Listing 3.2:** Daten übertragen mit Variablen und Konstanten*

```
Sub DatenÜbertragenII()
Dim Name As String
Dim Vorname As String
Dim Straße As String
Dim PLZ As String
Dim Ort As String
Dim GebDatum As Date
Dim Alter As Integer
Dim Monatsgehalt As Currency
Dim Jahresgehalt As Currency
Dim Erfolgsbeteiligung As Currency
Dim Gesamtverdienst As Currency
Const EingabeTab as string = "Tabelle1"
Const AusgabeTab as string = "Tabelle2"
Const AnzTageProJahr as integer = 360
Const AnzMonate as integer = 12
Const Erfolgsbet as Single = 1.1

Sheets(EingabeTab).Select
'Zuweisen der Zellinhalte an die Variablen
Name = Range("B1").Value
Vorname = Range("B2").Value
Straße = Range("B3").Value
PLZ = Range("B4").Value
Ort = Range("B5").Value
GebDatum = Range("B6").Value
Monatsgehalt = Range("B7").Value
'Wechsel auf Ziel-Tabellenblatt
Sheets(AusgabeTab).Select
'Einfügen der Variablen in die Zellen
Range("B1").Value = Name
Range("B2").Value = Vorname
Range("B3").Value = Straße
Range("B4").Value = PLZ
Range("B5").Value = Ort
Range("B6").Value = GebDatum
Range("B8").Value = Monatsgehalt
'Alter ausrechnen
Alter = Date - GebDatum
Range("B7").Value = Round((Alter / AnzTageProJahr), 0)
'Jahresgehalt errechnen
Jahresgehalt = Monatsgehalt * AnzMonate
Range("B9").Value = Jahresgehalt
```

```
'Erfolgsbeteiligung errechnen
Erfolgsbeteiligung = _
Jahresgehalt * Erfolgsbet - Jahresgehalt
Range("B10").Value = Erfolgsbeteiligung
'Gesamtverdienst errechnen
Gesamtverdienst = Jahresgehalt + Erfolgsbeteiligung
Range("B11").Value = Gesamtverdienst
End Sub
```

:-) TIPP

Die Definition von Variablen oder (nicht-globale) Konstanten findet im direkten Anschluss an die erste Zeile des Makros statt. Die Schreibweise dieser Variablen und Konstanten gilt dann für das gesamte Makro. Wurde also z.B. nach der Anweisung `Dim` *ein Variablenname mit einem großen Buchstaben begonnen und im weiteren Verlauf dieselbe Variable dann in Kleinschreibweise eingegeben, so wird diese Variable automatisch an die Schreibweise der oben definierten Variable angepasst.*

Sprachelemente in VBA in der praktischen Anwendung

Kapitel 4

Das Wesentliche, was eine Programmiersprache ausmacht, sind deren Sprachelemente. In diesem Kapitel erfahren Sie, wie Sie mit Hilfe von Abfragen, Schleifen und anderen Anweisungen Ihre Programme flexibel gestalten können. Diese Sprachelemente lassen sich nicht mit dem Makrorekorder aufzeichnen und müssen von Ihnen selbst erstellt werden. Der richtige Einsatz der Sprachelemente macht letztendlich die Kunst der Programmierung aus.

Sie finden alle Beispiele auf der mitgelieferten CD in der Datei SPRACHELEMENTE.XLS.

CD-ROM

4.1 Verzweigungen

Mit Verzweigungen können Sie in Excel bestimmte Zustände abfragen und je nach Zustand anders reagieren.

4.1.1 Schriftschnitte abfragen

Fragen Sie im nächsten Beispiel nach, ob eine Zelle den Schriftschnitt Fett enthält und geben Sie je nach Ergebnis eine Meldung auf dem Bildschirm aus.

***Listing 4.1:** Schriftschnitte ermitteln*

```
Sub SchriftschnittFett()
 Sheets("Verzweigungen").Activate
 Range("A1").Select
 If ActiveCell.Font.Bold = True _
 Then MsgBox "Schriftschnitt Fett" _
```

```
 Else MsgBox "Schriftschnitt nicht Fett"
End Sub
```

Selbstverständlich können Sie in der Abfrage auch mehrere Zustände abfragen. Dazu verwenden Sie zwischen den beiden Abfragen entweder den Operator `And`, wenn beide Bedingungen erfüllt sein müssen, bzw. den Operator `Or`, wenn nur eine von beiden Bedingungen erfüllt sein muss. So fragen Sie im nächsten Beispiel ab, ob eine Zelle mit dem Schriftschnitt Fett und der Schriftfarbe Rot formatiert ist.

Listing 4.2: Schriftschnitt und Schriftfarbe abfragen

```
Sub SchriftschnittFettUndFarbeRot()
 Sheets("Verzweigungen").Activate
 Range("A1").Select
 If ActiveCell.Font.Bold = True _
And ActiveCell.Font.ColorIndex = 3 _
 Then MsgBox "Schriftschnitt Fett und Schriftfarbe Rot" _
 Else MsgBox "Einer der beiden Zustände trifft nicht zu!"
End Sub
```

Im zweiten Fall erstellen Sie eine Abfrage, in der die Zelle B1 entweder die Schriftfarbe Rot oder den Schriftschnitt Kursiv erhalten muss.

Listing 4.3: Schriftschnitt und Schriftfarbe abfragen

```
Sub SchriftschnittKursivOderFarbeRot()
 Sheets("Verzweigungen").Activate
 Range("A2").Select
 If ActiveCell.Font.Italic = True _
Or ActiveCell.Font.ColorIndex = 3 _
 Then MsgBox "Eine der beiden Bedingungen trifft zu!" _
 Else MsgBox "Keine der beiden Bedingungen trifft zu!"
End Sub
```

4.1.2 Zellen auf Werte prüfen

Wenn Sie gezielt nach Werten in den Zellen fragen möchten, prüfen Sie vorher, ob die Zelle einen numerischen Wert aufweist. Dazu setzen Sie die Funktion `IsNumeric` ein.

Listing 4.4: Prüfung von Zellen auf numerischen Inhalt

```
Sub WerteÜberprüfen()
 Sheets("Verzweigungen").Activate
 Range("A3").Select
 If IsNumeric(ActiveCell.Value) _
 Then MsgBox "In Zelle " & ActiveCell.Address & _
" steht ein numerischer Wert!" _
 Else MsgBox "Zelle " & ActiveCell.Address & _
" steht ein Textwert!"
End Sub
```

:-) TIPP

Neben der Funktion `IsNumeric` *gibt es weitere Funktionen, mit denen Sie Ihre Daten prüfen können. Eine davon ist die Funktion* `IsDate`*. Die Funktion* `IsDate` *gibt den Wert* `True` *zurück, wenn der Ausdruck ein Datum ist oder in ein gültiges Datum umgewandelt werden kann. Andernfalls wird der Wert* `False` *zurückgegeben. In Windows liegen gültige Datumswerte im Bereich vom 1. Januar 100 n.Chr. bis 31. Dezember 9999 n.Chr. vor. Auf anderen Betriebssystemen können andere Bereiche gelten.*

4.1.3 Zellen auf Datumswerte prüfen

Im folgenden Beispiel wird in der Eintrag in Zelle A4 überprüft.

Listing 4.5: Zellen auf Datumswert prüfen

```
Sub ZelleAufDatumswertPrüfen()
 Sheets("Verzweigungen").Activate
 Range("A4").Select
 If IsDate(ActiveCell.Value) Then _
 MsgBox "Gültiges Datum in Zelle " & ActiveCell.Address _
 Else MsgBox "Es handelt sich um kein gültiges Datum!"
End Sub
```

Hin und wieder müssen Sie über ein Makro prüfen, ob eine Zelle bereits einen Wert enthält. Hierzu setzen Sie die Funktion `IsEmpty` ein oder geben folgende Zeile ein.

```
If ActiveCell.Value="" then .
```

Die elegantere Variante sieht wie folgt aus:

Listing 4.6: Zelle auf Inhalt prüfen

```
Sub ZelleLeer()
 Sheets("Verzweigungen").Activate
 Range("A5").Select
 If IsEmpty(ActiveCell) Then MsgBox "Die Zelle " & _
 ActiveCell.Address & " ist leer" _
 Else MsgBox "Zelle enthält den Wert: " & ActiveCell.Value
End Sub
```

4.1.4 Verzweigungen in Blöcken einteilen

Bei den bisherigen Beispielen haben Sie jeweils eine Aktion im `Then`- bzw. `Else`-Zweig ausgeführt. Wenn Sie mehrere Anweisungen innerhalb einer Bedingung ausführen möchten, müssen Sie die Anweisungen in einem Block zusammenfassen.

4.1.5 Zeilen ausblenden

Im nächsten Beispiel soll auf dem Tabellenblatt VERZWEIGUNGEN die erste Zeile ausgeblendet werden, sofern in Zelle A1 der Buchstabe X steht. Danach soll der Mauszeiger um eine Zelle nach unten positioniert werden. Für den Fall, dass in Zelle A1 ein anderer Eintrag steht, soll der Inhalt der Zelle gelöscht und der Mauszeiger eine Zelle nach rechts positioniert werden.

Listing 4.7: Zeilen ausblenden bei Bedingung

```
Sub ZeileAusblenden()
  Sheets("Verzweigungen").Activate
  Range("A1").Select
  If ActiveCell.Value = "X" Then
  Selection.EntireRow.Hidden = True
  ActiveCell.Offset(1, 0).Select
  Else
  ActiveCell.Clear
  ActiveCell.Offset(0, 1).Select
  End If
End Sub
```

4.1.6 Mehrere Verzweigungen verschachteln

Selbstverständlich können Sie mehrere Bedingungen ineinander verschachteln. Zur Verdeutlichung der Funktionsweise soll die Zelle A10 im Tabellenblatt VERZWEIGUNGEN überwacht werden. Je nach Wert der Zelle soll in der Nebenzelle ein Eintrag vorgenommen werden.

Listing 4.8: Mehrere Farben in einer IF-Anweisung abfragen

Wertprüfung durchführen

```
Sub VerschachteltesIF()
Sheets("Verzweigungen").Activate
Range("A10").Select
If ActiveCell.Value < 10 Then
 ActiveCell.Offset(0, 1).Value = "In Ordnung"
 ActiveCell.Interior.ColorIndex = xlColorIndexNone
  ElseIf ActiveCell.Value <= 15 Then
   ActiveCell.Offset(0, 1).Value = "langsam kritisch"
   ActiveCell.Interior.ColorIndex = xlColorIndexNone
    ElseIf ActiveCell.Value >= 16 Then
     ActiveCell.Offset(0, 1).Value = "zu hoch"
     ActiveCell.Interior.ColorIndex = 3
 End If
End Sub
```

Bei einem Wert über 16 wird der Zellenhintergrund automatisch mit der Farbe Rot gefüllt.

4.2 Die Anweisung Select Case für mehr Übersicht

Wie Sie sehen, ist das Makro in Listing 4.8 doch recht unübersichtlich. Eine bessere Lösung, diese Aufgabe umzusetzen, ist die Verwendung eines anderen Sprachelementes, nämlich der `Select Case`-Anweisung.

Listing 4.9: Mehrere Farben in einer übersichtlichen CASE-Anweisung abfragen

Elegante Wertprüfung durchführen

```
Sub SelectCase()
 Sheets("Verzweigungen").Activate
 Range("A10").Select
 Select Case ActiveCell.Value
  Case Is < 10
    ActiveCell.Offset(0, 1).Value = "In Ordnung"
    ActiveCell.Interior.ColorIndex = xlColorIndexNone
  Case Is <= 15
    ActiveCell.Offset(0, 1).Value = "langsam kritisch"
    ActiveCell.Interior.ColorIndex = xlColorIndexNone
  Case Is >= 16
   ActiveCell.Offset(0, 1).Value = "zu hoch"
   ActiveCell.Interior.ColorIndex = 3
 End Select
End Sub
```

Die Tabelle 4.1 enthält eine Liste der Vergleichsoperatoren und die Bedingungen, unter denen das Ergebnis `True`, `False` oder `0` wird:

Tabelle 4.1: Die Vergleichsoperatoren in Excel

Vergleichsoperator	Erklärung
<	Kleiner als
<=	Kleiner oder gleich
>	Größer als
>=	Größer oder gleich
=	Gleich
<>	Ungleich

4.2.1 Indizes in Farben umsetzen

Im nächsten Beispiel werden mit Hilfe der `Select Case`-Anweisung Farben anhand des Farbindex umgesetzt. Wie Sie bereits erfahren haben, hat jede Farbe in Excel eine eindeutige Nummer. Ausgehend von der Nummer, die in Zelle A15 steht, wird die dazugehörige Farbe in der Nebenzelle B15 angezeigt.

Listing 4.10: Farbindizes ermitteln

```
Sub FarbenIndexUmsetzen()
 Sheets("Verzweigungen").Activate
 Range("A15").Select
Select Case ActiveCell.Value
 Case 1 'schwarz
  ActiveCell.Offset(0, 1).Interior.ColorIndex = 1
 Case 2 'weiß
   ActiveCell.Offset(0, 1).Interior.ColorIndex = 2
 Case 3 'rot
   ActiveCell.Offset(0, 1).Interior.ColorIndex = 3
 Case 4 'hellgrün
   ActiveCell.Offset(0, 1).Interior.ColorIndex = 4
 Case 5 'blau
   ActiveCell.Offset(0, 1).Interior.ColorIndex = 5
 Case 6 'gelb
   ActiveCell.Offset(0, 1).Interior.ColorIndex = 6
 Case 7 'violett
   ActiveCell.Offset(0, 1).Interior.ColorIndex = 7
 Case 8 'hellblau
   ActiveCell.Offset(0, 1).Interior.ColorIndex = 8
 Case 9 'braun
   ActiveCell.Offset(0, 1).Interior.ColorIndex = 9
 Case 10 'dunkelgrün
   ActiveCell.Offset(0, 1).Interior.ColorIndex = 10
 Case Else
   MsgBox "Dieser Index ist im Makro nicht zugeordnet!"
   ActiveCell.Offset(0, 1).Interior.ColorIndex = _
   xlColorIndexNone
End Select
End Sub
```

REF

Wie Sie dieses Makro noch besser automatisieren können, sodass die Farbe sich sofort nach der Eingabe des Index automatisch anpasst, erfahren Sie im Kapitel 12.

4.2.2 Zahlen in Texte umwandeln

In der nächsten Aufgabe werden Zahlen in Texte umgesetzt. Ausgewertet wird die Zelle A20. Die Zahlen 1 bis 10 sollen in Form der Texte Eins bis Zehn in der Nebenzelle B21 ausgegeben werden. Im Fall, dass eine Zahl außerhalb des Gültigkeitsbereiches in der Zelle steht, soll der Buchstabe X mit der Formatierungsoption `xLFill` in die Nebenzelle eingefügt werden. Diese Option bewirkt, dass der Buchstabe so oft wiederholt wird, bis die ganze Zelle damit ausgefüllt ist. Wahrscheinlich haben Sie diese Art von Formatierung schon einmal auf bestimmten Bankformularen gesehen.

Listing 4.11: Zahleneingaben in ausgeschriebene Texte umwandeln

```
Sub ZahlenInTextUmsetzen()
 Sheets("Verzweigungen").Activate
 Range("A20").Select
 ActiveCell.Offset(0, 1).HorizontalAlignment = xlGeneral
 Select Case ActiveCell.Value
   Case 1: ActiveCell.Offset(0, 1).Value = "Eins"
   Case 2: ActiveCell.Offset(0, 1).Value = "Zwei"
   Case 3: ActiveCell.Offset(0, 1).Value = "Drei"
   Case 4: ActiveCell.Offset(0, 1).Value = "Vier"
   Case 5: ActiveCell.Offset(0, 1).Value = "Fünf"
   Case 6: ActiveCell.Offset(0, 1).Value = "Sechs"
   Case 7: ActiveCell.Offset(0, 1).Value = "Sieben"
   Case 8: ActiveCell.Offset(0, 1).Value = "Acht"
   Case 9: ActiveCell.Offset(0, 1).Value = "Neun"
   Case 10: ActiveCell.Offset(0, 1).Value = "Zehn"
   Case Else
       MsgBox "Diese Zahl kennt das Makro nicht!"
       ActiveCell.Offset(0, 1).Value = "X"
       ActiveCell.Offset(0, 1).HorizontalAlignment = xlFill
End Select
End Sub
```

4.2.3 Formate prüfen mit VBA

Die `Select Case`-Anweisung können Sie auch verwenden, um zu prüfen, welches Format eine bestimmte Zelle hat.

Listing 4.12: Zahlenformate prüfen

```
Sub FormatErkennen()
 Sheets("Verzweigungen").Activate
 Range("A25").Select
 Select Case ActiveCell.NumberFormat
    Case "General"
     MsgBox "Das Standardformat"
    Case "0.00"
      MsgBox "Einfache Zahl mit zwei Nachkommastellen"
    Case "#,##0.00"
      MsgBox "Zahl mit Trennzeichen und 2 Nachkommastellen"
    Case "@"
      MsgBox "Textformat"
    Case Else
      MsgBox "Format wurde nicht erkannt"
 End Select
End Sub
```

4.2.4 Fensterstatus ermitteln

Wenn Sie in die obere linke Ecke Ihres Fensters sehen, werden Sie drei Symbole erkennen. Diese drei Symbole stellen den Status Ihres Arbeitsfensters dar. Welcher Status gerade Ihrem Fenster entspricht, können Sie über die `Select Case`-Anweisung herausfinden.

Listing 4.13: Fensterstatus ermitteln

```
Sub FensterStatusErmitteln()
Dim Str As String
    Select Case Application.WindowState
        Case xlMaximized
            Str = "xlMaximized"
        Case xlMinimized
            Str = "xlMinimized"
        Case xlNormal
            Str = "xlNormal"
    End Select
    MsgBox "Das Fenster ist gerade: " & Str
End Sub
```

4.2.5 Makro bei ungültigem Wert beenden

Im letzten Beispiel mit der Anweisung `Select Case` geht es darum, den Wert in Zelle A30 zu überprüfen. Steht in dieser Zelle der Buchstabe A, B oder C, wird das Makro fortgesetzt. Weist die Zelle jedoch einen anderen Wert auf, wird das Makro sofort abgebrochen.

Listing 4.14: Gültigkeiten abfragen mit der CASE-Anweisung bei Unterscheidung von Groß- und Kleinschreibung

```
Sub GültigkeitenAbfragen()
 Sheets("Verzweigungen").Activate
 Range("A30").Select
 Select Case ActiveCell.Value
  Case Is = "A", "B", "C"

  Case Else
       MsgBox "Ende des Makros"
       Exit Sub
 End Select
  MsgBox "Das Makro geht weiter..."
     'weitere Befehle...

End Sub
```

:-) TIPP

Übrigens wird im letzten Makro (siehe Listing 4.14) die Groß- und Kleinschreibung unterschieden. Nur die korrekte Schreibweise liefert das gewünschte Ergebnis. Möchten Sie erreichen, dass Excel zwischen Groß- und Kleinschreibung nicht unterscheidet, ergänzen Sie obiges Makro noch um die Kleinschreibweise der Buchstaben oder setzen Sie die Funktion `UCase` ein.

Listing 4.15: Gültigkeiten abfragen bei Ignorierung von Groß- und Kleinschreibung

```
Sub GültigkeitenAbfragenII()
 Sheets("Verzweigungen").Activate
 Range("A30").Select
 Select Case UCase(ActiveCell.Value)
  Case Is = "A", "B", "C"
```

```
  Case Else
       MsgBox "Ende des Makros"
       Exit Sub
 End Select
  MsgBox "Das Makro geht weiter..."
     'weitere Befehle...
End Sub
```

Die Funktion `Ucase` wandelt Kleinbuchstaben automatisch in Großbuchstaben um. Analog dazu wandelt die Funktion `Lcase` Großbuchstaben in Kleinbuchstaben um.

4.3 Schleifen in Excel praxisgerecht einsetzen

Schleifen werden in Excel dazu verwendet, um Abläufe mehrmals hintereinander durchzuführen. Die Schleifen werden so lange durchlaufen, bis eine oder mehrere Bedingungen zutreffen, die dann ein Abbruch der Schleife bewirken. Je nach verwendeter Schleife findet die Abbruch-Prüfung am Anfang der Schleife bzw. am Ende der Schleife statt. Lernen Sie auf den nächsten Seiten klassische Beispiele für den sinnvollen Einsatz von Schleifen kennen.

4.3.1 Tabellenblätter einfügen

Im ersten Beispiel sollen in eine neue Arbeitsmappe genau 50 Tabellenblätter eingefügt werden. Manuell wäre das ein wenig mühselig. Leichter geht es mit Hilfe einer `For Next`-Schleife.

Listing 4.16:* *Neue Tabellenblätter einfügen

```
Sub TabellenblätterAnlegen()
Dim i As Integer
  Workbooks.Add
  For i = 1 To 50
     Worksheets.Add
  Next i
End Sub
```

INFO

Die Tabellenblätter haben den Namen TABELLE1 *bis* TABELLE(N), *je nachdem wie hoch Sie den Wert für die Tabellenblätter standardmäßig unter* EXTRAS/OPTIONEN/ALLGEMEIN *eingestellt haben.*

4.3.2 Tabellenblätter benennen

Jetzt möchten Sie den neu eingefügten Tabellenblättern andere Namen geben. Dabei soll als Tabellenblattname Ihr eigener Namen mit dem Zusatz einer fortlaufenden Nummer gewählt werden.

Listing 4.17: Mehrere Tabellenblätter mit fortlaufender Nummerierung benennen

```
Sub TabellenNamenFestlegen()
Dim i As Integer
  For i = 1 To 50
      Worksheets(i).Name = Application.UserName & i
  Next i
End Sub
```

Abbildung 4.1: Eine eigene Benennung mit fortlaufender Nummerierung

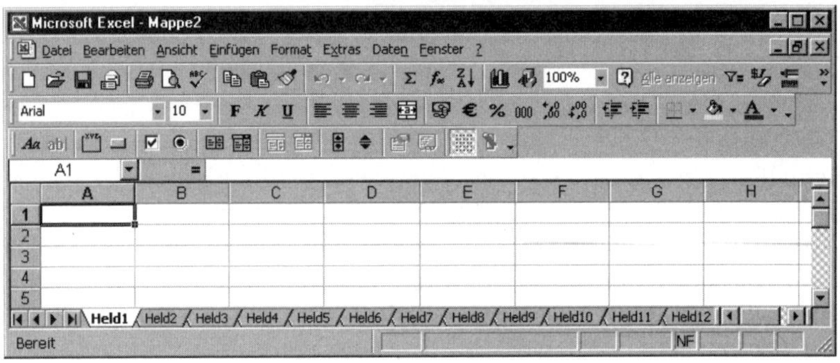

4.3.3 Jede zweite Zeile ausblenden

Im nächsten Beispiel soll auf einem Tabellenblatt jede zweite Zeile ausgeblendet werden. Dabei sollen lediglich die ersten 20 Zeilen betroffen sein. Realisieren können Sie diese Aufgabe mit folgendem Makro:

Listing 4.18: Jede zweite Zeile ausblenden

```
Sub JedeZweiteZeileAusblenden()
Dim i As Integer
 Sheets("Schleifen").Activate
    For i = 1 To 20 Step 2
        Rows(i).Hidden = True
    Next i
End Sub
```

Setzen Sie die Eigenschaft `Hidden` auf den Wert `True`, wenn Sie Zeilen ausblenden möchten. Starten Sie dasselbe Makro mit der Anweisung `Rows(i).Hidden = False`, werden Ihre ausgeblendeten Zeilen wieder eingeblendet.

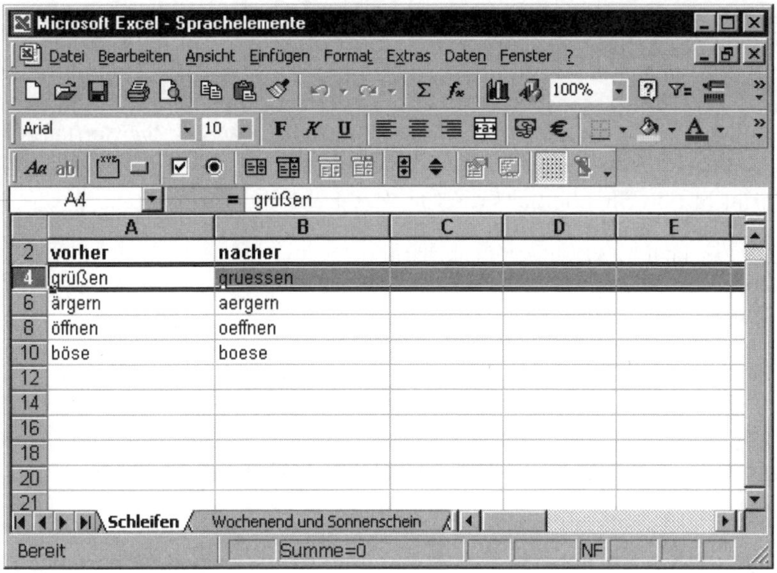

Abbildung 4.2: Jede zweite Zeile ist ausgeblendet

4.3.4 Tabellenblätter pro Arbeitsmappe ermitteln

Wie schon vorher erwähnt, müssen Sie bei dieser Schleife einen Zähler mitlaufen lassen. Wenn Sie die vorherigen Beispiele betrachten, werden Sie feststellen, dass die Zahl nach dem Argument `To` jeweils fix ist. Diesen Wert können Sie aber auch, je nach Aufgabe, variabel halten. So bietet sich der variable Zähler z.B. an, wenn Sie in einer Arbeitsmappe auf jedem Tabellenblatt einen bestimmten Eintrag vornehmen müssen. Das Problem ist jetzt nur, dass Sie nicht davon ausgehen können, dass sich in jeder Mappe gleich viele Tabellenblätter befinden. Also müssen Sie zuerst einmal herausfinden, wie viele Tabellenblätter die Arbeitsmappe enthält.

Listing 4.19: Auf allen Tabellenblättern einen Eintrag vornehmen

```
Sub EintragVornehmen()
Dim i As Integer
 For i = 1 To ActiveWorkbook.Sheets.Count
  Range("E1").Value = Date

 Next
End Sub
```

Mehrere Tabellen mit Datumsfunktion ausstatten

Über die Eigenschaft `Count` ermitteln Sie die Anzahl der Tabellenblätter in der vorliegenden Arbeitsmappe. Genauso oft soll die Schleife durchlaufen werden, die dafür sorgt, dass das aktuelle Datum auf jedem Tabellenblatt in Zelle E1 eingetragen wird.

4.3.5 Passwortvergabe auf allen Tabellenblätter in einer Arbeitsmappe

In Excel können Sie sowohl die Arbeitsmappe als auch einzelne Tabellenblätter vor Veränderungen schützen. Wenn Sie alle Tabellenblätter schützen und dabei dasselbe Passwort verwenden möchten, können Sie ebenfalls die `For Next`-Schleife einsetzen:

Listing 4.20: *Einheitliche Passwortvergabe auf allen Tabellenblättern einer Arbeitsmappe*

```
Sub PasswortAufAllenTabellenblätterSetzen()
Dim i  As Integer
 For i = 1 To Worksheets.Count
   Sheets(i).Protect ("Passwort")
 Next i
End Sub
```

4.3.6 Schutz auf allen Tabellenblättern aufheben

Um alle Tabellenblätter der Arbeitsmappe wieder ändern zu können, heben Sie den Blattschutz mit folgendem Makro wieder auf:

Listing 4.21: *Passwort auf allen Tabellenblättern einer Arbeitsmappe löschen*

```
Sub PasswortLöschenAufAllenTabellenblättern()
Dim i As Integer
    For i = 1 To Worksheets.Count
     Sheets(i).Unprotect ("Passwort")
    Next i
End Sub
```

:-) TIPP

Wenn Sie für jedes Tabellenblatt ein anderes Passwort verwenden möchten, können Sie beispielsweise den jeweils aktuellen Zählerstand verwenden und diesen an das Passwort anhängen.

Listing 4.22: *Dynamisches Passwort in Tabellen setzen*

```
Sub PasswortAufAllenTabellenblätterAnderst()
Dim i  As Integer
 For i = 1 To Worksheets.Count
   Sheets(i).Protect ("Passwort" & i)
 Next i
End Sub
```

Hier lautet das Passwort des ersten Blattes `Passwort1`, das Passwort des zweiten Blattes `Passwort2`, usw. Beim Aufheben dieser Passwörter müssen Sie genauso vorgehen wie beim Setzen der Passwörter.

```
Sub PasswortEntfernenAufAllenTabellenblättern()
Dim i As Integer
    For i = 1 To Worksheets.Count
      Sheets(i).Unprotect ("Passwort" & i)
    Next i
End Sub
```

Listing 4.23: Dynamisches Passwort in Tabellen entfernen

4.3.7 Arbeitsmappen ausdünnen

Auch zum Ausdünnen von Tabellenblättern aus Arbeitsmappen eignet sich diese Schleife sehr gut. So hätten Sie sich z.B. die Aufgabe gestellt, alle Tabellenblätter bis auf das erste Blatt aus einer Arbeitsmappe zu löschen.

```
Sub LöschenAlleTabellenBisAufDieErste()
Dim i As Integer
 Workbooks.Add
 Application.DisplayAlerts = False
 On Error Resume Next
   For i = Worksheets.Count To 1 Step -1
     Sheets(i).Delete
   Next i
End Sub
```

Listing 4.24: Löschen von Tabellenblättern

Die Eigenschaft `DisplayAlerts` setzen Sie auf den Wert `False`. Damit brauchen Sie die Löschung der einzelnen Tabellenblätter nicht jeweils zu bestätigen.

4.3.8 Überschriftenzeile einrichten

Wo können Sie die Eigenschaft `Count` sonst noch einsetzen? Zum Beispiel, um zu ermitteln, wie viele Spalten Sie auf einer Tabelle verwenden. Das folgende Makro erzeugt automatisch eine Überschriftenzeile in Länge der verwendeten Spalten:

```
Sub ÜberschriftenBildenSpalten()
Dim i As Integer
 Sheets("Schleifen").Activate
 Range("A1").Select
 For i = 1 To ActiveSheet.UsedRange.Columns.Count
  ActiveCell.Value = "Nr: " & i
  ActiveCell.Offset(0, 1).Select
 Next i
End Sub
```

Listing 4.25: Überschriften dynamisch bilden

Was für Spalten geht, klappt natürlich auch bei den Zeilen:

```
Sub ÜberschriftenBildenZeilen()
Dim i As Integer
 Sheets("Schleifen").Activate
 Range("A1").Select
```

Listing 4.26: Zeilenüberschrift dynamisch bilden

```
 For i = 1 To ActiveSheet.UsedRange.Rows.Count
  ActiveCell.Value = "Nr: " & i
  ActiveCell.Offset(1, 0).Select
 Next i
End Sub
```

4.3.9 Verdopplung der Werte innerhalb einer Markierung

Im ersten Beispiel der For Each-Schleife sollen innerhalb einer Markierung alle Werte verdoppelt werden.

Listing 4.27: Werte innerhalb eines markierten Bereichs verdoppeln

```
Sub ZellenInMarkierungMultiplizieren()
Const Multi = 2
Dim Zelle As Range

For Each Zelle In Selection
 On Error Resume Next
 Zelle.Value = Zelle.Value * Multi
Next Zelle
End Sub
```

Die On Error-Anweisung sorgt dafür, dass das Makro bei nicht numerischen Zellen sich nicht mit einer Fehlermeldung meldet. So werden numerische Zellen um den Faktor Zwei multipliziert und Textzellen innerhalb der Markierung ignoriert.

4.3.10 Tabellenblatt durchsuchen

Auch bei der Suche nach Daten leistet Ihnen diese Schleife gute Dienste. So sucht das folgende Makro auf dem aktiven Tabellenblatt nach einem Suchbegriff, den Sie vorher in einer Inputbox eingegeben haben. Das Makro klappert nun jede Zelle innerhalb der Markierung ab und stoppt das Makro sofort, wenn es bei der Suche fündig wird. Die gefundene Zelle wird dann markiert. Im Fall, dass das Makro zu keinem Ergebnis kommt, wird eine Meldung auf dem Bildschirm ausgegeben. Vor dem Start des Makros markieren Sie bitte noch den Bereich, in dem Excel nach dem Begriff suchen soll. Wenn Sie die Suche generell auf dem ganzen Tabellenblatt durchführen möchten, ergänzen Sie das folgende Makro nach der Variablendeklaration um den Befehl Cells.select. Damit wird die gesamte Tabelle markiert. Schneller und besser ist es aber, wenn Sie nur im von Ihnen verwendeten Bereich suchen, indem Sie den Befehl ActiveSheet.UsedRange.Select einsetzen.

Listing 4.28: Tabellenblatt durchsuchen

```
Sub DatenSuchen()
Dim Zelle As Range
Dim str As String
    str = InputBox("Bitte geben Sie den Suchbegriff ein!")
    If str = "" Then Exit Sub
    ActiveSheet.UsedRange.Select
    For Each Zelle In Selection
        If Zelle = str Then
            Zelle.Select
            Exit Sub
        End If
    Next Zelle
    MsgBox "Suchbegriff nicht gefunden!"
End Sub
```

Daten suchen (Markierung)

Im obigen Makro wird eine Eingabe vom Benutzer gefordert. Drückt der Anwender in der Inputbox auf die Schaltfläche ABBRECHEN, wird dieses durch die Zeile `If str = "" Then Exit Sub` abgefangen. Die Suche wird dann erst gar nicht begonnen. Im Normalfall, also wenn der Anwender einen Suchbegriff eingibt und mit OK bestätigt, wird innerhalb der Markierung auf dem Tabellenblatt gesucht.

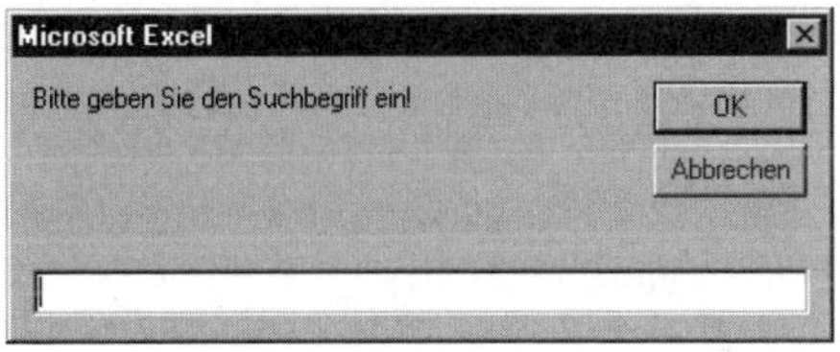

Abbildung 4.3: Geben Sie den Suchbegriff ein

4.3.11 Ganze Arbeitsmappe durchsuchen

Das letzte Beispiel ist auf eine Markierung innerhalb eines Tabellenblattes beschränkt. Möchten Sie die Suche auf die ganze Arbeitsmappe ausdehnen, verwenden Sie das nachfolgende Makro:

Listing 4.29: Ganze Arbeitsmappe durchsuchen

```
Sub DatenSuchenInGanzerArbeitsmappe()
Dim Zelle As Range
Dim Blatt As Worksheet
Dim str As String
   str = InputBox("Bitte geben Sie den Suchbegriff ein!")
   If str = "" Then Exit Sub
   For Each Blatt In ActiveWorkbook.Sheets
    Blatt.Activate
    ActiveSheet.UsedRange.Select
    For Each Zelle In Selection
        If Zelle = str Then
            Zelle.Select
            Exit Sub
```

Daten suchen (Arbeitsmappe)

```
        End If
      Next Zelle
    Next Blatt
    MsgBox "Suchbegriff nicht gefunden!"
End Sub
```

In der Variablendeklaration machen Sie bekannt, dass Sie mit dem `Worksheet`-Objekt arbeiten möchten. Diesem geben Sie im Makro den Namen `Blatt`. Zu Beginn der Schleife markieren Sie zuerst einmal den auf dem Tabellenblatt verwendeten Bereich, danach erfolgt die Suche innerhalb dieser Markierung. Das Makro bricht nach dem ersten gefundenen Suchbegriff sofort ab und markiert Ihnen die gefundene Zelle. Für den Fall, dass auf dem ersten Tabellenblatt noch kein Suchergebnis erzielt wurde, wird das nächste Tabellenblatt aktiviert und die Suche beginnt erneut.

4.3.12 Auf Formelsuche im Tabellenblatt

Besonders mühselig ist es, auf einem Tabellenblatt nach Formelzellen zu suchen. Dazu können Sie durch das Drücken der Taste [F5] den GEHE ZU-Dialog aufrufen, dann auf die Schaltfläche INHALTE DRÜCKEN und anschließend die Option FORMELN AKTIVIEREN. Nach der Bestätigung mit OK werden dann alle Zellen der Tabelle, welche Formeln oder auch Verknüpfungen enthalten, markiert. Das folgende Beispiel ermittelt zunächst die Anzahl der Formeln auf einem Tabellenblatt:

***Listing 4.30:** Formeln auf Tabellenblatt zählen*

```
Sub FormelnZählen()
Dim i As Integer
Dim Zelle As Range
 On Error GoTo fehler
 For Each Zelle In _
 ActiveSheet.Cells.SpecialCells(xlFormulas)
    i = i + 1
 Next Zelle
 MsgBox "Die Anzahl der Formeln in der Tabelle: " & i
 Exit Sub
fehler:
 MsgBox "Es konnten auf dem Tabellenblatt <" & _
 ActiveSheet.Name & _
 "> keine Formeln gefunden werden!"
End Sub
```

Die Methode `SpecialCells` eignet sich hervorragend, um bestimmte Zellen wiederzufinden. Neben Formelzellen können Sie so auch Zellen mit Kommentaren (`xlCellTypeNotes`) aufstöbern, leere Zellen (`xlCellTypeBlanks`) oder auch Zellen mit Konstanten (`xlCellTypeConstants`) ermitteln.

4.3.13 Umlaute im Tabellenblatt umsetzen

Wenn Sie z.B. in Excel einen Text vorliegen haben, welcher Umlaute aufweist, können Sie elegant die Schleife `For Each` dazu einsetzen, um diese Zeichen umzusetzen. Markieren Sie vorher alle Zellen, in denen Sie Umlaute umsetzen möchten, und starten Sie das Makro aus Listing 4.31.

Listing 4.31: Umlaute in Tabellenblatt austauschen

```
Sub UmlauteUmsetzen()
Dim Zelle As Range
For Each Zelle In Selection
 With Selection
   .Replace What:="ä", Replacement:="ae", LookAt:=xlPart
   .Replace What:="ö", Replacement:="oe", LookAt:=xlPart
   .Replace What:="ß", Replacement:="ss", LookAt:=xlPart
   .Replace What:="ü", Replacement:="ue", LookAt:=xlPart
End With
Next Zelle
End Sub
```

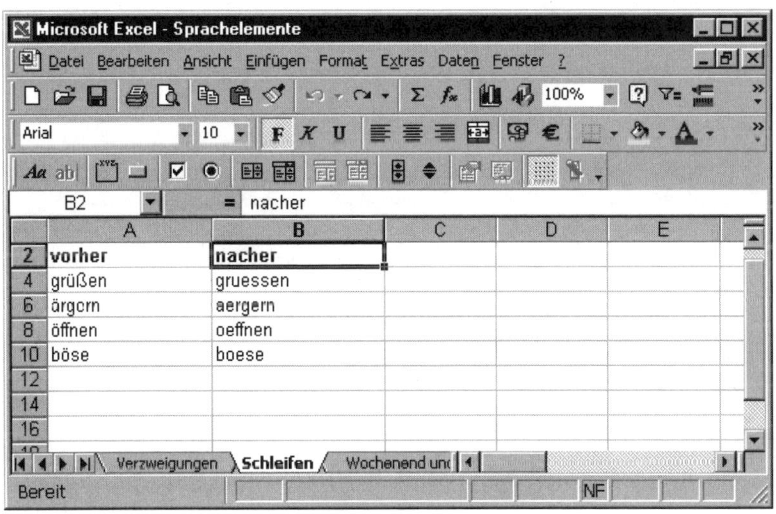

Abbildung 4.4: Umlaute umsetzen

4.3.14 Wochenenden farblich hervorheben

Im nächsten Beispiel sollen im Bereich A1:U1, wo jeweils Datumsangaben stehen, alle Samstage bzw. Sonntage farblich hervorgehoben werden. Dazu setzen Sie die Funktion `Weekdays` ein. Diese Funktion meldet für den Sonntag den Index 1 und für den Samstag den Index 7. Ein wenig ungewöhnlich zwar, aber es klappt hervorragend.

Listing 4.32: Wochenenden farblich hervorheben

```
Sub WochenendeFormatieren()
Dim Zelle As Range
    For Each Zelle In ActiveSheet.Range("A1:U1")
        If WeekDay(Zelle) = 1 Then
            Zelle.Interior.ColorIndex = 16
        ElseIf WeekDay(Zelle) = 7 Then
            Zelle.Interior.ColorIndex = 15
        End If
    Next Zelle
End Sub
```

Abbildung 4.5: Das neue Jahr fängt mit einem Samstag an

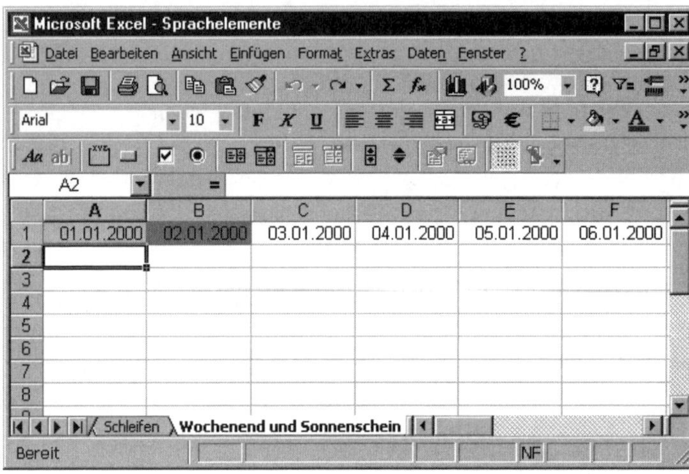

Im obigen Beispiel haben Sie konkret schon einen ganz bestimmten Bereich A1:U1 vorgegeben, für welchen die Wochenendprüfung gemacht werden soll. Als Zellenhintergrund verwenden Sie zwei leicht unterschiedliche Grautöne.

4.3.15 Nullen auffüllen

Im nächsten Praxisbeispiel soll ein Bereich mit Nullen aufgefüllt werden. Dazu legen Sie mit der Anweisung `Set` zunächst einen Bereich fest, für den Sie diese Aktion durchführen möchten.

Listing 4.33: Bereich mit Nullen initialisieren

```
Sub Nullenauffüllen()
Dim Zelle As Range
Set Bereich = Range("B2:E12")
For Each Zelle In Bereich
    If Zelle.Value = "" Then
       Zelle.Value = 0
    End If
Next Zelle
End Sub
```

4.3.16 Ausreißerwerte ermitteln und kenntlich machen

Die Ermittlung von Spitzen- bzw. Niedrigstwerten ist in Excel leicht möglich. In VBA setzen Sie für diese Aufgabe die Funktionen `Max` bzw. `Min` ein. So werden im folgenden Beispiel innerhalb einer Markierung sowohl der Maximalwert als auch der niedrigste Wert ermittelt und farbig gekennzeichnet.

```
Sub AusreisserInBereichErmitteln()
Dim Zelle As Range
  For Each Zelle In Selection
      If Zelle = Application.Min(Selection) Then
         With Zelle
            .Font.ColorIndex = 10 'grün
            .Font.Bold = True
          End With
      End If
      If Zelle = Application.Max(Selection) Then
         With Zelle
            .Font.ColorIndex = 3 'rot
            .Font.Bold = True
          End With
      End If
    Next Zelle
End Sub
```

Listing 4.34: Ausreißerwerte farblich hervorheben

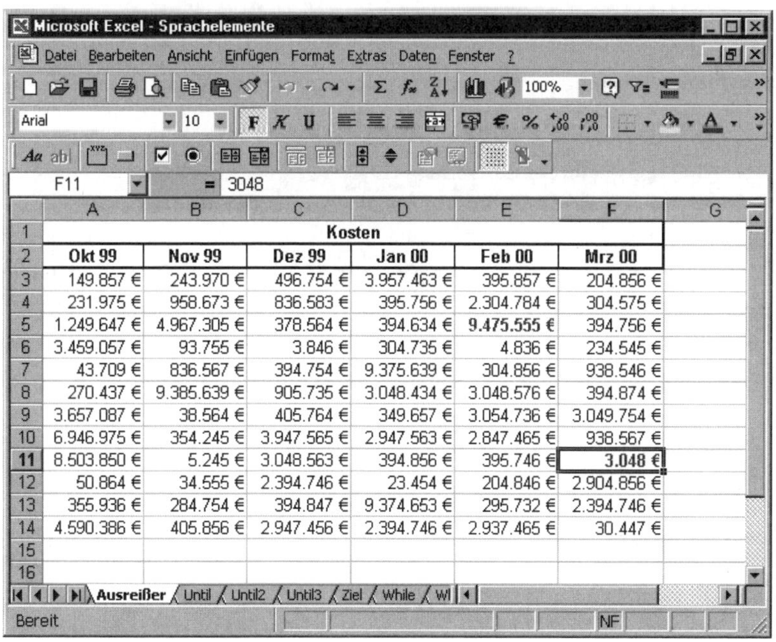

	A	B	C	D	E	F
1	Kosten					
2	Okt 99	Nov 99	Dez 99	Jan 00	Feb 00	Mrz 00
3	149.857 €	243.970 €	496.754 €	3.957.463 €	395.857 €	204.856 €
4	231.975 €	958.673 €	836.583 €	395.756 €	2.304.784 €	304.575 €
5	1.249.647 €	4.967.305 €	378.564 €	394.634 €	9.475.555 €	394.756 €
6	3.459.057 €	93.755 €	3.846 €	304.735 €	4.836 €	234.545 €
7	43.709 €	836.567 €	394.754 €	9.375.639 €	304.856 €	938.546 €
8	270.437 €	9.385.639 €	905.735 €	3.048.434 €	3.048.576 €	394.874 €
9	3.657.087 €	38.564 €	405.764 €	349.657 €	3.054.736 €	3.049.754 €
10	6.946.975 €	354.245 €	3.947.565 €	2.947.563 €	2.847.465 €	938.567 €
11	8.503.850 €	5.245 €	3.048.563 €	394.856 €	395.746 €	3.048 €
12	50.864 €	34.555 €	2.394.746 €	23.454 €	204.846 €	2.904.856 €
13	355.936 €	284.754 €	394.847 €	9.374.653 €	295.732 €	2.394.746 €
14	4.590.386 €	405.856 €	2.947.456 €	2.394.746 €	2.937.465 €	30.447 €

Abbildung 4.6: Die höchsten und die niedrigsten Kosten des letzten Halbjahrs

4.3.17 Durchschnittliche Kosten ermitteln

Wenn Sie in der vorherigen Aufgabe die durchschnittlichen Kosten ermitteln möchten, müssen Sie zuerst ermitteln, wie viele Zellen in der Markierung enthalten sind. Dies gelingt Ihnen über die Methode `Count`. Danach summieren Sie zunächst einmal alle Werte aus den markierten Zellen und speichern diese in der Variablen `Avg`. Wählen Sie für diese Variable nicht den Datentyp `Integer`, der bei diesen großen Zahlen nicht mehr ausreicht, sondern definieren Sie dazu eine Variable vom Typ `Long`. Um den Durchschnittswert zu bekommen, dividieren Sie die Gesamtsumme aus der Variablen `Avg` durch die Anzahl der markierten Zellen, welche Sie in der Variablen `i` zwischengespeichert haben. Bringen Sie die Zahl am Ende mit der Funktion `Format` noch in das gewünschte Format.

Abbildung 4.7: Die durchschnittlichen Kosten betragen im Mai 982.798 €

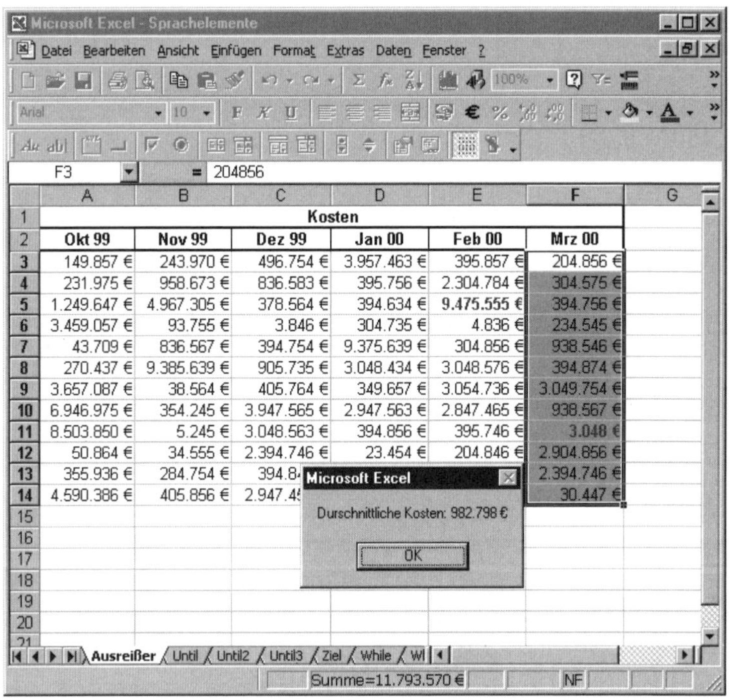

	A	B	C	D	E	F
1	Kosten					
2	Okt 99	Nov 99	Dez 99	Jan 00	Feb 00	Mrz 00
3	149.857 €	243.970 €	496.754 €	3.957.463 €	395.857 €	204.856 €
4	231.975 €	958.673 €	836.583 €	395.756 €	2.304.784 €	304.575 €
5	1.249.647 €	4.967.305 €	378.564 €	394.634 €	9.475.555 €	394.756 €
6	3.459.057 €	93.755 €	3.846 €	304.735 €	4.836 €	234.545 €
7	43.709 €	836.567 €	394.754 €	9.375.639 €	304.856 €	938.546 €
8	270.437 €	9.385.639 €	905.735 €	3.048.434 €	3.048.576 €	394.874 €
9	3.657.087 €	38.564 €	405.764 €	349.657 €	3.054.736 €	3.049.754 €
10	6.946.975 €	354.245 €	3.947.565 €	2.947.563 €	2.847.465 €	938.567 €
11	8.503.850 €	5.245 €	3.048.563 €	394.856 €	395.746 €	3.048 €
12	50.864 €	34.555 €	2.394.746 €	23.454 €	204.846 €	2.904.856 €
13	355.936 €	284.754 €	394.8			2.394.746 €
14	4.590.386 €	405.856 €	2.947.4			30.447 €

Listing 4.35: Durchschnittliche Kosten ermitteln

```
Sub DurchschnittskostenErmitteln()
Dim Zelle As Range
Dim Avg As Long
Dim i As Integer
 Avg = 0
 'Anzahl markierter Zellen ermitteln
 i = Selection.Cells.Count
  For Each Zelle In Selection
```

```
      Avg = Avg + Zelle.Value
    Next Zelle
    Avg = Avg / i
    MsgBox "Durchschnittliche Kosten:" & _
      Format(Avg, "#,##0 €")
End Sub
```

4.3.18 Zeilen einblenden

Erinnern Sie sich an ein vorheriges Beispiel, in welchem Sie Zeilen ausgeblendet haben? Blenden Sie diese jetzt wieder ein, indem Sie folgendes Makro verwenden:

Listing 4.36: Zeilen einblenden

```
Sub AusgeblendeteZeilenEinblenden()
Dim Zeile As Object
 For Each Zeile In ActiveSheet.UsedRange.Rows
  Zeile.Hidden = False
 Next
End Sub
```

Das Makro überprüft, wie viele Zeilen auf dem aktuellen Tabellenblatt mit Daten belegt sind. In einer Schleife werden dann alle Zeilen durchlaufen und die ausgeblendeten Zeilen wieder eingeblendet.

:-) TIPP

Wenn Sie genau hinsehen, werden Sie merken, dass Ihr Bildschirm bei diesem Makro mehr oder weniger stark flattert. Verantwortlich dafür ist die Bildschirmaktualisierung, die Sie aber mit der Anweisung

```
Application.Screenupdating=False
```

ausschalten können. Sie sollten sich angewöhnen, diese Anweisung Ihren Augen zuliebe bei jedem Makro zu Beginn einzusetzen. Am Ende eines jeden Makros können Sie die Bildschirmaktualisierung mit der Anweisung

```
Application.Screenupdating=True
```

wieder einschalten. Empfehlenswert ist auch bei längeren Makros, hin und wieder die Bildschirmaktualisierung einzuschalten, damit der Anwender nicht fälschlicherweise meint, Ihr Makro sei abgestürzt.

4.3.19 Benannte Bereiche ermitteln

Sicher wissen Sie, dass Sie in Excel mit benannten Bereichen arbeiten können. Formeln werden so sprechender und einfach leichter verständlich. Wie aber ermitteln Sie die Namen und deren Zellenadressen in einer Arbeitsmappe?

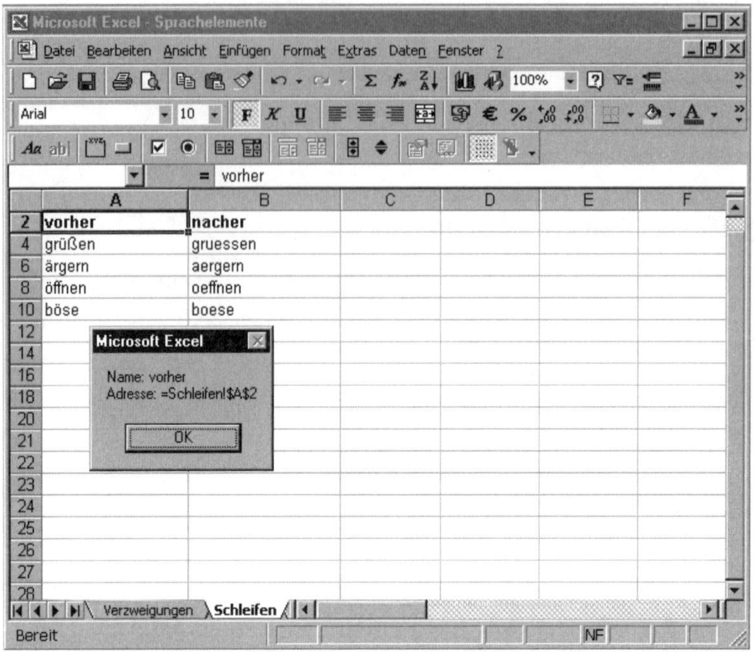

Abbildung 4.8: Wo stecken die benannten Zellen?

Listing 4.37: Alle verwendeten Namen der Arbeitsmappe ausgeben

```
Sub NamenInArbeitsmappeAusgeben()
Dim nam As Name

On Error Resume Next
For Each nam In ActiveWorkbook.Names
 MsgBox "Name: " & nam.Name & Chr(13) _
 & "Adresse: " & nam.RefersToLocal
Next
End Sub
```

Geben Sie zuerst an, dass Sie mit dem Objekt `Name` arbeiten möchten. Danach suchen Sie die Arbeitsmappe nach verwendeten Namen ab und geben diese in einem Meldungsfenster aus. Interessant ist der Name selbst sowie seine Adresse, also die Zellposition innerhalb der Arbeitsmappe.

4.3.20 Zeilen managen mit Do until

Die `Do Until`-Schleife wiederholt einen Block mit Anweisungen, solange eine Bedingung den Wert `True` erhält. Die Bedingung wird jeweils am Ende der Schleife geprüft. Als Abbruchbedingung können Sie alles Mögliche abfragen; so können Sie z.B. eine Abbruchbedingung festlegen, wenn ein bestimmter Wert erreicht ist oder eine Zelle einen bestimmten Text aufweist.

Um diese Schleife in der Praxis einzusetzen, folgt jetzt eine umfangreichere Beispielaufgabe. Eine Liste soll in Excel verwaltet werden. Anhand eines Zellenkennzeichens sollen Aktionen abgeleitet werden können.

Funktionsumfang

Die Aktionen sind:

- Zeilen ausblenden (Zellenkennzeichen = H)
- Zeilen einfügen (Zellenkennzeichen = I)
- Zeilen kopieren (Zellenkennzeichen = C)
- Zeilen löschen (Zellenkennzeichen = D)
- Zeilen mit Kopien löschen (Zelleninhalt = Kopie)
- Keine Aktion (Zellenkennzeichen = O)

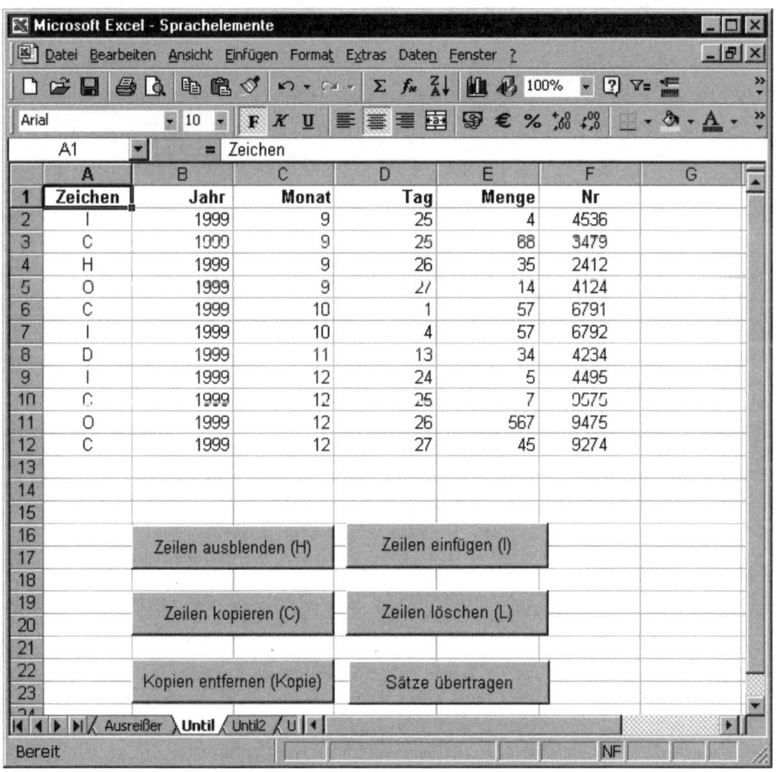

Abbildung 4.9: *Die Ausgangstabelle*

Zeilen ausblenden

Um Zeilen auszublenden, wird das Zellenkennzeichen H verwendet. Die `Do Until`-Schleife arbeitet in Spalte A so lange Zeilen ab, bis sie auf die Abbruchbedingung stößt. Die Abbruchbedingung ist gegeben, wenn die erste leere Zelle in Spalte A erreicht wird.

Listing 4.38: Zeilen ausblenden bei Bedingung

```
Sub BestimmteZeilenAusblenden()
  Sheets("Until").Activate
  Range("A1").Select
  Do Until ActiveCell.Value = ""
    If ActiveCell.Value = "H" Then
    Selection.EntireRow.Hidden = True
    ActiveCell.Offset(1, 0).Select
    Else
    ActiveCell.Offset(1, 0).Select
    End If
   Loop
End Sub
```

Indem Sie die Eigenschaft `Hidden` auf den Wert `True` setzen, wird die aktuelle Zeile ausgeblendet. Danach wird der Mauszeiger mit Hilfe der `Offset`-Eigenschaft auf die nächste Zelle gesetzt.

Für das Einfügen von Zeilen wurde das Zellenkennzeichen I vereinbart.

Listing 4.39: Zeilen einfügen bei Bedingung

```
Sub BestimmteZeilenEinfügen()
 Sheets("Until").Activate
 Range("A1").Select
 Do Until ActiveCell.Value = ""
  If ActiveCell.Value = "I" Then
  Selection.EntireRow.Insert
  ActiveCell.Offset(2, 0).Select
  Else
  ActiveCell.Offset(1, 0).Select
  End If
 Loop
End Sub
```

Verwenden Sie die Methode `Insert`, um Zeilen einzufügen, und setzen Sie danach den Mauszeiger zwei Zellen nach unten.

Das Zellenkennzeichen für den Vorgang »Zeilen löschen« lautet D.

Listing 4.40: Zeilen löschen bei Bedingung

```
Sub BestimmteZeilenLöschen()
 Sheets("Until").Activate
 Range("A1").Select
 Do Until ActiveCell.Value = ""
  If ActiveCell.Value = "D" _
  Then Selection.EntireRow.Delete _
  Else ActiveCell.Offset(1, 0).Select
 Loop
End Sub
```

Die Methode `Delete` löscht im obigen Makro jeweils eine gesamte Zeile. Beim Löschen-Vorgang muss der Mauszeiger nicht per Befehl verschoben werden, er setzt den Mauszeiger automatisch in die nächste Zelle.

Beim Zellenkennzeichen C soll die aktuelle Zeile kopiert und mit dem Zusatz *Kopie* bei der Nr versehen werden.

Listing 4.41: Zeilen kopieren bei Bedingung

```
Sub BestimmteZeilenkopieren()
 Sheets("Until").Activate
 Range("A1").Select
 Do Until ActiveCell.Value = ""
  If ActiveCell.Value = "C" Then
  Selection.EntireRow.Copy
  Selection.EntireRow.Insert
  ActiveCell.Offset(0, 5).Value = _
  ActiveCell.Offset(0, 5).Value & " Kopie"
  ActiveCell.Offset(2, 0).Select
  Application.CutCopyMode = False
  Else
  ActiveCell.Offset(1, 0).Select
  End If
 Loop
End Sub
```

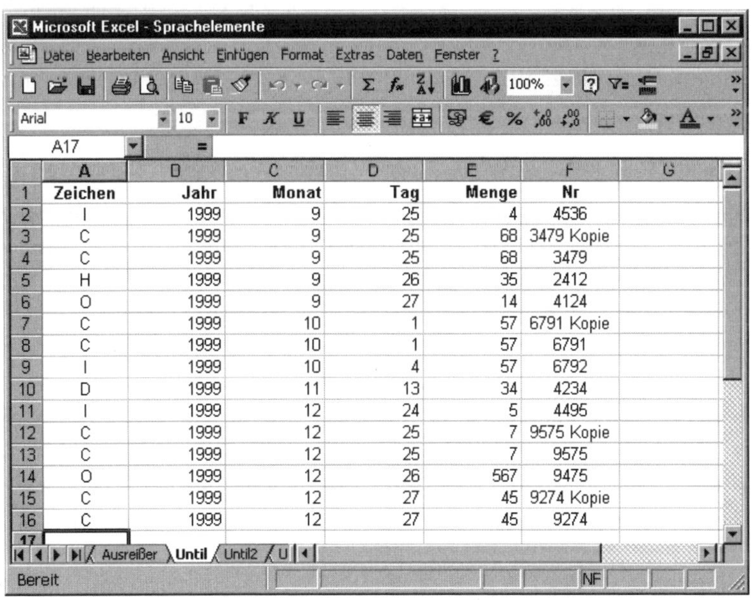

	A	B	C	D	E	F
1	Zeichen	Jahr	Monat	Tag	Menge	Nr
2	I	1999	9	25	4	4536
3	C	1999	9	25	68	3479 Kopie
4	C	1999	9	25	68	3479
5	H	1999	9	26	35	2412
6	O	1999	9	27	14	4124
7	C	1999	10	1	57	6791 Kopie
8	C	1999	10	1	57	6791
9	I	1999	10	4	57	6792
10	D	1999	11	13	34	4234
11	I	1999	12	24	5	4495
12	C	1999	12	25	7	9575 Kopie
13	C	1999	12	25	7	9575
14	O	1999	12	26	567	9475
15	C	1999	12	27	45	9274 Kopie
16	C	1999	12	27	45	9274
17						

Abbildung 4.10: Zeilen kopieren und kennzeichnen

Setzen Sie die Methoden `Copy` und `Insert` ein, um eine Zeile zu kopieren bzw. einzufügen. Über die Eigenschaft `Offset` greifen Sie auf die Spalte F zu und ergänzen in der aktiven Zelle den Text KOPIE.

4.3.21 Kopien entfernen

Wenn Sie die Kopien wieder entfernen möchten, müssen Sie die Spalte F durchlaufen. Immer wenn dort in einer Zelle das Wort KOPIE auftaucht, muss die ganze Zeile entfernt werden.

Listing 4.42:* *Doppelte Zeilen entfernen

```
Sub KopienEntfernen()
 Sheets("Until").Activate
 Range("F1").Select
 Do Until ActiveCell.Value = ""
  If Right(ActiveCell.Value, 5) = "Kopie" _
  Then Selection.EntireRow.Delete _
  Else ActiveCell.Offset(1, 0).Select
 Loop
End Sub
```

Mit der Funktion `Right` prüfen Sie, ob der Text KOPIE in der Zelle vorhanden ist. Dabei legen Sie im ersten Argument fest, welche Zelle untersucht werden soll (aktive Zelle), und im zweiten Parameter bestimmen Sie, wie viele Zeichen der Zelle von rechts gesehen mit einbezogen werden sollen. Entspricht der Zellenteil dem Text KOPIE, dann wird die Methode `Delete` angewendet, um die ganze Zeile zu löschen.

:-) TIPP

Neben der Funktion `Right`, die jeweils ein oder mehrere Zeichen von rechts überprüft, gibt es selbstverständlich auch eine Funktion `Left`, welche die Überprüfung eines Textes von der linken Seite beginnt. Die Argumente entsprechen dabei den Argumenten der `Right`-Funktion.

INFO

Neben diesen beiden Funktionen gibt es die Funktion `Mid`, die einen Teil eines Textes prüfen kann. Dabei sind jedoch drei Argumente notwendig. Das erste Argument bestimmt den Text oder die Zelle, welche/r untersucht werden soll. Das zweite Argument bestimmt, ab welcher Position gesucht werden soll. Im letzten Argument geben Sie an, für wie viele Zeichen diese Funktion angewendet werden soll.

So meldet die Funktion `Mid("Excel 2000 VBA", 7, 4)` den Wert 2000.

4.3.22 Datumstest durchführen

Stellen Sie sich ein Tabellenblatt vor, bei dem in Zelle A1 das heutige Datum steht. In der zweiten Zeile steht eine Datumsreihe beginnend in Zelle A2 und endend in Zelle I2. Wie müsste jetzt ein Makro lauten, welches so lange in Zeile 2 nach rechts läuft, bis das aktuelle Datum erreicht ist?

Listing 4.43: Datumstest durchführen

Zelle mit aktuellem Datum finden

```
Sub AufHeutigemDatumStoppen()
Dim heutDat As Date
heutDat = Range("A1").Value
Sheets("Until2").Activate
Range("A2").Select
Do Until Date = ActiveCell.Value
 ActiveCell.Offset(0, 1).Select
Loop
End Sub
```

Im ersten Schritt definieren Sie eine Variable vom Datentyp `Date`. Danach speichern Sie das aktuelle Datum, welches in Zelle A1 steht, in der Variablen `Heutdat`. Setzen Sie die `Do Until`-Schleife beginnend in Zelle A2 auf. Versetzen Sie mit der `Offset`-Eigenschaft so lange den Mauszeiger nach rechts, bis die Variable `Heutdat` mit einer Zelle übereinstimmt.

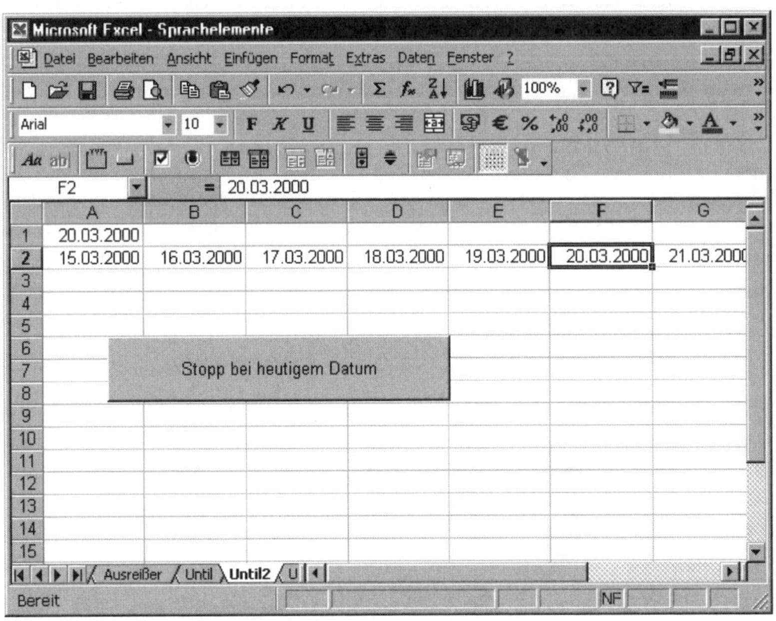

Abbildung 4.11: Genaues Positionieren von Zellen

4.3.23 Listen sortieren und doppelte Sätze löschen

Gegeben sei eine Liste, welche aus einer Spalte besteht. In dieser unsortierten Liste sind Einträge mehrfach vorhanden. Ihre Aufgabe besteht nun darin, alle doppelten Sätze zu ermitteln.

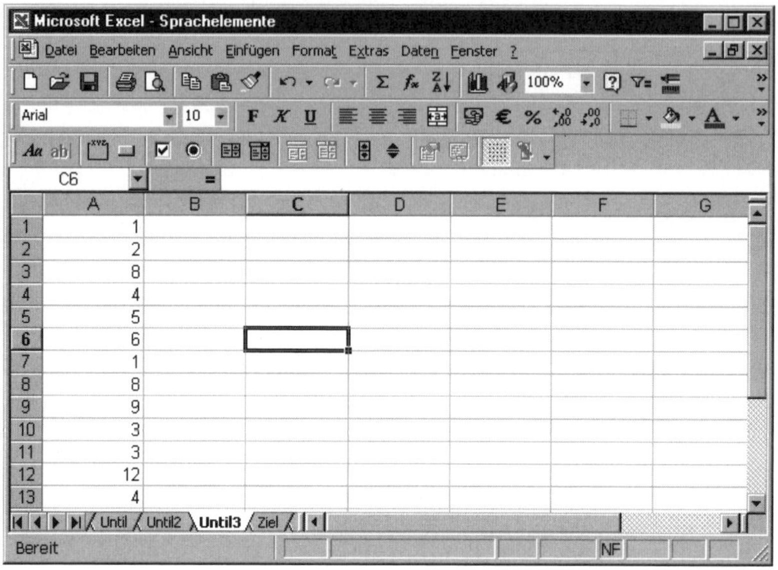

Abbildung 4.12: Liste vor der Bereinigungsaktion

Sortieren Sie im ersten Schritt die Liste und löschen Sie danach die doppelten Sätze.

Listing 4.44: Doppelte Sätze löschen

```
Sub DoppelteSätzeEliminieren()
Sheets("Until3").Activate
 'zuerst sortieren
Columns("A:A").Select
Selection.Sort Key1:=Range("A1"), Order1:=xlAscending, _
Header:=xlGuess, OrderCustom:=1, MatchCase:=False, _
Orientation:=xlTopToBottom
 'jetzt doppelte Sätze eliminieren
Range("A1").Select
Do Until ActiveCell.Value = ""
If ActiveCell.Value = ActiveCell.Offset(1, 0).Value _
Then ActiveCell.EntireRow.Delete _
Else ActiveCell.Offset(1, 0).Select
Loop
End Sub
```

Markieren Sie die komplette Spalte A und wenden Sie die Methode `Sort` an. Schauen Sie sich die Syntax der Methode `Sort` einmal etwas genauer an:

Die Syntax

```
Sort(Key1, Order1, Key2, Type, Order2, Key3, Order3, Header,
OrderCustom, MatchCase, Orientation, SortMethod)
```

Die Argumente der Methode Sort

Die ersten beiden Argumente müssen Sie immer auf einen Blick betrachten. Das erste Argument `Key` bestimmt das Sortierfeld, das zweite Argument die Sortierreihenfolge. Möglich dabei ist, entweder aufsteigend (`xlAscending`) oder absteigend (`xlDescending`) zu sortieren. Insgesamt können Sie drei verschiedene Sortierfelder bestimmen.

Das Argument `Type` ist nur bei Pivot-Tabellenberichten interessant und wird hier nicht näher behandelt.

Das Argument `Header` legt fest, ob die erste Zeile Überschriften enthält oder nicht. Dabei weisen Sie die Konstante `xlGuess` zu, wenn Sie die Entscheidung darüber Excel selbst überlassen möchten. Setzen Sie die Konstante `xlYes`, wenn der Sortierbereich eine Überschriftenzeile enthält, die natürlich nicht mitsortiert werden darf. Wenn Sie die Konstante `xlNo` zuweisen, enthält der Sortierbereich wie im obigen Beispiel keine Überschriften.

Das Argument `CustomOrder` wird bei benutzerdefinierten Sortierreihenfolgen verwendet und ist in diesem Zusammenhang eher uninteressant.

Das Argument `MatchCase` nimmt den Wert `True` an, wenn beim Sortieren Groß- und Kleinschreibung berücksichtigt werden soll. Setzen Sie dieses Argument auf den Wert `False`, wenn Groß- und Kleinschreibung nicht berücksichtigt werden soll.

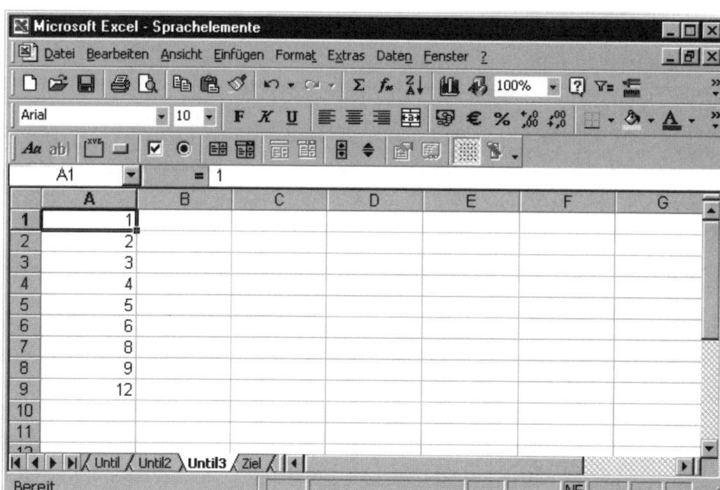

Abbildung 4.13: Das Endergebnis: eine sortierte Liste ohne Duplikate

Beim Argument `Orientation` wird die Sortierweise festgelegt. Hat das Argument den Wert `xlSortRows`, so wird von oben nach unten, also zeilenweise sortiert. Wird das Argument auf `xlSortColumns` gesetzt, so wird von links nach rechts, also spaltenweise sortiert.

Das letzte Sortierkriterium legt den Sortieralgorithmus fest.

4.3.24 Zeilen auf anderes Tabellenblatt übertragen

Oft kommt es vor, dass Sie aus einer Liste bestimmte Zeilen filtern und auf ein anderes Tabellenblatt kopieren müssen. Dazu legen Sie zuerst fest, welches die Ausgangstabelle und welches die Zieltabelle ist. Die Namen der Tabellen definieren Sie gleich zu Beginn des Makros als `Blatt1` und `Blatt2`.

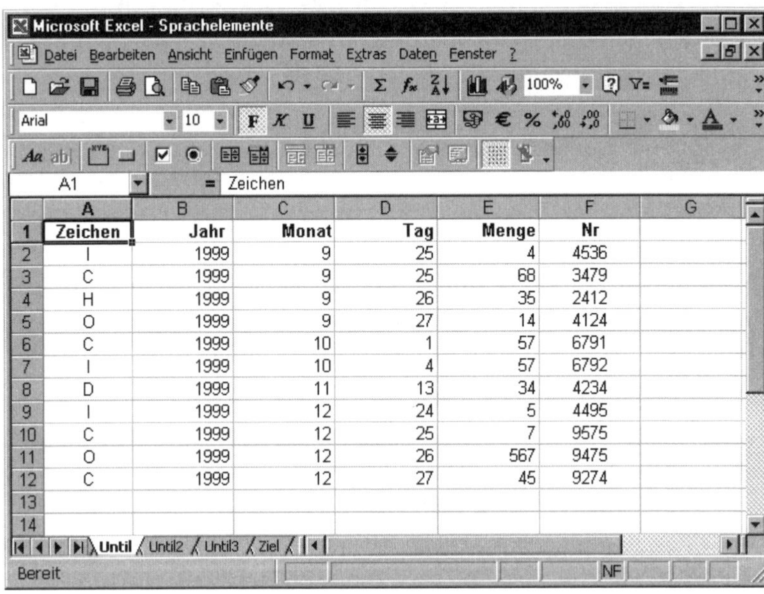

	A	B	C	D	E	F	G
1	Zeichen	Jahr	Monat	Tag	Menge	Nr	
2	I	1999	9	25	4	4536	
3	C	1999	9	25	68	3479	
4	H	1999	9	26	35	2412	
5	O	1999	9	27	14	4124	
6	C	1999	10	1	57	6791	
7	I	1999	10	4	57	6792	
8	D	1999	11	13	34	4234	
9	I	1999	12	24	5	4495	
10	C	1999	12	25	7	9575	
11	O	1999	12	26	567	9475	
12	C	1999	12	27	45	9274	
13							
14							

Abbildung 4.14: Die Ausgangstabelle vor der Übertragungsaktion

Das Ziel Was soll konkret gemacht werden?

- Alle Zeilen im Tabellenblatt UNTIL, welche als Kürzel den Buchstaben C haben, sollen auf das Tabellenblatt ZIEL übertragen werden.
- Ermitteln Sie die Anzahl aller Tabellensätze der Liste.
- Setzen Sie die ermittelte Anzahl als Abbruchbedingung für Ihre `Do Until`-Schleife ein.
- Ermitteln Sie, wie viele Sätze übertragen wurden.

- Geben Sie eine Meldung am Ende des Makros aus, die die Anzahl der übertragenen Sätze enthält.

Das Makro für diese Aufgabe sieht wie folgt aus:

Listing 4.45: Datensätze auf anderes Tabellenblatt übertragen

```
Sub SätzeAufAnderesTabellenblattÜbertragen()
Const Blatt1 = "Until"
Const Blatt2 = "Ziel"
Dim i As Integer
Dim iAnz As Integer

 Application.ScreenUpdating = False
 Sheets(Blatt1).Activate
 Range("A1").Select
 iAnz = 0
 i = 0

 Do Until i = ActiveSheet.UsedRange.Rows.Count
  If ActiveCell.Value = "C" Then
     Selection.EntireRow.Copy
     Sheets(Blatt2).Activate
     ActiveSheet.Paste
     ActiveCell.Offset(1, 0).Select
     Sheets(Blatt1).Select
     ActiveCell.Offset(1, 0).Select
     iAnz = iAnz + 1
     Else
     ActiveCell.Offset(1, 0).Select
   End If
   i = i + 1
 Loop
 Application.CutCopyMode = False
 Application.ScreenUpdating = True
 MsgBox "Es wurden " & iAnz & " Sätze übertragen"
End Sub
```

Schalten Sie zu Beginn des Makros die Bildschirmaktualisierung aus. Gerade bei häufigem Blattwechsel flimmert das Bild dann zu stark. Schonen Sie Ihre Augen und Ihren Bildschirm und setzen Sie die Eigenschaft `Screenupdating` auf den Wert `False`. Im nächsten Schritt setzen Sie Ihre Zählvariablen auf den Wert 0, um auf Nummer Sicher zu gehen, dass diese beiden Variablen richtig initialisiert sind. Ermitteln Sie nun mit der Methode `Count` die verwendeten Zeilen auf Ihrem Tabellenblatt. Das Ergebnis dieser Abfrage verwenden Sie gleich als Abbruchbedingung für Ihre Schleife. Setzen Sie die `If`-Anweisung ein, um zu ermitteln, ob die aktive Zelle das richtige Kennzeichen C aufweist. Wenn nicht, können Sie mit der Eigenschaft `Offset` gleich eine Zelle weiter nach unten positionieren.

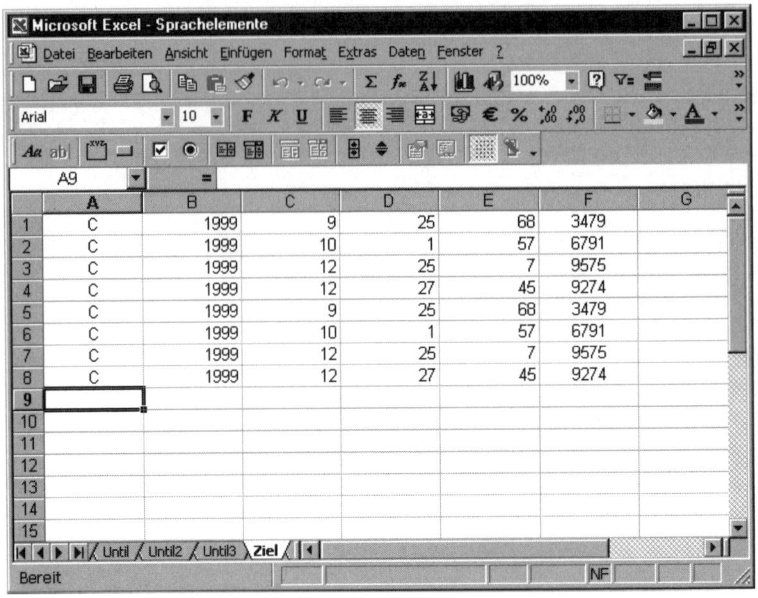

Abbildung 4.15: Das Endergebnis: alle übertragenen Sätze auf einen Blick

Stimmt das Kennzeichen überein, kopieren Sie mit Hilfe der Methode `Copy` die ganze Zeile, wechseln auf das Tabellenblatt ZIEL und fügen den Inhalt aus der Zwischenablage mit der Methode `Paste` ein. Jetzt positionieren Sie den Zellenzeiger auf die nächste freie Zelle der Spalte und addieren Sie den Wert 1 zu der Variable `iAnz`, welche die übertragenen Sätze zählt. Wechseln Sie im Anschluss auf Ihr Ausgangstabellenblatt BLATT1, positionieren Sie den Zellenzeiger eine Zelle weiter nach unten und addieren Sie auch hier zur Zählvariable `i` den Wert 1 hoch. Sind alle Sätze untersucht worden, werden der Ausschneide- bzw. Kopiermodus deaktiviert und der Laufrahmen entfernt, indem Sie die Eigenschaft `CutCopyMode` auf den Wert `False` setzen. Schalten Sie nun die Bildschirmaktualisierung wieder ein und geben Sie mit der Funktion `Msgbox` die Anzahl der übertragenen Sätze aus.

4.3.25 Nur bestimmte Zellen addieren mit Do While

Die `Do While`-Anweisung führt eine Reihe von Anweisungen aus, solange eine gegebene Bedingung den Wert `True` hat. Die Prüfung der angegebenen Bedingung erfolgt immer zu Beginn der Schleife.

Gegeben sei eine Liste, aus der Sie alle Werte, welche über dem Wert 100 liegen, addieren müssen. Das Ergebnis soll unterhalb der Liste im Schriftschnitt Fett und mit einfacher Unterstreichung ausgegeben werden.

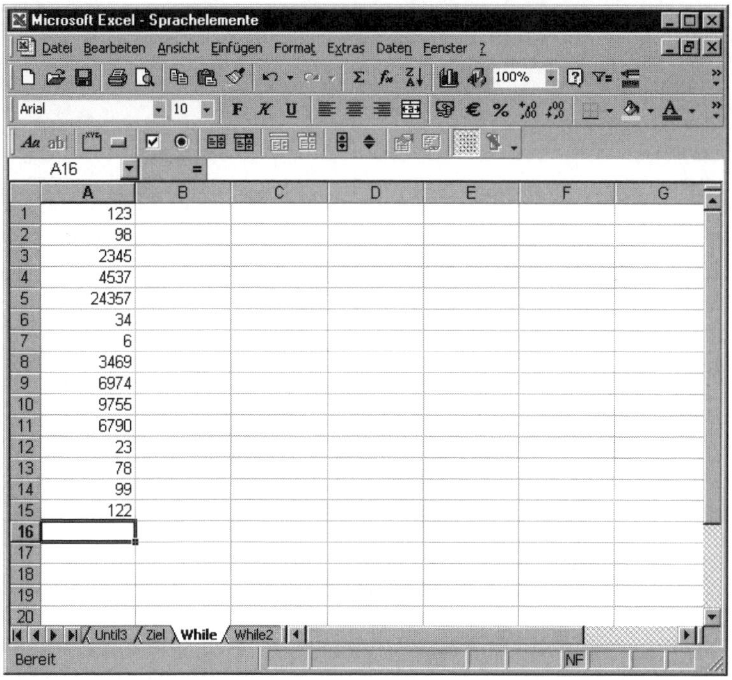

Abbildung 4.16: *Die Ausgangstabelle mit Zahlenwerten*

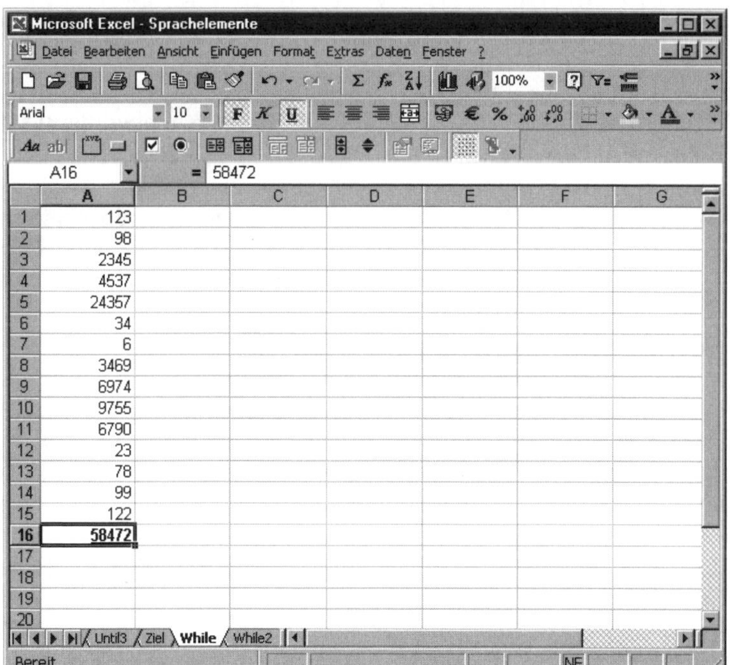

Abbildung 4.17: *Das Endergebnis: die Summe der Liste mit Zahlen > 100*

Erfassen Sie nun folgendes Makro:

Listing 4.46: Bedingte Zahlenaddition durchführen

```
Sub AlleGroßenZahlenAddieren()
Dim summe As Long
Const Grenzwert = 100

 summe = 0
 Sheets("While").Activate
 Range("a1").Select
  Do While ActiveCell.Value <> ""
     If ActiveCell.Value > Grenzwert _
     Then summe = summe + ActiveCell.Value
     ActiveCell.Offset(1, 0).Select
  Loop
  ActiveCell.Offset(2, 0).Select
  ActiveCell.Value = summe
  With ActiveCell.Font
   .Bold = True
   .Underline = True
  End With
End Sub
```

Bestimmen Sie in der Variablen `Grenzwert` selbst, wie niedrig Sie die Schwelle legen möchten. Deklarieren Sie die Variable `Summe` als Datentyp `Long`, um ganz sicher zu gehen, dass der Datentyp auch für die Summierung ausreicht. Prüfen Sie mit der Anweisung `If`, ob die Zellen über Ihrem Grenzwert liegen. Nur dann addieren Sie den aktuellen Zellenwert auf die Variable `Summe`. Positionieren Sie danach Ihren Zellenzeiger in die nächste Zelle. Sobald die Schleifenbedingung nicht mehr erfüllt ist, wird der Zellenzeiger um zwei Zellen nach unten versetzt und der Inhalt der Variablen `Summe` in die Zelle geschrieben. Danach erfolgt die Formatierung der Zelle über die Eigenschaften `Bold` und `Underline`. Beachten Sie die Anweisung `With`, die auch hier ein wenig für Übersichtlichkeit und weniger Schreibarbeit sorgt.

4.3.26 Text in Spalten aufteilen

Ein häufiger Fall in der Praxis ist folgender: Sie bekommen eine Liste und möchten diese weiterverarbeiten. In der Liste befinden sich in manchen Spalten jeweils zwei Informationen, die Sie lieber getrennt in einzelnen Spalten haben möchten. Denken Sie beispielsweise an eine Kundenliste, in welcher der Vor- und Nachname in einer einzigen Spalte steht. Genauso verhält es sich bei der Postleitzahl und dem Wohnort des Kunden. Auch hier wird oft nur eine Spalte verwendet. Die Aufgabe besteht jetzt darin, eine solche Liste umzustellen. Dazu müssen Sie zum einen neue Spalten einfügen und zum anderen die Einträge auseinander bringen.

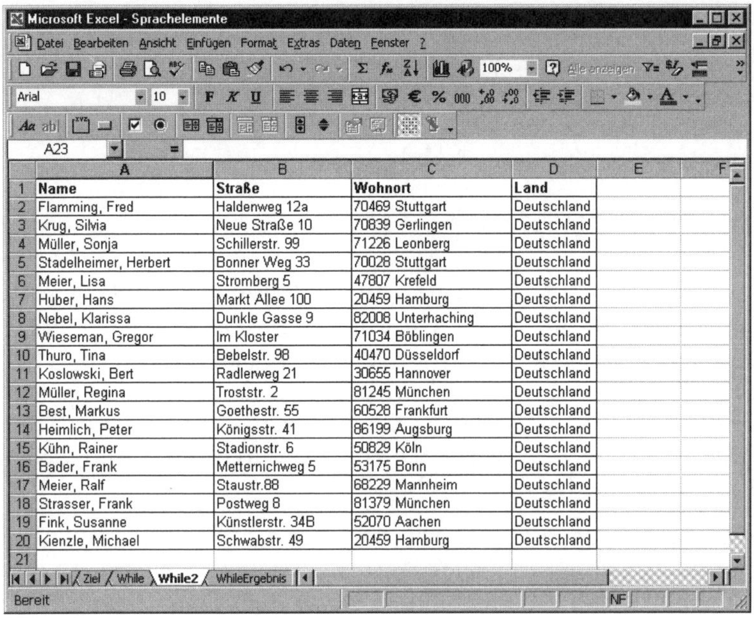

	A	B	C	D
1	**Name**	**Straße**	**Wohnort**	**Land**
2	Flamming, Fred	Haldenweg 12a	70469 Stuttgart	Deutschland
3	Krug, Silvia	Neue Straße 10	70839 Gerlingen	Deutschland
4	Müller, Sonja	Schillerstr. 99	71226 Leonberg	Deutschland
5	Stadelheimer, Herbert	Bonner Weg 33	70028 Stuttgart	Deutschland
6	Meier, Lisa	Stromberg 5	47807 Krefeld	Deutschland
7	Huber, Hans	Markt Allee 100	20459 Hamburg	Deutschland
8	Nebel, Klarissa	Dunkle Gasse 9	82008 Unterhaching	Deutschland
9	Wieseman, Gregor	Im Kloster	71034 Böblingen	Deutschland
10	Thuro, Tina	Bebelstr. 98	40470 Düsseldorf	Deutschland
11	Koslowski, Bert	Radlerweg 21	30655 Hannover	Deutschland
12	Müller, Regina	Troststr. 2	81245 München	Deutschland
13	Best, Markus	Goethestr. 55	60528 Frankfurt	Deutschland
14	Heimlich, Peter	Königsstr. 41	86199 Augsburg	Deutschland
15	Kühn, Rainer	Stadionstr. 6	50829 Köln	Deutschland
16	Bader, Frank	Metternichweg 5	53175 Bonn	Deutschland
17	Meier, Ralf	Staustr.88	68229 Mannheim	Deutschland
18	Strasser, Frank	Postweg 8	81379 München	Deutschland
19	Fink, Susanne	Künstlerstr. 34B	52070 Aachen	Deutschland
20	Kienzle, Michael	Schwabstr. 49	20459 Hamburg	Deutschland
21				

Abbildung 4.18: Die Ausgangstabelle mit den Kundenadressen

Das Makro für diese Aufgabe sieht wie folgt aus:

Listing 4.47: Text in Spalten aufteilen

```
Sub TextInSpaltenAufteilen()
Dim Nachname As String
Dim Vorname As String
Dim PLZ As String
Dim Ort As String
Dim i As Integer
Dim i2 As Integer
Dim i3 As Integer

 Application.ScreenUpdating = False
 Sheets("While2").Activate
 Columns("B:B").Insert Shift:=xlToRight
 Range("B1").Value = "Vorname"
 Columns("D:D").Insert Shift:=xlToRight
 Range("D1").Value = "PLZ"
 Range("A2").Select

 Do While ActiveCell.Value <> ""
   i = InStr(ActiveCell.Value, ",")
   i2 = Len(ActiveCell.Value)
   Nachname = Left(ActiveCell.Value, i - 1)
   Vorname = Mid(ActiveCell.Value, i + 2, i2 - i)
   ActiveCell.Value = Nachname
   ActiveCell.Offset(0, 1).Value = Vorname
   ActiveCell.Offset(0, 4).Select
```

```
    PLZ = Left(ActiveCell.Value, 5)
    i3 = Len(ActiveCell.Value)
    Ort = Mid(ActiveCell.Value, 7, i3 - 6)
    ActiveCell.Offset(0, -1).Value = PLZ
    ActiveCell.Value = Ort
    ActiveCell.Offset(1, -4).Select
  Loop
  Application.ScreenUpdating = True
End Sub
```

Zu Beginn des Makros definieren Sie Variablen für die einzelnen Informationen, die Sie auf die einzelnen Spalten verteilen möchten. Zusätzlich brauchen Sie noch drei Variablen vom Typ `Integer`. Fügen Sie danach zwei neue Spalten für den Vornamen und die Postleitzahl ein und vergeben Sie die Spaltenüberschriften. Schreiben Sie jetzt eine `Do While`-Schleife, die durchlaufen wird, solange Excel auf keine Leerzeile stößt.

Trennen von Zellen

Jetzt geht's ans Auseinanderreißen der einzelnen Spalteninhalte. Beginnen Sie mit der Namensspalte. Zuerst müssen Sie ermitteln, an welcher Position das Komma in der Namenszelle steht, da Sie anhand dieses Trennzeichens den Nachnamen vom Vornamen sauber trennen können. Für diese Aufgabe setzen Sie die Funktion `InStr` ein. Die Funktion `InStr` ermittelt die Position des ersten Auftretens einer Zeichenfolge (,) innerhalb einer anderen Zeichenfolge (aktiven Zelle). Speichern Sie die ermittelte Position des Kommas in der Variablen `i`.

Länge von Zellen ermitteln

Jetzt müssen Sie noch wissen, aus wie vielen Zeichen der Name überhaupt besteht. Dazu verwenden Sie die Funktion `Len`. Bauen Sie sich nun den Vornamen zusammen mit dem Befehl

```
Nachname = Left(ActiveCell.Value, i - 1).
```

Die Funktion `Left` erwartet zwei Argumente: Das erste Argument steht für die Zelle, auf die die Funktion angewendet werden soll. Das zweite Argument ist die Anzahl der Zeichen, die von links übertragen werden sollen. Die Anzahl der Zeichen ermitteln Sie, indem Sie von der Variablen `i` den Wert `1` abziehen, da Sie ja schließlich das Komma nicht mitübertragen möchten. Separieren Sie jetzt den Vornamen:

```
Vorname = Mid(ActiveCell.Value, i + 2, i2 - i)
```

Position des Kommas ermitteln

Dazu setzen Sie die Funktion `Mid` ein. Die Funktion `Mid` gibt einen Wert zurück, der eine bestimmte Anzahl von Zeichen aus einer Zeichenfolge enthält. Dazu müssen Sie der Funktion drei Argumente mitgeben. Zum einen ist das wieder die Zelle, auf die diese Funktion angewendet werden soll, dann ist es die Startposition, von der an Zeichen übertragen werden sollen, und zu guter Letzt ist es das

Argument, welches die Anzahl der Zeichen angibt, die übertragen werden sollen. Die Startposition beginnt in unserem Beispiel zwei Stellen hinter dem Kommatrennzeichen. Die Anzahl der Zeichen, die übertragen werden sollen, ergibt sich aus der Gesamtlänge der Zelle abzüglich der Zeichen bis zum Komma.

Übertragen Sie nun die Variableninhalte in die dafür vorgesehenen Zellen. Danach springen Sie zu der Zelle, welche die Postleitzahl und der Ort enthält.

Da die Postleitzahl genau aus fünf Zeichen besteht, können Sie diese Information mit der Funktion `Left` direkt abgreifen und in der Variablen `PLZ` speichern. Anders verhält es sich beim Ort. Dazu setzen Sie die Funktion `Mid` ein:

```
Ort = Mid(ActiveCell.Value, 7, i3 - 6)
```

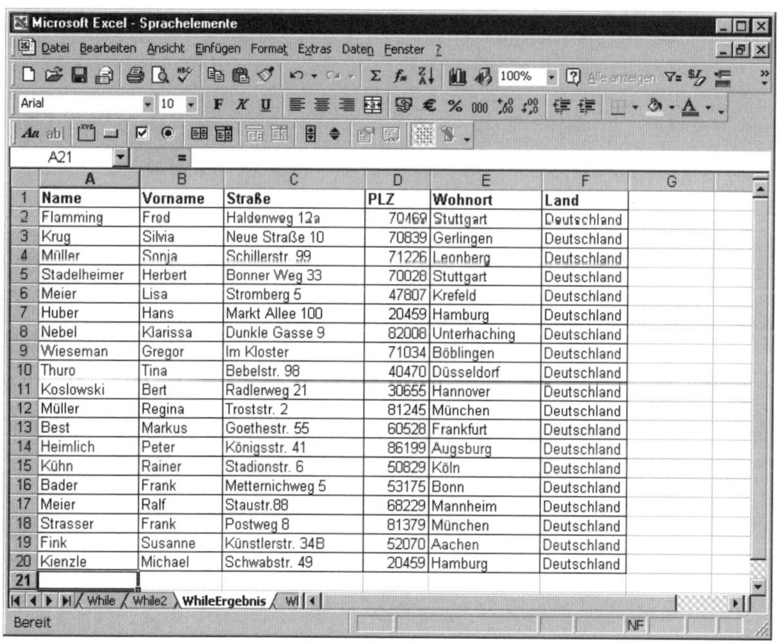

	A	B	C	D	E	F
1	Name	Vorname	Straße	PLZ	Wohnort	Land
2	Flamming	Frod	Haldenweg 12a	70469	Stuttgart	Deutschland
3	Krug	Silvia	Neue Straße 10	70839	Gerlingen	Deutschland
4	Müller	Sonja	Schillerstr. 99	71226	Leonberg	Deutschland
5	Stadelheimer	Herbert	Bonner Weg 33	70028	Stuttgart	Deutschland
6	Meier	Lisa	Stromberg 5	47807	Krefeld	Deutschland
7	Huber	Hans	Markt Allee 100	20459	Hamburg	Deutschland
8	Nebel	Klarissa	Dunkle Gasse 9	82008	Unterhaching	Deutschland
9	Wieseman	Gregor	Im Kloster	71034	Böblingen	Deutschland
10	Thuro	Tina	Bebelstr. 98	40470	Düsseldorf	Deutschland
11	Koslowski	Bert	Radlerweg 21	30655	Hannover	Deutschland
12	Müller	Regina	Troststr. 2	81245	München	Deutschland
13	Best	Markus	Goethestr. 55	60528	Frankfurt	Deutschland
14	Heimlich	Peter	Königsstr. 41	86199	Augsburg	Deutschland
15	Kühn	Rainer	Stadionstr. 6	50829	Köln	Deutschland
16	Bader	Frank	Metternichweg 5	53175	Bonn	Deutschland
17	Meier	Ralf	Staustr.88	68229	Mannheim	Deutschland
18	Strasser	Frank	Postweg 8	81379	München	Deutschland
19	Fink	Susanne	Künstlerstr. 34B	52070	Aachen	Deutschland
20	Kienzle	Michael	Schwabstr. 49	20459	Hamburg	Deutschland
21						

Abbildung 4.19: Das Endergebnis: alle Informationen auf einzelne Spalten verteilt

Position des Leerzeichens herausfinden

Das zweite Argument, die Startposition, ab der Zeichen übertragen werden sollen, ergibt sich aus der Anzahl Zeichen der Postleitzahl und einem Leerzeichen. Die Anzahl der zu übertragenden Zeichen ergibt sich aus der Gesamtlänge der Zelle abzüglich des Wertes 6 (Postleitzahl inklusive eines Leerzeichens). Füllen Sie jetzt die Zellen mit den Variablen für die Postleitzahl und den Ort. Danach positionieren Sie den Mauszeiger in die nächste Zeile der Spalte A. Die Schleife beginnt dann wieder von vorne und läuft so lange, bis alle Sätze verarbeitet worden sind.

4.3.27 Artikelnummern prüfen

In der nächsten Aufgabe sollen auf einem Tabellenblatt ARTIKELNUMMERN geprüft und falsche Artikelnummern ausgegeben werden. Dazu müssen Sie zuerst die Gültigkeit Ihrer Artikelnummern festlegen:

Gültige Nummern

- alle Artikelnummern, die genau sechs Zeichen lang sind und
- als letztes Zeichen den Buchstaben T enthalten.

Listing 4.48: *Artikelnummern prüfen*

```
Sub FalscheArtikelNummernErmitteln()
Dim i As Long

 Sheets("ArtikelNummer").Activate
 Range("A2").Activate
 i = 0
 Do While ActiveCell.Value <> ""
   If Len(ActiveCell.Value) <> 6 _
    Or Right(ActiveCell.Value, 1) <> "T" Then
    MsgBox "Falsche Artikelnummer in " & ActiveCell.Address
    i = i + 1
    Else
   End If
   ActiveCell.Offset(1, 0).Select
 Loop
 MsgBox  i & " falsche Artikelnummern gefunden!"
End Sub
```

Abbildung 4.20: *Prüfen der Artikelnummern*

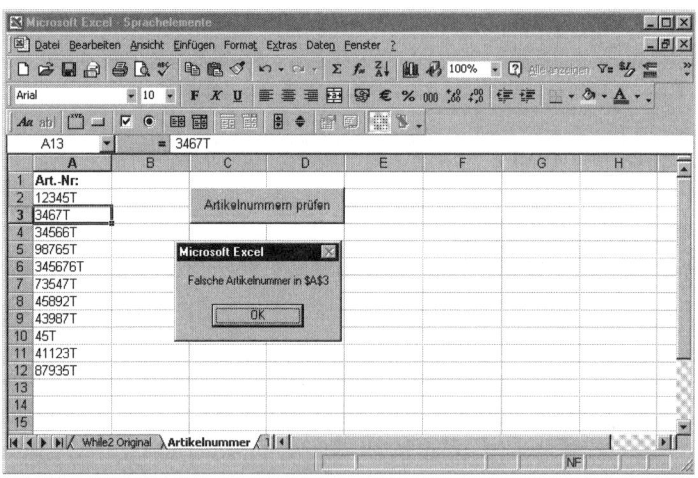

Haben Sie es gesehen? In diesem Beispiel wurde die Funktion `Right` eingesetzt. Die Funktion `Right` gibt einen Wert zurück, der eine bestimmte Anzahl von Zeichen von der rechten Seite (dem Ende) einer Zeichenfolge enthält. Da Sie lediglich das letzte Zeichen prüfen wollen, geben Sie als zweites Argument den Wert 1 ein.

Die wichtigsten Objekte in Excel

Zellen und Bereiche programmieren

Kapitel 5

In diesem Kapitel dreht sich alles um Zellen, die durch das Objekt `Range` angesprochen werden. Das `Range`-Objekt kann entweder aus einer einzigen Zelle oder aus mehrere Zellen bzw. einem Zellbereich oder mehreren Zellbereichen bestehen. Des Weiteren kann ein `Range`-Objekt auch eine oder mehrere Zeilen bzw. Spalten darstellen. Um die Programmierung mit Zellen am besten zu erklären, folgen eine ganze Reihe von Praxisbeispielen, die u.a. folgende Fragestellungen beantworten sollen:

Die Fragen

- Wie steuere ich Zellen und Bereiche an?
- Wie gehe ich mit Bereichsnamen um?
- Wie formatiere ich Zellen und Bereiche?
- Wie wende ich Formeln und Funktionen an?
- Wie führe ich eine Gültigkeitsprüfung in Excel durch?
- Wie arbeite ich mit Kommentaren in Excel?
- Welche interessante Lösungen mit Zellen und Bereichen gibt es sonst noch?

5.1 Die Navigation

Die folgenden Makros können Sie auf der CD im Verzeichnis KAP05 *in der Datei* NAVIGATIONS.XLS *finden.*

CD-ROM

Bevor Sie mit Zellen bzw. Zellbereichen irgendetwas anstellen, sollten Sie erst einmal wissen, wie Sie diese ansprechen können. Markieren können Sie Zellen bzw. Bereiche mit der Methode `Select`. Sehen Sie in der Tabelle 5.1 die einzelnen Möglichkeiten, die Ihnen dabei zur Verfügung stehen.

Tabelle 5.1: Zellen und Bereiche markieren

Aktion	Befehl
Markierung einzelner Zellen	`Range("A1").Select`
Markierung eines Datenbereichs	`Range("A1:C10").Select`
Markierung unzusammenhängender Zellen	`Range("A1,A3,A5,A7").Select`
Markierung mehrerer Bereiche	`Range("A1:A10,C1:C10").Select`
Markieren aller Zellen des Tabellenblattes	`Cells.Select`

5.1.1 Die übersichtlichere Mehrfachauswahl

Wenn Sie mehr als zwei Bereiche markieren möchten, wird die Schreibweise, wie in der Tabelle 5.1 beschrieben, ein wenig unübersichtlich. Für eine übersichtliche Schreibweise setzen Sie die Methode `Union` ein. Sehen Sie sich dazu das Listing 5.1 an.

Listing 5.1: Mehrere Bereiche elegant markieren

```
Sub MehrereBereicheMarkieren()
Dim Ber1 As Range, Ber2 As Range
Dim Ber3 As Range, Ber4 As Range
Dim Bereiche As Range
    Worksheets("Tabelle1").Activate
    Set Ber1 = Range("A1:A5")
    Set Ber2 = Range("C1:C5")
    Set Ber3 = Range("A10:A15")
    Set Ber4 = Range("C10:C15")
    Set Bereiche = Union(Ber1, Ber2, Ber3, Ber4)
    Bereiche.Select
End Sub
```

Mit der Anweisung `Set` definieren Sie zuerst die einzelnen Zellbereiche `Ber1-Ber4`. Danach vereinen Sie diese Einzelbereiche mit Hilfe der Methode `Union` in einem Block, welcher den Namen `Bereiche` trägt. Diesen Block können Sie dann über die Methode `Select` komplett markieren.

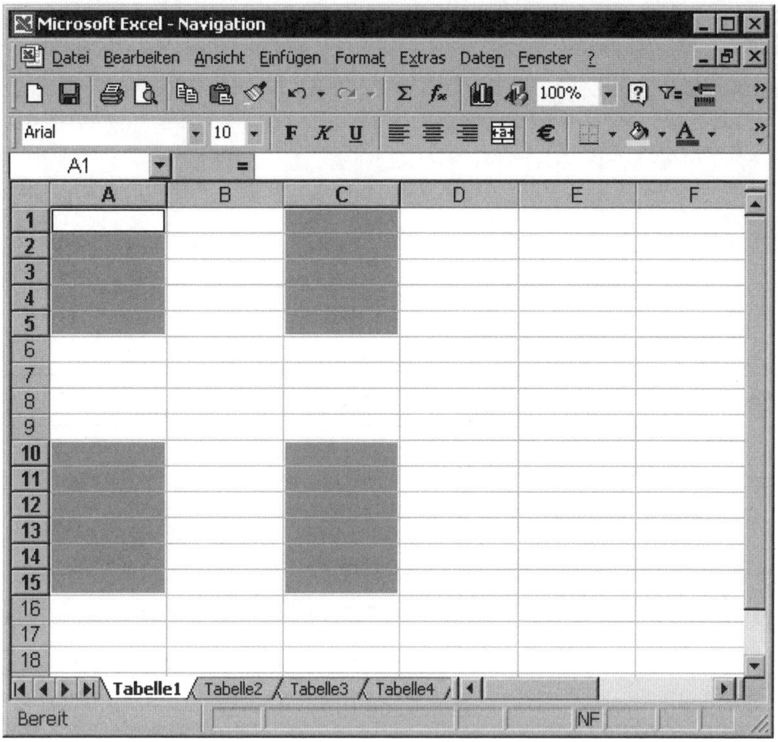

Abbildung 5.1: Mehrere Bereiche auf einmal markiert

5.1.2 Relative Markierungsformen

Bisher haben Sie ausgehend von einer bestimmten Zellenadresse einen Bereich markiert. Manchmal kommt es aber vor, dass Sie, beispielsweise ausgehend von einer beliebigen Zelle, einen Bereich markieren möchten. Im Listing 5.2 wird, ausgehend von der momentan aktiven Zelle, ein Datenbereich selektiert, der aus fünf Zeilen und zehn Spalten besteht.

```
Sub BereichMarkierenRelativ()
    Worksheets("Tabelle1").Activate
    Range(ActiveCell(), ActiveCell.Offset(5, 10)).Select
End Sub
```

Listing 5.2: Bereiche relativ markieren

5.1.3 Bestimmte Zellen ansteuern

Wenn Sie mit Schleifen arbeiten und die Abbruchbedingung der Schleife beispielsweise abhängig machen möchten von der letzten belegten Zelle auf dem Tabellenblatt, dann starten Sie das Makro in Listing 5.3. Dort setzen Sie die `SpecialCells`-Methode ein, der Sie die Konstante `xlCellTypeLastCell` mitgeben. Diese Methode liefert Ihnen die Zellenadresse der letzten Zelle im verwendeten Bereich.

***Listing 5.3:** Letzte Zelle im benutzten Bereich ermitteln*

```
Sub LetzteZelleImBenutztenBereichErmitteln()
  Sheets("Tabelle2").Activate
  ActiveSheet.Cells.SpecialCells _
  (xlCellTypeLastCell).Activate
  MsgBox ActiveCell.Address
End Sub
```

Weitere interessante Konstanten dieser Methode entnehmen Sie der Tabelle 5.2.

***Tabelle 5.2:** Die Konstanten der Methode SpecialCells*

Konstante	Beschreibung
`xlCellTypeAllFormatConditions`	markiert alle formatierte Zellen
`xlCellTypeAllValidation`	Zellen mit Gültigkeitsregeln werden markiert
`xlCellTypeBlanks`	gibt alle leere Zellen an
`xlCellTypeComments`	Zellen mit Kommentaren werden markiert
`xlCellTypeConstants`	Zellen mit Konstanten werden markiert
`xlCellTypeFormulas`	Zellen mit Formeln werden markiert
`xlCellTypeLastCell`	letzte Zelle im benutzten Bereich wird angesteuert
`xlCellTypeSameFormatConditions`	Zellen mit gleichem Format werden markiert
`xlCellTypeSameValidation`	Zellen mit gleichen Gültigkeitskriterien werden markiert
`xlCellTypeVisible`	alle sichtbaren Zellen werden markiert.

INFO

Die Konstanten der Tabelle 5.2 können Sie auch in Excel über den Dialog GEHE ZU *anzeigen lassen. Dazu drücken Sie die Taste* [F5] *und klicken auf die Schaltfläche* INHALTE. *Danach bekommen Sie den Dialog* INHALTE AUSWÄHLEN *angezeigt, der ein paar der in Tabelle 5.2 gezeigten Konstanten enthält.*

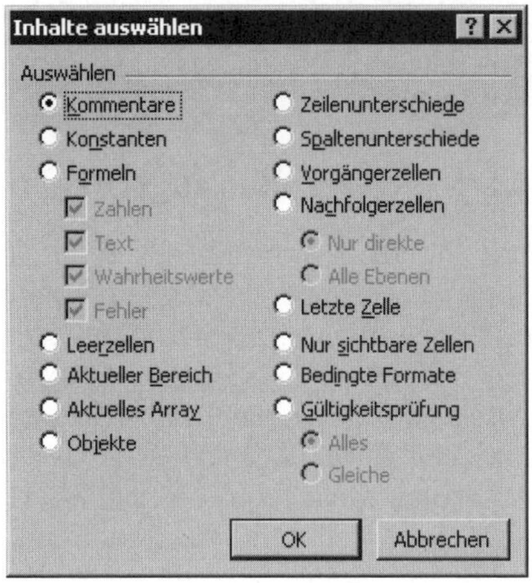

Abbildung 5.2: Der Dialog Inhalte auswählen

Im nächsten Beispiel wird zunächst die letzte belegte Zelle im Umfeld der aktuellen Zelle ermittelt und ihr Umfeld danach markiert. Dies ist mitunter wichtig bei Formatierungsarbeiten, um den kompletten Bereich zu bearbeiten.

Listing 5.4: Umliegenden Bereich markieren

```
Sub BestimmterBereichAuswählen()
Range(Selection, Selection.SpecialCells(xlLastCell)).Select
End Sub
```

Interessant und sehr nützlich ist es auch, die letzte Zelle innerhalb einer Markierung herauszufinden. Dies gelingt Ihnen unter Einsatz des Listing 5.5:

Listing 5.5: Letzte Zelle in Markierung ermitteln

```
Sub LetzteZelleInMarkierungErmitteln()
Dim s As String
s = Selection(Selection.Count).Address
MsgBox s
End Sub
```

5.1.4 Alle Zellen markieren

Wenn Sie Anpassungen vornehmen möchten, die für alle Zellen des Arbeitsblattes gelten sollen, dann markieren Sie standardmäßig alle Zellen der Tabelle, indem Sie die Tastenkombination [Strg] + [A] drücken. Sie können alle Zellen der Tabelle auch mit dem Makro aus Listing 5.6 markieren:

Listing 5.6: Alle Zellen des Tabellenblattes markieren

```
Sub AllesMarkieren()
 Cells.Select
End Sub
```

Die Eigenschaft `Cells` repräsentiert alle aktiven Zellen der Tabelle. Mit der Anweisung `Cells.select` werden alle Zellen des Tabellenblattes markiert.

5.1.5 Auf Zellen zugreifen, ohne darauf zu sitzen

Wie Sie an bestimmte Stellen des Tabellenblattes springen, wissen Sie jetzt. Wie aber verbleiben Sie auf der momentanen Zellposition und sprechen dennoch andere Zellen an? Dazu verwenden Sie die Eigenschaft `Offset`. Das erste Argument der Eigenschaft `Offset` ist die Anzahl der Zeilen, die zwischen der momentan aktuellen Zelle und der Zelle liegen, auf die Sie zugreifen möchten. Das zweite Argument steht für die Anzahl der Spalten, die zur Zielzelle überbrückt werden müssen. Sehen Sie sich das Listing 5.7 an. Dort bleibt der Mauszeiger die ganze Zeit über auf der Zelle A1, der Zugriff auf die Zellen erfolgt über die Eigenschaft `Offset`.

***Listing 5.7:** Zellen ansprechen, ohne darauf zu sitzen*

```
Sub ZellenAnsprechen()
 Sheets("Navigation").Activate
 Range("A1").Select
 Range("A1").Value = "Text1 - 1. Zeile"
 ActiveCell.Offset(0, 1).Value = "Text2 - 1. Zeile"
 ActiveCell.Offset(0, 2).Value = "Text3 - 1. Zeile"
 ActiveCell.Offset(0, 3).Value = "Text4 - 1. Zeile"
 ActiveCell.Offset(1, 0).Value = "Text5 - 2. Zeile"
 ActiveCell.Offset(1, 1).Value = "Text6 - 2. Zeile"
End Sub
```

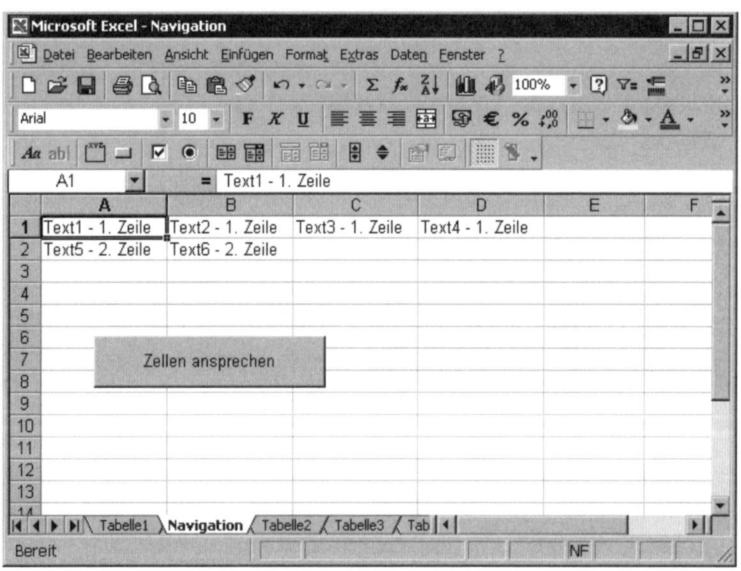

***Abbildung 5.3:** Der Mauszeiger bleibt immer auf Zelle A1*

Sicher können Sie sich vorstellen, dass Sie über diese Methode schnellere Makros programmieren können. Jedes Versetzen des Mauszeigers in der Tabelle benötigt Zeit. Für kleinere Aufgaben können Sie aber trotzdem die Methode `Select` anwenden, um Zellen auszuwählen.

5.2 Bereiche und Zellen benennen

Selbstverständlich können Sie zur leichteren Navigation auf Tabellenblättern und zur besseren Übersichtlichkeit Ihres Quellcodes einzelnen Zellen oder Bereichen auch einen Namen geben und diese dann über diesen Namen ansprechen.

STOP

Bei der Vergabe eines Namens müssen Sie darauf achten, dass Sie die allgemeinen Namenskonventionen einhalten. Dabei muss das erste Zeichen des Namens ein Buchstabe oder auch ein Unterstrich sein. Beachten Sie auch, dass Namen nicht wie Zellenbezüge benannt werden dürfen. Bei der Länge eines Namens können Sie bis zu 255 Zeichen verwenden, was in der Programmierung jedoch eher umständlich ist. Hier sollten Sie sich auf kurze, aber sprechende Namen verständigen. Eine weitere Einschränkung bei der Namenvergebung ist, dass Sie Namen nicht aus mehreren Wörtern bilden dürfen, d.h. konkret, dass Sie keine Leerzeichen verwenden dürfen. Die Groß- und Kleinschreibung spielt bei der Vergabe von Namen jedoch keine Rolle.

5.2.1 Bereich benennen

Das folgenden Beispiel in Listing 5.8 gibt dem Zellbereich A1:A10 auf der TABELLE1 den Namen BENANNTERBEREICH und markiert diesen sofort im Anschluss daran.

Listing 5.8: Bereiche benennen

```
Sub BereichBenennen()
Dim Bereich As Range
 Worksheets("Tabelle1").Activate
 Set Bereich = Sheets("Tabelle1").Range("A1:A10")
   ActiveWorkbook.Names.Add _
   Name:="BenannterBereich", _
   RefersTo:=Bereich, Visible:=True
   Bereich.Select
End Sub
```

Im Listing 5.8 definieren Sie zuerst den Bereich und speichern ihn in der Variablen `Bereich`. Danach wenden Sie die Methode `Add` an, um einen Namen festzulegen. Die Methode `Add` weist folgende Argumente auf:

Im ersten Argument `Name` geben Sie den gewünschten Namen an, unter dem Sie später den Zellbereich ansprechen möchten. Dabei können Sie den Namen frei wählen. Sie müssen allerdings darauf achten, dass Sie bei der Namengebung die vorher beschriebenen Namenskonventionen einhalten. Den gewählten Namen müssen Sie in Anführungszeichen setzen. Das Argument `RefersTo` gibt an, auf welchen Zellbereich sich der Name beziehen soll. Das Argument `Visible` bestimmt, ob der Name für den Anwender sichtbar sein soll oder nicht. Verwendete Namen können Sie in Excel anzeigen lassen, indem Sie den Befehl NAME/DEFINIEREN aus dem Menü EINFÜGEN wählen. Setzen Sie das Argument `Visible` auf den Wert `False`, wenn Sie verhindern möchten, dass der Anwender den von Ihnen gewählten Namen einsehen kann. Die Standardeinstellung für dieses Argument ist jedoch `True`, was bedeutet, dass sowohl die verwendeten Namen als auch deren Zellenadressen vom Anwender eingesehen werden können.

STOP

Excel verwendet auch intern Namen. So wird der Name DRUCKBEREICH *automatisch vergeben, wenn Sie auf Ihrem Tabellenblatt einen Druckbereich erstellen. Ebenso wird der Namen* DRUCKTITEL *von Excel intern benutzt, wenn Sie Wiederholungszeilen im Menü* DATEI *unter dem Befehl* SEITE EINRICHTEN *auf der Registerkarte* TABELLE *definieren. Zwei weitere reservierte Namen, die Sie nicht verwenden sollten, lauten* ZIELBEREICH *bzw.* SUCHKRITERIEN. *Diese beiden Namen werden automatisch festgelegt, wenn Sie eine Tabelle mit dem Spezialfilter aus dem Menü* DATEN *auswerten.*

5.2.2 Mehrere Zellen benennen

Es ist ziemlich langwierig, wenn Sie für mehrere Zellen auf Ihrem Tabellenblatt Namen vergeben möchten. Die Namen müssen nämlich einer nach dem anderen manuell festgelegt werden. Diese Aufgabe können Sie durch ein Makro automatisieren. Dabei werden im Listing 5.9 auf dem Tabellenblatt TABELLE2 die Zellen A1:A12 jeweils mit dem jeweiligen Zellenwert als Namen ausgestattet.

***Listing 5.9:** Mehrere Zellen automatisch benennen*

```
Sub MehrereZellenBenennen()
Dim Bereich As Range
Dim i As Integer
 Worksheets("Tabelle2").Activate
 Range("A1").Select
 For i = 1 To 12
  Set Bereich = Range("A" & i)
   ActiveWorkbook.Names.Add _
   Name:=ActiveCell.Value, _
```

```
    RefersTo:=Bereich, Visible:=True
    ActiveCell.Offset(1, 0).Select
  Next i
End Sub
```

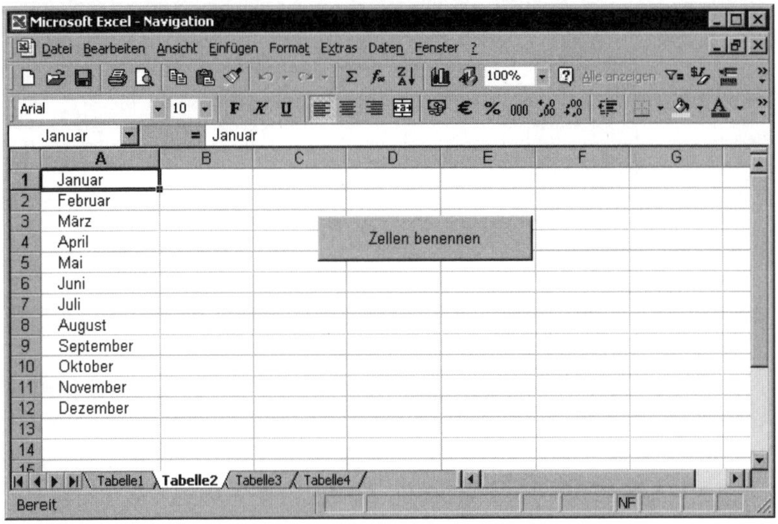

Abbildung 5.4: Als Name wird der Inhalt der einzelnen Zellen übernommen

Im nächsten Beispiel in Listing 5.10 werden Zellenwerte automatisch als Zellennamen übernommen. Ähnlich wie im letzten Beispiel wird hierbei eine Schleife eingesetzt mit dem einen Unterschied, dass nun die Anzahl der zu vergebenden neuen Namen noch unbekannt ist. Die Anzahl der Namen ermitteln Sie aus der Anzahl der verwendeten Zeilen.

Listing 5.10: Namen aus Zellenwerten bilden

```
Sub NamenVergeben()
Dim i As Integer
Dim i2 As Integer
i2 = ActiveSheet.UsedRange.Rows.Count
For i = 1 To i2
 ActiveWorkbook.Names.Add Name:=ActiveCell.Value, _
 RefersToR1C1:="=Tabelle7!R" & i & "C1"
 ActiveCell.Offset(1, 0).Select
Next i
End Sub
```

Mit Hilfe der `UsedRange`-Eigenschaft, die den verwendeten Bereich im Tabellenblatt zurückgibt, ermitteln Sie über die Eigenschaft `Count`, wie viele Zeilen mit Daten belegt sind, und speichern die ermittelte Anzahl in der Variablen `i2`. In einer `For Next`-Schleife werden daraufhin so lange Zellennamen aus den Zellenwerten gebildet, bis die Endebedingung erreicht ist.

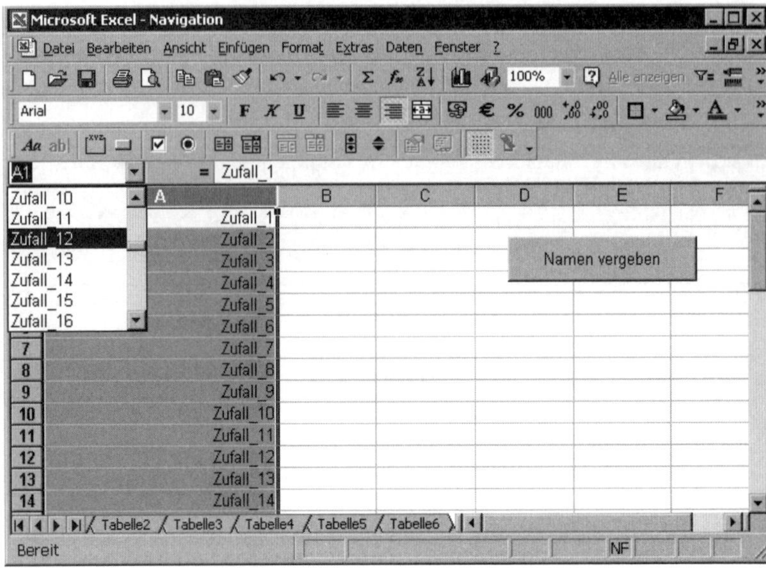

Abbildung 5.5: Namenvergabe mit flexiblem Ende

5.2.3 Konstante als Namen vergeben

Bis jetzt haben Sie gelernt, wie Sie einzelnen Zellen bzw. Bereichen Namen zuweisen können. Sie können jedoch auch Namen vergeben, die sich auf keinen Zellenbezug beziehen, sondern einen konstanten Wert beinhalten. Ein klassisches Beispiel hierfür ist die Definition des Mehrwertsteuersatzes, der derzeit bei 16 Prozent liegt. Im folgenden Makro in Listing 5.11 wird der Name MWST mit dem zurzeit gültigen MwSt-Satz eingefügt.

Listing 5.11: Konstanten Wert als Namen festlegen

```
Sub KonstanteZuweisen()
 ActiveWorkbook.Names.Add Name:="MwSt", RefersTo:="=1.16"
End Sub
```

Auf den Namen `MwSt` können Sie jetzt überall in Ihrer Arbeitsmappe zugreifen. So können Sie diesen Namen beispielsweise in Formeln und Funktionen verwenden.

:-) TIPP

Der Vorteil der eben beschriebenen Methode liegt auf der Hand: Ergeben sich Änderungen des MwSt-Satzes, so reicht es, wenn Sie den MwSt-Satz anpassen. Alle Formeln in der Arbeitsmappe, die mit dem MwSt-Satz arbeiten, werden automatisch aktualisiert.

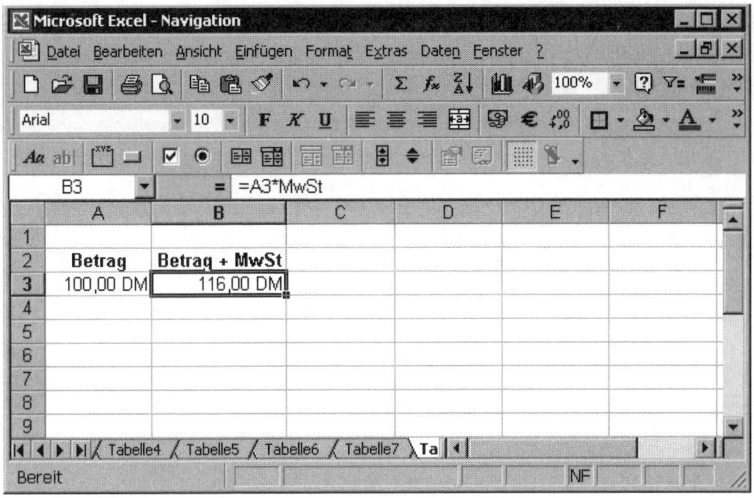

Abbildung 5.6: Konstanten Wert als Namen einsetzen

5.2.4 Bezüge von benannten Bereichen ermitteln

Wenn Sie über das Menü EINFÜGEN und den Befehl NAME/DEFINIEREN gehen, können Sie sehen, welcher Zellenbezug zum jeweiligen Namen gehört. In VBA können Sie die Zellenbezüge zu den verwendeten Namen auslesen, indem Sie das Makro in Listing 5.12 starten.

Listing 5.12: Adresse des Bereiches ermitteln

```
Sub BereichsadresseErmitteln()
Dim Bereich As Range
 Worksheets("Tabelle1").Activate
 Set Bereich = Range(Range("BenannterBereich").Address)
 Debug.Print Bereich.Address(external:=True)
End Sub
```

Mit Hilfe der Eigenschaft `Address` können Sie den Zellenbezug ermitteln, welcher hinter dem Namen `BenannterBereich` steckt. Diesen Bezug geben Sie danach im Direktfenster der Entwicklungsumgebung mit der Methode `Print` aus.

5.2.5 Namenprüfung einer Zelle

Wenn Sie einer Zelle einen Namen geben möchten, dann sollten Sie zuerst feststellen, ob das nicht schon geschehen ist. Für diese Aufgabe können Sie das Makro aus Listing 5.13 einsetzen.

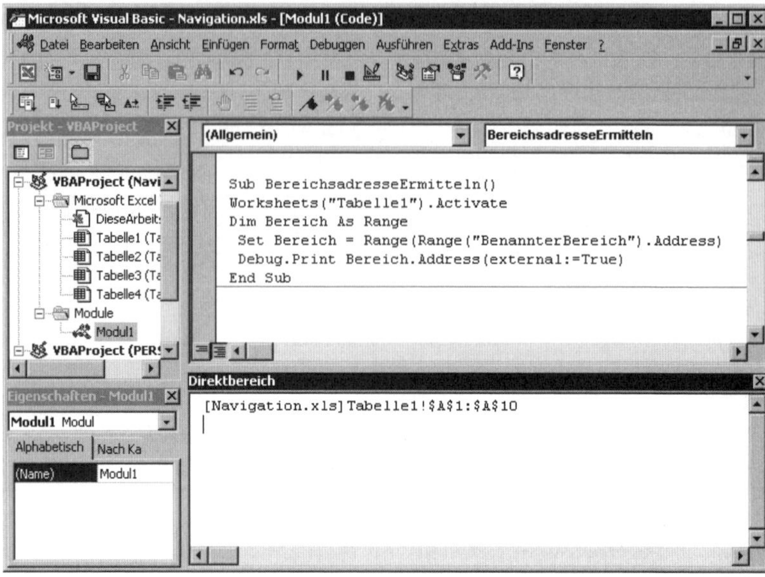

Abbildung 5.7: Die Ausgabe der Zellenadresse im Direktfenster

Listing 5.13: Namen von Zellen ermitteln

```
Sub NamenVonZellenErmitteln()
    Worksheets("Tabelle1").Activate
    On Error GoTo FehlerMeldung:
    MsgBox ActiveCell.Name.Name
    Exit Sub
FehlerMeldung:
    MsgBox "Für diese Zelle ist kein Namen vergeben!"
End Sub
```

Über die Funktion `Msgbox` wird der Name der Zelle auf dem Bildschirm ausgegeben. Dabei kommt es automatisch zum Fehler, wenn die Zelle überhaupt keinen Namen aufweist. In diesem Fall wird zum Absatz `FehlerMeldung` verzweigt. Dort wird eine Meldung auf dem Bildschirm ausgegeben.

STOP

Achten Sie darauf, dass nach der Ausgabe des Zellennamens auf dem Bildschirm die Anweisung `Exit Sub` *steht. Diese bewirkt, dass das Makro sofort beendet wird und den Absatz* `Fehlermeldung` *nicht ausführt.*

5.2.6 Benannte Bereiche markieren

Um schnell einen benannten Bereich zu markieren, können Sie das Namenfeld der Bearbeitungsleiste nutzen bzw. die Taste F5 drücken und auf die benannten Bereiche der Arbeitsmappe im Listenfeld zugreifen. Mit Hilfe von VBA können Sie mit der Methode `GoTo` zu benannten Bereichen verzweigen. Im folgenden Beispiel in Listing 5.14 geben Sie den gesuchten Namen in einem Eingabefenster ein und bestätigen mit OK. Excel markiert daraufhin automatisch den gesuchten benannten Bereich.

Listing 5.14: Benannte Bereiche markieren

```
Sub BenanntenBereichMarkieren()
Dim s As String
    s = InputBox("Bitte geben Sie den Namen ein!", _
            "Namensuche")
    If s = "" Then Exit Sub
    On Error GoTo Fehlermeldung
    Application.Goto Reference:=s
    Exit Sub
Fehlermeldung:
    MsgBox "Der Name " & s & _
 " konnte in der Mappe nicht gefunden werden!"
End Sub
```

Um dafür zu sorgen, dass Sie das Makro durch die Schaltfläche ABBRECHEN vorzeitig beenden können, müssen Sie den Rückgabewert der Funktion `Inputbox` abfragen. Dazu speichern Sie den Rückgabewert in der String-Variablen `s`. Liefert die Variable `s` eine leere Zeichenfolge zurück, dann haben Sie auf die Schaltfläche ABBRECHEN geklickt und das Makro wird durch die Anweisung `Exit Sub` sofort verlassen. Haben Sie einen Namen eingegeben und auf die Schaltfläche OK geklickt, wird mit Hilfe der Methode `GoTo` zum gesuchten benannten Bereich verzweigt. Konnte der eingegebene Namen in der Arbeitsmappe nicht ermittelt werden, sorgt die `On Error`-Anweisung dafür, dass es zu keiner Fehlermeldung kommt und danach eine Meldung auf dem Bildschirm erscheint.

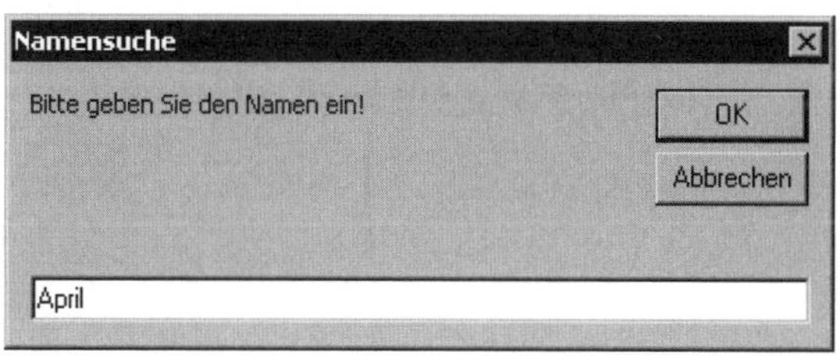

Abbildung 5.8: Benannte Bereiche über eine Inputbox ansteuern

5.2.7 Namenprüfung eines Bereichs

Was für die Zelle geht, klappt auch für einen Bereich. Im nächsten Beispiel in Listing 5.15 werden Sie aufgefordert über eine Inputbox einen Bereich zu markieren. Anschließend wird geprüft, ob dem markierten Bereich schon ein Name gegeben wurde.

Listing 5.15: Namen von Bereichen ermitteln

```
Sub NamenVonBereichErmitteln()
Dim Bereich As Range
  Worksheets("Tabelle1").Activate
  Set Bereich = Application.InputBox _
  ("Wählen Sie einen Zellenbereich aus!", Type:=8)
   Range(Bereich.Address).Select
   On Error GoTo FehlerMeldung:
    MsgBox Selection.Name.Name
    Exit Sub
FehlerMeldung:
    MsgBox "Für diesen Bereich ist kein Namen vergeben!"
End Sub
```

Abbildung 5.9: Namenprüfung bei Bereichen

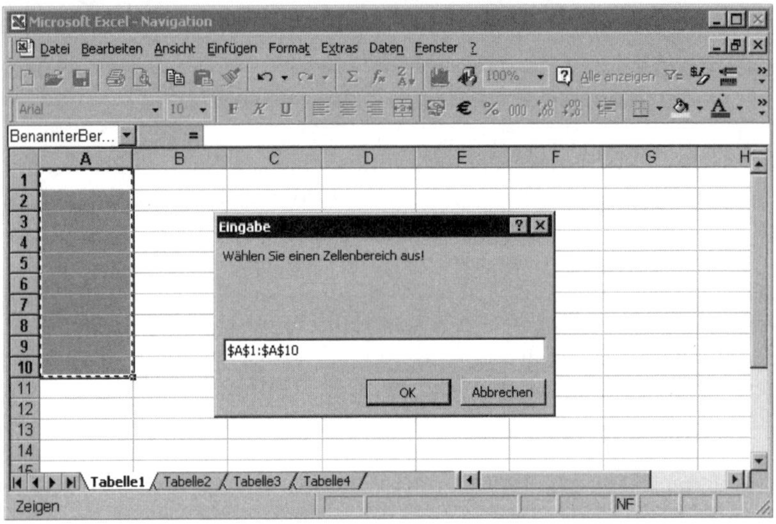

5.2.8 Alle Namen protokollieren

Wenn Sie alle Namen und die dazugehörigen Zellenbezüge dokumentieren möchten, um damit einen besseren Überblick über die in der Arbeitsmappe verwendeten Namen zu bekommen, schreiben Sie ein kleines Makro. Das könnte dann aussehen wie in Listing 5.16:

Listing 5.16: Alle Namen protokollieren

```
Sub AlleNamenProtokollieren()
Dim BenannteBereiche As Object
 Sheets("Tabelle3").Activate
 Range("A1").Select
 For Each BenannteBereiche In ActiveWorkbook.Names
     ActiveCell.Value = BenannteBereiche.Name
     ActiveCell.Offset(0, 1).Value = _
     ActiveWorkbook.Names.Item(BenannteBereiche.Name)
```

```
        ActiveCell.Offset(1, 0).Select
    Next
End Sub
```

Eine `For Each`-Schleife wird so lange durchlaufen, bis alle verwendeten Namen mit den dazugehörigen Zellenbezüge auf dem Tabellenblatt TABELLE3 protokolliert sind. Dazu setzen Sie die Eigenschaft `Names` ein, um den Namen des Objekts zu ermitteln. Danach verweisen Sie mit Hilfe der Eigenschaft `Offset` auf die Nebenspalte und ermitteln über die Methode `Item` innerhalb der `Names` Auflistung den Zellenbezug des verwendeten Namens.

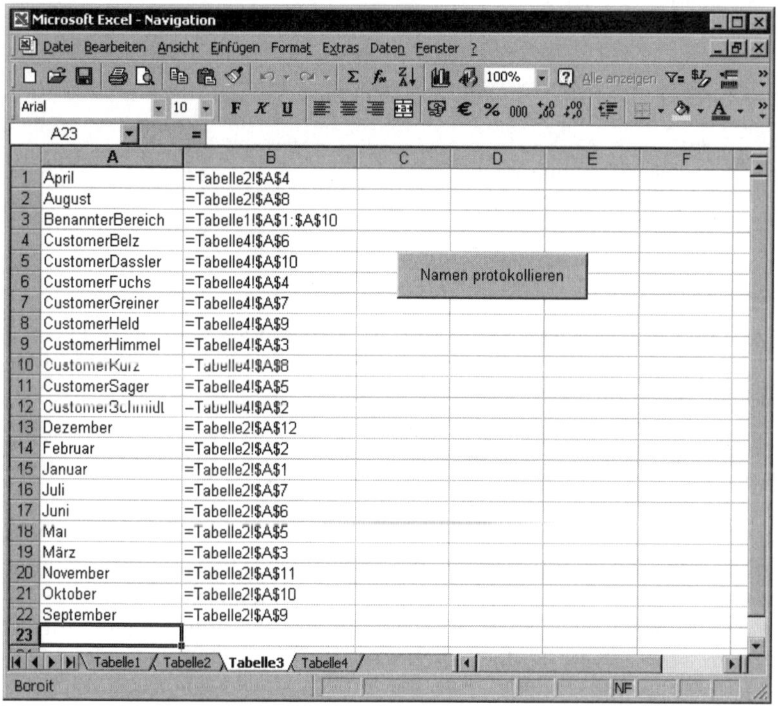

Abbildung 5.10: Das Protokoll mit den Namen und Zellenbezügen

5.2.9 Namen ändern

Die Welt verändert sich laufend, nahezu nichts ist von Dauer. So kann es auch durchaus vorkommen, dass Sie Ihre verwendeten Namen anpassen möchten. Dabei möchten Sie natürlich nicht alle Namen einzeln anfassen und umbenennen, sondern ein Makro einsetzen, welches diese Aufgabe komfortabel und ohne viel Mühe erledigt.

National → International

Im folgenden Beispiel nehmen Sie einmal an, eine Firma würde in Zukunft auch international arbeiten wollen. Als Konsequenz daraus sollen alle verwendeten deutschen Zellennamen in englische Zellennamen umgesetzt werden. U.a. muss eine Kundenliste umgesetzt werden, bei der der Zellenname aus dem eigentlichen Kundennamen mit der Vorsilbe KUNDE besteht. Diese Vorsilbe muss nun in CUSTOMER umbenannt werden. Dabei müssen alle eingesetzten Namen in der Arbeitsmappe daraufhin überprüft werden.

***Listing 5.17:** Namen von Zellen ändern*

```
Sub NamenÄndern()
Dim benannteBereiche As Object
Dim VglName As String

  For Each benannteBereiche In ThisWorkbook.Names
    VglName = benannteBereiche.Name
    If InStr(VglName, "Kunde") > 0 Then
      VglName = Application.Substitute(VglName, _
        "Kunde", "Customer")
      benannteBereiche.Name = VglName
    End If
  Next benannteBereiche
End Sub
```

Mit Hilfe der `Names`-Auflistung können Sie alle eingesetzten Namen der Arbeitsmappe ermitteln. Da Sie die Funktion `InStr` anwenden müssen, um die Namenprüfung durchzuführen, weisen Sie die Objektvariable `BenannteBereiche` der String-Variablen `VglName` zu. Jetzt ermitteln Sie mit der Funktion `InStr`, ob der Textteil KUNDE im jeweiligen Namen vorkommt. Wenn ja, dann meldet die Funktion das erste Vorkommen des Textteils, einen Wert größer Null, zurück. In diesem Fall kommt dann die Tabellenfunktion `Substitute` zum Einsatz. Dieser Funktion übergeben Sie zuerst den Textteil, der ersetzt werden soll (KUNDE), und danach die neue Zeichenfolge (CUSTOMER). Zum Schluss weisen Sie die überarbeitete String-Variable `VglName` der Objektvariablen `BenannteBereiche` wieder zu und machen damit die Namensänderung perfekt.

***Listing 5.18:** Namen von Zellen wieder umbenennen*

```
Sub NamenÄndernRückgängig()
Dim benannteBereiche As Object
Dim VglName As String

  For Each benannteBereiche In ThisWorkbook.Names
    VglName = benannteBereiche.Name
    If InStr(VglName, "Customer") > 0 Then
      VglName = Application.Substitute(VglName, _
        "Customer", "Kunde")
      benannteBereiche.Name = VglName
```

```
    End If
  Next benannteBereiche
End Sub
```

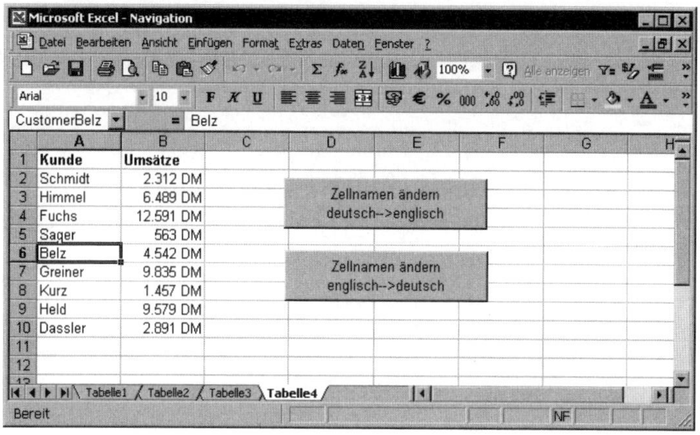

Abbildung 5.11: Schnell Bereichsnamen verändern

5.2.10 Bezugsadresse von Namen ändern

Im vorherigen Beispiel haben Sie gelernt, wie Sie Namen ändern können. Oft kommt es aber ebenso vor, dass der eigentliche Namen konstant bleiben soll und sich nur der zugewiesene Zellenbezug ändern muss.

Im Listing 5.19 wird die komplette Arbeitsmappe nach einem bestimmten Namen durchsucht. Wird der richtige Name gefunden, wird der Zellenbezug, auf den sich der Name bezieht, geändert.

Listing 5.19: Bezugsadressen von benannten Bereichen ändern

```
Sub BezugsadresseÄndern()
Dim VerName As Name
 For Each VerName In ActiveWorkbook.Names
 If VerName.Name = "BenannterBereich" Then
  VerName.RefersTo = "=$A$1:$B$10"
  Range("BenannterBereich").Select
 Exit Sub

 End If
 Next VerName
 End Sub
```

Definieren Sie zuerst die Variable `VerName` als Objekt. In der `For Each`-Schleife durchsuchen Sie die Arbeitsmappe nach dem gesuchten Namen `BenannterBereich`. Wird dieser gefunden, wird der bisherige Zellenbezug durch den neuen Zellenbezug überschrieben. Danach wird der neue Bereich zur Kontrolle markiert und die Schleife sowie auch das Makro durch die Anweisung `Exit Sub` verlassen.

Denken Sie daran, beim neuen Zellenbezug die Bezüge absolut zu setzen. Das Weglassen des Absolut-Zeichens $ liefert keine zuverlässigen Ergebnisse.

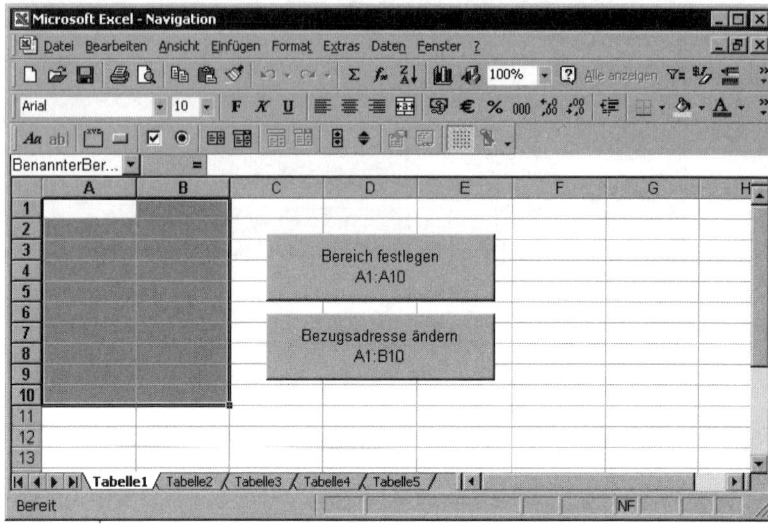

***Abbildung 5.12:** Bezüge von Namen automatisch ändern*

5.2.11 Dynamische Datenbezüge herstellen

Stellen Sie sich vor, Sie müssten eine Liste erstellen, die täglich ein paar Zeilen länger wird. Zu Beginn legen Sie dazu eine Liste an, markieren alle Daten der Liste und vergeben im Namenfeld der Bearbeitungsleiste einen sprechenden Namen. Was aber passiert, wenn Sie nun zusätzliche Zeilen unten anhängen? Der vorher zugewiesene Namen behält seinen ursprünglichen Bezug bei, sodass die neuen Sätze der Liste nicht im Bereichsnamen enthalten sind. Fügen Sie dagegen Sätze nicht am Ende, sondern zwischen den einzelnen Zeilen ein, dann wird der Namenbezug erweitert; das Problem entsteht somit nur bei den unten angefügten Zeilen. Gerade wenn Sie diesen Datenbereich später auswerten möchten und dazu einen Pivot-Tabellenbericht einsetzen, der auf diesen benannten Bereich zugreift, ist das Ergebnis falsch, da die hinten angehängten Zeilen nicht in die Auswertung mit eingehen.

Im nächsten Beispiel soll eine Mitarbeiterliste dynamisch gehalten werden. Orientieren Sie sich dazu an der Abbildung 5.13.

Die Mitarbeiterliste mit dem Namen MITARBEITERLISTE bleibt durch folgendes Makro in Listing 5.20 im Bezug dynamisch.

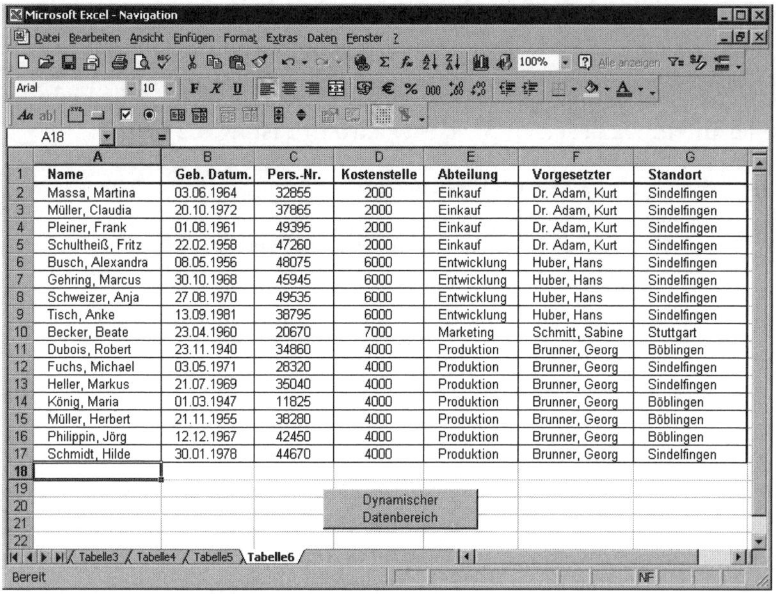

Name	Geb. Datum.	Pers.-Nr.	Kostenstelle	Abteilung	Vorgesetzter	Standort
Massa, Martina	03.06.1964	32855	2000	Einkauf	Dr. Adam, Kurt	Sindelfingen
Müller, Claudia	20.10.1972	37865	2000	Einkauf	Dr. Adam, Kurt	Sindelfingen
Pleiner, Frank	01.08.1961	49395	2000	Einkauf	Dr. Adam, Kurt	Sindelfingen
Schultheiß, Fritz	22.02.1958	47260	2000	Einkauf	Dr. Adam, Kurt	Sindelfingen
Busch, Alexandra	08.05.1956	48075	6000	Entwicklung	Huber, Hans	Sindelfingen
Gehring, Marcus	30.10.1968	45945	6000	Entwicklung	Huber, Hans	Sindelfingen
Schweizer, Anja	27.08.1970	49535	6000	Entwicklung	Huber, Hans	Sindelfingen
Tisch, Anke	13.09.1981	38795	6000	Entwicklung	Huber, Hans	Sindelfingen
Becker, Beate	23.04.1960	20670	7000	Marketing	Schmitt, Sabine	Stuttgart
Dubois, Robert	23.11.1940	34860	4000	Produktion	Brunner, Georg	Böblingen
Fuchs, Michael	03.05.1971	28320	4000	Produktion	Brunner, Georg	Sindelfingen
Heller, Markus	21.07.1969	35040	4000	Produktion	Brunner, Georg	Sindelfingen
König, Maria	01.03.1947	11825	4000	Produktion	Brunner, Georg	Böblingen
Müller, Herbert	21.11.1955	38280	4000	Produktion	Brunner, Georg	Böblingen
Philippin, Jörg	12.12.1967	42450	4000	Produktion	Brunner, Georg	Böblingen
Schmidt, Hilde	30.01.1978	44670	4000	Produktion	Brunner, Georg	Sindelfingen

Abbildung 5.13: Die Mitarbeiterliste soll dynamisch gehalten werden

Listing 5.20: Dynamische Datenbereiche erstellen

```
Sub DynamischerDatenbezug()
Dim Mitarbeiterliste As Name
 On Error Resume Next
 ThisWorkbook.Names("Mitarbeiterliste").Delete
 ThisWorkbook.Names.Add "Mitarbeiterliste", _
 ThisWorkbook.Sheets("Tabelle6").Range("A1").CurrentRegion
 Range("Mitarbeiterliste").Select
 End Sub
```

Im einem vorherigen Beispiel haben Sie die komplette Arbeitsmappe auf der Suche nach einem bestimmten Namen durchlaufen und den Zellenbezug des Namens geändert. Sie haben jedoch auch die Möglichkeit, einen benannten Bereich in der Arbeitsmappe direkt anzusprechen. Im Makro `DynamischerDatenbezug` wird der Name `Mitarbeiterliste` gelöscht. Sollte der Namen in der Arbeitsmappe nicht vorkommen, sorgt die Anweisung `On Error Resume Next` dafür, dass das Makro keine Fehlermeldung verursacht. Im Anschluss daran wird der Name `Mitarbeiterliste` neu eingefügt. Dabei wird als Zellenbezug die TABELLE6 angegeben, und zwar der momentan aktuelle Bereich. Der aktuelle Bereich wird von leeren Zeilen sowie leeren Spalten umschlossen und wird durch die Eigenschaft `CurrentRegion` ermittelt. Wurde der Name korrekt eingefügt, wird die Mitarbeiterliste automatisch markiert.

5.2.12 Wo steht der Mauszeiger?

Im nächsten Beispiel wird ermittelt, ob sich der Mauszeiger momentan in einem benannten Bereich bzw. einer benannten Zelle befindet oder nicht. Dazu setzen Sie das Makro in Listing 5.21 ein:

Listing 5.21: In welchem Bereich befindet sich der Mauszeiger?

```
Sub InWelchemBereichStecktDerMauszeiger()
Dim benannterBereich As Object
For Each benannterBereich In ThisWorkbook.Names
   If Not Intersect(Selection, _
  benannterBereich.RefersToRange) _
   Is Nothing Then MsgBox Selection.Address & _
   " ist innerhalb des benannten Bereichs " _
   & benannterBereich.Name & Chr(13) & _
   " und hat die Zellenadresse " _
   & benannterBereich.RefersToRange.Address: Exit For
 Next
 End Sub
```

Mit Hilfe der Methode `Intersect` wird geprüft, ob die momentan aktive Zelle innerhalb eines benannten Bereiches liegt. Diese Methode liefert den Wert `Nothing` zurück, wenn die aktuelle Zelle nicht in einem benannten Bereich liegt. Befindet sich die aktuelle Zelle innerhalb eines benannten Bereiches, wird zuerst der Name des Bereichs und danach der dazugehörige Zellenbezug auf dem Bildschirm ausgegeben.

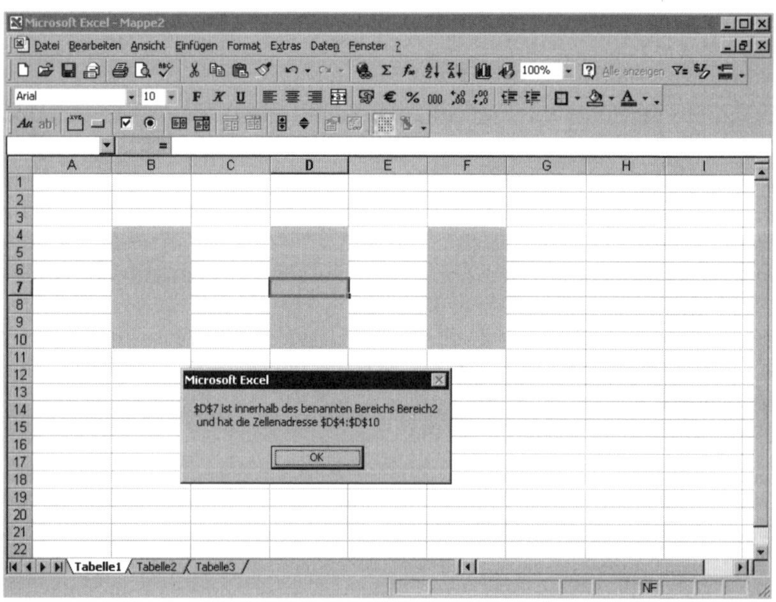

Abbildung 5.14: Hier steht der Mauszeiger

:-) TIPP

Über die Funktion `Chr(13)` *erreichen Sie, dass innerhalb des Meldungsfenster eine neue Zeile begonnen wird.*

5.2.13 Namen verbergen

Wenn Sie auf Ihrem Arbeitsblatt aus dem Menü EINFÜGEN den Befehl NAME/DEFINIEREN wählen, können Sie sehen, welche Namen in der Arbeitsmappe verwendet werden. Ebenso können Sie alle verfügbaren Namen der Arbeitsmappe aus dem Namenfeld in der Bearbeitungsleiste von Excel einsehen. Die Auswahl eines Namens aus dem Namenfeld bewirkt, dass Excel danach automatisch auf das entsprechende Tabellenblatt wechselt und die benannte Zelle bzw. den benannten Bereich markiert. Auf diese Weise kann man schnell benannte Bereiche auffinden und auf die entsprechenden Tabellenblätter wechseln. Nicht immer ist aber diese Steuerungsmöglichkeit erwünscht – gerade wenn Sie eine eigene Steuerung in Ihrer Anwendung erstellt haben und die verwendeten Namen in Ihrer Arbeitsmappe nicht preisgeben möchten.

Diese Ansicht auf die Namen können Sie mit einem Makro unterdrücken. Das Makro für diese Aufgabe sehen Sie in Listing 5.22:

```
Sub NamenVerstecken()
Dim benannteBereiche As Object
    For Each benannteBereiche In ActiveWorkbook.Names
        benannteBereiche.Visible = False
    Next benannteBereiche
 End Sub
```

***Listing 5.22:** Namen für den Anwender unsichtbar machen*

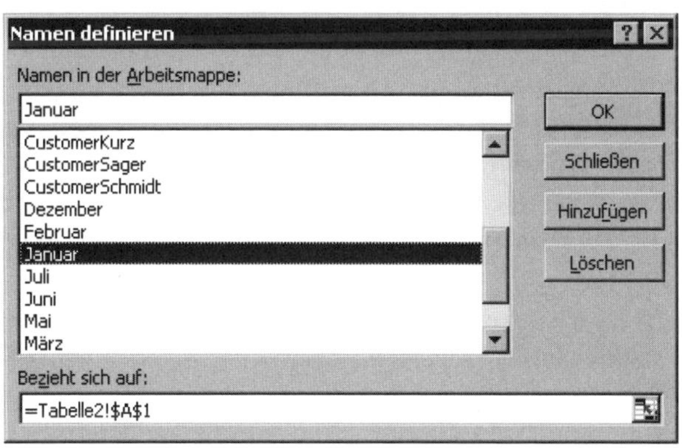

***Abbildung 5.15:** Alle verwendeten Namen der Arbeitsmappe auf einen Blick*

Dieses Makro in Listing 5.22 bewirkt, dass für alle verwendeten Namen in der Arbeitsmappe die Eigenschaft `Visible` auf den Wert `False` gesetzt wird. Die Namen sind danach weder im Namenfeld der Bearbeitungsleiste noch im Dialogfeld NAMEN DEFINIEREN zu sehen.

Möchten Sie alle Namen wieder sichtbar machen, dann starten Sie das Makro aus Listing 5.23:

Listing 5.23: Namen für den Anwender sichtbar machen

```
Sub NamenWiederEinblenden()
 Dim benannteBereiche As Object
     For Each benannteBereiche In ActiveWorkbook.Names
         benannteBereiche.Visible = True
     Next benannteBereiche
 End Sub
```

5.2.14 Namen löschen

Das Löschen von Namen in der Arbeitsmappe ist kein Problem. Mit dem Befehl

Einzelnen Namen löschen

```
ActiveWorkbook.Names("BenannterBereich").Delete
```

können Sie einen einzelnen Namen aus Ihrer Arbeitsmappe löschen. Wenn Sie dagegen alle Namen aus Ihrer Arbeitsmappe löschen möchten, setzen Sie das Makro aus Listing 5.24 ein:

Listing 5.24: Alle Namen löschen

```
Sub AlleNamenInMappeLöschen()
Dim BenannteBereiche As Object
    For Each BenannteBereiche In ActiveWorkbook.Names
     BenannteBereiche.Delete
    Next
End Sub
```

Definieren Sie zuerst eine Objektvariable. Danach greifen Sie über die Auflistung `Names` auf alle Namen in der Arbeitsmappe zurück und wenden die Methode `Delete` an.

INFO

In letzten Beispiel brauchen Sie übrigens keine `On Error`*-Anweisung anzugeben. Sind in der Arbeitsmappe keine Namen definiert, so wird das Makro trotzdem normal beendet.*

5.3 Die Formatierung von Zellen und Bereichen

Die folgenden Makros können Sie auf der CD im Verzeichnis KAP05 *in der Datei* FORMATIERUNG.XLS *finden.*

CD-ROM

Beim Formatieren von Zellen und Bereichen in Excel bieten sich Ihnen viele Möglichkeiten. Sie können Zelleneingaben in einer beliebigen Schriftart, Schriftgrad sowie Schriftschnitt vornehmen, Zahlen benutzerdefiniert formatieren, Zelleneinträge optisch ausrichten, Rahmen setzen, Muster hinzufügen und vieles mehr.

5.3.1 Schriftart ändern

In der nächsten Praxisaufgabe belegen Sie innerhalb einer Markierung alle Zellen mit der Schriftart Courier und dem Schriftgrad 12. Das Makro für diese Aufgabe können Sie in Listing 5.25 sehen.

```
Sub SchriftenFormatieren()
Dim Zelle As Range
 For Each Zelle In Selection
    With Selection.Font
         .Name = "Courier"
         .Size = 12
         .Strikethrough = False
         .Superscript = False
         .Subscript = False
         .OutlineFont = False
         .Shadow = False
         .Underline = xlUnderlineStyleNone
         .ColorIndex = xlAutomatic
    End With
 Next Zelle
End Sub
```

Listing 5.25: Schriftarten ändern

Das Objekt `Font` hat eine ganze Reihe Eigenschaften, die Sie anwenden können. Für die eben gestellte Aufgabe sind die beiden Eigenschaften `Name` und `Size` wichtig. Bei der Angabe der Schriftart ist die korrekte Schreibweise der gewünschten Schriftart wichtig. Bei der Eigenschaft `Size` geben Sie eine gewünschte Größe für die Schrift an.

Entnehmen Sie weitere wichtige Eigenschaften des Objekts `Font` der Tabelle 5.3.

Tabelle 5.3: Die wichtigsten Eigenschaften für das Objekt Font

Eigenschaft	Beschreibung
`Bold`	Diese Eigenschaft liefert den Wert `True`, wenn ein Text fett formatiert ist.
`Color`	Diese Eigenschaft gibt die Primärfarbe des Objektes wieder. Möglich sind hierbei folgende Konstanten: `vbBlack`, `vbRed`, `vbGreen`, `vbYellow`, `vbBlue`, `vbMagenta`, `vbCyan` und `vbWhite`.
`ColorIndex`	Diese Eigenschaft gibt die Farbe des Rahmens, der Schriftart oder des Innenraums zurück. Es existieren in Excel genau 56 Farben.
`FontStyle`	Diese Eigenschaft sagt aus, welcher Schriftschnitt verwendet wird. Möglich sind u.a. Fett- und Kursivdruck.
`Italic`	Diese Eigenschaft liefert den Wert `True`, wenn ein Text kursiv formatiert ist.
`OutLineFont`	Diese Eigenschaft liefert den Wert `True`, wenn ein Text als Konturschriftart formatiert wird.
`Shadow`	Diese Eigenschaft liefert den Wert `True`, wenn ein Text als schattierte Schriftart formatiert wird.
`Strikethrough`	Diese Eigenschaft liefert den Wert `True`, wenn ein Text als horizontal durchstrichen dargestellt wird.
`Subscript`	Diese Eigenschaft liefert den Wert `True`, wenn ein Text tiefergestellt formatiert wird.
`Superscript`	Diese Eigenschaft liefert den Wert `True`, wenn ein Text hochgestellt formatiert wird.
`Underline`	Diese Eigenschaft liefert den Wert `True`, wenn ein Text unterstrichen formatiert wird. Dabei können Sie u.a. Text einfach oder doppelt unterstreichen.

Lernen Sie nun ein paar typische Anwendungsmöglichkeiten in Bezug auf Schriften kennen.

5.3.2 Zelleninhalte löschen

Falsche Werte vormerken

Stellen Sie sich vor, Sie müssten eine Liste abarbeiten und falsche Werte kennzeichnen, um diese falschen Werte später zu löschen. Da Sie die fehlerhaften Werte aus Sicherheitsgründen nicht sofort löschen möchten, kennzeichnen Sie alle fehlerhaften Einträge. Dazu weisen Sie diesen die Schriftfarbe Rot zu.

Das Makro zur Lösung dieser Aufgabenstellung können Sie dem Listing 5.26 entnehmen.

Listing 5.26: Zelleninhalte löschen bei Bedingung

```
Sub InhalteLöschenBeiRoterSchrift()
Dim Zelle As Range
For Each Zelle In ActiveSheet.UsedRange
    If Zelle.Font.ColorIndex = 3 Then
        Zelle.ClearContents
    End If
Next Zelle
End Sub
```

Definieren Sie zuerst eine Variable vom Datentyp `Range`. Wenden Sie danach eine `For Each`-Schleife an, welche im benutzten Bereich alle Zellen durchsucht und die Zellenformatierung überprüft. Die Eigenschaft `UsedRange` hilft Ihnen dabei, den verwendeten Bereich auf dem Tabellenblatt zu ermitteln. Aus allen Zellen, die mit der Schriftfarbe Rot formatiert sind und somit dem `Colorindex` 3 entsprechen, werden die Werte gelöscht.

5.3.3 Schriftfarbenwechsel durchführen

Wenn Sie möchten, können Sie die Farbe der Schriftart innerhalb einer Zelle sogar mitten in einem Wort ändern. In der folgenden Übung sollen innerhalb einer Markierung alle Texte dahin gehend verändert werden, dass die ersten drei Zeichen jeder Zelle mit der Schriftart rot formatiert werden und die restlichen Zeichen in der Standardfarbe schwarz verbleiben.

Listing 5.27: Schriftfarbenwechsel mitten im Wort durchführen

```
Sub SchriftartFarbe()
Dim Zelle As Range
For Each Zelle In Selection
  Zelle.Characters(1, 3).Font.Color = vbRed
Next Zelle
End Sub
```

Definieren Sie als Erstes eine Variable vom Datentyp `Range`. Danach wenden Sie in einer `For Each`-Schleife die Eigenschaft `Characters` an, um die Zellentexte in einzelne Buchstaben zu zerlegen. Der Eigenschaft `Characters` müssen Sie einen Startwert sowie die Anzahl Zeichen, für die die Formatierung gelten soll, mitteilen. Im Makro `SchriftartFarbe` wird der aktuellen Auswahl die Farbe Rot für die ersten drei Zeichen jeder Zelle zugewiesen.

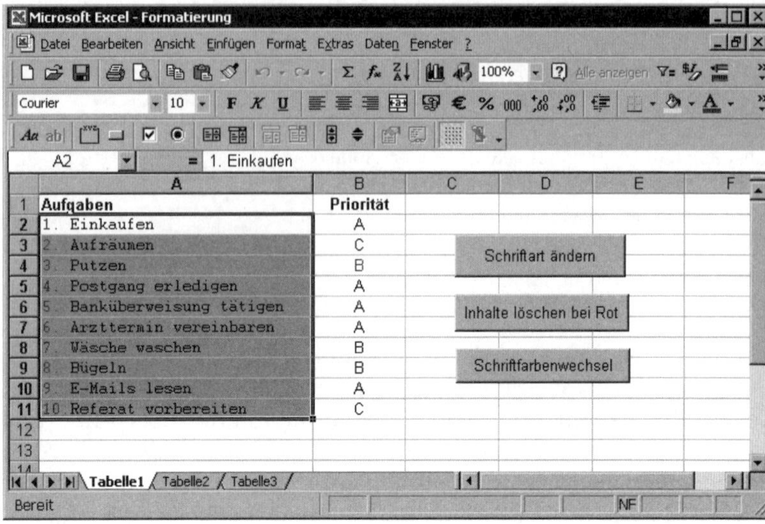

Abbildung 5.16: Die Nummerierung der Aufgaben wird rot formatiert

5.3.4 Grenzwerte sofort sichtbar

Auf einem Tabellenblatt wird der verwendete Datenbereich nach Zahlenwerten größer 50 durchsucht. Alle Zahlenwerte > 50 werden mit dem Schriftschnitt Fett belegt.

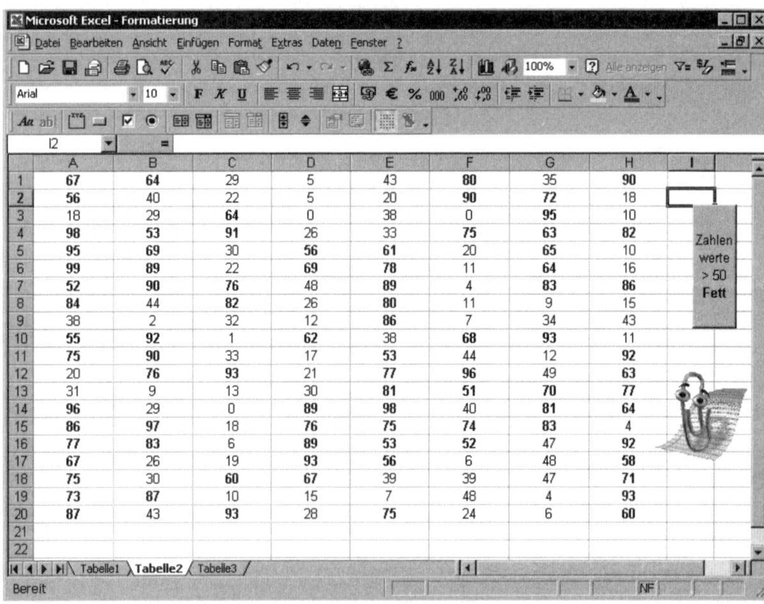

Abbildung 5.17: Alle Wert > 50 sind fett formatiert

Das Makro für diese Aufgabe sehen Sie in Listing 5.28.

```
Sub ZahlenGrößer50Fetten()
Dim Zelle As Range
 Sheets("Tabelle2").Activate
 For Each Zelle In ActiveSheet.UsedRange
  If Zelle.Value > 50 Then Zelle.Font.Bold = True
 Next Zelle
End Sub
```

Listing 5.28: Grenzwerte schnell erkennen

5.3.5 Chemische Formeln formatieren

In chemischen Formeln werden in der Regel numerische Werte tiefgestellt und die Wertigkeit bei Ionen (+, -) hochgestellt. In Excel ist diese Arbeit sehr mühsam, da dazu Zeichen für Zeichen formatiert werden muss.

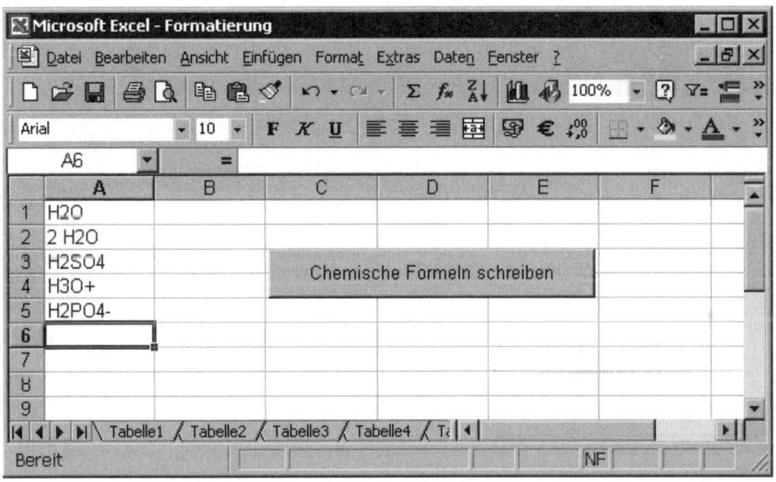

Abbildung 5.18: Die noch unformatierte Tabelle

Die Arbeit der Umsetzung der chemischen Formeln können Sie sich erleichtern, indem Sie die Zelle markieren, die die noch unformatierte chemische Formel enthält, und das folgende Makro aus Listing 5.29 einsetzen.

```
Sub ChemischeFormelnSchreiben()
Dim i As Integer
Dim j As Integer
  With ActiveCell
    For j = 1 To .Characters.Count
     If IsNumeric(Mid(.Value, j, 1)) = True Then _
     Else Exit For
    Next
```

Listing 5.29: Chemische Formeln automatisch formatieren

Zelleneinträge → chemische Schreibweise

```
    For i = j To .Characters.Count
     If IsNumeric(Mid(.Value, i, 1)) Then
       .Characters(i, 1).Font.Subscript = True
     ElseIf InStr(1, "+-", Mid(.Value, i, 1), 0) > 0 Then
       .Characters(i, 1).Font.Superscript = True
     End If
    Next
  End With
End Sub
```

In der ersten `For Next`-Schleife wird ermittelt, ob die chemische Formel aus mehreren Molekülen besteht. Die Anzahl der Moleküle darf natürlich nicht formatiert werden. Die erste Schleife wird beendet, sobald der erste alphanumerische Wert der chemischen Formel auftritt. Danach ermitteln Sie in der zweiten `For Next`-Schleife, ob Sie die einzelnen Zeichen hoch- oder tiefstellen müssen. Die numerischen Werte werden dabei tiefgestellt, die Wertigkeit (+, -) wird hochgestellt.

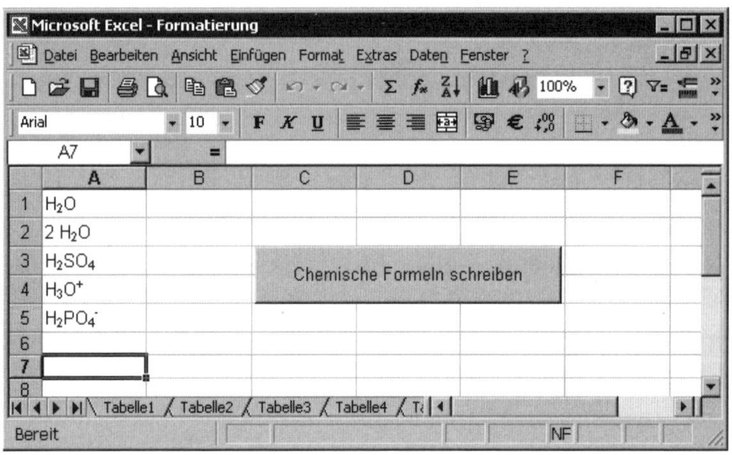

Abbildung 5.19: Die chemisch formatierte Tabelle

5.3.6 Rahmenart und -farbe bestimmen

Kommen Sie nun zum Rahmen einer Zelle. Dieser kann sowohl bezüglich der Farbe als auch der Rahmenart unterschiedlich gestaltet werden. Sehen Sie im Beispiel `RahmenBestimmen`, wie Sie beispielsweise einen grün gepunkteten Rahmen erzeugen können.

Listing 5.30: Zellenrahmen festlegen

```
Sub RahmenBestimmen()
Sheets("Tabelle2").Activate
 Range("C1").Select
 With ActiveCell.Borders
  .ColorIndex = 10
```

```
  .LineStyle = xlDot
 End With
End Sub
```

Lernen Sie in der nächsten Tabelle weitere Möglichkeiten für die Rahmengestaltung kennen.

Tabelle 5.4: Die verschiedenen Möglichkeiten bei der Rahmengestaltung

Konstante	Beschreibung
`xlContinuous`	durchgezogene Linie
`xlDash`	gestrichelte Linie
`xlDashDot`	Linie aus Strichen und Punkten
`xlDashDotDot`	Linie aus Strich-Punkt-Punkt
`xlDot`	gepunktete Linie
`xlDouble`	Linie doppelt
`xlSlantDashDot`	Linie aus Wellenzeichen und Punkt
`xlLineStyleNone`	keine Linie

5.3.7 Zahlenformate festlegen

In Excel können Sie über den Dialog FORMAT aus zahlreichen Zahlenformaten die passende Formatierung für Ihre Daten auswählen. Des Weiteren sind Sie in der Lage, eigene, benutzerdefinierte Formate anzulegen. Wie aber können Sie über VBA eine Zelle automatisch mit einem Format belegen? Die Lösung dieser Aufgabenstellung entnehmen Sie dem Listing 5.31:

Listing 5.31: Zahlenformate zuweisen

```
Sub ZahlenformateFestlegen()
 Sheets("Tabelle4").Activate
 'Zahl mit Tausender Punkt
 Range("A1").NumberFormat = "#,##0"
  'Zelle wird als Text formatiert
 Range("A2").NumberFormat = "@"
End Sub
```

Das Zahlenformat wird in Excel über die Eigenschaft `NumberFormat` zugewiesen.

5.3.8 Datumsformate festlegen

Datumsrechnung in Excel

In Excel werden Datumswerte intern in Zahlenwerte umgesetzt, damit Sie damit rechnen können. Die Zeitzählung beginnt bei Excel standardmäßig am 01.01.1900, welches der Zahl 1 entspricht. Wenn

Sie z.B. das Datum 25.03.2000 eingeben und diese Zelle dann mit dem Format STANDARD belegen, so liefert Ihnen dieses Datum die Zahl 36610. Excel bietet noch ein zweites Datumssystem an, das 1904-Datumssystem. Diese Variante erlaubt u.a., auch mit negativen Zeiten zu rechnen. Wenn Sie also in einer Tabelle bei einer Rechnung mit zwei Datumswerten nur Lattenzäune in der Zelle angezeigt bekommen, stellen Sie das 1904-Datumssystem ein. Im Menü EXTRAS unter dem Befehl OPTIONEN legen Sie das Datumssystem auf der Registerkarte BERECHNEN fest. Beim 1904-Datumssystem beginnt die Zeitrechnung in Excel am 01.01.1904. Das Datum 25.03.2000 entspricht in diesem Fall der Zahl 35148. Die Entscheidung, für welches Datumssystem Sie sich entscheiden, liegt bei Ihnen. Wichtig dabei ist nur, dass Sie durchgängig dasselbe Datumssystem verwenden.

Im nächsten Beispiel in Listing 5.32 wird einer Zelle ein Datumsformat zugewiesen. Dabei wird der Monat des Jahres in Textform ausgeschrieben sowie die Jahresangabe vierstellig formatiert.

Listing 5.32: Datum vierstellig formatieren

```
Sub ZelleMitDatumFormatieren()
Sheets("Tabelle4").Activate
Range("A3").Value = Format(Date, "MMMM YYYY")
End Sub
```

Das Tagesdatum, welches aus der Funktion `Date` ermittelt wird, wird der Funktion `Format` übergeben, welche es ins gewünschte Format bringt.

STOP

Pro Arbeitsmappe dürfen Sie nur mit einem Datumssystem arbeiten; auch bei der Verknüpfung von Arbeitsmappen mit unterschiedlichen Datumssystemen ist äußerste Vorsicht geboten.

5.3.9 Formate übertragen

Sicher kennen Sie das Pinsel-Symbol aus der Symbolleiste STANDARD, mit dem Sie Formate übertragen können. Das Übertragen von Formaten ist ein Kopiervorgang, bei dem nur die Formate über die Eigenschaft `PasteSpecial` eingefügt werden.

Listing 5.33: Formate übertragen

```
Sub FormatÜbertragen()
Sheets("Tabelle4").Activate
Range("A1").Copy
 Range("B1").Select
 Selection.PasteSpecial _
  Paste:=xlFormats, Operation:=xlNone, SkipBlanks:= _
```

```
  False, Transpose:=False
 Application.CutCopyMode = False
End Sub
```

Im Listing 5.33 wird die Zellenformatierung aus Zelle A1 auf die Zelle B1 übertragen.

5.3.10 Formate löschen

Entfernen können Sie Formate mit Hilfe der Methode `ClearFormats`. Im Listing 5.34 werden auf der Tabelle TABELLE4 im Bereich A1:A3 alle Zellenformatierungen entfernt.

```
Sub FormateLöschen()
Sheets("Tabelle4").Activate
Range("A1:A3").ClearFormats
End Sub
```

Listing 5.34: Formate löschen

Die Methode `ClearFormats` löscht jegliche Formatierung einer Zelle bzw. eines Zellenbereiches.

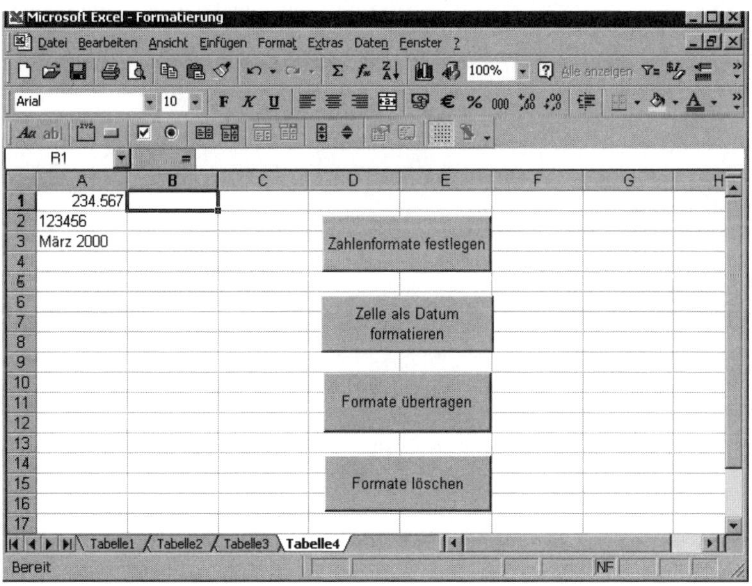

Abbildung 5.20: Arbeiten mit Datumsformaten

5.3.11 Nur Zahlenformate übertragen

Sicher haben Sie sich auch schon einmal geärgert, dass Excel beim Formate-Übertragen alle Formate überträgt. Oft sollen nämlich nur Zahlenformate übertragen und die Rahmen, Schattierungen und Muster außer Acht gelassen werden.

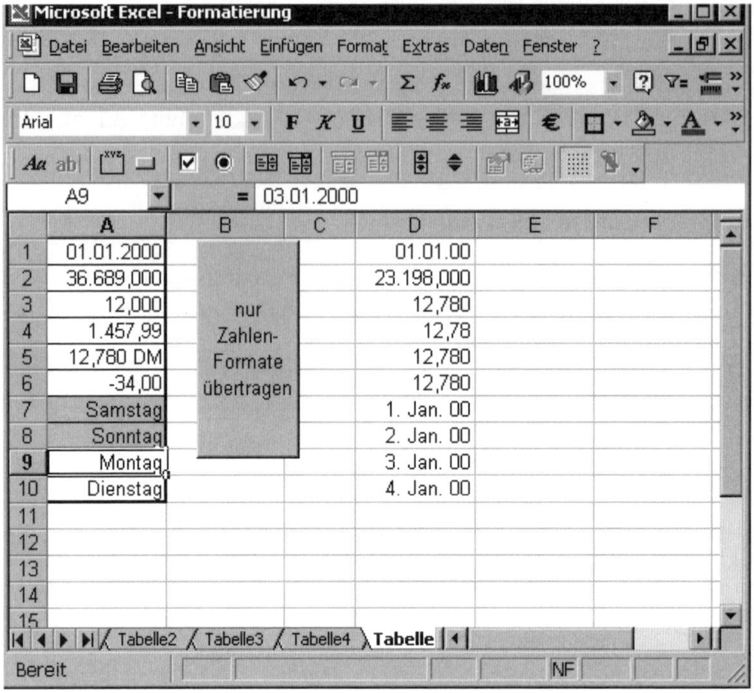

Abbildung 5.21: Die Ausgangstabelle

Im folgenden Beispiel werden die Zahlenformate aus Spalte A auf die Spalte B übertragen. Das Makro für diese Aufgabe sehen Sie in Listing 5.35.

Listing 5.35: Nur Zahlenformate übertragen, keine Rahmen, Schriftformate und Muster

```
Sub NurZahlenformateÜbertragen()
Dim Quelle As Range
Dim Ziel As Range
Dim i As Integer
Sheets("Tabelle5").Activate
Set Quelle = Range("A1:A10")
Set Ziel = Range("D1:D10")

For i = 1 To Quelle.Cells.Count
  Ziel(i).NumberFormatLocal = Quelle(i).NumberFormatLocal
Next i
End Sub
```

Definieren Sie als Erstes zwei Variablen vom Datentyp `Range` und geben Sie die Bereiche `Quelle` und `Ziel` an. In einer `For Next`-Schleife übertragen Sie mit Hilfe der Eigenschaft `FormatNumberLocal` die Zahlenformate vom Quellbereich in den Zielbereich, und zwar Zelle für Zelle.

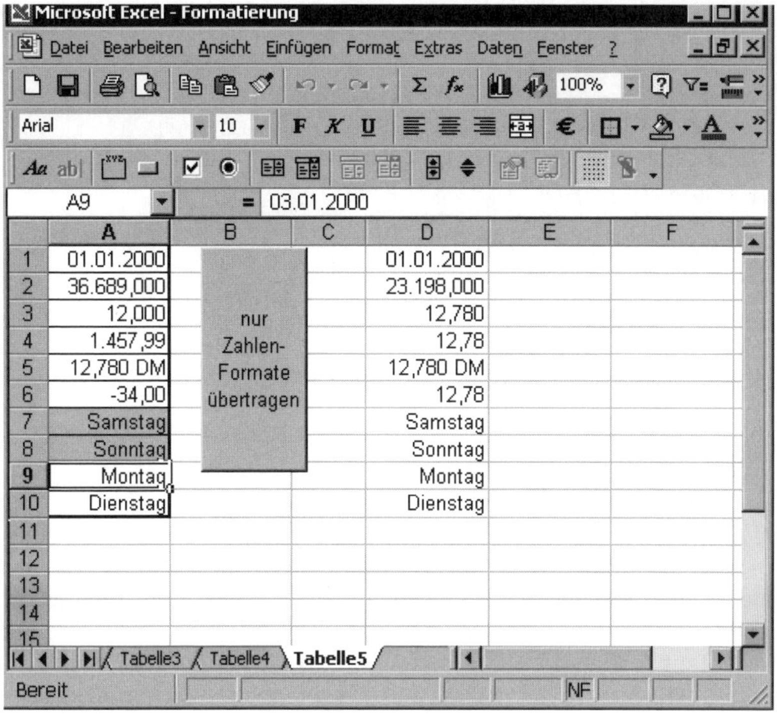

Abbildung 5.22: Das Ergebnis: Die Spalten A und D weisen dasselbe Zahlenformat auf

5.3.12 Bedingte Formatierung einfügen

Seit der Version Excel 97 gibt es die Möglichkeit, Zellen je nachdem, welche Werte eingegeben werden, vorab zu formatieren. Dabei können Sie bis zu drei verschiedene Formatierungseinstellungen angeben. In der nächsten Aufgabe werden alle markierten Zellen nach folgenden Kriterien in Tabelle 5.5 formatiert.

Tabelle 5.5: Die Kriterien für die bedingte Formatierung

Wert	Formatierung	Farbindex
1-30	Zellenhintergrund mit der Farbe Rot	3
31-60	Zellenhintergrund mit der Farbe Gold	44
61-100	Zellenhintergrund mit der Farbe Blau	4

Das Makro für diese Aufgabe entnehmen Sie Listing 5.36.

Listing 5.36: Bedingte Formatierung einfügen

```
Sub BedingteFormatierungEinfügen()
Dim Zelle As Object
Application.ScreenUpdating = False
Sheets("Tabelle7").Activate
```

```
For Each Zelle In Selection
 With Selection
 .FormatConditions.Delete
 .FormatConditions.Add Type:=xlCellValue, _
     Operator:=xlBetween, Formula1:="1", Formula2:="30"
 .FormatConditions(1).Interior.ColorIndex = 3
 .FormatConditions.Add Type:=xlCellValue, _
     Operator:=xlBetween, Formula1:="31", Formula2:="60"
 .FormatConditions(2).Interior.ColorIndex = 44
 .FormatConditions.Add Type:=xlCellValue, _
     Operator:=xlBetween, Formula1:="61", Formula2:="100"
 .FormatConditions(3).Interior.ColorIndex = 4
 End With
Next Zelle
Application.ScreenUpdating = True
End Sub
```

Das `FormatConditions`-Auflistungsobjekt stellt die Auflistung der bedingten Formate in einem einzigen Bereich dar. Vorsorglich löschen Sie mit der Methode `Delete` eine eventuell schon eingestellte bedingte Formatierung. Danach fügen Sie die drei möglichen Bedingungen mit Hilfe der Methode `Add` ein. Dabei legt das erste Argument `Type` fest, ob das bedingte Format auf einem Zellenwert oder einem Ausdruck beruhen soll. Die beiden möglichen Konstanten für das Argument `Type` heißen `xlCellValue` und `xlExpression`. Das nächste Argument legt den Operator fest. Entnehmen Sie die möglichen Operator-Konstanten aus der Tabelle 5.6. Sollten Sie das `Type`-Argument `xlExpression` wählen, dann werden die Operator-Konstanten ignoriert.

Tabelle 5.6: *Alle möglichen Operator-Konstanten*

Operator-Konstante	Beschreibung
`xlBetween`	Zellenwert ist zwischen ...
`xlNotBetween`	Zellenwert ist nicht zwischen ...
`xlEqual`	Zellenwert ist gleich ...
`xlNotEqual`	Zellenwert ist ungleich ...
`xlGreater`	Zellenwert ist größer ...
`xlGreaterEqual`	Zellenwert ist größer oder gleich ...
`xlLess`	Zellenwert ist kleiner ...
`xlLessEqual`	Zellenwert ist kleiner oder gleich ...

Die beiden letzten Argumente `Formula1` und `Formula2` stellen den mit dem bedingten Format verknüpften Wert oder Ausdruck dar. Dies kann ein konstanter Wert, ein Zeichenfolgenwert, ein Zellenbezug oder eine Formel sein.

Testen Sie die Tabelle, indem Sie für den eben formatierten Bereich Zufallszahlen bilden. Das gelingt Ihnen mit dem Makro aus Listing 5.37.

```
Sub Zufallszahlen()
Dim Zelle As Object
Application.ScreenUpdating = False
 Sheets("Tabelle7").Activate
 For Each Zelle In Selection
   Zelle.FormulaR1C1 = "=INT(RAND()*100)"
 Next Zelle
Application.ScreenUpdating = True
End Sub
```

***Listing 5.37:** Zufallszahlen erzeugen*

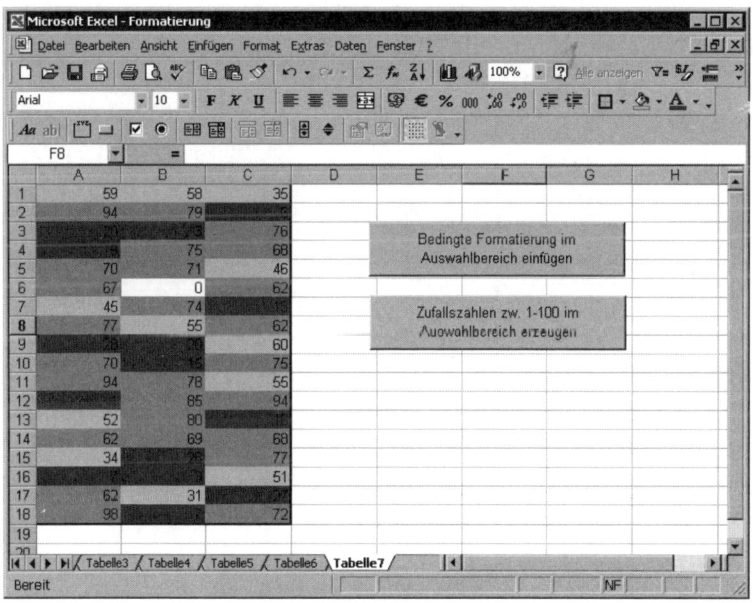

***Abbildung 5.23:** Das Ergebnis: Zufallszahlen im vordefinierten Bereich*

Durch das Drücken der Taste F9 werden neue Zufallszahlen gebildet.

:-) TIPP

Gerade haben Sie Zelle für Zelle mit der Zufallsfunktion `Rand` *ausgestattet. Wenn Sie möchten, können Sie den markierten Zellbereich auch in nur einem Arbeitsgang mit einer Matrixformel füllen. Dazu geben Sie auf der Tabelle normalerweise die Formel*

```
=Ganzzahl(Zufallszahl()*100
```

ein und bestätigen mit der Tastenkombination [Strg] + [⇧] + [↵]. *Excel wandelt die eingegebene Formel automatisch für Sie um:*

```
={ Ganzzahl (Zufallszahl ()*100)}
```

Diese Matrixformel hat den Vorteil, dass einzelne Zellen aus dieser Matrix nicht mehr gelöscht werden können. Eine Matrixformel können Sie auch mit einem kleinen VBA-Makro einfügen.

Listing 5.38: *Zufallszahlen ganzzahlig als Matrixformel einfügen*

```
Sub ZufallszahlenAlsMatrixFormel()
 Selection.FormulaArray = "=INT(RAND()*100)"
End Sub
```

5.3.13 Bedingte Formate ändern bzw. löschen

Wenn Sie nachträglich eine andere Farbe für die bedingte Formatierung einsetzen möchten, brauchen Sie dazu nicht das bedingte Format zu löschen, sonder Sie können auch direkt darauf zugreifen und die Formatierung anpassen.

Listing 5.39: *Bedingte Formate ändern*

```
Sub BedingtesFormatÄndern()
Dim s As String
Dim s2 As String
 Sheets("Tabelle7").Activate
 s = InputBox("Bitte bedingtes Format Nr (1-3)) angeben", _
 "Bedingte Formatierung ändern")
 If s = "" Then Exit Sub
 s2 = InputBox("Geben Sie den Farbindex ein!", _
 "Farbindex auswählen")
 If s2 = "" Then Exit Sub
 With Selection
 .FormatConditions(s).Interior.ColorIndex = s2
 End With
End Sub
```

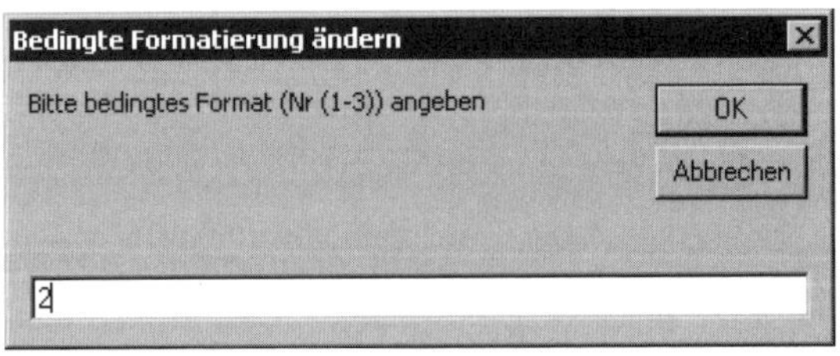

Abbildung 5.24: *Eingabe des bedingten Formats über eine Inputbox*

Beim Löschen der bedingten Formatierung können Sie entweder die komplette bedingte Formatierung oder einzelne Teile der bedingten Formatierung löschen. Um eine bedingte Formatierung komplett zu löschen, setzen Sie das Makro `BedingteFormatierungLöschen` ein.

Bedingungen löschen

```
Sub BedingteFormatierungLöschen()
 Selection.ClearFormats
End Sub
```

Listing 5.40: *Bedingte Formatierung löschen*

Die Methode `ClearFormats` löscht alle Formate, welche sich im ausgewählten Bereich befinden.

Um einzelne Bedingungen aus der bedingten Formatierung zu löschen, wenden Sie das folgende Makro aus Listing 5.41 an.

```
Sub BedingtesFormatLöschen()
Dim s As String
 Sheets("Tabelle7").Activate
 s = InputBox("Bitte bedingte Format-Nr (1-3) angeben", _
 "Bedingte Formatierung löschen")
 If s = "" Then Exit Sub
  With Selection
 .FormatConditions(s).Delete
 End With
End Sub
```

Listing 5.41: *Bedingtes Format löschen*

5.4 Formeln und Funktionen einsetzen

Die folgenden Makros können Sie auf der CD im Verzeichnis KAP05 *in der* FORMELN.XLS *finden.*

CD-ROM

5.4.1 Werte addieren

Beim Rechen mit Excel verwenden Sie dieselben Operatoren, die Sie vom Taschenrechner her schon kennen. Auch bei den Rechenregeln rechnet Excel nach der allgemein gültigen Punkt-vor-Strich-Regel.

Im ersten Rechenbeispiel wird der aktuelle Zellenwert von A2 in die Variable `i` geschrieben. Danach wird die Variable um den Wert 1 erhöht. Zuletzt wird die geänderte Variable zurück in Zelle A2 geschrieben.

```
Sub Rechenoperationen01()
Dim i As Integer
 Sheets("Rechenoperationen").Activate
```

Listing 5.42: *Werte addieren*

```
 i = Range("A2").Value
 i = i + 1
 Range("A2").Value = i
End Sub
```

5.4.2 Werte subtrahieren

Auf dieselbe Zelle wie gerade eben führen Sie nun eine Subtraktion durch. Wieder speichern Sie den momentanen Wert von Zelle A2 in der Variablen `i`, subtrahieren den Wert um 1 und schreiben ihn dann in die Zelle zurück. Ist der Wert Null in der Zelle erreicht, geht es weiter ins Negative.

Listing 5.43: Werte subtrahieren

```
Sub Rechenoperationen02()
Dim i As Integer
 Sheets("Rechenoperationen").Activate
 i = Range("A2").Value
 i = i - 1
 Range("A2").Value = i
End Sub
```

5.4.3 Werte multiplizieren

Beim Multiplizieren von Werten definieren Sie zuerst eine Konstante, in der Sie den Faktor bestimmen, mit dem Sie im nächsten Beispiel eine Erhöhung durchführen möchten. Danach speichern Sie wiederum den momentanen Zustand der Zelle A9 in der Variablen `i`. Jetzt wird mit dem Faktor multipliziert und das Ergebnis daraus in die Zelle zurückgeschrieben.

Listing 5.44: Mit positivem Faktor multiplizieren

```
Sub Rechenoperationen03()
Dim i As Integer
Const Faktor = "1,2"
 Sheets("Rechenoperationen").Activate
 i = Range("A9").Value
 i = i * Faktor
 Range("A9").Value = i
End Sub
```

Im letzten Rechenbeispiel wurde eine Erhöhung des Wertes um zwanzig Prozent durchgeführt. Im nächsten Beispiel wird der Ausgangswert um 20 Prozent reduziert.

Listing 5.45: Mit negativem Faktor multiplizieren

```
Sub Rechenoperationen04()
Dim i As Integer
Const Faktor = "0,8"
 Sheets("Rechenoperationen").Activate
```

```
 i = Range("A9").Value
 i = i * Faktor
 Range("A9").Value = i
End Sub
```

5.4.4 Werte dividieren

Im Prinzip arbeiten Sie genauso wie bei der Multiplikation, nur ist das Rechenzeichen eben ein anderes.

Achten Sie darauf, dass Sie nie auf die Idee kommen, als Divisor den Wert Null zu verwenden. Das mag Excel nämlich gar nicht.

STOP

Listing 5.46: *Werte dividieren*

```
Sub Rechenoperationen05()
Dim i As Integer
Const divisor = 10
 Sheets("Rechenoperationen").Activate
 i = Range("A15").Value
 i = i / divisor
 Range("A15").Value = i
End Sub
```

5.4.5 Werte potenzieren

Bei der Potenzierung von Werten verwenden Sie das »Dächelchen« auf der Tastatur. Dazu drücken Sie auf die Taste [^] und anschließend auf die [   ], um das Zeichen auf den Bildschirm zu bringen.

Listing 5.47: *Werte potenzieren*

```
Sub Rechenoperationen06()
Dim i As Integer
Const pot = 2
 Sheets("Rechenoperationen").Activate
 i = Range("A18").Value
 i = i ^ pot
 Range("A18").Value = i
End Sub
```

5.4.6 Komplexere Berechnungen

Beim nachfolgenden Beispiel werden einige Rechenoperationen nacheinander ausgeführt. Dabei helfen die Klammern dabei, dass keine Missverständnisse bezüglich der Reihenfolge und der Berechnung auftreten.

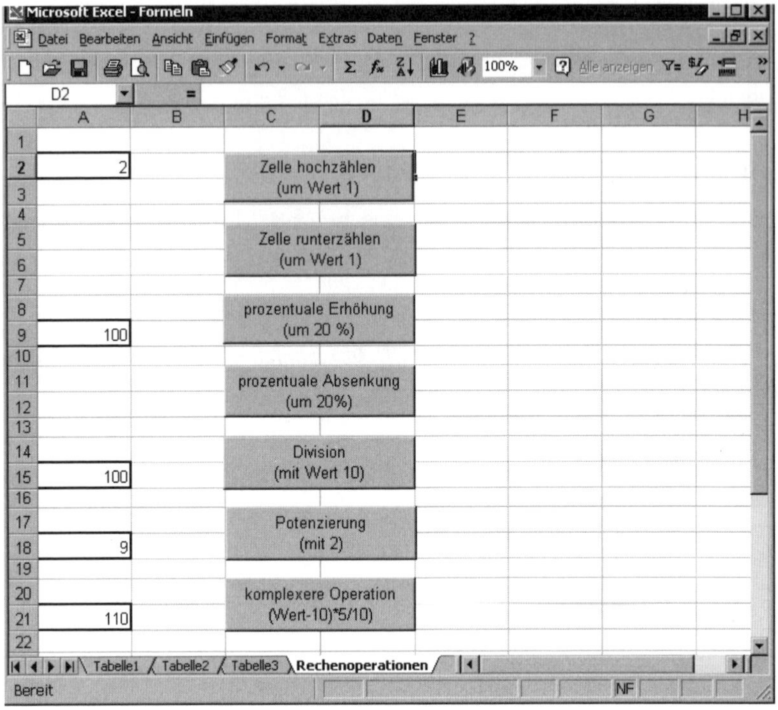

Abbildung 5.25: Rechnen mit Excel in VBA

Listing 5.48: Komplexere Berechnungen ausführen

```
Sub Rechenoperationen07()
Dim i As Integer
Const subtrakt = 10
Const divisor = 10
Const multi = 5
 Sheets("Rechenoperationen").Activate
 i = Range("A21").Value
 i = (i - subtrakt) * (multi / divisor)
 Range("A21").Value = i
End Sub
```

5.4.7 Bereiche summieren

Sicher kennen Sie die wohl am häufigsten verwendete Zellenfunktion in Excel. Die Funktion SUMME können Sie auch in VBA wie folgt einsetzen.

Listing 5.49: Bereiche summieren (Formel als Ergebnis einfügen)

```
Sub BereichSummieren()
 Sheets("Tabelle1").Activate
 Range("A10").Formula = _
 WorksheetFunction.Sum(Range("A1:A9"))
End Sub
```

Da es sich beim Beispiel aus Listing 5.49 um den Einsatz einer Funktion handelt, müssen Sie die Eigenschaft `Formula` verwenden, um der Zelle die Funktion `Sum` zuzuweisen.

:-) TIPP

Weitere wichtige Worksheet-Funktionen sind `Max`, `Min`, `Average`, *welche den höchsten, den kleinsten und den Durchschnittswert einer Liste ermitteln.*

Funktion dauerhaft einfügen

Wenn Sie die letzte Aufgabe noch einmal genau betrachten, werden Sie feststellen, dass das Ergebnis aus einem festen Wert besteht. Für bestimmte Fälle ist es jedoch besser, die Funktion einzufügen. Im folgenden Beispiel wird daher dieselbe Aufgabe wie eben beschrieben, nur mit dem Unterschied, dass dieses Mal die Summenfunktion erhalten bleibt.

Listing 5.50: Bereiche summieren (Formel als Formel erhalten)

```
Sub SummeBereichInZelleA10()
  Worksheets("Tabelle1").Range("A10").Formula = _
 "=sum(A1:A9)"
End Sub
```

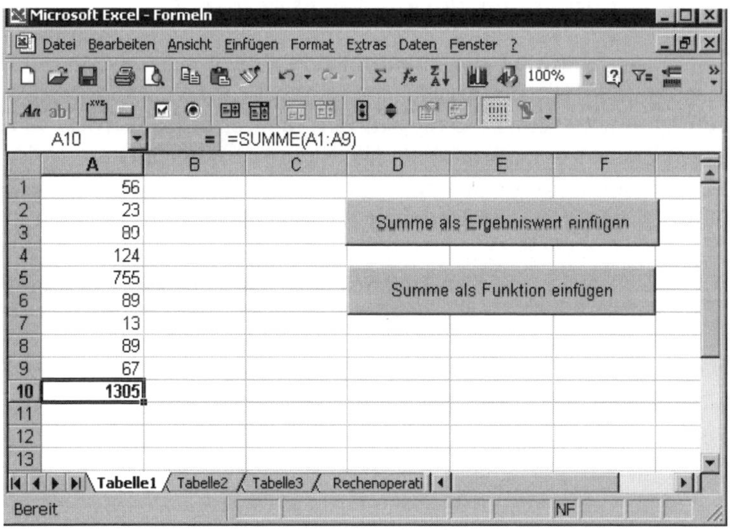

Abbildung 5.26: Summenbildung in VBA

5.4.8 Mittelwert über Inputbox ermitteln

In der folgenden Aufgabe geht es darum, einen Mittelwert eines markierten Bereiches zu ermitteln. Dazu wird der Bereich über eine Inputbox markiert und anschließend ausgewertet. Das Makro für diese Aufgabe sehen Sie in Listing 5.51.

Listing 5.51: Mittelwert errechnen

```
Sub MittelwertMitInputbox()
Dim Bereich As Range
On Error Resume Next
 Set Bereich = Application.InputBox _
 (Prompt:="Markieren Sie den Zellbereich:", Type:=8)
 MsgBox WorksheetFunction.Average(Bereich)
End Sub
```

Definieren Sie zuerst eine Variable vom Typ `Range`. Danach wenden Sie die Methode `Inputbox` an, um einen Dialog aufzurufen. Jetzt muss ein Bereich auf dem Tabellenblatt ausgewählt werden. Damit die Inputbox diesen Bereich richtig wiedergeben kann, müssen Sie die `Inputbox`-Methode vom `Type:=8` anwenden, welche einen Zellenbezug speichern kann. Bestätigen Sie nach der Auswahl eines Zellenbereiches den Dialog mit der Schaltfläche OK. Jetzt ermittelt die Funktion `Average` den Durchschnittswert des ausgewählten Bereichs und gibt diesen in einer Bildschirmmeldung aus. Möchten Sie den Dialog jedoch beenden, ohne die Mittelwertsrechnung auszuführen, sorgt die `On Error`-Anweisung dafür, dass es zu keiner Makro-Fehlermeldung kommt.

5.4.9 Eurokonvertierung leicht gemacht

DM → €

Recht interessant ist auch die folgende Aufgabe: Es werden in einer Tabelle innerhalb des markierten Bereichs die DM-Beträge in Euro-Beträge umgewandelt. Dabei dürfen nur Zellen konvertiert werden, die Zahlenwerte beinhalten. Zellen, die Formeln und Texte enthalten, müssen ignoriert werden. Auch bei der Formatierung muss das Währungszeichen ausgetauscht werden. Andere Formate, wie z.B. das Datumsformat bzw. Textformate, sollen erhalten bleiben. Nur für Zahlenwerte darf der Austausch des Währungszeichens durchgeführt werden.

Setzen Sie nun die Tabelle um, indem Sie das Makro aus Listing 5.52 starten.

Listing 5.52: DM in EURO umrechnen mit Umstellung des Währungsformats

```
Sub DMinEUROUmrechnen()
Dim Zelle As Range
For Each Zelle In Selection
 If Zelle.HasFormula = True Or IsNumeric(Zelle) = False
 _ Or IsEmpty(Zelle) Or IsDate(Zelle) Then
 Else
  Zelle = Zelle / 1.95583
 End If
 If IsEmpty(Zelle) Or IsDate(Zelle) Then
 Else
 Zelle.NumberFormat = "#,##0.00 €;-#,##0.00 €"
```

```
 End If
Next Zelle
End Sub
```

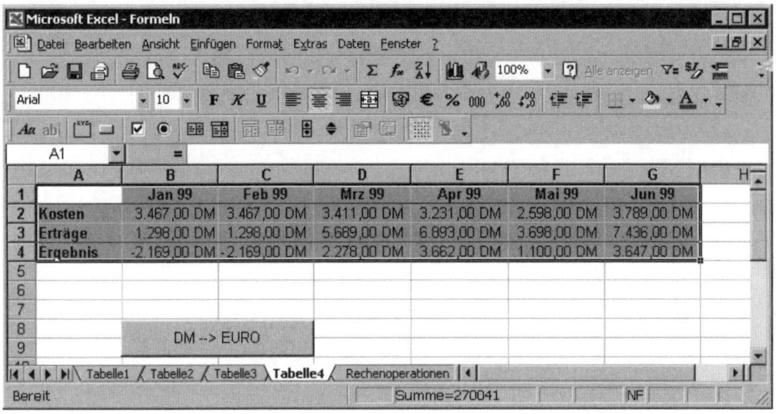

Abbildung 5.27: Eine Tabelle mit der Währung DM

Im markierten Bereich werden mit Hilfe einer `For Each`-Schleife alle Zellen durchlaufen und geprüft bzw. umgesetzt. Die Umrechnung darf nur bei Zellen ausgeführt werden, die einen numerischen Wert aufweisen; daher schließen Sie Zellen, die leer sind oder einen Text, Datumsangaben oder Formeln beinhalten, von der Umrechnungsaktion aus. Im zweiten Schritt müssen Sie darauf achten, dass das Währungsformat nur bei Zellen angewandt wird, die einen numerischen Wert enthalten. Zellen mit Datumsformaten und Leerzellen dürfen auf keinen Fall mit dem Währungsformat belegt werden!

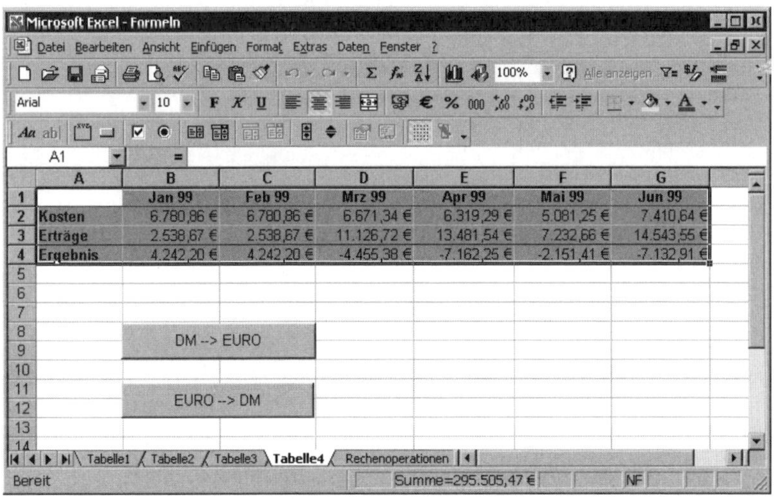

Abbildung 5.28: Das Ergebnis: die umgerechnete Tabelle mit €-Werten

€ → DM

Aber auch der umgekehrte Vorgang ist denkbar, also eine Umrechnung von € in DM-Beträge.

***Listing 5.53:** EURO in DM umrechnen mit Umstellung des Währungsformats*

```
Sub EUROinDMumrechnen()
Dim Zelle As Range
For Each Zelle In Selection
 If Zelle.HasFormula = True Or IsNumeric(Zelle) = False _
 Or IsEmpty(Zelle) Or IsDate(Zelle) Then
  Else
  Zelle = Zelle * 1.95583
  End If
  If IsEmpty(Zelle) Or IsDate(Zelle) Then
  Else
  Zelle.NumberFormat = "#,##0.00 $;-#,##0.00 $"
  End If
Next Zelle
End Sub
```

5.4.10 Formeln und Verknüpfungen schneller finden

Oft bekommt man eine fremde Excel-Arbeitsmappe und muss sich dann erst einmal durch unzählige Verknüpfungen, Formeln und Funktionen durcharbeiten. Zwar hilft die Tastenkombination [Strg] + [#] weiter, die alle Zellen soweit vergrößert, dass die Formeln, Funktionen sowie Verknüpfungen leichter gefunden werden können, doch eine dauerhafte Lösung bietet diese Vorgehensweise auch nicht. Stattdessen können Sie ein Makro programmieren, welches alle Zellen, die Formeln, Funktionen oder Verknüpfungen enthalten, einfärbt. Die Lösung dieser Aufgabe sehen Sie im Makro aus dem Listing 5.54.

***Listing 5.54:** Alle Formelzellen einfärben*

```
Sub FormelZellenFärben()
Dim Zelle As Range
 Sheets("Tabelle2").Activate
 Selection.SpecialCells(xlCellTypeFormulas, 23).Select
 For Each Zelle In Selection
  Zelle.Interior.ColorIndex = 15
 Next Zelle
End Sub
```

Mit Hilfe der Methode `SpecialCells`, der Sie die Konstante `xlCellTypeFormulas` übergeben, werden alle Zellen auf dem Tabellenblatt markiert, die entweder Formeln, Funktionen oder Verknüpfungen enthalten. Danach können Sie diese ermittelten Zellen über eine `For Each`-Schleife einfärben. Um die Zelle einzufärben, greifen Sie auf das Objekt `Interior` zurück, welches den Innenbereich eines Objekts darstellt, und weisen danach über die Eigenschaft `Colorindex` den Index für die Farbe Grau zu.

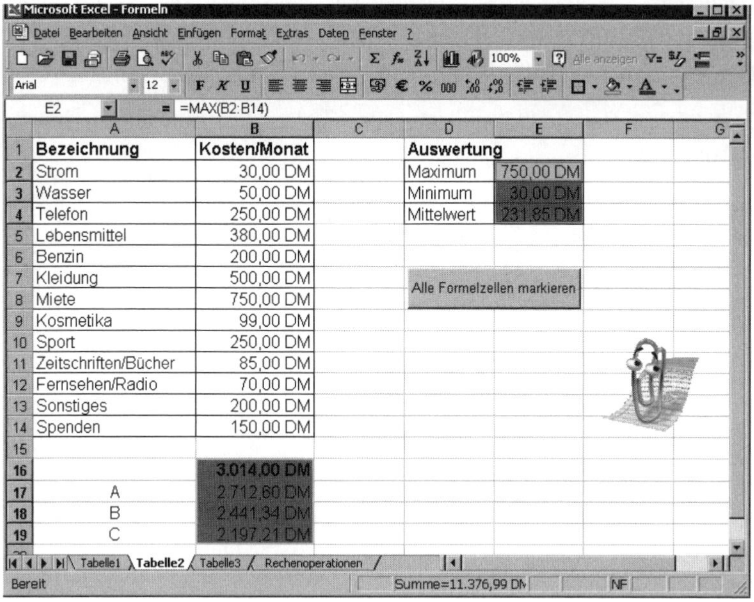

Abbildung 5.29: *Alle Formelzellen sind leicht sichtbar*

Die Selektion aller Formelzellen ist nach Ablauf des Makros immer noch gegeben. Mit der Taste [Tab] *können Sie nun von Formelzelle zu Formelzelle springen.*

INFO

Entnehmen Sie der Tabelle 5.7 exemplarisch weitere Indizes für Farben, die Sie als Zellenhintergrund verwenden können.

Tabelle 5.7: *Ein kleiner Ausschnitt aus den 56 Farben, die Excel anbietet*

Colorindex	Farbe
1	Schwarz
2	Weiß
3	Rot
4	Grün
5	Blau
6	Gelb
7	Magenta
8	Cyan
9	Braun

Wenn Sie möchten, können Sie sich ein kleines Makro schreiben, welches Ihnen alle 56 Farben in einem Tabellenblatt abbildet. Sie können dann in Ruhe Ihre gewünschten Farben auswählen.

Das Makro für die Darstellung aller Farben können Sie Listing 5.55 entnehmen.

Listing 5.55: Farbenpalette von Excel auslesen

```
Sub FarbenAnsehen()
Dim i As Integer
 Sheets("Tabelle3").Activate
 Range("A1").Select
 For i = 1 To 28
  ActiveCell.Interior.ColorIndex = i
  ActiveCell.Offset(1, 0).Value = i
  ActiveCell.Offset(0, 1).Select
 Next i

 Range("A4").Select
 For i = 29 To 56
  ActiveCell.Interior.ColorIndex = i
  ActiveCell.Offset(1, 0).Value = i
  ActiveCell.Offset(0, 1).Select
 Next i
End Sub
```

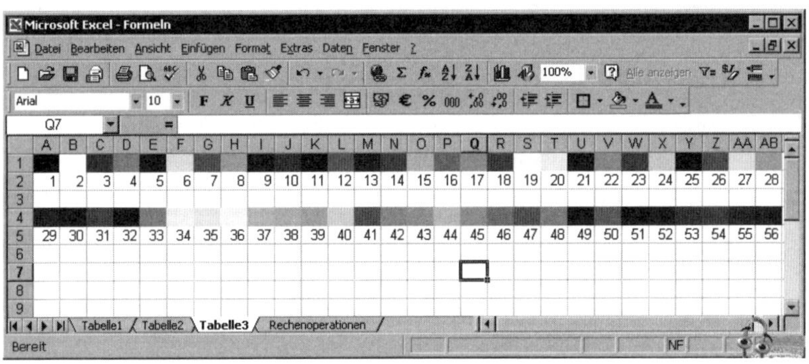

Abbildung 5.30: Alle 56 Farben mit Colorindex

5.4.11 Daten bereinigen nach Datentransfer

Wenn Sie Daten von anderen Systemen wie Großrechnern oder Servern einlesen, haben Sie vielleicht schon einmal festgestellt, dass unerwünschte Zeichen mitübertragen werden. Diese Zeichen nennt man »nicht druckbare Zeichen«. Auch kann es vorkommen, dass Excel Zahlenwerte nicht richtig erkennt und diese stattdessen als Text konvertiert. Auf den ersten Blick fällt das nicht immer gleich auf. Erst wenn Sie versuchen mit diesen Werten zu rechnen, gibt es Probleme.

Nachfolgend werden zwei Lösungen vorgestellt, die zum einen die nicht druckbaren Zeichen aus einer Tabelle entfernen und zum anderen Excel dazu bewegen, Zahlenwerte richtig zu interpretieren.

Listing 5.56: Daten bereinigen nach Datentransfer

```
Sub ZellenSäubern()
Dim Zelle As Range
For Each Zelle In ActiveSheet.UsedRange
    With Zelle
    If .HasFormula = False Then
    .Value = Application.WorksheetFunction.Clean(.Value)
    End If
    End With
Next Zelle
End Sub
```

Im benutzten Bereich der Tabelle wird die Säuberungsaktion nur bei Zellen durchgeführt, die keine Verknüpfungen und keine Formeln enthalten. Für diese Abfrage wenden Sie die Eigenschaft `HasFormula` an. Gibt diese Eigenschaft den Wert `True` zurück, handelt es sich um Zelle, die eine Formel oder Verknüpfung enthält. Handelt es sich um eine normale Zelle, gibt die Eigenschaft `Hasformula` den Wert `False` zurück. Danach wenden Sie die Funktion `Clean` an, die alle nicht druckbaren Zeichen entfernt.

Zahlenwerte richtig interpretieren

Im nächsten Beispiel wird Excel gezwungen, importierte Zahlenwerte auch als solche zu erkennen. Am schnellsten prüfen Sie, ob Ihre Daten richtig übertragen wurden, indem Sie einfach mal versuchen, eine Summe über die Zahlenwerte zu ziehen. Meldet die Funktion den Wert 0, können Sie davon ausgehen, dass Excel die Zahlenwerte als Text interpretiert. Im nächsten Schritt werden Sie wahrscheinlich probieren, den Zellen noch einmal ein Zahlenformat über den Dialog ZELLEN FORMATIEREN zuzuweisen. Aber auch diese Aktion bringt nicht den gewünschten Erfolg. Wenn es sich nur um ein paar Werte handelt, die falsch wiedergegeben werden, können Sie diese manuell umsetzen, indem Sie die Zelle markieren, die Taste [F2] und anschließend die [↵]-Taste drücken. Damit zwingen Sie Excel, neu zu rechnen. Bei größeren Datenmengen ist diese Vorgehensweise natürlich recht langwierig und nervig. Sie müssen daher eine Lösung finden, die Excel veranlasst, neu zu rechnen. Dazu können Sie beispielsweise jeden Zellenwert mit der Zahl 1 multiplizieren. Damit ändern Sie den eigentlichen Wert der Zelle nicht und kommen somit zum gewünschten Ergebnis. Das Makro für diese Aufgabe entnehmen Sie dem Listing 5.57.

Listing 5.57: Sicherstellen, dass Zahlenwerte richtig in Excel interpretiert werden

```
Sub ZahlenwerteRichtigErkennen()
Dim Zelle As Range
For Each Zelle In Selection
 Zelle.Value = Zelle.Value * 1
Next Zelle
End Sub
```

5.4.12 Konstante Werte löschen und Formeln erhalten

Im folgenden Beispiel sollen in einer Tabelle alle Zellen gelöscht werden, die konstante Werte enthalten. Lediglich die Formeln sollen auf dem Tabellenblatt erhalten bleiben.

Listing 5.58: Alle festen Werte (keine Funktionen oder Formeln) löschen

```
Sub FixWerteLöschen()
 Range("A1").SpecialCells _
 (xlCellTypeConstants, xlNumbers).ClearContents
End Sub
```

Möchten Sie hingegen erreichen, dass bei konstanten Zellen vorher noch eine Prüfung stattfindet, die bei numerischen Zellen mit der Zahl 0 füllt bzw. bei Textzellen komplett die Inhalte löscht, müssen Sie anders vorgehen.

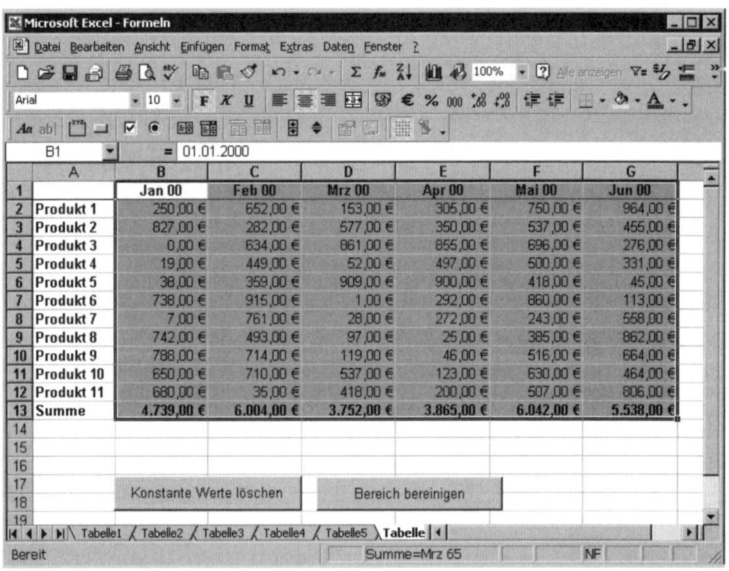

Abbildung 5.31: Bereiche gezielt initialisieren

Listing 5.59: Bereiche mit bestimmten Werten vorbelegen

```
Sub BereichBereinigen()
Dim Zelle As Range
For Each Zelle In Selection
 If Zelle.HasFormula Or IsDate(Zelle) Then _
 Else If IsNumeric(Zelle) Then Zelle.Value = 0 _
```

```
                Else Zelle.Value = ""
Next Zelle
End Sub
```

Lediglich die konstanten Zellen werden innerhalb des markierten Bereichs initialisiert. Textzellen werden komplett gelöscht und bei Zellen mit Zahlenformat wird die 0 vorbelegt. Datumszellen bleiben von der Aktion unberührt.

5.5 Gültigkeitsprüfung in Excel

Die folgenden Makros können Sie auf der CD im Verzeichnis KAP05 *in der Datei* SONSTIGES.XLS *finden.*

CD-ROM

Seit der Version 97 ist es in Excel standardmäßig möglich, für bestimmte Zellen und Bereiche eine Gültigkeitsfunktion anzuwenden. Sie haben dabei die Möglichkeit zu bestimmen, welche Eingaben im Bereich gemacht werden dürfen und welche nicht. Bei Falscheingaben können Sie dem Anwender mittels einer Bildschirmmeldung mitteilen, wie er die Eingabe zu machen hat. Wenn Sie möchten, können Sie den Anwender sogar schon vor der Eingabe beim Positionieren des Cursors im Gültigkeitsbereich durch eine QuickInfo-Meldung auf die richtige Eingabesyntax aufmerksam machen. Bei der Gültigkeitsprüfung haben Sie u.a. die Möglichkeit, Eingaben nach bestimmten Gesichtspunkten zu überprüfen.

INFO

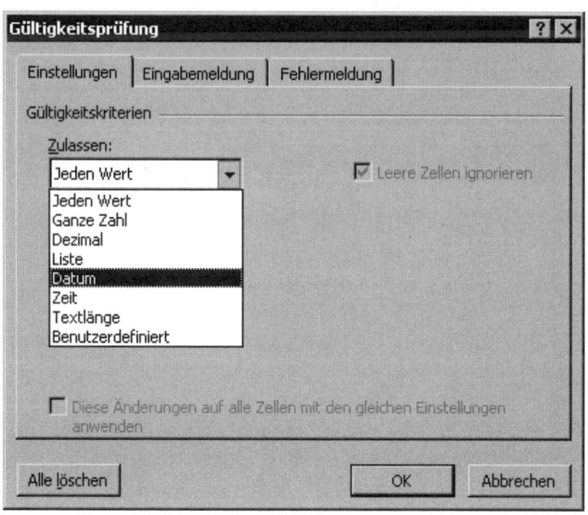

***Abbildung 5.32:** Die Gültigkeitskriterien der Eingabeprüfung*

Sie sehen es den Zellen nicht an, ob diese mit einem Gültigkeitskriterium ausgestattet sind oder nicht. Erst wenn Sie mit dem Mauszeiger auf eine Zelle mit eingestellten Gültigkeitskriterien positionieren und vorher eine Eingabemeldung definiert haben, erkennen Sie die Zellen mit Gültigkeitsfunktion.

Eine kleine Ausnahme bildet das Auswahlkriterium LISTE. Damit können Sie für eine Zelle gleich mehrere mögliche Eingaben akzeptieren, die auf eine Liste verweisen. In diesem Fall erkennen Sie nach Positionieren des Mauszeigers ein Dropdown-Symbol am rechten unteren Rand der Gültigkeitszelle, welches Ihnen nach einem Klick ein Auswahlfenster mit den möglichen Eingabewerten aus der Liste anbietet.

5.5.1 Zellen mit Gültigkeitsfunktion erkennen

Im folgenden Beispiel sollen in einer Arbeitszeiterfassung alle Zellen markiert werden, die eine Gültigkeitsregel hinterlegt haben. Dazu setzen Sie die Methode `SpecialCells` mit der Konstanten `xlCellTypeAllValidation` ein.

Listing 5.60: Alle Zellen mit Gültigkeitsregel markieren

```
Sub AlleZellenMitGültigkeitsregelnMarkieren()
   ActiveCell.SpecialCells(xlCellTypeAllValidation).Select
End Sub
```

Abbildung 5.33: Alle Zellen mit Gültigkeit sind markiert

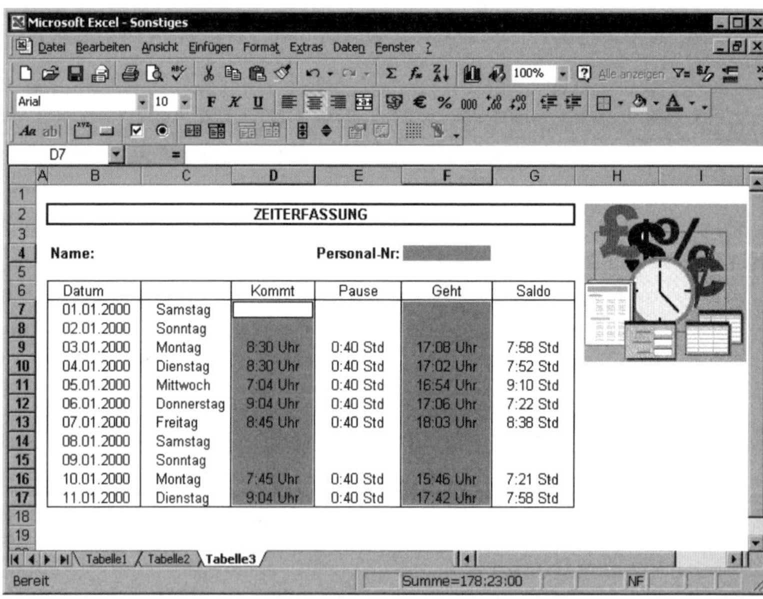

In der Abbildung 5.33 können Sie erkennen, dass in der Zelle PERSONAL-NR eine Gültigkeitsregel hinterlegt ist. Dort wird z.B. keine Personalnummer zugelassen, die länger als fünf Zeichen lang ist. Bei den Zellen für die Kommt- und Geht-Zeit ist eine Kernzeit definiert. So wird keine Zeiteingabe akzeptiert, die vor 7.00 Uhr bzw. nach 19.00 Uhr liegt.

5.5.2 Gültigkeitskriterien erstellen

Erstellen Sie nun ein Gültigkeitskriterium für eine Zelle mit Hilfe von VBA. Auf dem Tabellenblatt TABELLE4 sollen in Zelle A1 nur ganze Zahlen zwischen 1 und 100 zugelassen werden. Dazu erstellen Sie das Makro aus Listing 5.61.

Listing 5.61: Gültigkeitsregeln hinzufügen

```
Sub GültigkeitHinzufügen()
 Sheets("Tabelle4").Activate
 With Range("A1").Validation
    .Add Type:=xlValidateWholeNumber, _
       AlertStyle:=xlValidAlertStop, _
       Operator:=xlBetween, Formula1:="1", Formula2:="100"
    .InputTitle = "Ganze Zahl eingeben!"
    .ErrorTitle = "Keine Ganze Zahl!"
    .InputMessage = _
      "Geben Sie eine Zahl zwischen 1 und 100 ein."
    .ErrorMessage = _
      "Sie müssen eine Zahl zwischen 1 und 100 eingeben."
   End With
 End Sub
```

Die Argumente für die Gültigkeit

Mit Hilfe der Methode Add fügen Sie der Zelle A1 eine Gültigkeitsregel hinzu. Im ersten Argument Type legen Sie das Gültigkeitskriterium fest. Die möglichen Gültigkeitskriterien entnehmen Sie Tabelle 5.8.

Tabelle 5.8: Die Konstanten des Gültigkeitskriteriums

Type	Index	Beschreibung
xlValidateInputOnly,	0	Jede Eingabe ist erlaubt.
xlValidateWholeNumber	1	Nur ganze Zahlen im definierten Zahlenbereich sind erlaubt.
xlValidateDecimal	2	Nur Dezimalzahlen im definierten Wertbereich werden zugelassen.
xlValidateList	3	Es sind nur Eingaben aus einer vorher definierten Liste möglich.
xlValidateDate	4	Es sind nur Datumswerte im definierten Datumsbereich erlaubt.

Type	Index	Beschreibung
xlValidateTime	5	Es sind nur Zeitwerte im definierten Rahmen zulässig.
xlValidateTextLength	6	Es werden nur Eingaben mit bestimmten Längen zugelassen.
xlValidateCustom	7	Benutzerdefiniertes Gültigkeitskriterium

Abbildung 5.34: Zelle mit Gültigkeitsregel

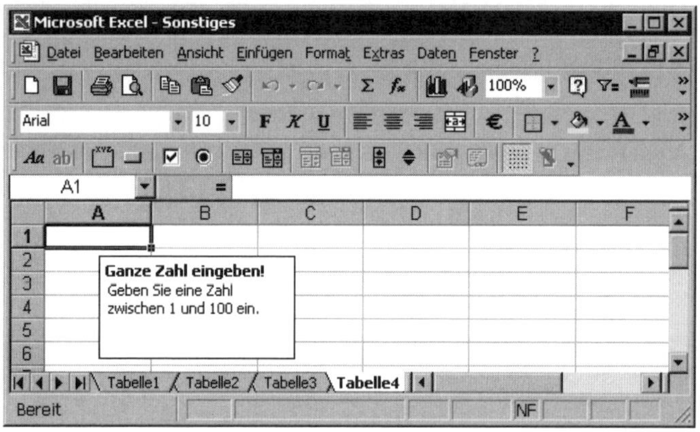

Das zweite Argument `AlertStyle` legt den Stil der Gültigkeitsmeldung fest. Möglich sind hierbei `xlValidAlertInformation`, `xlValidAlertStop` oder `xlValidAlertWarning`. Beim nächsten Argument, dem `Operator`, orientieren Sie sich an Tabelle 5.6. Für die Gültigkeitsprüfung gelten dieselben Operatoren wie bei der bedingten Formatierung. Die beiden letzten Argumente `Formula1` und `Formula2` beinhalten die Wertgrenzen.

5.5.3 Datumsgrenzen festlegen

Wenn Sie möchten, können Sie mit der Gültigkeitsfunktion in Excel auch Datumsgrenzen festlegen. So sollen beispielsweise im markierten Bereich nur Datumsangaben vom 1.1.2000 bis zum 31.12.2000 gemacht werden dürfen. Das Makro für diese Aufgabe können Sie in Listing 5.62 sehen.

Listing 5.62: Gültigkeitsregel für Datumseingaben festlegen

```
Sub DatumGültigkeit()
 Sheets("Tabelle5").Activate
 With Selection.Validation
   .Delete
   .Add Type:=xlValidateDate, _
```

```
    AlertStyle:=xlValidAlertStop, _
    Operator:=xlBetween, _
   Formula1:=CDate("1/1/2000"), _
   Formula2:=CDate("31/12/2000")
   .IgnoreBlank = True
   .InputTitle = "Datum eingeben"
   .ErrorTitle = "Falsches Datum"
   .InputMessage = _
   "Bitte gültiges Datum (1.1.2000-31.12.2000) eingeben"
   .ErrorMessage = _
   "Sie haben kein gültiges Datum eingegeben!"
   .ShowInput = True
   .ShowError = True
 End With
 End Sub
```

Vorsorglich löschen Sie eine eventuell schon bestehende Gültigkeitsregel mit der Methode `Delete`.

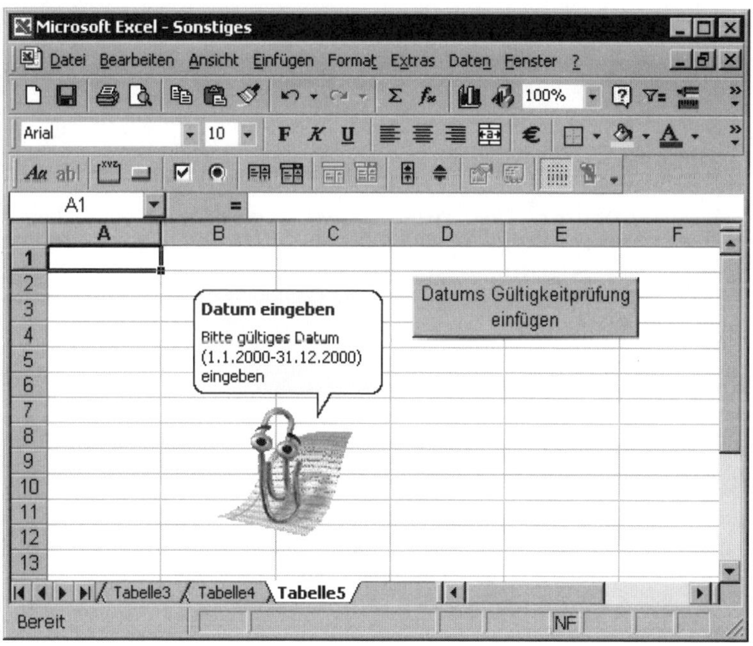

Abbildung 5.35: Gültigkeitsprüfung mit Datumseingaben

Wenn Sie die Gültigkeitskriterien angeben, müssen Sie auf alle Fälle die Funktion `CDate` *verwenden. Sie sorgt dafür, dass die String-Angabe ("1/1/2000") in ein gültiges Datumsformat konvertiert wird.*

STOP

Die Eigenschaft `IgnoreBlank` setzen Sie auf den Wert `True`, wenn Sie leere Werte zulassen möchten. Danach definieren Sie zuerst den Eingabetitel sowie die Fehlertitel und anschließend die beiden Meldungen. Bei den beiden Eigenschaften `ShowInput` und `ShowError` handelt es sich um eine Art Schalter, den Sie setzen können. Standardmäßig sind diese beiden Schalter jedoch gesetzt. Indem Sie einen Schalter auf den Wert `False` setzen, wird die definierte Meldung als QuickInfo nicht mehr angezeigt.

5.5.4 Keine Arbeit am Sonntag

Bei der Gültigkeitsprüfung können Sie übrigens auch mit benutzerdefinierten Kriterien arbeiten, wie Sie es auch schon bei der bedingten Formatierung gesehen haben. Im nächsten Beispiel dürfen im markierten Bereich keine Sonntage erfasst werden. Leider können Sie einem eingegebenen Datum ja nicht sofort ansehen, ob es sich um einen Sonntag handelt. Aus diesem Grund setzen Sie die Funktion `Weekday` ein.

***Listing 5.63:** Gültigkeitsregel: Arbeit am Sonntag wird nicht akzeptiert*

```
Sub SonntageVermeiden()
 Dim Zelle As Object
  For Each Zelle In Selection
   With Zelle.Validation
    .Delete
    .Add Type:=xlValidateCustom, _
    AlertStyle:=xlValidAlertStop, _
     Operator:=xlEqual, _
     Formula1:="=weekday(" & Zelle.Address & ")<>1"
    .IgnoreBlank = True
    .InCellDropdown = True
    .InputTitle = ""
    .ErrorTitle = "SONNTAG!"
    .InputMessage = ""
    .ErrorMessage = "Sie dürfen keine Sonntage erfassen!"
    .ShowInput = True
    .ShowError = True
   End With
  Next Zelle
 End Sub
```

Da die Gültigkeit für alle Zellen innerhalb der Markierung gelten soll, definieren Sie zuerst eine Variable vom Typ `Object`. Dann wenden Sie die Schleife `For Each` an. Innerhalb dieser Schleife verwenden Sie die Type Konstante `xlValidateCustom`, um ein benutzerdefiniertes Gültigkeitskriterium zu erstellen. Als Kriterium geben Sie die Funktion `Weekdays` an, die Ihnen anhand eines eingegebenen Datums einen Wert zurückgibt, welcher den Wochentag darstellt. Entnehmen Sie aus der Tabelle 5.9 die jeweils zutreffende Konstante bzw. den Index, die/der die Funktion `Weekday` zurückliefert.

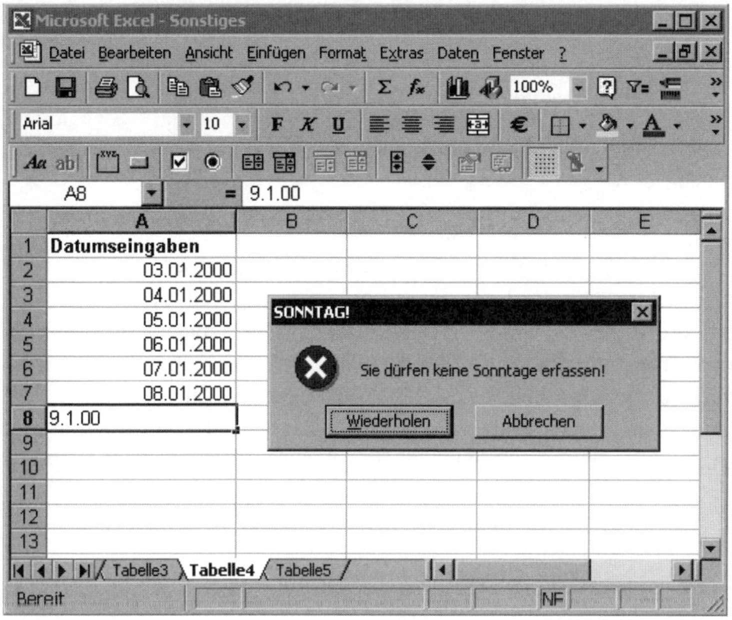

Abbildung 5.36: Am Sonntag darf nicht gearbeitet werden

Tabelle 5.9: Die Konstanten und Indexwerte der Funktion Weekday

Konstante	Index	Beschreibung
`VbSunday`	1	Sonntag
`vbMonday`	2	Montag
`vbTuesday`	3	Dienstag
`vbWednesday`	4	Mittwoch
`vbThursday`	5	Donnerstag
`vbFriday`	6	Freitag
`vbSaturday`	7	Samstag

5.5.5 Gültigkeitstypen ermitteln

Sie haben bereits ein paar Gültigkeitstypen kennen gelernt. Jeder Gültigkeitstyp wird intern durch einen Index identifiziert. Diesen Index können Sie in Tabelle 5.8 einsehen oder ihn auch durch das folgende Makro aus Listing 5.64 ermitteln:

Listing 5.64: Gültigkeitstypen ermitteln

```
Sub GültigkeitstypErmitteln()
Dim i As Integer
   Sheets("Tabelle6").Activate
   With ActiveCell
   On Error Resume Next
   i = .Validation.Type
   If i = 3 Then MsgBox _
    "Die Liste befindet sich im Bereich" _
    & .Validation.Formula1 & "!" Else MsgBox _
    "Die Zelle beinhaltet den Gültigkeitstyp :" & i
   End With
 End Sub
```

Die `On Error`-Anweisung sorgt dafür, dass das Makro nicht abstürzt, wenn die aktive Zelle nicht mit einem Gültigkeitskriterium versehen ist. Wenn der Gültigkeitstyp dem Index 3 entspricht, handelt es sich um eine Liste. In einer Meldung auf dem Bildschirm wird dann der verknüpfte Datenbereich ausgegeben, in dem die gültigen Werte zu finden sind. Im Fall dessen, dass es sich bei dem Gültigkeitstyp nicht um eine Liste handelt, wird der Index des Gültigkeitstyps ausgegeben.

5.5.6 Gültigkeitskriterien löschen

Beim Löschen von Gültigkeitskriterien müssen Sie sich vorher im Klaren sein, ob Sie generell alle Gültigkeitskriterien oder nur bestimmte Gültigkeitskriterien auf dem Tabellenblatt entfernen möchten. Um alle gleichartigen Gültigkeitskriterien zu löschen, starten Sie das folgende Makro aus Listing 5.65.

Listing 5.65: Alle gleichartigen Gültigkeitsregeln löschen

```
Sub GültigkeitLöschen()
 ActiveCell.SpecialCells(xlCellTypeSameValidation).Select
 Selection.Validation.Delete
End Sub
```

Mit der Methode `SpecialCells` und deren Konstante `xlCellTypeSameValidation` werden alle Zellen markiert, die dieselbe Gültigkeitsregel hinterlegt haben. Anschließend werden die Gültigkeitsregeln entfernt.

Wenn Sie alle Gültigkeitsregeln in Ihrer Tabelle löschen möchten, wenden Sie das Makro `AlleGültigkeitsregelnLöschen` aus Listing 5.66 an:

Listing 5.66: Alle Gültigkeitsregeln auf Tabellenblatt löschen

```
Sub AlleGültigkeitsregelnLöschen()
 Cells.Select
 Selection.Validation.Delete
End Sub
```

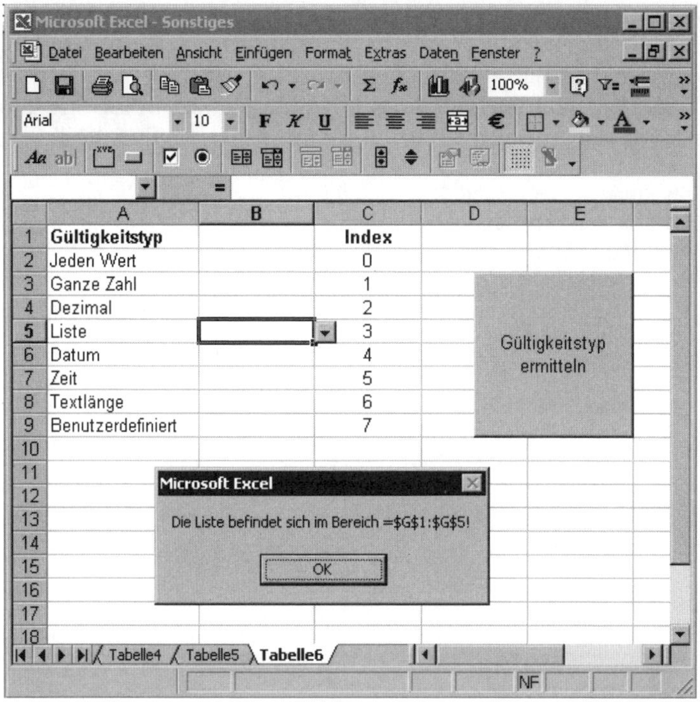

Abbildung 5.37: *Ausgabe des Zellenbezugs bei Typ 3*

5.6 Kommentare in Excel

Kommentare können Sie in Excel u.a. einsetzen, um wichtige Vermerke zu bestimmten Zelleninhalten zu setzen oder auch, um Änderungen an Zellen zu dokumentieren. Ob für eine Zelle ein Kommentar vorgenommen wurde, erkennen Sie normalerweise am roten Dreieck in der rechten oberen Ecke der Zelle, sofern die Ansicht dieses Indikators unter EXTRAS/OPTIONEN/ANSICHT in Excel eingestellt ist. Wenn Sie den Mauszeiger auf eine Zelle positionieren, wird automatisch ein kleines Textfenster eingeblendet, welches den Kommentar beinhaltet. Sehen Sie nun, wie Sie mit Kommentaren in Excel arbeiten, anhand einiger Praxisbeispiele.

5.6.1 Kommentare einfügen

Wenn Sie Kommentare in Excel erfassen, wird standardmäßig oberhalb der eigentlichen Notiz der Name des Bearbeiters im Kommentar eingetragen. Besser wäre es, in einem Kommentar noch zusätzlich das Datum und die Uhrzeit zu erfassen, um Rückschlüsse auf die Aktualität der Kommentare ziehen zu können. Oft schlummern

Kommentare jahrelang in Zellen, ohne überhaupt noch relevant zu sein. Um Anwender nicht zu verunsichern, sollte in Kommentaren daher neben den eigentlichen Erfassern der Notiz immer auch eine Datumsangabe stehen. Das folgende Makro in Listing 5.67 fügt einen solchen Kommentar in der momentan aktiven Zelle ein.

Listing 5.67: Kommentare in anderer Form erfassen

```
Sub KommentarErfassen()
Dim Kom As Comment
Dim s As String
 s = InputBox _
   ("Geben Sie Ihren Kommentar ein!", "Kommentar erfassen")
 If s = "" Then Exit Sub
  Set Kom = ActiveCell.AddComment
  Kom.Text Application.UserName & Chr(10) _
  & Date & Chr(10) & Time & " Uhr" & Chr(10) & s
  With Kom.Shape.TextFrame
  .Characters.Font.Name = "Courier"
  .Characters.Font.Size = 12
  .AutoSize = True
  End With
End Sub
```

Abbildung 5.38: Vorbildlicher Kommentar mit Erfasser und Datumsangabe

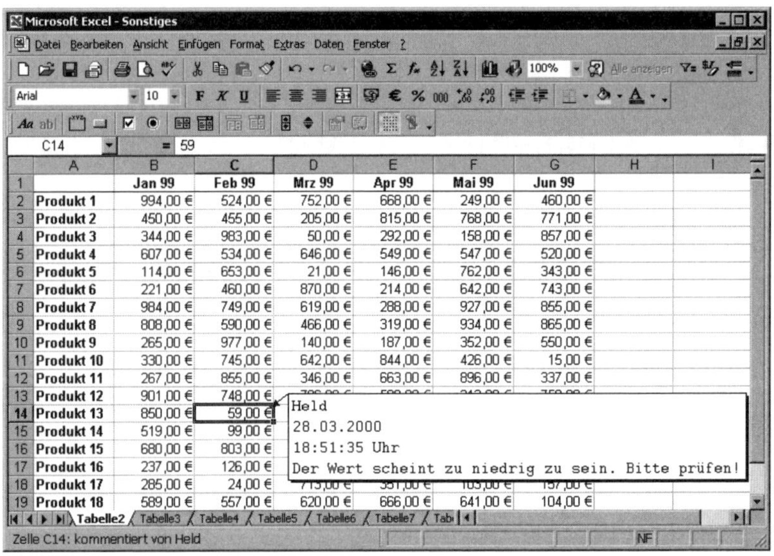

Definieren Sie zuerst eine Variable vom Typ `Comment`. Danach geben Sie in einer Inputbox Ihren Kommentar ein. Mit Hilfe der Methode `AddComment` fügen Sie in der aktiven Zelle zunächst noch einen leeren Kommentar ein. Über die Eigenschaft `Username` ermitteln Sie den Namen des Benutzers, welchen Excel übrigens aus der Einstellung unter EXTRAS/OPTIONEN/ALLGEMEIN holt. Danach setzen Sie das Verkettungszeichen & ein, um dem Kommentarfenster weitere Informationen hinzuzufügen. Die Funktion `Chr(10)` bewirkt einen Zeilenvorschub, die Funktionen `Date` und `Time` sorgen für die gewünschten Zusatzinformationen für den Kommentar. Am Ende fügen Sie den eigentlichen Kommentartext ein, den Sie vorher in der String-Variablen `s` zwischengespeichert haben. Wenn Sie möchten, können Sie anschließend noch die Schriftart bzw. die Schriftgröße des Kommentars anpassen.

:-) TIPP

Ganz wichtig ist die Eigenschaft `AutoSize`. *Diese Eigenschaft sorgt dafür, dass sich die Größe des Kommentarfensters automatisch dem eingegebenen Text anpasst.*

Schauen Sie sich die Abbildung 5.38 noch einmal an. Der Anwender HELD hat einen Kommentar am 28.3.00 erfasst. Stellen Sie sich vor, am nächsten Tag soll genau dieser Kommentar vom Kollegen LANG geprüft werden. Dabei soll der bisherige Kommentar bestehen bleiben und nur am Ende ein weiterer Kommentar angehängt werden. Den Code für diese Aufgabe können Sie dem Listing 5.68 entnehmen.

***Listing 5.68:** Alte Kommentare erhalten und neue Kommentare anfügen*

```
Sub KommentareErgänzen()
Dim sAlt As String
Dim sNeu As String

sNeu = InputBox _
("Geben Sie einen Kommentar ein", "Kommentar ergänzen")
If sNeu = "" Then Exit Sub
With Selection
    On Error Resume Next
    sAlt = .Comment.Text
    If sAlt = "" Then .addcomment
    sNeu = sAlt & Chr(10) & Application.UserName _
    & Chr(10) & "Kommentar vom " & Date & _
    Chr(10) & sNeu & Chr(10)
    .Comment.Text sNeu
    .Comment.Visible = True
    .Comment.Shape.TextFrame.AutoSize = True
End With
End Sub
```

Geben Sie zuerst den neuen Kommentar in einer Inputbox ein. Um den alten Kommentar zu behalten, speichern Sie diesen in der Variablen `sAlt`. Steht in der Variablen `sAlt` ein leerer Wert, dann gibt es noch gar keinen Kommentar in der aktiven Zelle. In diesem Fall fügen Sie den noch fehlenden Kommentar mit der Methode `AddComment` ein. Danach hängen Sie den Erfasser, das Datum und den Kommentar hinten an und weisen am Ende das komplette Paket als Kommentartext zu. Belassen Sie den Kommentar sichtbar auf dem Tabellenblatt, indem Sie Eigenschaft `Visible` des Kommentars auf dem Wert `True` setzen.

Abbildung 5.39: Die Antwort vom Kollegen Lang erfolgt noch am selben Tag

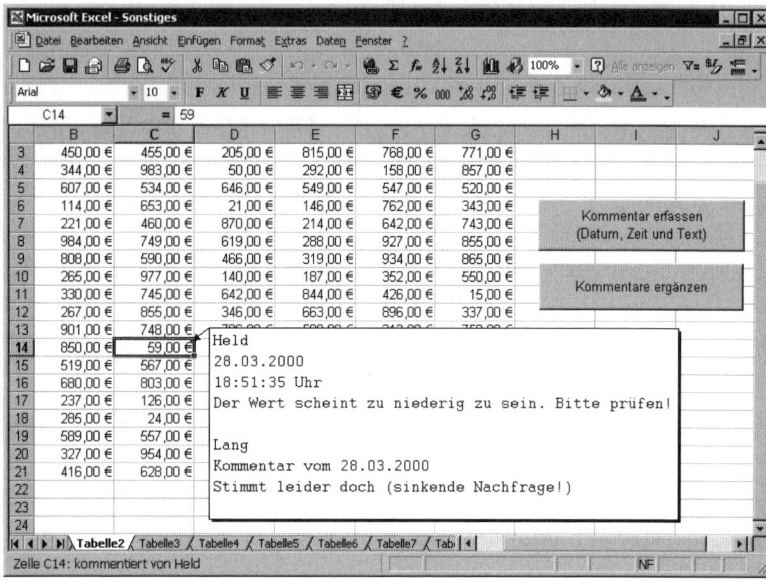

5.6.2 Kommentare schnell finden

Sollte die Ansicht des roten Indikators im Menü EXTRAS unter OPTIONEN auf dem Registerblatt ANSICHT deaktiviert sein, ist es recht schwer, Kommentare in Tabellen aufzufinden. Abhilfe leistet dagegen ein kleines Makro, welches alle Zellen markiert, die Kommentare enthalten. Zusätzlich sorgt es dafür, dass der rote Indikator wieder angezeigt wird.

Listing 5.69: Kommentare schneller finden

```
Sub KommentareFinden()
 On Error Resume Next
 Selection.SpecialCells(xlCellTypeComments).Select
 If Application.DisplayCommentIndicator = 0 Then _
 Application.DisplayCommentIndicator = 1
End Sub
```

Auch in diesem Beispiel können Sie wieder die Methode `SpecialCells` einsetzen, der Sie die Konstante `xlCellTypComments` übergeben. Indem Sie die Eigenschaft `DisplayCommentIndicator` auf den Wert `1` setzen oder die Konstante `xlCommentIndicatorOnly` verwenden, wird der Indikator in Kommentarzellen wieder angezeigt. Weitere Möglichkeiten der Kommentaranzeige entnehmen Sie der Tabelle 5.10.

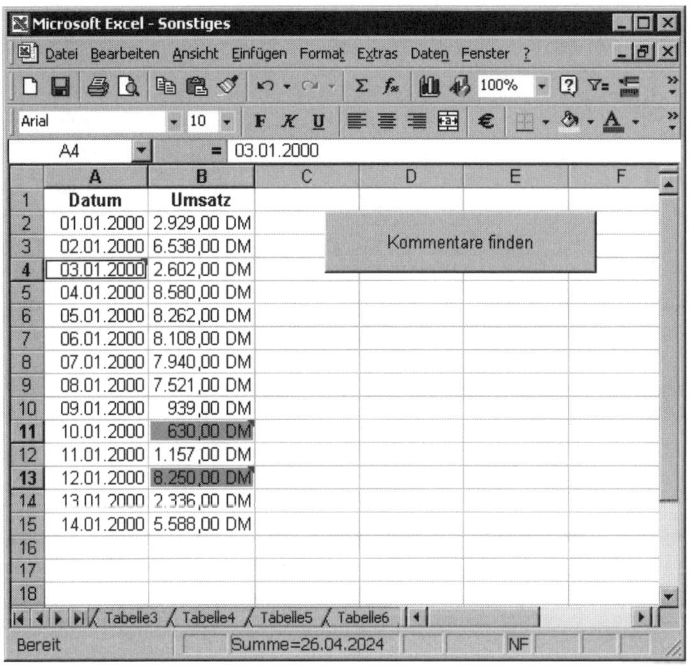

Abbildung 5.40: Alle Kommentare sind markiert

Tabelle 5.10: Die Konstanten bzw. der Index des Indikators

Konstante	Index	Beschreibung
`xlNoIndicator`	0	Es wird kein Indikator angezeigt
`xlCommentIndicatorOnly`	1	Es wird lediglich der Indikator angezeigt.
`xlCommentAndIndicator`	2	Es werden sowohl der Indikator als auch der Kommentar dauerhaft angezeigt.

5.6.3 Kommentare löschen

Für das Löschen von Kommentaren setzen Sie die Methode `ClearComments` ein. Dabei können Sie wiederum die Methode `SpecialCells` einsetzen, die alle Kommentare vorher markiert, um sie anschließend zu löschen.

***Listing 5.70:** Alle Kommentare auf Tabellenblatt löschen*

```
Sub KommentareLöschen()
 On Error Resume Next
 Selection.SpecialCells(xlCellTypeComments).Select
 Selection.ClearComments
End Sub
```

Wenn Sie beispielsweise nur Kommentare löschen möchten, die von einer bestimmten Person vorgenommen wurden, so setzen Sie das folgende Makro aus Listing 5.71 ein.

***Listing 5.71:** Nur Kommentare einer bestimmten Person löschen*

```
Sub BestimmteKommentareLöschen()
Dim Kom As Comment
Dim s As String
Dim Anw As String
Anw = InputBox _
 ("Welche Kommentare sollen gelöscht werden?", _
 "Namen eingeben")
If Anw = "" Then Exit Sub
For Each Kom In ActiveSheet.Comments
 s = Kom.Text
 If InStr(1, s, Anw) <> 0 Then Kom.Delete
Next Kom
End Sub
```

Geben Sie in einer Inputbox zuerst den Namen des Anwenders ein, dessen Kommentare Sie löschen möchten. Der Namen des Anwenders wird in der String-Variablen `Anw` zwischengespeichert. In einer `For Each`-Schleife werden danach alle Kommentare der aktuellen Tabelle untersucht. Dazu speichern Sie den Kommentartext in der String-Variablen `s` und wenden die Funktion `InStr` an, der Sie zuerst den Startwert und danach die zu durchsuchende Textfolge (`s`) und die gesuchte Textfolge (`Anw`) übergeben. Diese Funktion gibt einen Wert zurück, der die erste Position des gesuchten Zeichenfolge (`Anw`) enthält. Gibt die Funktion den Wert `0` zurück, wurde der Suchtext (`Anw`) im Kommentartext (`s`) nicht gefunden, was bedeutet, dass der Kommentar nicht vom gesuchten Anwender vorgenommen wurde. Werden Kommentare des gesuchten Anwenders gefunden, werden diese mit Hilfe der Methode `Delete` gelöscht.

5.6.4 Kommentare protokollieren

Wenn Sie mit sehr großen Tabellen arbeiten, die viele Kommentare enthalten, so ist es mitunter übersichtlicher, wenn Sie alle Kommentare am Stück in eine Liste schreiben und die dazugehörigen Zellenadressen protokollieren. Für diese Aufgabe starten Sie das folgende Makro aus Listing 5.72.

Listing 5.72: Kommentare (Text und Zellenadresse) protokollieren

```
Sub KommentareDokumentieren()
Dim Kom As Comment
Dim i As Integer
 On Error Resume Next
 For Each Kom In ActiveSheet.Comments
     i = i + 1
     ActiveSheet.Cells(i, 11) = Kom.Text
     ActiveSheet.Cells(i, 12) = Kom.Parent.Address
 Next
End Sub
```

In einer `For Each`-Schleife werden alle Kommentare des Tabellenblattes ermittelt. Die Eigenschaft `Cells` setzt sich zusammen aus einem Wert für die Zeile und einem Wert für die Spalte. Die Protokolleinträge werden in den Spalten K und L vorgenommen, demnach ist der Spaltenindex der beiden Spalten 11 bzw. 12. Die Variable `i` enthält den Zeilenzeiger, der bei jedem protokollierten Kommentar um den Wert 1 erhöht wird. Erfasst werden zum einen der Kommentartext und zum anderen die Zellenadresse des Kommentars. Bei der Ermittlung der Zellenadresse eines Kommentars müssen Sie auf die Eigenschaft `Parent` zurückgreifen, die das übergeordnete Objekt des Objekts `Comment` zurückgibt. Mit Hilfe der Eigenschaft `Address` gelingt es Ihnen schließlich, die Zellenadresse des Kommentars zu ermitteln.

5.6.5 Kommentare aus Zellentexten bilden

Gerade haben Sie gesehen, wie Sie Kommentare aus Zellen übersichtlich in einer Liste darstellen können. Stellen Sie sich aber jetzt mal folgendes Szenario vor: Sie arbeiten an einer Liste und möchten bestimmte Zellen mit neuen Werten überschreiben. Die alten Werte sind aber durchaus für Sie noch von Interesse und sollten nicht gänzlich aus der Liste verschwinden. Wie wäre es denn, wenn Sie diese alten Einträge in Kommentaren ablegen würden? Damit stehen die alten Einträge genau noch dort, wo sie hingehören, und stören dennoch nicht und die Tabelle bleibt aktuell. Für diese Aufgabe erstellen Sie das folgende Makro in Listing 5.73:

Listing 5.73: Kommentare aus Zelleninhalten bilden

```
Sub KommentareAusZellenInhaltBilden()
Dim Kom As Comment
Dim Zelle As Object

For Each Zelle In Selection
On Error Resume Next
 Set Kom = Zelle.addcomment
 Kom.Text Date & Chr(10) & Zelle.Value
Next Zelle
End Sub
```

Das Makro in Listing 5.73 schiebt innerhalb der Markierung den Inhalt der einzelnen Zellen jeweils in ein Kommentarfenster. Jeder Kommentar wird zusätzlich noch mit dem Datum der Verschiebung ausgestattet. Danach können Sie in Ruhe die neuen Werte erfassen.

REF

Wie Sie Makros blitzschnell über eigene Menü- und Symbolleisten starten können, erfahren Sie in Kapitel 16 dieses Buches.

5.7 Sonstige Lösungen mit Zellen und Bereichen

Zum Abschluss dieses Kapitels folgen interessante Lösungen wie z.B. das Zählen von Wörtern oder einzelnen Zeichen im markierten Bereich, das Ausfüllen von Zellen mit Daten und das Ermitteln von Zellenadressen.

5.7.1 Die Anzahl der Wörter im markierten Bereich ermitteln

Die folgende Lösung zeigt ganz anschaulich, wie Sie mit Textfunktionen in Excel arbeiten. In einem vorher markierten Bereich soll die Anzahl der Worte ausgegeben werden, die im Bereich enthalten sind. Die Lösung für diese Aufgabenstellung können Sie im folgenden Makro aus Listing 5.74 ersehen.

Listing 5.74: Wörter innerhalb der Markierung zählen

```
Sub WorteInBereichZählen()
Dim Bereich As Range
Dim Zelle As Object
Dim s As String
Dim l As Long

Sheets("Tabelle7").Activate
```

```
Set Bereich = Selection
For Each Zelle In Bereich
  s = Trim(Zelle.Text)
  Do While InStr(s, " ") > 0
    l = l + 1
    s = Trim(Right(s, Len(s) - InStr(s, " ")))
  Loop
   l = l + 1
Next Zelle
MsgBox "Es wurden im markierten Bereich " & _
Selection.Address & Chr(13) & l & " Wörter gefunden!"
End Sub
```

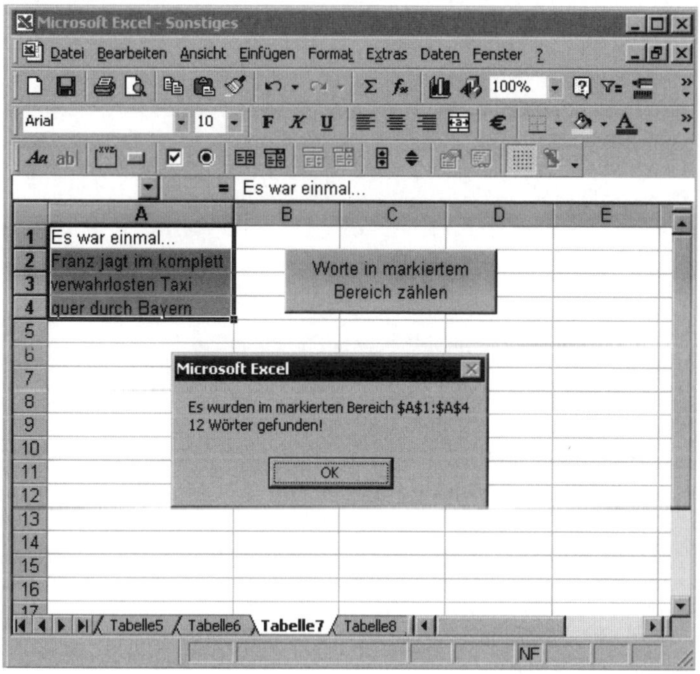

Abbildung 5.41: Die Anzahl der Wörter im markierten Bereich

In einer `For Each`-Schleife werden die Worte je Zelle gezählt. Zu allererst speichern Sie den kompletten Text der einzelnen Zelle, der ja aus mehreren Wörtern bestehen kann, in einer String-Variablen. Jetzt entfernen Sie mit der Funktion `Trim` sowohl die führenden Leerstellen zu Beginn der Zelle als auch die nachgestellten Leerzeichen am Ende der Zelle. Dies ist die erste Voraussetzung, die erfüllt sein muss, damit die folgenden Schritte zuverlässig ablaufen. Nun setzen Sie eine `Do While`-Schleife auf, in der Sie die einzelnen Wörter ermitteln. Dabei setzen Sie die Funktion `InStr` ein, um das Auftreten des ersten Leerzeichens in der Zelle (zwischen zwei Wörtern) aufzuspüren. Innerhalb der Schleife zerlegen Sie den Text in die einzelnen Worte und erhöhen den Zähler l bei jedem gefundenen Wort. Die Schleife wird so lange durchlaufen, bis die Funktion `InStr` den Wert 0 zurückliefert; damit ist das Ende der Zelle erreicht. Zuletzt geben Sie in einer Meldung die ermittelte Anzahl der Wörter aus.

5.7.2 Das Auftauchen eines Zeichens im markierten Bereich ermitteln

Im nächsten Beispiel wird das Auftauchen eines bestimmten Zeichens innerhalb einer Markierung ermittelt. In einer Eingabemaske geben Sie das gewünschte Zeichen ein, welches gezählt werden soll.

Listing 5.75: *Bestimmte Zeichen innerhalb einer Markierung zählen*

```
Sub BestimmteZeichenZählen()
Dim Bereich As Range
Dim Zelle As Object
Dim i As Integer
Dim i2 As Integer
Dim s As String

 Sheets("Tabelle7").Activate
 Set Bereich = Selection
 i = 0
 s = InputBox _
 ("Geben Sie das Zeichen ein, welches Sie zählen möchten")
 If s = "" Then Exit Sub
    For Each Zelle In Bereich
       i2 = InStr(1, Zelle.Value, s)
       While i2 <> 0
         i = i + 1
         i2 = InStr(i2 + 1, Zelle.Value, s)
       Wend
    Next Zelle
 MsgBox "Das Zeichen " & s & " trat im Bereich " _
 & Selection.Address & " genau " & i & " Mal auf!"
End Sub
```

In einer `For Each`-Schleife durchlaufen Sie den markierten Bereich. In der Integer-Variablen `i2` zählen Sie das Vorkommen des gesuchten Zeichens in der Zelle. Danach setzen Sie eine zweite Schleife auf. Beim Eintritt in die `While`-Schleife wurde bereits ein Vorkommen des gesuchten Zeichens ermittelt. Aus diesem Grund zählen Sie die Integer-Variable `i` um einen Zähler hoch. Jetzt setzen Sie den Mauszeiger ein Zeichen in der Zelle nach vorn und suchen nach dem nächsten Vorkommen, indem Sie die Funktion `InStr` anwenden. Sobald in der `While`-Schleife kein Vorkommen des gesuchten Zeichens mehr ermittelt werden kann, meldet die Funktion `InStr` den Wert 0. Dann ist das Abbruchkriterium der `While`-Schleife erfüllt und die Bearbeitung kann mit der nächsten Zelle im markierten Bereich weitergehen.

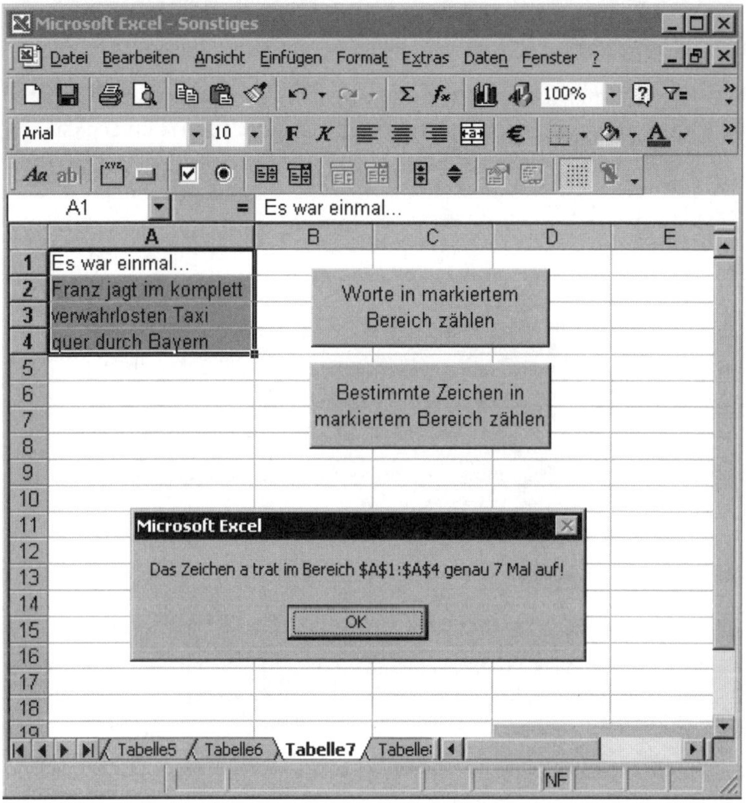

Abbildung 5.42: Das Auftreten des Buchstabens a im markierten Bereich

5.7.3 Die Eckdaten eines Bereichs ermitteln

Wenn Sie eine Markierung bzw. den benutzten Bereich auf einem Tabellenblatt auslesen möchten, stellen sich je nach Aufgabe folgende Fragen:

Die Fragen

- Wie viele Zellen enthält der markierte Bereich?
- Wie lautet die Adresse der ersten Zelle im markierten Bereich?
- Wie lautet die Adresse der letzten Zelle im markierten Bereich?
- Wie lautet die Adresse der letzten Zelle im benutzten Bereich?

Zur Beantwortung dieser Fragen setzen Sie die folgenden Makros ein:

Listing 5.76: Anzahl der Zellen im Bereich ermitteln

```
Sub AnzahlMarkierterZellenErmitteln()
Dim l As Long
Sheets("Tabelle7").Activate
l = Selection.Count
MsgBox l
End Sub
```

Die Methode `Count` ermittelt die Anzahl der Objekte im markierten Bereich und speichert diese in einer Variable vom Typ `Long`.

Listing 5.77: Letzte Zelle im benutzten Bereich ermitteln

```
Sub LetzteZelleImBenutztenBereich()
 Sheets("Tabelle7").Activate
 MsgBox Cells.SpecialCells(xlCellTypeLastCell).Address
End Sub
```

Abbildung 5.43: Die Eckpositionen der Markierung

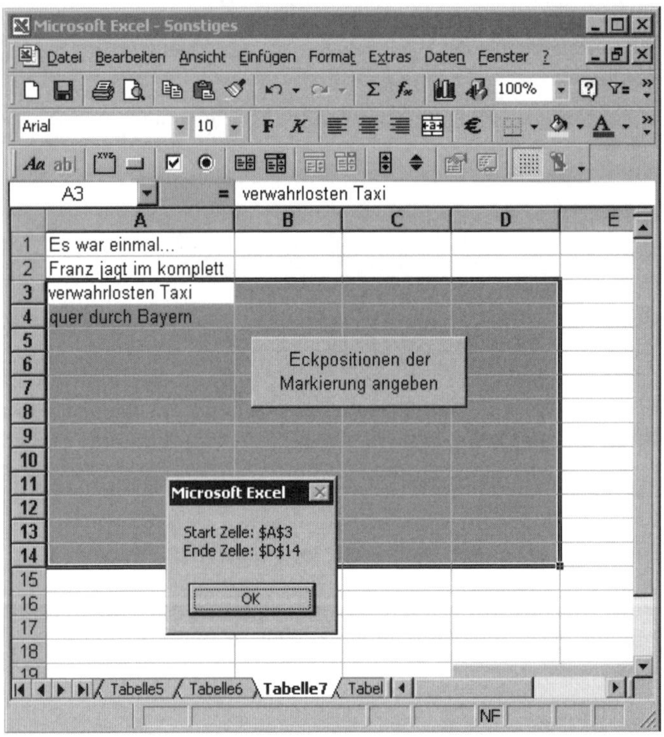

Die Eigenschaft `Cells` beinhaltet alle Zellen des aktiven Tabellenblattes. Um die letzte Zelle im benutzten Bereich zu ermitteln, setzen Sie die Methode `SpecialCells` mit der Konstanten `xlCellTypeLastCell` ein. Um die Zellenadresse dieser Zelle auszugeben, wenden Sie die Eigenschaft `Address` an.

Listing 5.78: Eckpositionen der Markierung ermitteln

```
Sub EckpositionenDerMarkierungErmitteln()
 Sheets("Tabelle7").Activate
 MsgBox "Start Zelle: " & ActiveCell.Address & Chr(10) _
 & "Ende Zelle: " & Selection(Selection.Count).Address
End Sub
```

Um die erste Zelle der Markierung links oben zu ermitteln, brauchen Sie nur die `Address`-Eigenschaft der aktiven Zelle auszugeben. Die letzte Zelle in der Markierung bekommen Sie, indem Sie die Methode `Count` auf die Markierung anwenden.

5.7.4 Zellen mit gleichem Inhalt füllen

Sicher kennen Sie folgenden Trick in Excel: Sie markieren einen Bereich, dann geben Sie einen Text ein und bestätigen mit der Tastenkombination [Strg] + [↵]. Damit füllen Sie alle Zellen des markierten Bereichs mit dem gerade erfassten Text. Diese Funktionalität können Sie auch in VBA abbilden, und zwar mit folgendem Makro aus Listing 5.79.

Listing 5.79: AutoAusfüllen eines Bereichs mit Formeln oder Text aus einer Inputbox

```
Sub ZellenAusfüllen01()
Dim Bereich As Range
Dim s As String
  s = InputBox _
  ("Geben Sie den Text/Formel ein!", "Markierung füllen")
  If s = "" Then Exit Sub
  Set Bereich = Selection
  Bereich.Select
  Bereich.Formula = s
End Sub
```

Hier haben Sie die Möglichkeit, den Text oder die Formel über eine Eingabemaske zu erfassen. Ihre Eingabe wird dann auf alle Zellen im markierten Bereich übertragen.

INFO

Wenn Sie Formeln erfassen, können Sie dies entweder mit relativen oder absoluten Bezügen vornehmen.

Wenn Sie sich die Abbildung 5.44 betrachten, sehen Sie, dass die Zelle B1 absolut gesetzt wurde. Diese Zelle beinhaltet den derzeitig gültigen Mehrwertsteuersatz. In Spalte A stehen die Nettobeträge. In Spalte B werden die Beträge inklusive der Mehrwertsteuer ausgegeben. Die relativen Bezüge werden automatisch beim Einfügen der Formel angepasst.

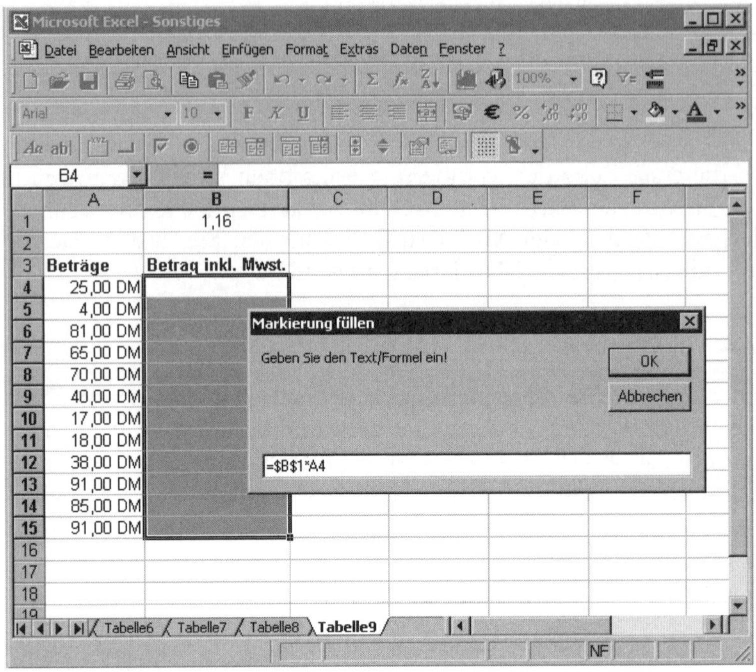

Abbildung 5.44: *Eingabe mit gemischten Bezügen*

Im nächsten Beispiel möchten Sie auf die Eingabe des Textes bzw. der Formel verzichten und stattdessen die Füllung direkt aus einer Zelle verwenden. Dazu setzen Sie das folgende Makro aus Listing 5.80 ein.

Listing 5.80: *AutoAusfüllen eines Bereichs mit Formeln oder Text aus einer vorgegebenen Zelle*

```
Sub ZellenAusfüllen02()
Dim Bereich As Range
  Set Bereich = Selection
  Bereich.Select
  Bereich.Formula = Range("A1").Formula
End Sub
```

5.7.5 Markierter Bereich wird zum Druckbereich

Papier ist teuer und sollte nicht unnütz verschwendet werden. Auch Tinte bzw. Toner ist teuer und sollte im Hinblick auf unsere Umwelt sparsam eingesetzt werden. Bei der täglichen Arbeit müssen auch nicht immer mehrere Seiten ausgedruckt werden; oft reicht ein kleiner Bereich innerhalb einer Tabelle, der alle relevanten Daten enthält. Das nächste Makro legt die aktuelle Markierung als Druckbereich fest. Ein anschließender Klick auf das Symbol DRUCKEN in der Symbolleiste STANDARD bewirkt, dass nur der markierte Bereich ausgedruckt wird.

```
Sub MarkierterBereichWirdZumDruckbereich()
Dim s As String
s = Selection.Address
ActiveSheet.PageSetup.PrintArea = s
End Sub
```

Listing 5.81: Markierten Bereich zum Druckbereich machen

Speichern Sie den Zellenbezug der Markierung in einer String-Variablen und übergeben Sie diesen an die Eigenschaft `PrintArea` des Objekts `PageSetup`. Hiermit legen Sie den Druckbereich fest.

:-) TIPP

Setzen Sie die Eigenschaft `PrintArea` *auf den Wert* `False` *oder auf die leere Zeichenfolge (""), um das gesamte Blatt als Druckbereich festzulegen, also den gerade festgelegten Druckbereich zu löschen.*

Die Programmierung von Spalten und Zeilen

Kapitel 6

Wie schon im vorherigen Kapitel über Zellen und Bereiche setzen Sie bei der Programmierung von Zeilen und Spalten ebenso das Objekt `Range` ein. Auch in diesem Kapitel finden Sie eine ganze Menge praxisnaher Aufgaben, die im täglichen Gebrauch mit Zeilen und Spalten auftauchen. U.a. sollen dabei folgende Fragen beantwortet werden:

Die Fragen

- Wie markiere ich Zeilen und Spalten?
- Wie navigiere ich in Zeilen und Spalten?
- Wie stelle ich die richtige Zeilenhöhe bzw. Spaltenbreite ein?
- Wie füge ich Spalten bzw. Zeilen ein und wie werde ich sie wieder los?
- Wie blende ich Zeilen und Spalten ein und aus?
- Wie sortiere ich meine Daten?
- Wie kann ich mehrere Spalten miteinander vergleichen?
- Wie kann ich Zeilenumbrüche schnell setzen und wieder aufheben?
- Wie formatiere ich Zeilen und Spalten?
- Wie kann ich Filter in der Programmierung einsetzen?

6.1 Zeilen und Spalten markieren und ansteuern

CD-ROM

Die folgenden Makros können Sie auf der CD im Verzeichnis KAP06 *in der Datei* SPALTENUNDZEILEN.XLS *finden.*

Die Markierung einer einzelnen Zeile bzw. Spalte ist kein Problem. Eine einzelne Zeile markieren Sie, indem Sie die Eigenschaft `Rows` auf das Objekt `Range` anwenden. So markiert die Anweisung

```
Rows("3:3").Select
```

die komplette dritte Zeile in der aktiven Tabelle.

Eine einzelne Spalte markieren Sie, indem Sie die Eigenschaft `Columns` auf das Range-Objekt anwenden. Die Anweisung

```
Columns("A:A").Select
```

markiert die Spalte A der aktiven Tabelle.

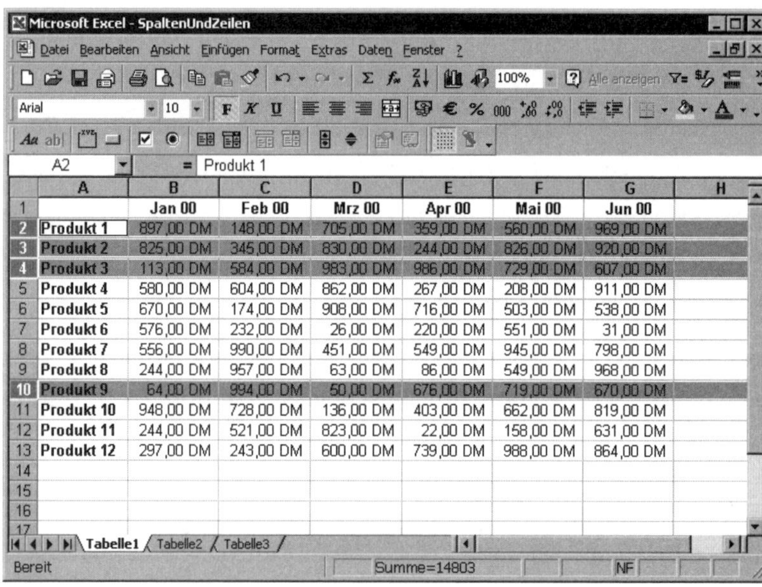

Abbildung 6.1: *Selektive Auswahl von Zeilen*

6.1.1 Mehrere Zeilen auf dem Tabellenblatt markieren

Sicher wissen Sie, dass Sie manuell mehrere Zeilen auf dem Tabellenblatt markieren können. Mit dem Einsatz der [Strg]-Taste im Zusammenspiel mit der linken Maustaste, mit welcher Sie auf die Zeilenköpfe klicken, markieren Sie mehrere, auch nicht zusammenliegende Zeilen. Wie funktioniert dies aber mit VBA?

```
Sub MehrfachauswahlZeilen()
 Sheets("Tabelle1").Activate
 Range("2:2,3:3,4:4,10:10").Select
End Sub
```

Listing 6.1: Mehrere Zeilen auf Tabellenblatt markieren

Im Beispiel von Listing 6.1 werden die Zeilen 2, 3, 4 und 10 markiert.

6.1.2 Mehrere Spalten auf dem Tabellenblatt markieren

Wenn Sie mehrere, auch nicht zusammenhängende Spalten markieren möchten, sehen Sie sich das nächste Makro in Listing 6.2 an:

```
Sub MehrereSpaltenMarkieren()
 Sheets("Spalten und Zeilen").Activate
 Range("A:A,C:C,E:E").Select
End Sub
```

Listing 6.2: Mehrere nicht zusammenhängende Spalten markieren

Im Beispiel des Listing 6.2 werden die Spalten A, C und E markiert.

6.1.3 Erste freie Zelle in Spalte anspringen

Versuchen Sie einmal die letzte Zelle in einer Spalte anzusteuern. Dazu setzen Sie die Eigenschaft `End` ein und gelangen mit der Eigenschaft `Offset` ein Zelle weiter nach unten in die erste leere Zelle dieser Spalte. Anschließend geben Sie die Zellenadresse in einer Bildschirmmeldung aus.

```
Sub LetzteZelleAktivieren()
 Sheets("Tabelle1").Activate
 Range("A65536").End(xlUp).Offset(1, 0).Select
 MsgBox ActiveCell.Address
End Sub
```

Listing 6.3: Erste freie Zelle in Spalte ansteuern

6.1.4 Anzahl der verwendeten Spalten und Zeilen ermitteln

Die Anzahl der verwendeten Zeilen auf einem Tabellenblatt können Sie ermitteln, indem Sie die Eigenschaft `UsedRange einsetzen`, um den verwendeten Bereich auf dem Tabellenblatt herauszubekommen, sowie die Eigenschaften `Rows` und `Count`, um die Zeilen im verwendeten Bereich zu zählen.

Listing 6.4: *Wie viele Zeilen werden in der Tabelle verwendet?*

```
Sub AnzahlVerwendeteZeilen()
Dim l As Long
 l = ActiveSheet.UsedRange.Rows.Count
 MsgBox l
End Sub
```

STOP

Achten Sie darauf, dass Sie bei der Programmierung von Zeilen zur Sicherheit eine Variable vom Typ `Long` *definieren, wenn Sie sehr viele Zeilen abarbeiten möchten. Der Datentyp* `Integer` *kann nur Zahlenwerte bis 32767 speichern. Würden Sie in Listing 6.4 eine Integer-Variable einsetzen und wäre die Anzahl der verwendeten Zellen größer als besagter Wert, käme es zu einem Überlauffehler.*

Listing 6.5: *Anzahl verwendeter Spalten ausgeben*

```
Sub AnzahlVerwendeteSpalten()
Dim i As Integer
 i = ActiveSheet.UsedRange.Columns.Count
 MsgBox i
End Sub
```

TIPP

Bei der Ermittlung der Anzahl der belegten Spalten brauchen Sie sich um die Variablendefinition keine Sorgen zu machen. Da es in einem Excel-Tabellenblatt so oder so nur 256 Spalten gibt, reicht eine Variable vom Typ `Integer` *bei weitem aus.*

Wenn Sie wissen möchten, wie viele Zeilen und Spalten um die momentan aktivierte Zelle herum angeordnet sind, verwenden Sie die Eigenschaft `CurrentRegion` im Zusammenspiel mit den Eigenschaften `Columns` und `Count`.

Listing 6.6: *Anzahl der verwendeten Spalten und Zeilen im umliegenden Bereich ermitteln*

```
Sub ZeilenUndSpaltenDeUmliegendenUmgebungAusgeben()
Dim iZeilen As Integer
Dim iSpalten As Integer
Sheets("Tabelle1").Activate
iZeilen = Selection.CurrentRegion.Rows.Count
iSpalten = Selection.CurrentRegion.Columns.Count
MsgBox _
"Der Bereich enthält " & iZeilen & " Zeilen und " _
& iSpalten & " Spalten!"
End Sub
```

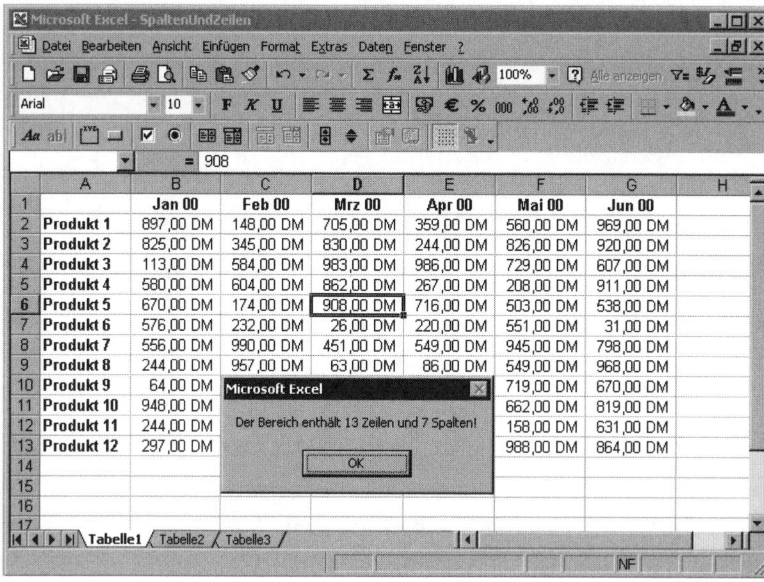

Abbildung 6.2: Im umliegenden Bereich der Zelle gibt es 13 Zeilen und 7 Spalten

6.2 Zeilenhöhe und Spaltenbreite einstellen

Bei der Einstellung für die richtige Spaltenbreite bzw. die korrekte Zeilenhöhe können Sie bestimmen, ob die Einstellung für Ihr ganzes Tabellenblatt oder nur für bestimmte Spalten und Zeilen gelten soll. Im ersten Beispiel werden auf dem Tabellenblatt TABELLE1 die Spalten A bis E sowie die Zeilen 1 bis 4 angepasst. Dazu setzen Sie im ersten Fall die Eigenschaften `EintireColumn` und `ColumnWidth` ein, um die Spaltenbreite festzulegen. Im zweiten Fall wenden Sie die Eigenschaften `EntireRow` und `RowHeight` auf das Objekt `Range` an, um die Zeilenhöhe festzulegen.

```
Sub SpaltenZeilenEinstellen()
 Sheets("Tabelle1").Activate
 Range("A:E").EntireColumn.ColumnWidth = 15
 Range("1:4").EntireRow.RowHeight = 20
End Sub
```

Listing 6.7: Spaltenbreite und Zeilenhöhe in einem Bereich einstellen

Im Listing 6.7 wurde nur ein Teil der Tabelle TABELLE1 angepasst. Wie aber funktioniert das für die ganze Tabelle?

Listing 6.8: Spaltenbreite und Zeilenhöhe für die ganze Tabelle einstellen

```
Sub SpaltenZeilenTabelleEinstellen()
 Sheets("Tabelle1").Activate
 Cells.Select
 With Selection
  .EntireColumn.ColumnWidth = 15
  .EntireRow.RowHeight = 20
 End With
End Sub
```

Die Eigenschaft `Cells` repräsentiert alle Zellen einer Tabelle. Im Zusammenspiel mit der Methode `Select` werden demnach alle Zellen des Tabellenblattes markiert. Um Schreibarbeit zu sparen, setzen Sie die Anweisung `With` ein und legen über die Eigenschaft `Selection` eine einheitliche Spaltengröße bzw. Zeilenhöhe für Ihr Tabellenblatt fest.

INFO

Die Einheit für die Spaltenbreite bzw. die Zeilenhöhe entspricht der Breite eines Zeichens in der Formatvorlage STANDARD. *Bei Proportionalschriftarten wird die Breite des Zeichens 0 (Null) verwendet.*

:-) TIPP

Gerade haben Sie erfahren, wie Sie in Excel Zeilen bzw. Spalten eine feste Größe geben können. Ebenso haben Sie die Möglichkeit, beispielsweise Ihren Spalten genau die Breite zu geben, die benötigt wird. Dazu verwenden Sie die Methode `AutoFit`*, welche die angegebenen Spalten automatisch in der richtige Breite einstellt. Sicher kennen Sie die Reaktion von Excel, wenn eine Spalte zu klein ist und der eingegebene Zahlenwert nicht mehr angezeigt werden kann: Excel füllt die Zelle dann scheinbar mit dem Zeichen # auf (siehe Abbildung 6.3). Erst wenn Sie die Spalte mit einem Doppelklick auf die Begrenzung des entsprechenden Spaltenkopfes anpassen, wird die Spalte so vergrößert, dass der komplette Zelleninhalt angezeigt werden kann.*

Listing 6.9: Automatisches Einstellen der korrekten Spaltenbreite

```
Sub SpaltenbreitenEinstellen()
Worksheets("Tabelle1").Columns("A:G").AutoFit
End Sub
```

:-) TIPP

Wenn Sie vorher nicht wissen, welche Zellen zu klein sind, und die letzte Aufgabe dynamisch lösen möchten, setzen Sie das Makro in Listing 6.10 ein.

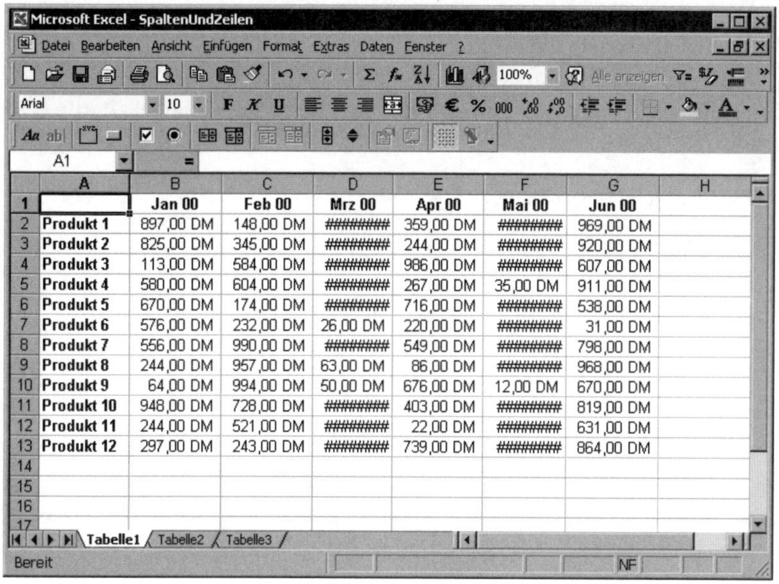

	A	B	C	D	E	F	G	H
1		Jan 00	Feb 00	Mrz 00	Apr 00	Mai 00	Jun 00	
2	Produkt 1	897,00 DM	148,00 DM	########	359,00 DM	########	969,00 DM	
3	Produkt 2	825,00 DM	345,00 DM	########	244,00 DM	########	920,00 DM	
4	Produkt 3	113,00 DM	584,00 DM	########	986,00 DM	########	607,00 DM	
5	Produkt 4	580,00 DM	604,00 DM	########	267,00 DM	35,00 DM	911,00 DM	
6	Produkt 5	670,00 DM	174,00 DM	########	716,00 DM	########	538,00 DM	
7	Produkt 6	576,00 DM	232,00 DM	26,00 DM	220,00 DM	########	31,00 DM	
8	Produkt 7	556,00 DM	990,00 DM	########	549,00 DM	########	798,00 DM	
9	Produkt 8	244,00 DM	957,00 DM	63,00 DM	86,00 DM	########	968,00 DM	
10	Produkt 9	64,00 DM	994,00 DM	50,00 DM	676,00 DM	12,00 DM	670,00 DM	
11	Produkt 10	948,00 DM	728,00 DM	########	403,00 DM	########	819,00 DM	
12	Produkt 11	244,00 DM	521,00 DM	########	22,00 DM	########	631,00 DM	
13	Produkt 12	297,00 DM	243,00 DM	########	739,00 DM	########	864,00 DM	

Abbildung 6.3: Einige Zellen sind zu klein

```
Sub DynamischeSpaltenAnpassung()
Dim Zelle As Range
  For Each Zelle In ActiveSheet.UsedRange
    If IsNumeric(Zelle.Value) _
     And Left(Zelle.Text, 1) = "#" Then
      Worksheets("Tabelle1").Columns(Zelle.Column).AutoFit
    End If
  Next Zelle
End Sub
```

Listing 6.10: Dynamisches Anpassen der Spaltenbreiten im verwendeten Bereich

In einer `For Each`-Schleife durchsuchen Sie den verwendeten Bereich auf dem Tabellenblatt TABELLE1 nach Zellen, in denen Zahlenwerte nicht lesbar angezeigt werden können. Daher führen Sie zuerst eine Prüfung auf numerischen Inhalt durch und kontrollieren gleichzeitig das erste angezeigte Zeichen in der Zelle. Die Funktion `IsNumeric` gibt den Wert `True` zurück, wenn in der Zelle ein Zahlenwert steht. Dabei werden übrigens auch Datumswerte als numerische Werte interpretiert, da Datumsangaben in Excel intern als Zahlen verwaltet werden. Mit Hilfe der Funktion `Left` prüfen Sie, ob es sich beim ersten angezeigten Zeichen in der Zelle um das Zeichen # handelt. Für diese Abfrage müssen Sie die Eigenschaft `Text` verwenden. Für den Fall, dass beide Bedingungen zutreffen, passen Sie die Spalte über die Methode `AutoFit` an.

Oft möchten Sie auch nur in einem ganz bestimmten Bereich Ihre Zeilen vergrößern. Dazu können Sie beispielsweise vom Anwender die Vergrößerung abfragen, um welche die aktuell eingestellte Zeilenhöhe vergrößert werden soll. Dazu setzen Sie das Makro aus Listing 6.11 ein.

***Listing 6.11:** Zeilenhöhe um Benutzereingabe in Punkten erweitern*

```
Sub ZeilenhöheVergrößern()
Dim Zeile As Range
Dim s As String
 Sheets("Tabelle1").Activate
 s = InputBox("Zeilenvergrößerung in Punkten angeben.")
 If s = "" Then Exit Sub
    For Each Zeile In Selection
        Zeile.RowHeight = Zeile.RowHeight + s
    Next Zeile
End Sub
```

REF

Erfahren Sie mehr über die Funktion `Inputbox` *in Kapitel 14 dieses Buches.*

6.3 Zeilen einfügen und löschen

Wenn Sie in Ihrem Tabellenblatt Zeilen hinzufügen oder auch löschen möchten, setzen Sie die Methode `Insert` bzw. die Methode `Delete` ein. Vorher muss die gewünschte Zeile komplett markiert werden. Dies erreichen Sie mit Hilfe der Anweisung `Selection.EntireRow`.

6.3.1 Zeile Einfügen

Das folgende Beispiel fügt im Tabellenblatt TABELLE1 ganz oben eine neue Zeile ein:

***Listing 6.12:** Zeile ganz oben im Tabellenblatt einfügen*

```
Sub ZeileEinfügen()
 Sheets("Tabelle1").Activate
 Range("A1").Select
 Selection.EntireRow.Insert
End Sub
```

6.3.2 Mehrere Zeilen einfügen

Möchten Sie gleich mehrere Zeilen einfügen, so können Sie folgendes Makro verwenden:

```
Sub ZeilenEinfügen()
  Sheets("Tabelle1").Activate
  Rows("1:4").Select
  Selection.Insert Shift:=xlDown
End Sub
```

Listing 6.13: Mehrere Zeilen einfügen

Hier werden genau vier Zeilen oberhalb der ersten Zeile eingefügt, d.h., die übrigen Zeilen werden um vier Zeilen nach unten geschoben. Die Eigenschaft `Rows` markiert die Zeilen 1 bis 4. Danach werden vier neue Zeilen eingefügt.

6.3.3 Zeile löschen

Um Zeilen in Ihrer Tabelle wieder zu löschen, starten Sie das Makro `ZeileLöschen`:

```
Sub ZeileLöschen()
 Sheets("Tabelle1").Activate
 Range("A1").Select
 ActiveCell.EntireRow.Delete
End Sub
```

Listing 6.14: Oberste Zeile im Tabellenblatt löschen

6.3.4 Mehrere Zeilen löschen

Sollen es gleich mehrere Zeilen zum Löschen sein, dann kommt folgendes Makro in Listing 6.15 zum Einsatz:

```
Sub ZeilenLöschen()
 Sheets("Tabelle1").Activate
 Rows("1:4").Select
 Selection.Delete Shift:=xlUp
End Sub
```

Listing 6.15: Mehrere Zeilen löschen

In Excel 2000 stehen Ihnen 65.536 Zeilen pro Tabellenblatt zur Verfügung.

:-) TIPP

6.3.5 Bedingtes Löschen von Zeilen

Oft können Sie in einer Tabelle nicht einfach Zeilen löschen, nur wenn in einer Spalte keine Werte enthalten sind. Besser ist es zu überprüfen, ob es sich tatsächlich um eine Leerzeile handelt. Dazu legen Sie vorher Ihre Kriterien für das Löschen einer Zeile fest. Diese könnten beispielsweise wie folgt lauten:

Das Löschen einer Zeile erfolgt, wenn

Die Bedingungen

- in einer beliebigen Zelle der Spalte A der Text ALT steht oder
- die Summe der Spalten B:D Null ergibt.

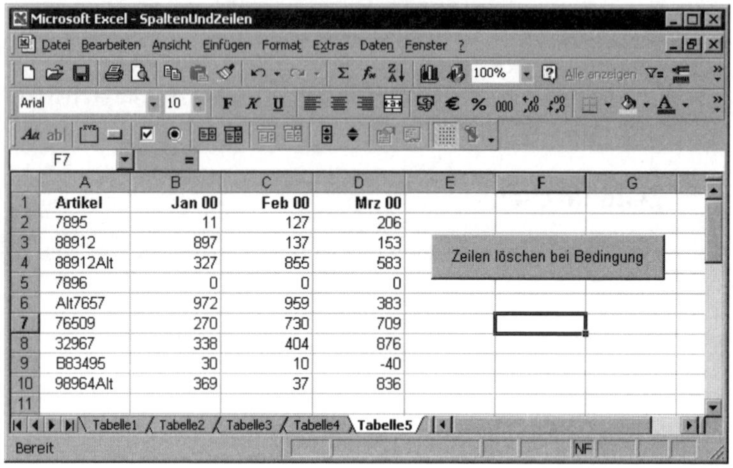

Abbildung 6.4: *Die Zeilen 4, 5, 6, 9 und 10 müssen gelöscht werden*

Um die bedingte Löschung von Zeilen durchzuführen, starten Sie das folgende Makro in Listing 6.16.

Listing 6.16: *Bedingtes Löschen von Zeilen (bestimmter Text)*

```
Sub ZeilenLöschenBeiBedingung()
Dim sumsp As Long
 Sheets("Tabelle5").Activate
 Range("A1").Select
 Do Until ActiveCell.Value = ""
   sumsp = ActiveCell.Offset(0, 1).Value + _
   ActiveCell.Offset(0, 2).Value + _
   ActiveCell.Offset(0, 3).Value
   On Error Resume Next
   If sumsp = 0 Or InStr(1, ActiveCell.Value, "Alt") _
   Then Selection.EntireRow.Delete _
   Else ActiveCell.Offset(1, 0).Select
 Loop
End Sub
```

Mit Hilfe der Funktion `InStr` prüfen Sie, ob in der zu untersuchenden Zelle der Text ALT vorkommt. Dabei spielt es keine Rolle, ob der Suchtext am Anfang, in der Mitte bzw. am Schluss der Zelle steht. Zur Kontrolle des zweiten Löschkriteriums bilden Sie eine Summe und speichern diese in der Variablen `sumsp`. Wenn eines der beiden Löschkriterien erfüllt ist, wird die komplette Zeile durch die Methode `Delete` gelöscht und der Zellenzeiger eine Zeile weiter positioniert.

Eine weitere Löschbedingung wäre z.B. die Prüfung nach einer bestimmten Anzahl von eingegeben Zeichen. So löscht das folgende Makro alle Zeilen, deren Zellen mehr als zehn Zeichen enthalten.

Wertabhängiges Zeilenlöschen

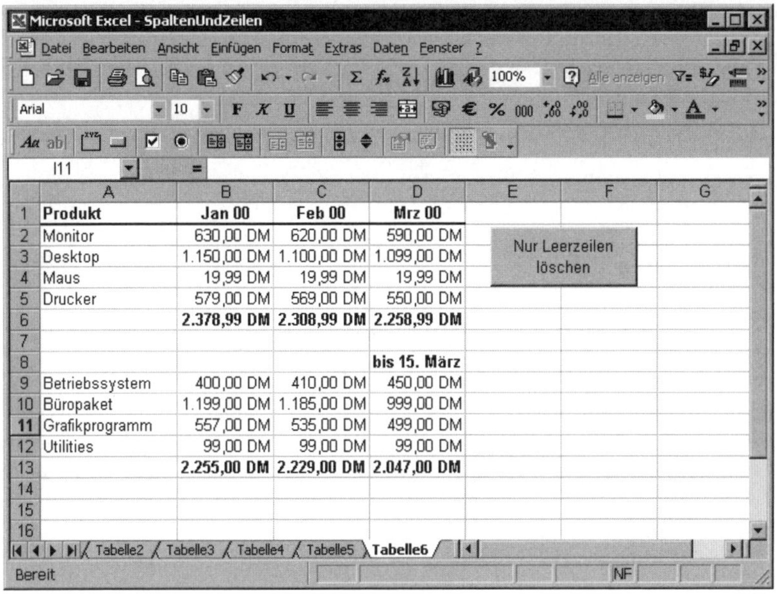

Abbildung 6.5: *Nur Zeile 7 ist eine reine Leerzeile und darf gelöscht werden*

Listing 6.17: *Bedingtes Löschen von Zeilen (bestimmte Textlänge)*

```
Sub ZeilenLöschenGrößerAls10()
Dim l As Long
Dim Zl As Long
 Sheets("Tabelle5").Activate
 Zl = ActiveSheet.UsedRange.Rows.Count
 Range("A1").Select
 For l = 1 To Zl
  If Len(ActiveCell.Value) > 10 _
  Then Selection.EntireRow.Delete _
  Else ActiveCell.Offset(1, 0).Select
 Next l
End Sub
```

Im ersten Schritt ermitteln Sie die Anzahl der belegten Zeilen in Ihrer Tabelle. Die ermittelte Anzahl speichern Sie in der Variablen `zl` vom Typ `long`. Danach setzen Sie eine `For Next`-Schleife auf, die so lange ausgeführt wird, bis die letzte Zeile im verwendeten Bereich erreicht wird. Innerhalb der Schleife ermitteln Sie mit Hilfe der Funktion `Len` die Anzahl der eingegeben Zeichen der Zelle. Beträgt die Zeichenlänge der Zelle mehr als zehn Zeichen, wird die ganze Zeile gelöscht. Im anderen Fall wird zur nächsten Zeile positioniert.

6.3.6 Leerzeilen löschen

Wenn Sie in großen Tabellen lediglich die Leerzeilen entfernen möchten, dann müssen Sie im benutzten Bereich prüfen, ob es sich wirklich um leere Zeilen handelt.

Kontrollieren Sie vor dem Löschen mit Hilfe des folgenden Makros aus Listing 6.18.

Listing 6.18: Nur wirklich leere Zeilen löschen

```
Sub WirklichLeer()
Dim Sz As Integer
Dim Zz As Long
Dim l As Long
Dim i As Integer
Dim b As Boolean
 Sheets("Tabelle6").Activate
 Range("A1").Select
 Sz = ActiveSheet.UsedRange.Columns.Count
 Zz = ActiveSheet.UsedRange.Rows.Count
 For l = 1 To Zz
  b = False
  For i = 1 To Sz
   If IsEmpty(Cells(l, i)) Then b = True _
   Else b = False: Exit For
  Next i
  If b = True Then Selection.EntireRow.Delete
  ActiveCell.Offset(1, 0).Select
 Next l
End Sub
```

Die Überprüfung, ob es sich im benutzten Tabellenbereich wirklich um leere Zellen handelt, realisieren Sie über zwei `For Next`-Schleifen. Ermitteln Sie zunächst einmal die Anzahl der verwendeten Zeilen bzw. Spalten der Tabelle mit Hilfe der `UsedRange`-Eigenschaft und speichern Sie das Ergebnis in den Variablen `Zz` und `Sz`. Die äußere Schleife muss so oft durchlaufen werden, bis die letzte Zeile erreicht ist. Die innere Schleife arbeitet sich innerhalb einer Zeile von links nach rechts durch. Sobald eine Zelle ermittelt wird, die einen Wert enthält, setzen Sie die Boolean-Variable `b` auf den Wert `False` und verlassen die innere Schleife über die Anweisung `Exit For`. Im anderen Fall werden alle Zellen der Zeile nach rechts durchlaufen. Werden dabei nur leere Zellen ermittelt, wird die Boolean-Variable auf den Wert `True` gesetzt. Der Zustand dieser Variable ist dann entscheidend dafür, ob die Zeile gelöscht oder beibehalten wird.

6.3.7 Zeilen innerhalb einer Markierung löschen

Wenn Sie Zeilen in einem vorgegebenen Bereich löschen möchten, deren Zellen in Spalte A entweder leer sind bzw. den Wert 0 enthalten, markieren Sie den Bereich und starten Sie das Makro in Listing 6.19.

```
Sub ZeilenLöschenInMarkierung()
Dim i As Integer
Sheets("Tabelle9").Activate
For i = Selection.Cells(Selection.Cells.Count).Row _
To Selection.Cells(1).Row Step -1
  If Cells(i, "A").Value = 0 Or _
     IsEmpty(Cells(i, "A").Value) Then Rows(i).Delete
Next i
End Sub
```

Listing 6.19: Bestimmte Zeilen innerhalb einer Markierung löschen

Im obigen Listing 6.19 ermitteln Sie zuerst einmal die Anzahl der markierten Zellen und speichern diese in der Variablen `i`. Diese ermittelte Anzahl bildet einen Bestandteil der folgenden Schleife, die die Markierung von unten nach oben durchläuft. Setzen Sie eine `For To`-Schleife auf, bei der Sie innerhalb der Markierung bei der letzten Zelle beginnen und sich dann mit der Schrittweite -1 nach oben bis zum Beginn der Markierung durcharbeiten. Den Beginn der Markierung ermitteln Sie mit der Anweisung `Selection.Cells(1).Row`. Die Überprüfung der einzelnen Zellen der Markierung können Sie über die Eigenschaft `Cells` durchführen, wobei die Variable `i` die Zeile darstellt und der Buchstabe `A` die Spalte A symbolisiert. Beide Löschbedingungen verknüpfen Sie mit dem Operator `Or`. Trifft eine der beiden Löschbedingungen zu, löschen Sie mit Hilfe der Methode `Delete` die entsprechende Zeile.

:-) TIPP

Wenn Sie wissen möchten, wie viele Zeilen Sie in der Markierung gelöscht haben, dann erweitern Sie das Makro in Listing 6.19 um ein paar Zeilen.

```
Sub ZeilenLöschenInMarkierung()
Dim i As Integer
Dim zz As Integer
zz = 0
Sheets("Tabelle9").Activate
For i = Selection.Cells(Selection.Cells.Count).Row _
To Selection.Cells(1).Row Step -1
  If Cells(i, "A").Value = 0 Or _
     IsEmpty(Cells(i, "A").Value) Then Rows(i).Delete: zz = zz + 1
```

Listing 6.20: Bestimmte Zeilen innerhalb einer Markierung löschen und zählen

```
Next i
MsgBox "Sie haben " & zz & " Zeilen gelöscht!"
End Sub
```

6.4 Spalten einfügen, löschen und bereinigen

Das Einfügen von Spalten funktioniert in Excel analog zum Einfügen von Zeilen. Geben Sie bekannt, wo Sie eine Spalte einfügen möchten, nutzen Sie dann die Eigenschaft `EintireColumn` und fügen mit der Methode `Insert` eine Spalte ein.

6.4.1 Spalte einfügen

Im nächsten Beispiel fügen Sie eine neue Spalte direkt vor der ersten Spalte A ein.

Listing 6.21: Eine Spalte in der Tabelle einfügen

```
Sub SpalteEinfügen()
 Sheets("Tabelle1").Select
 Range("A1").Select
 Selection.EntireColumn.Insert
End Sub
```

6.4.2 Mehrere Spalten einfügen

Wenn Sie mehrere Spalten einfügen möchten – nehmen wir einmal an, Sie möchten drei Spalten vor die Spalte E einfügen –, dann müsste der Code wie in Listing 6.22 lauten:

Listing 6.22: Mehrere Spalten in Tabelle einfügen

```
Sub SpaltenEinfügen()
 Sheets("Tabelle1").Select
 Columns("C:E").Select
 Selection.Insert Shift:=xlToRight
End Sub
```

6.4.3 Spalte löschen

Um eine Spalte wieder zu löschen, verwenden Sie das folgende Makro aus Listing 6.23.

Listing 6.23: Eine Spalte in einer Tabelle löschen

```
Sub SpalteLöschen()
 Sheets("Tabelle1").Activate
 Range("A1").Select
 ActiveCell.EntireColumn.Delete
End Sub
```

6.4.4 Mehrere Spalten löschen

Um mehrere Spalten zu löschen nützen, Sie das Makro `SpaltenLöschen`.

```
Sub SpaltenLöschen()
 Sheets("Tabelle1").Activate
 Columns("B:D").Select
 Selection.Delete Shift:=xlToLeft
End Sub
```

Listing 6.24: Mehrere Spalten in einer Tabelle löschen

Die Methode `Delete` schlägt hier beide Male zu. Beim ersten Makro wird die Spalte A gelöscht. Beim zweiten Beispiel werden die Spalten B bis D entfernt.

Denken Sie daran, dass Sie in Excel 2000 genau 256 Spalten pro Tabellenblatt zur Verfügung haben!

STOP

6.4.5 Spalten bereinigen

Wenn Sie mit Formularen arbeiten, so wird es immer Bereiche im Formular geben, die statisch sind, und welche, die Sie füllen und wieder löschen. Nehmen Sie einmal an, Sie müssten im Beispiel in Abbildung 6.6 die Eingabedaten löschen.

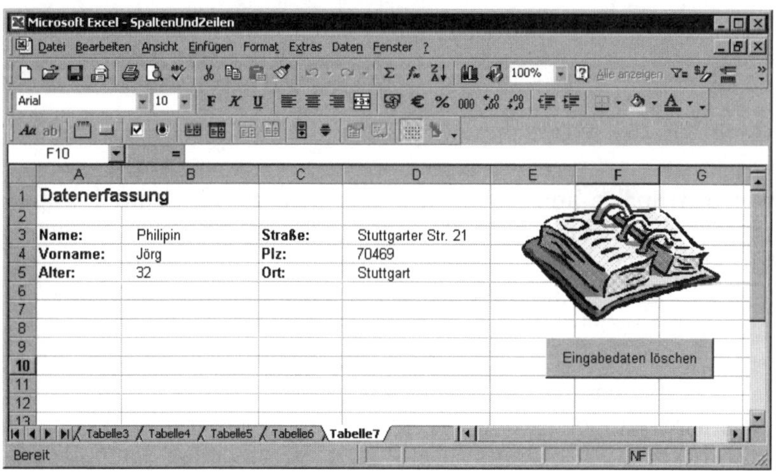

Abbildung 6.6: Die Spalten B und D können initialisiert werden

Spalten prüfen und Zellen bereinigen

Die Spalten B und D können Sie spaltenweise bereinigen, indem Sie das Makro aus Listing 6.25 starten.

Listing 6.25: Die Buchstaben B und D entsprechen den Zahlen 2 und 4

```
Sub SpaltenInBenutztemBereichBereinigen()
Dim Zelle As Object
 Sheets("Tabelle7").Activate
 ActiveSheet.UsedRange.Select
 For Each Zelle In Selection
   If Zelle.Column = 2 Or Zelle.Column = 4 _
   Then Zelle.Value = ""
 Next Zelle
End Sub
```

Markieren Sie mit der Eigenschaft `UsedRange` den von Ihnen benutzten Bereich auf der Tabelle TABELLE7. Über eine `For Each`-Schleife überprüfen Sie jede Zelle im benutzen Bereich. Befindet sich die Zelle in den Spalten B oder D, so wird der Zelleninhalt gelöscht.

:-) TIPP

Gerade haben Sie gesehen, dass der Spaltenbuchstabe mittels eines Zahlenwertes ausgegeben wird. Im vorderen Alphabet mag dies noch recht leicht sein. Aber haben Sie auf Anhieb gewusst, dass die Spalte AN *den Wert 40 hat? Um den Buchstaben der aktiven Zelle herauszufinden, starten Sie das Makro aus Listing 6.26.*

Listing 6.26: Spaltenbuchstabe der aktiven Zelle herausfinden

```
Sub SpaltenbuchstabeErmitteln()
Dim s As String
Dim sbuch As String
 s = ActiveCell.Address
 sbuch = Mid(s, 2, InStr(2, s, "$") - 2)
 MsgBox "Der Spaltenbuchstabe der aktiven Zelle ist << " _
 & sbuch & " >>"
End Sub
```

Um den Spaltenbuchstaben der aktiven Zelle zu ermitteln, speichern Sie die Zellenadresse der aktiven Zelle in einer String-Variablen. Danach zerlegen Sie diese Variable und übertragen den Spaltenbuchstaben in die Variable `sbuch`. Dazu setzen Sie die Funktion `Mid` ein, mit welcher Sie einen Teil aus einem String ermitteln können. Dabei müssen Sie als Argumente angeben, um welchen String es sich dabei handeln soll, ab welchem Zeichen dieser String übertragen werden soll, sowie die Anzahl der Zeichen, die übertragen werden sollen. Diese Anzahl ermitteln Sie mit Hilfe der Funktion `InStr`. Dabei setzen Sie nach dem zweiten Zeichen der Variablen `s` auf und durchsuchen den Rest der Variablen nach dem Absolut-Zeichen `$`. Wenn Sie dieses gefunden haben, brauchen Sie nur noch den Wert `2` zu subtrahieren, um den Buchstaben bzw. die Buchstabenkombination zu bekommen.

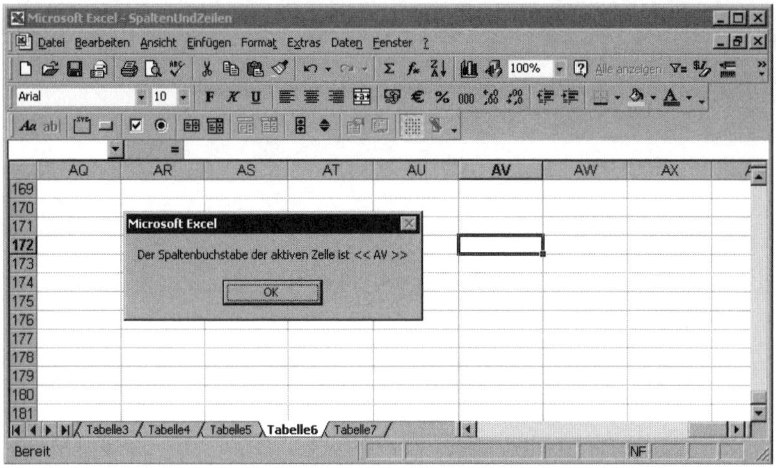

Abbildung 6.7: Anstatt des Index den Spaltenbezeichner ausgeben

6.5 Zeilen ein- und ausblenden

Wenn Sie Informationen in Ihrer Tabelle nicht anzeigen möchten, können Sie die Informationen zeitweise ausblenden und bei Bedarf wieder einblenden.

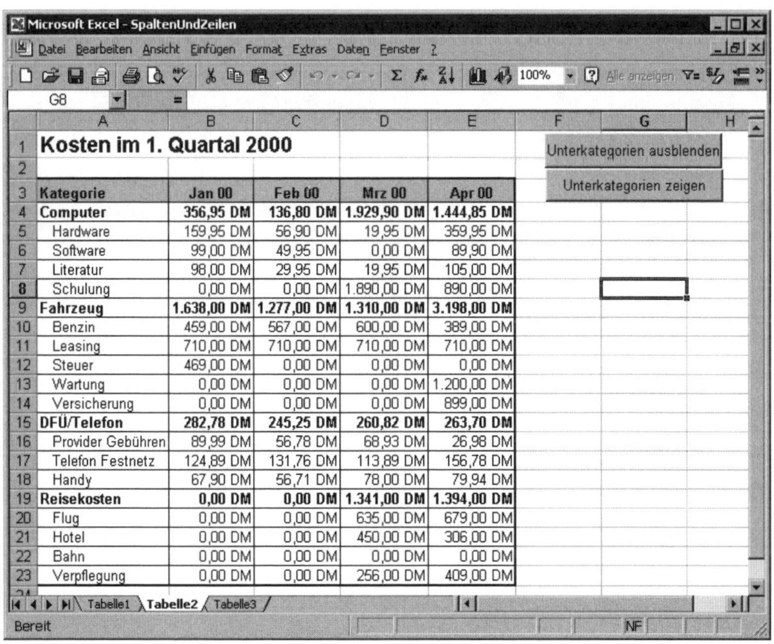

Abbildung 6.8: Eine Kostenaufstellung mit Ober- und Unterkategorien

Das folgende Makro in Listing 6.27 untersucht in Spalte A, ob die Einträge in den einzelnen Zellen eingerückt sind. Wenn ja, werden die entsprechenden Zeilen ausgeblendet.

Listing 6.27: Alle Zellen mit Einrückung werden ausgeblendet

```
Sub AusblendenZeilen()
 Sheets("Tabelle2").Activate
 Range("A4").Select
 Do Until ActiveCell.Value = ""
  If ActiveCell.IndentLevel = 1 _
  Then Rows(ActiveCell.Row).Hidden = True
  ActiveCell.Offset(1, 0).Select
 Loop
End Sub
```

Die Spalte A wird so lange nach unten abgearbeitet, bis die erste leere Zelle erreicht wird. Innerhalb der `Do Until`-Schleife fragen Sie die `IndentLevel`-Eigenschaft der jeweils aktiven Zelle ab. Diese Eigenschaft liefert einen ganzzahligen Wert, der die Einzugsebene der Zelle liefert. Zwischen 0 (kein Einzug) und 15 (maximaler Einzug) ist alles möglich. Wenn der Einzugswert der Zahl 1 entspricht, wird die Eigenschaft `Hidden` der aktiven Zeile auf den Wert `True` gesetzt, was bedeutet, dass die Zeile ausgeblendet wird. Danach versetzen Sie den Zellenzeiger mit Hilfe der Eigenschaft `Offset` eine Zeile weiter nach unten.

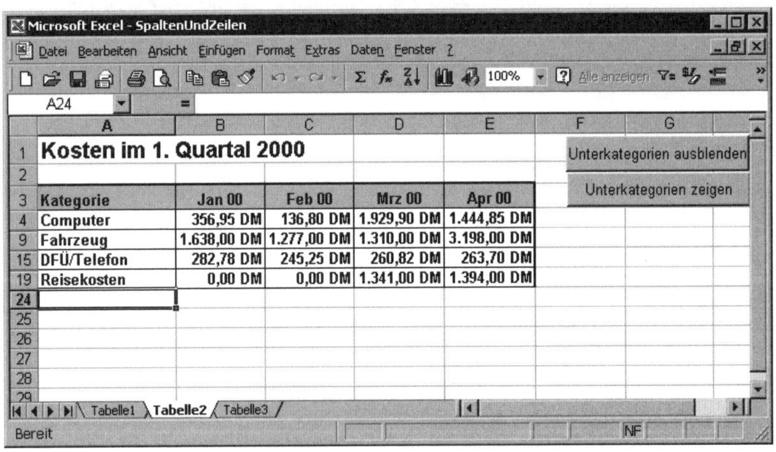

Abbildung 6.9: Es werden nur noch die Oberkategorien angezeigt

Ausblenden per Tastenkombination

Das Ausblenden der Unterkategorien können Sie übrigens auch elegant durch eine Tastenkombination erreichen. Dazu gehen Sie wie folgt vor:

1. *Wechseln Sie in die Entwicklungsumgebung.*
2. *Klicken Sie im Projekt-Explorer den Eintrag* DIESEARBEITSMAPPE *doppelt an.*
3. *Stellen Sie das Ereignis* `Workbook_Open` *im Codebereich ein und ergänzen Sie das Ereignis, wie in Abbildung 6.10 dargestellt.*

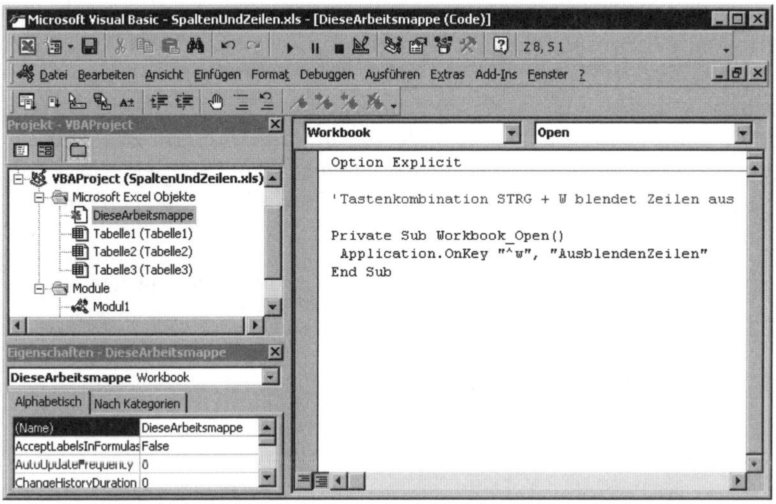

Abbildung 6.10: *Die Tastenkombination* [Strg] + [W] *wird festgelegt*

Mit Hilfe des Arbeitsmappenereignisses `Workbook_Open` sorgen Sie schon beim Öffnen der Arbeitsmappe dafür, dass der Tastenkombination [Strg] + [W] das Makro `AusblendenZeilen` zugewiesen wird.

Erfahren Sie mehr über Ereignisse in Kapitel 12.

Oft stellen ausgeblendete Zeilen auch ein Risiko dar. Informationen können durch ausgeblendete Zeilen schnell vergessen werden. Die Lösung für dieses Problem stellt folgendes Makro in Listing 6.28 dar.

```
Sub AlleAusgeblendetenZeilenEinblenden()
Dim Zeile As Object
For Each Zeile In ActiveSheet.UsedRange.Rows
 Zeile.Hidden = False
Next
End Sub
```

Listing 6.28: *Alle ausgeblendeten Zeilen werden wieder eingeblendet*

Definieren Sie zuerst eine Objektvariable, die die Zeile darstellen soll. Danach durchlaufen Sie den benutzen Bereich in einer `For Each`-Schleife und setzen die Eigenschaft `Hidden` jeder Zeile auf den Wert `True`.

6.5.1 Versteckte Zeilen löschen

Warum blendet man überhaupt Zeilen aus? Doch sicher, um einen besseren Überblick über eine Tabelle zu bekommen, oder auch, um unwichtigere Informationen nicht anzuzeigen. Ein weiterer Grund ist, dass Sie eventuell die Tabelle an Kunden oder Kollegen weitergeben und nicht unbedingt alle Informationen auf den ersten Blick preisgeben möchten. In diesem letzteren Fall empfiehlt es sich aber, die ausgeblendeten Zeilen vorher zu löschen. Das geht natürlich nur, wenn die noch sichtbaren Zellen nicht mit den ausgeblendeten Zellen verknüpft sind.

Um alle ausgeblendeten Zeilen zu löschen, starten Sie das Makro aus Listing 6.29.

Listing 6.29: Alle ausgeblendeten Zeilen werden ohne Rückfrage gelöscht

```
Sub AlleVersteckteZeilenLöschen()
Dim Zeile As Range
For Each Zeile In ActiveSheet.UsedRange.Rows
    If Zeile.Hidden Then
        Zeile.Hidden = False
        Zeile.Delete
    End If
Next Zeile
End Sub
```

In einer `For Each`-Schleife fragen Sie im verwendeten Bereich Ihrer Tabelle alle Zeilen ab. Werden ausgeblendete Zeilen gefunden, meldet die Eigenschaft `Hidden` den Wert `True` zurück. Wenn dies der Fall ist, blenden Sie die Zeile ein, indem Sie die Eigenschaft `Hidden` auf den Wert `False` setzen. Anschließend löschen Sie mit Hilfe der Methode `Delete` die gerade eingeblendete Zeile.

Wenn Sie vorher entscheiden möchten, ob Sie eine bestimmte Zeile löschen möchten oder nicht, erweitern Sie das Makro aus Listing 6.30 um ein paar Zeilen.

Listing 6.30: Ausgeblendete Zeilen werden einzeln nach Rückfrage gelöscht

```
Sub VersteckteZeilenNachRückfrageLöschen()
Dim Zeile As Range
Dim i As Integer
For Each Zeile In ActiveSheet.UsedRange.Rows
  If Zeile.Hidden Then
     Zeile.Hidden = False
```

```
      i = MsgBox(prompt:="Soll die Zeile " & Zeile.Row & _
      " wirklich gelöscht werden?", Buttons:=vbYesNo)
      If i = 7 Then _
      Else Zeile.Delete
   End If
Next Zeile
End Sub
```

In der Abbildung 6.11 sehen Sie, dass nun der Anwender entscheiden muss, ob die Zeile gelöscht werden soll oder nicht. In der Praxis könnte das bedeuten, dass Artikelsätze nicht gelöscht werden dürfen, wenn sie noch auf Lager sind. Mit Hilfe eines Meldungsfenster können Sie diese Abfrage durchführen. Meldet die Funktion `Msgbox` den Wert `7` zurück, hat der Anwender die Schaltfläche NEIN gedrückt. In diesem Fall wird die nächste Zeile angesteuert und überprüft.

Lernen Sie mehr über die Funktion `Msgbox` *im Kapitel 14 dieses Buches.*

REF

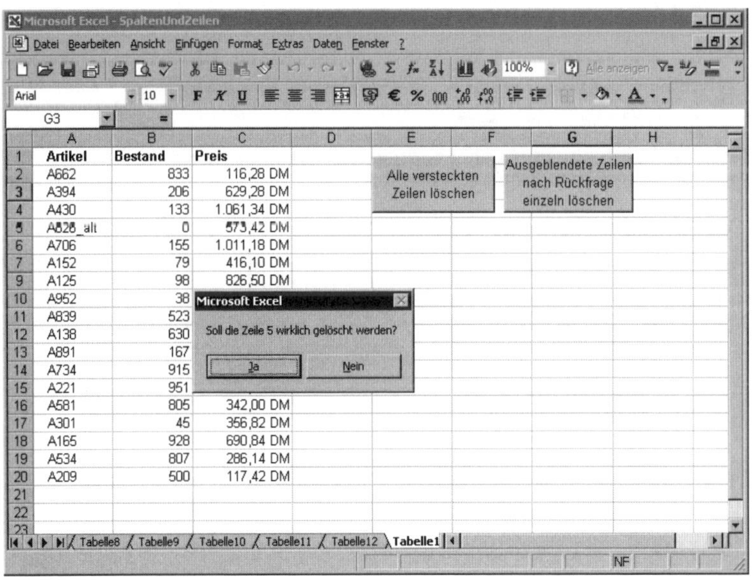

Abbildung 6.11: *Nochmalige Prüfung vor dem Löschen von Zeilen*

6.6 Spalten ein- und ausblenden

Wenn Sie sehr umfangreiche Tabellen besitzen, bei denen Sie zwar alle Spalten benötigen, aber je nach Aufgabe jeweils nur eine Teilmenge davon, dann können Sie die momentan nicht benötigten Informationen ausblenden. Stellen Sie sich einmal vor, Sie müssten eine Veranstaltung planen. Dabei haben Sie alle Teilnehmerdaten in einer Tabelle erfasst.

Abbildung 6.12: Die komplette Teilnehmerliste

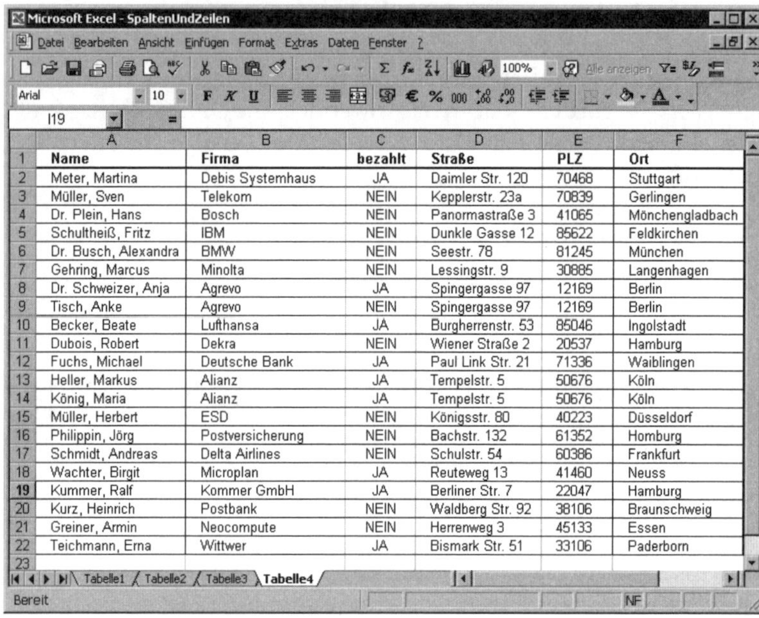

	A	B	C	D	E	F
1	Name	Firma	bezahlt	Straße	PLZ	Ort
2	Meter, Martina	Debis Systemhaus	JA	Daimler Str. 120	70468	Stuttgart
3	Müller, Sven	Telekom	NEIN	Kepplerstr. 23a	70839	Gerlingen
4	Dr. Plein, Hans	Bosch	NEIN	Panormastraße 3	41065	Mönchengladbach
5	Schultheiß, Fritz	IBM	NEIN	Dunkle Gasse 12	85622	Feldkirchen
6	Dr. Busch, Alexandra	BMW	NEIN	Seestr. 78	81245	München
7	Gehring, Marcus	Minolta	NEIN	Lessingstr. 9	30885	Langenhagen
8	Dr. Schweizer, Anja	Agrevo	JA	Spingergasse 97	12169	Berlin
9	Tisch, Anke	Agrevo	NEIN	Spingergasse 97	12169	Berlin
10	Becker, Beate	Lufthansa	JA	Burgherrenstr. 53	85046	Ingolstadt
11	Dubois, Robert	Dekra	NEIN	Wiener Straße 2	20537	Hamburg
12	Fuchs, Michael	Deutsche Bank	JA	Paul Link Str. 21	71336	Waiblingen
13	Heller, Markus	Alianz	JA	Tempelstr. 5	50676	Köln
14	König, Maria	Alianz	JA	Tempelstr. 5	50676	Köln
15	Müller, Herbert	ESD	NEIN	Königsstr. 80	40223	Düsseldorf
16	Philippin, Jörg	Postversicherung	NEIN	Bachstr. 132	61352	Homburg
17	Schmidt, Andreas	Delta Airlines	NEIN	Schulstr. 54	60386	Frankfurt
18	Wachter, Birgit	Microplan	JA	Reuteweg 13	41460	Neuss
19	Kummer, Ralf	Kommer GmbH	JA	Berliner Str. 7	22047	Hamburg
20	Kurz, Heinrich	Postbank	NEIN	Waldberg Str. 92	38106	Braunschweig
21	Greiner, Armin	Neocompute	NEIN	Herrenweg 3	45133	Essen
22	Teichmann, Erna	Wittwer	JA	Bismark Str. 51	33106	Paderborn
23						

Beim Beginn der Veranstaltung möchten Sie aus der Komplettliste eine Anwesenheitsliste erstellen. Aus dieser blenden Sie alle nicht benötigten Spalten aus. Es sind dies die Spalten D bis F.

Listing 6.31: Nicht benötigte Spalten ausblenden

```
Sub SpaltenAusblenden()
 Sheets("Tabelle4").Activate
 Columns("D:F").EntireColumn.Hidden = True
End Sub
```

Mit Hilfe der Eigenschaft `EntireColumn` markieren Sie die Spalten D:F. Auf diese Markierung wenden Sie dann die Eigenschaft `Hidden` an, indem Sie diese auf den Wert `True` setzen.

6.7 Daten sortieren

Zur besseren Übersichtlichkeit sortieren Sie die Teilnehmerdaten nach dem Sortierkriterium BEZAHLT. Das zweite Sortierkriterium wird der Name des Teilnehmers sein.

Listing 6.32: Daten sortieren

```
Sub DatenSortieren()
 Sheets("Tabelle4").Activate
 Range("A1").Select
 Range _
(Selection, ActiveCell.SpecialCells(xlLastCell)).Select
 Selection.Sort Key1:=Range("C2"), Order1:=xlAscending, _
 Key2:=Range("A2"), Order2:=xlAscending, Header:=xlGuess, _
 OrderCustom:=1, MatchCase:=False, Orientation:=xlTopToBottom
End Sub
```

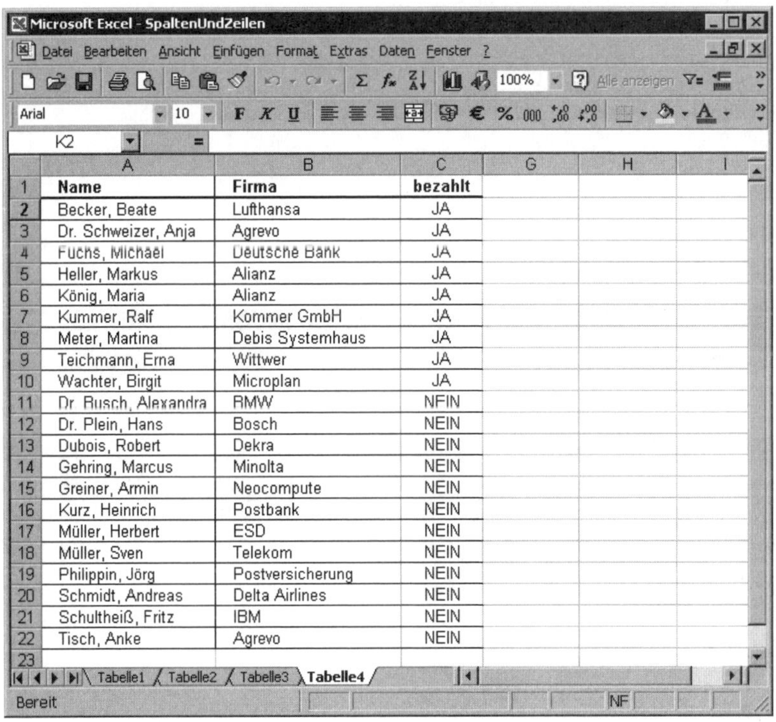

Name	Firma	bezahlt
Becker, Beate	Lufthansa	JA
Dr. Schweizer, Anja	Agrevo	JA
Fuchs, Michael	Deutsche Bank	JA
Heller, Markus	Alianz	JA
König, Maria	Alianz	JA
Kummer, Ralf	Kommer GmbH	JA
Meter, Martina	Debis Systemhaus	JA
Teichmann, Erna	Wittwer	JA
Wachter, Birgit	Microplan	JA
Dr. Busch, Alexandra	BMW	NEIN
Dr. Plein, Hans	Bosch	NEIN
Dubois, Robert	Dekra	NEIN
Gehring, Marcus	Minolta	NEIN
Greiner, Armin	Neocompute	NEIN
Kurz, Heinrich	Postbank	NEIN
Müller, Herbert	ESD	NEIN
Müller, Sven	Telekom	NEIN
Philippin, Jörg	Postversicherung	NEIN
Schmidt, Andreas	Delta Airlines	NEIN
Schultheiß, Fritz	IBM	NEIN
Tisch, Anke	Agrevo	NEIN

Abbildung 6.13: Die sortierte Teilnehmerliste mit ausgeblendeten Spalten

Unter Einsatz der Methode `SpecialCells`, mit der Sie die Zellenadresse der letzten Zelle im verwendeten Bereich ermitteln, markieren Sie die Teilnehmerliste. Anschließend wenden Sie die Methode `Sort` an. Die Methode kann maximal nach drei Sortierfeldern (`Key1` bis `Key3`) sortiert werden. Das Argument `Order` bestimmt die Sortierreihenfolge. Sie haben dabei die Auswahl zwischen der Konstanten `xlAscending`, welche das Sortierfeld (`Key`) in aufsteigender Reihenfolge sortiert, bzw. der Konstanten `xlDescending`, die das Sortierfeld in absteigende Reihenfolge anordnet.

6.8 Spalten vergleichen

Oft gebraucht wird auch folgende Lösung: Sie haben die Aufgabe, zwei Spalten miteinander zu vergleichen. Das jeweils bessere Ergebnis soll dabei in eine neue Spalte geschrieben werden.

Listing 6.33:* *Spalten miteinander vergleichen und Ergebnis in einer weiteren Spalte darstellen

```
Sub SpaltenVergleichen()
Dim i As Long
Dim i2 As Long
 Sheets("Tabelle3").Activate
 i = Range("A1").CurrentRegion.Rows.Count
 For i2 = 3 To i
    If Cells(i2, 1) > Cells(i2, 2) Then
        Cells(i2, 3).Value = Cells(i2, 1).Value
    Else
        Cells(i2, 3).Value = Cells(i2, 2).Value
    End If
 Next i2
End Sub
```

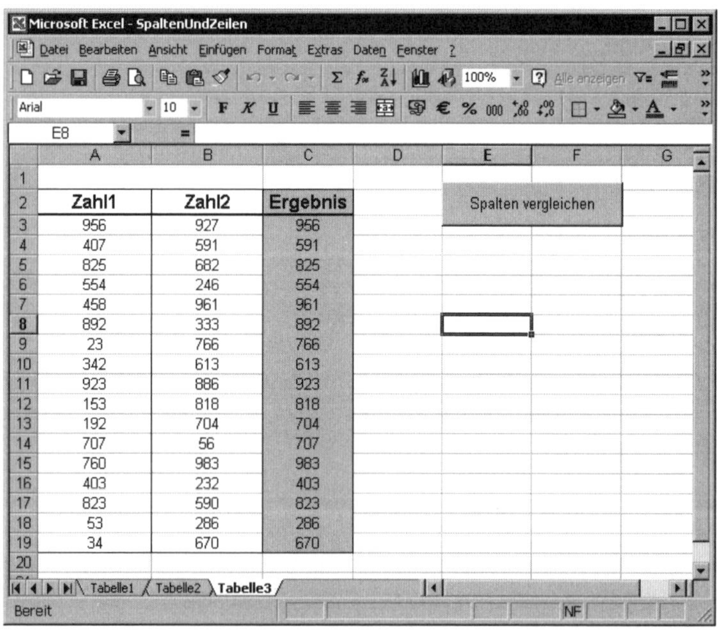

Abbildung 6.14:* *Die höchsten Werte stehen in Spalte C

Im ersten Schritt ermitteln Sie, wie viele Zeilen im aktuellen Bereich belegt sind. Die Anzahl der Zeilen können Sie über die Eigenschaft `CurrentRegion` sowie die Eigenschaft `Rows` und die Methode `Count` ermitteln. Die so ermittelte Anzahl der verwendeten Zeilen bildet die Bedingung für den Austritt aus der `For Next`-Schleife. Damit der Vergleich der einzelnen Spalten in der richtigen Zeile beginnt, setzen Sie die Variable `i2` auf den Wert 3. Dieser Wert ist der Startwert, bei dem der Spaltenvergleich beginnen soll. Innerhalb der Schleife vergleichen Sie die Inhalte der beiden Spalten miteinander. Dazu verwenden Sie die Eigenschaft `Cells`, bei der die Variable `i2` die aktuelle Zeile und das zweite Argument die Spalte A bzw. B darstellt. Je nach Ausgang der Prüfung wird der entsprechende Wert in Spalte C eingefügt.

6.9 Text auf Spalten verteilen

Sicher haben Sie es auch schon einmal erlebt: Sie bekommen Informationen, die Sie gerne in mehreren Spalten darstellen möchten, in einer einzigen Spalte ausgeliefert. Beispiele hierfür gibt es genug. Besonders oft werden beispielsweise der Vor- und Nachname in einer Spalte ausgegeben bzw. die Postleitzahl und der Ort in einer Spalte geführt. Gerade beim zweiten Beispiel ist das aber problematisch, da es für eine Stadt oft mehrere Postleitzahlen gibt. Als Folge daraus ist es schwieriger, bestimmte Auswertungen z.B. auf Stadtebene durchzuführen.

Die Abbildung 6.15 zeigt mehrere Namen, die in einer einzigen Spalte erfasst wurden. Lediglich das Leerzeichen trennt den Vornamen vom Nachnamen. Um diese einspaltige Liste mehrspaltig zu machen, wenden Sie das Makro aus Listing 6.34 an.

Listing 6.34: Text in mehrere Spalten aufteilen

```
Sub TextInSpalten()
Dim Bereich As Range
Dim Zelle As Range
Dim Leerz As Integer
Dim Vorname As String
Dim Nachname As String
    Sheets("Tabelle8").Activate
    Set Bereich = Range("A:A")
    For Each Zelle In Bereich
        If IsEmpty(Zelle) Then Exit For
        Leerz = InStr(Zelle, " ")
        Vorname = Left(Zelle, Leerz - 1)
        Nachname = Mid(Zelle, Leerz + 1)
        Zelle = Vorname
```

```
        Zelle.Offset(0, 1) = Nachname
    Next
End Sub
```

Abbildung 6.15: Vorname und Nachname in nur einer Spalte

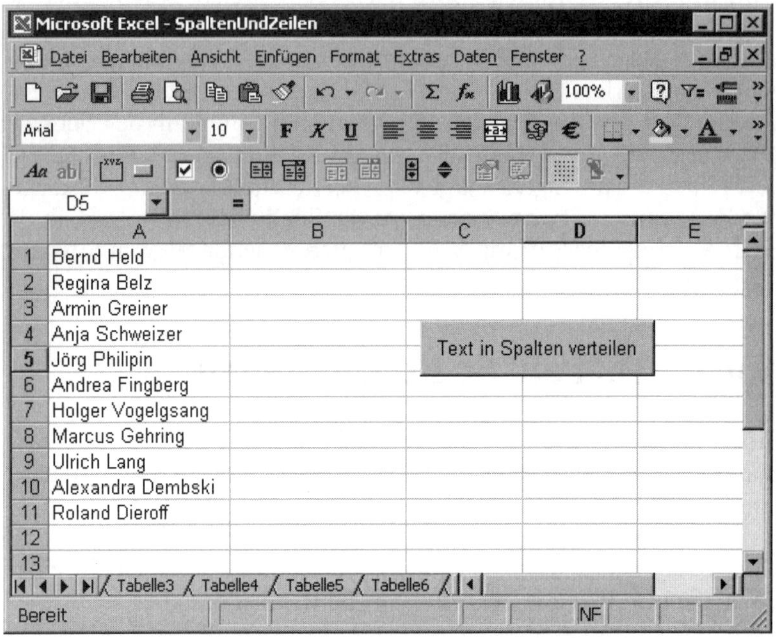

Zuerst legen Sie mit der Anweisung `Set` fest, in welchem Bereich die Daten stehen, die separiert werden sollen. Danach setzen Sie eine Schleife auf, die beendet wird, sobald das Makro auf die erste Leerzelle in Spalte A stößt. Im zweiten Schritt innerhalb der Schleife ermitteln Sie mit Hilfe der Funktion `InStr` die Position des Trennzeichens zwischen Vor- und Nachnamen. Den Vornamen bekommen Sie, indem Sie die Funktion `Left` einsetzen. Mit der Funktion `Left` übertragen Sie Zeichen bis eine Stelle vor dem Trennzeichen in die Variable `Vornamen`. Den Nachnamen extrahieren Sie aus dem Zelleneintrag, indem Sie die Funktion `Mid` einsetzen. Die Funktion `Mid` erlaubt es Ihnen, einen Teil aus einer Zelle zu extrahieren. Dabei geben Sie als zweites Argument die Startpostion an, von der an die Funktion `Mid` Zeichen in die Variable `Nachname` übertragen soll. Jetzt können Sie der aktiven Zelle den Vornamen zuweisen und in der Nebenzelle den Nachnamen einfügen.

Gerade haben Sie Text aus einer Spalte in mehrere Spalten aufgeteilt. Selbstverständlich geht es aber auch genau andersherum.

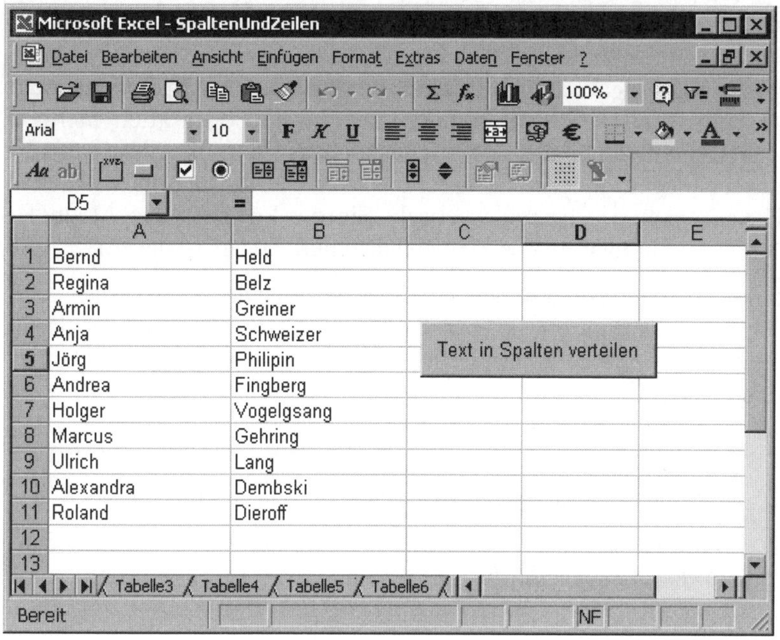

Abbildung 6.16: Die Namen und Vornamen sind nun auf zwei Spalten aufgeteilt

Listing 6.35: Mehrere Spalten in einer Spalte zusammenführen

```
Sub MehrereSpaltenInEine()
Dim s As String
 Sheets("Tabelle8").Activate
 Range("A1").Select
 Do Until ActiveCell.Value = ""
   s = ActiveCell.Value _
  & " " & ActiveCell.Offset(0, 1).Value
  ActiveCell.Value = s
  ActiveCell.Offset(1, 0).Select
 Loop
 Range("B:B").Clear
End Sub
```

Definieren Sie eine Variable vom Typ `String` und verketten Sie die Inhalte der einzelnen Spalten miteinander. Dazu verwenden Sie das Verkettungszeichen `&`. Vergessen Sie dabei nicht, das leere Trennzeichen zwischen Vor- und Nachnamen zu integrieren. Ist die Variable `s` mit dem Vor- und Nachnamen gefüllt, können Sie den Wert der Variable in die Zelle in Spalte A zurückschreiben und die nächste Zelle ins Visier nehmen. Tritt die erste leere Zelle in Spalte A auf, wird die Schleife verlassen. Dann brauchen Sie lediglich noch die »alten« Inhalte in Spalte B mit der Methode `Clear` zu löschen.

6.10 Zeilenumbrüche schnell festlegen

Wenn Sie möglichst viele Spalten auf einem einzigen Tabellenblatt auszudrucken möchten, können Sie einzelne oder auch mehrere Zellen mit einem Zeilenumbruch versehen. Wenn Sie diese Aufgabe manuell lösen, müssen Sie über das Menü FORMAT und den Befehl ZELLEN gehen. Danach wechseln Sie die Registerkarte AUSRICHTUNG und aktivieren das Kontrollkästchen ZEILENUMBRUCH.

Zeilenumbruch durch Tastenkombination

Diese Vorgehensweise ist doch recht langwierig. Es geht auch schneller. Definieren Sie eine Tastenkombination für das Festlegen eines Zeilenumbruchs bzw. eine Tastenkombination für das Aufheben des Zeilenumbruchs. Dazu gehen Sie wie folgt vor:

STEP

1. *Wechseln Sie in die Entwicklungsumgebung mit* [Alt] +[F11].
2. *Führen Sie im Projekt-Explorer einen Doppelklick auf den Eintrag* DIESEARBEITSMAPPE *durch.*
3. *Fügen Sie das Ereignis* `Workbook_Open` *ein.*

Listing 6.36: *Tastenkombinationen schon beim Öffnen der Mappe festlegen*

```
Private Sub Workbook_Open()
  'STRG + ü setzt den Zeilenumbruch
  Application.OnKey "^ü", "Zeilenumbruchsetzen"
  'STRG + Umschalt + ü hebt den Zeilenumbruch wieder auf
  Application.OnKey "+^ü", "Zeilenumbruchzurücksetzen"
End Sub
```

Schreiben Sie das Makro aus Listing 6.37 in ein Modulblatt.

Listing 6.37: *Zeilenumbrüche innerhalb einer Markierung setzen*

```
Sub ZeilenumbruchSetzen()
With Selection
        .HorizontalAlignment = xlGeneral
        .VerticalAlignment = xlBottom
        .WrapText = True
        .Orientation = 0
        .ShrinkToFit = False
        .MergeCells = False
    End With
End Sub
```

Innerhalb der Markierung können Sie für Ihre Texte einige Eigenschaften definieren. Mit der Eigenschaft `HorizontalAlignment` legen Sie die horizontale Ausrichtung Ihres eingegeben Textes fest.

Bei der Eigenschaft `HorizontalAlignment` können folgende Konstanten aus Tabelle Tabelle 6.1 festgelegt werden.

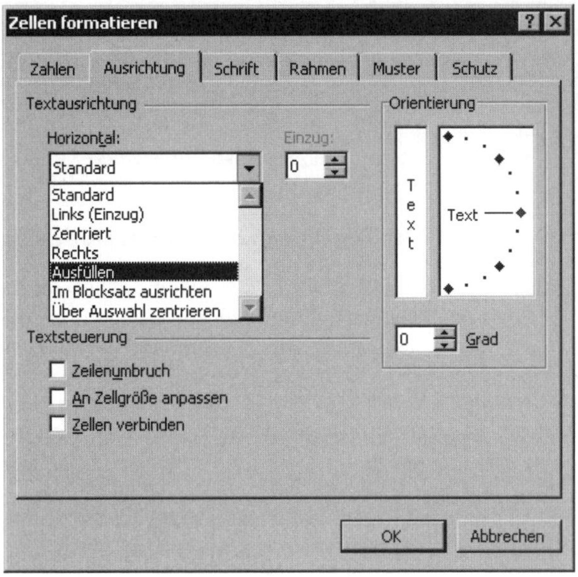

Abbildung 6.17: Möglichkeiten der horizontalen Ausrichtung von Texten

Tabelle 6.1: Die möglichen Konstanten der Eigenschaft HorizontalAlignment

Konstante	Beschreibung
`xlHAlignGeneral`	Bei dieser Konstanten gilt die Standardausrichtung für eingegebene Daten, d.h. Texte linksbündig und Zahlenwerte rechtsbündig.
`xlLeft`	Der Text wird links eingezogen. Über die Eigenschaft `IdentLevel` können Sie zusätzlich noch einen Einzug festlegen.
`xlCenter`	Text wird zentriert.
`xlRight`	Text wird rechtsbündig ausgegeben.
`xlFill`	Text wird so lange wiederholt bis die ganze Zelle gefüllt ist.
`xlJustify`	Text wird im Blocksatz ausgegeben, d.h. Text wird rechts- sowie linksbündig ausgerichtet.
`xlCenterAcross-Selection`	Text innerhalb einer Auswahl zentriert.

Die nächste Eigenschaft ist `VerticalAlignment`. Bei dieser Eigenschaft sind die Konstanten aus Tabelle 6.2 möglich.

Tabelle 6.2: Die möglichen Konstanten der Eigenschaft VerticalAlignment

Konstante	Beschreibung
`xlTop`	Der Text wird am oberen Rand der Zelle ausgerichtet.
`xlBottom`	Der Text wird am unteren Rand der Zelle ausgerichtet. Dies ist die Standardeinstellung für die vertikale Ausrichtung von Texten in Zellen.
`xlCenter`	Der Text wird in der Mitte der Zelle ausgerichtet.
`xlJustify`	Der Text wird als Blocksatz in der Zelle ausgerichtet. Das bedeutet, dass Texte sowohl am oberen Rand der Zelle sowie auch am unteren Rand der Zelle ausgerichtet werden.

Mit der Eigenschaft `WrapText` legen Sie fest, ob eingegebener Text in der Zelle umgebrochen werden soll. Wenn ja, setzen Sie die Eigenschaft auf den Wert `True`. Über die Eigenschaft `Orientation` können Sie den Text in Zellen drehen. Mögliche Werte sind hierbei -90 bis 90 Grad. Setzen Sie die Eigenschaft `ShrinkToFit` auf den Wert `True`, wenn sich die Textgröße automatisch an die zur Verfügung stehende Spaltenbreite anpassen soll. Die Eigenschaft `MergeCells` liefert den Wert `True`, wenn im Bereich verbundene Zellen enthalten sind.

Das Makro für das Aufheben von Zeilenumbrüchen innerhalb einer Markierung lautet:

Listing 6.38: Zeilenumbrüche innerhalb einer Markierung aufheben

```
Sub ZeilenumbruchZurücksetzen()
    With Selection
        .HorizontalAlignment = xlGeneral
        .VerticalAlignment = xlBottom
        .WrapText = False
        .Orientation = 0
        .ShrinkToFit = False
        .MergeCells = False
    End With
End Sub
```

Wie Sie Zeilenumbrüche erstellen, wissen Sie nun. Damit fällt Ihnen die nächste Aufgabe nicht mehr schwer. Es soll eine Überschriftenzeile wie in Abbildung 6.18 gezeigt erstellt werden.

Das Makro für diese Aufgabe lautet:

Listing 6.39: Titelzeile mit Zeilenumbrüchen erstellen

```
Sub TitelzeileMitZeilenumbruchErstellen()
Dim i As Integer
Sheets("Tabelle10").Activate
Range("A1").Select
 For i = 1 To 10
   With ActiveCell
```

```
    .HorizontalAlignment = xlCenter
    .WrapText = True
    .Value = "Produkt" & Chr(10) & i
    .Offset(0, 1).Select
  End With
  Next i
End Sub
```

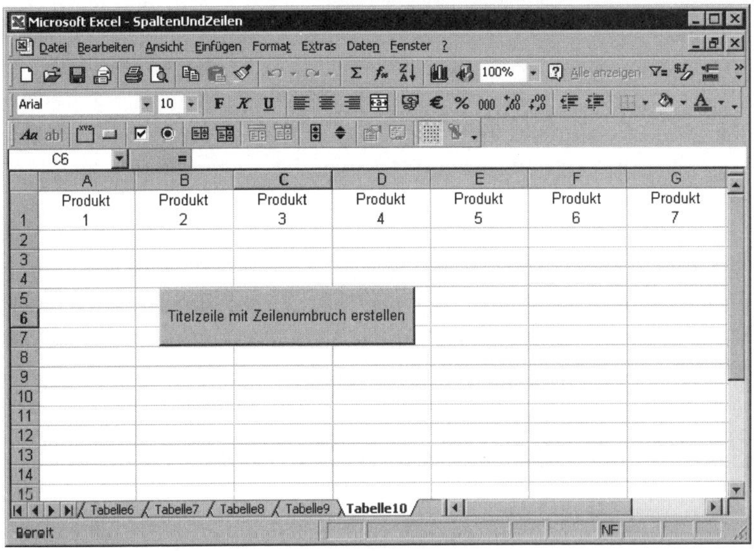

Abbildung 6.18: Die Überschriftenzeile mit Zeilenumbruch

Auf der Tabelle TABELLE10 wird eine Überschriftenzeile eingefügt. Dabei wird der erste Eintrag in Zelle A1 vorgenommen. Danach wandern Sie mit Hilfe einer `For Next`-Schleife nach rechts bis in Zelle J1. Als erster Eintrag erfolgt der Text PRODUKT. Dann erzeugen Sie mit der Funktion `Chr(10)` einen Zeilenvorschub. Nach dem Zeilenvorschub wird der momentane Inhalt der Variablen `i` geschrieben.

6.11 Wiederholungszeilen und -spalten definieren

In Excel haben Sie die Möglichkeit, Wiederholungszeilen bzw. Wiederholungsspalten festzulegen. Das bedeutet, dass Sie beim Drucken sehr großer Tabellen eine oder auch mehrere Zeilen bzw. Spalten wiederholen können, die auf jeder neuen Seite als Überschrift gedruckt werden. Manuell legen Sie Wiederholungszeilen bzw. Wiederholungsspalten fest, indem Sie aus dem Menü DATEI den Befehl SEITE EINRICHTEN wählen. Danach wechseln Sie auf die Registerkarte TABELLE und geben die Wiederholungszeilen bzw. Wiederholungsspalten an. Das Makro für diese Aufgabe können Sie dem Listing 6.40 entnehmen.

Listing 6.40: Wiederholungszeilen und Wiederholungsspalten festlegen

```
Sub WiederholungszeilenFestlegen()
 Sheets("Tabelle10").Activate
 With ActiveSheet.PageSetup
        .PrintTitleRows = "$1:$1"
        .PrintTitleColumns = "$A:$A"
  End With
End Sub
```

Die Wiederholungszeilen und Spalten stellen Sie über das Objekt `PageSetup` und der Eigenschaften `PrintTitleRows` bzw. `PrintTitleColumns` ein.

INFO

Wiederholungszeilen können nur am oberen Rand Ihre Tabelle eingesetzt werden. Wiederholungsspalten sind nur am linken Rand Ihrer Tabelle möglich.

6.12 Zeilen- bzw. spaltenweise formatieren

Sicher haben Sie schon einmal Listen aus einem Rechenzentrum gesehen. Diese Listen sind meist zweifarbig. Die Farbe wechselt von Zeile zu Zeile und sorgt für bessere Lesbarkeit der Daten. Diese Funktionalität können Sie auch auf eine Excel-Tabelle anwenden. So können Sie beispielsweise in jeder zweiten Zeile den Zellenhintergrund mit der Farbe Grau hinterlegen. Dabei soll aber nicht die komplette Zeile formatiert werden, sondern nur die Zeilen innerhalb der Markierung. Diese Aufgabe führen Sie selbstverständlich nicht manuell durch. Starten Sie das folgende Makro aus Listing 6.41.

Listing 6.41: Zeilen mit einem abwechselnden Hintergrund belegen

```
Sub ZeilenSchattieren()
Dim i As Integer
Sheets("Tabelle11").Activate
For i = 1 To Selection.Rows.Count
 If i Mod 2 = 1 Then _
 Selection.Rows(i).Interior.ColorIndex = 15
 Next
End Sub
```

Die `For Next`-Schleife wird so lange durchlaufen, bis das Ende der Markierung erreicht ist. Mit Hilfe des Operators `Mod` ermitteln Sie das ganzzahlige Ergebnis der Division der beiden Werte aus der

Variablen i, die bei jedem Schleifendurchlauf hochgezählt wird, und der Anzahl der Zellen in der Markierung. Entsteht als Ergebnis der Division der Wert 1, dann wird die Zeile innerhalb der Markierung mit der Hintergrundfarbe Grau belegt.

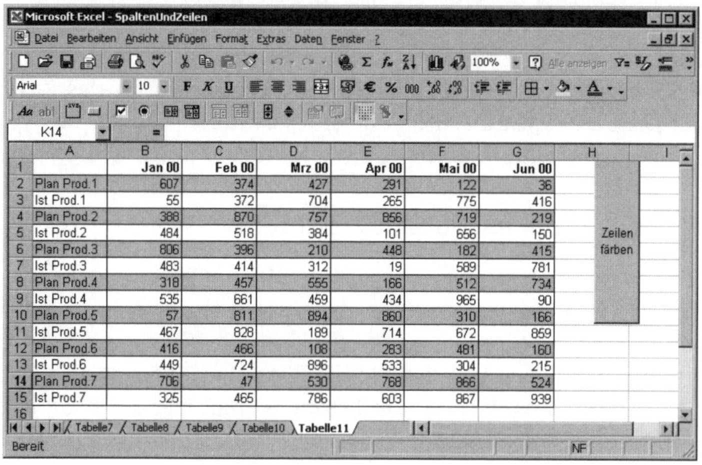

	A	B	C	D	E	F	G
1		Jan 00	Feb 00	Mrz 00	Apr 00	Mai 00	Jun 00
2	Plan Prod.1	607	374	427	291	122	36
3	Ist Prod.1	55	372	704	265	775	416
4	Plan Prod.2	388	870	757	856	719	219
5	Ist Prod.2	484	518	384	101	656	150
6	Plan Prod.3	806	396	210	448	182	415
7	Ist Prod.3	483	414	312	19	589	781
8	Plan Prod.4	318	457	555	166	512	734
9	Ist Prod.4	535	661	459	434	965	90
10	Plan Prod.5	57	811	894	860	310	166
11	Ist Prod.5	467	828	189	714	672	859
12	Plan Prod.6	416	466	108	283	481	160
13	Ist Prod.6	449	724	896	533	304	215
14	Plan Prod.7	706	47	530	768	866	524
15	Ist Prod.7	325	465	786	603	867	939
16							

Abbildung 6.19: Zeilen werden abwechselnd gefärbt

Was für die Zeilen funktioniert, klappt auch ausgezeichnet bei Spalten. Im folgenden Beispiel wird jede zweite Spalte verkleinert und mit der Hintergrundfarbe Rot belegt.

Das Makro für diese Aufgabe können Sie in folgendem Listing sehen.

Listing 6.42: Spalten mit wechselndem Hintergrund und Spaltenbreite belegen

```
Sub SpaltenFärben()
Dim i As Integer
 Sheets("Tabelle12").Activate
 For i = 1 To Selection.Columns.Count
   If i Mod 2 = 1 Then
   Selection.Columns(i).Interior.ColorIndex = 3
   Selection.Columns(i).ColumnWidth = 3

   End If
 Next
End Sub
```

6.13 Auf der Suche nach der richtigen Zeile

Sicher kennen Sie diverse Katalogsysteme, bei denen man über einen Suchbegriff eine bestimmte Information erhält. Wenn Sie in umfangreichen Tabellen einen schnellen Zugriff auf bestimmte Daten haben möchten, können Sie beispielsweise eine Zelle definieren, die als Eingabezelle fungiert. In diese Eingabezelle schreiben Sie Ihren Suchbegriff und drücken auf die Taste [↵]. Danach werden in der Tabelle die entsprechenden Daten ermittelt und der Mauszeiger genau auf die gefundene Position gesetzt. Diese Suche können Sie verschiedenartig gestalten. Eine Möglichkeit ist es, die Tabelle von oben nach unten sichtbar mittels einer Schleife zu durchlaufen. Diese bewegliche Methode ist bei sehr großen Tabellen zu langsam. Bei kleineren Tabellen entsteht aber gerade durch das zeilenweise Scrollen der Markierung ein interessanter Effekt. Bei größeren Tabellen programmieren Sie eine direktere Suchfunktion.

6.13.1 Die Suche über die Schleife

Stellen Sie sich vor, Sie verwalten Ihre Adressen in einer Excel-Tabelle. Um möglichst schnell an die gesuchte Adresse zu gelangen, geben Sie in Zelle A1 den Suchbegriff bzw. Teile des Suchbegriffs ein und drücken anschließend die Taste [↵]. Der Mauszeiger wandert von oben nach unten und stoppt genau an der Position, die mit dem Suchbegriff bzw. mit Teilen davon übereinstimmt. Bei der Eingabe des Nachnamens, der als Suchbegriff fungiert, gelten folgende Features:

Die Anforderungen

- Es ist möglich, nur einen Buchstaben einzugeben.
- Es können die ersten beiden Buchstaben des Nachnamens eingegeben werden.
- Es können die ersten drei Buchstaben des Nachnamens eingegeben werden oder
- es muss der ganze Name eingegeben werden.

Das Makro für diese Such- und Scrollfunktion können Sie dem Listing 6.43 entnehmen.

Listing 6.43: *Langsameres Suchen mit Scrollfunktion*

```
Sub SuchenbestimmteZeile()
Dim s As String
Dim i As Integer
Sheets("Tabelle14").Activate
s = Range("A1").Value
Range("A3").Select
For i = 1 To ActiveSheet.UsedRange.Rows.Count
 If Left(ActiveCell.Value, 1) = s _
 Or Left(ActiveCell.Value, 2) = s _
 Or Left(ActiveCell.Value, 3) = s _
 Or s = ActiveCell.Value Then Exit For
 ActiveCell.Offset(1, 0).Select
Next i
End Sub
```

In der String-Variablen `s` speichern Sie Ihre Eingabe, die Sie in Zelle A1 vornehmen. Danach setzen Sie eine `For Next`-Schleife auf, die alle Zeilen im verwendeten Bereich durchläuft. Innerhalb der Schleife wird der eingegebene Name geprüft. Um die eingegebenen Buchstaben mit dem jeweils aktiven Zellenwert zu vergleichen, wenden Sie die Funktion `Left` an. Wurde nur der erste Buchstabe des Nachnamens eingegeben, so vergleichen Sie die Variable `s` mit dem ersten Buchstabe der aktiven Zelle. Stimmt die Variable mit dem ersten Buchstabe der aktiven Zelle überein, wird die Schleife über die Anweisung `Exit For` verlassen. Da es aber möglich sein soll, zwischen einen und drei Buchstaben bzw. den ganzen Nachnamen einzugeben, verknüpfen Sie die einzelnen Kriterien mit dem Operator `Or`.

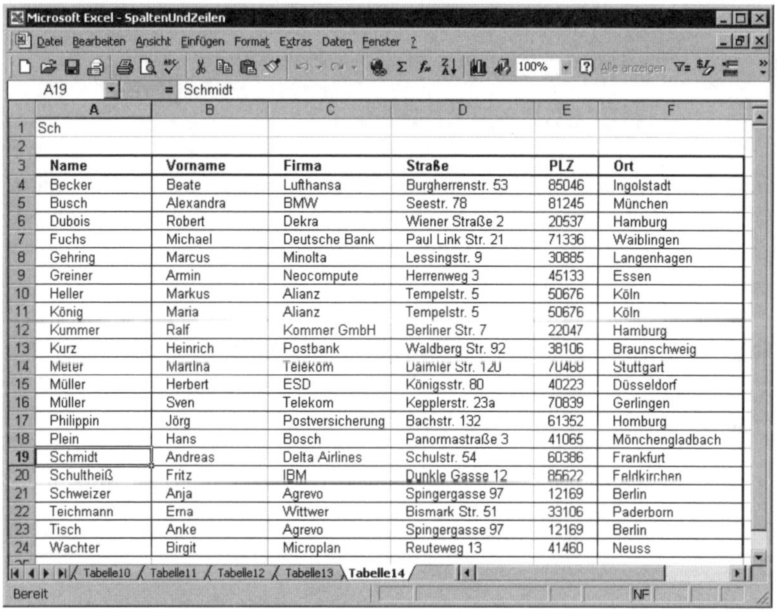

	A	B	C	D	E	F
1	Sch					
2						
3	Name	Vorname	Firma	Straße	PLZ	Ort
4	Becker	Beate	Lufthansa	Burgherrenstr. 53	85046	Ingolstadt
5	Busch	Alexandra	BMW	Seestr. 78	81245	München
6	Dubois	Robert	Dekra	Wiener Straße 2	20537	Hamburg
7	Fuchs	Michael	Deutsche Bank	Paul Link Str. 21	71336	Waiblingen
8	Gehring	Marcus	Minolta	Lessingstr. 9	30885	Langenhagen
9	Greiner	Armin	Neocompute	Herrenweg 3	45133	Essen
10	Heller	Markus	Alianz	Tempelstr. 5	50676	Köln
11	König	Maria	Alianz	Tempelstr. 5	50676	Köln
12	Kummer	Ralf	Kommer GmbH	Berliner Str. 7	22047	Hamburg
13	Kurz	Heinrich	Postbank	Waldberg Str. 92	38106	Braunschweig
14	Meier	Martina	Telekom	Daimler Str. 120	70468	Stuttgart
15	Müller	Herbert	ESD	Königsstr. 80	40223	Düsseldorf
16	Müller	Sven	Telekom	Kepplerstr. 23a	70839	Gerlingen
17	Philippin	Jörg	Postversicherung	Bachstr. 132	61352	Homburg
18	Plein	Hans	Bosch	Panormastraße 3	41065	Mönchengladbach
19	Schmidt	Andreas	Delta Airlines	Schulstr. 54	60386	Frankfurt
20	Schultheiß	Fritz	IBM	Dunkle Gasse 12	85622	Feldkirchen
21	Schweizer	Anja	Agrevo	Spingergasse 97	12169	Berlin
22	Teichmann	Erna	Wittwer	Bismark Str. 51	33106	Paderborn
23	Tisch	Anke	Agrevo	Spingergasse 97	12169	Berlin
24	Wachter	Birgit	Microplan	Reuteweg 13	41460	Neuss

Abbildung 6.20: *Die scrollende Suchfunktion bei Adressdaten*

Suche automatisieren

Der Mechanismus, durch den bei Drücken der Taste [↵] das Makro aus Listing 6.44 startet, fehlt noch. Das holen Sie jetzt nach.

STEP

1. *Wechseln Sie in die Entwicklungsumgebung, indem Sie die Tastenkombination* [Strg] + [F11] *drücken.*
2. *Im Projekt-Explorer klicken Sie Ihre Datentabelle doppelt an.*
3. *Erfassen Sie folgendes Ereignis:*

Listing 6.44: Veränderungen an bestimmter Zelle überwachen

```
Private Sub Worksheet_Change(ByVal Target As Range)
If Target.Address = "$A$1" Then SuchenbestimmteZeile
End Sub
```

Das Ereignis `Worksheet_Change` überwacht Ihre Zellen. Bei jeder Veränderung wird dieses Ereignis aktiviert. Indem Sie das Argument `Target` nutzen, begrenzen Sie die Überwachungsfunktion auf die Zelle A1.

REF

Lesen Sie mehr über Ereignisse in Kapitel 12 dieses Buches.

6.14 Direktsuche bei größeren Datenbeständen

Klar, Sie können mehrere tausend Zeilen selbstverständlich nicht Zeile für Zeile abarbeiten. Für größere Datenbestände müssen Sie schon eine direkte Suchfunktion schreiben.

Listing 6.45: Die direkte Suche über die Methode Find

```
Sub DirekteSuche()
Dim Bereich As Range
Dim s As String

 Sheets("Tabelle14").Activate
 s = InputBox("Geben Sie den Suchbegriff ein!")
 If s = "" Then Exit Sub
 Set Bereich = Sheets("Tabelle14").Columns(1) _
    .Find(s, LookAt:=xlPart)
 If Bereich Is Nothing Then
    MsgBox "Name '" & s & "' konnte nicht gefunden werden!"
 Else
    Bereich.Select
 End If
End Sub
```

Den Suchbegriff erfassen Sie dieses Mal über eine Eingabemaske, die Sie mit der Funktion `Inputbox` generieren. Danach fragen Sie ab, ob überhaupt eine Eingabe vorgenommen wurde. Anschließend definieren Sie einen Bereich, in dem gesucht werden soll. Da der Nachname in Spalte A geführt wird, geben Sie bei der Eigenschaft `Columns` den Wert 1 an. Jetzt wenden Sie die Methode `Find` an, bei der Sie als Argument `LookAt:=xlPart` angeben, was bedeutet, dass der Suchbegriff nicht genau mit dem Suchergebnis übereinstimmen muss. Möchten Sie hingegen nur ganze Zellen suchen, verwenden Sie das Argument `LookAt:=xlWhole`.

Standardmäßig wird bei der Methode `Find` *nicht zwischen Groß- und Kleinschreibung unterschieden. Wünschen Sie jedoch eine Differenzierung zwischen Groß- und Kleinschreibung, dann setzen Sie das Argument* `MatchCase:=True`.

Die komplette Befehlssyntax der Methode `Find` lautet:

Die Syntax

```
Ausdruck.Find(What, After, LookIn, LookAt, SearchOrder,
SearchDirection, MatchCase, MatchByte)
```

Entnehmen Sie die einzelnen Argumente der Tabelle 6.3.

Tabelle 6.3: *Die Argumente der Methode Find*

Argument	Beschreibung
`What`	Enthält den Inhalt, nach dem gesucht werden soll.
`After`	Gibt die Zelle an, nach der die Suche beginnen soll.
`LookIn`	Dieses Argument bestimmt, wo überall gesucht werden soll. Möglich ist hierbei die Suche in Formeln (`xlFormulas`), in Zellenwerten (`xlValues`) oder gar in Kommentaren (`xlComments`).
`LookAt`	Bestimmt die Übereinstimmung des Suchbegriffs mit dem Suchergebnis. Bei `xlPart` muss nicht der komplette Suchbegriff mit der Ergebnis übereinstimmen. Bei `xlWhole` müssen der Suchbegriff und das Suchergebnis identisch sein.
`SearchOrder`	Gibt an, in welcher Reihenfolge zuerst gesucht werden soll. Dabei spielt die Anordnung Ihrer Daten eine große Rolle. Verwenden Sie die Konstante `xlByColumns`, wenn Sie Ihre Tabelle spaltenweise durchsuchen möchten, also von oben nach unten. Nehmen Sie die Konstante `xlByRows`, wenn Sie die Suche zeilenweise von links nach rechts durchführen möchten. Die schnellere Suche ist normalerweise die Suche in Spalten.
`SearchDirection`	Gibt die Suchrichtung an. Dabei haben Sie die Möglichkeit zwischen den Konstanten `xlNext` bzw. `xlPrevious` zu wählen.
`MatchCase`	Gibt an, ob zwischen Groß- und Kleinschreibung unterschieden werden soll.

6.15 Zeilen filtern

In Excel können Sie Daten filtern, d.h. in einer gefilterten Liste werden nur die Zeilen angezeigt, die den Kriterien entsprechen, die Sie für eine Spalte angeben. Andersherum gesehen werden beim Filtern alle Zeilen ausgeblendet, die nicht den eingestellten Kriterien entsprechen. Excel stellt zwei Befehle zum Filtern von Listen zur Verfügung: die AutoFilter mit der Möglichkeit, nach der ausgewählten Zelle zu filtern, für einfache Kriterien sowie die Spezialfilter für komplexere Aufgaben. Beim Filtern von Zeilen wird die Liste nicht neu angeordnet, es werden nur vorübergehend Zeilen ausgeblendet, die nicht angezeigt werden sollen.

Erfahren Sie auf den nächsten Seiten, wie Sie einen Filter in VBA setzen, ihn verändern oder löschen und welche Möglichkeiten sich Ihnen dadurch in der Praxis eröffnen.

CD-ROM *Die folgenden Makros können Sie auf der CD im Verzeichnis* KAP06 *in der Datei* FILTER.XLS *finden.*

6.16 AutoFilter aktivieren bzw. deaktivieren

Den AutoFilter können Sie auf Ihrer Tabelle aktivieren, indem Sie aus dem Menü DATEN den Befehl FILTER/AUTOFILTER wählen. Danach blendet Excel für jede Spalte im benutzten Bereich einen AutoFilter ein. Zunächst befinden sich alle AutoFilter im Ruhezustand, d.h. es wurde noch keine Filterung vorgenommen, was Sie auch am schwarzen Pfeil der AutoFilter erkennen können. AutoFilter, bei denen schon Filterkriterien eingestellt sind, haben einen blauen Pfeil. Beim folgenden Makro in Listing 6.46 wird der AutoFilter, sofern er noch nicht verfügbar ist, eingeblendet.

***Listing 6.46:** Der AutoFilter wird auf der Tabelle verfügbar gemacht*

```
Sub AutoFilterEinschalten()
 Sheets("Tabelle1").Activate
 If Not ActiveSheet.AutoFilterMode = True _
 Then Range("A1").AutoFilter
End Sub
```

Die Eigenschaft `AutoFilterMode` liefert den Wert `True`, wenn die Dropdownpfeile für `AutoFilter` momentan auf dem Tabellenblatt sichtbar sind. Liefert diese Eigenschaft den Wert `False` zurück, dann blenden Sie die AutoFilter mit Hilfe der Methode `AutoFilter` ein.

:-) TIPP

Wenn Sie die Filter wieder aus Ihrem Tabellenblatt verbannen möchten, setzen Sie diese Eigenschaft `AutoFilterMode` *auf den Wert* `False`.

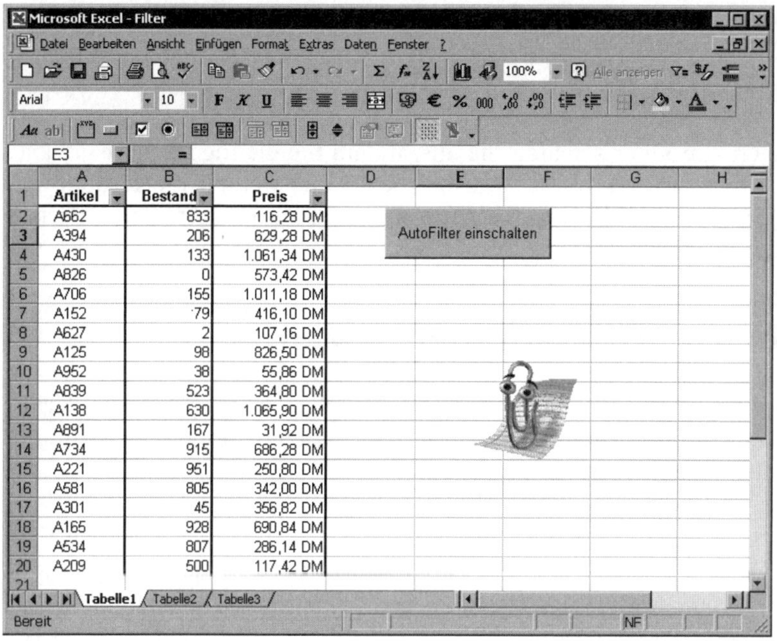

	A	B	C
1	Artikel	Bestand	Preis
2	A662	833	116,28 DM
3	A394	206	629,28 DM
4	A430	133	1.061,34 DM
5	A826	0	573,42 DM
6	A706	155	1.011,18 DM
7	A152	79	416,10 DM
8	A627	2	107,16 DM
9	A125	98	826,50 DM
10	A952	38	55,86 DM
11	A839	523	364,80 DM
12	A138	630	1.065,90 DM
13	A891	167	31,92 DM
14	A734	915	686,28 DM
15	A221	951	250,80 DM
16	A581	805	342,00 DM
17	A301	45	356,82 DM
18	A165	928	690,84 DM
19	A534	807	286,14 DM
20	A209	500	117,42 DM

***Abbildung 6.21:** Der AutoFilter ist eingeschaltet*

Oft ist es sehr übersichtlich, wenn Sie eine Arbeitsmappe öffnen, bei der der AutoFilter und in mehreren Spalten ein Filterkriterium eingestellt ist. Um alle Daten anzuzeigen, müssen Sie deshalb zuerst einmal den Autofilter deaktivieren. Dazu wählen Sie aus dem Menü DATEN den Befehl FILTER/AUTOFILTER. Besser ist es aber, wenn dieser Vorgang automatisch direkt nach dem Öffnen der Arbeitsmappe durchgeführt wird. Dazu wechseln Sie in die Entwicklungsumgebung und führen im Projekt-Explorer einen Doppelklick auf den Eintrag DIESEARBEITSMAPPE durch. Danach erfassen Sie das Ereignis `Workbook_Open`, welches Sie in Listing 6.47 sehen können.

```
Private Sub Workbook_Open()
 AlleGesetztenFilterEntfernen
End Sub
```

***Listing 6.47:** Nach dem Öffnen der Arbeitsmappe wird automatisch ein Makro ausgeführt*

Erfassen Sie nun in einem normalen Modul das Makro, welches den AutoFilter deaktiviert.

Erfahren Sie mehr über die tollen Möglichkeiten der Ereignisprogrammierung in Kapitel 12 dieses Buches.

***Listing 6.48:** Der AutoFilter wird in Tabelle1 ausgeschaltet*

```
Sub AlleGesetztenFilterEntfernen()
 Sheets("Tabelle1").Activate
 ActiveSheet.AutoFilterMode = False
End Sub
```

Den Autofilter schalten Sie aus, indem Sie die Eigenschaft `AutoFilterMode` auf den Wert `False` setzen. Dabei werden die Dropdownpfeile des AutoFilters entfernt sowie auch alle eingestellten Filterkriterien zurückgesetzt.

6.17 Filterkriterien setzen

Ist der AutoFilter in der Tabelle verfügbar, können einzelne Kriterien für die Spalten festgelegt werden, nach denen dann bestimmte Zeilen gefiltert werden können.

Achten Sie darauf, dass Ihr Datenbestand, den Sie filtern möchten, keine Leerzeilen enthält. Das Filtern von Daten funktioniert nur bis zum ersten Auftreten einer Leerzeile.

6.17.1 Unterbestände ermitteln

Im ersten Beispiel sollen alle Zeilen angezeigt werden, die einen Bestand < 100 haben und daher bald nachbestellt werden müssen. Das Makro für diese Bestandsprüfung sehen Sie in Listing 6.49.

***Listing 6.49:** Alle Artikel, die einen Bestand < 100 haben, werden gefiltert*

```
Sub BestandKleiner100()
 Selection.AutoFilter _
  Field:=2, Criteria1:="<100", Operator:=xlAnd
End Sub
```

Die komplette Syntax der Methode `AutoFilter` lautet:

```
Ausdruck.AutoFilter(Field, Criteria1, Operator, Criteria2,
VisibleDropDown)
```

Die Argumente der Methode AutoFilter

Mit der `AutoFilter`-Methode haben Sie der Spalte B (`Field:=2`) das Anzeigekriterium für Zeilen bekannt gegeben (Criteria1:="<100"). Bei dem Argument `Operator` haben Sie die Auswahl aus mehreren Konstanten, die Sie aus Tabelle 6.4 entnehmen können.

Konstante	Erklärung
`xlAnd`	Es müssen zwei Kriterien erfüllt sein (`Criteria1` und `Criteria2`).
`xlOr`	Es muss entweder das eine oder das andere Kriterium erfüllt sein (`Criteria1` oder `Criteria2`).
`xlTop10Items`	Die n-höchsten Einträge aus der Liste werden angezeigt (Absolutbetrachtung).
`xlTop10Percent`	Die n-höchsten Einträge aus der Liste werden angezeigt (prozentuale Betrachtung).
`xlBottom10Items`	Die n-niedrigsten Einträge aus der Liste werden angezeigt (Absolutbetrachtung).
`xlBottom10Percent`	Die n-niedrigsten Einträge aus der Liste werden angezeigt (prozentuale Betrachtung).

Tabelle 6.4: Die Operator-Konstanten der Methode AutoFilter

Das Argument `Criteria2` stellt ein mögliches zweites Kriterium dar. Es wird zusammen mit `Criteria1` und dem Argument `Operator` zum Erstellen von zusammengesetzten Kriterien verwendet.

Das letzte Argument `VisibleDropDown` ist standardmäßig mit dem Wert `True` voreingestellt, was bedeutet, dass die Dropdown-Pfeile für das gefilterte Feld angezeigt werden. Wenn das Argument auf den Wert `False` gesetzt wird, werden die Dropdown-Pfeile des AutoFilters für das gefilterte Feld ausgeblendet.

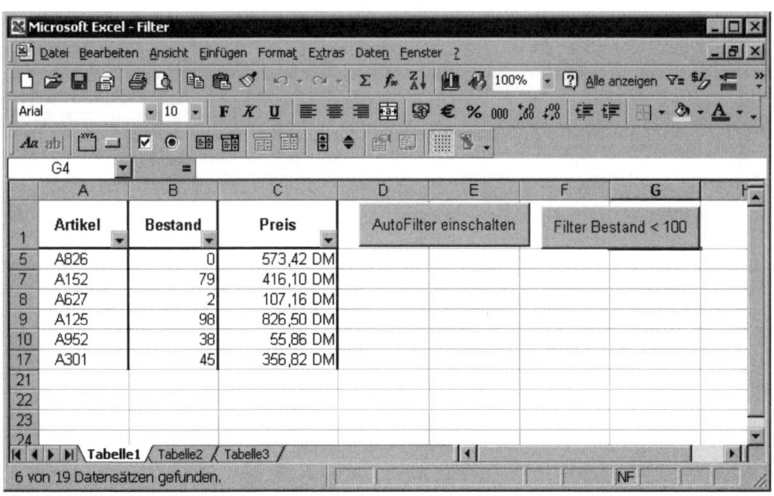

Abbildung 6.22: Die Anzahl der gefilterten Sätze wird in der Statusleiste angezeigt

6.17.2 Bestands- und Preiskontrolle durchführen

Im nächsten Beispiel werden zwei Filterkriterien eingestellt: ein Filterkriterium für die Spalte B (Bestand >= 500) und das andere Filterkriterium für Spalte C (Preis > 500).

Listing 6.50: Zwei Filterkriterien in zwei unterschiedlichen Spalten sind gesetzt

```
Sub BestandGr500uPrGr100()
 With Selection
  .AutoFilter Field:=2, Criteria1:=">=500", Operator:=xlAnd
  .AutoFilter Field:=3, Criteria1:=">500", Operator:=xlAnd
 End With
End Sub
```

6.17.3 Zeilen in einem bestimmten Wertebereich einblenden

Recht häufig werden in der Praxis auch Wertgrenzen von/bis eingesetzt. So könnte man beispielsweise in Abbildung 6.23 alle Artikel anzeigen lassen, die in der Preisspanne von 500 bis 750 DM liegen. Das Makro für diese Aufgabe können Sie aus Listing 6.51 entnehmen.

Listing 6.51: Alle Artikel zwischen 500 und 750 DM werden angezeigt

```
Sub PreisZwischen500Und750DM()
 Selection.AutoFilter _
 Field:=3, Criteria1:=">=500", Operator:=xlAnd, _
           Criteria2:="<=750"
End Sub
```

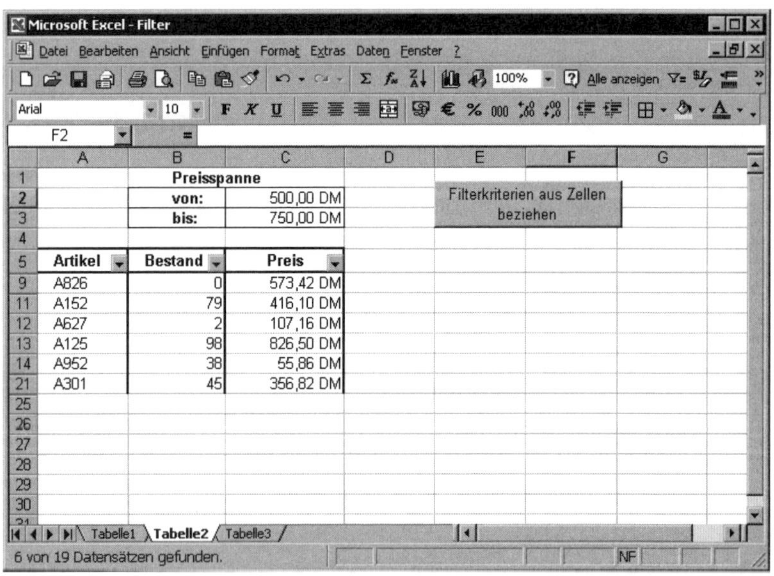

Abbildung 6.23: Flexible Filterkriterien schneller festlegen

Wenn Sie möchten, können Sie das Makro aus Listing 6.51 auch flexibel halten, indem Sie die Eckpositionen in einzelne Zellen eintragen und auf diese dann im Makro verweisen.

Das Makro für die Abbildung dieser Funktionalität können Sie aus Listing 6.52 entnehmen.

Listing 6.52: Filterkriterien aus Zelleninhalten beziehen

```
Sub PreisSpanneAusZellen()
 Sheets("Tabelle2").Activate
 Selection.AutoFilter _
 Field:=3, Criteria1:=Range("C2").Value, _
 Operator:=xlAnd, Criteria2:=Range("C3").Value
End Sub
```

6.17.4 Extremwerte ermitteln

Ein weiteres Beispiel für ein dynamisches Filtern von Daten ist die TopTen-Filterung. Mit Hilfe dieses Filters haben Sie die Möglichkeit die n-kleinsten bzw. n-größten Einträge aus einer Liste herauszufiltern.

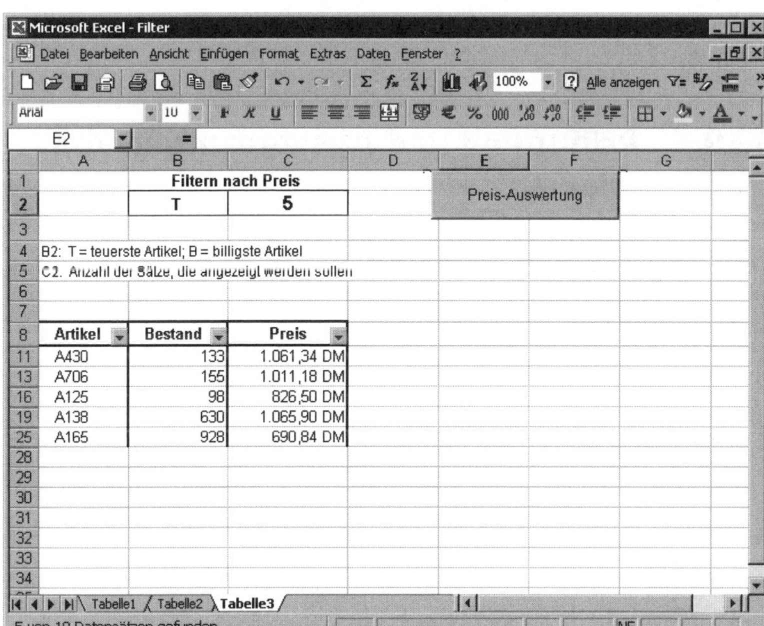

Abbildung 6.24: Die Spitzenreiter dynamisch anzeigen

In Abbildung 6.24 können Sie sehen, dass sowohl das Kennzeichen für den Filter (B für billigste Artikel und T für teuerste Artikel) als auch die Anzahl der anzuzeigenden Sätze flexibel gestaltet ist. Das Makro für diese Steuerung ist in Listing 6.53 abgebildet.

Listing 6.53: Variables Filtern von Artikeln nach Preis (teuerster und billigster Artikel)

Top Ten ausgeben

```
Sub Preisauswertung()
Dim op As Integer
Dim i As Integer
Select Case Range("B2").Value
 Case "T"
   op = 3
 Case "B"
   op = 4
 Case Else
   MsgBox "Dieser Buchstabe ist nicht zulässig!": Exit Sub
 End Select
 i = Range("C2").Value
 Selection.AutoFilter _
   Field:=3, Criteria1:=i, Operator:=op
End Sub
```

Im ersten Schritt werten Sie die Zelle B2 mit Hilfe einer `Select Case`-Struktur aus. Dort steht das jeweilige Kennzeichen. Dabei entspricht die Operator-Konstante `xlTop10Items` aus Tabelle 6.4 dem Zahlenwert `3` und die Konstante `xlBottom10Items` dem Wert `4`. Danach ermitteln Sie aus der Eingabe in Zelle C2 die Anzahl der Artikelsätze, die angezeigt werden sollen. Beide Informationen übergeben Sie zuletzt der Methode `AutoFilter`.

6.18 Prüfungen und Auswertungen von Filtern

Auf den nächsten Seiten lernen Sie, wie Sie gefilterte Daten ermitteln und auslesen können. Dabei sind u.a. folgende Fragestellungen von Interesse:

Die Fragen

- In welchen Spalten ist ein Filterkriterium eingestellt?
- Wie viele Zeilen sind gefiltert?
- Wie viele Zellen sind gefiltert?
- Wie lautet der größte Wert im gefiltertem Bereich?
- Wie heißt die erste Zeile im gefiltertem Bereich?
- Wie heißt die letzte Zeile im gefiltertem Bereich?

6.18.1 In welchen Spalten ist ein Filterkriterium gesetzt?

Wenn Sie Filter programmieren, ist es wichtig zu wissen, in welchen Spalten überhaupt schon ein oder mehrere Filterkriterien gesetzt worden sind. Diese Prüfung führen Sie mit dem Makro aus Listing 6.54 durch.

Listing 6.54: Wie viele Filter sind in der Tabelle gesetzt?

```
Sub IstFilterKriteriumEingestellt()
Dim w As Worksheet
Dim b As Boolean
Dim i As Integer

Set w = Worksheets("Tabelle3")
For i = 1 To ActiveSheet.Columns.Count
On Error GoTo ende
 If w.AutoFilterMode Then
     b = w.AutoFilter.Filters(i).On
     Debug.Print "Filter in Spalte " & i & ": "; b
 End If
Next i
ende:
End Sub
```

Ermitteln Sie zunächst, wie oft Ihre `For Next`-Schleife durchlaufen werden muss.

Im Idealfall wird diese Schleife so oft durchlaufen bis die letzte belegte Spalte erreicht ist. Da in häufig bearbeiteten Tabellen diese Lösung aber nicht immer die sicherste ist, da ständig Daten gelöscht und geschrieben werden, kommt es vor, dass der verwendete Bereich nicht immer sauber ermittelt werden kann. Aus diesem Grund fügen Sie sicherheitshalber die `On Error`-Anweisung ein und verzweigen im Fehlerfall direkt zum Ende des Makros.

In einer Variablen von Typ `Boolean` speichern Sie den Zustand des Autofilters. Die Eigenschaft `Filters` liefert den Wert `Falsch`, wenn kein Filterkriterium in der jeweiligen Spalte eingestellt ist, bzw. den Wert `Wahr`, wenn ein Filterkriterium für die Spalte festgelegt wurde. Mit Hilfe der Methode `Print` geben Sie den Spaltenindex sowie den Status des Filters im Direktfenster Ihrer Entwicklungsumgebung aus.

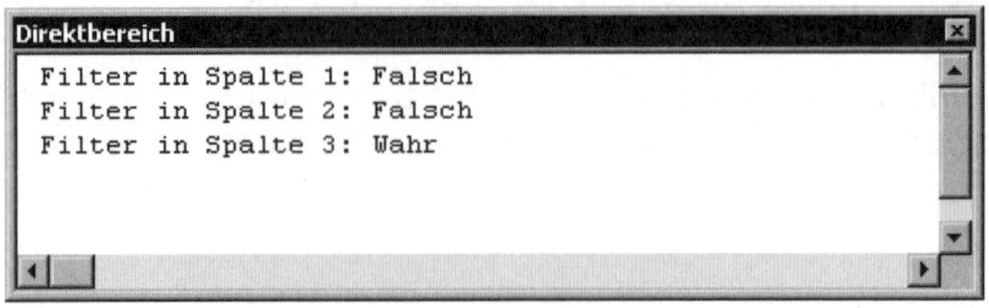

Abbildung 6.25: In Spalte C ist ein Filterkriterium eingestellt

6.18.2 Wie viele Zeilen sind gefiltert?

Normalerweise wird die Anzahl der gefilterten Zeilen in der Statusleiste angezeigt. Wenn Sie diese gefilterte Anzahl an Zeilen aber einmal selbst ermitteln möchten, dann starten Sie das Makro aus Listing 6.55.

Listing 6.55: Die Anzahl der gefilterten Zeilen wird ermittelt

```
Sub WievielZeilenSindSichtbar()
Dim Bereich As Range
Dim i As Integer
 Sheets("Tabelle4").Activate
 Set Bereich = Range("A1").CurrentRegion
 i = Intersect(Bereich.SpecialCells(xlVisible), _
 Bereich.Columns(1)).Count - 1
 MsgBox "Sie haben " & i & " Zeilen gefiltert", _
  vbInformation, "Filterergebnis"
End Sub
```

Über die Eigenschaft `CurrentRegion` ermitteln Sie den umliegenden Bereich, der von Leerzeilen bzw. Leerspalten umgeben wird. Es wird demnach der Block ermittelt, der sich, beginnend von der Zelle, bei der der erste Filter angezeigt wird (A1), bis zur letzten gefüllten Zeile ergibt. Mit der Eigenschaft `Intersect` prüfen Sie, ob es im Bereich der Spalte A gefilterte Zeilen gibt. Dazu verwenden Sie die Methode `SpecialCells`, der Sie die Konstante `xlVisible` übergeben. Die Zählung der ermittelten Zeilen erfolgt durch die Eigenschaft `Count`, von der Sie den Wert `1` subtrahieren müssen, da die Überschriftenzeile nicht zum Ergebnis der gefilterten Daten gezählt werden soll. Abschließend geben Sie die Anzahl der gefilterten Zeilen in einem Meldungsfenster aus, welches Sie mit der Symbol-Info ausstatten. Dazu verwenden Sie die Konstante `vbInformation`.

REF

Erfahren Sie mehr über Meldungsfenster und Eingabemasken in Kapitel 14 dieses Buches.

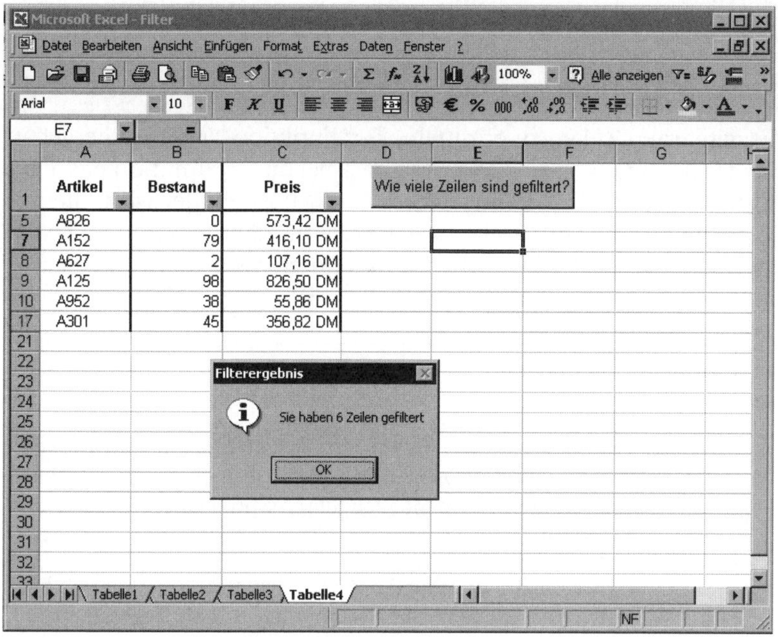

Abbildung 6.26: Gefilterte Zeilen zählen und ausgeben

6.18.3 Wie viele Zellen sind gefiltert?

Wenn Sie möchten, können Sie neben der Anzahl der gefilterten Zeilen auch die Anzahl der Zellen ermitteln, die gefiltert sind. Diese Information können Sie beispielsweise in der Statusleiste ausgeben. Das dafür notwendige Makro können Sie sich im Listing 6.56 anschauen.

Listing 6.56: Die Anzahl der gefilterten Zellen in der Statusleiste ausgeben

```
Sub AnzahlZellenInFilterung()
Dim l As Long
Dim i As Integer

Sheets("Tabelle4").Activate
Range("A1").Select
 Application.DisplayStatusBar = True
 l = Application.WorksheetFunction.Subtotal _
  (3, Range(ActiveSheet.UsedRange.Address))
 i = ActiveSheet.UsedRange.Columns.Count

 Application.StatusBar = _
  "Sie haben " & l - i & " Zellen gefiltert!"
End Sub
```

Um die Statusleiste für die Programmierung zu nutzen, blenden Sie diese erst einmal mit Hilfe der Eigenschaft `DisplayStatusBar` ein, die Sie auf den Wert `True` setzen. Danach setzen Sie die Eigenschaft `WorksheetFunction` in Verbindung mit der Funktion `SubTotal` ein, um die gefilterten Zellen zu ermitteln. Der Funktion `SubTotal` übergeben Sie das Argument `3`, was bedeutet, dass bei dieser Funktion das Teilergebnis aus der Tabellenfunktion ANZAHL2 gebildet wird, die alle belegten Zellen zählt. Dabei spielt es keine Rolle, ob in den Zellen Zahlen- oder Textwerte stehen. Entnehmen Sie weitere Argumente der Funktion `SubTotal` aus der Tabelle 6.5.

Tabelle 6.5: Die Möglichkeiten für die Bildung eines Zwischenergebnisses

Funktionsindex	Beschreibung
1	Die Tabellenfunktion MITTELWERT liefert den Mittelwert der Argumente. Dabei sind 1 bis 30 numerische Argumente bzw. Zellenbezüge möglich, deren Mittelwert Sie bilden möchten.
2	Die Tabellenfunktion ANZAHL berechnet, wie viele Zahlenwerte eine Liste von Argumenten enthält. Dabei sind 1 bis 30 numerische Argumente bzw. Zellenbezüge möglich, deren Anzahl Sie ermitteln möchten.
3	Die Tabellenfunktion ANZAHL2 berechnet, wie viele Werte eine Liste von Argumenten enthält. Dabei spielt es keine Rolle, ob es sich um Zahlen- oder Textwerte handelt. Bei dieser Funktion sind 1 bis 30 Argumente bzw. Zellenbezüge möglich, deren Anzahl Sie ermitteln möchten. Leere Zellen werden allerdings nicht mitgezählt.
4	Die Tabellenfunktion MAX liefert den größten Wert innerhalb einer Argumentliste. Die Argumentliste kann aus 1 bis 30 Zahlen bzw. Zellenbezügen bestehen, deren größte Zahl Sie bestimmen möchten.
5	Die Tabellenfunktion MIN liefert den kleinsten Wert innerhalb einer Argumentliste. Die Argumentliste kann aus 1 bis 30 Zahlen bzw. Zellenbezügen bestehen, deren kleinste Zahl Sie bestimmen möchten.
6	Die Tabellenfunktion PRODUKT ermittelt das Ergebnis einer Multiplikation einer oder mehrerer Argumente. Berücksichtigt bei der Summenbildung werden Zahlen, Wahrheitswerte und Zahlen in Textform.

Funktions-index	Beschreibung
7	Die Tabellenfunktion STABW schätzt die Standardabweichung ausgehend von einer Stichprobe. Die Funktion kann zwischen 1 bis 30 numerische Argumente aufnehmen, die eine aus einer Grundgesamtheit gezogene Stichprobe darstellen. Anstelle der durch Semikola voneinander getrennten Argumente können Sie eine Matrix oder einen Bezug auf eine Matrix angeben.
8	Die Tabellenfunktion STABWN berechnet die Standardabweichung ausgehend von der Grundgesamtheit. Es wird vorausgesetzt, dass alle Werte als Argumente vorgegeben werden. Die Funktion kann zwischen 1 bis 30 numerische Argumente aufnehmen, die eine aus einer Grundgesamtheit gezogene Stichprobe darstellen. Anstelle der durch Semikola voneinander getrennten Argumente können Sie eine Matrix oder einen Bezug auf eine Matrix angeben.
9	Die Tabellenfunktion SUMME summiert die angegebenen Argumente. Dabei können Sie zwischen 1 und 30 Argumente bzw. Zellenbezüge eingeben. Berücksichtigt bei der Summenbildung werden Zahlen, Wahrheitswerte und Zahlen in Textform.
10	Die Tabellenfunktion VARIANZ geht davon aus, dass die ihr übergebenen Argumente eine Stichprobe, gezogen aus einer Grundgesamtheit, darstellen. Als Argumente sind 1 bis 30 numerische Argumente bzw. Zellenbezüge möglich, die eine aus einer Grundgesamtheit gezogene Stichprobe darstellen.
11	Die Tabellenfunktion VARIANZEN geht davon aus, dass die ihr übergebenen Argumente einer Grundgesamtheit entsprechen. Als Argumente sind 1 bis 30 numerische Argumente bzw. Zellenbezüge möglich, die einer Grundgesamtheit entsprechen.

Da die Überschriftenzeile nicht mitgezählt werden soll, ermitteln Sie mit der Anweisung `ActiveSheet.UsedRange.Columns.Count` die verwendeten Spalten im benutzen Bereich. Diese Anzahl müssen Sie vom Ergebnis der Funktion `SubTotal` subtrahieren. Das richtig ermittelte Ergebnis geben Sie in der Statusleiste mit Hilfe der Eigenschaft `StatusBar` aus.

Abbildung 6.27: Die Anzahl der gefilterten Zellen wird in der Statusleiste ausgegeben

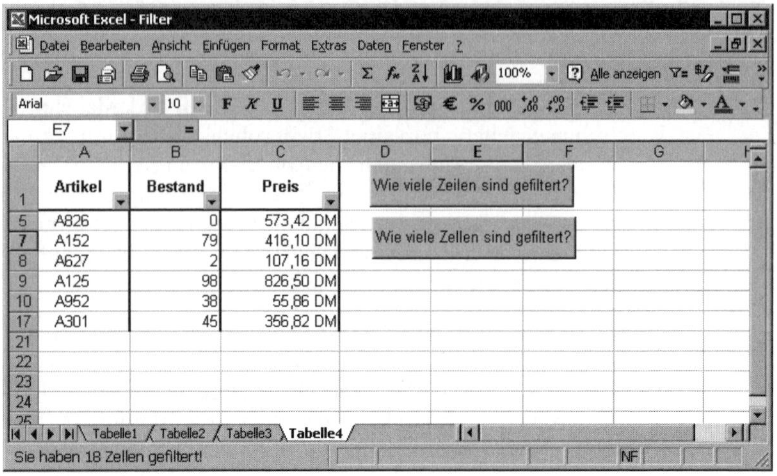

:-) TIPP

Setzen Sie die Eigenschaft `StatusBar` *auf den Wert* `False`*, wenn Sie möchten, dass Excel wieder die Verwaltung der Statusleiste übernehmen soll.*

6.18.4 Den größten Wert ermitteln

Wenn Sie den größten Wert innerhalb eines gefilterten Datenbereichs ermitteln möchten, können Sie wiederum die Funktion `SubTotal` einsetzen, der Sie als Argument den Funktionsindex `4` mitgeben.

Abbildung 6.28: Der größte Wert innerhalb des gefilterten Bereichs wird ausgegeben

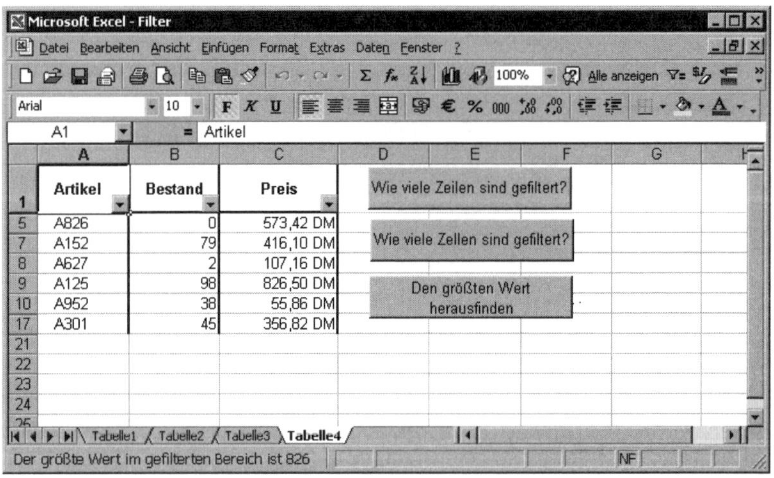

```
Sub GrößtenWertImGefiltertenBereichErmitteln()
Dim l As Long
 Sheets("Tabelle4").Activate
 Range("A1").Select
 Application.DisplayStatusBar = True
 l = Application.WorksheetFunction.Subtotal _
 (4, Range(ActiveSheet.UsedRange.Address))
 Application.StatusBar = _
  "Der größte Wert im gefilterten Bereich ist " & l
End Sub
```

Listing 6.57: Den größten Wert innerhalb eines gefilterten Bereichs ermitteln

6.18.5 Die erste bzw. letzte gefilterte Zeile ermitteln

Angenommen, die erste Zeile enthält Ihre Überschriften für die Spalten und der AutoFilter ist gesetzt. Jetzt möchten Sie wissen, welches die erste Zeile ist, die gefiltert wird.

```
Sub ErsteGefilterteZeileFinden()
Dim l As Long
 Sheets("Tabelle4").Activate
 Range("A1").Select
 For l = 2 To ActiveSheet.UsedRange.Rows.Count
      If ActiveSheet.Rows(l).Hidden <> True Then
       MsgBox "Die erste gefilterte Zeile ist die Zeile " _
       & l, vbInformation: Exit For
      End If
 Next
End Sub
```

Listing 6.58: Die erste gefilterte Zeile ermitteln

Da die eigentlichen Daten erst in Zeile 2 beginnen, setzen Sie die `For Next`-Schleife mit einem Startwert von `2` auf und durchlaufen alle Zeilen im benutzten Bereich. Innerhalb der Schleife prüfen Sie, ob die Eigenschaft `Hidden` der jeweiligen Zeile den Wert `False` liefert. Wird dieser Wert zum ersten Mal zurückgegeben, wird die aktuelle Zeilennummer auf dem Bildschirm ausgegeben. Danach wird die Schleife über die Anweisung `Exit For` direkt verlassen.

Analog dazu können Sie die letzte gefilterte Zeile ermitteln, indem Sie die Schleife derart aufbauen, dass sie, beginnend bei der letzten Zeile im verwendeten Bereich, startet und sich nach oben durcharbeitet.

```
Sub LetzteGefilterteZeileFinden()
Dim l As Long
 Sheets("Tabelle4").Activate
 Range("A1").Select
 For l = ActiveSheet.UsedRange.Rows.Count To 1 Step -1
    If ActiveSheet.Rows(l).Hidden <> True Then
      MsgBox "Die letzte gefilterte Zeile ist die Zeile " _
```

Listing 6.59: Die letzte gefilterte Zeile ermitteln

```
        & 1, vbInformation: Exit For
      End If
   Next
End Sub
```

Abbildung 6.29: Die erste gefilterte Zeile wird auf dem Bildschirm ausgeben

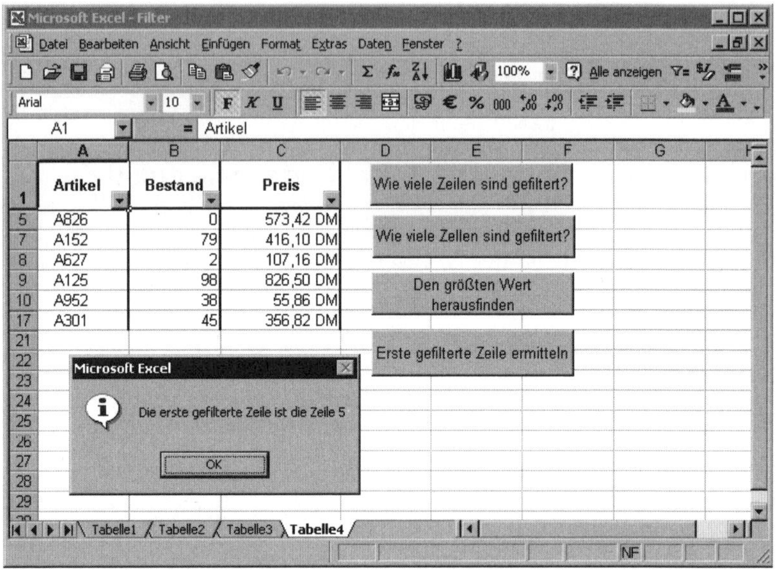

6.19 Doppelte Werte mit dem Spezialfilter ermitteln

Wenn Sie in einem großen Datenbestand versehentlich Duplikate eingegeben haben und nun eine Liste erstellen möchten, bei der jeder Satz nur einmal vorkommt, dann verwenden Sie den Spezialfilter in Excel. Den Spezialfilter können Sie aufrufen, indem Sie aus dem Menü DATEN den Befehl FILTER/SPEZIALFILTER wählen und die Kriterien des Spezialfilters einstellen. Diese Arbeit können Sie aber auch über ein Makro erledigen lassen.

Listing 6.60: Doppelte Sätze mit dem Spezialfilter ermitteln

```
Sub DatenSpezialfilter()
Dim Bereich As Range
 Sheets("Tabelle5").Activate
 Set Bereich = ActiveSheet.UsedRange.Columns(1)
 Bereich.AdvancedFilter Action:=xlFilterCopy, _
 CriteriaRange:=Bereich, CopyToRange:=Range("E1"), _
 Unique:=True
End Sub
```

Legen Sie zuerst fest, welcher Bereich mit dem Spezialfilter ausgewertet werden soll. Da Sie Ihre Tabelle auf doppelte Artikelnummern überprüfen möchten, legen Sie den Bereich für den Spezialfilter mit der Spalte A fest. Danach wenden Sie die Methode `AdvancedFilter` an, die folgende Syntax aufweist:

Die Syntax

```
Ausdruck.AdvancedFilter(Action, CriteriaRange, CopyToRange, Unique)
```

Die Argumente des Spezialfilters

Beim Argument `Ausdruck` muss es sich um ein `Range`-Objekt handeln. Im Beispiel auf Listing 6.60 ist das der Bereich der verwendeten Zellen in Spalte A.

Das Argument `Action` ist vom Datentyp `Long` und muss angegeben werden. Es stellt die Filter-Operation dar. Dabei können Sie eine der folgenden `XlFilterAction` Konstanten anwenden: `xlFilterInPlace` (an gleicher Stelle filtern) oder `xlFilterCopy` (Ergebnis des Filterns an anderer Stelle der Tabelle einfügen).

Das Argument `CriteriaRange` vom Datentyp `Variant` ist optional und stellt den Kriterienbereich für die Filterung dar. Falls das Argument nicht angegeben wird, gibt es keine Kriterien.

Das Argument `CopyToRange` vom Datentyp `Variant` ist optional und repräsentiert den Zielbereich für die kopierten Zeilen, wenn das Argument `Action` den Wert `xlFilterCopy` aufweist. Andernfalls wird das Argument ignoriert.

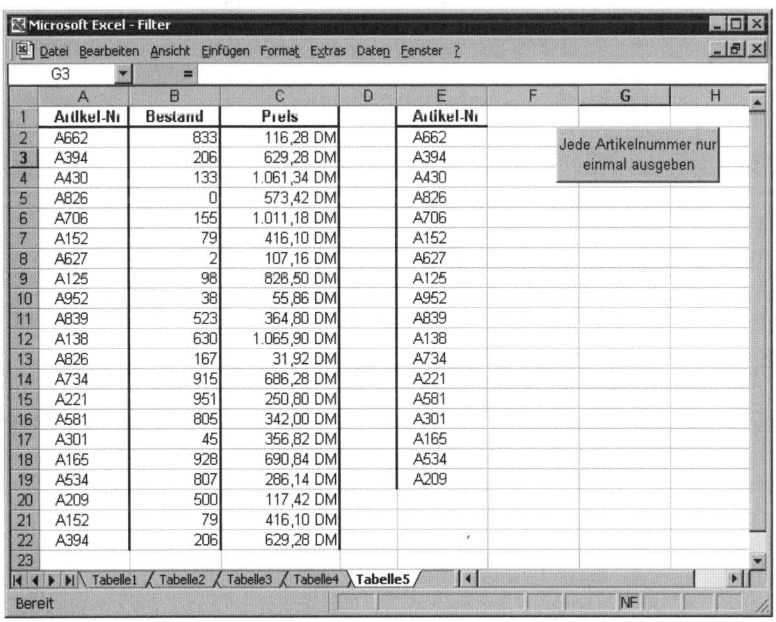

Abbildung 6.30: *In Spalte E wird jeder Artikel nur einmalig aufgeführt*

Das letzte Argument `Unique` vom Datentyp `Variant` ist optional und gibt an, ob doppelte Datensätze gefiltert werden sollen. Wenn das Argument den Wert `True` hat, werden ausschließlich einmal vorhandene Datensätze gefiltert. Ist der Wert `False`, werden alle Datensätze gefiltert, die die Kriterien erfüllen. Die Standardeinstellung für dieses Argument ist `False`.

6.20 Gefilterte Daten transferieren

Sie haben die Möglichkeit, die Ergebnisse aus einer Filterung, also die gefilterten Zeilen, auf ein anderes Tabellenblatt oder auch in eine Textdatei zu schreiben. Dies hat den Vorteil, dass Sie das Filterergebnis weiter bearbeiten können, ohne auf den Originalbestand zuzugreifen.

6.20.1 Gefilterte Zeilen in anderes Tabellenblatt übertragen

Wenn Sie die gefilterten Zeilen per Makro auf ein anderes Tabellenblatt übertragen möchten, starten Sie das Makro aus Listing 6.61.

Listing 6.61: Gefilterte Zeilen auf anderes Tabellenblatt übertragen

```
Sub GefilterteDatenKopieren()
 Sheets("Tabelle4").Activate
 ActiveCell.CurrentRegion.SpecialCells(xlVisible).Copy
 Sheets("Tabelle6").Activate
 Range("A1").Select
 ActiveSheet.Paste
End Sub
```

Mit Hilfe der `SpecialCells`-Methode und der Eigenschaft `CurrentRegion` ermitteln Sie alle sichtbaren Zellen im umliegenden Bereich. Diese kopieren Sie mit der Methode `Copy`, wechseln auf das andere Tabellenblatt, setzen den Mauszeiger auf Zelle A1 und fügen den Inhalt der Zwischenablage mit der Methode `Paste` ein.

6.20.2 Gefilterte Zeilen in eine Textdatei übertragen

Möchten Sie Daten an einen Anwender liefern, der kein Excel im Einsatz hat, können Sie die gefilterten Daten auch in eine Textdatei speichern. Dazu übertragen Sie zunächst die gefilterten Daten auf ein extra Tabellenblatt und führen dann den Transfer durch.

Listing 6.62: Gefilterte Daten in eine Textdatei überführen

```
Sub GefilterteTabelleInTextdateiSpeichern()
Dim Zelle As Object
Dim i As Integer
Dim iZ As Integer

Sheets("Tabelle4").Activate
ActiveSheet.UsedRange.Copy
Sheets("Tabelle6").Activate
Range("A1").Select
ActiveSheet.Paste
iZ = Range("A65536").End(xlUp).Row
Open "c:\eigene Dateien\Ausgabe.txt" For Output As #1
 For i = 1 To iZ
    Print #1, ActiveCell.Value; ";"; _
    ActiveCell.Offset(0, 1).Value; ";"; _
    ActiveCell.Offset(0, 2).Value
    ActiveCell.Offset(1, 0).Select
 Next
Close #1
MsgBox "Datenübertragung beendet!"
End Sub
```

Mit der Methode `Copy` und der Eigenschaft `UsedRange` kopieren Sie den benutzten Bereich und fügen diesen auf dem Tabellenblatt TABELLE6 ein. Dort ermitteln Sie die letzte belegte Zelle in Spalte A. Dies gelingt Ihnen über die Eigenschaft `End`, die die Zelle am Ende der Region darstellt, die den Quellbereich enthält. Der Quellbereich stellt im Beispiel die Zahl 65536 dar, welches die maximale Anzahl von Zeilen in einer Excel-Tabelle darstellt. Dieser Eigenschaft übergeben Sie die Richtungskonstante `xlUp`. Neben `xLUp` können Sie auch `xlToLeft`, `xlToRight` oder `xlDown` verwenden, je nachdem, welche Zelle Sie ermitteln möchten. Danach öffnen Sie mit Hilfe der Anweisung `Open` eine Textdatei, die Sie vorher nicht anzulegen brauchen. Jetzt setzen Sie eine `For Next`-Schleife auf, die Ihre gefilterten Zeilen Zelle für Zelle in die Textdatei AUSGABE.TXT schreibt. Dazu setzen Sie die Anweisung `Print` ein und sorgen dafür, dass das Semikolon als Trennzeichen zwischen den einzelnen Feldern eingefügt wird. Schließen Sie nach der Übertragung der Daten die Textdatei mit Hilfe der Anweisung `Close` und geben Sie eine Infomeldung auf dem Bildschirm aus, die Ihnen mitteilt, dass der Transfer abgeschlossen ist.

Abbildung 6.31: Die Textdatei mit dem Semikolon als Trennzeichen

6.21 Filtern von Daten auch bei geschützten Tabellen durchführen

Zum Abschluss dieses Kapitels erfahren Sie, wie Sie auch in geschützten Tabellen den AutoFilter bedienen können. Standardmäßig ist der AutoFilter bei geschützten Tabellen nicht verfügbar. Überlisten Sie Excel, indem Sie folgendes Makro in Listing 6.63 starten.

Listing 6.63: Sicherstellen, dass der AutoFilter auch in geschützten Tabellen verfügbar ist

```
Sub FilternAuchBeiBlattschutz()
 Sheets("Tabelle4").Activate
 ActiveSheet.Protect userinterfaceonly:=True
 ActiveSheet.EnableAutoFilter = True
End Sub
```

Mit der Methode `Protect` schützen Sie das aktive Tabellenblatt. Indem Sie die Eigenschaft `EnableAutoFilter` auf den Wert `True` setzen, aktivieren Sie die AutoFilter-Pfeile.

Erfahren Sie mehr über das Schützen von Tabellenblättern im nächsten Kapitel.

Um den Blattschutz des Tabellenblattes wieder aufzuheben, wenden Sie das Makro aus Listing 6.64 an.

Listing 6.64: Schutz der Tabelle deaktivieren

```
Sub TabellenblattBlattschutzAufheben()
 Sheets("Tabelle4").Activate
 ActiveSheet.Unprotect
End Sub
```

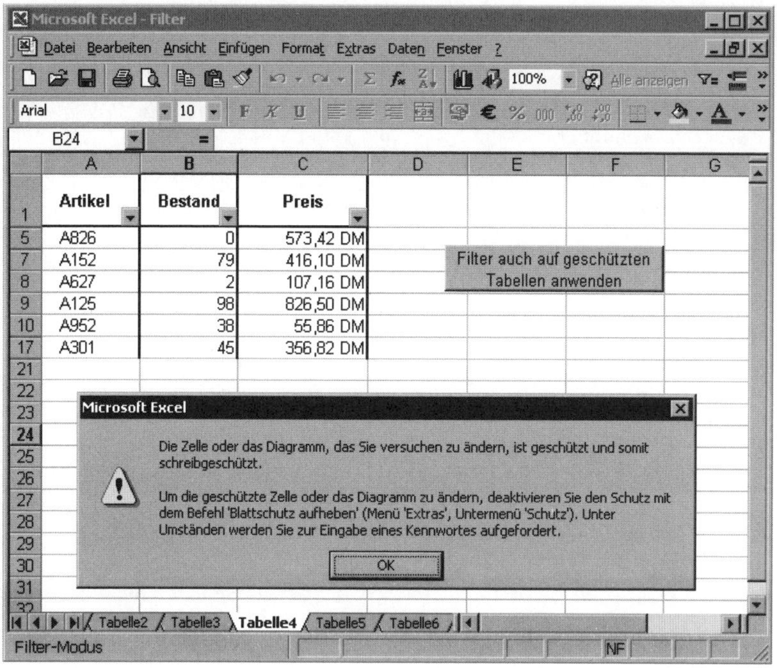

Abbildung 6.32: Filtern funktioniert, das Löschen von Daten aber nicht

Für das Aufheben des Blattschutzes ist die Methode `Unprotect` verantwortlich. Da Sie beim Schützen des Tabellenblattes kein Passwort vergeben haben, reicht es hier aus, die Methode ohne weitere Argumente anzugeben.

Tabellenblätter programmieren

Kapitel 7

Das Objekt `Worksheet` symbolisiert das Tabellenblatt. Mit Tabellenblättern lässt sich eine Menge anstellen. Sie können Tabellenblätter einfügen, umbenennen, löschen, drucken, kopieren, verschieben, einfügen und vieles mehr. Erfahren Sie mehr über den Einsatz von Eigenschaften und Methoden des Objektes `Worksheet` anhand ausgesuchter Beispiele aus der täglichen Praxis. U.a. werden folgende Fragen beantwortet:

Die Fragen

- Wie kann ich Tabellenblätter an der richtigen Position einfügen?
- Wie kann ich Tabellenblätter benutzerdefiniert benennen?
- Wie kann ich Tabellenblätter löschen?
- Wie kann ich Tabellenblätter verbergen bzw. schützen?
- Wie kann ich Kopf- und Fußzeilen einrichten?
- Wie kann ich Tabellenblätter drucken?
- Wie kann ich Tabellenblätter kopieren oder versenden?
- Wie kann ich Tabellenblätter sortieren?
- Wie kann ich Tabellenblätter konsolidieren?

Die folgenden Makros können Sie auf der CD im Verzeichnis KAP07 *in der Datei* TABELLEN.XLS *finden.*

CD-ROM

7.1 Tabellenblätter einfügen

Standardmäßig bietet Excel Ihnen bei der Erstellung einer neuen Arbeitsmappe drei Tabellenblätter an. Wenn Sie weitere hinzufügen möchten, setzen Sie die Methode `Add` ein. Das neu eingefügte Tabellenblatt wird immer vor dem aktiven Tabellenblatt der Arbeitsmappe eingefügt.

Listing 7.1: Neues Tabellenblatt einfügen

```
Sub TabelleEinfügen()
 Worksheets.Add
End Sub
```

Möchten Sie ein Tabellenblatt an bestimmter Position einfügen, können Sie auch die Position festlegen, an welcher Sie die neue Tabelle einfügen möchten. Dazu starten Sie das folgende Makro in Listing 7.2.

Listing 7.2: Neues Tabellenblatt als erstes Blatt in Mappe einfügen

```
Sub TabelleAnPositionEinfügen()
 Worksheets.Add Before:=ActiveWorkbook.Worksheets(1)
End Sub
```

Im Listing 7.2 wurde die neue Tabelle zu Beginn der Arbeitsmappe, also als erste Tabelle, eingefügt. Das bisherige Tabellenblatt mit dem Index 1 wird dann eine Position nach rechts geschoben. Möchten Sie die neue Tabelle ganz am Ende, also ganz rechts, einfügen, setzen Sie folgendes Makro aus Listing 7.3 ein:

Listing 7.3: Neues Tabellenblatt am Ende der Arbeitsmappe einfügen

```
Sub TabelleAmEndeEinfügen()
 Worksheets.Add After:=Worksheets(Worksheets.Count)
End Sub
```

Um zu ermitteln, welches die gewünschte Einfügeposition des neuen Tabellenblattes ist, müssen Sie zuerst herausfinden, wie viele Tabellenblätter bereits in der Arbeitsmappe enthalten sind. Dabei hilft Ihnen die Eigenschaft `Count`. Sie liefert die Anzahl der Tabellenblätter. Danach brauchen Sie nur noch das Argument `After` anzugeben und das neue Tabellenblatt wird als letztes Tabellenblatt in die Arbeitsmappe eingefügt.

7.2 Tabellenblätter benennen

Excel vergibt beim Einfügen von Tabellennamen selbstständig Namen, die sich aus dem Ausdruck TABELLE und einer durchnumerierten Zahl zusammensetzten. Wenn Sie andere Namen verwenden möchten, können Sie dies jederzeit tun.

7.2.1 Tabelle nach Tagesdatum benennen

Im folgenden Beispiel soll der Tabelle TABELLE1 ein neuer Namen gegeben werden. Das Tabellenblatt soll den Namen des aktuellen Tagesdatums bekommen.

```
Sub TabellenNamenAusDatum()
On Error Resume Next
 Worksheets("Tabelle2").Name = Date
End Sub
```

Listing 7.4: Tabellenblatt umbenennen (aktuelles Tagesdatum als Name)

Über die Eigenschaft `Name` wird dem Tabellenblatt als neuer Name das aktuelle Datum gegeben. Dieses können Sie ermitteln, indem Sie die Funktion `Date` aufrufen. Dabei holt Excel sich das aktuelle Tagesdatum aus der Systemsteuerung von Windows. Die `On Error`-Anweisung sorgt dafür, dass der Fehlerfall, z.B. dass es dieses Tabellenblatt gar nicht gibt, abgefangen wird.

7.2.2 Tabelle nach formatiertem Datum benennen

Wenn Sie möchten, können Sie Datumsangaben vorher noch formatieren, bevor Sie diese Angabe als Namen für Ihr Tabellenblatt verwenden.

```
Sub TabelleNamenAusFormatiertemDatum()
 ActiveSheet.Name = Format(Now, "mmm dd")
End Sub
```

Listing 7.5: Tabellenblatt umbenennen (formatiertes Datum als Name)

Mit Hilfe der Funktion `Format` können Sie beispielsweise Datumsformate ändern. Dabei wenden Sie diese Funktion auf die Funktion `Now` an, die sowohl das aktuelle Datum als auch die aktuelle Uhrzeit wiedergibt.

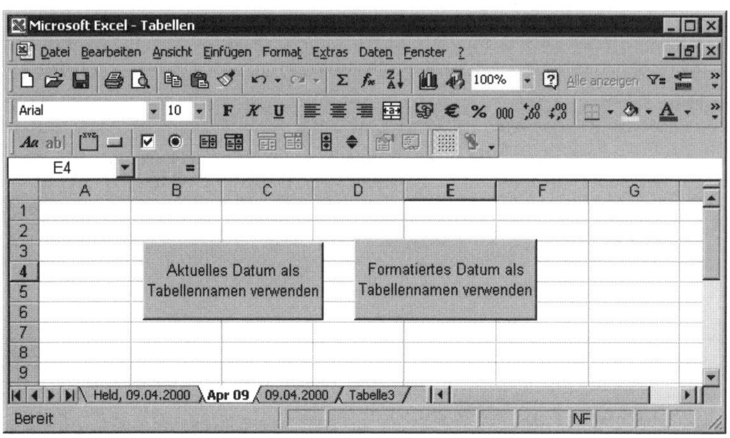

Abbildung 7.1: Datum als Tabellennamen verwenden

Bei der Formatierung des Datums haben Sie eine ganze Reihe an Möglichkeiten. Einige davon können Sie in Tabelle 7.1 sehen.

Tabelle 7.1: Datumsangaben formatieren

Datumsformat	Datumsanzeige
`Format(Now, "dd mmmm")`	09 April
`Format(Now, "dd. mmmm yy")`	09. April 00
`Format(Now, "dd. mmmm yyyy")`	09. April 2000
`Format(Now, "dd-mm-yyyy")`	09-04-2000
`Format(Now, "dddd")`	Sonntag
`Format(Now, "mmmm yyyy")`	April 2000

7.2.3 Tabelle nach Zelleninhalt benennen

Im nächsten Beispiel wird der Name des Tabellenblattes aus dem Inhalt der Zelle B1 gebildet.

Listing 7.6: Tabellenname aus Zelle beziehen

```
Sub TabellenNamenAusZelle()
 Worksheets(1).Name = Range("B1").Value
End Sub
```

Mit dem Befehl `Worksheet(1).Name` ist das erste Tabellenblatt in der Arbeitsmappe gemeint, also das am weitesten links stehende. Verwenden Sie hingegen den Befehl `Worksheets("Tabelle1").Name`, dann ist hier eindeutig die TABELLE1 gemeint, egal an welcher Position sie sich gerade befindet.

7.2.4 Tabelle nach Anwender und Tagesdatum benennen

Im folgenden Beispiel geben Sie dem ersten Tabellenblatt in der Arbeitsmappe den Namen des Anwenders, kombiniert mit dem aktuellen Tagesdatum.

Listing 7.7: Tabellenname aus Anwendernamen und Tagesdatum bilden

```
Sub TabellenNamenAnwenderUndDatum()
 Worksheets(1).Name = Application.UserName & ", " & Date
End Sub
```

Im Listing 7.7 wird der Namen des neuen Tabellenblattes aus den Informationen Anwendernamen und aktuelles Tagesdatum gebildet. Den Anwendernamen ermitteln Sie mit Hilfe der Eigenschaft `UserName`. Den so ermittelten Anwendernamen können Sie manuell herausfinden, wenn Sie aus dem Menü EXTRAS den Befehl OPTIONEN wählen, danach auf die Registerkarte ALLGEMEIN wechseln und im Feld BENUTZERNAME nachsehen. Das aktuelle Tagesdatum liefert Ihnen die Funktion `Date`. Verkettet werden die beiden Informationen mit dem Verkettungsoperator `&`.

7.2.5 Tabelle einfügen und benennen kombinieren

Selbstverständlich können Sie das Einfügen von neuen Tabellenblättern und deren Benennung auch auf einen Aufwasch erledigen:

```
Sub TabelleEinfügenUndBenennen()
 Worksheets.Add.Name = "Tabelle1"
End Sub
```

Listing 7.8: Neue Tabelle einfügen und benennen in einem Schritt

7.3 Tabellenblätter löschen

Wie Sie Tabellenblätter einfügen, wissen Sie jetzt. Aber wie werden Tabellenblätter gelöscht? Für das Löschen von Tabellenblättern setzen Sie die Methode `Delete` ein.

```
Sub TabellenblattLöschen()
    On Error GoTo fehler
    Sheets("Tabelle1").Delete
    Exit Sub
fehler:
    MsgBox "es gibt keine Tabelle1 zum Löschen"
End Sub
```

Listing 7.9: Ein bestimmtes Tabellenblatt löschen

Zu Beginn sorgt die Anweisung `On Error` dafür, dass bei einem Fehlerfall sofort zur Textmarke `fehler` gesprungen wird. Ein Fehler kann z. B. auftreten, wenn die Tabelle gar nicht in der Arbeitsmappe enthalten ist. Danach wird versucht, die Tabelle TABELLE1 zu löschen. Sollte der Vorgang erfolgreich sein, wird die nächste Zeile abgearbeitet, wenn nicht, wird zur Textmarke `fehler` gesprungen. Die Anweisung `Exit Sub` sorgt dafür, dass nach dem erfolgreichen Löschen des Tabellenblattes das Makro sofort beendet, also die Textmarke `fehler` nicht mehr abgearbeitet wird. Die Textmarke `fehler` leitet die Fehlerbehandlung ein. Sie wird nur ausgeführt, wenn z. B. versucht wurde, eine Tabelle zu löschen, die es gar nicht mehr gibt. Als Fehlerreaktion wird eine einfache Meldung am Bildschirm ausgegeben.

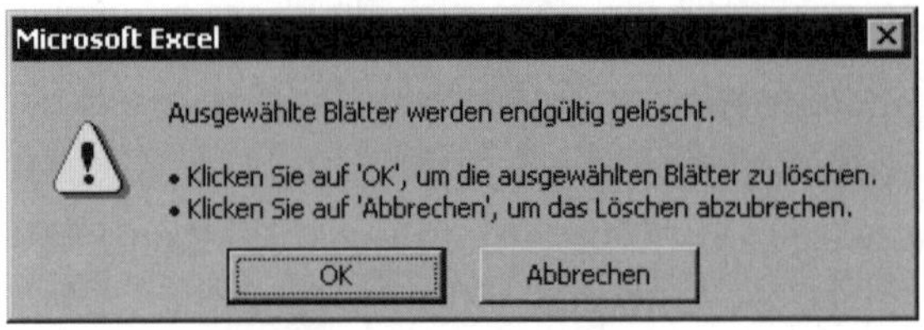

Abbildung 7.2: *Vor dem Löschen des Tabellenblattes erfolgt Rückfrage*

7.3.1 Tabelle löschen ohne Rückfrage

Möchten Sie die Bestätigungsmeldung beim Löschen von Tabellenblättern nicht angezeigt bekommen und das Tabellenblatt ohne Sicherheitsrückfrage löschen, verwenden Sie die Eigenschaft `DisplayAlerts`.

Listing 7.10: *Tabelle ohne Sicherheitsrückfrage löschen*

```
Sub TabelleLöschenOhneRückfrage()
 Application.DisplayAlerts = False
 Sheets(1).Delete
End Sub
```

Setzen Sie die Eigenschaft `DisplayAlert` auf den Wert `False`, wenn Sie verhindern möchten, dass Excel ganz allgemein Warnungen und Meldungen anzeigt. Standardmäßig ist dieser Wert aber auf `True` gesetzt, was für dieses Beispiel bedeutet, dass Sie vor dem Löschen des Tabellenblattes noch einmal gefragt werden, ob Sie dieses wirklich löschen möchten.

7.3.2 Alle Tabellen löschen, nur die aktive Tabelle nicht

Wenn Sie Daten weitergeben möchten und dabei aber nur ein Tabellenblatt in der Arbeitsmappe von Interesse ist, dann dünnen Sie die Arbeitsmappen aus und entfernen Sie bis auf die momentan aktivierte Tabelle alle anderen Tabellenblätter. Im Anschluss daran rufen Sie den SPEICHERN UNTER Dialog auf und setzen als Name der Arbeitsmappe den Namen des Tabellenblattes ein. Starten Sie das folgende Makro aus Listing 7.11.

Listing 7.11: *Alle Tabellenblätter einer Mappe bis auf das aktive Blatt löschen*

```
Sub AlleTabellenLöschenBisAufEines()
Dim Blatt As Object

Application.DisplayAlerts = False
For Each Blatt In Sheets
If Blatt.Name <> ActiveSheet.Name Then
 Blatt.Delete
End If
Next Blatt
 ChDir ("C:\eigene Dateien")
```

```
 Application.Dialogs(xlDialogSaveAs).Show ActiveSheet.Name
 Application.DisplayAlerts = True
End Sub
```

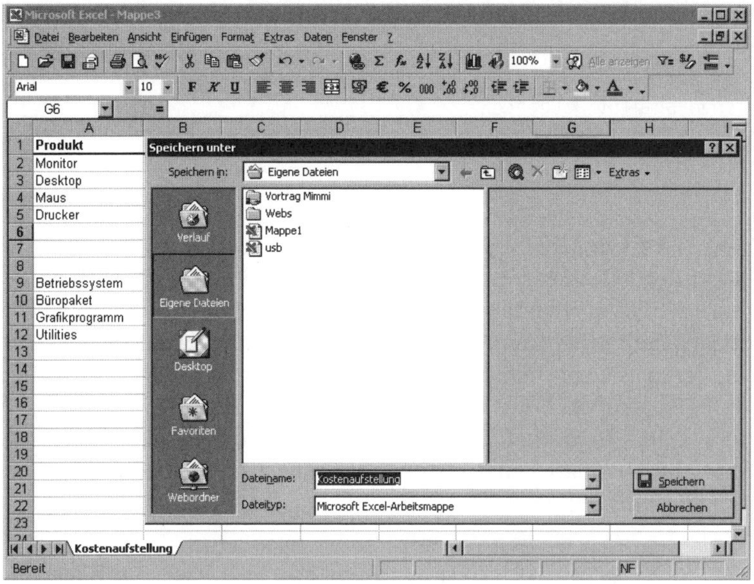

Abbildung 7.3: Tabelle als neue Arbeitsmappe speichern

Definieren Sie zuerst eine Objektvariable. Danach greifen Sie in einer `For Each`-Schleife auf das Auflistungsobjekt `Sheets` zu, das alle Tabellenblätter der aktiven Arbeitsmappe enthält. Innerhalb der Schleife vergleichen Sie den Namen des aktiven Tabellenblatts mit dem jeweiligen Tabellenblatt aus dem Auslistungsobjekt. Mit der Methode `Delete` löschen Sie alle Tabellenblätter aus der Arbeitsmappe, mit Ausnahme des aktiven Tabellenblatts. Anschließend wechseln Sie mit der Anweisung `ChDir` in das Verzeichnis C:\EIGENE DATEIEN und rufen den integrierten SPEICHERN UNTER-Dialog auf.

Möchten Sie auf ein anderes Laufwerk wechseln, verwenden Sie die Anweisung `ChDrive`.

:-) TIPP

7.3.3 Alle leeren Tabellen in Arbeitsmappe löschen

Viele Arbeitsmappen enthalten unnötigen Ballast in Form von leeren Tabellenblättern. Das folgende Makro durchsucht die aktive Arbeitsmappe nach leeren Tabellenblättern und löscht diese.

Listing 7.12: Alle leeren Tabellenblätter einer Arbeitsmappe werden gelöscht

```
Sub AlleLeerenTabellenLöschen()
Dim i As Integer
 Application.DisplayAlerts = False
 On Error Resume Next
 For i = 1 To ActiveWorkbook.Sheets.Count
  Sheets(i).Activate
  If ActiveCell.SpecialCells(xlLastCell).Address = "$A$1" _
  Then Sheets(i).Delete
 Next i
 Application.DisplayAlerts = True
End Sub
```

Über die Eigenschaft `Count`, die Sie auf das Auflistungsobjekt `Sheets` anwenden, können Sie die Anzahl der Tabellenblätter ermitteln, die sich in der Arbeitsmappe befinden. Abhängig von der ermittelten Anzahl bauen Sie Ihre `For Next`-Schleife auf. Innerhalb der Schleife aktivieren Sie das Tabellenblatt und prüfen, ob die Methode `SpecialCells` mit der Konstanten `xlLastCell` die Zellenadresse A1 zurückgibt. In diesem Fall können Sie davon ausgehen, dass auf dem Tabellenblatt keine Daten eingegeben sind. Löschen Sie diese Tabellen mit Hilfe der Methode `Delete`.

7.4 Tabellenblätter aktivieren

Wie funktioniert der Wechsel auf ein anderes Tabellenblatt eigentlich? Um ein Tabellenblatt zu aktivieren, setzen Sie die Methode `Activate` ein. Dabei können Sie ganz gezielt auf ein ganz bestimmtes Tabellenblatt zugreifen oder allgemein eine Tabelle nach vorn oder nach hinten springen.

Listing 7.13: Das nächste Tabellenblatt aktivieren

```
Sub VorherigesBlattAktivieren()
 On Error Resume Next
 ActiveSheet.Previous.Activate
End Sub
```

Die `On Error` Anweisung kommt dann zum Tragen, wenn Sie bereits das erste Tabellenblatt in der Arbeitsmappe aktiviert haben und ein weiteres Blättern nach links nicht mehr möglich ist. Dieser Fall muss abgefangen werden, da Sie ansonsten eine Fehlermeldung erhalten.

Listing 7.14: Das vorherige Tabellenblatt aktivieren

```
Sub NächstesBlattAktivieren()
 On Error Resume Next
 ActiveSheet.Next.Activate
End Sub
```

Analog zum vorherigen Beispiel können Sie ebenso in Ihrer Arbeitsmappe nach rechts blättern. Dazu setzen Sie die Eigenschaft `Next` ein.

7.5 Tabellenblätter gruppieren

In Excel haben Sie die Möglichkeit, Ihre Arbeit an einem Tabellenblatt automatisch auch für andere Tabellenblätter gültig zu machen. Dazu gruppieren Sie die einzelnen Tabellenblätter. Manuell klappt das, indem Sie die [Strg]-Taste gedrückt halten und die einzelnen Tabellenregister mit der linken Maustaste anklicken. Diese Ergebnis dieser Aktion können Sie selbstverständlich auch mit VBA erreichen:

Listing 7.15: Mehrere Tabellenblätter gruppieren

```
Sub MehrereTabellenblätterMarkieren()
On Error Resume Next
 Sheets(Array("Tabelle1", "Tabelle2", "Tabelle3")).Select
End Sub
```

Die Funktion `Array` ermöglicht es Ihnen, eine durch Kommas getrennte Liste von Werten (hier Tabellennamen) anzugeben. Wichtig ist auch hier wieder die `On Error`-Anweisung, um eine Fehlermeldung zu vermeiden, falls eines der Tabellenblätter nicht vorhanden ist.

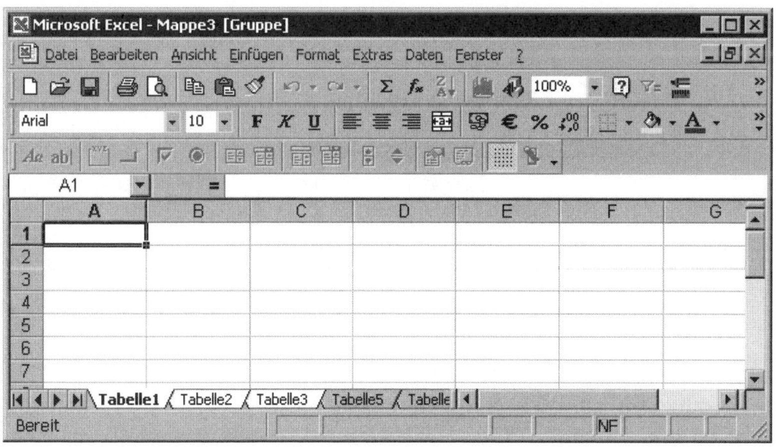

Abbildung 7.4: Gruppierung von mehreren Tabellenblättern

Möchten Sie alle Tabellenblätter einer Arbeitsmappe gruppieren, können Sie die Tabellenblätter in einen Array einlesen und anschließend gruppieren. Dazu wenden Sie das Makro aus Listing 7.16 an.

Listing 7.16: Alle Tabellenblätter einer Arbeitsmappe gruppieren

```
Sub MarkierenAlleTabellen()
Dim l As Long
Dim lTab As Long
Dim TabArray() As Long

    lTab = ThisWorkbook.Worksheets.Count
    ReDim TabArray(1 To lTab)
    On Error Resume Next
    For l = 1 To lTab
        TabArray(l) = l
    Next l
    ThisWorkbook.Worksheets(TabArray).Select
End Sub
```

Ermitteln Sie mit der Eigenschaft `Count` die Anzahl der Tabellenblätter, die in der Arbeitsmappe enthalten sind. Mit der Anweisung `ReDim` reservieren Sie Speicherplatz für die dynamische Datenfeldvariable `TabArray`. Danach füllen Sie den Array mit Hilfe einer `For Next`-Schleife. Im Anschluss daran werden alle Tabellenblätter der Arbeitsmappe gruppiert.

7.6 Tabellenblätter schützen

Haben Sie wichtige Daten auf Ihrem Tabellenblatt erfasst, und möchten diese vor Veränderungen anderer schützen, können Sie Ihre Tabelle mit einem Passwort belegen.

Listing 7.17: Tabellen schützen

```
Sub BlattschutzEinschalten()
 ActiveSheet.Protect Password:="test", _
 DrawingObjects:=True, Contents:=True, Scenarios:=True
End Sub
```

Die Syntax

Es lohnt sich, die Syntax der Methode `Protect` einmal näher zu betrachten:

```
ActiveSheet.Protect(Password, DrawingObjects, Contents, Scenarios,
UserInterfaceOnly)
```

Die Argumente der Methode Protect

Im Argument `Passwort` geben Sie eine Zeichenfolge an, die das groß-/kleinschreibungsabhängige Kennwort für das Blatt oder die Arbeitsmappe festlegt. Wenn Sie dieses Argument weglassen, kann der Schutz des Blattes oder der Arbeitsmappe ohne Angabe eines Kennworts aufgehoben werden. Weisen Sie dagegen ein Kennwort zu, muss das Kennwort angegeben werden, um den Schutz des Blattes oder der Arbeitsmappe aufzuheben.

Mit dem Argument `DrawingObjects` bestimmen Sie, ob Sie zusätzlich zu Ihren Zellen auch noch Formen, wie z.B. Blockpfeile, Sterne oder Banner, schützen möchten. Diese Formen werden standardmäßig jedoch nicht geschützt. Wenn Sie Formen schützen möchten, setzen Sie das Argument auf den Wert `True`.

Beim Argument `Contents`, welches standardmäßig auf `True` gesetzt ist, werden die Zellen eines Tabellenblattes geschützt.

Das Argument `Scenarios` gilt nur für Arbeitsblätter und bedeutet, dass bestimmte Ansichten und Einstellungen, wie z.B. der eingestellte Zoom geschützt werden. Die Standardeinstellung ist dabei ebenfalls `True`.

Das letzte Argument `UserInterFaceOnly` nimmt den Wert `True` an. Damit wird die Benutzeroberfläche, jedoch keine Makros geschützt. Ohne Angabe dieses Arguments gilt der Schutz für Makros und die Benutzeroberfläche.

7.6.1 Tabellenschutz aufheben

Zum Deaktivieren des Tabellenschutzes reicht es, wenn Sie bei der Methode `Unprotect` das Passwort angeben. Sollten Sie Ihr Tabellenblatt ohne Passwort geschützt haben, reicht allein der Befehl `ActiveSheet.Unprotect`.

```
Sub BlattschutzAusschalten()
    ActiveSheet.Unprotect ("test")
 End Sub
```

Listing 7.18: Tabellenschutz aufheben

7.6.2 Alle Tabellen einer Arbeitsmappe schützen

Wenn Sie alle Tabellenblätter einer Arbeitsmappe schützen möchten und dabei dasselbe Passwort verwenden möchten, können Sie folgendes Makro aus Listing 7.19 nutzen.

```
Sub PasswortFürAlleBlätterEinstellen()
Dim Tabz As Integer
Dim i As Integer

 Tabz = ActiveWorkbook.Worksheets.Count
 For i = 1 To Tabz
  Sheets(i).Protect DrawingObjects:=True, Contents:=True, _
  Scenarios:=True, password:="test"
 Next i
End Sub
```

Listing 7.19: Alle Tabellenblätter einer Arbeitsmappe schützen

Um den Blattschutz für alle Tabellenblätter in der Mappe wieder aufzuheben, starten Sie das Makro aus Listing 7.20.

Listing 7.20: Blattschutz auf allen Tabellenblättern der Mappe entfernen

```
Sub PasswortAlleBlätterEntfernen()
Dim Tabz As Integer
Dim i As Integer

    Tabz = ActiveWorkbook.Worksheets.Count
    For i = 1 To Tabz
      Sheets(i).Unprotect ("test")
    Next i
End Sub
```

7.6.3 Aufgaben trotz Blattschutz ausführen

Ist der Blattschutz für eine Tabelle einmal eingestellt, können bestimmte Aktionen, wie beispielsweise Löschen und Formatieren von Daten, nicht mehr durchgeführt werden. Müssen Sie trotzdem Änderungen auf geschützten Tabellenblättern ausführen, dann entfernen Sie den Blattschutz temporär, führen die Aufgabe durch und setzen den Blattschutz wieder ein. Im folgenden Beispiel wird eine Rechtschreibprüfung auf einem geschützten Tabellenblatt durchgeführt.

Listing 7.21: Rechtschreibprüfung auf geschützten Tabellen ausführen

```
Sub RechtschreibprüfungAuchBeiBlattschutz()
  ActiveSheet.Unprotect
  Cells.CheckSpelling CustomDictionary:="BENUTZER.DIC", _
  IgnoreUppercase:=False, AlwaysSuggest:=True
  ActiveSheet.Protect DrawingObjects:=True, _
  Contents:=True, Scenarios:=True
End Sub
```

Entfernen Sie im ersten Schritt den Blattschutz der aktiven Tabelle. Danach wenden Sie die Methode `CheckSpelling` an, die für alle Zellen des Tabellenblattes ausgeführt wird. Zuletzt stellen Sie den Blattschutz wieder ein.

Die Syntax

Die Methode `CheckSpelling` hat die Syntax:

```
Ausdruck.CheckSpelling(CustomDictionary, IgnoreUppercase,
AlwaysSuggest, SpellLang)
```

Die Argumente der Methode CheckSpelling

Das Argument `CustomDictionary` vom Datentyp `Variant` ist optional und repräsentiert eine Zeichenfolge, die den Dateinamen des Benutzerwörterbuches angibt, in dem ein Wort gesucht werden soll, das nicht im Standardwörterbuch zu finden ist. Wird das Argument nicht angegeben, wird das momentan angegebene Wörterbuch verwendet.

Das Argument `IgnoreUppercase` vom Datentyp `Variant` ist ebenfalls optional. Wird der Wert auf `True` gesetzt, ignoriert Excel alle Wörter in Großbuchstaben. Wird der Wert `False` gesetzt, prüft Excel auch Wörter, die in Großbuchstaben geschrieben sind.

Das Argument `AlwaysSuggest` vom Datentyp `Variant` ist optional. Wird der Wert `True` gesetzt, zeigt Excel eine Liste mit alternativen Schreibweisen an, wenn ein falsch geschriebenes Wort gefunden wird. Wird der Wert auf `False` gesetzt, wartet Excel auf die Eingabe des richtig geschriebenen Wortes.

Das Argument `SpellLang` gibt die Sprache des verwendeten Wörterbuchs an.

7.7 Tabellenblätter ein- und ausblenden

Wenn Sie bestimmte Tabellenblätter nicht mit einem Passwort schützen, jedoch trotzdem einen gewissen Schutz Ihrer Daten erreichen möchten, können Sie Tabellenblätter auch ausblenden. Das Ein- und Ausblenden von Tabellenblätter erzielen Sie mit der Eigenschaft `Visible`.

```
Sub TabelleAusblenden()
On Error Resume Next
Sheets("Tabelle1").Visible = False
End Sub
```

Listing 7.22: Tabellenblatt ausblenden

Nachdem Sie das Makro `TabelleAusblenden` ausgeführt haben, wird die Tabelle in der Arbeitsmappe nicht mehr angezeigt. Der Anwender kann aber jederzeit über den Befehl BLATT/EINBLENDEN aus dem Menü FORMAT die ausgeblendeten Tabellenblätter wieder verfügbar machen. Das Einblenden eines ausgeblendeten Tabellenblatts funktioniert in VBA wie folgt

```
Sub TabelleEinblenden()
On Error Resume Next
Sheets("Tabelle1").Visible = True
End Sub
```

Listing 7.23: Tabellenblatt wieder einblenden

7.7.1 Tabellenblätter sicher ausblenden

Möchten Sie verhindern, dass der Anwender Ihre ausgeblendeten Tabellenblätter über die Benutzeroberfläche wieder einblenden kann, müssen Sie bei der Eigenschaft `Visible` die Konstante `xlVeryHidden` verwenden.

Listing 7.24: Tabelle ausblenden (sichere Methode)

```
Sub TabelleSicherAusblenden()
On Error Resume Next
Sheets("Tabelle1").Visible = xlVeryHidden
End Sub
```

In diesem Fall können Sie Ihre ausblendete Tabelle nur mit einem Makro wieder verfügbar machen. Dazu setzen Sie das Makro aus Listing 7.24 ein.

7.7.2 Tabellen je nach Status ein- oder ausblenden

In einer Arbeitsmappe sollen alle eingeblendeten Tabellenblätter ausgeblendet bzw. alle ausgeblendeten Tabellenblätter eingeblendet werden. Das Makro für diese Aufgabe können Sie in Listing 7.25 sehen.

Listing 7.25: Tabellenblätter je nach Status ein- bzw. ausblenden

```
Sub TabellenJeNachStatusEinAusblenden()
Dim Blatt As Worksheet
On Error resume next
For Each Blatt In ActiveWorkbook.Worksheets
    Select Case Blatt.Visible
        Case xlSheetHidden: Blatt.Visible = xlSheetVisible
        Case xlSheetVisible: Blatt.Visible = xlSheetHidden
    End Select
Next Blatt
End Sub
```

In einer `For Each Next`-Schleife überprüfen Sie mit Hilfe einer `Select Case`-Anweisung, wie der Status der Eigenschaft `Visible` für das jeweilige Tabellenblatt ist. Je nach Status wird der Eigenschaft dann entweder die Konstante `xlSheetVisible` bzw. `xlSheetHidden` zugewiesen.

STOP

Achten Sie darauf, dass Sie die Anweisung `On Error` in das Makro integrieren. In einer Arbeitsmappe muss immer wenigstens eine Tabelle sichtbar bleiben. Versucht nun das Makro das letzte Tabellenblatt auszublenden, kommt es zum Fehlerfall, den Sie aber mit dieser Anweisung abfangen können.

7.7.3 Alle versteckten Tabellen anzeigen

Ausgeblendete Tabellenblätter werden oft vergessen. Diese versteckten Tabellenblätter schlummern dann jahrelang in Arbeitsmappen. Eines Tages erfahren Sie mehr durch Zufall, dass es in der Arbeitsmappe versteckte Tabellenblätter gibt. Der Zufall könnte beispielsweise daraus bestehen, dass Sie aus dem Menü DATEI den Befehl

DRUCKEN wählen und im Drucken-Dialog die Option GESAMTE ARBEITSMAPPE wählen. Diese Option druckt sowohl die sichtbaren als auch die ausgeblendeten Tabellenblätter einer Arbeitsmappe.

Schreiben Sie daher ein Makro, das in der aktiven Arbeitsmappe alle ausgeblendeten Tabellenblätter wieder sichtbar macht.

Listing 7.26: Alle versteckten Tabellenblätter einblenden

```
Sub EinblendenVersteckteBlätter()
Dim Blatt As Worksheet
 For Each Blatt In Sheets
  Blatt.Visible = True
 Next Blatt
End Sub
```

In einer `For Each Next`-Schleife setzen Sie die Eigenschaft `Visible` aller Tabellenblätter auf den Wert `True`.

7.7.4 Alle Tabellen außer der aktiven Tabelle ausblenden

Wenn Sie möchten, können Sie alle Tabellenblätter einer Arbeitsmappe mit Ausnahme des aktiven Tabellenblattes ausblenden, indem Sie folgendes Makro aus Listing 7.27 starten.

Listing 7.27: Alle Tabellen außer der aktiven Tabelle werden ausgeblendet

```
Sub NurAktivesBlattSichtbar()
Dim Blatt As Object
 For Each Blatt In Sheets
  If Blatt.Name <> ActiveSheet.Name Then
     Blatt.Visible = False
  End If
 Next Blatt
End Sub
```

Definieren Sie zuerst eine Objektvariable. Danach greifen Sie in einer `For Each Next`-Schleife auf das Auflistungsobjekt `Sheets` zu, das alle Tabellenblätter der aktiven Arbeitsmappe enthält. Innerhalb der Schleife vergleichen Sie den Namen des aktiven Tabellenblatts mit dem jeweiligen. Tabellenblatt aus dem Auslistungsobjekt. Mit der Eigenschaft `Visible`, die Sie auf den Wert `False` setzen, blenden Sie alle Tabellenblätter aus der Arbeitsmappe mit Ausnahme des aktiven Tabellenblatts aus.

7.8 Kopf- und Fußzeilen einrichten

Standardmäßig werden in Excel 2000 keine Kopf- und Fußzeilen ausgedruckt. Um diese müssen Sie sich selber kümmern. Dazu verwenden Sie das Objekt `PageSetup`, welches Sie für das Tabellenblatt anwenden können.

7.8.1 Fußzeile mit Anwendernamen

So fügen Sie beispielsweise den Namen des Anwenders, den genauen Speicherpfad, das heutige Datum oder auch andere Angaben aus den Dokumenteigenschaften als Kopf- oder Fußzeile ein.

***Listing 7.28:** Fußzeile mit Benutzername generieren*

```
Sub BenutzerNameInFußzeile()
  ActiveSheet.PageSetup.RightFooter = Application.UserName
End Sub
```

7.8.2 Fußzeile mit Pfad

Wenn Sie eine Fußzeile mit dem Namen der Arbeitsmappe definieren, können Sie leider aus dieser Angabe nicht ersehen, wo diese Arbeitsmappe gespeichert ist. Daher erstellen Sie ein Makro, welches Ihnen eine Fußzeile mit dem Namen des kompletten Pfades der Datei ausgibt.

***Listing 7.29:** Fußzeile mit kompletter Pfadangabe der Datei erstellen*

```
Sub FußzeileMitPfad()
  ActiveSheet.PageSetup.LeftFooter = _
  ActiveWorkbook.Path & "\" & ActiveWorkbook.Name
End Sub
```

7.8.3 Kopfzeile mit Datums- und Zeitangabe

Im nächsten Beispiel stellen Sie ein vierstelliges Datum in die Kopfzeile sowie die aktuelle Uhrzeit in die Fußzeile.

***Listing 7.30:** Kopf- und Fußzeilen mit Datums- und Zeitangaben bestücken*

```
Sub KopfzeileMit4-stelligemDatum()
    With ActiveSheet.PageSetup
        .LeftHeader = ""
        .CenterHeader = Format(Date, "dd.mm.yyyy")
        .RightHeader = ""
        .LeftFooter = ""
        .CenterFooter = Time
        .RightFooter = ""
    End With
    ActiveWindow.SelectedSheets.PrintPreview
End Sub
```

Mit der Anweisung `With` können Sie eine Reihe von Anweisungen für ein bestimmtes Objekt ausführen, ohne den Namen des Objekts mehrmals angeben zu müssen. Dadurch können Sie sich eine Menge Schreibarbeit sparen und das Ganze sieht auch noch übersichtlicher aus. Um das Datum in eine bestimmte Form zu bringen, setzen Sie die Funktion `Format` ein. Möglich wäre auch die Anweisung

```
CenterHeader = Format(Date, "Long Date"),
```

was zur Folge hätte, dass das Datum ausgeschrieben wird (z.B. Montag, 10. April 2000).

Mit der Methode `PrintPreview` zeigen Sie direkt nach dem Festlegen der Kopf- und Fußzeilen das Ergebnis, so wie es in der Seitenansicht aussieht.

7.8.4 Fußzeile mit Dokumenteigenschaften füllen

Im nächsten Beispiel greifen Sie auf die Dokumenteigenschaften Ihrer Excel-Arbeitsmappe zurück. Die Dokumenteigenschaften finden Sie, wenn Sie in der Tabelle aus dem Menü DATEI den Befehl EIGENSCHAFTEN wählen und danach auf die Registerkarte ZUSAMMENFASSUNG wechseln.

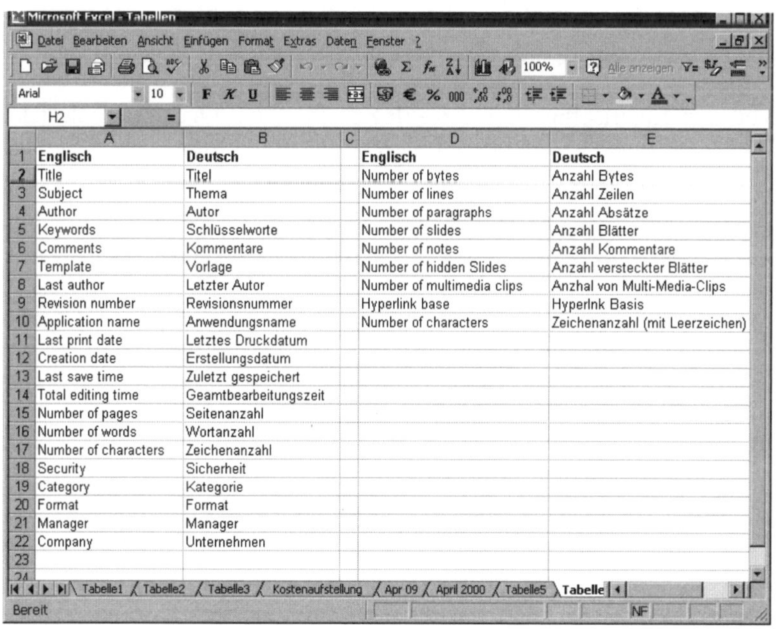

	A	B	C	D	E
1	**Englisch**	**Deutsch**		**Englisch**	**Deutsch**
2	Title	Titel		Number of bytes	Anzahl Bytes
3	Subject	Thema		Number of lines	Anzahl Zeilen
4	Author	Autor		Number of paragraphs	Anzahl Absätze
5	Keywords	Schlüsselworte		Number of slides	Anzahl Blätter
6	Comments	Kommentare		Number of notes	Anzahl Kommentare
7	Template	Vorlage		Number of hidden Slides	Anzahl versteckter Blätter
8	Last author	Letzter Autor		Number of multimedia clips	Anzhal von Multi-Media-Clips
9	Revision number	Revisionsnummer		Hyperlink base	Hyperlnk Basis
10	Application name	Anwendungsname		Number of characters	Zeichenanzahl (mit Leerzeichen)
11	Last print date	Letztes Druckdatum			
12	Creation date	Erstellungsdatum			
13	Last save time	Zuletzt gespeichert			
14	Total editing time	Geamtbearbeitungszeit			
15	Number of pages	Seitenanzahl			
16	Number of words	Wortanzahl			
17	Number of characters	Zeichenanzahl			
18	Security	Sicherheit			
19	Category	Kategorie			
20	Format	Format			
21	Manager	Manager			
22	Company	Unternehmen			
23					

Abbildung 7.5: Die Gegenüberstellung Dokumenteigenschaften (Englisch-Deutsch)

Listing 7.31: Fußzeile mit Dokumenteigenschaften füllen

```
Sub DateieigenschaftInFusszeile()
With ActiveSheet.PageSetup
 .LeftFooter = _
 ActiveSheet.Parent.BuiltinDocumentProperties("Company")
 .RightFooter = _
  ActiveSheet.Parent.BuiltinDocumentProperties("Author")
End With
ActiveWindow.SelectedSheets.PrintPreview
End Sub
```

Da Sie die Dokumenteigenschaften auf Englisch ansprechen müssen und in der Online-Hilfe lediglich die deutschen Begriffe aufgeführt werden, orientieren Sie sich an der Abbildung 7.5.

7.9 Druckbereiche festlegen

Um Papier zu sparen, können Sie vor dem Drucken einen Druckbereich festlegen. Im ersten Beispiel setzen Sie einen Druckbereich, welcher der momentanen Markierung entspricht. Markieren Sie also den Bereich, den Sie drucken möchten, und starten danach folgendes Makro:

Listing 7.32: Druckbereich in Tabelle festlegen

```
Sub DruckbereichSetzen()
 ActiveSheet.PageSetup.PrintArea = Selection.Address
End Sub
```

Mit der Eigenschaft `PrintArea` legen Sie den Druckbereich fest. Wenn Sie Ihren Druckbereich fix gestalten möchten, setzen Sie das Makro aus Listing 7.33 ein:

Listing 7.33: Druckbereich in Tabelle konstant festlegen

```
Sub DruckbereichFestlegen()
 Worksheets("Tabelle1").PageSetup.PrintArea = "$A$1:$E$80"
End Sub
```

Eine weitere Variante ist, den Druckbereich nach dem verwendeten Bereich zu bestimmen. Dazu setzen Sie die Eigenschaft `CurrentRegion` ein. Diese Eigenschaft ermittelt, beginnend von einer Zelle, den umliegenden Bereich. Sobald eine Leerzeile bzw. Leerspalte kommt, wird der Bereich abgeschlossen.

Listing 7.34: Druckbereich nach Verwendung festlegen

```
Sub DruckbereichNachVerwendungFestlegen()
On Error Resume Next
 Worksheets("Tabelle1").Activate
 Range("A1").Select
 ActiveSheet.PageSetup.PrintArea = _
    ActiveCell.CurrentRegion.Address
End Sub
```

:-) TIPP

Um einen Druckbereich wieder aufzuheben, setzen Sie die Eigenschaft `PrintArea` *auf den Wert* `False` *oder auf die leere Zeichenfolge (""). Damit wird das gesamte Blatt wieder als Druckbereich festgelegt.*

7.10 Tabellenblätter drucken

Wenn Sie die Kopf- und Fußzeilen gesetzt und eventuell auch einen Druckbereich eingestellt haben, gehen Sie über zum Thema Drucken. Drucken können Sie entweder ein oder mehrere Tabellenblätter, die ganze Arbeitsmappe, einen Druckbereich oder eine Markierung. Je nach Wunsch müssen Sie dazu Makros schreiben.

```
Sub TabellenblattDrucken()
 Sheets("Tabelle1").PrintOut
End Sub
```

Listing 7.35: Eine bestimmte Tabelle drucken

7.10.1 Mehrere Kopien drucken

Möchten Sie gleich mehrere Kopien ausdrucken, so stellen Sie beim Argument `Copies` die gewünschte Anzahl der Kopien ein.

```
Sub TabellenblattDruckenMitKopie()
 Sheets("Tabelle1").PrintOut Copies:=2
End Sub
```

Listing 7.36: Mehrere Kopien einer Tabelle drucken

7.10.2 Markierte Bereiche drucken

Beim nachfolgenden Makro markieren Sie entweder vorher den Bereich, den Sie drucken, mit der Maus oder weisen den Bereich auch per VBA zu, z.B.: `Range("A1:D10").Select`. Führen Sie dann das Makro in Listing 7.37 aus.

```
Sub MarkierungDrucken()
 Selection.PrintOut Copies:=1, Collate:=True
End Sub
```

Listing 7.37: Markierten Bereich drucken

7.10.3 Mehrere Tabellenblätter drucken

Möchten Sie mehrere Tabellenblätter drucken, so bilden Sie einen Array mit den gewünschten Tabellenblättern und schicken den Druckauftrag weg.

Listing 7.38: Mehrere Tabellenblätter drucken

```
Sub MehrereTabellenblätterDrucken()
 Sheets(Array("Tabelle4", "Tabelle1", "Tabelle2")).PrintOut
End Sub
```

7.10.4 Den integrierten Drucken-Dialog aufrufen

Wenn Sie nicht direkt drucken und stattdessen den integrierten Drucken-Dialog von Excel verwenden möchten, setzen Sie das folgende Makro ein:

Listing 7.39: Den integrierten Drucken-Dialog aufrufen

```
Sub DruckenDialogAufrufen()
    Application.Dialogs(xlDialogPrint).Show
End Sub
```

Die Auflistung `Dialogs` enthält alle integrierten Dialoge von Excel. Die Konstante `xlDialogPrint` repräsentiert den Drucken-Dialog in Excel.

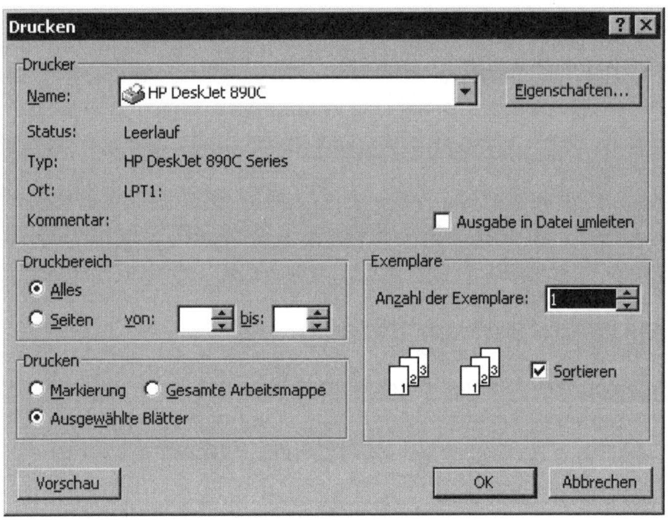

Abbildung 7.6: Der integrierte Drucken-Dialog

Wenn Sie alle Konstanten auflisten möchten, die Sie bei der Programmierung verwenden können, gehen Sie wie folgt vor:

1. *Wechseln Sie in die Entwicklungsumgebung.*
2. *Klicken Sie in der Symbolleiste* VOREINSTELLUNG *auf das Symbol* OBJEKTKATALOG.
3. *Wählen Sie im Listenfeld* KLASSEN *den Eintrag* XLBUILDINDIALOG.

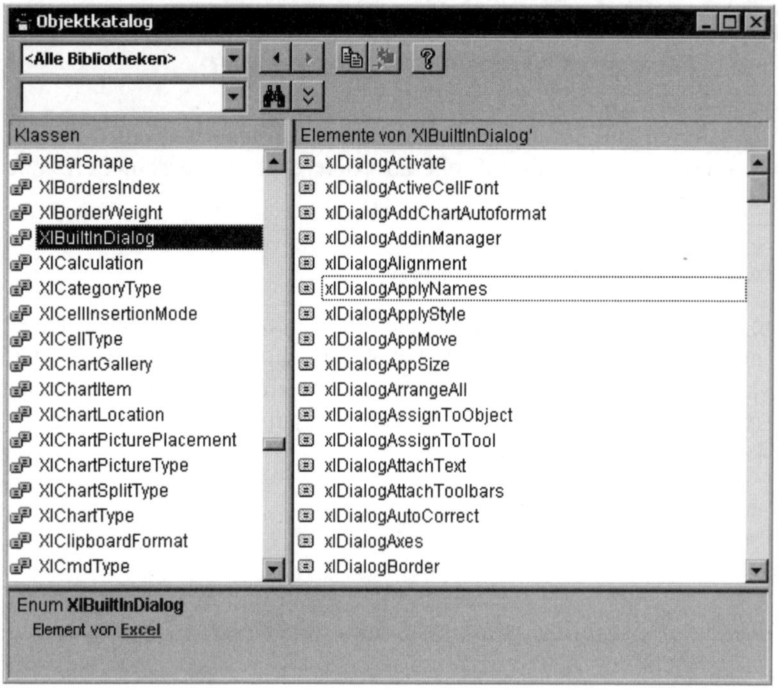

Abbildung 7.7: Alle integrierten Dialoge von Excel im Überblick

Erfahren Sie mehr über integrierte Dialoge in Kapitel 14.

REF

7.10.5 Wie viele Druckseiten enthält die Tabelle?

Wenn Sie ein Tabellenblatt drucken, wissen Sie im Voraus nicht genau, wie viele Seiten Excel letztendlich ausdruckt, es sei denn, Sie haben vorher in der Seitenansicht gespickt.

Starten Sie das Makro aus Listing 7.40, um die voraussichtlichen Druckseiten einer Tabelle herauszufinden.

```
Sub Seitenanzahl()
  MsgBox "Die Tabelle enthält : " & _
  ExecuteExcel4Macro("Get.Document(50)") & _
  " Druckseite(n)"
End Sub
```

Listing 7.40: Druckseiten einer Tabelle ermitteln (Excel-4.0-Makro)

Um diese Aufgabe zu lösen, müssen Sie auf ein Excel-4.0-Makro zurückgreifen. Dieses Makro starten Sie mit der Methode `ExecuteExcel4Macro`.

7.11 Tabellenblätter kopieren, verschieben und einfügen

Oft müssen Sie auf bereits vorhandene Tabellenblätter zugreifen, um diese an eine andere Stelle zu kopieren bzw. verschieben. Wie klappt das mit VBA?

7.11.1 Tabellenblatt kopieren

Im ersten Beispiel soll eine Kopie von einem bereits vorhandenen Tabellenblatt erstellt werden. Über eine Inputbox dürfen Sie den Namen der Kopie selbst bestimmen. Die Kopie soll am Ende der Arbeitsmappe, also an die letzte Position ganz rechts, mit Hilfe der Methode `Copy` eingefügt werden.

***Listing 7.41:** Ein Tabellenblatt kopieren*

```
Sub TabellenBlattKopieren()
Dim s As String
Dim i As Integer
 s = _
InputBox("Bitte geben Sie den Namen des Blattes ein!", _
"Blattnamen vergeben", "Tabelle1")
If s = "" Then Exit Sub
 i = Sheets.Count
 On Error Resume Next
 Sheets(1).Copy After:=Sheets(i)
 ActiveSheet.Name = s
End Sub
```

Die Funktion `Inputbox` eignet sich hervorragend, um mit dem Benutzer interaktiv zu arbeiten. Hier gibt der Anwender den Namen des kopierten Tabellenblattes ein. Als kleine Erleichterung geben Sie hierbei den Namen der Tabelle schon vor.

***Abbildung 7.8:** Die Funktion Inputbox mit vorbelegtem Tabellennamen*

7.11.2 Tabellenblatt verschieben

Wenn Sie lediglich die Position einer Tabelle in der Arbeitsmappe verändern möchten, nützen Sie die Funktion Move.

```
Sub TabellenblattVerschieben()
 On Error Resume Next
 Sheets("Tabelle1").Move After:=Sheets(Sheets.Count)
End Sub
```

Listing 7.42: Bestimmtes Tabellenblatt verschieben

7.11.3 Tabellenblatt ohne Formeln und Verknüpfungen übertragen

Sicher haben Sie schon einmal eine Arbeitsmappe geschickt bekommen, in der andere Arbeitsmappen verknüpft waren. Da Sie die verknüpften Arbeitsmappen aber nicht zur Verfügung hatten, machte es keinen Sinn, die Verknüpfungen zu aktualisieren. Wenn auch Sie Arbeitsmappen verschicken und diese vorher von Verknüpfungen befreien möchten, dann fügen Sie eine neue Arbeitsmappe ein und übertragen eine Tabelle ohne die darin enthaltenen Verknüpfungen. Diese Aufgabe können Sie auch durch ein VBA-Makro automatisieren.

```
Sub TabellenBlattÜbertragenOhneWerte()
 Cells.Copy
 Application.Workbooks.Add
 Range("A1").Select
 Selection.PasteSpecial Paste:=xlValues, _
 Operation:=xlNone, SkipBlanks:=False, Transpose:=False
 Application.CutCopyMode = False
End Sub
```

Listing 7.43: Tabellenblatt ohne Formeln übertragen

Mit Hilfe der Eigenschaft Cells und der Methode Copy kopieren Sie alle Zellen der aktiven Tabelle. Danach fügen Sie eine neue Arbeitsmappe über die Anweisung Workbooks.Add ein und positionieren den Mauszeiger auf Zelle A1 der ersten Tabelle. Jetzt wenden Sie die Methode PasteSpecial an, bei der Sie im Argument Paste die Konstante XlValues verwenden. Diese Methode fügt Daten aus der Zwischenablage in den angegebenen Bereich (Range("A1")) ein. Setzen Sie danach den Status der Eigenschaft CutCopyMode auf den Wert False. Dies bewirkt, dass der Laufrahmen des kopierten Bereichs entfernt wird.

7.11.4 Tabelle in andere Arbeitsmappe kopieren

In Excel können Sie Tabellenblätter nur in andere Arbeitsmappen kopieren, wenn sie geöffnet sind. Die Reihenfolge für das Kopieren von Tabellenblättern in eine andere Arbeitsmappe ist also:

STEP

1. *Öffnen der Ziel- und Quell-Arbeitsmappe.*
2. *Kopiervorgang.*
3. *Speichern und Schließen der Ziel-Arbeitsmappe.*

Diesen Vorgang können Sie mit Hilfe von VBA schneller erledigen. Dabei kann der ganze Vorgang im Hintergrund ablaufen.

***Listing 7.44:** Tabellenblatt in andere Arbeitsmappe kopieren*

Öffnen, Kopieren, Speichern und Schließen

```
Sub KopierenArbeitsblatt()
Dim Mappe As Workbook
Dim Blatt As Object

Set Blatt = ActiveSheet
Application.ScreenUpdating = False
On Error Resume Next
Set Mappe = Workbooks.Open("C:\eigene Dateien\Mappe1.xls")
    Blatt.Copy Before:=Mappe.Sheets(1)
    Mappe.Save
    Mappe.Close
Application.ScreenUpdating = True
End Sub
```

Damit Sie den Vorgang nicht am Bildschirm mitverfolgen müssen, schalten Sie die Bildschirmaktualisierung zu Beginn des Makros aus. Danach öffnen Sie eine bestimmte Arbeitsmappe (MAPPE1.XLS) und kopieren das aktuelle Tabellenblatt in diese Arbeitsmappe. Im Anschluss daran speichern und schließen Sie die Arbeitsmappe wieder. Erst danach schalten Sie die Bildschirmaktualisierung wieder ein.

REF

Erfahren Sie, wie Sie die Existenz einer bestimmten Arbeitsmappe vor dem Öffnen überprüfen können, in Kapitel 10.

7.11.5 Tabellenblatt als E-Mail versenden

Wenn Sie aus dem Menü DATEI den Befehl SENDEN AN E-MAIL EMPFÄNGER auswählen, wird automatisch die gesamte Arbeitsmappe als Anhang angehängt und versendet. Um nur das aktive Tabellenblatt zu verschicken, setzen Sie das folgende Makro in Listing 7.54 ein.

```
Sub TabellenblattVersenden()
Dim s As String
 s = InputBox("Geben Sie den Empfänger des e-Mails ein!")
 If s = "" Then Exit Sub
 ActiveSheet.Copy
 ActiveWorkbook.SaveAs "Anhang.xls"
 Application.Dialogs(xlDialogSendMail).Show s
End Sub
```

Listing 7.45: Tabellenblatt als E-Mail versenden

Über eine Inputbox fragen Sie die E-Mail-Adresse ab, an die die Tabelle gesendet werden soll. Danach kopieren Sie das aktive Tabellenblatt und speichern es beispielsweise unter dem Namen ANHANG.XLS. Danach rufen Sie den integrierten Excel-Dialog auf, der für das Versenden von E-Mails verantwortlich ist, und übergeben diesem Dialog die Empfängeradresse.

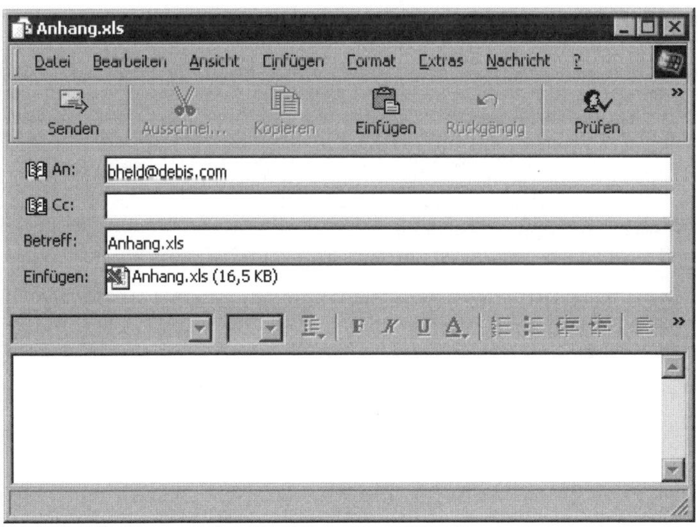

Abbildung 7.9: Excel-Tabelle als E-Mail-Anhang

Erfahren Sie mehr über E-Mails im Zusammenspiel mit Excel im Kapitel 18. REF

7.12 Bilder in Tabelle automatisch einfügen

Wenn Sie Ihre Tabelle mit Bildern verschönern möchten, setzen Sie das folgende Makro aus Listing 7.46 ein.

Listing 7.46: Bilder in Tabellen einfügen und anpassen

```
Sub GrafikInTabelleEinfügen()
Dim Picture As Picture
Dim s As String

s = Application.GetOpenFilename _
(" Bilder(*.Jpg; *.Bmp; *.Gif),*.jpg, *.bmp, *.gif")
Range("A1").Value = s
Range("A2").Select
On Error GoTo abbruch
If s = "Falsch" Then
 Range("a1").Clear
 Else
 Set Picture = ActiveSheet.Pictures.Insert(s)
 Picture.ShapeRange.Height = 220
 Range("a1").Select
End If
abbruch:
End Sub
```

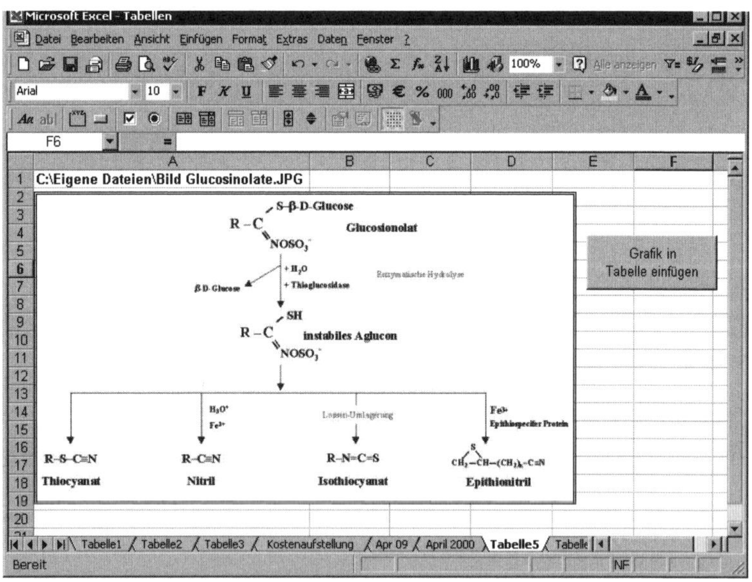

Abbildung 7.10: Bild mit Beschriftung einfügen

Wenden Sie die Methode `GetOpenFilename` an. Sie zeigt das Standarddialogfeld ÖFFNEN an, ohne jedoch irgendwelche Dateien zu öffnen. Die Auswahl der Dateien, die angezeigt werden sollen, können Sie selber festlegen. Im nächsten Schritt erfolgt eine Prüfung, ob der Name der Grafikdatei auch in Zelle A1 geschrieben wurde. Wenn ja, wird die Grafikdatei über die Methode `Insert` eingefügt. Danach können Sie die Höhe der eingefügten Bilddatei über die Eigenschaft `Height` des Auflistungsobjekts `ShapeRange` anpassen.

7.13 Tabellenblätter sortieren

In umfangreichen Excel-Arbeitsmappen geht leicht einmal der Überblick verloren. Aus diesem Grund ist es vorteilhaft, die Tabellen alphabetisch sortiert nach Tabellennamen in der Arbeitsmappe anzuordnen.

Das Makro für die Sortierung der Tabellenblätter lautet:

Listing 7.47: *Alle Tabellen werden alphabetisch in der Arbeitsmappe angeordnet*

```
Sub ArbeitsblätterSortieren()
Dim iMax As Integer
Dim Ibl As Integer
Dim ibl2 As Integer

Application.ScreenUpdating = False
iMax = ActiveWorkbook.Worksheets.Count
For Ibl = 1 To iMax
 For ibl2 = Ibl To iMax
   If UCase(Worksheets(ibl2).Name) _
   < UCase(Worksheets(Ibl).Name) Then
      Worksheets(ibl2).Move before:=Worksheets(Ibl)
   End If
 Next ibl2
Next Ibl
Application.ScreenUpdating = True
End Sub
```

Um das Sortieren von Arbeitsblättern durchzuführen, müssen Sie zwei verschachtelte `For Next`-Schleifen durchlaufen. Beide haben als Endbedingung immer die Anzahl der Tabellen, die in der Mappe enthalten sind. Innerhalb der zweiten Schleife werden die Namen der Tabellenblätter verglichen. Beim Vergleich der Tabellennamen werden diese erst einmal in Großbuchstaben gewandelt, um sicherzustellen, dass die Groß- und Kleinschreibung beim Sortiervorgang keine Rolle spielt. Je nach Vergleichsergebnis werden die einzelnen Tabellen dann innerhalb der Arbeitsmappe mit Hilfe der Methode `Move` verschoben oder nicht.

7.14 Tabellenblätter konsolidieren

Haben Sie in einer Arbeitsmappe mehrere Tabellenblätter mit Daten gefüllt und möchten alle Daten auf einem Tabellenblatt zusammenführen, fügen Sie eine neue Tabelle ein und kopieren danach alle anderen Tabellen in diese neue Tabelle.

CD-ROM *Die folgenden Makros können Sie auf der CD im Verzeichnis* KAP07 *in der Datei* KONSOLIDIERUNG.XLS *finden.*

***Listing 7.48:** Tabellenblätter konsolidieren*

```
Sub TabellenKopierenUntereinander()
Dim KBereich As Range
Dim ZBereich As Range
With ActiveWorkbook
  .Worksheets.Add Before:=.Worksheets(1)
  For i = 2 To .Worksheets.Count
   Set KBereich = .Worksheets(i).UsedRange
   Set Zbereich _
     = Worksheets(1).Cells(Rows.Count, "A").End(xlUp)(2)
   KBereich.Copy Destination:=ZBereich
  Next
End With
End Sub
```

Definieren Sie zuerst einmal zwei Variablen vom Datentyp `Range`. Danach fügen Sie eine neue Tabelle gleich zu Beginn Ihrer Arbeitsmappe ein. Setzen Sie jetzt eine `For Next`-Schleife auf, die, beginnend von der zweiten Tabelle Ihrer Arbeitsmappe, alle Tabellen auf das erste Tabellenblatt zusammenkopiert. In der Variablen `KBereich` speichern Sie jeweils den benutzten Bereich der einzelnen Tabellen. In der Variablen `ZBereich` speichern Sie die Einfügeposition der ersten Tabelle für die Daten. Da die Daten jeweils untereinander auf dem ersten Tabellenblatt angeordnet werden sollen, ermitteln Sie über die Eigenschaften `Count` und `End` die letzte belegte Zelle in Spalte A. Kopieren Sie jetzt den Quellbereich (`KBereich`) mit der Methode `Copy` und geben Sie als Zielbereich den Inhalt der Variablen `ZBereich` an.

7.14.1 Tabellenblätter summieren (Festwert)

Möchten Sie einzelne Zellen von mehreren Tabellenblättern auf einer Tabelle konsolidieren, wenden Sie das Makro aus Listing 7.49 an.

```
Sub SummierenÜberMehrereArbeitsblätter()
Dim erg As Long
Dim i As Integer
Dim Ltab As Integer
Ltab = ActiveWorkbook.Sheets.Count
Sheets(Ltab).Activate
Range("B6").Select
For i = 1 To ActiveWorkbook.Sheets.Count - 1
 If IsNumeric(Sheets(i).Range("B6").Value) Then _
 erg = erg + Sheets(i).Range("B6").Value
Next i
Range("B6").Value = erg
End Sub
```

Listing 7.49: Zellen aus mehreren Tabellenblättern konsolidieren

Zuerst ermitteln Sie mit Hilfe der Methode `Count` die Anzahl der Tabellen, die in der aktiven Arbeitsmappe enthalten sind. Danach aktivieren Sie das letzte Tabellenblatt in der Arbeitsmappe. Auf diesem Blatt sollen die Daten konsolidiert werden. Danach setzen Sie eine `For Next`-Schleife auf, die, beginnend beim ersten Tabellenblatt, bis zum vorletzten Tabellenblatt jeweils die Zelle B6 summiert. Bevor Sie die einzelnen Zellen summieren, sollten Sie über die Funktion `IsNumeric` prüfen, ob in der Zelle B6 des jeweiligen Arbeitsblattes auch ein numerischer Wert steht. Erfolgt die Prüfung erfolgreich, wird die Variable `erg` um den entsprechenden Zellenwert erhöht. Nach dem Ablauf der Schleife schreiben Sie das Ergebnis der Variablen `erg` in die Zelle B6 des letzten Tabellenblattes.

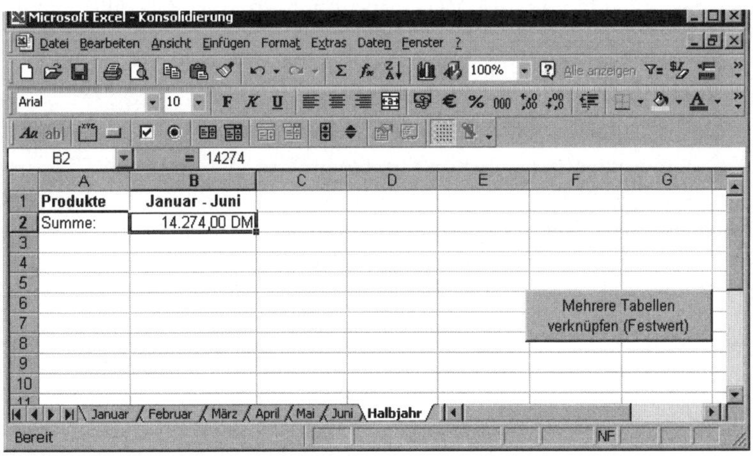

Abbildung 7.11: Ergebnis der Summierung als Festwert

7.14.2 Tabellenblätter summieren (Verknüpfung)

Im vorherigen Beispiel haben Sie eine bestimmte Zelle innerhalb mehrerer Tabellen einer Arbeitsmappe summiert. Dabei haben Sie die Summe am Ende als Festwert auf das letzte Tabellenblatt eingefügt. Dabei ging die Verknüpfung verloren. Wenn die Verknüpfung aber erhalten bleiben soll, dann starten Sie das Makro aus Listing 7.50.

***Listing 7.50:** Tabellenblätter verknüpfen*

```
Sub SummierungTabellenBlätterMitVerk()
Dim BArray()
Dim i As Integer
Dim lTab As Integer
Dim s As String

 lTab = ThisWorkbook.Worksheets.Count
 Sheets(lTab).Activate
 ReDim BArray(1 To lTab)
 For i = 1 To lTab - 1
    BArray(i) = Sheets(i).Name & "!B6+"
    s = s & BArray(i)
 Next i
s = "=" & s
s = Left(s, Len(s) - 1)
Range("B2").Value = s
End Sub
```

Ermitteln Sie das letzte Tabellenblatt der Arbeitsmappe und aktivieren Sie es. Da Sie die Verknüpfungen in der Zielzelle erhalten möchten, müssen Sie die Namen der einzelnen Tabellenblätter sowie die Zelle, die summiert werden soll, in einen Array einlesen. Diesen Array definieren Sie mit der Anweisung `ReDim` und legen ihn in der Größe an, die ausreicht, um alle Tabellennamen in der Arbeitsmappe aufzunehmen. In einer `For Next`-Schleife füllen Sie den Array, indem Sie jeweils den Namen und die summierende Zelle angeben. Bei Schleifenaustritt haben Sie folgenden Textstring:

```
Januar!B6+Februar!B6+März!B6+April!B6+Mai!B6+Juni!B6+
```

:-) TIPP

Damit der Textstring als Formel erkannt wird, müssen Sie ein führendes Gleichheitszeichen einfügen sowie das letzte Zeichen [+] *aus dem String entfernen. Dazu nützen Sie den Verkettungsoperator* `&` *sowie die Textfunktionen* `Left` *und* `Len`.

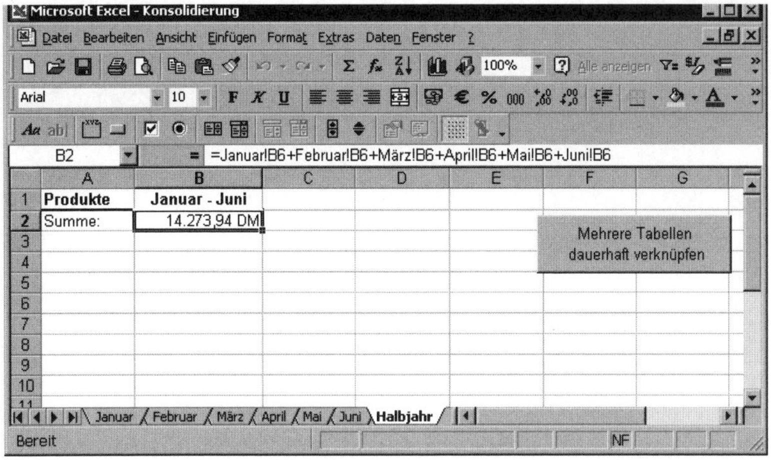

Abbildung 7.12: Ergebnis der Summierung als Verknüpfung

Die Programmierung von Arbeitsmappen

Kapitel 8

Das Workbook-Objekt steht für die Arbeitsmappe. Sie finden auf den nächsten Seiten praktische Beispiele, die u.a. folgende Fragestellungen beantworten sollen:

Die Fragen

- Wie kann ich Arbeitsmappen speichern?
- Wie kann ich Arbeitsmappen öffnen und schließen?
- Wie gehe ich mit Verknüpfungen in einer Arbeitsmappe um?
- Wie kann ich Arbeitsmappen drucken?
- Wie lege ich neue Arbeitsmappen an?
- Wie kann ich Arbeitsmappen löschen?
- Wie kann ich Zugriffe auf Arbeitsmappen ermitteln?
- Wie führe ich Such- und Vergleichsfunktionen in Arbeitsmappen durch?
- Wie kann ich meine Arbeitsmappen aufräumen?

Die folgenden Makros können Sie auf der CD im Verzeichnis KAP08 *in der Datei* ARBEITSMAPPE.XLS *finden.*

CD-ROM

8.1 Arbeitsmappen speichern und sichern

Beim Speichern einer Arbeitsmappe müssen Sie wissen, wo Sie die Mappe speichern möchten. Dazu verwenden Sie die ChDrive-Anweisung, um das Laufwerk zu bestimmen, sowie die Anweisung ChDir, um das richtige Verzeichnis einzustellen. Jetzt fehlt nur noch der Name. In folgenden Beispiel aus Listing 8.1 übernehmen Sie den von Excel vorgeschlagenen Namen mit der Eigenschaft Name. Erst danach speichern Sie die Mappe.

Listing 8.1: Arbeitsmappen speichern

```
Sub DateiSpeichern()
Dim str As String
Const LW = "c:\"
Const Pfad = "c:\eigene Dateien"

    str = ActiveWorkbook.Name
    ChDrive LW
    ChDir Pfad
    ActiveWorkbook.SaveAs FileName:=str, FileFormat:= _
        xlNormal, Password:="", WriteResPassword:="", _
        ReadOnlyRecommended:=False, CreateBackup:=True
End Sub
```

Die Syntax

Die SaveAs Methode hat einige Argumente. Die Syntax der Methode lautet:

```
ActiveWorkbook.SaveAs(Filename, FileFormat, Password,
WriteResPassword, ReadOnlyRecommended, CreateBackup, AddToMru,
TextCodePage, TextVisualLayout)
```

Die Argumente der Methode SaveAs

Das Argument FileName haben Sie vorher in der Variablen s ermittelt. Beim Argument FileFormat können Sie angeben, in welchem Format Sie Ihre Mappe speichern möchten. Mit dem nächsten Argument Password können Sie ein Passwort festlegen, welches der Anwender beim Öffnen der Datei eingeben muss, um die Datei laden zu können. Im letzten Beispiel wurde eine Leerzeichenfolge übergeben, was bedeutet, dass kein Passwort beim Öffnen der Datei abgefragt wird. Das Argument WriteResPassword sorgt dafür, dass ein Kennwort für die Schreiberlaubnis der Datei eingegeben werden muss. Das Argument ReadOnlyRecommended setzen Sie auf True, wenn beim Öffnen der Datei in einer Meldung empfohlen werden soll, die Datei mit Nur-Lese-Zugriff zu öffnen. Belassen Sie das Argument auf dem Wert False, unterbleibt diese Meldung. Das Argument CreateBackup setzen Sie auf den Wert True, wenn Excel von der Mappe eine Sicherungskopie anlegen soll. Excel legt dann eine

Sicherungskopie unter demselben Namen mit dem Zusatz SICHERUNGSKOPIE VON... und der Endung WLK an. Die übrigen Argumente sind in der Praxis nicht so relevant und werden an dieser Stelle nicht weiter beschrieben. Eine Beschreibung können Sie aber in der Online-Hilfe einsehen.

8.1.1 Arbeitsmappe doppelt sichern

Eine zusätzliche Sicherungsfunktion wäre, die Datei auf zwei verschiedenen Laufwerken zu speichern. Das Makro können Sie in Listing 8.2 sehen.

Listing 8.2: Arbeitsmappe an verschiedenen Speicherorten sichern

```
Sub DateiDoppeltSpeichern()
Dim s As String
Const Lw = "c:\"
Const Lw2 = "q:\"
Const Pfad = "c:\eigene Dateien"
Const Pfad2 = "q:\Sicherungen"

    s = ActiveWorkbook.Name
    ChDrive Lw
    ChDir Pfad
    ActiveWorkbook.SaveAs FileName:=s, FileFormat:= _
        xlNormal, Password:="", WriteResPassword:="", _
        ReadOnlyRecommended:=False, CreateBackup:=True

    ChDrive Lw2
    ChDir Pfad2
    ActiveWorkbook.SaveAs FileName:=s, FileFormat:= _
        xlNormal, Password:="", WriteResPassword:="", _
        ReadOnlyRecommended:=False, CreateBackup:=True
End Sub
```

8.1.2 Integrierten Speichern unter-Dialog aufrufen

Wenn Sie möchten, können Sie über VBA auch auf den integrierten Dialog Speichern unter zurückgreifen. Dazu können Sie folgendes Makro aus Listing 8.3 verwenden:

Listing 8.3: Den integrierten Speichern unter-Dialog aufrufen

```
Sub SpeichernUnterDialogAufrufen()
 Application.Dialogs(xlDialogSaveAs).Show
End Sub
```

Abbildung 8.1: Der integrierte Dialog Speichern unter

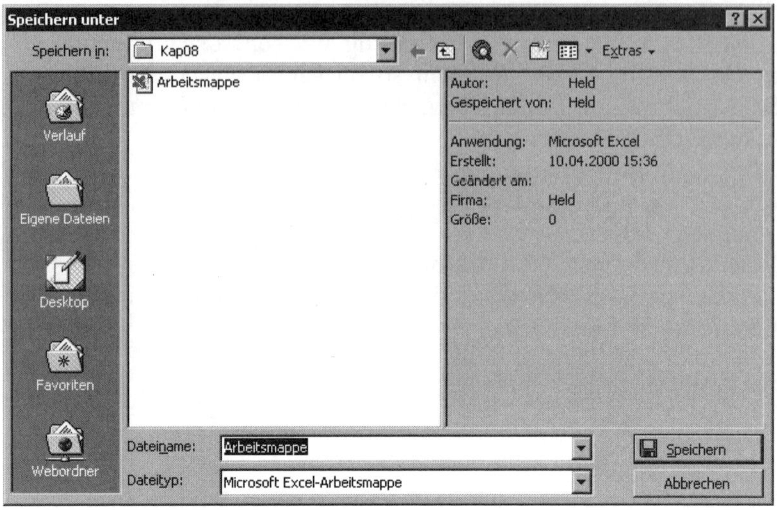

8.1.3 Die Ermittlung des Pfades der geladenen Arbeitsmappe

Oftmals müssen Sie bei der Bearbeitung von Arbeitsmappen wissen, in welchem Verzeichnis die Arbeitsmappe gespeichert ist. Das ist mitunter wichtig, wenn Sie weitere Arbeitsmappen anlegen und diese dann im gleichen Verzeichnis speichern möchten.

Um zu ermitteln, in welchem Verzeichnis sich die Arbeitsmappe befindet, setzen Sie folgenden Code ein:

Listing 8.4: Pfad der geöffneten Arbeitsmappe ausgeben

```
Sub VerzeichnisDerArbeitsmappeErmitteln()
Dim s As String
 s = Application.ActiveWorkbook.Path
 MsgBox s
End Sub
```

Mit der Eigenschaft `Path` ermitteln Sie den Pfad der aktiven Arbeitsmappe.

8.1.4 Zustand der Arbeitsmappe ermitteln

Wenn Sie wissen möchten, ob Änderungen in der Arbeitsmappe seit dem letzten Öffnen der Arbeitsmappe gemacht wurden, sei es durch Verknüpfungen oder Benutzereingaben, dann setzen Sie folgendes Makro ein:

Listing 8.5: Abfrage, ob eine Arbeitsmappe geändert wurde

```
Sub ArbeitsmappeGeändertOderNicht()
 If ActiveWorkbook.Saved = False Then
    MsgBox "Die Mappe wurde geändert!"
 End If
End Sub
```

Die Eigenschaft `Saved` liefert den Wert `True`, wenn die aktive Arbeitsmappe seit der letzten Speicherung nicht mehr geändert wurde. Gibt die Eigenschaft den Wert `False` zurück, wurden Änderungen an der Arbeitsmappe vorgenommen.

8.1.5 Arbeitsmappe ohne Makros speichern

Beim Öffnen einer Excel-Arbeitsmappe, die Makros enthält, erscheint eine Meldung, die Sie darauf hinweist, dass Makros in der Arbeitsmappe gespeichert sind, die eventuell Makroviren enthalten könnten. Diese Meldung können Sie übergehen, indem Sie auf die Schaltfläche MAKROS AKTIVIEREN klicken. Wenn Sie sich nicht sicher über die Herkunft der Arbeitsmappe sind, klicken Sie auf die Schaltfläche MAKROS DEAKTIVIEREN. Wenn Sie selbst Arbeitsmappen verschicken, überlegen Sie, ob Sie die Makros wirklich mit ausliefern müssen. Um eine Kopie einer Arbeitsmappe ohne Makros zu erstellen, speichern Sie die aktuelle Arbeitsmappe unter einem anderen Namen und wechseln mit der Tastenkombination [Alt] + [F11] in die Entwicklungsumgebung. Jetzt können Sie die einzelnen Module entfernen. Diese Aufgabe können Sie aber auch elegant mit einem Makro erledigen lassen.

Listing 8.6: Arbeitsmappe ohne Makros speichern

```
Sub ArbeitsmappeOhneMakrosSpeichern()
Dim Original As String
Dim Kopie As String
Dim i  As Integer

 Original = ActiveWorkbook.Name
 Kopie = ActiveWorkbook.Name & "_Kopie.xls"
 Workbooks.Add
 ActiveWorkbook.SaveAs _
  Filename:="C:\eigene Dateien\" & Kopie
 Workbooks(Original).Activate
 For i = 1 To Sheets.Count
  Sheets(i).Copy _
  After:=Workbooks(Kopie).Sheets(i)
 Next i
End Sub
```

Speichern Sie im ersten Schritt den Namen der aktiven Arbeitsmappe sowie den Namen der Kopie in den Variablen `Original` und `Kopie`. Als Namen für die Kopie ohne Makros können Sie beispielsweise den Namen des Originals verwenden, den Sie um die Endung `_Kopie` ergänzen. Im nächsten Schritt fügen Sie über die Methode `Add` eine neue Arbeitsmappe ein und speichern diese gleich danach im Verzeichnis C:\EIGENE DATEIEN. Danach wechseln Sie mit der Methode `Activate` auf die Originalmappe. Setzen Sie eine `For Next`-Schleife auf, die alle Tabellenblätter der Arbeitsmappe in die Zielarbeitsmappe kopiert.

REF

Lernen Sie im Kapitel 13 kennen, wie Sie mit Hilfe der VBA-Programmierung Arbeitsmappen ohne Makros erstellen können.

8.2 Arbeitsmappen öffnen

Zum Öffnen einer Arbeitsmappe muss bekannt sein, wie die Datei heißt und in welchem Pfad sie steht. Für das Öffnen einer Arbeitsmappe setzen Sie die Methode `Open` ein.

***Listing 8.7:** Bestimmte Arbeitsmappe öffnen*

```
Sub ArbeitsmappeÖffnen()
Const Lw = "c:\"
Const Pfad = "c:\eigene Dateien"
Const Datei = "Mappe2.xls"

    ChDrive Lw
    ChDir Pfad
    On Error Resume Next
    Workbooks.Open Datei
End Sub
```

Werfen Sie einen Blick auf die Zeile vor dem `Open`-Befehl. Die Anweisung `On Error Resume Next` sorgt dafür, dass das Makro keinen Fehler bringt, wenn die gewünschte Arbeitsmappe nicht gefunden wird. In diesem Fall würde Excel einfach den Befehl ignorieren.

REF

Wie Sie mit Hilfe einer Funktion prüfen können, ob eine Arbeitsmappe existiert, erfahren Sie in Kapitel 10.

Die `Open`-Methode hat weitestgehend dieselben Argumente, die Sie schon bei der `SaveAs`-Methode kennen gelernt haben. Diese können in der Online-Hilfe nachgelesen werden.

Die Syntax

Die komplette Syntax der Methode `Open` lautet:

```
Workbooks.Open(FileName, UpdateLinks, ReadOnly, Format, Pass-word,
WriteResPassword, IgnoreReadOnlyRecommended, Origin, Delimiter,
Editable, Notify, Converter, AddToMRU)
```

Die Argumente der Methode Open

Besonders wichtig ist das Argument `UpdateLinks`. Sicher haben Sie auch schon einmal beim Öffnen einer Arbeitsmappe die Meldung erhalten, ob Sie die Verknüpfungen in der Arbeitsmappe aktualisieren möchten oder nicht. Diese Abfrage können Sie unterdrücken, indem Sie ein entsprechendes Argument 0-3 einsetzen. Die Bedeutung der verschiedenen Werte entnehmen Sie der folgenden Tabelle:

Tabelle 8.1: *Die Konstanten der Methode Open*

Konstante	Bedeutung
0	Keine Aktualisierung von Bezügen
1	Aktualisierung von externen Bezügen, jedoch nicht von Fernbezügen
2	Aktualisierung von Fernbezügen, jedoch nicht von externen Bezügen
3	Aktualisierung von externen Bezügen und Fernbezügen

So bedeutet beispielsweise die Zeile:

```
Workbooks.Open filename:="Mappe2.xls", UpdateLinks:=0,
```

dass keine Aktualisierung von Verknüpfungen vorgenommen wird.

:-) TIPP

Wenn Sie generell beim Öffnen von Arbeitsmappen Verknüpfungen aktualisieren möchten, dann können Sie im Menü EXTRAS *den Befehl* OPTIONEN *wählen, auf die Registerkarte* BEARBEITEN *wechseln und das Kontrollkästchen* AKTUALISIEREN VON AUTOMATISCHEN VERKNÜPFUNGEN BESTÄTIGEN *deaktivieren. Diese Umstellung können Sie auch über ein Makro festlegen.*

```
Sub VerknüpfungenImmerUpdaten()
  Application.AskToUpdateLinks = False
End Sub
```

Listing 8.8: *Verknüpfte Arbeitsmappen beim Öffnen generell aktualisieren*

Setzen Sie die Eigenschaft `AskUpdateLinks` auf den Wert `True`, um die Aktualisierungsabfrage beim Öffnen von Arbeitsmappen wieder anzuzeigen.

8.2.1 Den integrierten Öffnen-Dialog aufrufen

Wenn Sie möchten, können Sie für das Öffnen von Arbeitsmappen auch einen bereits integrierten Dialog von Excel verwenden. Dabei können Sie auch schon als Argument den Pfad mitgeben, welchen der Öffnen-Dialog anzeigen soll. Das Makro dazu können Sie dem Listing 8.9 entnehmen.

Listing 8.9: *Den integrierten Öffnen-Dialog mit voreingestelltem Pfad aufrufen*

```
Sub DialogÖffnenAnzeigen()
  Application.Dialogs(xlDialogOpen).Show _
  "C:\eigene Dateien"
End Sub
```

8.2.2 Liste der geöffneten Arbeitsmappen beeinflussen

Wenn Sie das Menü DATEI herunterklappen, können Sie die zuletzt geöffneten Arbeitsmappen vor dem letzten Befehl im Menü sehen. Dabei handelt es sich um eine Wiedervorlage-Liste. Die Anzahl der angezeigten Arbeitsmappen können Sie selbst festlegen. Bei Bedarf können Sie die Ansicht dieser Liste sogar deaktivieren.

Listing 8.10: *Die Anzeige der Wiedervorlageliste manipulieren*

```
Sub DateiListeFestlegen()
    With Application
        .DisplayRecentFiles = True
        .RecentFiles.Maximum = 8
    End With
End Sub
```

Mit der Eigenschaft `DisplayRecentFiles` bestimmen Sie, ob die `Wiedervorlage-Liste` im Menü DATEI angezeigt werden soll. Wenn ja, dann weisen Sie der Eigenschaft den Wert `True` zu. Mit der Eigenschaft MAXIMUM bestimmen Sie die maximale Anzahl der Arbeitsmappen, die im Menü DATEI angezeigt werden sollen.

INFO

Die Wiedervorlageliste kann bis zu neun Einträge aufnehmen.

Haben Sie vor, die Wiedervorlageliste nicht zu nutzen, dann starten Sie das Makro aus Listing 8.11.

Listing 8.11: *Wiedervorlageliste deaktivieren*

```
Sub DateiListeZurücksetzen()
  With Application
        .DisplayRecentFiles = False
        .RecentFiles.Maximum = 0
    End With
End Sub
```

8.2.3 Mehrere Arbeitsmappen öffnen

Wenn Sie mehrere Arbeitsmappen auf einmal öffnen und dabei den integrierten ÖFFNEN-Dialog von Excel verwenden möchten, dann starten Sie das folgende Makro in Listing 8.12.

Listing 8.12: Mehrere Arbeitsmappen über Dialog öffnen

```
Sub MehrereArbeitsmappenÖffnen()
Dim l As Long
Dim Mappen As Variant
 l = 0
 Mappen = Application.GetOpenFilename(MultiSelect:=True)
 If IsArray(Mappen) Then
    For l = LBound(Mappen) To UBound(Mappen)
       Workbooks.Open Mappen(l)
    Next l
 Else
    Workbooks.Open Mappen
 End If
End Sub
```

Mit Hilfe der Methode `GetOpenFilename` zeigen Sie das Standarddialogfeld ÖFFNEN an, ohne jedoch irgendwelche Dateien zu öffnen. Die Methode hat folgende Syntax:

Die Syntax

```
GetOpenFilename(FileFilter, FilterIndex, Title, MultiSelect)
```

Die Argumente der Methode GetOpenFileName

Im ersten Argument können Sie bestimmen, welche Dateien überhaupt angezeigt werden sollen. Wenn Sie dieses Argument weglassen, werden alle Dateien im Dialog angezeigt. Das Argument `FilterIndex` gibt die Indexnummer der Standarddatei-Filterkriterien an. Das Argument `Title` bestimmt die Überschrift im Dialog. Hiermit können Sie dem Öffnen-Dialog eine eigene Überschrift zuweisen. Wird das Argument weggelassen, wird standardmäßig der Text ÖFFNEN als Dialogüberschrift gewählt. Das Argument `MultiSelect` gibt an, ob es möglich ist im Öffnen-Dialog gleich mehrere Dateien zu markieren. Setzen Sie dieses Argument auf den Wert `True`, wenn Sie die Mehrfachauswahl haben möchten. Belassen Sie den Standardwert auf `False`, wenn es nur möglich sein soll, eine Datei zu markieren.

Im nächsten Schritt müssen Sie prüfen, wie viele und vor allem welche Dateien der Anwender im Dialog Öffnen markiert hat. Dazu überprüfen Sie mit der Funktion `IsArray`, ob die Variable `Mappen` gefüllt ist. Wenn ja, dann ist mehr als eine Datei markiert und die `For Next`-Schleife kann aufgesetzt werden. Diese arbeitet den Array von links nach rechts ab, wobei die Funktion `LBound` den kleinsten verfügbaren Index für die angegebene Dimension des Arrays enthält. Die Funktion `UBound` enthält analog den größten verfügbaren

Index für die angegebene Dimension des Arrays. Demnach werden nacheinander alle Dateien, die im Array stehen, mit Hilfe der Methode `Open` geöffnet. Für den Fall, dass nur eine einzige Datei markiert wurde, meldet die Funktion `IsArray` den Wert `False`. In diesem Fall können Sie die Methode `Open` sofort ausführen und die Variable `Mappen` ohne Index anhängen.

8.2.4 Die aktuellste Arbeitsmappe öffnen

Was machen Sie, wenn Sie in einem Verzeichnis mehrere Excel-Arbeitsmappen gespeichert haben und nun die aktuellste davon öffnen möchten? Sie starten den Datei-Explorer, stellen die Ansicht DETAILS ein und schauen unter der Rubrik GEÄNDERT AM nach. Wenn Sie mit Hilfe eines Makros immer die aktuellste Arbeitsmappe in einem bestimmten Verzeichnis öffnen möchten, müssen Sie die Funktion `FileDateTime` einsetzen, die Ihnen das letzte Änderungsdatum einer Datei ermittelt. Wie das genau geht, erfahren Sie im folgenden Listing.

Listing 8.13: *Die zuletzt geänderte Arbeitsmappe aus einem Verzeichnis wird geöffnet*

```
Sub AktuellsteMappeImVerzeichnisÖffnen()
Dim Dat As Date
Dim DatVgl As Date
Dim Mappe As String
Dim ZMappe As String
Const s = "c:\eigene Dateien"

Mappe = Dir(s & "\*.xls")
Dat = FileDateTime(s & "\" & Mappe)
Do Until Mappe = ""
    DatVgl = FileDateTime(s & "\" & Mappe)
    If DatVgl > Dat Then
    Dat = DatVgl
    ZMappe = s & "\" & Mappe
    End If
    Mappe = Dir()
Loop
Workbooks.Open Filename:=ZMappe
End Sub
```

Die Funktion `Dir` dürfte Ihnen noch aus alten DOS-Tagen bekannt sein. Mit dieser Funktion können Sie ein Verzeichnis, ja sogar ganze Laufwerke nach einer bestimmten Datei durchsuchen lassen. Der Funktion übergeben Sie den kompletten Pfad, den Sie in der Konstanten definiert haben, sowie den Dateifilter (*.XLS). Das Ergebnis der Funktion speichern Sie in der String-Variablen `Mappe`. Die Funktion findet nun die erste Datei, die dem Dateifilter entspricht. Ermitteln Sie daraufhin das letzte Änderungsdatum dieser Datei, setzen Sie dazu die Funktion `FileDateTime` ein und speichern Sie das Datum in der Variablen `Dat`. In einer `Do Until`-Schleife erstellen Sie zu Beginn der Schleife eine zweite Variable `DatVgl`, in der Sie jeweils das letzte Änderungsdatum der nächsten Dateien speichern. Im direkten Vergleich der Variablen `Dat` mit der Variablen `DatVgl` ermitteln Sie die aktuellste Datei und speichern diese in der Variablen `ZName`. Wenden Sie die Funktion `Dir` erneut an, um auf die nächste Datei zu positionieren. Das Ende der Schleife ist erreicht, wenn die Funktion `Dir` einen leeren Wert zurückmeldet. In der Variablen `Znamen` steht nun die aktuellste Datei aus dem Verzeichnis, die Sie über die Methode `Open` öffnen können.

8.2.5 Arbeitsmappe ohne Makrodialog starten

Sicher hat es Sie auch schon einmal genervt, wenn Sie eine Arbeitsmappe öffnen, die Makros enthält. Zur Sicherheit erscheint dann immer eine Meldung, dass Makros in der Arbeitsmappe enthalten sind. Diese Meldung können Sie als Anwender abschalten, indem Sie wie folgt vorgehen:

1. *Wählen Sie aus dem Menü* EXTRAS *den Befehl* MAKRO/SICHERHEIT.
2. *Wechseln Sie auf die Registerkarte* SICHERHEITSSTUFE.
3. *Aktivieren Sie die Option* NIEDRIG.
4. *Bestätigen Sie Ihre Einstellung mit OK.*

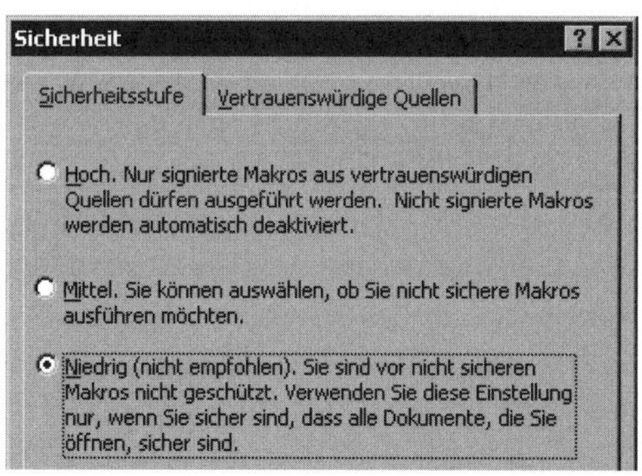

Abbildung 8.2: *Die Sicherheitsoptionen in Excel 2000*

Die Option NIEDRIG sollten Sie aber nur einstellen, wenn Sie garantieren können, dass Ihre »Lieferanten« saubere Arbeitsmappen liefern.

:-) TIPP

Wenn Sie als Entwickler einmal über VBA eine Arbeitsmappe öffnen und den Makro-Dialog unterdrücken möchten, dann setzen Sie folgendes Makro aus Listing 8.14 ein.

***Listing 8.14:** Arbeitsmappe ohne Makro-Start-Dialog öffnen*

```
Sub DateiOhneMakroabfrageÖffnen()
Dim v As Variant
   v = Application.GetOpenFilename
    If v = False Then Exit Sub
    Workbooks.Open v
End Sub
```

Die Methode `GetOpenFileName` zeigt das Standarddialogfeld ÖFFNEN an und bekommt einen Dateinamen vom Benutzer, ohne jedoch irgendwelche Dateien zu öffnen. Das Öffnen der Datei erledigen Sie über die Methode `Open` selbst. Wird im ÖFFNEN-Dialog auf die Schaltfläche ABBRECHEN geklickt, wird das Makro sofort, ohne weitere Aktion, beendet.

8.3 Arbeitsmappen schließen

Wenn Sie eine Arbeitsmappe wieder schließen möchten, dann müssen Sie eine Meldung mit Ja bestätigen, wenn Sie Änderungen an der Mappe durchgeführt haben. Diese Meldung können Sie mit der Eigenschaft `DisplayAlerts` ausschalten. Sie müssen sich nur vorher entscheiden, ob Sie Änderungen an Ihrer Arbeitsmappe standardmäßig übernehmen oder ob Sie Veränderungen an Ihrer Arbeitsmappe nicht speichern möchten.

8.3.1 Arbeitsmappe schließen – Änderungen akzeptieren

Beim folgenden Beispiel wird die aktive Arbeitsmappe geschlossen und alle Änderungen werden automatisch gespeichert.

***Listing 8.15:** Arbeitsmappe schließen – Änderungen übernehmen*

```
Sub ArbeitsmappeSchließen()
 With ActiveWorkbook
  .Sheets(1).Range("A1").Value = _
  "letzte Änderung " & Now & " vom Anwender " & _
   Application.UserName
  .Close SaveChanges:=True
 End With
 Application.DisplayAlerts = False
End Sub
```

Die Methode Close schließt die Arbeitsmappe. Wird das Argument SaveChanges auf den Wert True gesetzt, werden Änderungen an der Arbeitsmappe gespeichert. Protokollieren Sie den letzten Zugriff auf diese Arbeitsmappe mit Hilfe der Funktion Now und der Eigenschaft UserName. Indem Sie die Eigenschaft DisplayAlerts auf den Wert False setzen, wird die Rückfrage beim Schließen der Arbeitsmappe unterdrückt.

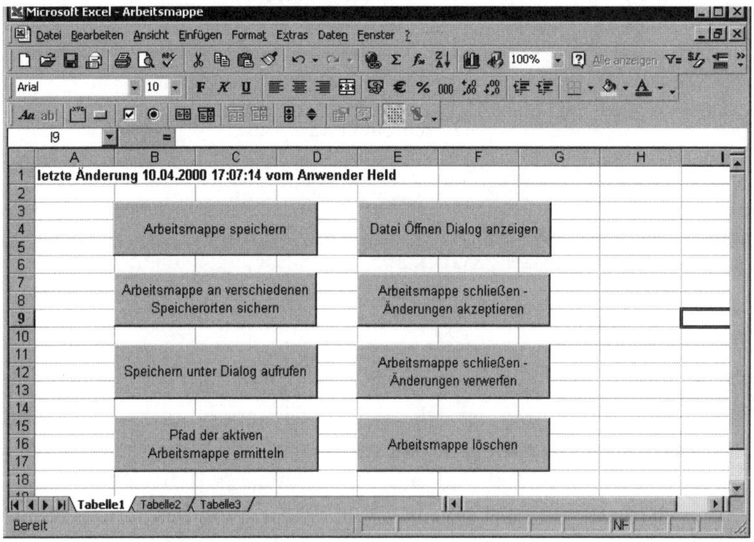

Abbildung 8.3: Der letzte Zugriff wird protokolliert

8.3.2 Arbeitsmappe schließen – Änderungen verwerfen

Wenn Sie eine Arbeitsmappe zwar editieren möchten, um beispielsweise ein paar Berechnungen auf die Schnelle durchzuführen, die Ergebnisse letztendlich aber nicht speichern und den Originalzustand der Arbeitsmappe somit erhalten wollen, setzen Sie das Makro aus Listing 8.16 ein.

```
Sub ArbeitsmappeSchließenOhneSpeichern()
 With Application
  .DisplayAlerts = False
  .DisplayStatusBar = True
  .StatusBar = "Änderungen an der Datei " _
    & ActiveWorkbook.Name & _
    " werden nicht gespeichert!"
  .Wait (Now + TimeValue("0:00:05"))
  .StatusBar = False
 End With
 ActiveWorkbook.Close
End Sub
```

Listing 8.16: Arbeitsmappe schließen – Änderungen werden verworfen

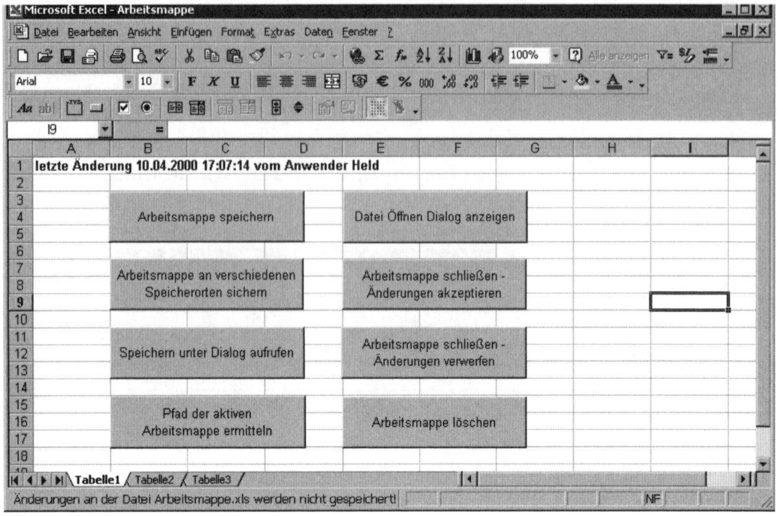

Abbildung 8.4: Arbeitsmappe wird ohne Änderung geschlossen

Wenn Sie eine Arbeitsmappe ohne Speichern schließen möchten, dann sollten Sie für alle Fälle die Statusleiste nützen, um bekannt zu geben, dass die Arbeitsmappe nicht gespeichert wurde. Diese Sicherheitsmaßnahme ist wichtig, da sie auch andere Anwender daran erinnert, dass diese Datei nicht gespeichert werden kann. Im ersten Schritt schalten Sie mit der Eigenschaft `DisplayAlerts` die Excel-Meldungen und -Warnungen aus. Danach blenden Sie sicherheitshalber die Statusleiste mit der Eigenschaft `DisplayStatusBar` ein. Ist die Statusleiste schon eingeblendet, wird dieser Befehl ignoriert. Im Anschluss daran schreiben Sie mit Hilfe der Eigenschaft `StatusBar` einen kurzen Infotext in die Statusleiste. Diesen Text sollten Sie eine kurze Zeit in der Statusleiste stehen lassen, damit der Anwender diese Meldung auch registrieren kann. Diese kleine Zeitverzögerung erreichen Sie durch den Einsatz der Methode `Wait`, der Sie als Startzeit die aktuelle Uhrzeit (`Now`) mitgeben und darauf noch fünf Sekunden addieren. Um die besagten fünf Sekunden hinzuzuzählen, müssen Sie die Funktion `TimeValue` einsetzen, damit Excel weiß, dass es sich hierbei um einen Zeitwert handelt. Danach übergeben Sie Excel wieder die Verwaltung der Statusleiste, was bedeutet, dass Ihr Infotext verschwindet. Jetzt kann die Arbeitsmappe durch die Methode `Close` geschlossen werden.

8.3.3 Arbeitsmappe schließen bei Vernachlässigung

Um Ressourcen zu sparen, können Sie nicht mehr benötigte Arbeitsmappen schließen. Dazu definieren Sie einen Zeitpuffer, nachdem eine Arbeitsmappe geschlossen werden soll.

```
Sub ArbeitsmappeSchließenNach2Minuten()
Dim l As Long
Const Puffer As Long = 120

l = Timer
    Do While Timer < l + Puffer
        DoEvents
    Loop
   ActiveWorkbook.Save
   ActiveWorkbook.Close
End Sub
```

Listing 8.17: Arbeitsmappe nach zwei Minuten ohne Aktion schließen

Definieren Sie zuerst einmal die Zeitdauer, nachdem Excel eine unberührte Arbeitsmappe schließen soll. Die Angabe nehmen Sie in Sekunden vor. Speichern Sie danach einen aktuellen Zeitwert in der Variablen l mit Hilfe der Funktion `Timer`. Die Funktion `Timer` gibt einen Wert vom Typ `Single` zurück, der die Anzahl der seit Mitternacht vergangenen Sekunden angibt. Diese Zeitangabe können Sie nutzen, um die Dauer abzufragen, die seit dem Start des Makros aus Listing 8.17 vergangen ist. In einer `Do While`-Schleife kontrollieren Sie, wann die Zeitdauer aus der Variablen `Puffer` überschritten ist. Danach speichern und schließen Sie die aktive Arbeitsmappe.

:-) TIPP

Wenn Sie Excel zusätzlich auch noch beenden möchten, hängen Sie die Anweisung `Application.Quit` *an das Listing 8.17 unten an.*

8.3.4 Alle Arbeitsmappen bis auf eine schließen

Wenn Sie mehrere Arbeitsmappen in Excel geöffnet haben, können Sie ganz schnell mit der Tastenkombination [Strg] + [F6] zwischen den einzelnen Arbeitsmappen hin- und herspringen. Springen Sie daher auf die Arbeitsmappe, an der Sie weiterarbeiten möchten, und schließen Sie alle anderen. Dazu verwenden Sie folgendes Makro aus Listing 8.18:

```
Sub AlleMappenBisAufDieAktiveSchließen()
Dim Mappe As Workbook
For Each Mappe In Application.Workbooks
  If Mappe.Name <> ThisWorkbook.Name Then Mappe.Close
Next
End Sub
```

Listing 8.18: Alle Arbeitsmappen bis auf eine schließen

Im Auflistungsobjekt `Workbooks` sind alle zur Zeit geöffneten Arbeitsmappen verzeichnet. Dies können Sie in einer `For Each`-Schleife nützen, die den Namen der aktiven Arbeitsmappe mit den Namen der

Arbeitsmappen vergleicht, die in der Auflistung stehen. Mit der Methode `Close` schließen Sie dann alle Arbeitsmappen bis auf die aktive.

:-) TIPP

Wenn Sie feststellen möchten, wie viele Arbeitsmappen momentan geöffnet sind, wenden Sie die Eigenschaft `Count` *auf das Auflistungsobjekt* `Worksbooks` *an.*

Listing 8.19: *Ermittlung der Anzahl der geöffneten Excel-Arbeitsmappen*

```
Sub GeöffneteArbeitsmappenZählen()
 MsgBox "Es sind zur Zeit " & _
  Application.Workbooks.Count & _
  " Datei(en) geöffnet", vbInformation
End Sub
```

8.4 Arbeitsmappe löschen

Wenn Sie eine Arbeitsmappe löschen möchten, ohne dazu den Datei-Explorer von Windows einzusetzen, können Sie Arbeitsmappen über die Anweisung `Kill` einsetzen:

Listing 8.20: *Bestimmte Arbeitsmappe löschen*

```
Sub ArbeitsmappeLöschen()
Const Lw = "c:\"
Const Pfad = "c:\eigene Dateien"
Const Datei = "Mappe2.xls"
 On Error GoTo fehler:
 Kill Datei
 MsgBox "Arbeitsmappe " & Datei & " wurde gelöscht!"
 Exit Sub
fehler:
 MsgBox "Es konnte keine Datei mit dem Namen " & _
        Datei & " gefunden werden!"
End Sub
```

Beachten Sie hierbei die Fehlerbehandlung von Excel. Wenn Sie z.B. zweimal hintereinander versuchen, das Makro `ArbeitsmappeLöschen` auszuführen, bekommen Sie beim ersten Mal die Bestätigung, dass die Datei gelöscht wurde. Wenn Sie ein zweites Mal versuchen, die Arbeitsmappe zu löschen, liefert Excel Ihnen die Fehlermeldung, welche unter der Zeilenmarke `Fehler` steht.

8.4.1 Arbeitsmappe nach Verfallsdatum löschen

Wenn Sie im Besitz bestimmter Arbeitsmappen sind, die nach einer bestimmten Zeit gelöscht werden müssen, dann können Sie eine Zeitschaltung in Excel einbauen. Im folgenden Beispiel wird eine Arbeitsmappe im Jahr 2001 gelöscht.

Listing 8.21: Arbeitsmappe nach Ablaufdatum löschen

```
Sub MappeMitVerfallsdatum()
  If Date > CDate("31. Dezember, 2000") _
  Then Kill "C:\eigene Dateien\Geheim.xls"
End Sub
```

Zur besseren Lesbarkeit des Codes können Sie das Vergleichsdatum in Langform verwenden. Dazu müssen Sie allerdings die Funktion `CDate` einsetzen, die das Langdatum intern in ein geeignetes Datumsformat umwandelt. Ergibt die Abfrage, dass die Arbeitsmappe abgelaufen ist, löschen Sie die gewünschte Arbeitsmappe mit der Anweisung `Kill`. Mit dieser Anweisung können Sie auch mehrere Arbeitsmappen auf einmal löschen. Im nächsten Beispiel werden alle Dateien im Verzeichnis C:\TEMP ohne Rückfrage gelöscht.

Listing 8.22: Alle Dateien in einem Verzeichnis löschen

```
Sub VerzeichnisPutzen()
On Error GoTo ende:
 ChDir "C:\temp"
 Kill "*.*"
ende:
End Sub
```

Zur Sicherheit bauen Sie bei diesem Makro eine `On Error`-Anweisung ein. Wird das vorgegebene Verzeichnis nicht gefunden, wird die `Kill`-Anweisung umgangen, indem direkt zum Ende des Makro verzweigt wird. Wird das vorgegebene Verzeichnis gefunden, werden alle Dateien über den Platzhalter *.* angesprochen und über die Anweisung `Kill` ohne Rückfrage gelöscht.

8.5 Arbeitsmappen einfügen

Selbstverständlich können Sie neben dem Löschen von Arbeitsmappen auch neue Arbeitsmappen hinzufügen. Dazu verwenden Sie die Methode `Add`. Die Anzahl der Tabellenblätter, welche Excel in der neuen Arbeitsmappe zur Verfügung stellen soll, regeln Sie über die Eigenschaft `SheetsInNewWorkbook`.

Achten Sie darauf, dass die Obergrenze der Tabellenblätter den Wert 255 nicht übersteigen sollte.

Listing 8.23: *Neue Arbeitsmappe mit einem einzigen Tabellenblatt einfügen*

```
Sub ArbeitsmappeEinfügen()
 Application.SheetsInNewWorkbook = 1
 Workbooks.Add
End Sub
```

8.6 Arbeitsmappen drucken

Wenn Sie eine Arbeitsmappe drucken möchten, setzen Sie das Makro aus Listing 8.24 ein.

Listing 8.24: *Die ganze Arbeitsmappe wird gedruckt*

```
Sub ArbeitsmappeDrucken()
 ActiveWorkbook.PrintOut
End Sub
```

Wie Sie nur Teile einer Arbeitsmappe drucken können, wie z.B. einzelne Tabellenblätter oder Bereiche, erfahren Sie weiter unten.

8.7 Arbeitsmappen und Dokumenteigenschaften

Wenn Sie wissen möchten, welcher Mitarbeiter eine bestimmte Arbeitsmappe angelegt hat, können Sie dies mit Hilfe der Eigenschaft `Author` herausfinden.

Listing 8.25: *Wer hat die Arbeitsmappe angelegt?*

```
Sub BearbeiterErmitteln()
Dim s As String
Dim DatName As String
 s = ActiveWorkbook.Author
 DatName = ActiveWorkbook.Name
 MsgBox "Der Anwender " & s & _
 " hat die Datei " & DatName & " angelegt!"
End Sub
```

8.7.1 Zusätzliche Dokumenteigenschaft anlegen

Neben den gängigen Dokumenteigenschaften, die Sie im Menü DATEI mit dem Befehl EIGENSCHAFTEN nachlesen können, haben Sie die Möglichkeit, eigene Felder zu definieren. So könnten Sie beispielsweise ein Gültigkeitsdatum für die Arbeitsmappe als Dokumenteigenschaft einfügen.

```
Sub ZusätzlicheDokuEigenschaftenAnlegen()
On Error Resume Next
 ThisWorkbook.CustomDocumentProperties.Add _
 "Gültigkeit", False, msoPropertyTypeDate, "01/1/2002"
End Sub
```

Listing 8.26: Neue Dokumenteigenschaft hinzufügen

Wenden Sie die Methode `Add` an, um weitere Dokumenteigenschaften anzulegen. Im Fall dessen, dass die Dokumenteigenschaft schon angelegt wurde, sorgt die `On Error`-Anweisung dafür, dass es zu keinem Makroabsturz kommt.

Die Syntax der Methode `Add` lautet:

Die Syntax

```
Add(Name, LinkToContent, Type, Value, LinkSource)
```

Die Argumente der Methode Add

Mit dem ersten Argument `Name` wird der Name der neuen Dokumenteigenschaft festgelegt. Setzen Sie das zweite Argument `LinkToContent` auf den Wert `False`, sofern Sie den Wert der Dokumenteigenschaft selbst setzen möchten. In diesem Fall muss das Argument `Value` gesetzt werden. Setzen Sie das Argument `LinkToContent` auf den Wert `True`, wenn Sie die Dokumenteigenschaft beispielsweise aus dem Inhalt einer Zelle bilden wollen. In diesem Fall muss das Argument `LinkSource` gesetzt werden. Das Argument `Type` gibt den Datentyp der Dokumenteigenschaft an. Möglich sind hierbei die Konstanten

- `msoPropertyTypeBoolean` (für Wahrheitswerte)
- `msoPropertyTypeDate` (für Datumswerte)
- `msoPropertyTypeFloat` (für Zahlen mit Nachkomastellen)
- `msoPropertyTypeNumber` (für ganze Zahlen)
- `msoPropertyTypeString` (für Texteingaben)

Das Argument `Value` wird verwendet, wenn Sie die Dokumenteigenschaft direkt editieren möchten. Das letzte Argument `LinkSource` bildet die Quelle der verknüpften Eigenschaft.

Wenn Sie eine selbst angelegte Dokumenteigenschaft wieder löschen wollen, setzen Sie die Methode `Delete` ein.

```
Sub DokuEigenschaftLöschen()
On Error Resume Next
ThisWorkbook.CustomDocumentProperties("Gültigkeit").Delete
End Sub
```

Listing 8.27: Benutzerdefinierte Dokumenteigenschaft löschen

Abbildung 8.5: Die neue Dokumenteigenschaft Gültigkeit

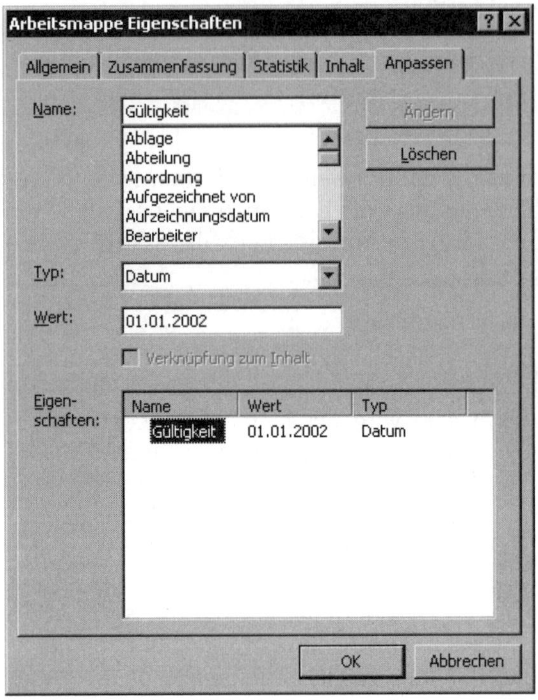

8.7.2 Zugriffsdaten einer Arbeitsmappe ermitteln

Sicher hat es Sie auch schon einmal interessiert, wann eine Arbeitsmappe erstellt worden ist. Es kommt schon mal vor, dass man einen Dateinamen vergisst und sich noch grob an das Erstellungsdatum der Datei erinnern kann. Auch die letzte Änderung an einer Datei ist von Interesse, wenn Sie mehrere Versionen von einer Datei erstellt haben und immer die aktuellste Datei weiterverarbeiten möchten. Sie haben in Excel sogar die Möglichkeit zu ermitteln, wann das letzte Mal auf eine bestimmte Datei, auch ohne Änderung an ihr, zugegriffen worden ist. Alle diese Informationen kann Ihnen das `FileSystemObject` liefern.

Listing 8.28: Zugriffsdaten einer Arbeitsmappe ermitteln

```
Sub InfoZurAktuellenDatei()
Dim fsO As Object
Dim sName As Object
Dim sMeldung As String
 Set fsO = CreateObject("Scripting.FileSystemObject")
 Set sName = fsO.GetFile(ActiveWorkbook.Name)
 MsgBox (ActiveWorkbook.Name & Chr(13) & Chr(13) & _
 "angelegt am: " & sName.DateCreated & Chr(13) & _
 "Letzter Zugriff: " & sName.DateLastAccessed & Chr(13) & _
```

```
  "Letzte Änderung: " & sName.DateLastModified), _
  vbInformation, "Datei-Info"
End Sub
```

Abbildung 8.6: *Die Informationen zur aktiven Arbeitsmappe*

Um Dateiinformationen einer Arbeitsmappe abzurufen, erstellen Sie ein `FileSystemObject` mit der Funktion `CreateObject`. Damit haben Sie Zugriff auf die MICROSOFT SCRIPTING RUNTIME-Bibliothek. Diese Bibliothek beinhaltet einige Eigenschaften, die Sie abfragen können.

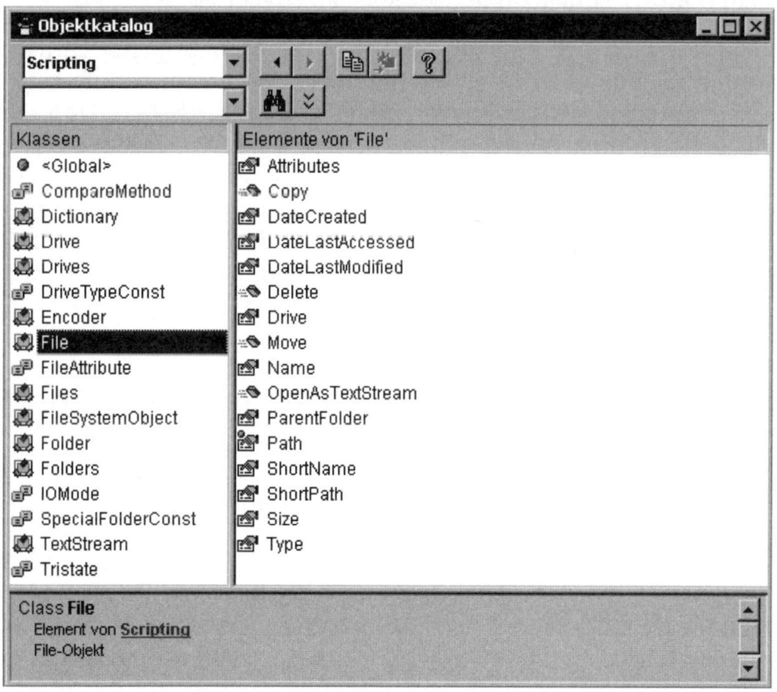

Abbildung 8.7: *Alle Eigenschaften und Methoden des FileSystemObject*

:-) TIPP

Wenn Sie weitere Eigenschaften des Objekts `FileSystemObject` *einsehen möchten, müssen Sie die Bibliothek zuerst einbinden. Dazu wählen Sie in der Entwicklungsumgebung aus dem Menü* EXTRAS *den Befehl* VERWEISE *und aktivieren die Bibliothek* MICROSOFT SCRIPTING RUNTIME. *Danach drücken Sie die Taste* [F2], *um den Objektkatalog anzuzeigen.*

8.8 Arbeitsmappen und Verknüpfungen

In Excel 2000 haben Sie die Möglichkeit, mehrere Arbeitsmappen miteinander zu verknüpfen. So können Sie beispielsweise Kosten und Leistungen in getrennten Arbeitsmappen eingeben und in einer Arbeitsmappe zu einer Ergebnisrechnung verknüpfen. Wenn Sie dazu noch regelmäßig einzelne Arbeitsmappen von Kollegen bekommen, die Sie ebenso verknüpfen, entsteht zwangsläufig eine recht unübersichtliche und u.U. auch eine recht große Datei.

Wenn Sie eine Arbeitsmappe öffnen, die Verknüpfungen enthält, werden Sie durch eine Bildschirmmeldung darauf aufmerksam gemacht, dass Verknüpfungen enthalten sind. Sie haben dann die Möglichkeit, diese Verknüpfungen zu aktualisieren. Dabei bleiben die verknüpften Arbeitsmappen aber geschlossen. Die Zeit, die vergeht, bis die Verknüpfungen alle aktualisiert sind, ist abhängig von der Anzahl der verknüpften Zellen bzw. der verknüpften Arbeitsmappen. Es empfiehlt sich, bei Änderungen immer die beteiligten Arbeitsmappen zu öffnen. Verknüpfte Arbeitsmappen können Sie in Excel öffnen, indem Sie aus dem Menü BEARBEITEN den Befehl VERKNÜPFUNGEN wählen, im Listenfeld QUELLDATEI die entsprechenden verknüpften Arbeitsmappen markieren und die Schaltfläche QUELLE ÖFFNEN klicken.

8.8.1 Verknüpfungen in Hyperlinks umwandeln

Selbstverständlich können Sie ein Makro einsetzen, welches Ihnen alle verknüpften Arbeitsmappen automatisch öffnet. Es geht aber auch noch besser. Im folgenden Makro wird in einer Arbeitsmappe ein neues Tabellenblatt eingefügt. Danach werden alle verknüpften Arbeitsmappen als Hyperlinks eingefügt. In Zukunft reicht ein Klick auf den jeweiligen Hyperlink, um die verknüpfte Arbeitsmappe zu öffnen.

Das Makro für diese Aufgabe lautet:

Listing 8.29: Verknüpfte Arbeitsmappen als Link ausgeben

```
Sub VerknüpfteMappenAlsHyperlinkAusgeben()
Dim Mappe As Workbook
Dim VLink As Variant
Dim i As Integer

Set Mappe = ThisWorkbook
Sheets.Add
Range("A1").Select
VLink = Mappe.LinkSources(xlExcelLinks)
If Not IsEmpty(VLink) Then
    For i = 1 To UBound(VLink)
        ActiveCell.Hyperlinks.Add ActiveCell, VLink(i)
        ActiveCell.Offset(1, 0).Select
    Next i
End If
ActiveSheet.Columns(1).AutoFit
End Sub
```

Definieren Sie zuerst ein Objekt vom Typ `Workbook`. Dadurch ersparen Sie sich später einiges an Schreibarbeit. Danach definieren Sie ein Datenfeld (Array) vom Datentyp `Variant`, indem Sie die Namen und die Pfade der verknüpften Arbeitsmappen speichern. Mit der Anweisung `Set` sagen Sie aus, dass das Objekt `Mappe` die momentan aktive Arbeitsmappe repräsentieren soll. Fügen Sie ein neues Tabellenblatt mit der Methode `Add` ein. Füllen Sie jetzt das Datenfeld `VLink` mit allen Excel-Verknüpfungen. Dazu setzen Sie die Methode `LinkSources` mit der Xlink-Konstanten `xlExcelLinks` ein. Die Methode gibt eine Matrix mit Verknüpfungen einer der Arbeitsmappe zurück. Die Namen in der Matrix entsprechen dabei den Namen der verknüpften Excel-Arbeitsmappen. Wenn keine Verknüpfung besteht, wird der Wert `Empty` zurückgegeben. Liefert die Methode nicht den Wert `Empty` zurück, dann setzen Sie eine `For Next`-Schleife ein. Diese Schleife fängt bei der ersten Verknüpfung an und endet bei der letzten Verknüpfung. Innerhalb der Schleife fügen Sie mit Hilfe der Methode `Add` einen Hyperlink ein, der als Ziel den Namen sowie die Pfadangabe der verknüpften Arbeitsmappe beinhaltet. Diese beiden Informationen haben Sie vorher im Datenfeld `VLink` gespeichert. Danach positionieren Sie eine Zelle weiter nach unten und fügen den nächsten Hyperlink ein.

Abbildung 8.8: Verknüpfte Arbeitsmappen mit einem Mausklick öffnen

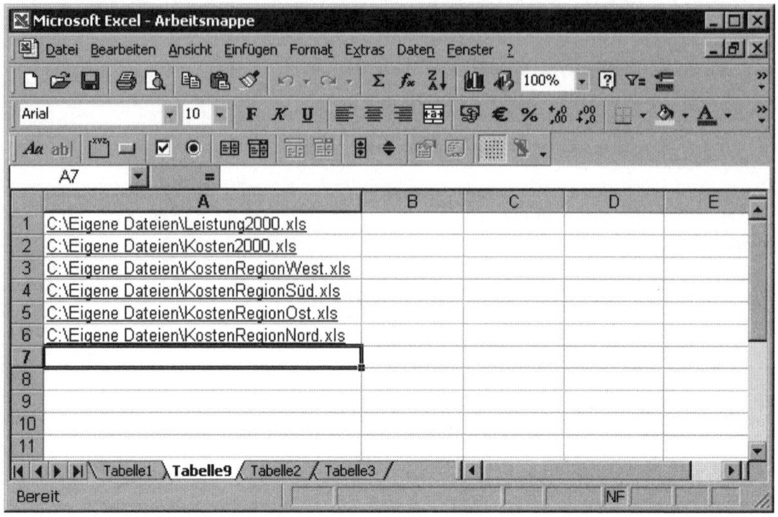

8.8.2 Verknüpfungen in Arbeitsmappe ermitteln

Möchten Sie lediglich ermitteln, welche Arbeitsmappen überhaupt verknüpft sind, setzen Sie folgendes Makro aus Listing 8.30 ein.

Listing 8.30: Alle verknüpfte Arbeitsmappen ausgeben

```
Sub VerknüpfteDateienAusgeben()
Dim Mappe As Workbook
Dim VLink As Variant
Dim i As Integer

Set Mappe = ThisWorkbook
VLink = Mappe.LinkSources(xlExcelLinks)
If Not IsEmpty(VLink) Then
    For i = 1 To UBound(VLink)
        Debug.Print "Verknüpfung " & i & ": " & VLink(i)
    Next i
End If
End Sub
```

Die nächste Frage drängt sich geradezu auf: Wie können Sie prüfen, ob in einer Arbeitsmappe eine Verknüpfung zu einer ganz bestimmten Arbeitsmappe vorhanden ist? Die Antwort auf diese Frage liefert das Makro aus Listing 8.31.

Listing 8.31: Überprüfen, ob eine bestimmte Arbeitsmappe verknüpft ist (nur korrekte Schreibweise)

```
Sub PrüfenAufBestimmteVerknüpfung()
Dim Mappe As Workbook
Dim VLink As Variant
Dim i As Integer
Const Verkn = "C:\Eigene Dateien\Kosten2000.xls"
Set Mappe = ThisWorkbook
VLink = Mappe.LinkSources(xlExcelLinks)
If Not IsEmpty(VLink) Then
 For i = 1 To UBound(VLink)
    If Verkn = VLink(i) Then _
    MsgBox "Verknüpfung zu der Mappe " & _
    VLink(i) & " ist vorhanden!"
 Next i
End If
End Sub
```

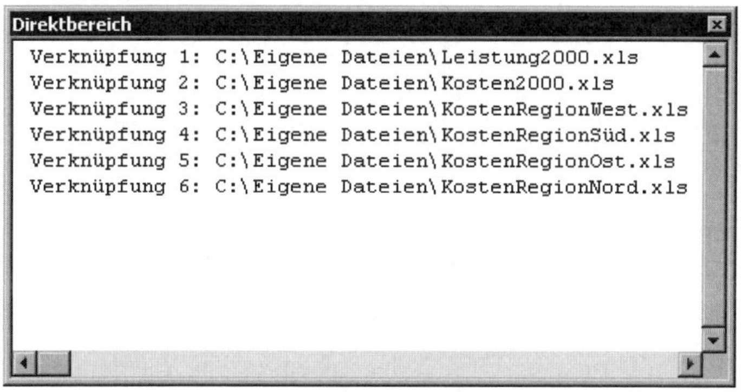

Abbildung 8.9: Die Ausgabe der verknüpften Mappen im Direktfenster

Für diese Aufgabe können Sie dasselbe Gerüst verwenden wie bei den vorherigen Listings. Innerhalb der `For Next`-Schleife fragen Sie jetzt ab, ob eine bestimmte Arbeitsmappe verknüpft ist. Dabei haben Sie den Namen der Arbeitsmappe in einer Konstanten definiert, die Sie jetzt mit dem Datenfeld `VLink` abgleichen. Beim Vergleich müssen Sie darauf achten, dass zwischen Groß- und Kleinschreibung unterschieden wird.

:-) TIPP

Möchten Sie keine Unterscheidung zwischen Groß- und Kleinschreibung, so setzen Sie die Funktion `UCase` *ein. Diese Funktion wandelt die Zeichenfolgen in Großbuchstaben um.*

Listing 8.32: Überprüfen, ob eine bestimmte Arbeitsmappe verknüpft ist (Groß- oder Kleinschreibweise)

```
Sub PrüfenAufBestimmteVerknüpfungGK()
Dim Mappe As Workbook
Dim VLink As Variant
Dim i As Integer
Const Verkn = "C:\Eigene Dateien\Kosten2000.xls"
Set Mappe = ThisWorkbook
VLink = Mappe.LinkSources(xlExcelLinks)
If Not IsEmpty(VLink) Then
 For i = 1 To UBound(VLink)
    If UCase(Verkn) = UCase(VLink(i)) Then _
    MsgBox "Verknüpfung zu der Mappe " & _
    VLink(i) & " ist vorhanden!"
 Next i
End If
End Sub
```

8.8.3 Verknüpfungen aus der Arbeitsmappe entfernen

Es ist ratsam, Verknüpfungen aus Arbeitsmappen zu entfernen, wenn Sie diese an Kollegen verschicken möchten. Mit den Verknüpfungen können Ihre Kollegen so oder so nichts anfangen, es sein denn, Sie liefern zusätzlich noch die verknüpften Arbeitsmappen aus. Oft kommt es auch vor, dass so genannte »Ghostlinks« entstehen. Damit sind Verknüpfungen gemeint, die nicht mehr gültig sind, da die verknüpften Quelldateien nicht mehr vorhanden sind. In beiden Fällen bekommen Sie aber immer noch die Aktualisierenabfrage beim Öffnen der Arbeitsmappe, die dann einen Fehler meldet, wenn Sie versuchen, die verknüpften Arbeitsmappen zu aktualisieren. Das muss nicht sein. Setzen Sie ein Makro ein, um diese Verknüpfungen zu entfernen.

Listing 8.33: Verknüpfungen aus Arbeitsmappen entfernen

```
Sub AlleVerknüpfungenAusEinerMappeEntfernen()
Dim VLink As Variant
Dim i As Integer
VLink = ActiveWorkbook.LinkSources(xlExcelLinks)

If Not IsEmpty(VLink) Then
 For i = 1 To UBound(VLink)
     ActiveWorkbook.ChangeLink Name:=VLink(i), _
     newname:=ThisWorkbook.Name
 Next i
End If
End Sub
```

Definieren Sie ein Datenfeld (Array) vom Datentyp `Variant`, indem Sie die Namen und die Pfade der verknüpften Arbeitsmappen mit Hilfe der Methode `LinkSources` speichern. Im Anschluss daran fragen Sie ab, ob die Arbeitsmappe überhaupt Verknüpfungen enthält. Wenn nicht, meldet die Funktion `IsEmpty` den Wert `True` zurück, was bedeutet, dass das Datenfeld `VLink` leer ist. Im anderen Fall wird eine `For Next`-Schleife aufgesetzt. Die Schleife beginnt bei der ersten Verknüpfung und endet bei der letzten Verknüpfung, die im Datenfeld `VLink` steht. Den letzten Eintrag des Datenfelds `VLink` ermitteln Sie mit Hilfe der Funktion `UBound`. Innerhalb der Schleife wenden Sie die Methode `ChangeLink` an. Diese Methode ändert eine Verknüpfung von einem Dokument zu einem anderen Dokument. Als erstes Argument müssen Sie die Quelle angeben, also die Verknüpfung zur anderen Arbeitsmappe, die Sie aus dem Datenfeld `VLink` herausholen. Das zweite Argument stellt den Namen der neuen Verknüpfung dar. Als neue Verknüpfung geben Sie den Namen der aktiven Arbeitsmappe an.

STOP

Da die Methode `ChangeLink` *lediglich den Namen der Arbeitsmappe austauscht, ist bei dieser Art der Entfernung von Verknüpfungen Vorsicht geboten. Die externen Verknüpfungen können auf diese Art natürlich entfernt werden; die Methode belässt aber innerhalb der Verknüpfung die ursprünglichen Zellenbezüge, die dann auf die aktive Arbeitsmappe verweisen.*

8.9 Arbeitsmappe durchsuchen

Stellen Sie sich vor, Sie haben eine umfangreiche Arbeitsmappe mit zahlreichen Tabellenblättern. Sie wissen nicht mehr genau, auf welchem Blatt Sie eine bestimmte Eingabe vorgenommen haben. An den Text der Eingabe können Sie sich jedoch noch erinnern. Es bleibt Ihnen nichts anderes übrig, als Blatt für Blatt nach dem gesuchten Text zu suchen. Möglicherweise ist der gesuchte Text auch mehrfach in der Arbeitsmappe vorhanden. Eine Lösung für diese Aufgabe besteht darin, ein Makro zu schreiben, welches die komplette Arbeitsmappe durchsucht und die gefundenen Zellen mit einem bestimmten Zellenhintergrund kennzeichnet. Sie haben es dann leicht, anhand der Färbung der einzelnen Zellen die gefundenen Zellen zu orten.

Listing 8.34: Suche und Kennzeichnung eines Suchtextes in einer Arbeitsmappe

```
Sub TextInArbeitsmappeSuchenUndKennzeichnen()
Dim s As String
Dim i As Integer
Dim Erg1 As Variant
Dim Erg2 As Variant

s = InputBox("Geben Sie den Suchbegriff ein!", "Textsuche")
If s = "" Then Exit Sub

For i = 1 To ActiveWorkbook.Sheets.Count
  Sheets(i).Activate
  Set Erg1 = Sheets(i).Cells.Find(s)
  If Not Erg1 Is Nothing Then
   Erg2 = Erg1.Address
    Do
      With Erg1
       .Activate
       .Interior.ColorIndex = 4
      End With
      Set Erg1 = Cells.FindNext(After:=ActiveCell)
      On Error Resume Next
      If Erg1.Address = Erg2 Then Exit Do
      Erg1.Interior.ColorIndex = 4
    Loop
  End If
Next i
End Sub
```

Im ersten Schritt fragen Sie mittels der Funktion `Inputbox` den Suchtext vom Anwender ab. Gibt der Anwender einen Suchtext ein, setzen Sie die Verarbeitung mit einer `For Next`-Schleife fort. Klickt der Anwender auf die ABBRECHEN-Schaltfläche bzw. gibt er keinen Suchbegriff ein und klickt auf die Schaltfläche OK, wird das Makro durch die Anweisung `Exit Sub` sofort beendet. Innerhalb der Schleife werden alle Tabellenblätter der Arbeitsmappe abgearbeitet. Nun suchen Sie nach dem eingegeben Text. Dazu nützen Sie die Methode `Find`, der Sie den Suchbegriff übergeben. Das Ergebnis der Suche speichern Sie in der Variablen `Erg1`. Da es durchaus sein kann, dass auf einem Tabellenblatt der gesuchte Text mehrfach vorkommt, müssen Sie die gefundene Zellenadresse des ersten Suchvorgangs in einer zweiten Variablen `Erg2` speichern. Im nächsten Schritt benötigen Sie eine weitere Schleife, die ermittelt, ob es weitere Zellen auf dem aktiven Tabellenblatt gibt, die dem Suchbegriff entsprechen. Da die Methode `FindNext` nach der letzten aufgefundenen Zelle wieder die zuerst gefundene findet, müssen Sie darauf achten, keine Endlosschleife zu programmieren. Daher fragen Sie innerhalb der `Do`-Schleife ab, ob die zuerst gefundene Zellenadresse in der Variablen Erg1 der zuletzt gefundenen Zellenadresse in der Variablen Erg2 entspricht. Ist dem so, muss die Do-Schleife sofort verlassen werden. Dann wird das nächste Tabellenblatt untersucht. Werden immer noch weitere Zellen gefunden, die dem Suchtext entsprechen, werden diese über die Eigenschaft ColorIndex eingefärbt.

8.10 Arbeitsmappen miteinander vergleichen

Der Vergleich von Arbeitsmappen ist nur bei ähnlich aufgebauten Arbeitsmappen sinnvoll. Gerade, wenn Sie beispielsweise wissen möchten, wo die Unterschiede zwischen zwei völlig identisch erscheinenden Arbeitsmappen liegen, können Sie folgende Makrolösung aus Listing 8.35 einsetzen. Schreiben Sie die Unterschiede in das Direktfenster.

Listing 8.35: Zwei Arbeitsmappen miteinander vergleichen

```
Sub ArbeitsmappenVergleichen()
Dim Mappe1, Mappe2 As Workbook
Dim Blatt As Worksheet
Dim Zelle As Object
Dim s As String

Set Mappe1 = ThisWorkbook
Set Mappe2 = Workbooks(2)

 For Each Blatt In ThisWorkbook.Worksheets
  Blatt.Activate
  s = Blatt.Name
  For Each Zelle In Blatt.UsedRange
   If Zelle.Value <> _
   Mappe2.Worksheets(s).Range(Zelle.Address).Value Then
    Zelle.Activate
    Debug.Print "Unterschied in Zelle " & Zelle.Address & _
           " auf Tabellenblatt " & Sheets(s).Name
   End If
  Next Zelle
 Next Blatt
End Sub
```

Voraussetzung für das korrekte Funktionieren der Lösung ist, dass Sie beide Arbeitsmappen geöffnet haben und die Tabellenbenennung identisch ist. Dabei wird die aktuelle Arbeitsmappe mit der zweiten Arbeitsmappe im Hintergrund verglichen. Die zuerst geöffnete Arbeitsmappe hat den Index 1, die danach geöffnete Arbeitsmappe bekommt den Indexwert 2 zugewiesen. Nun benötigen Sie zwei `For Next`-Schleifen. Die eine ist für die einzelnen Tabellenblätter und die andere für die Zellen im verwendeten Bereich zuständig. In der ersten Schleife ermitteln Sie zunächst über die Eigenschaft `UsedRange` den verwendeten Bereich und vergleichen die verwendeten Zeilen der beiden Arbeitsmappen miteinander. Wird ein Unterschied gefunden, muss auf die betreffende Zelle positioniert werden, damit die richtige Zellenadresse im Direktfenster ausgegeben werden kann.

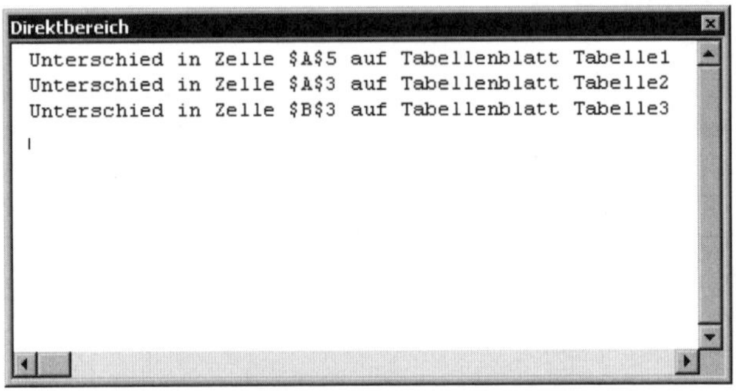

Abbildung 8.10: *Die unterschiedlichen Zellenadressen werden im Direktfenster ausgegeben*

8.11 Arbeitsmappen säubern

Im letzten Abschnitt dieses Kapitels geht es darum, Ihre Arbeitsmappen aufzuräumen. In erster Linie heißt das, bestimmte Teile wie Grafiken, benutzerdefinierte Namen, Kommentare und benutzerdefinierte Listen und Formate zu löschen, die die Arbeitsmappen aufblähen. Im Anschluss daran können Sie diverse benutzerdefinierte Listen und Formatvorlagen wieder erstellen.

CD-ROM

Die folgenden Makros können Sie auf der CD im Verzeichnis KAP08 *in der Datei* SÄUBERN.XLS *finden.*

8.11.1 Alle Grafikobjekte aus Arbeitsmappe entfernen

Wenn Sie beispielsweise eine Excel-Tabelle im Textformat speichern möchten, um diese weiterzugeben, können Objekte wie WordArt, ClipArts, Schaltflächen, AutoFormen, integrierte Diagramme und viele andere Objekte nicht in das Textformat umgewandelt werden. Vielleicht möchten Sie auch die Größe einer Excel-Arbeitsmappe so verkleinern, dass die Arbeitsmappe auf eine Diskette passt und so schnell ausgetauscht werden kann. Um alle Grafikelemente aus einer Arbeitsmappe zu entfernen, setzen Sie das Makro aus Listing 8.36 ein.

Listing 8.36: Alle Objekte aus einer Arbeitsmappe entfernen

```
Sub AlleObjekteAusMappeEntfernen()
Dim i As Integer

For i = 1 To Sheets.Count
 Sheets(i).Activate
 With Sheets(i)
  If .Shapes.Count > 0 Then
    .Shapes.SelectAll
     Selection.Delete
  End If
 End With
Next i
End Sub
```

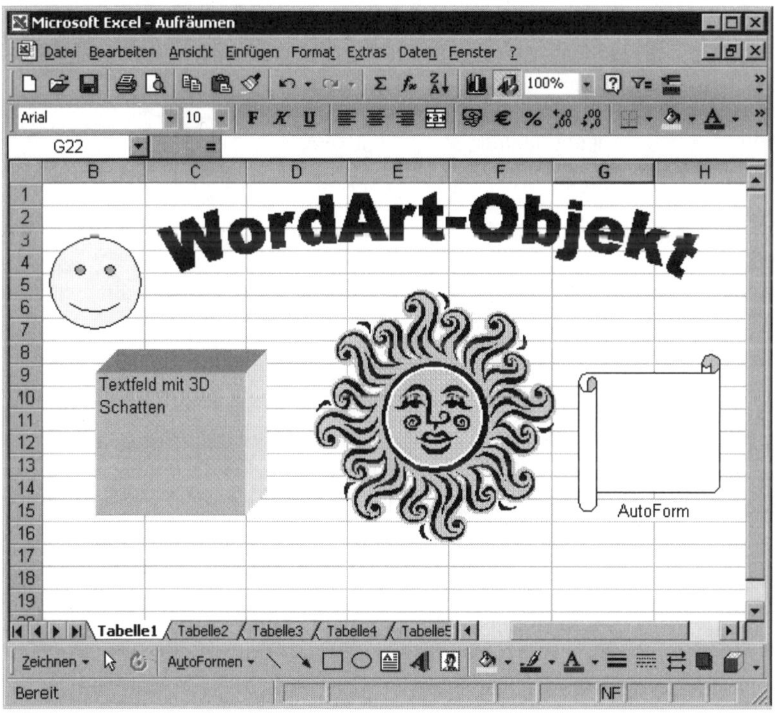

Abbildung 8.11: Alle abgebildeten Elemente können über das Shape-Objekt angesprochen werden

Das Auflistungsobjekt `Shape` kann entweder eines oder auch mehrere Formen enthalten. Bei Formen kann es sich dabei um alle möglichen Objekte, wie beispielsweise Grafiken, Schaltflächen und WordArts, handeln. In einer `For Next`-Schleife prüfen Sie bei jedem Tabellenblatt, ob es überhaupt Formen enthält. Wenn ja, dann wenden Sie die Methode SelectAll an, um alle Formen zu markieren. Anschließend nutzen Sie die Methode Delete, um die markierten Formen auf dem Tabellenblatt zu löschen.

8.11.2 Alle Kommentare einer Arbeitsmappe löschen

In einer Arbeitsmappe können sich nach einiger Zeit schon einige Kommentare ansammeln, mit denen Sie bestimmte Sachverhalte näher erklären, wichtige Zusatzinformationen zu Berechnungen liefern oder auch bestimmte Eingaben protokollieren. Für Sie selbst sind diese Kommentare sehr wichtig, für andere unter Umständen nicht so. Wenn Sie Ihre Arbeitsmappen anderen zur Verfügung stellen und dabei die Kommentare für sich behalten möchten, dann erstellen Sie eine Kopie der Arbeitsmappe und entfernen Sie alle Kommentare mit folgendem Makro aus Listing 8.37.

Listing 8.37: Alle Kommentare aus Arbeitsmappe entfernen

```
Sub AlleKommentareLöschen()
Dim i As Integer
Dim Notiz As Comment

 For i = 1 To Sheets.Count
  Sheets(i).Activate
  For Each Notiz In Sheets(i).Comments
      Notiz.Delete
  Next Notiz
 Next i
End Sub
```

Definieren Sie zuerst eine Variable vom Datentyp Comment. Danach arbeiten Sie die Arbeitsmappe von vorne nach hinten durch und löschen mit Hilfe der Methode Delete alle Kommentare.

8.11.3 Benutzerdefinierte Listen löschen und erstellen

Benutzerdefinierte Listen finden Sie, wenn Sie im Menü EXTRAS den Befehl OPTIONEN wählen. Danach wechseln Sie auf die Registerkarte AUTOAUSFÜLLEN. Mit benutzerdefinierten Listen können Sie viel Schreibarbeit sparen. Ist einmal ein Eintrag aus einer benutzerdefinierten Liste in einer Zelle erfasst, können Sie mit dem Ausfüllkästchen die restlichen Einträge aus der Liste automatisch in Ihre Tabelle einfügen. Wie aber können Sie benutzerdefinierte Listen löschen bzw. benutzerdefinierte Listen erstellen?

Um alle benutzerdefinierten Listen zu entfernen, setzen Sie das folgende Makro aus Listing 8.38 ein.

```
Sub LöschenBenutzerdefinierteListen()
 Dim i As Integer
 Dim j As Integer

    j = Application.CustomListCount
    On Error Resume Next

    For i = 1 To j
        Application.DeleteCustomList i
    Next i
End Sub
```

Listing 8.38: Alle benutzerdefinierten Listen entfernen

Mit der Eigenschaft `CustomListCount` können Sie die Anzahl der benutzerdefinierten Listen ermitteln. Die ersten vier benutzerdefinierten Listen lassen sich nicht löschen und bilden den Standardumfang an benutzerdefinierten Listen in Excel. Jede weitere benutzerdefinierte Liste lässt sich über die Methode `DeleteCustomlist` löschen, der Sie als Index die Variable `i` mitgeben. In den ersten vier Fällen versucht das Makro aus Listing 8.38 zwar die jeweilige benutzerdefinierte Liste zu löschen. Damit es dabei nicht zu einem Makrofehler kommt, setzen Sie die Anweisung `On Error Resume Next` ein, die mit der nächsten Liste in der Schleife weitermacht.

:-) TIPP

Wenn Sie benutzerdefinierte Listen anlegen möchten, ohne über den Dialog OPTIONEN *zu gehen, können Sie diese Listen auch direkt aus Zellenbezügen herstellen. Im nächsten Beispiel wird eine benutzerdefinierte Liste aus den Einträgen in Spalte B erstellt.*

```
Sub ErstellenBenutzerdefinierteListen()
 Application.AddCustomList ListArray:=Columns("B:B")
End Sub
```

Listing 8.39: Erstellen benutzerdefinierter Listen aus Zelleneinträgen

Mit Hilfe der Methode `AddCustomList` fügen Sie eine benutzerdefinierte Liste ein. Die Daten für diese Liste holen Sie sich direkt aus den Tabelleneinträgen in Spalte B.

Dieselbe Aufgabe können Sie selbstverständlich auch über ein Makro lösen, welchem Sie die einzelnen Einträge für die benutzerdefinierte Liste übergeben.

```
Sub ErstellenBenutzerdefinierterListen2()
Application.AddCustomList Array("Personal", "Hardware", _
    "Software", "Raum", "Energie", "Abschreibung", _
    "Umlagen", "Leistung", "Ergebnis")
End Sub
```

Listing 8.40: Erstellen benutzerdefinierter Listen aus Codezeilen

8.11.4 Formatvorlagen löschen und erstellen

Mit Hilfe von Formatvorlagen können Sie schnell ganze Tabellen oder auch einzelne Bereiche formatieren. Dabei können Sie mehrere Formatierungsschritte zusammenführen und so auch komplexere Formate mit einem Mausklick hinzufügen.

Formatvorlagen können Sie löschen, indem Sie das folgende Makro aus Listing 8.41 einsetzen.

***Listing 8.41:** Formatvorlagen aus Arbeitsmappe löschen*

```
Sub FormatVorlagenLöschen()
Dim Fv As Object
On Error Resume Next
For Each Fv In ActiveWorkbook.Styles
  Fv.Delete
Next Fv
End Sub
```

Die Eigenschaft `Styles` gibt eine Auflistung aller Formatvorlagen zurück, die die Arbeitsmappe enthält. Über eine `For Next`-Schleife werden alle Formatvorlagen der Arbeitsmappe gelöscht, die Formatvorlage STANDARD kann jedoch nicht gelöscht werden. Die `On Error`-Anweisung fängt den Versuch, diese Formatvorlage zu löschen, ab. Die Formatvorlage STANDARD können Sie aber auch noch über eine anderen Möglichkeit vor dem Versuch der Löschung schützen. Dazu verwenden Sie die Eigenschaft `BuiltIn`.

***Listing 8.42:** Formatvorlagen bis auf integrierte Formate löschen*

```
Sub FormatVorlagenLöschen2()
Dim Fv As Object
For Each Fv In ActiveWorkbook.Styles
    If Fv.BuiltIn = False Then
        Fv.Delete
    End If
Next Fv
End Sub
```

Die Eigenschaft `BuiltIn` meldet Ihnen den Wert `True`, wenn die Formatvorlage integriert, also fest in Excel eingebaut ist.

STOP

Das Löschen von Formatvorlagen aus einer Arbeitsmappe entfernt auch die Formatierungen in der Arbeitsmappe.

Wenn Sie Formatvorlagen erstellen, gehen Sie wie folgt vor:

1. *Formatieren Sie Ihre Tabelle bzw. bestimmte Zellbereiche.*
2. *Markieren Sie den formatierten Bereich, den Sie als Formatvorlage speichern möchten.*
3. *Starten Sie das folgende Makro aus Listing 8.43.*

```
Sub AktuelleFormatierungAlsFormatvorlage()
 ActiveWorkbook.Styles.Add Name:="Titelrahmen", _
 basedon:=ActiveCell
End Sub
```

Listing 8.43: Formatvorlagen aus markierten Bereichen erstellen

Die Methode `Add` erstellt eine neue Formatvorlage und fügt sie der aktiven Arbeitsmappe hinzu. Dabei werden zwei Argument angegeben: Das erste Argument `Name` beinhaltet den Namen der Formatvorlage. Das zweite Argument sagt aus, wo die Formatvorlage die Formatierung hernehmen soll. Im Beispiel in Listing 8.43 wird als Grundlage für die Formatierung die aktive Zelle herangezogen. Im nächsten Beispiel wird eine Formatvorlage erstellt, bei der das zweite Argument weggelassen und stattdessen die Formatierung angegeben wird.

```
Sub FormatvorlageErstellen()
On Error Resume Next
With ActiveWorkbook.Styles.Add(Name:="Überschrift1")
    .Font.Name = "Arial"
    .Font.Size = 25
End With
```

Listing 8.44: Eigene Formatvorlagen erstellen

Im Listing 8.44 benötigen Sie die `On Error`-Anweisung, die dafür sorgt, dass es zu keiner Fehlermeldung kommt, wenn versucht wird, eine bereits bestehende Formatvorlage zu überschreiben.

8.11.5 Alle benutzerdefinierten Namen einer Mappe löschen

Wozu Sie Namen bei Zellen und Bereichen einsetzen, haben Sie in Kapitel 5 schon erfahren. Dort lasen Sie, wie Sie Namen erstellen, ändern und einzelne Namen entfernen können. Wenn Sie alle Namen aus der Arbeitsmappe entfernen möchten, starten Sie das folgende Makro aus Listing 8.45.

```
Sub AlleNamenInArbeitsmappeLöschen()
Dim nam As Name
    For Each nam In Application.Names
        nam.Delete
    Next nam
 End Sub
```

Listing 8.45: Alle Namen aus einer Arbeitsmappe entfernen

Definieren Sie zuerst eine Variable vom Typ Name. Danach durchlaufen Sie eine For Each-Schleife und löschen mit Hilfe der Methode Delete alle Namen, die in der Arbeitsmappe verwendet werden.

Da Excel intern auch Namen verwendet, um beispielsweise Druckbereiche und Wiederholungszeilen zu benennen, löscht das Makro aus Listing 8.44 neben den benutzerdefinierten Namen auch noch die definierten Druckbereiche sowie die eingestellten Wiederholungszeilen in der Arbeitsmappe. Möchten Sie dies vermeiden, dann starten Sie folgendes Makro aus Listing 8.46.

Listing 8.46: *Alle Namen einer Arbeitsmappe mit Ausnahme von Druckbereich und Wiederholungszeilen löschen*

```
Sub NichtAlleNamenLoeschen()
Dim Blatt As Worksheet
Dim nam As Name

For Each Blatt In Worksheets
  For Each nam In ActiveWorkbook.Names
    If Right(nam.Name, 10) = "Print_Area" _
    Or Right(nam.Name, 12) = "Print_Titles" Then _
    Else nam.Delete
  Next nam
Next Blatt
End Sub
```

Über die Eigenschaft Names werden Ihnen alle verwendeten Namen der Arbeitsmappe zur Verfügung gestellt. Wenn sich darunter auch interne Namen für Druckbereiche bzw. Wiederholungszeilen befinden, werden diese in der Form Tabelle1!Print_Area bzw. Tabelle3!Print_Titles ausgegeben. Genau aus diesem Grund setzen Sie zur Abfrage der Namen die Funktion Right ein, mit der Sie eine bestimmte Anzahl von Zeichen vom rechten Zellenrand aus ermitteln können. Es werden somit nur Namen gelöscht, die entweder keinen Druckbereich repräsentieren oder Wiederholungszeilen entsprechen.

Diagramme und Pivot-Tabellenberichte programmieren

Kapitel 9

Das letzte Kapitel dieses Buchteils ist zweigeteilt. Im ersten Teil lernen Sie, wie Sie Diagramme erstellen, bearbeiten und löschen können. Im zweiten Teil wird die Programmierung mit Pivot-Tabellenberichten gezeigt. U.a. werden im ersten Teil folgende Fragen beantwortet:

Die Fragen

- Wie erstelle ich verschiedene Diagramme auf einem separaten Blatt?
- Wie erzeuge ich ein eingebettetes Diagramm?
- Wie kann ich Diagramme aus einer Arbeitsmappe entfernen?
- Wie kann ich Diagramme ansprechen?
- Wie kann ich Daten und ein Diagramm im Wechsel ein- und ausblenden?
- Wie kann ich Diagrammen Datenbeschriftungen hinzufügen?
- Wie kann ich Höhe und Breite eines Diagramms genau festlegen?
- Wie kann ich Diagramme selbst skalieren?
- Wie kann ich Diagramme als Grafik speichern?
- Wie kann ich Datenreihen formatieren?
- Wie erstelle ich ein dynamisches Diagramm?

CD-ROM

Die Makros bezüglich der Programmierung von Diagrammen können Sie auf der CD im Verzeichnis KAP09 *in der Datei* DIAGRAMME.XLS *finden.*

INFO

In der neuen Version von Excel 2000 ist es erstmalig möglich, Diagramme direkt aus Pivot-Tabellenberichten zu generieren.

Im Pivot-Teil des Kapitels finden Sie u.a. Antwort auf folgende Fragen:

Die Fragen

- Wie kann ich einen Pivot-Tabellenbericht erstellen?
- Wie aktualisiere ich Pivot-Tabellenberichte?
- Wie kann ich Pivot-Tabellenberichte dynamisch erweitern?
- Wie kann ich Pivot-Tabellen sortieren?
- Welche Möglichkeiten bietet mir das AutoFormat bei Pivot-Tabellen?
- Wie kann ich das Seitenfeld einer Pivot-Tabelle bedienen?

CD-ROM

Die Makros bezüglich der Programmierung von Pivot-Tabellenberichten können Sie auf der CD im Verzeichnis KAP09 *in der Datei* PIVOT.XLS *finden.*

9.1 Diagramme erstellen

Bei der Erstellung von Diagrammen haben Sie die Auswahl aus mehreren Diagrammtypen. Für den richtigen Diagrammtyp ist die Eigenschaft `ChartType` verantwortlich. In der nachfolgenden Tabelle sehen Sie exemplarisch eine kleine Auswahl an möglichen Diagrammtypen, die über eine `xlChartType`-Konstante identifiziert werden.

***Tabelle 9.1:** Die wichtigsten Diagrammtypen*

Diagrammtyp	Konstante
Säulendiagramm (gruppiert)	`xlColumnClustered`
Säulendiagramm (gestapelt)	`xlColumnStacked`
Säulendiagramm 3D-Darstellung	`xl3DColumn`

Diagrammtyp	Konstante
Balkendiagramm (gruppiert)	`xlBarClustered`
Balkendiagramm (gestapelt)	`xlBarStacked`
Liniendiagramm	`xlLine`
Kreisdiagramm	`xlPie`
Punktdiagramm	`xlXYScatter`
Blasendiagramm	`xlBubble`
Flächendiagramm	`xlArea`
Ringdiagramm	`xlDoughnut`
Netzdiagramm	`xlRadar`
Oberflächendiagramm	`xlSurface`
Kursdiagramm	`xlStockHLC`

Neben den in der Tabelle abgebildeten Diagrammtypen gibt es noch Zylinder-, Kegel- und Pyramidendiagramme sowie zu jedem Diagramm zahlreiche Untertypen. Eine komplette Liste der vorhandenen Diagramme in Excel bekommen Sie in der Online-Hilfe unter dem Stichwort `ChartType`.

9.1.1 Kosten im Säulendiagramm darstellen

Das Säulendiagramm ist das Standarddiagramm in Excel. Sie können ein Säulendiagramm ganz schnell in Excel erstellen, indem Sie Ihren Datenbereich markieren und einfach die Taste [F11] drücken. An diesem Standarddiagramm fehlt eigentlich nur noch ein Titel und eventuell noch ein paar Datenbeschriftungen.

Aufgabe

Erzeugen Sie ein Säulendiagramm, dessen Titel sich vom Tabellennamen ableitet. Das Makro für diese Aufgabe lautet:

***Listing 9.1:** Monatliche Kosten in einem Säulendiagramm darstellen*

```
Sub DiagrammErstellen01()
Dim Bereich As Range
Dim s As String

  Set Bereich = Range("A2:E6")
  s = ActiveSheet.Name
  Charts.Add
  With ActiveChart
```

```
    .ChartType = xlColumnClustered
    .SetSourceData _
        Source:=Bereich, _
        PlotBy:=xlRows
    .HasTitle = True
    .ChartTitle.Text = s
  End With
End Sub
```

Abbildung 9.1: Die Ausgangstabelle mit den monatlichen Kosten

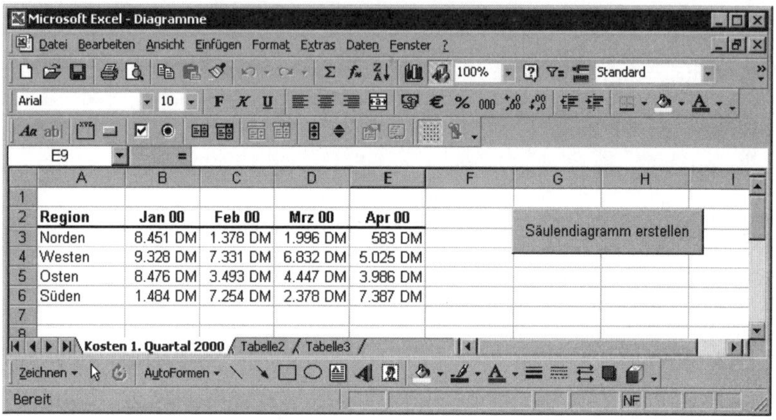

Im ersten Schritt legen Sie den Bereich fest, der die Datenbasis für das Diagramm enthält. Dazu speichern Sie die Adresse des Bereichs in der Range-Variablen `Bereich`. Danach ermitteln Sie den Namen des aktiven Tabellenblattes über die Eigenschaften `ActiveSheet` und `Name` und speichern ihn in der Variablen `s`. Mit der Methode `Add` erstellen Sie zunächst ein neues Diagrammblatt. Danach legen Sie das Aussehen des Diagramms fest. Mit der Eigenschaft `ChartType` bestimmen Sie den Diagrammtyp.

Syntax und Argumente von SetSourceData

Über die Methode `SetSourceData` geben Sie an, woher Excel die Daten für das Diagramm bekommt. Diese Methode benötigt zwei Argumente. Dem ersten Argument `Source` übergeben Sie die Variable `Bereich`. Mit dem zweiten Argument `PlotBy` legen Sie fest, wie die Daten angezeigt werden sollen. Wählen Sie entweder die Konstante `xlColumns` oder `xlRows`.

Die Eigenschaft `HasTitle` müssen Sie auf den Wert `True` setzen, damit eine Überschrift im Diagramm angezeigt werden kann. Die Überschrift des Diagramms erstellen Sie mit Hilfe der Eigenschaft `ChartTitle` und der Eigenschaft `Text`, die Sie aus der Variablen `s` herausholen.

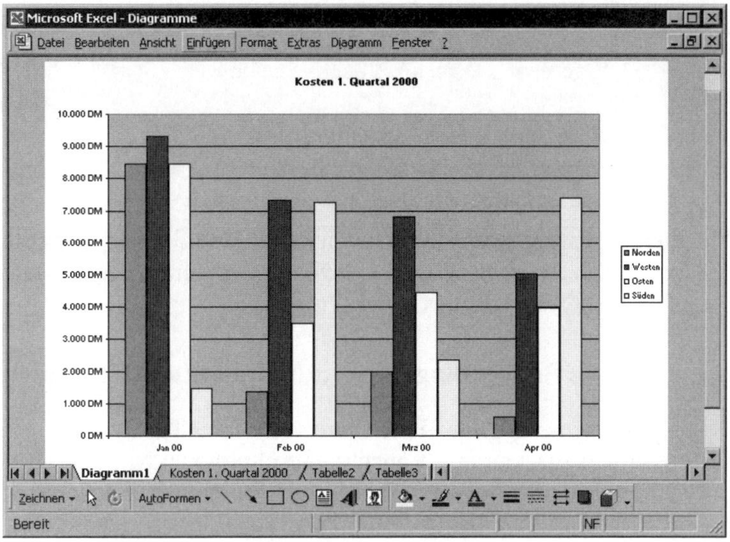

Abbildung 9.2: Das Ergebnis: das erste Säulendiagramm per Makro

9.1.2 Das Zylinderdiagramm auf Knopfdruck

Eine Variante, die der Standarderstellung von Diagrammen entspricht, also Daten zu markieren und danach die Taste F11 zu drücken, liefert das Makro aus Listing 9.2. Dieses Makro erstellt anhand der markierten Daten ein Zylinderdiagramm auf einem separaten Diagrammblatt.

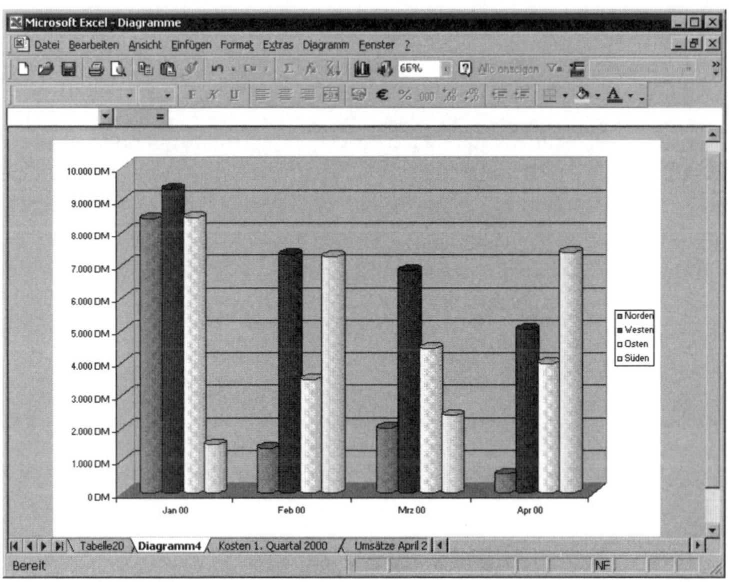

Abbildung 9.3: Auch andere Diagrammtypen sind jederzeit einsetzbar

Listing 9.2: Ein Diagramm einfügen anhand markierter Zellen

```
Sub DiagrammblattEinfügen()
 ActiveWorkbook.Names.Add _
 Name:="ST_Diagramm", RefersToR1C1:=Selection
 Charts.Add
 ActiveChart.ApplyCustomType _
 ChartType:=xlCylinderColClustered
End Sub
```

Mit dieser Lösung sind Sie nicht mehr auf den Standarddiagrammtyp fixiert, sondern können ganz flexibel selbst entscheiden, welchen Diagrammtyp Sie einsetzen möchten.

9.1.3 Das Balkendiagramm aus Daten in der Umgebung

Bei der letzten Aufgabe haben Sie auf dem Tabellenblatt einen Datenbereich markiert und anschließend ein Makro gestartet, welches Ihnen automatisch das Zylinderdiagramm erstellt hat. Im folgenden Makro aus Listing 9.3 entfällt sogar noch der Schritt, bei dem Sie Ihre Datenbasis über eine Markierung festlegen. Dort ermittelt Excel von ganz allein die dazu benötigten Daten.

Listing 9.3: Diagramm aus umliegendem Datenbereich bilden

```
Sub DiagrammAusUmliegendemBereich()
Dim s As String

s = ActiveSheet.Name
Charts.Add
ActiveChart.ChartType = xl3DBarClustered
ActiveChart.SetSourceData _
    Source:=Sheets(s).Range("A2").CurrentRegion, _
    PlotBy:=xlColumns
End Sub
```

Das neue Diagrammblatt wird noch leer eingefügt. Über die Eigenschaft `ChartType` können Sie ein Diagramm Ihrer Wahl (siehe Tabelle 9.1) festlegen. Die Datenbasis für das Diagramm ermitteln Sie mit der Methode `SetSourceData`, der Sie im Argument `Source` das aktive Tabellenblatt, die Startzelle A2 sowie die Eigenschaft `CurrentRegion` mitgeben. Die Eigenschaft `CurrentRegion` ermittelt automatisch für Sie den umliegenden Bereich um Zelle A2, der von Leerzeilen bzw. Leerspalten umschlossen wird.

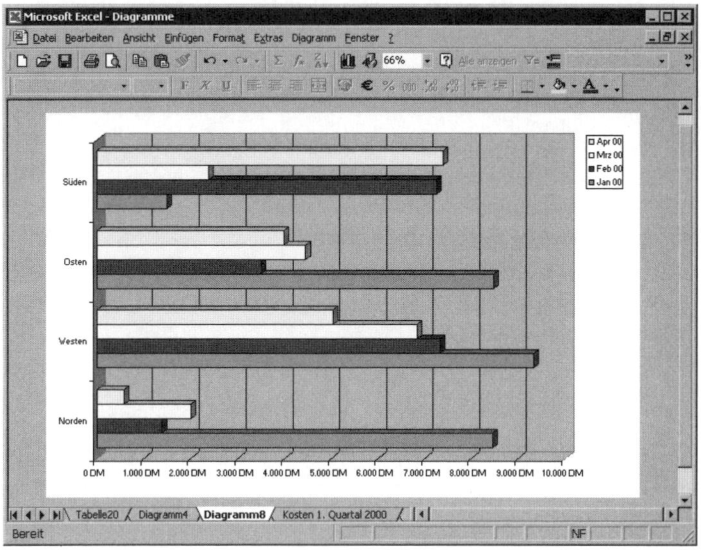

Abbildung 9.4: Das Balkendiagramm mit nur einer einzigen Aktion erstellen

9.1.4 Tagesumsätze im Liniendiagramm anzeigen

Um Schwankungen in den Tagesumsätzen besser zu sehen, können Sie ein Liniendiagramm erstellen. Dazu erstellen Sie dieses Mal kein extra Diagrammblatt, sondern ordnen das Diagramm neben Ihren Umsatzdaten auf demselben Tabellenblatt an.

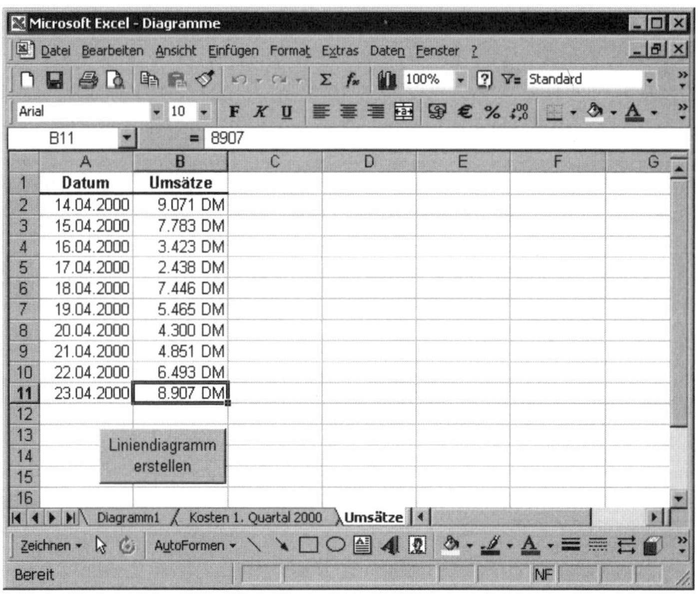

Abbildung 9.5: Die Ausgangstabelle mit den täglichen Umsätzen

Das eingebettete Diagramm erstellen Sie mit dem Makro aus Listing 9.4.

***Listing 9.4:** Tägliche Umsätze in einem Liniendiagramm anzeigen*

```
Sub DiagrammErstellen02()
Dim Dia As ChartObject
Dim s As String
Dim i As Integer

  s = ActiveSheet.Name
  ActiveSheet.ChartObjects.Delete
  Set Dia = ActiveSheet.ChartObjects.Add(175, 15, 300, 250)
  Dia.Name = "Umsätze April"
  i = ActiveSheet.Range("B1").End(xlDown).Row
  Range("A2:B" & i).Copy
  ActiveSheet.ChartObjects("Umsätze April").Activate
  ActiveChart.SeriesCollection.Paste _
  Rowcol:=xlColumns, SeriesLabels:=False, _
  CategoryLabels:=True, Replace:=True, NewSeries:=True
  Application.CutCopyMode = False
  With ActiveChart
     .ChartType = xlLineMarkers
     .HasLegend = False
     .HasTitle = True
     .ChartTitle.Text = s
   End With
Range("A1").Select
End Sub
```

Im ersten Schritt ermitteln Sie den Tabellennamen der aktiven Tabelle. Dieser Tabellenname soll später die Überschrift des Diagramms werden. Da Sie ein eingebettetes Diagramm einfügen möchten, müssen Sie dafür Sorge tragen, dass bei mehrmaligem Starten des Makros nicht mehrere Diagramme übereinander eingefügt werden. Löschen Sie daher zu Beginn alle integrierten Diagramme auf dem Arbeitsblatt über die Methode `Delete`. Danach fügen Sie ein noch leeres Chart-Objekt in Ihre Tabelle mit der Methode `Add` ein. Dabei können Sie die genaue Position des Chart-Objekts genau festlegen. Die vier Zahlenwerte entsprechen den Angaben linker Rand, oberer Rand, Breite und Höhe. Die Angaben werden in Punkten ausgegeben und beziehen sich relativ zur oberen linken Ecke der Zelle A1 oder zur oberen linken Ecke des Diagramms. Geben Sie als Nächstes dem eingebetteten Diagramm einen Namen. Jetzt müssen Sie herausbekommen, wie viele Tagesumsätze im Diagramm angezeigt werden sollen. Dazu ermitteln Sie die letzte belegte Zelle in Spalte B und speichern die Zeilennummer in der Variablen `i`. Markieren Sie den Bereich und kopieren Sie ihn mit der Methode `Copy`. Markieren Sie danach Ihr gerade eingefügtes

Diagramm. Um die kopierten Daten einzufügen, verwenden Sie die Methode `Paste` der `SeriesCollection`-Auflistung.

Die Syntax

Die Methode `Paste` verwendet mehrere Argumente und hat die Syntax:

```
Paste(Rowcol, SeriesLabels, CategoryLabels, Replace, NewSeries)
```

Die Argumente der Methode Paste

Im ersten Argument `RowCol` geben Sie Auskunft darüber, ob sich die Daten in Zeilen oder Spalten befinden. Zulässig sind hierbei die Konstanten `xlColumns` oder `xlRows`. Das Argument `SeriesLabels` bestimmt, woher Excel die Beschriftung für die Datenreihen nehmen soll. Wird der Wert auf `True` gesetzt, wird der Inhalt der Zelle in der ersten Spalte jeder Zeile (bzw. der ersten Zeile jeder Spalte) als Name für die Datenreihe in der betreffenden Zeile (bzw. Spalte) verwendet. Setzen Sie dieses Argument auf den Wert `False`, wenn der Inhalt der Zelle in der ersten Spalte jeder Zeile (bzw. der ersten Zeile jeder Spalte) als erster Datenpunkt der Datenreihe verwendet werden soll. Das nächste Argument `CategoryLabels` weist den Wert `True` auf, wenn der Inhalt der ersten Zeile (bzw. Spalte) als Rubrik des Diagramms verwendet wird. Setzen Sie das Argument auf den Wert `False`, wenn der Inhalt der ersten Zeile (bzw. Spalte) als erste Datenreihe im Diagramm verwendet werden soll. Das Argument `Replace` ist standardmäßig auf den Wert `True` gesetzt. Dabei werden beim Ersetzen vorhandener Rubriken durch Informationen aus dem kopierten Bereich Rubriken angewendet. Das letzte Argument `NewSeries` hat dann den Wert `True`, wenn die Daten als eine neue Datenreihe eingefügt werden sollen. Setzen Sie das Argument auf den Wert `False`, wenn Sie die Daten als neue Datenpunkte in eine vorhandene Datenreihe einfügen möchten.

Nach der Kopier- und Einfügeaktion ist nach wie vor der Kopierrahmen aktiv. Setzen Sie die Eigenschaft `CutCopyMode` auf den Wert `False`, um den Ausschneide- bzw. Kopiermodus zu deaktivieren und den Laufrahmen zu entfernen. Als letzte Aufgabe weisen Sie dem Diagramm den richtigen Diagrammtyp zu, verzichten auf eine Legende, indem Sie die Eigenschaft `HasLegend` auf den Wert `False` setzen, und zeigen die Überschrift im Diagramm an.

:-) TIPP

Ist Ihnen während der Diagrammerstellung zu viel Bewegung auf dem Bildschirm, dann schalten Sie die Bildschirmaktualisierung zu Beginn des Makros mit der Anweisung `Application.Screenupdating = False` *ab. Am Ende des Makros schalten Sie die Aktualisierung des Bildschirms wieder ein, indem Sie diese Eigenschaft auf den Wert* `True` *setzen.*

Abbildung 9.6: Das Ergebnis: Tagesumsätze im Liniendiagramm

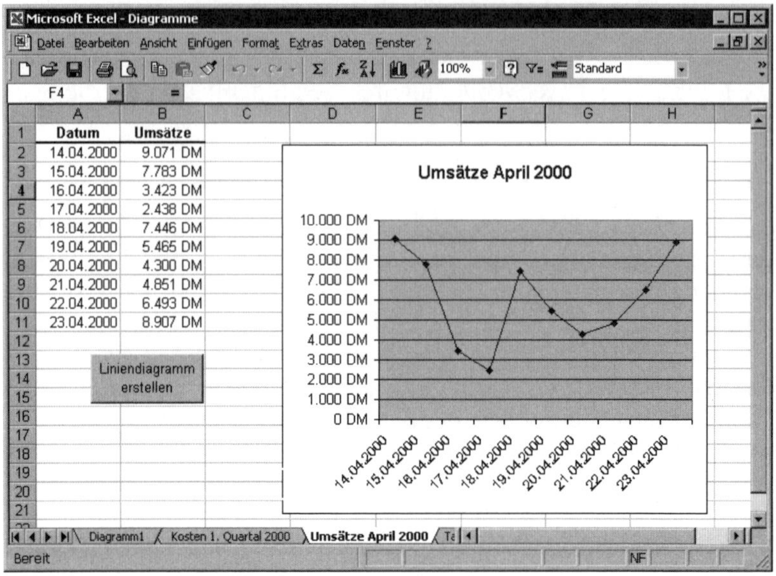

9.1.5 Tagesgenaue Formatierung im Punktdiagramm

Die Anforderung

Fügen Sie jetzt ein Punktdiagramm ein, aus dem Sie Ihre täglichen Ausgaben ablesen können. Als Zusatzfunktion sollen alle Punkte aus der Vergangenheit mit der standardmäßig ausgewählten Farbe Blau belegt und alle in der Zukunft liegenden Planwerte mit einer anderen Farbe versehen werden. Des Weiteren muss die Überschrift um ein paar Punkte größer erscheinen.

Das Makro für diese Aufgabe können Sie im folgenden Listing 9.5 sehen.

Listing 9.5: Punktdiagramm einfügen und formatieren

```
Sub PunktediagrammTagesgenau()
Dim Dia As ChartObject
Dim s As String
Dim DArray As Variant
Dim Punkt As Point

 s = ActiveSheet.Range("A4").Value
  ActiveSheet.ChartObjects.Delete
  Set Dia = ActiveSheet.ChartObjects.Add(25, 60, 450, 180)
  Dia.Name = "Ausgaben"
  Range("A3:H4").Copy
  ActiveSheet.ChartObjects("Ausgaben").Activate
  ActiveChart.SeriesCollection.Paste _
   Rowcol:=xlRows, SeriesLabels:=True, _
   CategoryLabels:=True, Replace:=True, NewSeries:=True
```

```
  Application.CutCopyMode = False
  With ActiveChart
     .ChartType = xlXYScatter
     .HasLegend = False
     .HasTitle = True
     .ChartTitle.Text = s
     .ChartTitle.Font.Name = "Arial"
     .ChartTitle.Font.Size = 14
   End With

 'Zweiter Teil des Makros
 ActiveSheet.ChartObjects("Ausgaben").Activate
  With ActiveChart.SeriesCollection(1)
   DArray = .XValues
   For Each Punkt In .Points
    i = i + 1
    If DArray(i) > Now Then
       Punkt.MarkerBackgroundColorIndex = 2
       Punkt.MarkerForegroundColorIndex = 1
    End If
   Next
  End With
  Range("A1").Select
End Sub
```

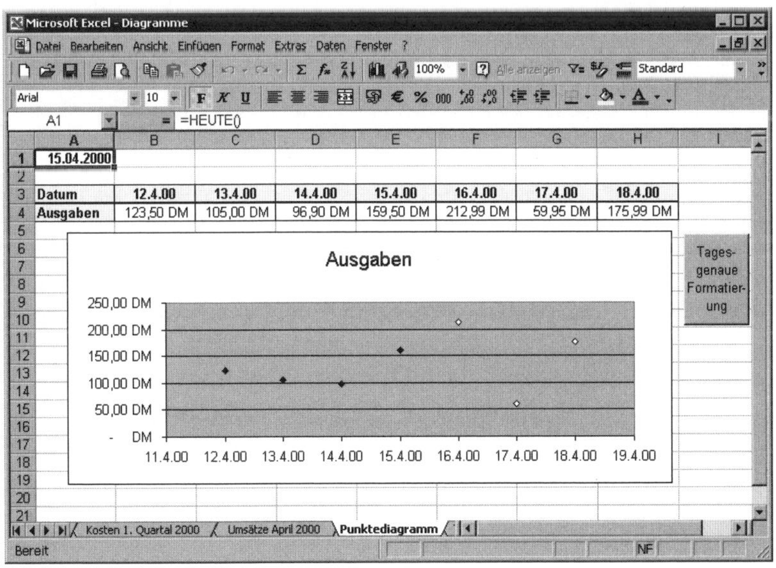

Abbildung 9.7: Das Endergebnis: punktgenaue Formatierung in Abhängigkeit vom aktuellen Datum

Da auf die Erstellung eines Diagramms schon auf den vorherigen Seiten ausgiebig eingegangen wurde, setzen wir nun im zweiten Teil das Listing 9.5 ein. Dort wird das Diagramm aktiviert und die Datenreihe markiert. Jetzt lesen Sie die einzelnen Werte der Datenreihe in das Datenfeld `Darray` ein. Im Anschluss daran wird eine `For Each`-Schleife durchlaufen, in der geprüft wird, ob die einzelnen Punkte in der Vergangenheit bzw. in der Zukunft liegen. Liegen die Punkte in der Zukunft, wird über die `MarkerBackgroundColorIndex`-Eigenschaft die Punkt-Innenfläche mit der Farbe Weiß versehen. Die Punkt-Umrandung erhält die Farbe Schwarz und wird durch die Eigenschaft `MarkerForegroundColorIndex` festgelegt.

9.2 Diagramme löschen

Möchten Sie Diagramme aus Ihrer Arbeitsmappe entfernen, so wenden Sie die Methode `Delete` an. Allerdings müssen Sie dabei unterscheiden, ob Sie Diagrammblätter oder eingebettete Diagramme aus Ihrer Arbeitsmappe löschen möchten.

9.2.1 Diagrammblätter aus Arbeitsmappe entfernen

Um alle Diagrammblätter aus einer Arbeitsmappe zu löschen, setzen Sie folgendes Makro aus Listing 9.6 ein.

Listing 9.6: *Alle Diagrammblätter aus einer Arbeitsmappe entfernen*

```
Sub DiagrammeEntfernen()
 Application.DisplayAlerts = False
 On Error Resume Next
 ActiveWorkbook.Charts.Delete
 Application.DisplayAlerts = False
End Sub
```

Indem Sie die Eigenschaft `DisplayAlerts` auf den Wert `False` setzen, brauchen Sie die einzelnen Löschungen nicht zu bestätigen. Die `On Error`-Anweisung sorgt dafür, dass die Verarbeitung sauber abgefangen wird, wenn überhaupt kein Diagrammblatt in der Arbeitsmappe enthalten ist. Die Eigenschaft `Charts` gibt eine Auflistung aller Diagrammblätter der aktiven Arbeitsmappe zurück, die Sie mit Hilfe der Methode `Delete` löschen.

Vergessen Sie nicht, die Eigenschaft `DisplayAlerts` *wieder auf den Wert* `True` *zu setzen, um die Anzeige von Warnungen und Meldungen zu ermöglichen.*

9.2.2 Eingebettete Diagramme aus Arbeitsmappe löschen

Um alle eingebetteten Diagramme aus einer Arbeitsmappe zu entfernen, schreiben Sie ein Makro mit zwei Schleifen. Dies könnte so aussehen wie in Listing 9.7 gezeigt.

```
Sub AlleEingebettetenDiagrammeLöschen()
Dim i As Integer
Dim e As Integer
For i = 1 To Sheets.Count
  Sheets(i).Activate
   For e = 1 To ActiveSheet.ChartObjects.Count
    ActiveSheet.ChartObjects(e).Select
    ActiveSheet.ChartObjects(e).Delete
   Next e
 Next i
End Sub
```

Listing 9.7: Alle eingebetteten Diagramme einer Arbeitsmappe löschen

Das Makro aus Listing 9.7 besteht aus einer äußeren Schleife, die dafür sorgt, dass Tabellenblatt für Tabellenblatt abgearbeitet wird. Die zweite Schleife kontrolliert, ob es auf einzelnen Tabellenblätter eines oder auch mehrere eingebettete Diagramme gibt, und markiert und löscht diese über die Methoden `Select` bzw. `Delete`.

9.3 Diagramme identifizieren

Wie Sie schon in den vorherigen Beispielen gesehen haben, muss der Name eines Diagramms bekannt sein, um gezielt darauf zugreifen zu können. Die folgende Lösung schreibt alle Namen der in der Arbeitsmappe verwendeten Diagramme in den Direktbereich Ihrer Entwicklungsumgebung.

```
Sub DiagrammNamenErmitteln()
Dim Blatt As Worksheet
Dim i As Integer
Dim Dia As ChartObject

 For i = 1 To Sheets.Count
  For Each Dia In Sheets(i).ChartObjects
    Debug.Print "Tabellennamen: " & Sheets(i).Name & _
          Chr(13) & "Diagrammnamen: " & Dia.Name & _
          Chr(13) & Chr(13)
  Next
 Next i
End Sub
```

Listing 9.8: Diagrammnamen und Position in den Direktbereich schreiben

Definieren Sie zuerst einmal eine Variable vom Typ `ChartObject`. Danach bilden Sie eine äußere Schleife, die alle Tabellenblätter der Arbeitsblätter durchblättert, sowie eine innere Schleife, die die Namen der einzelnen Diagramme und deren Position mit der Anweisung `Debug.Print` in den Direktbereich schreibt.

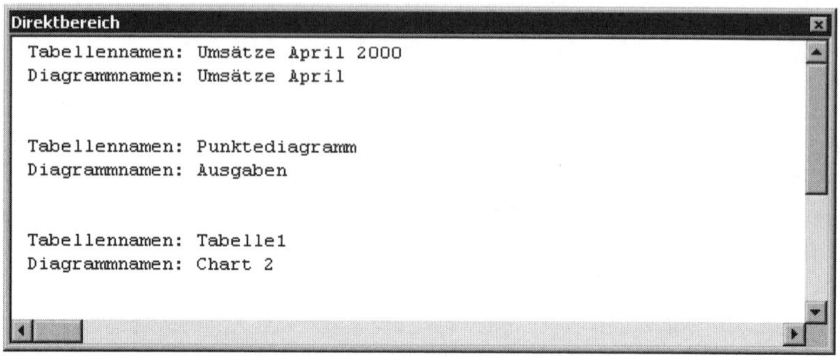

Abbildung 9.8: *Position und Name der Diagramme protokollieren*

9.3.1 Diagramme umbenennen

Wenn Sie ein neues Diagramm einfügen, bekommt es den Namen CHART mit einer fortlaufenden Nummer. Sie können diesen Namen ändern und durch einen eigenen Namen ersetzen. Dazu starten Sie das folgende Makro aus Listing 9.9.

Listing 9.9: *Eingebettete Diagramme umbenennen*

```
Sub DiagrammUmbenennen()
 On Error Resume Next
 Sheets("Tabelle2").ChartObjects(1).Name = "NeuerName"
 MsgBox Sheets("Tabelle2").ChartObjects(1).Name
End Sub
```

Über die Eigenschaft `Name` geben Sie dem Diagrammobjekt einen neuen Namen und geben den Namen anschließend in einer Meldung auf dem Bildschirm aus.

9.4 Datenbasis und Diagramm im Wechsel

Um Platz auf Ihrer Tabelle zu sparen, können Sie Diagramm und Datenquelle auch übereinander anordnen und diese im Wechsel ein- und ausblenden. Die beiden Makros für diese Aufgabe entnehmen Sie aus Listing 9.10.

```
Sub DiagrammAusblenden()
  Sheets("Tabelle1").ChartObjects(1).Visible = False
End Sub

Sub DiagrammEinblenden()
  Sheets("Tabelle1").ChartObjects(1).Visible = True
End Sub
```

Listing 9.10: Diagramm ein- und ausblenden

Nachdem Sie Ihr Diagramm direkt auf Ihre Datenbasis gelegt haben, starten Sie das Makro `DiagrammAusblenden`, um die Datenbasis anzuzeigen, bzw. das Makro `DiagrammEinblenden`, um Ihr Diagramm wieder sichtbar zu machen. Diesen tollen Effekt erreichen Sie, indem Sie die Eigenschaft `Visible` auf den Wert `False` bzw. auf den Wert `True` setzen.

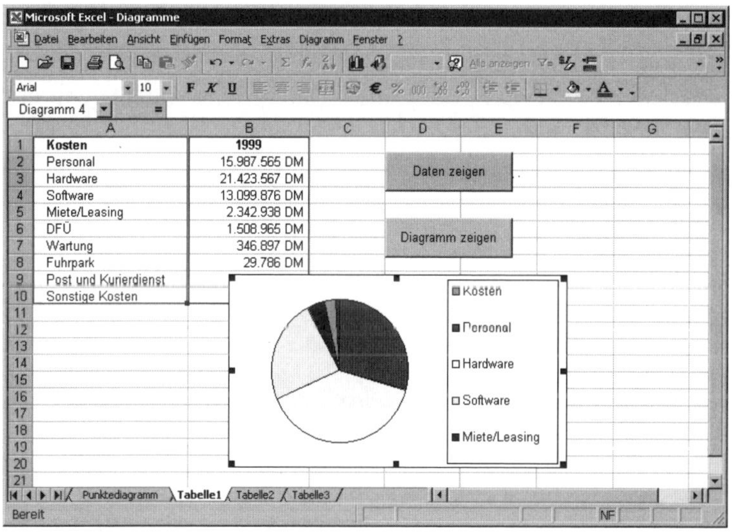

Abbildung 9.9: Das Diagramm liegt über den Daten

9.5 Datenbeschriftungen hinzufügen und auslesen

Stellen Sie sich vor, Sie haben ein Punktdiagramm, welches Ihnen Ihre täglichen Kosten anzeigt. Jetzt möchten Sie ganz gezielt einzelne Punkte dokumentieren, d.h. den Punkten Bemerkungen hinzufügen. Diese Aufgabe können Sie über den Einsatz von zwei Inputboxen lösen. In der ersten Inputbox geben Sie den Punkt an, zu dem Sie einen Kommentar hinzufügen möchten, und in der zweiten Inputbox erfassen Sie den eigentlichen Kommentar zum Datenpunkt.

Das Makro zum Hinzufügen von Kommentaren zu einzelnen Datenpunkten können Sie in Listing 9.11 sehen.

***Listing 9.11:** Kommentare zu Datenpunkten in Diagrammen erfassen*

```
Sub DatenbeschriftungHinzufügen()
Dim i As Integer

 i = InputBox("Welcher Punkt soll kommentiert werden?", _
 "Kommentierung des Diagramms")
 If i = 0 Then Exit Sub
 Sheets("Punktediagramm").ChartObjects(1).Select
 ActiveChart.SeriesCollection(1) _
  .Points(i).ApplyDataLabels _
  Type:=xlDataLabelsShowLabel, AutoText:=True
 ActiveChart.SeriesCollection(1).Points(i).DataLabel.Text _
 = InputBox("Bitte Text der Kommentierung eingeben")
 End Sub
```

Mit Hilfe der Methode `ApplyDataLabels` weisen Sie einem Datenpunkt, der Datenreihe oder allen Datenreihen im Diagrammblatt Datenbeschriftungen zu.

Die Syntax

Die Methode hat folgende Syntax:

```
ApplyDataLabels(Type, LegendKey, AutoText, HasLeaderLines)
```

Die Argumente der Methode ApplyDataLabels

Das Argument `Type` stellt den Typ der Datenbeschriftung dar. Zulässig ist eine der folgenden `XlDataLabelsType`-Konstanten:

***Tabelle 9.2:** Die Konstanten für die Datenbeschriftung bei Diagrammen*

Konstante	**Beschreibung**
`xlDataLabelsShowNone`	Keine Datenbeschriftung.
`xlDataLabelsShowValue`	Wert für den Datenpunkt (wenn dieses Argument nicht angegeben wird, wird ein Wert angenommen).
`XlDataLabelsShowPercent`	Prozentsatz der Summe. Nur für Kreis- und Ringdiagramme verfügbar.
`XlDataLabelsShowLabel`	Rubrikenbeschriftung für den Datenpunkt. Dies ist der Standardwert.
`XlDataLabelsShowLabelAnd-Percent`	Prozentsatz der Summe und Rubrikenbeschriftung für den Datenpunkt. Nur für Kreis- und Ringdiagramme verfügbar.

Das Argument `LegendKey` hat den Wert `True`, wenn Excel die Legende neben dem Datenpunkt anzeigen soll. Dies ist aber in den meisten Fällen unerwünscht. Aus diesem Grund ist der Standardwert für dieses Argument `False`. Beim Argument `AutoText:=True` erzeugt das Objekt, basierend auf dem Inhalt, automatisch einen angemessenen Text. Dem Argument `HasLeaderLines` weisen Sie den Wer `True` zu, wenn die Reihe Führungslinien besitzen soll.

In der zweiten Inputbox geben Sie den Text Ihrer Kommentierung ein, welcher über das Objekt `DataLabel` als Text für den Datenpunkt eingefügt wird.

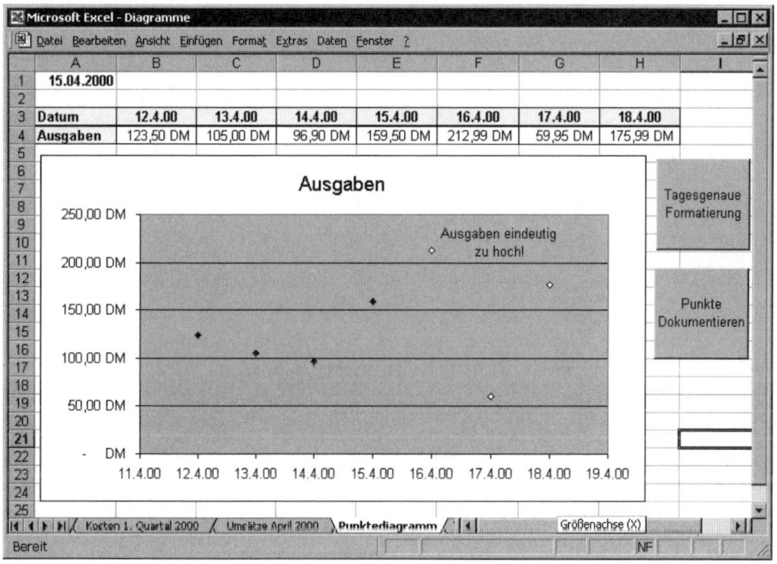

Abbildung 9.10: Kommentar zum Datenpunkt erfassen

9.5.1 Datenbeschriftung aus Zellen verwenden

Wenn Sie möchten, können Sie die Beschriftung Ihrer Diagramme auch direkt aus Zellen übernehmen. Das können Sie sowohl für den Titel des Diagramms als auch für die einzelne Punktbeschriftung vorsehen.

Im folgenden Makro aus Listing 9.12 werden sowohl der Diagrammtitel als auch die Beschriftung der Datenpunkte aus Zellen bezogen.

Listing 9.12: Die Beschriftung eines Diagramms wird aus Zelleninhalten gebildet

```
Sub DatenbeschriftungAusZellen()
Dim DatenReihe As Series
Dim Punkte As Points
Dim Punkt As Point
Dim i As Integer

 Range("A5").Select
 Set DatenReihe = _
 ActiveSheet.ChartObjects(1).Chart.SeriesCollection(1)
 DatenReihe.HasDataLabels = True
 Set Punkte = DatenReihe.Points
 For Each Punkt In Punkte
   i = i + 1
   Punkt.DataLabel.Text = ActiveCell.Offset(0, i).Value
   Punkt.DataLabel.Font.Bold = True
 Next Punkt
 ActiveSheet.ChartObjects(1).Select
 With ActiveChart
     .HasTitle = True
     .ChartTitle.Text = Range("A2").Value
   End With
End Sub
```

Erstellen Sie zuerst eine Variable vom Typ `Series`. Damit können Sie eine ganze Datenreihe eines Diagramms darstellen. In dieser Variablen `DatenReihe` speichern Sie die Datenreihe in Ihrem eingebetteten Diagramm. Indem Sie die Eigenschaft `HasDataLabels` auf den Wert `True` setzen, geben Sie bekannt, dass das eingebettete Diagramm Datenbeschriftungen erhalten soll. Möchten Sie als Datenbeschriftung die Bezeichnung des Datenpunkts anzeigen, dann verwenden Sie die Anweisung `Range("A4").Select`; möchten Sie hingegen den Wert des Datenpunkts anzeigen verwenden Sie die `Anweisung` `Range("A5").Select`. Diese Angabe bestimmt wo der Startpunkt für die Beschriftung des Diagramms ist. Sie benötigen jetzt noch weitere Variablen: eine Variable vom Typ `Points`, die alle Punkte in einer Datenreihe symbolisiert, sowie eine Variable vom Typ `Point`, die genau einen Punkt in einer Datenreihe darstellt. Mit der Anweisung `Set` weisen Sie der Variablen `Punkte` einen Verweis auf das Objekt `Points` zu. Nun können Sie mit Hilfe einer `For Each`-Schleife den einzelnen Diagrammpunkten einen Text zuweisen. Den Text entnehmen Sie den Zelleneinträgen der Zeile 4 bzw. der Zeile 5. Dazu wenden Sie die Eigenschaft `Text` auf das Objekt `DataLabels` an. Als Zellenbezug für die Beschriftung verwenden Sie die jeweils dazugehörige Zelle, auf die Sie mit jedem Punkt ein Stück weiter nach rechts verweisen. Für das Versetzen der Zelle ist die Eigenschaft `Offset` verantwortlich. Das erste Argument der Verschiebung stellt die

Zeile dar und beinhaltet im Beispiel den Wert 0, was bedeutet, dass der Mauszeiger in der aktuellen Zeile verbleibt. Das zweite Argument stellt die Spaltenverschiebung dar und muss je Punkt um den Wert 1 erhöht werden. Um die einzelnen Datenbeschriftungen deutlich erkennen zu können, formatieren Sie die Datenbeschriftung mit dem Schriftschnitt Fett. Dazu setzen Sie die Eigenschaft `Bold` ein. Im Anschluss daran kümmern Sie sich um den Titel, den Sie aus der Zelle A2 beziehen. Dazu markieren Sie das Diagramm und geben über die Eigenschaft `HasTitle` an, dass ein Diagrammtitel angezeigt werden soll. Mit der Eigenschaft `Text` weisen Sie dem Objekt `ChartTitel` einen Text zu, den Sie in diesem Fall aber aus einer Zelle entnehmen.

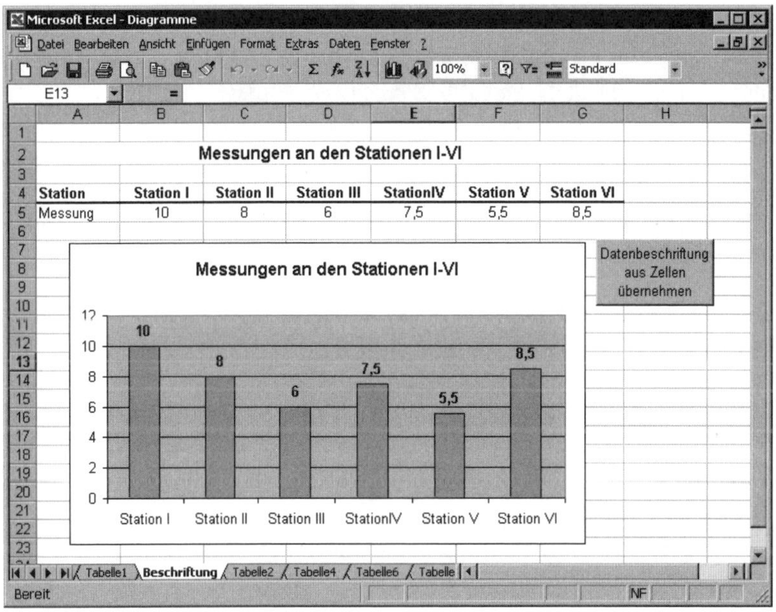

Abbildung 9.11: Die Beschriftungen des Diagramms aus Zellen

9.5.2 Daten aus Diagrammen auslesen

Vielleicht ist es Ihnen auch schon einmal passiert: Sie haben zwar ein Diagramm in einer Excel-Tabelle, die dazugehörige Datenbasis ist aber nicht mehr auffindbar. Sie müssen jetzt zusehen, wie Sie wieder an die Datenbasis herankommen. Dazu können Sie ein Makro verfassen, welches Ihnen alle Werte aus dem Diagramm in eine Tabelle schreibt.

Um aus einem eingebetteten Diagramm die einzelnen Werte herauszulesen, setzen Sie das folgende Makro aus Listing 9.13 ein.

Abbildung 9.12: Die Ausgangsbasis: ein Diagramm, jedoch ohne Datenbasis

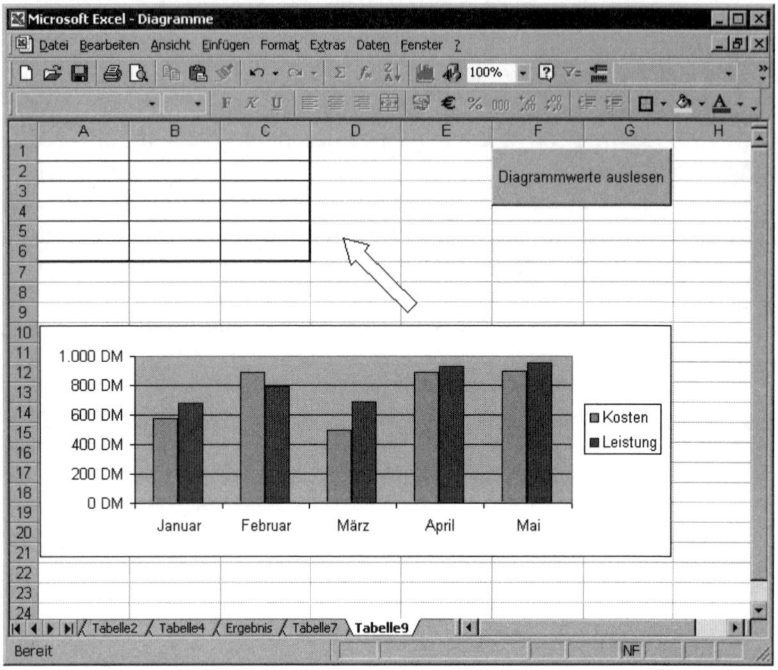

Listing 9.13: Datenwerte aus Diagramm herauslesen

```
Sub DiagrammWerteAuslesen()
Dim s As String
Dim i As Variant
Dim Element As Object
Dim iz As Integer

s = ActiveSheet.Name
ActiveSheet.ChartObjects(1).Select
i = UBound(ActiveChart.SeriesCollection(1).Values)
Worksheets(s).Cells(1, 1) = "Monate"
With Worksheets(s)
   .Range(.Cells(2, 1), _
   .Cells(i + 1, 1)) = _
   Application.Transpose _
  (ActiveChart.SeriesCollection(1).XValues)
End With
iz = 2
For Each Element In ActiveChart.SeriesCollection
   Worksheets(s).Cells(1, iz) = Element.Name
   With Worksheets(s)
      .Range(.Cells(2, iz), _
      .Cells(i + 1, iz)) = _
      Application.Transpose(Element.Values)
   End With
```

```
  iz = iz + 1
Next
End Sub
```

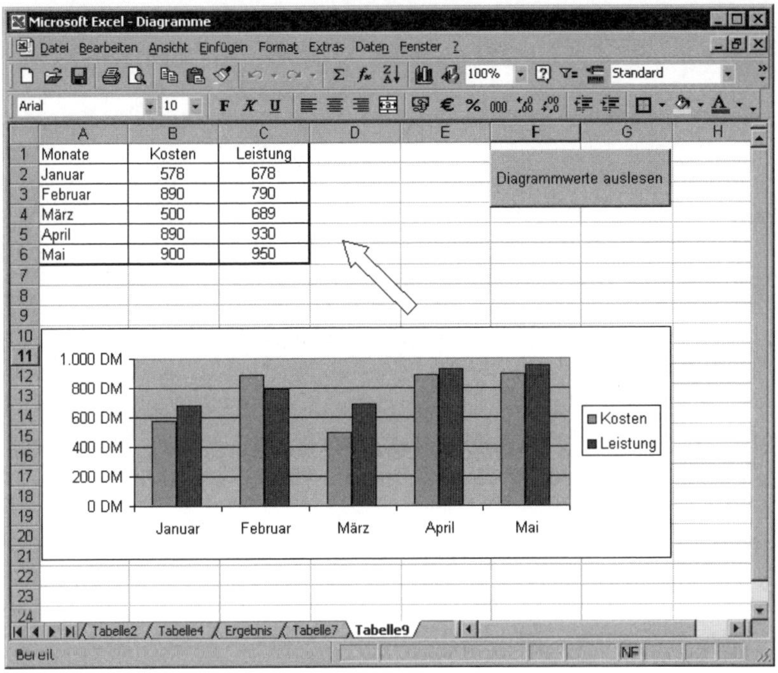

Abbildung 9.13: Das Endergebnis: die restaurierte Datenbasis

Ermitteln Sie zuerst einmal den Namen des Tabellenblatts und speichern ihn in der Variablen `s`. Im nächsten Schritt aktivieren Sie das eingebettete Diagramm und ermitteln über die Funktion `UBound` den höchsten Index der Datenreihe im Diagramm. Für das Beispiel bedeutet dieser Index die Anzahl der Säulen. Über die Eigenschaft `Cells` positionieren Sie dann genau auf die erste Zelle des Tabellenblattes und schreiben dort die Überschrift der Tabelle hinein. Im Anschluss daran markieren Sie den Bereich (Zellen in Spalte A), in dem die X-Achsenbeschriftungen eingefügt werden sollen. Setzen Sie die Funktion `Transpose` ein, um die Überschriften der X-Achse einzufügen. Dabei dreht die Funktion `Transpose` die Richtung für das Einfügen der Werte um. Da die X-Achsenbeschriftungen von links nach rechts vorliegen, sorgt diese Funktion dafür, dass die Achsenbeschriftungen von oben nach unten eingefügt werden. Damit haben Sie die erste Spalte mit den Überschriften der X-Achse gefüllt. Positionieren Sie danach gleich in die zweite Spalte B, indem Sie die Variable `iz` auf den Wert 2 setzen. Setzen Sie nun eine `For Each`-Schleife auf, bei der Sie alle Datenwerte aus dem Diagramm lesen. In die erste Zeile schreiben Sie dabei jeweils die Bezeichnung der Datenreihe. Die Werte transferieren Sie wieder mit Hilfe der Funktion `Transpose` in die Spalten B und C.

9.6 Diagramme positionieren und skalieren

Wenn Sie mit eingebetteten Diagrammen arbeiten, müssen Sie vorher genau festlegen, wo diese auf dem Tabellenblatt angeordnet werden sollen. Auf den vorigen Seiten haben Sie dazu die Methode `Add` eingesetzt, der Sie die vier Argumente linker Rand, oberer Rand, Breite und Höhe mitgegeben haben. Dabei wurde die Positionierung jeweils in Punkten angegeben. Haben Sie ein eingebettetes Diagramm aber schon erstellt und möchten nachträglich die Position des Diagramms ändern, müssen Sie anders vorgehen. Greifen Sie direkt auf ein eingebettetes Diagramm zu und verwenden die beiden Eigenschaften `Left` und `Top`, um die obere linke Ecke des Diagramms zu bestimmen.

Listing 9.14: *Eingebettetes Diagramm auf Tabellenblatt positionieren*

```
Sub DiagrammPositionieren()
With ActiveSheet.Shapes("Diagramm 1")
   .Left = Range("A5").Left
   .Top = Range("A5").Top
 End With
End Sub
```

Über die Eigenschaft `ActiveSheet` greifen Sie direkt auf das aktive Tabellenblatt zu. Auf diesem Tabellenblatt befindet sich ein eingebettetes Diagramm, welches Sie als Shape-Objekt identifizieren können. Ein Shape-Objekt kann aber auch eine AutoForm, ein ClipArt oder ein anderes OLE-Objekt sein, d.h. Sie können damit auch die Position von anderen Grafikelementen festlegen. Mit den Eigenschaften `Left` und `Top` geben Sie die Position des angegebenen Diagramms auf dem Tabellenblatt an. Dazu referieren Sie auf die Zelle A5, d.h., die linke obere Ecke soll in Zelle A5 beginnen.

9.6.1 Die Höhe und Breite eines Diagramms festlegen

Möchten Sie nachträglich die Höhe bzw. die Breite eines eingebetteten Diagramms anpassen, verwenden Sie die Eigenschaften `Height` und `Width`.

```
Sub DiagrammHöheFestlegen()
  ActiveSheet.ChartObjects("Diagramm 1").Height = 350
End Sub
```

Listing 9.15: Höhe eines eingebetteten Diagramms festlegen

Mit der Eigenschaft `ActiveSheet` greifen Sie abermals direkt auf das aktive Tabellenblatt zu. Dieses Mal sprechen Sie das eingebettete Diagramm aber direkt über das Auflistungsobjekt `ChartObjects` an, dessen Höhe Sie durch die Eigenschaft `Height` festlegen.

Wollen Sie lediglich die Breite eines Diagramms anpassen, setzen Sie die Eigenschaft `Width` ein.

```
Sub DiagrammBreiteFestlegen()
  ActiveSheet.ChartObjects("Diagramm 1").Width = 400
End Sub
```

Listing 9.16: Breite eines eingebetteten Diagramms festlegen

9.6.2 Diagramme platzieren

Sind Ihre eingebetteten Diagramm zu klein und möchten Sie diese als Vollbild in Ihren Arbeitsmappe umwandeln, dann starten Sie das Makro in Listing 9.17.

```
Sub EingebettetesDiagrammZuDiagrammblatt()
 ActiveSheet.ChartObjects(1).Activate
 ActiveChart.Location Where:=xlLocationAsNewSheet, _
  Name:="Diagramm in Groß"
End Sub
```

Listing 9.17: Eingebettetes Diagramm als Diagrammblatt ausgeben

Greifen Sie auf das erste eingebettete Diagramm auf Ihrer Tabelle zu und wenden Sie die Methode `Location` an, um das eingebettete Diagramm zu verschieben. Bei der Methode `Location` können Sie im Argument `Where` entweder die Konstanten `xlLocationAsNewSheet`, `xlLocationAsObject` oder `xlLocationAutomatic` verwenden. Im Listing 9.17 wird das eingebettete Diagramm in ein neues Diagrammblatt verschoben. Aus diesem Grund verwenden Sie das Argument `xlLocationAsNewSheet`. Im Argument `Name` geben Sie an, wie das neue Diagrammblatt heißen soll.

Aber auch der umgekehrte Fall ist von Interesse. So können Sie ein Diagramm auf einem Diagrammblatt auch als Objekt in eine Tabelle transferieren. So fügen Sie ein neues Tabellenblatt ein und positionieren alle Diagramme aus der Arbeitsmappe, die sich auf Diagrammblättern befinden, auf das neu eingefügte Tabellenblatt. Danach positionieren Sie die transferierten Diagramme, die dann noch alle übereinander liegen, untereinander und verkleinern die eingebetteten Diagramme ein wenig.

Listing 9.18: Diagrammblätter als eingebettete Diagramme darstellen

```
Sub AlleDiagrammblätterInEineTabelleTransferieren()
Dim Blatt As Object
Dim s As String
Dim i As Integer
Dim Ecke As Integer

Application.ScreenUpdating = False
Sheets.Add Before:=Worksheets(1)
Range("A1").Select
s = ActiveSheet.Name
For Each Blatt In ActiveWorkbook.Sheets
Blatt.Activate
If TypeName(ActiveSheet) = "Chart" Then _
 ActiveChart.Location Where:=xlLocationAsObject, _
  Name:=s
Next Blatt
Sheets(s).Activate
Ecke = 10

For i = 1 To ActiveSheet.ChartObjects.Count
 With ActiveSheet.ChartObjects(i)
   .Top = Ecke
   .Left = 10
   .Height = 150
   .Width = 350
 End With
 Ecke = Ecke + 160
Next i
Application.ScreenUpdating = True
End Sub
```

Schalten Sie im ersten Schritt die Bildschirmaktualisierung ab. Danach fügen Sie ein neues Tabellenblatt gleich zu Beginn der Arbeitsmappe ein. Dazu verwenden Sie die Methode `Add`, der Sie als Argument `Before` den Index 1 übergeben. Speichern Sie den Namen des neuen Tabellenblattes in der Variablen `s`, um später leichter auf dieses Tabellenblatt zurückkehren zu können. In einer `For Each`-Schleife arbeiten Sie sich Blatt für Blatt durch die Arbeitsmappe durch. Da nur Diagrammblätter verarbeitet werden dürfen, fragen Sie mit der Funktion `TypeName` ab, ob es sich um ein Diagrammblatt handelt. Bei einem Diagrammblatt liefert die Funktion `TypeName` den Wert `Chart` zurück, bei einer normalen Tabelle den Wert `Worksheet`. Wird ein Diagrammblatt ermittelt, so transferieren Sie mit Hilfe der Methode `Location` das Diagramm auf das vorher neu eingefügte Tabellenblatt. Haben Sie alle Tabellen der Arbeitsmappe überprüft, dann sorgen Sie für die richtige Anordnung der eingebetteten Diagramme auf dem neuen Tabellenblatt. Excel hat alle Diagramme aufeinander kopiert. Sie müssen nun diese übereinander liegenden Diagramme auseinander bringen und auf dem Tabellenblatt neu anordnen. Dazu setzen Sie eine For Next-Schleife auf, in der Sie alle eingefügten Diagramme verteilen. Über die Eigenschaft Count ermitteln Sie die Anzahl der eingebetteten Diagramme auf dem Tabellenblatt. In der Variablen Ecke definieren Sie jeweils den oberen Rand des eingebetteten Diagramms. Zu Beginn setzen Sie die Variable auf den Wert 10 und erhöhen diese Variable jeweils um mindestens die definierten Höhe des eingefügten Diagramms.

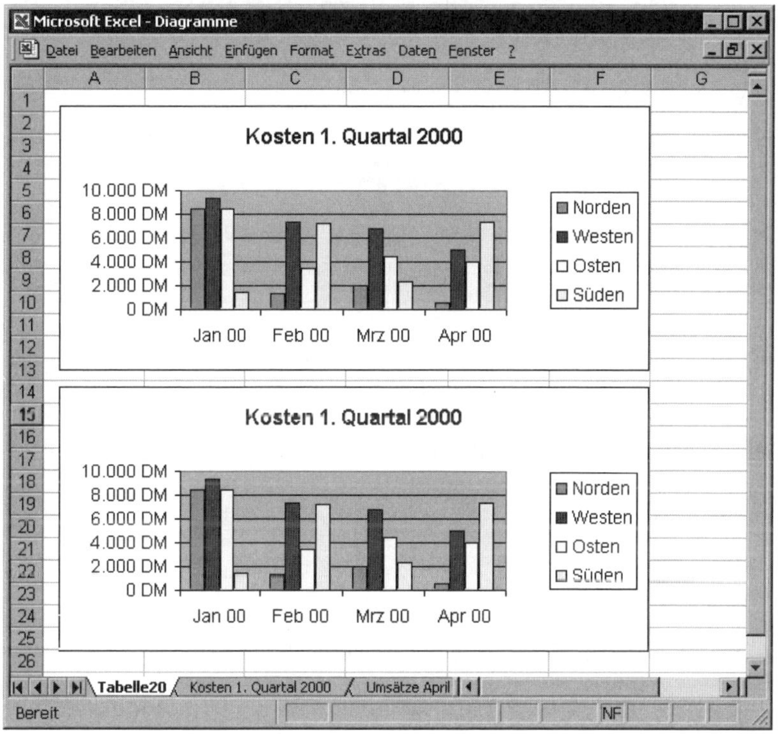

Abbildung 9.14: Alle Diagramme der Arbeitsmappe auf einem Tabellenblatt

9.6.3 Diagramme skalieren

Mit VBA haben Sie die Möglichkeit auf alle Elemente eines Diagramms zuzugreifen. So können Sie beispielsweise auch die Skalierung eines oder mehrerer Diagramm ändern.

Wenn Sie Diagramme erstellen, orientiert sich Excel jeweils am höchsten Eintrag in der Tabelle. Aus diesem Grund sehen die beiden Diagramme in Abbildung 9.15 auch von der Skalierung her gesehen unterschiedlich aus. Die Dimensionen sind hierbei verzerrt. Besser wäre hier eine einheitliche Skalierung.

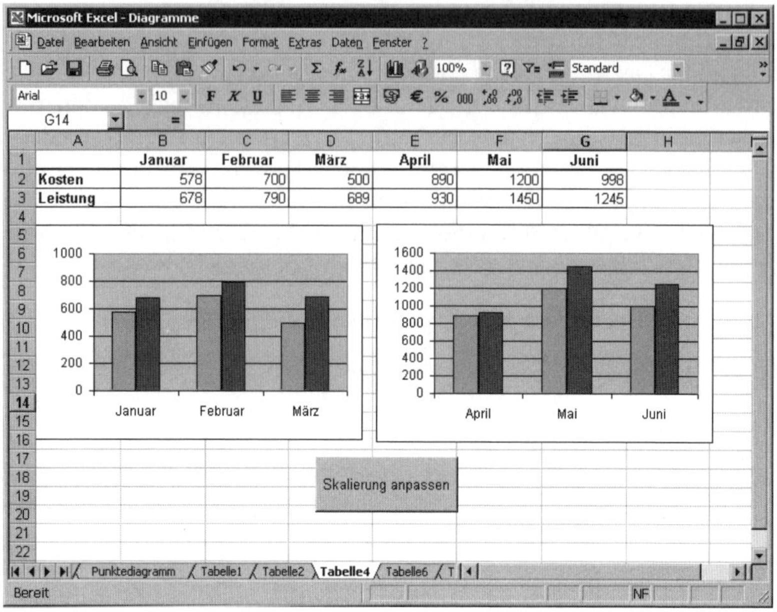

Abbildung 9.15: Der Ausgangszustand: zwei Diagramme mit unterschiedlicher Skalierung

Gerade wenn Sie noch mehr Diagramme auf einem Tabellenblatt integriert haben und für alle Diagramme für die Vergleichbarkeit dieselbe Skalierung verwenden möchten, können Sie folgendes Makro aus Listing 9.19 anwenden.

Listing 9.19: Die Skalierung von mehreren Diagrammen auf einmal anpassen

```
Sub DiagrammSkalierungEinstellen()
Dim i As Integer
Dim maxWert As Long
Dim Schritt As Integer

maxWert = WorksheetFunction.Max(ActiveSheet.UsedRange)
maxWert = maxWert * 1.1
Schritt = maxWert / 5
 For i = 1 To ActiveSheet.ChartObjects.Count
  ActiveSheet.ChartObjects(i).Select
  With ActiveChart.Axes(xlValue)
        .MinimumScale = 0
        .MaximumScale = maxWert
        .MajorUnit = Schritt
End With
 Next i
End Sub
```

Im ersten Schritt ermitteln Sie den höchsten Wert auf dem Tabellenblatt. Dieser Wert soll mit einem kleinen Aufschlag später den obersten Wert der Skalierung darstellen. Dazu setzen Sie die Funktion `Max` ein, die Sie auf die Eigenschaft `UsedRange` anwenden, und speichern das Ergebnis daraus in der Variablen `maxwert`. Dem so ermittelten Wert geben Sie noch 10 Prozent hinzu, damit die größte Säule nicht direkt unter dem oberen Rand hängt und noch ein wenig Luft hat. Dazu multiplizieren Sie die Variable `maxwert` mit dem Faktor `1.1`, was genau 10 Prozent ergibt. Im nächsten Schritt bestimmen Sie die Schrittweite, bei der horizontale Trennlinien gezogen werden sollen. So könnten Sie sich z.B. entschließen, genau fünf horizontale Trennlinien zuzulassen. Dividieren Sie dazu die Variable `maxwert` durch den Wert 5 und speichern das Ergebnis daraus in der Variablen `Schritt`. Setzen Sie daraufhin eine `For Each`-Schleife auf, die alle eingebetteten Diagramme des Tabellenblattes durchläuft und die einheitliche Skalierung einstellt. Über die Anweisung `ChartObjects.Count` ermitteln Sie die Anzahl der eingebetteten Diagramme auf dem Tabellenblatt. Mit Hilfe der Methode `Select` aktivieren Sie innerhalb der Schleife ein Diagramm nach dem anderen und wenden folgende Eigenschaften auf die Achse an:

Die Eigenschaft `MinimumScale` stellt den Minimalwert einer Größenachse dar und wird im Beispiel auf den Wert 0 gesetzt.. Mit der Eigenschaft `MaximumScale` geben Sie den höchsten Wert der Größenachse bekannt, den Sie aus der Variablen `maxwert` hernehmen. Über die Eigenschaft `MajorUnit` legen Sie die Schrittweite der Größenachse fest. Den Wert dazu entnehmen Sie der Variablen `Schritt`.

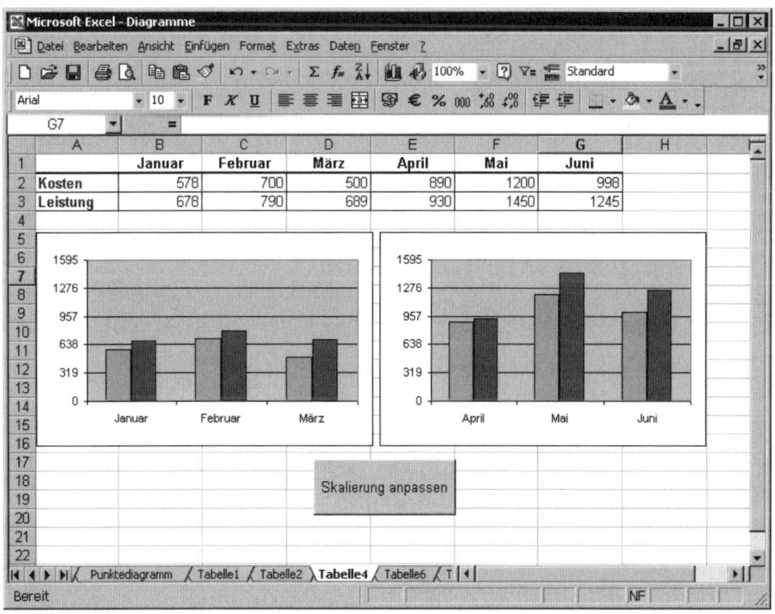

Abbildung 9.16: Das Endergebnis: Alle Diagramme sind einheitlich skaliert

9.7 Diagramme als Grafiken speichern

In Excel können Sie Diagramme über einen Grafikfilter umwandeln. Das bringt Vorteile, wenn Sie Diagramme an Personen ausliefern möchten, die kein Excel installiert haben. Erstellen Sie aus den Excel-Diagrammen speicherschonende Grafikdateien im GIF-Format. Auch wenn Sie Diagramme in Ihrer Textverarbeitung verwenden möchten und dabei keine Excel-Diagramme verknüpfen möchten, ist das Einbinden von Diagramm-Grafiken die bessere Methode. Allerdings können diese umgewandelten Diagramme dann nicht mehr aktualisiert werden. Das nachfolgende Makro aus Listing 9.20 wandelt alle eingebetteten Diagramme einer Arbeitsmappe in GIF-Dateien um und legt diese im Verzeichnis C:\EIGENE DATEIEN ab.

***Listing 9.20:** Alle eingebetteten Diagramme einer Arbeitsmappe werden in Grafikdateien exportiert*

```
Sub DiagrammeAlsGrafikSpeichern()
Dim Dia As Chart
Dim i As Integer
Dim e As Integer

 For i = 1 To Sheets.Count
  Sheets(i).Activate
   For e = 1 To ActiveSheet.ChartObjects.Count
    ActiveSheet.ChartObjects(e).Select
    Set Dia = ActiveSheet.ChartObjects(e).Chart
    Dia.Export Filename:="c:\eigene Dateien\" & _
    ActiveSheet.ChartObjects(e).Name & _
    ".gif", FilterName:="GIF"
   Next e
 Next i
End Sub
```

Das Makro aus Listing 9.20 besteht aus zwei `For Next`-Schleifen. Die äußere Schleife arbeitet alle Tabellenblätter der aktiven Arbeitsmappe ab, die innere Schleife exportiert alle eingebetteten Diagramme auf dem jeweiligen Tabellenblatt. Über die Methode `Filter` exportieren Sie die Diagramme in ein Grafikformat. Dabei verwendet die Methode `Filter` die Argumente `FileName` und `FilterName`. Im Argument `FileName` geben Sie den Pfad sowie den Namen der Grafikdatei an. Dazu wenden Sie die Eigenschaft `Name` auf das Chart-Objekt an. Im Argument `FilterName` wird der Name des Grafikfilters angegeben, der verwendet werden soll.

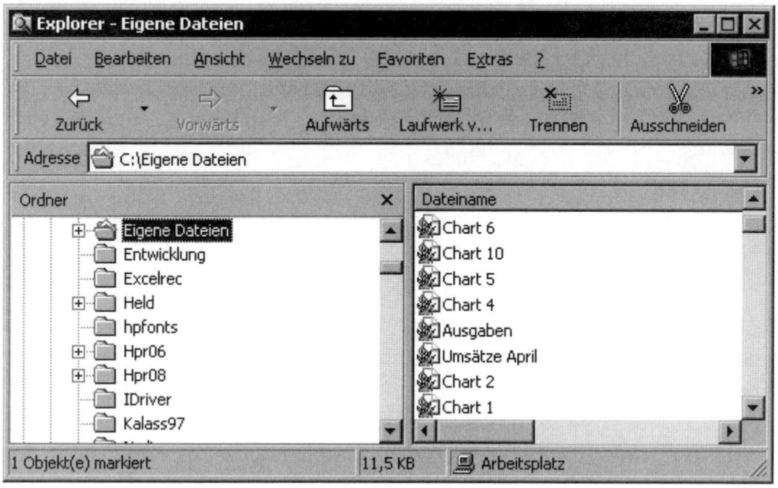

Abbildung 9.17: Alle Diagramme wurden als Grafiken ins Verzeichnis C:\Eigene Dateien exportiert

9.8 Diagramme formatieren

In Excel haben Sie die Möglichkeit, Datenreihen in Diagrammen zu formatieren. Sie können beispielsweise den Abstand von Säulen oder Balken beeinflussen, verschiedene Farben für die Diagrammobjekte einsetzen und bei der Beschriftung der Diagramme aus einer breiten Auswahl von Schrifteffekten und Schriftschnitte wählen und vieles mehr.

9.8.1 Säulen mit unterschiedlichen Farben formatieren

Die Anforderungen

In der folgenden Aufgabe werden in einem Säulendiagramm Monatsergebnisse dargestellt. Damit auf einen Blick sichtbar wird, wenn ein Ergebnis in einem Monat unter den Wert 0 fällt, also ein Verlust eingefahren wird, sollen solche Datenpunkte mit der Hintergrundfarbe Rot belegt werden. Das Makro für diese Aufgabe sehen Sie in Listing 9.21.

Listing 9.21: Verschiedenfarbige Säulen, je nach Ergebnissituation

```
Sub SäulenVerschiedenfarbig()
Dim Datenreihe As Series
Dim Punkt As Point
Dim i As Integer
Dim DArray As Variant

 Set Datenreihe = _
 ActiveSheet.ChartObjects(1).Chart.SeriesCollection(1)
 With Datenreihe
   DArray = .Values
```

```
    For Each Punkt In .Points
     i = i + 1
     If DArray(i) < 0 Then
       Punkt.Interior.ColorIndex = 3
       Else
       Punkt.Interior.ColorIndex = 33
     End If
    Next
  End With
End Sub
```

Definieren Sie zuerst eine Objektvariable vom Typ `Series`. Danach lesen Sie alle Y-Werte in ein Datenfeld ein und durchlaufen danach eine `For Each`-Schleife, in der Sie die einzelnen Datenpunkte kontrollieren. Die Werte entnehmen Sie dem Datenfeld `DArray`. Weist ein Datenpunkt einen Wert < 0 auf, so wird der Innenbereich der Säule mit der Farbe Rot formatiert. Bei allen positiven Werte wird ein blauer Farbton gewählt.

Abbildung 9.18: Negative Monatsergebnisse werden rot formatiert

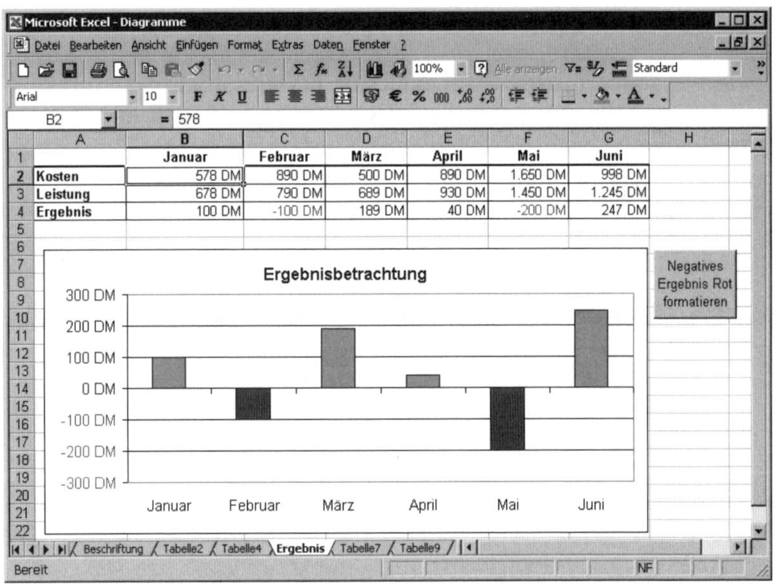

Das Makro aus Listing 9.21 hat noch einen kleinen Schönheitsfehler. Sie müssen das Makro immer manuell starten, um das Diagramm neu zu formatieren. Wenn Sie also Daten in der Tabelle ändern, ändert sich die Formatierung des Diagramms nicht. Dem kann aber abgeholfen werden, indem Sie ein Ereignis programmieren.

Das Ereignis heißt `Worksheet_Change` und tritt ein, wenn sich irgendeine Zelle auf dem aktiven Tabellenblatt ändert. Genau dieses Ereignis brauchen Sie jetzt. Um das Ereignis einzustellen, gehen Sie wie folgt vor:

STEP

1. *Wechseln Sie in die Entwicklungsumgebung.*
2. *Im Projekt Explorer klicken Sie die Tabelle an, auf der sich Ihr Diagramm befindet.*
3. *Geben Sie im Codebereich folgendes Ereignis ein:*

Listing 9.22: Makro automatisch bei Zellenänderung starten

```
Private Sub Worksheet_Change(ByVal Target As Range)
 SäulenVerschiedenfarbig
End Sub
```

Immer wenn Sie eine Zelle auf Ihrem Tabellenblatt verändern, sei es nun durch direkte Eingabe oder auch durch eine Formel, wird das Makro `SäulenVerschiedenfarbig` gestartet.

REF

Lernen Sie noch mehr über den praktischen Einsatz von Ereignissen in Kapitel 12.

9.8.2 Legenden formatieren

Wenn Sie möchten, können Sie direkt auf eine Legende zugreifen und ihre Beschriftung formatieren. Dabei haben Sie die Möglichkeit, Schriftgröße, Schriftfarbe sowie den Schriftschnitt festzulegen. Im folgenden Beispiel aus Listing 9.23 wird eine Legende mit dem Schriftschnitt Fett und der Schriftfarbe Blau formatiert.

Listing 9.23: Legende eines eingebetteten Diagramms formatieren

```
Sub LegendeFormatieren()
 ActiveSheet.ChartObjects(1).Select
 ActiveChart.HasLegend = True
 With ActiveChart.Legend.Font
  .Bold = True
  .ColorIndex = 5
 End With
End Sub
```

Nachdem Sie das eingebettete Diagramm auf dem aktiven Tabellenblatt markiert haben, blenden Sie mit Hilfe der Eigenschaft `HasLegend`, die Sie auf den Wert `True` setzen, die Legende ein. Im Anschluss daran wenden Sie die Eigenschaften `Bold` und `ColorIndex` auf die Schrift der Legende an.

9.8.3 Zusätzliche Labels hinzufügen

Sollten Ihnen die Überschrift sowie die Achsenbeschriftungen nicht ausreichen, können Sie zusätzliche Textfelder in Ihr eingebettetes Diagramm einfügen. Sehen Sie sich dazu das Makro aus Listing 9.24 an.

***Listing 9.24:** Zusätzliches Feld in ein eingebettetes Diagramm einfügen*

```
Sub ZusätzlichesTextfeld()
  ActiveSheet.ChartObjects(1).Select
  ActiveChart.HasTitle = True
  ActiveChart.ChartTitle.Text = "Kosten und Leistung"
  ActiveChart.Shapes.AddLabel _
 (msoTextOrientationHorizontal, _
  10, 15, 0, 0).TextFrame.Characters.Text = "Zusatzinfo"
End Sub
```

Mit der Methode `AddLabel` können Sie eine zusätzliche Beschriftung in Ihrem Diagramm hinzufügen. Dabei geben Sie die Konstante `msoTextOrientationHorizontal` an und legen die linke obere Ecke über die ersten beiden Argumente in der Klammer fest. Das Objekt `TextFrame` stellt den Textrahmen dar und enthält sowohl den Text als auch die Eigenschaften und Methoden zur Steuerung von Ausrichtung und Verankerung des Textrahmens. Über die Eigenschaft `Text` schreiben Sie Ihren zusätzlichen Text in das Textfeld.

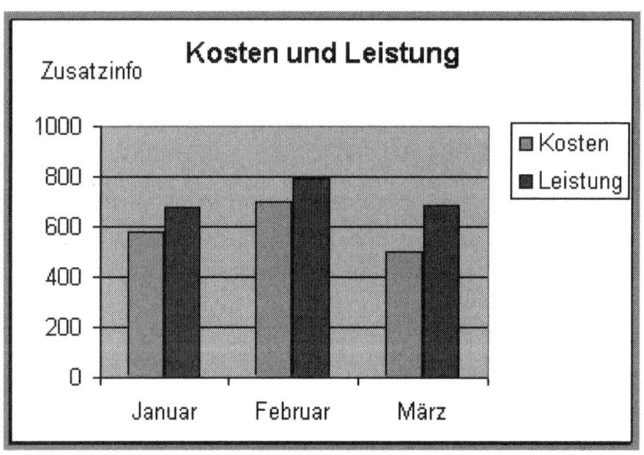

***Abbildung 9.19:** Zusätzliche Labels sind immer möglich*

9.9 Dynamische Diagramme erzeugen

Viele Diagramme werden über Monate, ja sogar Jahre hinweg gepflegt und immer wieder erweitert. Die Erweiterung von Diagrammen ist eine lästige Aufgabe, da Sie erstens die Datenreihen einzeln erweitern müssen und dabei zweitens genau aufpassen müssen, dass Sie keine falschen Zellenbezüge angeben. Für diese Aufgabe ist eine

Excel-VBA-Lösung geradezu geschaffen. Stellen Sie sich vor, Sie markieren den Datenbereich, der in einem Diagramm angezeigt werden soll, und starten ein Makro, welches Ihnen das bereits bestehende Diagramm dynamisch erweitert. Diese Funktionalität erinnert stark an das Standarddiagramm, bei dem Sie ebenso den Datenbereich markieren und anschließend die Taste F11 drücken. Bei dieser Standardlösung ist der Nachteil, dass Sie das Diagramm immer wieder neu erstellen und danach alle weiteren Formatierungen am Diagramm manuell ausführen müssen. Außerdem wird bei dieser Standardlösung ein neues Diagrammblatt eingefügt. Wenn Sie also ein bereits bestehendes und eingebettetes Diagramm flexibel erweitern möchten, setzen Sie das Makro aus Listing 9.25 ein.

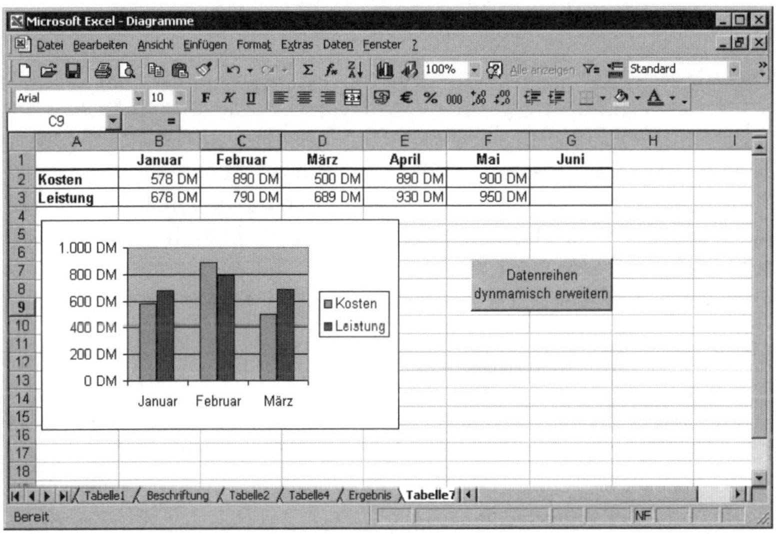

Abbildung 9.20: *Die Ausgangsbasis: Das Diagramm muss erweitert werden*

Das Erweitern von Diagrammen können Sie am besten vornehmen, wenn Sie den Datenbereich benennen. Damit entfällt erstens viel Schreibarbeit und zweitens macht es das Makro leichter lesbar.

Listing 9.25: *Ein eingebettetes Diagramm dynamisch erweitern*

```
Sub DatenreihenErweitern()
Dim Blatt As Worksheet
Dim s As String

 s = ActiveSheet.Name
 Set Blatt = ActiveSheet
 On Error Resume Next
 ActiveWorkbook.Names("DiaBereich").Delete
 ActiveWorkbook.Names.Add _
 Name:="DiaBereich", RefersToR1C1:=Selection
 Blatt.ChartObjects(1).Select
```

```
  ActiveChart.SetSourceData _
  Source:=Sheets(s).Range("DiaBereich")
End Sub
```

Definieren Sie zuerst eine Objektvariable vom Typ `Worksheet`. Danach speichern Sie den Namen der Tabelle, auf der sich das eingebettete Diagramm befindet, in der String-Variablen `s`. Da Sie den Datenbereich benennen möchten, der in Ihr eingebettetes Diagramm eingeht, löschen Sie vorher einen eventuell schon bestehenden Namen über die Methode `Delete`. Die `On Error`-Anweisung fügen Sie zur Sicherheit vor die Zeile mit dem Befehl `Delete` ein. Diese Anweisung sorgt hier dafür, dass das Makro nicht abstürzt, wenn noch kein Name für den Datenbereich vergeben wurde. Im nächsten Schritt fügen Sie mit Hilfe der Methode `Add` einen neuen Namen ein, der den Datenbereich für das Diagramm beinhalten soll. Als Argument übergeben Sie an die Methode `Add` den Namen sowie den Zellenbezug, auf den sich der Name beziehen soll. Im Argument `RefersToR1C1` verweisen Sie auf die aktuell ausgewählten Zellen, d.h., Sie müssen vor dem Start des Makros den Datenbereich markieren, der in das Diagramm eingehen soll. Nach der Namenvergabe markieren Sie das eingebettete Diagramm und wenden die Methode `SetSourceData` an. Sie benötigt das Argument `Source`. Es beinhaltet den Bereich, der die Quelldaten für das Diagramm enthält. Dieses Argument füllen Sie mit dem Inhalt der Variablen `s`, welche den Namen der Tabelle enthält, und dem vorher vergebenen Namen.

Abbildung 9.21: Das Endergebnis: das erweiterte Diagramm

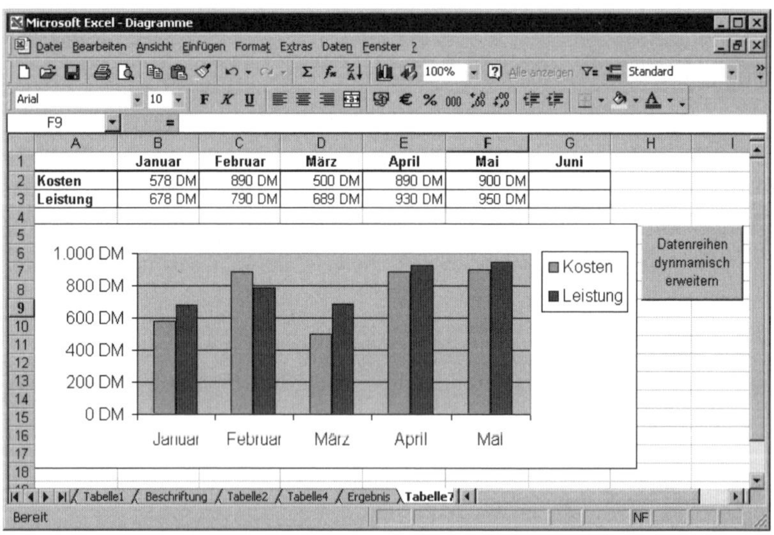

9.10 Pivot-Tabellenberichte erstellen

In Excel haben Sie die Möglichkeit, sehr schnell aussagekräftige Berichte zu erstellen. Die wohl beste und sicherste Methode, in Excel Daten auszuwerten und aufzubereiten, ist die Anwendung von Pivot-Tabellen. Der Begriff »Pivot« kommt aus dem Französischen und bedeutet »Dreh- und Angelpunkt«. Damit wird schon einiges über die Funktion ausgesagt – Sie können es drehen und wenden, wie Sie wollen – Sie werden immer die richtigen Ergebnisse bekommen.

Bei der Arbeit mit Pivot-Tabellen gibt es zwei Punkte, die Sie beachten müssen:

- *Ist der Pivot-Tabellenbericht aktualisiert?*
- *Greift die Pivot-Tabelle wirklich auf den gewünschten Datenbereich zu? (ist der Datenbereich nachträglich vergrößert worden?)*

Beide Fragen werden noch in diesem Kapitel beantwortet.

Zuerst werden Sie über ein VBA-Makro einen Pivot-Tabellenbericht erstellen. Die Ausgangstabelle können Sie der Abbildung 9.22 entnehmen.

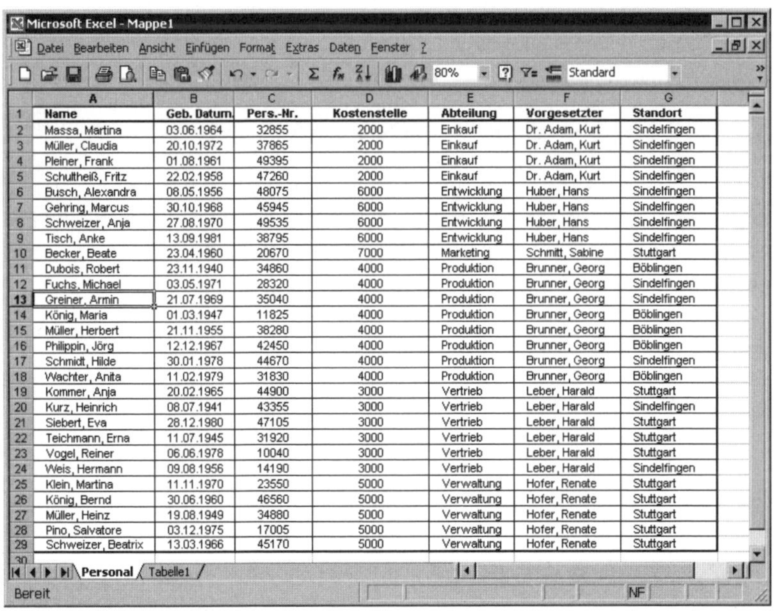

	A	B	C	D	E	F	G
1	Name	Geb. Datum	Pers.-Nr.	Kostenstelle	Abteilung	Vorgesetzter	Standort
2	Massa, Martina	03.06.1964	32855	2000	Einkauf	Dr. Adam, Kurt	Sindelfingen
3	Müller, Claudia	20.10.1972	37865	2000	Einkauf	Dr. Adam, Kurt	Sindelfingen
4	Pleiner, Frank	01.08.1961	49395	2000	Einkauf	Dr. Adam, Kurt	Sindelfingen
5	Schultheiß, Fritz	22.02.1958	47260	2000	Einkauf	Dr. Adam, Kurt	Sindelfingen
6	Busch, Alexandra	08.05.1956	48075	6000	Entwicklung	Huber, Hans	Sindelfingen
7	Gehring, Marcus	30.10.1968	45945	6000	Entwicklung	Huber, Hans	Sindelfingen
8	Schweizer, Anja	27.08.1970	49535	6000	Entwicklung	Huber, Hans	Sindelfingen
9	Tisch, Anke	13.09.1981	38795	6000	Entwicklung	Huber, Hans	Sindelfingen
10	Becker, Beate	23.04.1960	20670	7000	Marketing	Schmitt, Sabine	Stuttgart
11	Dubois, Robert	23.11.1940	34860	4000	Produktion	Brunner, Georg	Böblingen
12	Fuchs, Michael	03.05.1971	28320	4000	Produktion	Brunner, Georg	Sindelfingen
13	Greiner, Armin	21.07.1969	35040	4000	Produktion	Brunner, Georg	Sindelfingen
14	König, Maria	01.03.1947	11825	4000	Produktion	Brunner, Georg	Böblingen
15	Müller, Herbert	21.11.1955	38280	4000	Produktion	Brunner, Georg	Böblingen
16	Philippin, Jörg	12.12.1967	42450	4000	Produktion	Brunner, Georg	Böblingen
17	Schmidt, Hilde	30.01.1978	44670	4000	Produktion	Brunner, Georg	Sindelfingen
18	Wachter, Anita	11.02.1979	31830	4000	Produktion	Brunner, Georg	Böblingen
19	Kommer, Anja	20.02.1965	44900	3000	Vertrieb	Leber, Harald	Stuttgart
20	Kurz, Heinrich	08.07.1941	43355	3000	Vertrieb	Leber, Harald	Sindelfingen
21	Siebert, Eva	28.12.1980	47105	3000	Vertrieb	Leber, Harald	Stuttgart
22	Teichmann, Erna	11.07.1945	31920	3000	Vertrieb	Leber, Harald	Stuttgart
23	Vogel, Reiner	06.06.1978	10040	3000	Vertrieb	Leber, Harald	Stuttgart
24	Weis, Hermann	09.08.1956	14190	3000	Vertrieb	Leber, Harald	Sindelfingen
25	Klein, Martina	11.11.1970	23550	5000	Verwaltung	Hofer, Renate	Stuttgart
26	König, Bernd	30.06.1960	46560	5000	Verwaltung	Hofer, Renate	Stuttgart
27	Müller, Heinz	19.08.1949	34880	5000	Verwaltung	Hofer, Renate	Stuttgart
28	Pino, Salvatore	03.12.1975	17005	5000	Verwaltung	Hofer, Renate	Stuttgart
29	Schweizer, Beatrix	13.03.1966	45170	5000	Verwaltung	Hofer, Renate	Stuttgart
30							

Abbildung 9.22: *Die Ausgangstabelle – eine Mitarbeiterliste*

In einem Pivot-Tabellenbericht soll nun dargestellt werden, welcher Vorgesetzter welche Mitarbeiter an welchem Standort hat. Das Makro für diese Aufgabe können Sie Listing 9.26 entnehmen.

***Listing 9.26:** Einen Pivot-Tabellenbericht erstellen*

```
Sub PivotTabelleErstellen()
Dim Bereich As Range

Sheets("Personal").Activate
Set Bereich = ActiveSheet.UsedRange
Range(Bereich.Address).Select
ActiveSheet.PivotTableWizard _
 SourceType:=xlDatabase, SourceData:= _
 Bereich, TableDestination:="", TableName:="Pivot"
With ActiveSheet.PivotTables("Pivot")
 .PivotFields("Vorgesetzter").Orientation = xlPageField
 .PivotFields("Name").Orientation = xlRowField
 .PivotFields("Standort").Orientation = xlColumnField
 .PivotFields("Name").Orientation = xlDataField
End With
End Sub
```

Im ersten Schritt aktivieren Sie das Tabellenblatt, welches die Quelldaten für die Auswertung enthält, und legen den verwendeten Bereich in der Variablen `Bereich` fest. Danach markieren Sie den Quellbereich und wenden die Methode `PivotTableWizard` an, die die Pivot-Tabelle erstellt.

Die Syntax

Die Methode `PivotTableWizard` hat folgende Syntax:

```
PivotTableWizard(SourceType, SourceData, TableDestination,
TableName, RowGrand, ColumnGrand, SaveData, HasAutoFormat,
AutoPage, Reserved, BackgroundQuery, OptimizeCache, PageFieldOrder,
PageFieldWrapCount, ReadData, Connection)
```

Die Argumente der Methode PivotTableWizard

Auf die wichtigsten Argumente wird nun näher eingegangen. Im Argument `SourceTyp` geben Sie die Quelle der Daten in dem Bericht an. Zulässig ist eine der in der folgenden Tabelle aufgeführten Konstanten.

***Tabelle 9.3:** Die möglichen Datenquellen-Konstanten bei Pivot-Tabellenberichten*

Konstante	**Beschreibung**
`xlConsolidation`	Mehrere Konsolidierungsbereiche
`xlDatabase`	Microsoft Excel-Datenbank oder -Liste (Standard).
`xlExternal`	Externe Datenquelle
`xlPivotTable`	Gleiche Quelle wie ein anderer PivotTable-Bericht

Beim Argument SourceData legen Sie den Datenbereich für den neuen Bericht fest. Hierfür haben Sie vorher den verwendeten Bereich auf dem Tabellenblatt in der Variablen Bereich definiert, welche Sie hier nun als Argument angeben. Im Argument TableDestination können Sie eine Zieltabelle inklusive der Position der ersten Zelle für den Pivot-Tabellenbericht angeben. Belassen Sie dieses Argument leer, wenn der Pivot-Tabellenbericht auf einer neuen Tabelle, beginnend ab Zelle A1, eingefügt werden soll. Im Argument TableName geben Sie dem Pivot-Tabellenbericht einen Namen. Dies ist sehr wichtig, um später bei der Anordnung der Pivotfelder auf die richtige Pivottabelle zuzugreifen. Wird dieses Argument nicht gesetzt, vergibt Excel eigene Namen für die Pivot-Tabellen, die die Bezeichnung PIVOTTABLE enthalten und eine fortlaufende Nummer. Gerade diese fortlaufende Nummer macht dann bei der weiteren Programmierung der Pivot-Tabelle Schwierigkeiten. Aus diesem Grund füllen Sie dieses Argument mit einem Namen, der konstant bleibt.

Beginnen Sie jetzt mit der Anordung Ihrer Datenfelder und nutzen Sie dazu das Auflistungsobjekt PivotFields. In diesem Auflistungsobjekt stehen alle verfügbaren Feldnamen der Pivottabelle, die den Spaltenüberschriften des Quellbereichs entsprechen.

Wenn Sie nicht sicherstellen können, dass die Spaltenüberschriften Ihres Datenbereichs konstant bleiben, können Sie die einzelnen Feldnamen auch über einen Index ansprechen. Wenn die Spaltenüberschriften jedoch konstant bleiben, verwenden Sie besser die Feldnamen für die bessere Lesbarkeit des Makros.

Mit der Eigenschaft Orientation legen Sie die Position des Feldnamens in der Pivot-Tabelle fest. Entnehmen Sie dabei die Möglichkeiten, die Sie dabei haben, der Tabelle 9.4.

Tabelle 9.4: Die möglichen Ausrichtungskonstanten bei Pivot-Tabellenberichten

Konstante	Beschreibung
xlColumnField	Im Spaltenbereich der Pivot-Tabelle wird der Standort ausgegeben.
xlDataField	Im Datenbereich der Pivot-Tabelle wird die Anzahl der Mitarbeiter gezählt.
xlHidden	Mit dieser Konstanten können Sie einzelne Datenfelder ausblenden.

Konstante	Beschreibung
`xlPageField`	Im Seitenfeld der Pivot-Tabelle wird der gewünschte Vorgesetzte eingestellt.
`xlRowField`	Im Zeilenbereich werden die Namen der Mitarbeiter aufgelistet.

9.11 Pivot-Tabellen aktualisieren

Bei Pivot-Tabellenberichten müssen Sie daran denken, dass Sie nach einer Änderung der Quelldaten nicht vergessen, die Pivot-Tabelle auf den neuesten Stand zu bringen. Dieser Vorgang geschieht in Excel nicht automatisch, dafür sind Sie verantwortlich.

9.11.1 Einzelne Pivot-Tabelle aktualisieren

Wenn Sie ganz gezielt eine einzelne Pivot-Tabelle in einer Arbeitsmappe aktualisieren möchten, setzen Sie das Makro aus Listing 9.27 ein.

Listing 9.27: Einzelne Pivot-Tabelle auf Tabellenblatt aktualisieren

```
Sub EinzelnePivotTabelleAufBlattAktualisieren()
 On Error GoTo fehler
 Sheets(1).PivotTables("Pivot").RefreshTable
Exit Sub
fehler:
 MsgBox "Es konnte keine Pivot-Tabelle gefunden werden!"
End Sub
```

Auf dem ersten Tabellenblatt in der aktiven Arbeitsmappe wird die Pivot-Tabelle PIVOT mit Hilfe der Methode `RefreshTable` auf den neuesten Stand gebracht. Die Anweisung `On Error` ist eine reine Sicherheitsmaßnahme, die verhindern soll, dass das Makro abstürzt, wenn die richtige Pivot-Tabelle nicht gefunden werden kann.

9.11.2 Mehrere Pivot-Tabellen auf einem Tabellenblatt aktualisieren

Oft werden auch mehrere Pivot-Tabellen auf einem einzigen Tabellenblatt geführt. Dabei können Sie alle Pivot-Tabellen auf einmal updaten, indem Sie das Makro aus Listing 9.28 einsetzen.

```
Sub MehrerePivotTabellenAufBlattAktualisieren()
Dim pt As PivotTable
On Error Resume Next
 For Each pt In Sheets(1).PivotTables
  pt.RefreshTable
 Next pt
End Sub
```

Listing 9.28: Mehrere Pivot-Tabellen auf einem Tabellenblatt aktualisieren

Definieren Sie eine Objektvariable vom Typ `PivotTable` und setzen Sie eine `For Each`-Schleife auf. Innerhalb der Schleife wenden Sie die Methode `RefreshTable` an, um die einzelnen Pivot-Tabellenberichte zu aktualisieren.

9.11.3 Alle Pivot-Tabellen in Arbeitsmappe aktualisieren

Haben Sie in einer Arbeitsmappe mehrere Pivot-Tabellenberichte auf unterschiedlichen Tabellenblättern erstellt und möchten Sie diese nun automatisch aktualisieren, dann setzen Sie das Makro aus Listing 9.29 ein.

```
Sub AllePivotTabellenInArbeitsmappeAktualisieren()
Dim Blatt As Worksheet
Dim pt As PivotTable

For Each Blatt In ActiveWorkbook.Sheets
 Blatt.Activate
 For Each pt In Sheets(1).PivotTables
  pt.RefreshTable
 Next pt
Next Blatt
End Sub
```

Listing 9.29: Alle Pivot-Tabellen in der aktiven Arbeitsmappe aktualisieren

Die Aktualisierung aller Pivot-Tabellenberichte Ihrer aktiven Arbeitsmappe bekommen Sie über zwei Schleifen hin. In der ersten Schleife wird Blatt für Blatt abgearbeitet, in der zweiten Schleife werden innerhalb eines Blattes alle Pivot-Tabellenberichte aktualisiert.

STEP

Möchten Sie diese Aktualisierung automatisch nach dem Öffnen der Arbeitsmappe durchführen, dann wenden Sie das Ereignis `Workbook_Open` *an. Dazu verfahren Sie wie folgt:*

1. *Wechseln Sie in die Entwicklungsumgebung.*
2. *Klicken Sie im Projekt-Explorer den Eintrag* DIESEARBEITSMAPPE *doppelt an.*
3. *Erfassen Sie das Ereignis* `Workbook_Open`.

Listing 9.30: Nach dem Öffnen einer Arbeitsmappe werden alle Pivot-Tabellen aktualisiert

```
Private Sub Workbook_Open()
 AllePivotTabellenInArbeitsmappeAktualisieren
End Sub
```

REF

Lernen Sie mehr über die Möglichkeiten, die Ihnen Ereignisse bieten, im Kapitel 12.

9.12 Pivot-Tabellen dynamisch erweitern

Die zweite Gefahr neben der, die Aktualisierung der Pivot-Tabelle zu vergessen, ist, dass der Anwender den Datenbereich erweitert und versäumt, diese Erweiterung seiner Pivot-Tabelle mitzuteilen. Das manuelle Einstellen der Pivot-Tabelle auf den neuen Bereich ist recht mühselig, wenn Sie mehrere Pivot-Tabellen nacheinander auf den neuesten Stand bringen müssen. In beiden Fällen (fehlende Aktualisierung bzw. falscher Quellbereich) ist die Auswirkung gleich: Die Pivot-Tabelle liefert nicht die richtigen Ergebnisse.

Die Änderung des Quellbereiches, der die Daten für die Pivot-Tabelle enthält, hat zur Folge, dass auch der Pivot-Tabelle diese Änderung mitgeteilt werden muss. Um diese Aufgabe zu erledigen, benennen Sie Ihren Datenbereich vorher und erweitern die Pivot-Tabelle mit Hilfe des folgenden Makros aus Listing 9.31.

Listing 9.31: Dynamische Erweiterung einer Pivot-Tabelle

```
Sub PivotTabellenDatenbereichErweitern()
Dim pt As PivotTable
Dim Bereich As Range

Set Bereich = Sheets("Personal").UsedRange
   ActiveWorkbook.Names.Add _
   Name:="PivotBereich", _
   RefersTo:=Bereich, Visible:=True
   Bereich.Select

For Each pt In Sheets(1).PivotTables
 With pt
 .PivotTableWizard SourceType:=xlDatabase, _
  SourceData:="PivotBereich"
 End With
 pt.RefreshTable
Next pt
End Sub
```

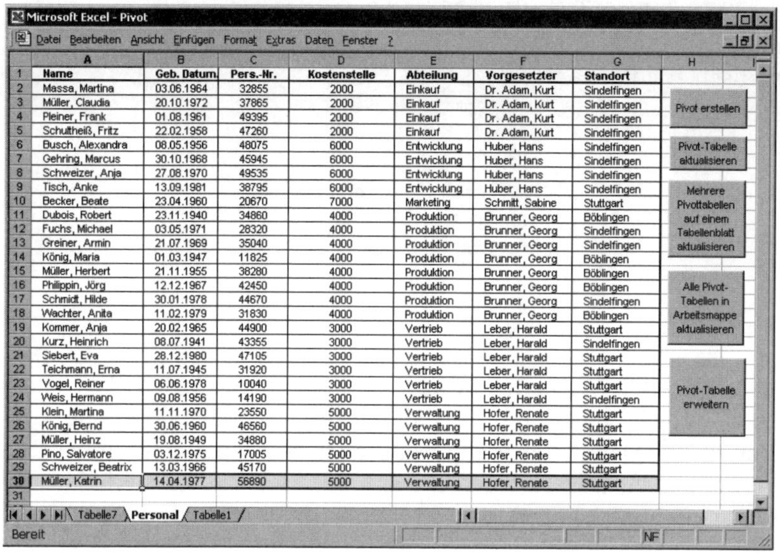

	A	B	C	D	E	F	G
1	Name	Geb. Datum	Pers.-Nr.	Kostenstelle	Abteilung	Vorgesetzter	Standort
2	Massa, Martina	03.06.1964	32855	2000	Einkauf	Dr. Adam, Kurt	Sindelfingen
3	Müller, Claudia	20.10.1972	37865	2000	Einkauf	Dr. Adam, Kurt	Sindelfingen
4	Pleiner, Frank	01.08.1961	49395	2000	Einkauf	Dr. Adam, Kurt	Sindelfingen
5	Schultheiß, Fritz	22.02.1958	47260	2000	Einkauf	Dr. Adam, Kurt	Sindelfingen
6	Busch, Alexandra	08.05.1956	48075	6000	Entwicklung	Huber, Hans	Sindelfingen
7	Gehring, Marcus	30.10.1968	45945	6000	Entwicklung	Huber, Hans	Sindelfingen
8	Schweizer, Anja	27.08.1970	49535	6000	Entwicklung	Huber, Hans	Sindelfingen
9	Tisch, Anke	13.09.1981	38795	6000	Entwicklung	Huber, Hans	Sindelfingen
10	Becker, Beate	23.04.1960	20670	7000	Marketing	Schmitt, Sabine	Stuttgart
11	Dubois, Robert	23.11.1940	34860	4000	Produktion	Brunner, Georg	Böblingen
12	Fuchs, Michael	03.05.1971	28320	4000	Produktion	Brunner, Georg	Sindelfingen
13	Greiner, Armin	21.07.1969	35040	4000	Produktion	Brunner, Georg	Sindelfingen
14	König, Maria	01.03.1947	11825	4000	Produktion	Brunner, Georg	Böblingen
15	Müller, Herbert	21.11.1955	38280	4000	Produktion	Brunner, Georg	Böblingen
16	Philippin, Jörg	12.12.1967	42450	4000	Produktion	Brunner, Georg	Böblingen
17	Schmidt, Hilde	30.01.1978	44670	4000	Produktion	Brunner, Georg	Sindelfingen
18	Wachter, Anita	11.02.1979	31830	4000	Produktion	Brunner, Georg	Böblingen
19	Kommer, Anja	20.02.1965	44900	3000	Vertrieb	Leber, Harald	Stuttgart
20	Kurz, Heinrich	08.07.1941	43355	3000	Vertrieb	Leber, Harald	Sindelfingen
21	Siebert, Eva	28.12.1980	47105	3000	Vertrieb	Leber, Harald	Stuttgart
22	Teichmann, Erna	11.07.1945	31920	3000	Vertrieb	Leber, Harald	Stuttgart
23	Vogel, Reiner	06.06.1978	10040	3000	Vertrieb	Leber, Harald	Stuttgart
24	Weis, Hermann	09.08.1956	14190	3000	Vertrieb	Leber, Harald	Sindelfingen
25	Klein, Martina	11.11.1970	23550	5000	Verwaltung	Hofer, Renate	Stuttgart
26	König, Bernd	30.06.1960	46560	5000	Verwaltung	Hofer, Renate	Stuttgart
27	Müller, Heinz	19.08.1949	34880	5000	Verwaltung	Hofer, Renate	Stuttgart
28	Pino, Salvatore	03.12.1975	17005	5000	Verwaltung	Hofer, Renate	Stuttgart
29	Schweizer, Beatrix	13.03.1966	45170	5000	Verwaltung	Hofer, Renate	Stuttgart
30	Müller, Katrin	14.04.1977	56890	5000	Verwaltung	Hofer, Renate	Stuttgart
31							

Abbildung 9.23: Der Datenbereich wurde nach unten erweitert

Ermitteln Sie zuerst einmal den verwendeten Bereich auf Ihrer Tabelle PERSONAL und speichern Sie diesen Bereich in der Objektvariablen `Bereich`. Benennen Sie danach den ermittelten Bereich, geben diesem den Namen `PivotBereich` und markieren Sie den Bereich im Anschluss.

Im Kapitel 5 können Sie noch einmal nachschlagen, wie Sie Zellen bzw. Bereiche benennen können.

REF

Mit Hilfe einer `For Each`-Schleife greifen Sie auf alle Pivot-Tabellenberichte auf dem ersten Blatt Ihrer Arbeitsmappe zu, erweitern den Datenbereich und aktualisieren die Pivot-Tabellenberichte. Der neue Datensatz wird am Ende der Pivot-Tabelle angehängt. Die Pivot-Tabelle muss jetzt neu sortiert werden.

9.13 Pivot-Tabellen sortieren

Bei der letzten Aufgabe haben Sie gesehen, dass die Pivot-Tabelle zwar erweitert wurde, jedoch wurden die neuen Einträge am Ende der Pivot-Tabelle angehängt. Pivot-Tabellenberichte lassen sich in Excel genauso sortieren, wie Sie ganz normale Listen sortieren können. Dazu setzen Sie den Zeiger einfach auf das Feld im Spaltenbereich der Pivot-Tabelle (im Beispiel `Name`) und wählen Sie danach aus dem Menü DATEN den Befehl SORTIEREN. Den Sortiervorgang können Sie aber auch mit dem nächsten Makro aus Listing 9.32 automatisch erledigen lassen.

Listing 9.32: Pivot-Tabellen sortieren

```
Sub PivotTabelleSortieren()
Dim Pivot1 As PivotTable
  ActiveSheet.PivotTables("Pivot").PivotSelect _
   "'Name'[All]", xlLabelOnly
  Selection.Sort Order1:=xlAscending, _
   Type:=xlSortLabels, OrderCustom:=1, _
   Orientation:=xlTopToBottom
End Sub
```

Mit Hilfe der Methode `PivotSelect` können Sie einen Teil einer Pivot-Tabelle markieren. Dabei müssen Sie der Methode den Namen des Datenfelds übergeben, welches Sie markieren möchten. Im zweiten Argument legen Sie den Markierungsmodus über eine Konstante fest. Die Möglichkeiten hierfür entnehmen Sie der Tabelle 9.5.

Tabelle 9.5: Möglichkeiten der Markierung bei Pivot-Tabellen

Konstante	Beschreibung
xlBlanks	Es werden nur leere Felder innerhalb der Pivot-Tabelle markiert.
`xlButton`	Markiert eine bzw. mehrere Schaltflächen in einem Pivot-Tabellenbericht.
`xlDataAndLabel`	Hierbei wird sowohl der Zeilenbezeichner auch der Datenbereich markiert. (Standard-Einstellung)
`xlDataOnly`	Es wird nur der Datenbereich der Pivot-Tabelle markiert.
`xlFirstRow`	Die erste Zeile einer Pivot-Tabelle wird markiert.
`xlLabelOnly`	Es erfolgt eine Markierung des angegebenen Datenfelds.
`xlOrigin`	Markiert das Feld in der Pivot-Tabelle, welches im Schnittpunkt zwischen Zeilen- und Spaltenbereich steht. (Anzahl-Name).

Im Anschluss an die Markierung der Daten in der Pivot-Tabelle wenden Sie die Methode `Sort` an, deren Argument Sie bereits in Kapitel 6 kennen gelernt haben.

9.14 Pivot-Tabellen formatieren

Erstmalig in der Excel-Version 2000 haben Sie die Möglichkeiten, die AutoFormate auch für Pivot-Tabellenberichte einzusetzen. Dabei haben Sie die Auswahl aus über vierzig verschiedenen Auto-Formaten.

Eine komplette Liste der AutoFormate in Excel können Sie in der VBA-Online-Hilfe unter dem Stichwort »AutoFormat« ersehen.

Um z.B. die Pivot-Tabelle mit der Mitarbeiterauswertung zu formatieren, können Sie folgendes Makro aus Listing 9.33 einsetzen.

Listing 9.33: Autoformate auf Pivot-Tabellen anwenden

```
Sub PivotFormatEinstellen()
Dim Pivot1 As PivotTable
 Set Pivot1 = Worksheets(1).PivotTables(1)
 With Pivot1
     .TableRange1.AutoFormat Format:=xlClassic3
 End With
End Sub
```

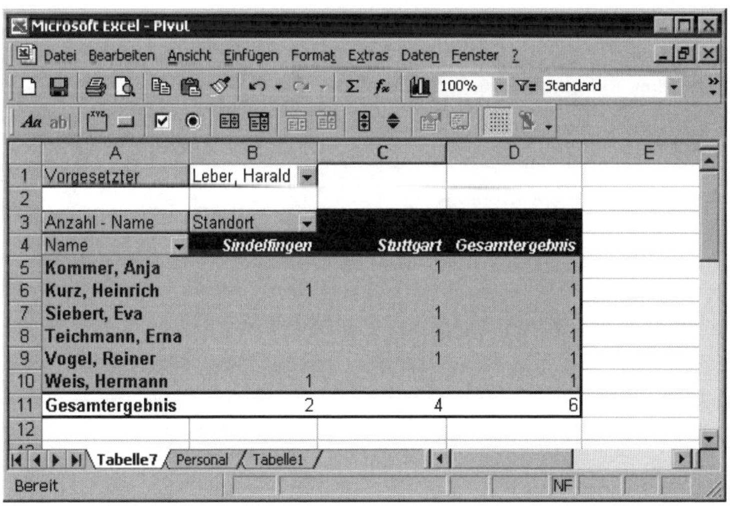

Abbildung 9.24: Das AutoFormat xlClassic3 in der Anwendung

Über die Eigenschaft `TableRange1` können Sie einen Pivot-Tabellenbericht auswählen. Dabei sind allerdings keine Seitenfelder (z.B. VORGESETZTER) inbegriffen. Möchten Sie die Formatierung jedoch für die komplette Pivot-Tabelle, also inklusive der Seitenfelder, anwenden, verwenden Sie die Eigenschaft `TableRange2`. Auf den so bekannt gemachten Bereich wenden Sie die Methode `AutoFormat` an, welche den markierten Bereich mit einem vordefinierten Format belegt.

9.15 Seitenfeld der Pivot-Tabelle bestimmen

Wenn Sie sich die bisherigen Beispiele zu den Pivot-Tabellenberichten angesehen haben, wird es Sie eventuell noch interessieren, wie Sie das Seitenfeld (VORGESETZTER) über VBA ermitteln bzw. setzen können. Mit dem Seitenfeld können Sie die Anzeige der Daten einer Pivot-Tabelle einschränken. Standardmäßig werden alle Daten einer Pivot-Tabelle angezeigt. In diesem Fall ist der Eintrag ALLE im Seitenfeld aktiv. Mit einem Mausklick auf dieses Seitenfeld können Sie bestimmen, welche Daten Sie in der Pivot-Tabelle anzeigen möchten. Das Seitenfeld fungiert also als eine Art Datenfilter.

9.15.1 Seitenfeldeinstellung auslesen

Um herauszufinden, welcher Eintrag gerade in einem Seitenfeld aktiviert ist, setzen Sie das Makro aus Listing 9.34 ein.

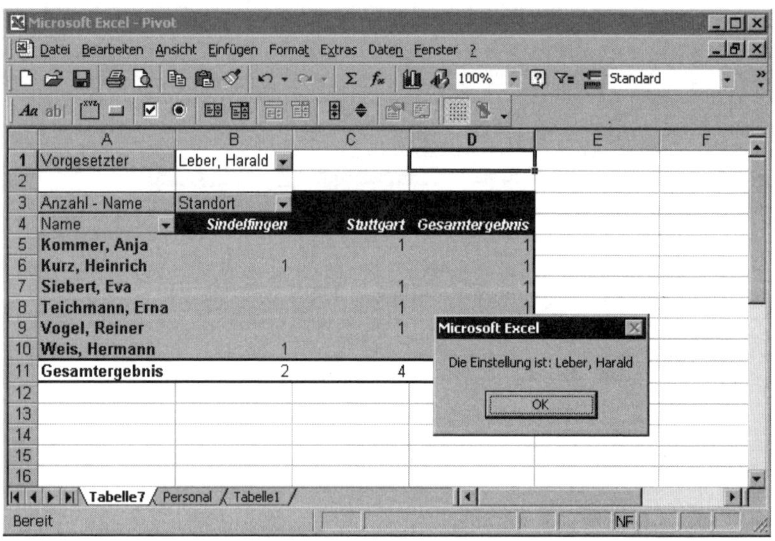

Abbildung 9.25: Das eingestellte Seitenfeld auslesen

```
Sub PivotSeitenfeldAuslesen()
Dim Pivot1 As PivotTable

 Set Pivot1 = Worksheets(1).PivotTables(1)
 With Pivot1
  MsgBox "Die Einstellung ist: " & _
  .PageFields(1).CurrentPage
 End With
End Sub
```

Listing 9.34: Den Eintrag im Seitenfeld einer Pivot-Tabelle ermitteln

Über die Eigenschaft `PageFields` können Sie das Seitenfeld einer Pivot-Tabelle bestimmen. Mit Hilfe der Eigenschaft `CurrentPage` lesen Sie danach den aktuell eingestellten Wert des Seitenfelds aus.

9.15.2 Seitenfelder initialisieren

Um alle Daten in einer Pivot-Tabelle anzuzeigen, setzen Sie die Eigenschaft `CurrentPage` auf den Wert `"(All)"`. Sehen Sie sich dazu das folgende Makro aus Listing 9.35 an.

```
Sub PivotSeitenfeldAlleAnzeigen()
Dim Pivot1 As PivotTable

 Set Pivot1 = Worksheets(1).PivotTables(1)
 With Pivot1
  .PageFields(1).CurrentPage = "(All)"
 End With
End Sub
```

Listing 9.35: Seitenfelder in Pivot-Tabellen initialisieren

9.15.3 Seitenfelder in Abhängigkeit von Zellen setzen

Möchten Sie die Einstellung des Seitenfelds einer Pivot-Tabelle in Abhängigkeit einer bestimmten Zelle auf Ihrem Tabellenblatt festlegen, dann setzen Sie das folgende Makro aus Listing 9.36 ein.

```
Sub SeitenfeldSetzen()
Dim Pivot1 As PivotTable
 Set Pivot1 = Worksheets(1).PivotTables(1)
 With Pivot1
  .PageFields(1).CurrentPage = _
   ActiveSheet.Range("D1").Value
 End With
End Sub
```

Listing 9.36: Seitenfeld einer Pivot-Tabelle in Abhängigkeit einer Zelle setzen

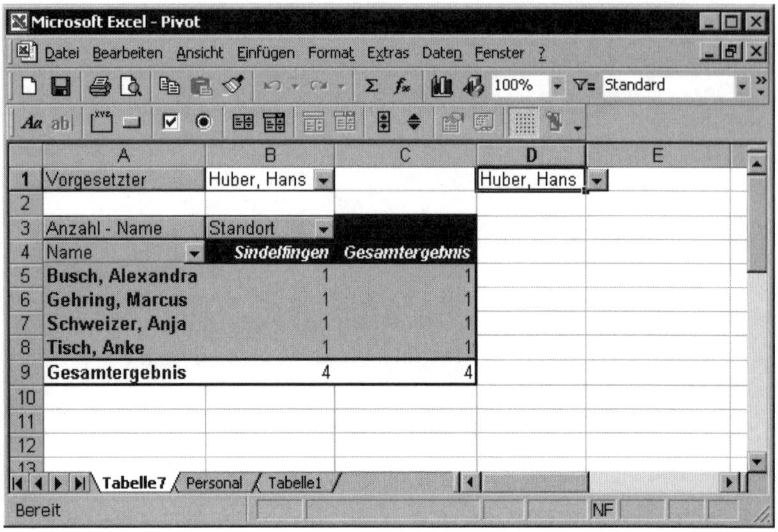

Abbildung 9.26: *Die Einstellung des Seitenfeldes in Abhängigkeit von Zelle D1*

STEP

Wenn Sie in die eben vorgestellte Lösung noch ein wenig mehr Automatismus einbauen möchten, überwachen Sie im Hintergrund die Zelle D1 und aktualisieren die Pivot-Tabelle automatisch, wenn sich die Zelle D1 ändert. Dazu gehen Sie wie folgt vor:

1. *Wechseln Sie in die Entwicklungsumgebung.*
2. *Klicken Sie die Tabelle, auf der sich Ihr Pivot-Tabellenbericht befindet, im Projekt-Explorer doppelt an.*
3. *Erfassen Sie das Ereignis* `Worksheet_Change`.

Listing 9.37: *Pivot-Tabellenaktualisierung automatisch starten*

```
Private Sub Worksheet_Change(ByVal Target As Range)
 If Target.Address = "$D$1" Then SeitenfeldSetzen
End Sub
```

Sobald sich die Zelle D1 ändert, wird die Pivot-Tabelle entsprechend aktualisiert und angezeigt.

REF

Lernen Sie mehr über die Möglichkeiten, die Ihnen Ereignisse bieten, im Kapitel 12.

Funktionen, Ereignisse und VBE

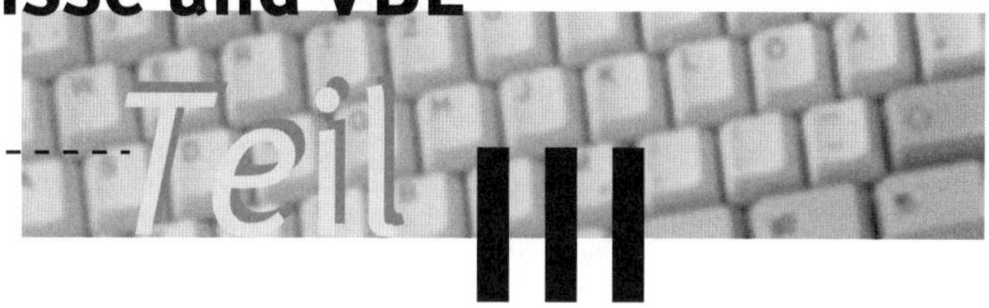

Benutzerdefinierte Funktionen und Funktionsmakros

Kapitel 10

Bei der Programmierung mit Funktionen müssen Sie erwägen, ob Sie eine Funktion in eine Tabelle einbauen oder ob Sie eine Funktion in der VBA-Umgebung einsetzen möchten. Je nachdem müssen Sie die Funktion dann anders aufsetzen. Im ersten Teil dieses Kapitels lernen Sie den Gebrauch von benutzerdefinierten Funktionen in Excel anhand einiger ausgewählter Beispiele kennen. Im zweiten Teil diese Kapitels erfahren Sie, wie Sie Funktionen bei der Entwicklung von VBA-Programmen einsetzen können, um schnell, übersichtlich und vor allem effektiv zu programmieren.

10.1 Benutzerdefinierte Funktionen

Was verbirgt sich hinter diesem Begriff? Benutzerdefinierte Funktionen stellen Zusatzfunktionen in Excel dar, die Sie selbst erstellt haben und die auf einem Tabellenblatt als Zellenfunktion genützt werden können. Normalerweise rufen Sie in einer Tabelle eine Funktion auf, indem Sie den Funktionsassistenten nutzen oder die Funktion direkt in eine Zelle schreiben. Alle benutzerdefinierten Funktionen stehen unter der Rubrik BENUTZERDEFINIERT.

Die Makros bezüglich der Programmierung von Pivot-Tabellenberichten können Sie auf der CD im Verzeichnis KAP10 *in der Datei* FUNKTIONEN.XLS *finden.*

CD-ROM

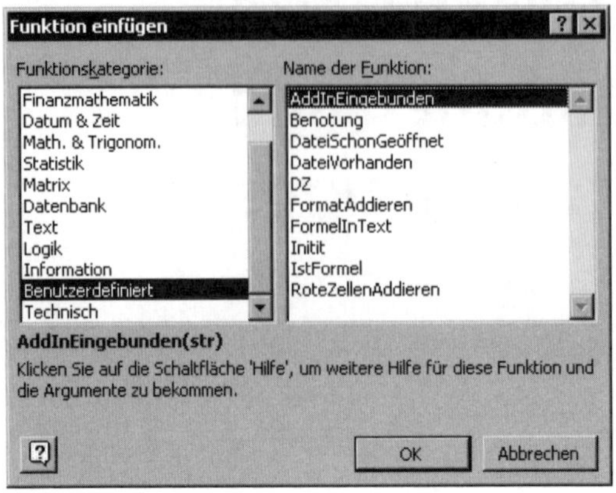

Abbildung 10.1: *Der Funktionsassistent in Excel 2000*

Lernen Sie auf den nächsten Seiten einige nützliche Funktionen kennen und erfahren Sie, wie Sie diese Funktionen in allen Arbeitsmappen nutzen können.

STOP

Achten Sie darauf, dass Sie Ihre benutzerdefinierten Funktionen in normalen Modulen speichern. Konkret heißt dies, dass Sie in der Entwicklungsumgebung ein neues Modul einfügen, indem Sie im Projekt-Explorer mit der rechten Maustaste klicken und den Kontextmenübefehl EINFÜGEN/MODUL *wählen.*

:-) TIPP

Möchten Sie benutzerdefinierte Funktionen für alle Arbeitsmappen nutzen, dann speichern Sie sie in Ihrer persönlichen Arbeitsmappe PERSONL.XLS, *die Sie im Verzeichnis* XLSTART *Ihrer Office-Installation vorfinden. Ist diese Arbeitsmappe noch nicht erstellt, dann erstellen Sie eine leere Arbeitsmappe und speichern diese im Verzeichnis* XLSTART *des Office-Unterverzeichnisses. Alle Arbeitsmappen, die sich in diesem Verzeichnis befinden, werden automatisch beim Starten von Excel geöffnet. Die Arbeitsmappe* PERSONL.XLS *hat die Eigenschaft, dass sie nach dem Öffnen im Hintergrund bleibt.*

10.1.1 Funktion zum Umsetzen von Noten

Sicher kennen Sie noch aus Schulzeiten die Zensuren und deren Bedeutung. Dabei entsprach die 1 einem »Sehr gut«, die 2 einem »Gut« usw. Programmieren Sie jetzt eine Tabellenfunktion, die eine eingegebene Note automatisch in den dazugehörigen Text umsetzt.

Dazu wechseln Sie in die Entwicklungsumgebung, fügen ein neues Modul ein und erfassen folgende Funktion:

```
Function Benotung(r)
    Select Case r.Value
        Case Is = 1: Benotung = "Sehr gut"
        Case Is = 2: Benotung = "Gut"
        Case Is = 3: Benotung = "Befriedigend"
        Case Is = 4: Benotung = "Ausreichend"
        Case Is = 5: Benotung = "Mangelhaft"
        Case Is = 6: Benotung = "Ungenügend"
        Case Else: Benotung = "keine gültige Zensur"
    End Select
End Function
```

Listing 10.1: Benutzerdefinierte Funktion für die Ausgabe von Schulnoten

Jede Funktion beginnt mit dem Wort `Function`, gefolgt von einem Namen, den Sie nahezu beliebig wählen können, sowie den Argumenten, die der Funktion übergeben werden. Im obigen Beispiel wurde das Argument `r` übergeben. Dieser Buchstabe steht für eine Zellenbezug, auf den Sie sich beziehen möchten.

Für die Umsetzung der Noten setzen Sie eine `Select Case`-Struktur ein. Wird keine gültige Note in die Zelle eingegeben, so wird ein alternativer Text in der Zelle ausgegeben.

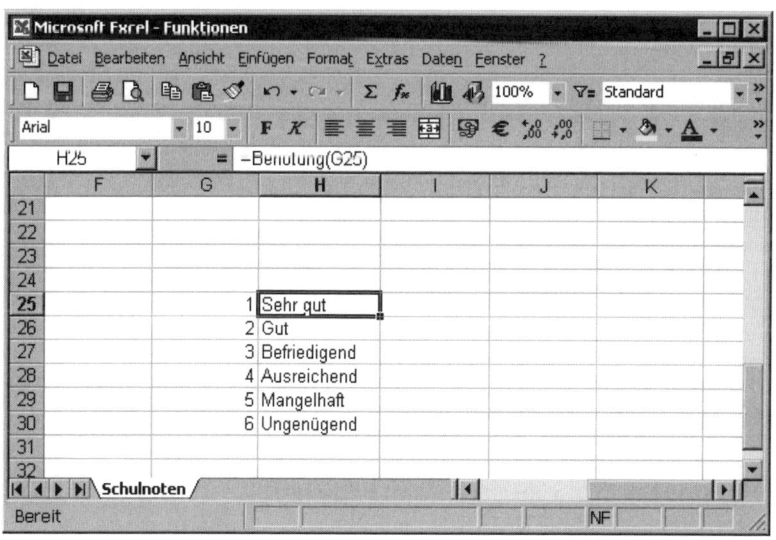

Abbildung 10.2: Benotungen in Texte umsetzen

10.1.2 Enthält eine bestimmte Zelle eine Formel?

In der nächsten Aufgabe soll mit einer Funktion geprüft werden, ob eine bestimmte Zelle eine Formel enthält oder nicht. Dazu fügen Sie folgende Funktion ein:

Listing 10.2: Benutzerdefinierte Funktion, die prüft, ob in einer Zelle ein Formel bzw. Verknüpfung enthalten ist

```
Function IstFormel(r)
    IstFormel = False
    If Left(r.Formula, 1) = "=" Then IstFormel = True
End Function
```

Eine Formel bzw. eine Verknüpfung oder auch eine Funktion erkennen Sie in Excel daran, dass diese mit einem Gleichheitszeichen beginnt. Genau dieses Verhalten prüfen Sie, indem Sie in der Zielzelle das erste Zeichen auswerten.

Abbildung 10.3: Die Formelprüfung in der Tabelle

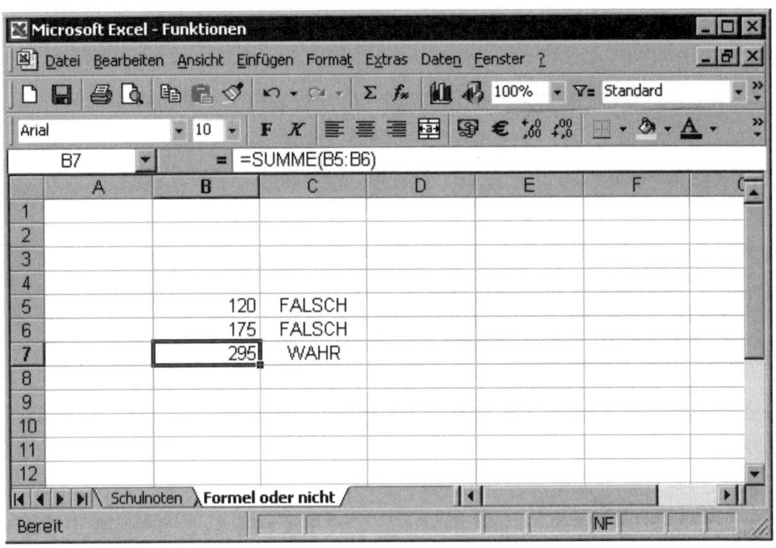

Die Zelle B7 enthält die Formel =SUMME(B5:B6) und ist demnach eindeutig eine Formelzelle. Demnach meldet die Funktion den Wert `True`, welcher in der Tabelle als WAHR umgesetzt wird.

10.1.3 Initialen aus Namen erstellen

Die nächste Funktion liefert Ihnen automatisch die Initialen zu Ihrem Namen.

```
Function Initit(str As String) As String
    Dim Count As Integer
    str = " " & Application.Trim(str)
    For Count = 2 To Len(str)
     If Mid(str, Count - 1, 1) = " " Then _
     Initit = Initit & Mid(str, Count, 1)
    Next Count
End Function
```

Listing 10.3: Benutzerdefinierte Funktion, die aus einem Namen die Initialen erstellt

Die Funktion erwartet in der Tabelle entweder einen Zellenbezug, also Aufruf mit =INITIT(A2), oder einen direkten Namen =INITIT("BRIAN JOHN"). In beiden Fällen werden jeweils die Anfangsbuchstaben der Namen ausgewertet und zusammengebastelt.

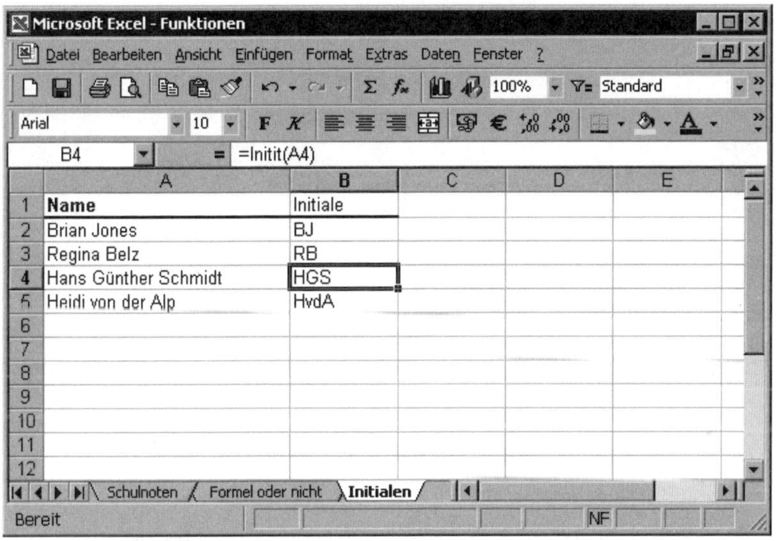

Abbildung 10.4: Schnell Initialen aus Namen bilden

10.1.4 Formeln und Verknüpfungen in Festwerte umwandeln

Zellen, welche Verknüpfungen, Funktionen oder Formeln enthalten, erkennen Sie daran, dass diese Zellen jeweils als erstes Zeichen ein Gleichheitszeichen erhalten. Die Zelle zeigt jedoch immer das Ergebnis aus der Verknüpfung, Funktion oder auch Formel an. Wenn Sie beispielsweise erreichen möchten, dass die ausgeschriebene Verknüpfung, Funktion oder Formel in der Nebenzelle angezeigt wird, dann erfassen Sie folgende Funktion:

Listing 10.4: Benutzerdefinierte Funktion, die den Verknüpfungstext bzw. den Formel- oder Funktionstext anzeigt

```
Function FormelInText(r)
    FormelInText = r.FormulaLocal
End Function
```

Auch hier wird als Parameter wieder ein Zellenbezug erwartet.

Abbildung 10.5: Welche Formel verbirgt sich hinter der Zelle B7?

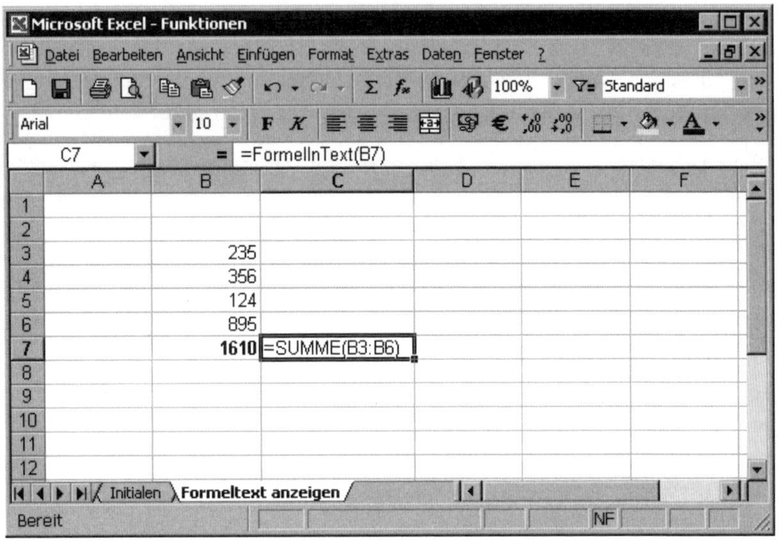

10.1.5 Nur Zellen mit Fettdruck addieren

In diesem Beispiel geht es darum, in einem Bereich nur Zellen zu addieren, die zum einen numerische Werte enthalten und zum zweiten mit dem Schriftschnitt Fett formatiert wurden.

Listing 10.5: Benutzerdefinierte Funktion, die nur formatierte Zellen addiert

```
Function FormatAddieren(r As Range)
    For Each r In r.Cells
        If IsNumeric(r) Then
            If r.Font.Bold = True Then
                FormatAddieren = FormatAddieren + r.Value
            End If
        End If
    Next r
End Function
```

Für die obige Funktion kann ein ganzer Bereich angegeben werden. Jede Zelle im angesprochenen Bereich wird dann erstens auf numerischen Inhalt und zweitens auf den richtigen Schriftschnitt geprüft.

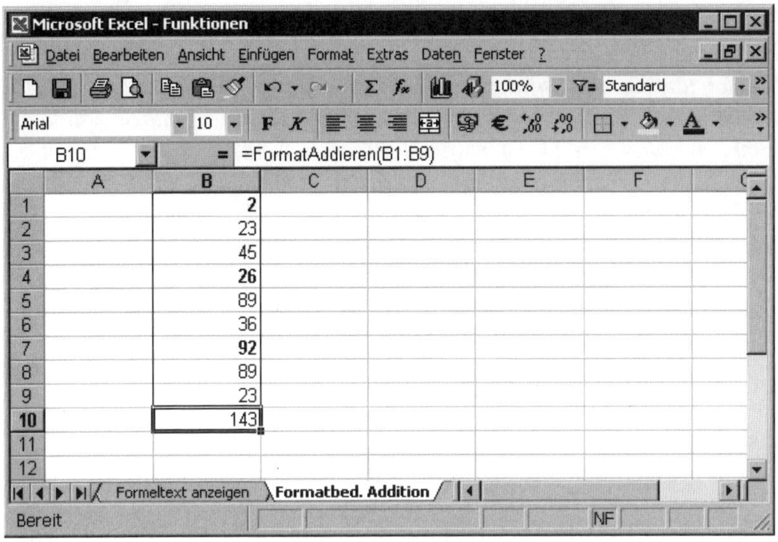

Abbildung 10.6: Nur fette Zellen addieren

Für die Überprüfung auf numerischen Inhalt setzen Sie die Funktion `IsNumeric` ein.

10.1.6 Nur Zellen mit roter Schriftfarbe addieren

Analog zum letzten Beispiel können Sie auch eine Funktion programmieren, welche in einem Bereich nur diejenigen Zellen zusammenzählt, welche eine bestimmte Schriftfarbe aufweisen. Dazu schreiben Sie folgende Funktion:

```
Function RoteZellenAddieren(r As Range)
    For Each r In r.Cells
      If IsNumeric(r) Then
         If r.Font.ColorIndex = 3 Then
          RoteZellenAddieren = RoteZellenAddieren + r.Value
         End If
      End If
    Next r
End Function
```

Listing 10.6: Benutzerdefinierte Funktion, die nur Zellen mit roter Schriftart addiert

Zuerst erfolgt eine Prüfung, die sicherstellt, dass die Funktion nur numerische Werte addiert, danach erfolgt die Prüfung der Schriftfarbe. Nur wenn die Eigenschaft `ColorIndex` den Wert 3, also Rot, aufweist, erfolgt eine Addition.

:-) TIPP

Benutzerdefinierte Funktionen liefern einmalig ein Ergebnis zurück. Wenn Sie danach Werte in einer Tabelle ändern, werden die benutzerdefinierten Zellen standardmäßig nicht angepasst. Wenn Sie Ihre benutzerdefinierten Funktionen daher ein wenig feinfühliger machen möchten, ergänzen Sie in der ersten Zeile der Funktionen die Anweisung `Application.Volatile`. *Damit wird die Funktion als flüchtig gekennzeichnet. Solche Funktionen werden immer neu berechnet, wenn in einer beliebigen Zelle des Tabellenblattes eine Berechnung durchgeführt wird. Allerdings haben Formatänderungen keine Auswirkung auf die Funktion.*

10.1.7 Mit Uhrzeiten rechnen

Das Rechnen in Excel mit Zeitangaben können Sie sich erleichtern, indem Sie sich bestimmte Funktionen schreiben bzw. die vorhandenen Funktionen aus der Kategorie DATUM & ZEIT nutzen. Die Funktion in Listing 10.7 rechnet eine Angabe in Stunden automatisch für Sie in Minuten um.

***Listing 10.7:** Benutzerdefinierte Funktion, die Stunden in Minuten umrechnet*

```
Function ZeitInMinuten(EZeit As Date) As Integer
  ZeitInMinuten = EZeit * 24 * 60
End Function
```

Der Funktion wird ein Zeitwert in Form einer Uhrzeit übergeben. Als Rückgabewert wird ein `Integer`-Wert erwartet, der die errechnete Anzahl in Minuten ausgibt.

***Abbildung 10.7:** Stunden in Minuten umrechnen*

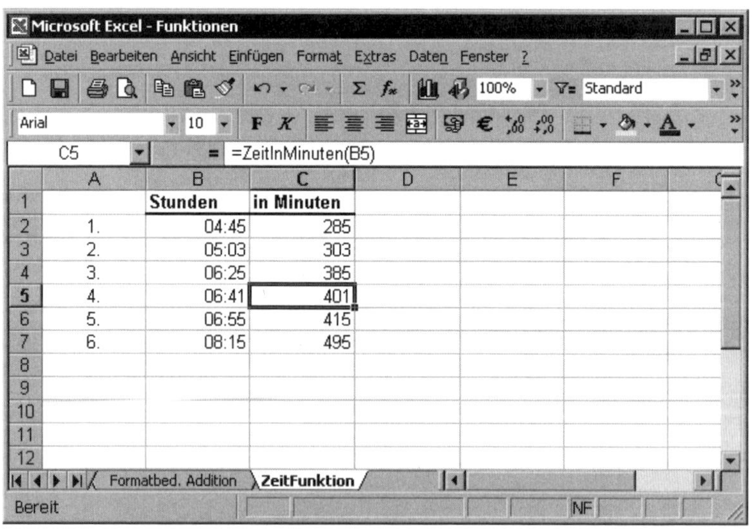

	A	B	C
1		Stunden	in Minuten
2	1.	04:45	285
3	2.	05:03	303
4	3.	06:25	385
5	4.	06:41	401
6	5.	06:55	415
7	6.	08:15	495

Auch der umgekehrte Fall ist interessant.

```
Function ZeitInStunden(EZeit As Integer) As Date
  ZeitInStunden = EZeit / 24 / 60
End Function
```

Listing 10.8: Benutzerdefinierte Funktion, die Minuten in Stunden umrechnet

Bei der Umrechnung von Minutenwerten in eine Stundenangabe übergeben Sie der Funktion einen Integer-Wert, der die Minuten darstellt. Als Ergebnis erhalten Sie einen Zeitwert vom Typ `Date`. Dieser Zeitwert sorgt dafür, dass Excel das Ergebnis in der Zelle richtig darstellt.

10.1.8 Hintergrundfarben auslesen

Stellen Sie sich vor, Sie arbeiten mit gefärbten Zellen. Dafür definieren Sie eine Reihe von Farben, die in Ihrer Tabelle gültig sein sollen. Bei Verwendung von anderen Farben soll der Text `Keine gültige Farbe!` ausgegeben werden. Die Funktion für diese Aufgabe können Sie dem Listing 10.9 entnehmen.

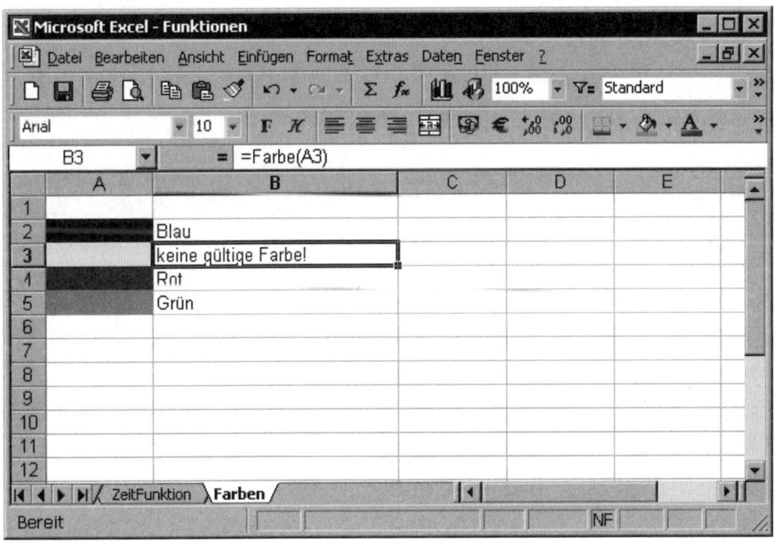

Abbildung 10.8: Farbenbestimmung durch Tabellenfunktion

```
Function Farbe(r As Range)
Dim FarbeG As String
    Application.Volatile
    Select Case r.Interior.ColorIndex
     Case 1
        FarbeG = "Schwarz"
     Case 2
        FarbeG = "Weiß"
```

Listing 10.9: Benutzerdefinierte Funktion, welche die Farbe des Zellenhintergrunds ausliest

```
        Case 3
            FarbeG = "Rot"
        Case 4
            FarbeG = "Grün"
        Case 5
            FarbeG = "Blau"
        Case Else
            FarbeG = "keine gültige Farbe!"
    End Select
    Farbe = FarbeG
End Function
```

10.1.9 Zahlenformate ermitteln

Wenn Sie Daten in einer Tabelle betrachten, können Sie in etwa sagen, mit welchem Zahlenformat die Eingaben formatiert sind. So werden beispielsweise Textwerte linksbündig und Zahlenwerte rechtsbündig dargestellt. Neben dem Standardformat gibt es zahlreiche andere Formate, die in spezielle Kategorien gegliedert sind. Um schnell einen Gesamtüberblick über die in der Tabelle verwendeten Zahlenformate zu bekommen, können Sie eine benutzerdefinierte Funktion schreiben, die Ihnen diese Formate z.B. in der jeweiligen Nebenzelle ausgibt. Die Funktion für diese Aufgabe können Sie in Listing 10.10 sehen.

Abbildung 10.9: Die verwendeten Zahlenformate ausgeben

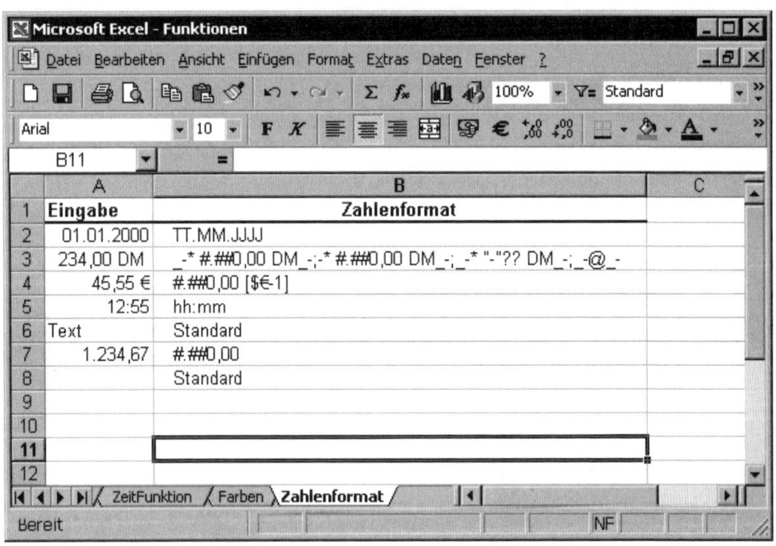

```
Function FormatA(r)
 Application.Volatile
 FormatA = r.NumberFormatLocal
End Function
```

Listing 10.10: Benutzerdefinierte Funktion, die das Zahlenformat einer Zelle ausgibt

:-) TIPP

Verwenden Sie die Eigenschaft `NumberFormatLocal`, *die Ihnen den Formatierungscode des Objekts als Zeichenfolge in Ihrer Sprache liefert.*

10.1.10 Schnelles Umrechnen von Zeiten

Ein sehr guter Sprinter läuft ca. in 1 Sekunde 10 Meter. Wie viele Kilometer pro Stunde wären dies, sofern er diese Wahnsinnsgeschwindigkeit eine Stunde lang durchhalten könnte? Diese völlig utopische Fragestellung ist wohl eher bei Autos und anderen Fahrzeugen interessant. Trotzdem bleibt die Frage nach der Umrechnung offen. Die Frage können Sie in Excel mit Hilfe einer benutzerdefinierten Funktion prima lösen. Schauen Sie sich dazu einmal Abbildung 10.10 an.

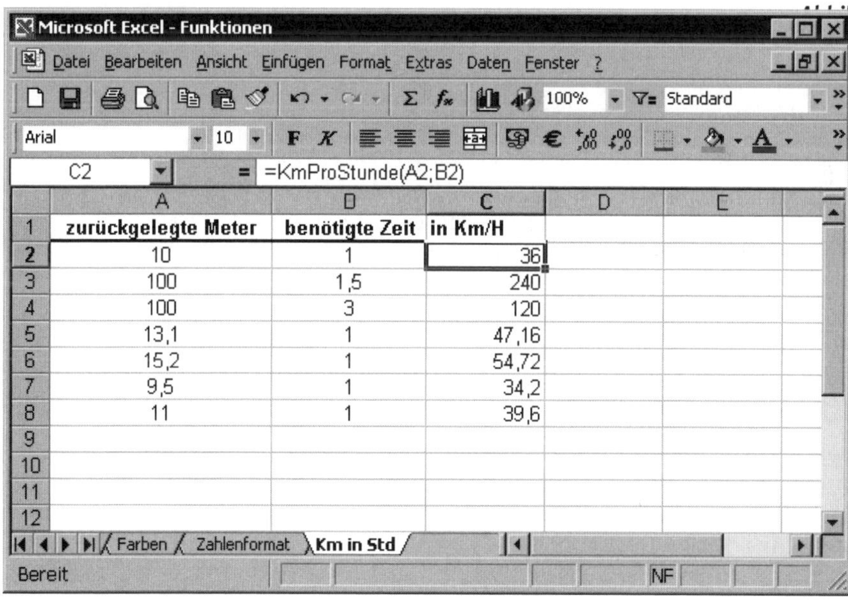

…ung 10.10: …lles …hnen von …windig-…

Die dazugehörige Funktion lautet:

Listing 10.11: Benutzerdefinierte Funktion zum Umrechnen von Geschwindigkeiten

```
Function KmProStunde(Meter, Sekunden)
     KmProStunde = Meter / Sekunden * 3.6
End Function
```

10.1.11 Extremwerte berechnen

Eine relativ häufige Aufgabe in der Praxis ist das Herausfinden von Extremwerten aus einer Liste. Dies stellt sich unter Umständen als gar nicht so einfach dar. Besser ist es, hierzu auf eine benutzerdefinierte Funktion zurückzugreifen, die Ihnen die Zellenadressen der Extremwerte mitteilt. Die Funktion zur Ermittlung des Maximalwertes innerhalb eines markierten Bereichs können Sie aus Listing 10.12 entnehmen.

Listing 10.12: Benutzerdefinierte Funktion, welche die Zellenadresse des größten Wertes im markierten Bereich ermittelt

```
Function MaxWertAdresse(r As Range)
Dim rng As Range
Dim MaxWert As Double

 MaxWert = WorksheetFunction.Max(r)
 MaxWertAdresse = ""
 For Each rng In r
  If rng.Value = MaxWert Then
  MaxWertAdresse = MaxWertAdresse & rng.AddressLocal & "; "
  End If
 Next
End Function
```

Den größten Wert innerhalb der Markierung ermitteln Sie über die Funktion `Max`. Für den Fall, dass es gleich mehrere gleiche Maximalwerte im markierten Bereich gibt, speichern Sie alle Adressen in der Variablen `MaxWertAdresse` und hängen weitere Adressen mit dem Verkettungsoperator `&` einfach hinten an.

Der umgekehrte Fall, wie Sie also die Zellenadressen der niedrigsten Werte einer Markierung ermitteln können, sehen Sie im Listing 10.13.

Listing 10.13: Benutzerdefinierte Funktion, welche die Zellenadresse des niedrigsten Wertes im markierten Bereich ermittelt

```
Function MinWertAdresse(r As Range)
Dim rng As Range
Dim MinWert As Double

 MinWert = WorksheetFunction.min(r)
 MinWertAdresse = ""
 For Each rng In r
  if rng.Value = MinWert Then
```

```
  MinWertAdresse = MinWertAdresse & rng.AddressLocal & "; "
  End If
 Next
End Function
```

Den niedrigsten Wert innerhalb der Markierung ermitteln Sie über die Funktion `Min`. Kommt der Minimalwert mehrmals im markierten Bereich vor, geben Sie alle Zellenadressen über die IF-Abfrage in Verbindung mit dem Verkettungsoperator `&` bekannt.

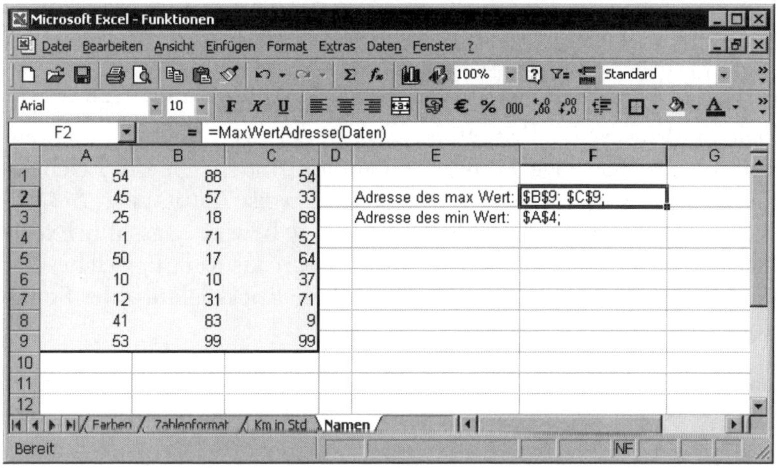

Abbildung 10.11: *Die Zellenadressen der Extremwerte ausgeben*

10.2 Modulare Funktionen schreiben

Neben Funktionen, die Sie speziell für das Tabellenblatt schreiben, können Sie auch Funktionen programmieren, die Sie innerhalb der Entwicklungsumgebung im Zusammenspiel mit Makros einsetzen. Diese Funktionen sind dann ratsam, wenn sie in mehreren Makros gebraucht werden. Anstatt denselben Programmcode mehrfach zu erfassen, schreiben Sie einmal eine Funktion dazu und rufen diese aus den Makros einfach auf. Diese Programmierweise ist übersichtlich, pflegeleicht und macht Spaß.

10.2.1 Dateien in einem Verzeichnis zählen

Stellen Sie sich vor, Sie müssten in einem Makro feststellen, wie viele Dateien sich in einem Verzeichnis befinden. Dazu erfassen Sie zunächst folgende Funktion:

Listing 10.14: Funktion, welche die Anzahl von Dateien in einem Verzeichnis liefert

```
Function DZ(str) As Long
Dim DatNam As String
Dim n As Long
    DatNam = Dir$(str & "\*.*")
    Do While Len(DatNam) > 0
            n = n + 1
            DatNam = Dir$()
    Loop
    DZ = n
End Function
```

Die Funktion `DZ` erwartet als Eingabe den Namen des Verzeichnisses, auf welches Sie zugreifen möchten. Als Ergebnis liefert die Funktion Ihnen im Datentyp `Long` die Anzahl der ermittelten Dateien. Wenn Sie nur bestimmte Dateien gezählt haben möchten, können Sie die obige Funktion abändern, indem Sie die Zeichenfolge `DatNam = Dir$(str & "\*.*")` beispielsweise in `DatNam = Dir$(str & "\*.xls")` ändern. Diese kleine Änderung bewirkt, dass nur Excel-Dateien gezählt werden. Jetzt fehlt nur noch das Makro, welches der Funktion das Verzeichnis übergibt und die Rückmeldung der Funktion auswertet.

Listing 10.15: Dateien in einem Verzeichnis zählen

```
Sub ZählenDateien()
Dim i As Long
  i = DZ("c:\temp\")
  MsgBox i
End Sub
```

10.2.2 Prüfung, ob eine bestimmte Datei existiert

In diesem Beispiel möchten Sie über eine Funktion prüfen lassen, ob es eine bestimmte Datei überhaupt gibt. Gerade wenn Sie vorhaben, eine Datei zu öffnen, sollten Sie vorher sicherstellen, dass es diese Datei auch gibt. Dazu erfassen Sie eine Funktion und übergeben dieser Funktion den Dateinamen mitsamt der Laufwerks- und Pfadangabe.

Listing 10.16: Funktion, welche die Existenz einer Arbeitsmappe prüft

```
Function DateiVorhanden(str As String) As Boolean
   DateiVorhanden = False
   If Len(str) > 0 Then DateiVorhanden = (Dir(str) <> "")
   Exit Function
End Function
```

Wie schon gesagt, erwartet die Funktion den Namen der Datei, deren Vorhandensein sie prüfen soll. Die Prüfung, ob überhaupt eine Zeichenfolge an die Funktion übergeben wurde, erfolgt über die Funktion `Len`. Wird eine Länge von 0 gemeldet, wurde überhaupt keine Zeichenfolge an die Funktion übergeben. Wenn ja, entspricht diese in jedem Fall einer Größe > 0. Die Funktion Dir versucht nun auf die Datei zuzugreifen. Ist die Datei nicht vorhanden, meldet die Funktion eine Leerfolge zurück. Damit wird der Datentyp Boolean mit dem Wert False an das aufrufende Makro zurückgemeldet. Im anderen Falle liefert die Funktion den Wert True zurück.

Listing 10.17: Prüfung, ob eine bestimmte Arbeitsmappe vorhanden ist

```
Sub DateiDa()
Dim bln As Boolean
bln = DateiVorhanden("C:\eigene Dateien\Mappel.xls")
MsgBox bln
End Sub
```

10.2.3 Prüfung, ob eine bestimmte Datei geöffnet ist

Aufbauend auf der letzten Aufgabe, wo geprüft wurde, ob eine bestimmte Datei überhaupt existiert, wird nun geprüft, ob eine bestimmte Datei schon geöffnet ist oder nicht.

Listing 10.18: Funktion, die überprüft, ob eine bestimmte Arbeitsmappe schon geöffnet ist

```
Function DateiSchonGeöffnet(ByVal str As String) As Boolean
    On Error GoTo fehler
    DateiSchonGeöffneted = True
    Windows(str).Activate
    Exit Function

fehler:
    DateiSchonGeöffneted - False
End Function
```

Die obige Funktion erwartet als Parameter den Namen der Datei. Danach wird einfach mal versucht, die entsprechende Datei zu aktivieren. Schlägt dies fehl, dann sorgt die On Error-Anweisung dafür, dass die Funktion nicht mit einer Fehlermeldung abbricht. In diesem Fall wird direkt zum Fehlerabschnitt gesprungen. Dort wird die Variable DateiSchonGeöffnet auf den Wert False gesetzt. Im Fall dessen, dass die Aktion erfolgreich war, wird die Funktion über die Anweisung Exit Function direkt verlassen. Dadurch, dass Sie zu Beginn die Variable DateiSchonGeöffnet auf den Wert True gesetzt haben, können Sie direkt aus der Funktion springen. Das aufrufende Makro sieht wie folgt aus:

Listing 10.19: Prüfung, ob eine Arbeitsmappe geöffnet ist

```
Sub DatGeöffnet()
Dim bln as boolean
 bln = DateiSchonGeöffnet("c:\eigene Dateien\mappel.xls")
 MsgBox bln
End Sub
```

10.2.4 Prüfung, ob ein Add-In eingebunden ist

In der letzten Praxisaufgabe soll geprüft werden, ob ein bestimmtes Add-In im Add-Ins-Manager schon installiert ist oder nicht. Prüfen Sie vorab einmal, welche Add-Ins Sie überhaupt schon installiert haben. Dazu wählen Sie den Menübefehl EXTRAS/ADD-INS-MANAGER.

Abbildung 10.12: Add-In installiert oder nicht?

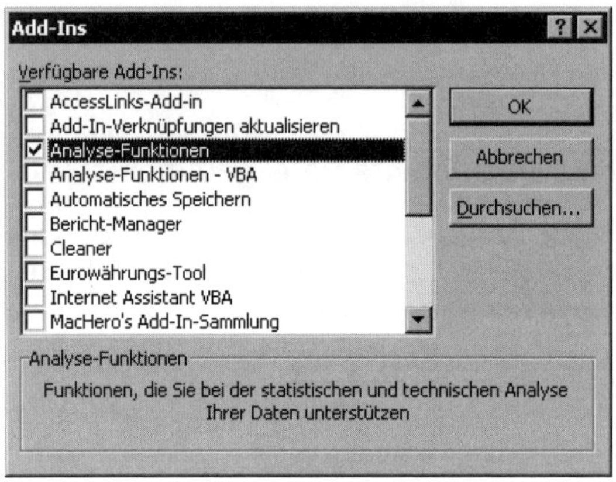

Schreiben Sie nun die Funktion, um zu prüfen, ob z.B. das Add-In SOLVER.XLA in Excel verfügbar ist.

Listing 10.20: Funktion, die überprüft, ob ein bestimmtes Add-In geladen ist

```
Function AddInEingebunden(ByVal str As String) As Boolean
Dim add As Object

    Set add = AddIns(str)
    If add.Installed = True Then
        AddInEingebunden = True
    Else
        AddInEingebunden = False
    End If
End Function
```

Die Eigenschaft `Installed` liefert den Wert `True`, wenn das entsprechende Add-In eingebunden ist.

Listing 10.21: Prüfung, ob Add-In verfügbar ist

```
Sub AddInDa()
Dim b As Boolean

    b = AddInEingebunden("Solver")
    If b = False Then
    MsgBox "Solver Add-In ist nicht installiert."
    Else
```

```
    MsgBox "Solver Add-In ist installiert."
    End If
End Sub
```

Bei der Angabe des Add-Ins verwenden Sie den Namen des Add-Ins, den Sie im Dialog ADD-INS vorfinden.

10.2.5 Dokumenteigenschaften einer Arbeitsmappe ermitteln

Eine sehr interessante Lösung wurde mir freundlicherweise von Oliver Schneider aus Fulda für dieses Buch zur Verfügung gestellt. Er ermittelt anhand einer Funktion diverse Dokumenteigenschaften einer Arbeitsmappe. Dabei wird der Funktion der Dateiname sowie eine Eigenschafts-Nummer übergeben, durch die die Funktion dann die entsprechenden Informationen zur Verfügung stellt.

Die einzelnen Informationen und die dazugehörigen Eigenschafts-Nummer entnehmen Sie der Tabelle 10.1.

Tabelle 10.1: Die Aufschlüsselung der Eigenschafts-Nummer

Eigenschafts-Nummer	Beschreibung
0	Dateiname mit Pfad
1	Nur Pfad
2	Nur Dateiname
3	Dateityp
4	Dateigröße in Byte
5	Erstellt am
6	Letzte Änderung am
7	Letzter Zugriff am

Listing 10.22: Der Aufruf einer Funktion, um das Erstellungsdatum einer Arbeitsmappe herauszufinden

```
Sub DokumentEigenschaften()
 MsgBox ZeigeDateiEigenschaften _
 ("c:\Eigene Dateien\Mappe1.xls", 5)
End Sub
```

Die dazugehörige Funktion können Sie in Listing 10.23 sehen.

Listing 10.23: Dokumenteigenschaften einer Arbeitsmappe ermitteln

```
Function ZeigeDateiEigenschaften _
(Dateiname, EigenschaftsNr As Byte)
Dim fso As Object
Dim tmp As String

On Error Resume Next
Set fso = CreateObject("Scripting.FileSystemObject")
With fso.GetFile(Dateiname)
Select Case EigenschaftsNr
  Case Is = 0: tmp = .Path
  Case Is = 1: tmp = Mid(.Path, 1, Len(.Path) - Len(.Name))
  Case Is = 2: tmp = .Name
  Case Is = 3: tmp = .Type
  Case Is = 4: tmp = .Size
  Case Is = 5: tmp = CDate(.DateCreated)
  Case Is = 6: tmp = CDate(.DateLastModified)
  Case Is = 7: tmp = CDate(.DateLastAccessed)
  Case Else
                tmp = "Ungültige EigenschaftsNr!"
End Select
End With
ZeigeDateiEigenschaften = tmp
End Function
```

Erstellen Sie im ersten Schritt einen Verweis auf das `FileSystemObject`, um damit die Informationen bezüglich der Arbeitsmappe zu erlangen. Danach werten Sie die übergebene Eigenschaften-Nummer in einer `Select Case`-Anweisung aus.

:-) TIPP

Die verwendeten Eigenschaften des `FileSystemObjekts` *können Sie im Objektkatalog nachsehen. Dazu müssen Sie vorher die Bibliothek* MICROSOFT SCRIPTING RUNTIME *in der Entwicklungsumgebung unter dem Menübefehl* EXTRAS/VERWEISE *aktivieren.*

10.2.6 Bedingte Formatierung mit mehr als drei Farben

Wenn Sie in einer Tabelle mit der bedingten Formatierung arbeiten, haben Sie dabei die Möglichkeit, mit genau drei unterschiedlichen Farben zu arbeiten. Reicht Ihnen diese Auswahl nicht aus, schreiben Sie eine Funktion, welche die Formatierung Ihrer Daten automatisch vornimmt.

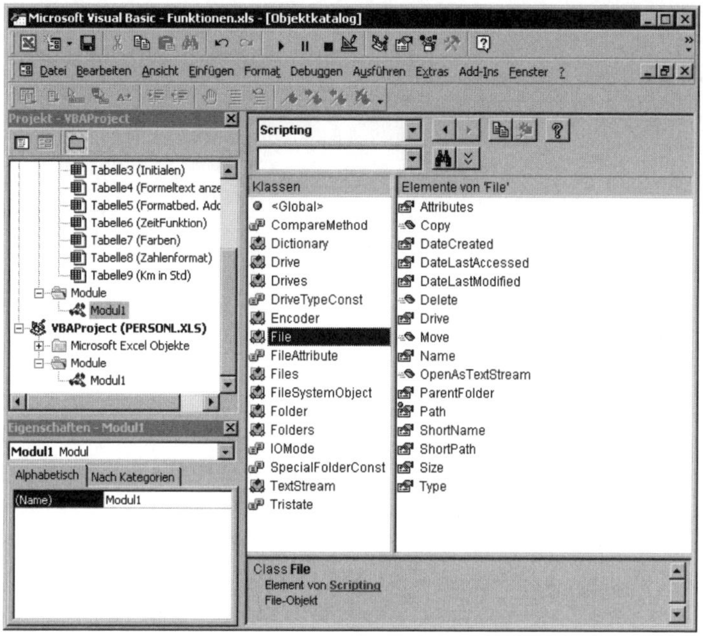

Abbildung 10.13: Die Bibliothek Microsoft Scripting Runtime

Die Bedingungen

Dabei sind folgende Wertgrenzen definiert:

Tabelle 10.2: Die Werte für die bedingte Formatierung

Werte	Farbe
<10	Rot
Werte zwischen 10 und 20	Grün
21, 23, 24	Gelb
22	Magenta
Werte > 25	Türkis
sonstige Werte, auch ungültige Werte	Weiß

Übertragen Sie die Tabelle 10.2 in eine Funktion, welche die Formatierung der Zellen herstellt.

Listing 10.24: Bedingte Formatierung mit mehr als drei Farben über eine Funktion realisieren

```
Function Muster(Zelle)
Dim i As Integer

 Select Case Zelle
  Case Is < 10
    i = 3
  Case 11 To 20
```

```
    i = 4
  Case 21, 23, 24
    i = 6
  Case 22
    i = 7
  Case Is > 25
    i = 8
  Case Else
    i = 2
 End Select
 With Selection.Interior
     .ColorIndex = i
     .PatternColorIndex = xlAutomatic
 End With
 End Function
```

Um die Funktion aus Listing 10.24 auszurufen, setzen Sie das folgende Makro aus Listing 10.25 ein.

***Listing 10.25:** Bedingte Formatierung einmal anders*

```
Sub Farbenspiel()
Dim i As Integer


   Range("A1").Select
   For i = 1 To ActiveSheet.UsedRange.Rows.Count
    Muster (ActiveCell)
    ActiveCell.Offset(1, 0).Select
   Next i
End Sub
```

Ein kleiner Zusatz: Sorgen Sie nun dafür, dass die Zellenformatierung automatisch abläuft, wenn Sie irgendeinen Wert in Spalte A ändern. Diesen Automatismus erreichen Sie, indem Sie auf ein Ereignis zurückgreifen. Dabei gehen Sie wie folgt vor:

STEP

1. *Wechseln Sie in die Entwicklungsumgebung.*
2. *Führen Sie im Projekt-Explorer einen Doppelklick auf die Tabelle aus, für die Sie diese Funktionalität implementieren möchten.*
3. *Geben Sie das Ereignis* `Worksheet_Change` *ein.*

***Listing 10.26:** Bedingte Formatierung automatisch bei Änderung starten*

```
Private Sub Worksheet_Change(ByVal Target As Range)
 If Target.Column = 1 Then Farbenspiel
End Sub
```

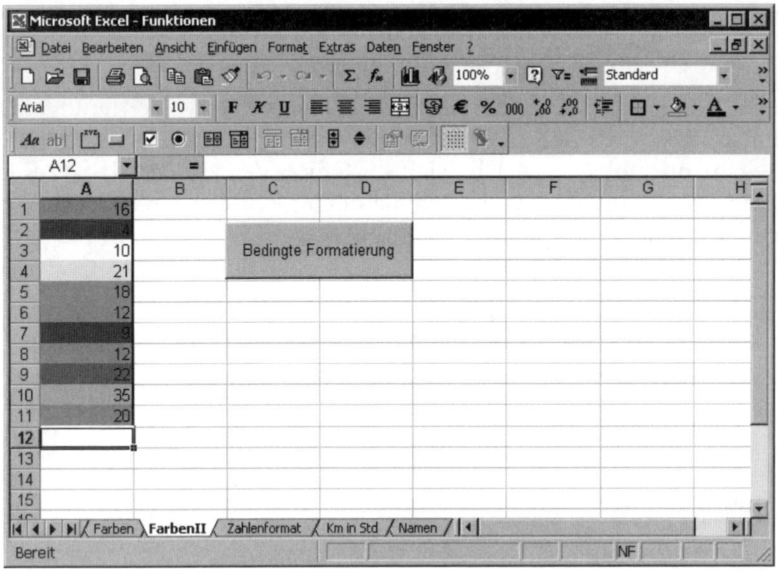

Abbildung 10.14: *Mit Farben bestimmte Wertgrenzen aufzeigen*

Indem Sie das Argument `Target` einsetzen und dabei die Spalte A überprüfen, starten Sie das Makro `Farbenspiel` nur, wenn in Spalte A eine Änderung vorgenommen wird.

Erfahren Sie mehr über die Wirkungsweise und Einsatzmöglichkeiten von Ereignissen in Kapitel 12.

REF

10.3 Funktionen verfügbar machen

Wenn Sie Funktionen für alle Arbeitsmappen, ob neue oder alte, anwenden möchten, haben Sie zwei Möglichkeiten:

INFO

- *Speichern in der persönlichen Arbeitsmappe* PERSONL.XLS *oder*
- *Erstellung eines Add-Ins und Aktivierung über den Add-Ins-Manager.*

10.3.1 Speichern der Funktionen in der persönlichen Arbeitsmappe

Um die Funktionen für alle Arbeitsmappen zur Verfügung zu haben, können Sie die Funktionen in Ihrer persönlichen Makroarbeitsmappe ablegen, welche sich im Office-Verzeichnis XLSTART befindet. Sollte diese Arbeitsmappe noch nicht existieren, legen Sie eine an, indem Sie wie folgt vorgehen:

1. *Wählen Sie in der Tabellenansicht den Menübefehl* EXTRAS / MAKRO / AUFZEICHNEN.
2. *Wählen Sie im Dialog* MAKRO AUFZEICHNEN *aus dem Kombinationsfeld den Eintrag* PERSÖNLICHE MAKROARBEITSMAPPE.

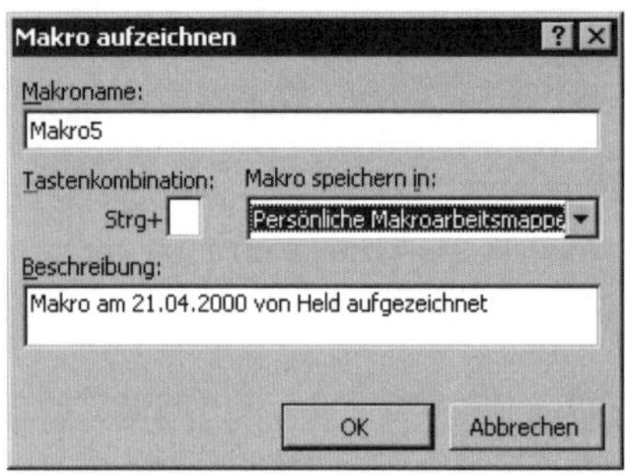

Abbildung 10.15: *Anlegen der persönlichen Arbeitsmappe*

3. *Klicken Sie auf OK.*
4. *Klicken Sie jetzt auf die Zelle A1. Der Makrorekorder wird die persönliche Arbeitsmappe nun erstellen und diesen Befehl aufzeichnen. Nun haben Sie die Voraussetzung geschaffen, um Ihre Funktionen in die persönliche Arbeitsmappe zu übertragen.*

Übertragen Sie nun Ihre Funktionen aus der Arbeitsmappe FUNKTIONEN.XLS in die persönliche Arbeitsmappe PERSONL.XLS. Dazu ist folgende Vorgehensweise notwendig:

1. *Öffnen Sie die Arbeitsmappe* FUNKTIONEN.XLS.
2. *Wechseln Sie in die Entwicklungsumgebung.*
3. *Aktivieren Sie das* MODUL1.
4. *Markieren Sie alle Funktionen mit dem Menübefehl* BEARBEITEN / ALLES AUSWÄHLEN.

5. *Drücken Sie die Tastenkombination* Strg + C, *um die Funktionen in die Zwischenablage zu kopieren.*
6. *Wählen Sie im Projekt-Explorer den Eintrag* VBAPROJECT (PERSONL.XLS) *aus.*
7. *Aktivieren Sie in diesem Projekt das* MODUL1.
8. *Fügen Sie Ihre Funktionen ein, indem Sie den Mauszeiger im Codefenster positionieren und die Tastenkombination* Strg + V *drücken.*
9. *Beenden Sie Excel und bestätigen Sie beim Verlassen von Excel die Änderungsabfrage mit* JA.

Von nun an sind alle Funktionen allgemein für alle Arbeitsmappen verfügbar.

10.3.2 Speichern der Funktionen in einem Add-In

Die zweite Möglichkeit, die Sie haben, um Funktionen allgemein verfügbar zu machen und auch noch an andere Anwender weiterzugeben, ist die Erstellung eines Add-Ins. Ein Add-In können Sie bei Bedarf im ADD-INS-MANAGER einbinden und, wenn Sie Ihre Funktionen zeitweise nicht benötigen, wieder deaktivieren.

Um ein Add-In zu erstellen, verfahren Sie wie folgt:

1. *Öffnen Sie zunächst die Arbeitsmappe* FUNKTIONEN.XLS.
2. *Wählen Sie den Menübefehl* DATEI / EIGENSCHAFTEN.
3. *Geben Sie einige zusätzliche Informationen zu dem zukünftigen Add-In an und bestätigen Sie Ihre Eingaben mit* OK.
4. *Wählen Sie den Menübefehl* DATEI / SPEICHERN UNTER.
5. *Stellen Sie im Kombinationsfeld* DATEITYP *den Eintrag* MICROSOFT EXCEL-ADD-IN *ein. Nun wird automatisch das Add-In-Verzeichnis von Excel eingestellt.*
6. *Klicken Sie auf die Schaltfläche* SPEICHERN.

Bitte sichern Sie die Originalarbeitsmappe immer gut. Es ist nicht möglich, aus einem Add-In wieder die Originalarbeitsmappe herzustellen.

Abbildung 10.16: Zusätzliche Informationen zur Datei hinterlegen

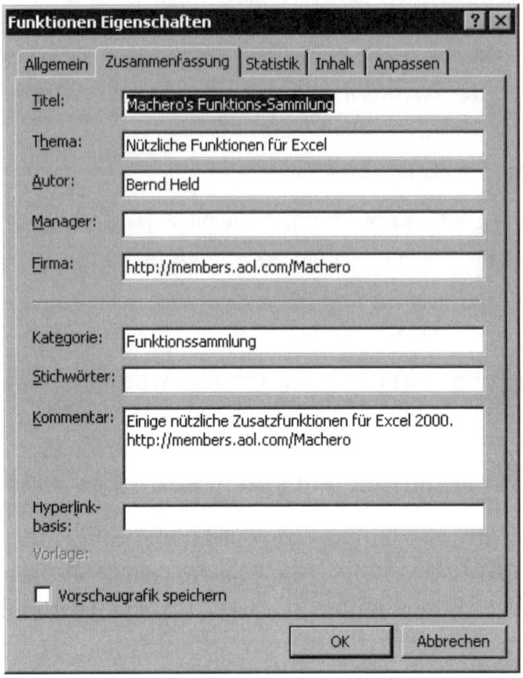

10.3.3 Ein Add-In einbinden

Wie Sie ein Add-In erstellen, wissen Sie jetzt. Damit ist es aber in Excel noch nicht verfügbar. Um ein Add-In in Excel bekannt zu machen, befolgen Sie die nächsten Arbeitsschritte:

1. *Wählen Sie den Menübefehl* EXTRAS / ADD-INS-MANAGER.

Abbildung 10.17: Ein Add-In aktivieren

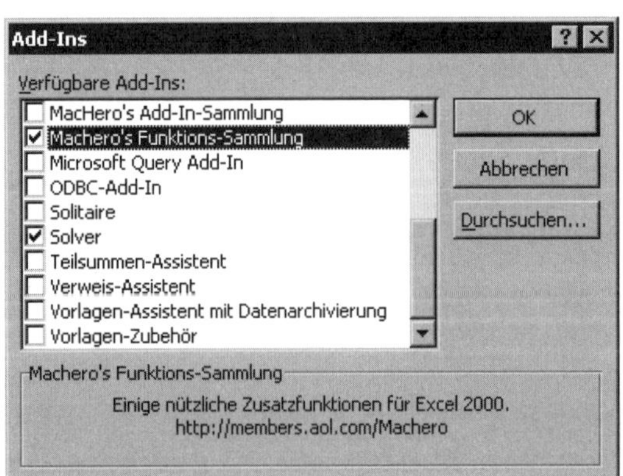

2. *Aktivieren Sie das Add-In mit einem Klick auf das entsprechende Kontrollkästchen.*

3. *Bestätigen Sie mit* OK.

Das Add-In wird nun geladen und ist verfügbar. In Zukunft wird bei jedem Excel-Start das eingebundene Add-In automatisch mitgeladen. Das Add-In muss über den ADD-INS-MANAGER wieder deaktiviert werden.

Wenn Sie möchten, können Sie ein Excel-Add-In auch über den Öffnen-Dialog aktivieren. Das Add-In ist dann so lange verfügbar, wie Sie Excel geöffnet haben. Schließen Sie Excel, ist das Add-In beim nächsten Öffnen nicht mehr vorhanden. Um ein Add-In also dauerhaft verfügbar zu machen, müssen Sie es über den ADD-INS-MANAGER *einbinden.*

:-) TIPP

Wie Sie für ein Add-In eigene Menüleisten sowie Symbolleisten anlegen können, erfahren Sie im Kapitel 16.

REF

Programmierung durch Windows-API-Aufrufe

Kapitel 11

Viele Aufgaben in Excel müssen nicht unbedingt durch den Einsatz von VBA gelöst werden. Viele Lösungen stecken auch schon mitten in Windows. Ihr Betriebssystem stellt Ihnen eine ganze Reihe Dynamic Link Libraries (DLLs) zur Verfügung, die Sie bei der Programmierung von Excel einsetzen können. Diese DLLs enthalten Funktionen, die u.a. für die Speicher- und Ressourcenverwaltung, die Bereitstellung von Dialog- und Steuerelementen, den Einsatz von Zeichenfunktionen, die Behandlung von Menü- und Symbolleisten, die Verwendung von Multimediafunktionen oder auch die Verwaltung von E-Mails verantwortlich sind.

Wie Sie sehen, decken API-Funktionen nahezu alle Aufgaben in Windows und somit auch in Excel ab. Der Vorteil von API-Aufrufen ist beispielsweise auch deren universelle Einsetzbarkeit. Ob Sie in Excel, Access, Word oder einer andern beliebigen Windows-Anwendung mit Programmierschnittstelle arbeiten, ist dabei gleichgültig. Sie können API-Funktionen aus nahezu jeder Anwendung aufrufen und für Ihre Aufgaben nutzen. Ein Nachteil von API-Funktionen ist, dass Sie diese in der Online-Hilfe leider nicht nachschlagen können, bzw. dass die Syntax von API-Funktionen nicht ganz trivial ist. Ein weiterer Punkt ist der, dass API-Funktionen sehr sensibel reagieren, wenn Sie irgendein Argument bzw. die Syntax der API-Funktion nicht genau einhalten. Excel reagiert dann nicht selten mit einem Programmabsturz.

REF

Wenn Sie im Besitz des Office-Developer-Pakets sind, können Sie mit Hilfe des API-Viewers gezielt nach bestimmten API-Funktionen suchen. Im anderen Fall empfiehlt sich für dieses Thema weiterführende Literatur. Besonders empfehlenswert ist dabei Dan Appleman's »Programmer's Guide to the Win32 API«. Dieses Buch ist zwar englischsprachig, dennoch bietet es auf über 1.000 Seiten eine Menge an Lösungen bezüglich API.

Da es sich in unserem Buch vorrangig um VBA-Programmierung handeln soll, werden auf den nächsten Seiten gezielt einige Aufgaben vorgestellt, deren Einsatz in der Programmierung erstens viel Zeit spart und die zweitens in der Praxis gut verwendbar sind. Aber auch interessante Möglichkeiten durch die Verwendung von API-Funktionen sollen nicht zu kurz kommen.

11.1 Ermittlung des CD-ROM-Laufwerks

In der ersten Aufgabe werden Sie über den Einsatz einer API-Funktion herausfinden, welcher Laufwerksbuchstabe Ihrem CD-ROM-Laufwerk zugeordnet ist.

***Listing 11.1:** API-Funktion zur Ermittlung des CD-ROM-Laufwerks*

```
Declare Function GetDriveType Lib "kernel32" Alias _
   "GetDriveTypeA" (ByVal nDrive As String) As Long
Declare Function GetLogicalDriveStrings Lib _
 "kernel32" Alias "GetLogicalDriveStringsA" _
 (ByVal nBufferLength As Long, _
  ByVal lpBuffer As String) As Long

Public Const DRIVE_CDROM As Long = 5

Function CdRomLWBuchstabe() As String
Dim lLWTyp As Long
Dim sLW As String
Dim l As Long
Dim ll As Long
Dim sBuffer As String
   sBuffer = Space(200)
   l = GetLogicalDriveStrings(200, sBuffer)
   If l = 0 Then
      CdRomLWBuchstabe = vbNullString
      Exit Function
   End If
      ll = 1
   sLW = Mid(sBuffer, ll, 3)
   Do While (Mid(sBuffer, ll, 1) <> vbNullChar)
```

```
        lLWTyp = GetDriveType(sLW)
        If lLWTyp = 5 Then
         CdRomLWBuchstabe = sLW
         Exit Function
        End If
        l1 = l1 + 4
        sLW = Mid(sBuffer, l1, 3)
    Loop
End Function
```

Im ersten Schritt definieren Sie einen Puffer vom Typ `String`, in dem Sie alle logischen Laufwerksbezeichnungen Ihres Systems einlesen. Danach rufen Sie die API-Funktion `GetLogicalDriveStrings` auf, die Ihnen alle verwendeten Laufwerksbuchstaben in den Puffer schreibt. Prüfen Sie nach dem Füllen des Puffers gleich einmal die Länge des Puffers. Sind im Puffer 0 Zeichen enthalten, konnte die API-Funktion keine Laufwerksbuchstaben ermitteln. In diesem Fall übergeben Sie der Funktion als Rückgabewert die Konstante `vbNullString`, welche eine Zeichenfolge mit dem Wert 0 darstellt. Für den Fall, dass der Puffer gefüllt ist, setzen Sie die Verarbeitung fort. Im nächsten Schritt müssen Sie die einzelnen Laufwerke auslesen. Dazu legen Sie die Startposition fest, bei der im Puffer begonnen werden soll, und speichern den Startwert `1` in der Variablen `l`. Zerlegen Sie danach den Puffer, indem Sie die Funktion `Mid` einsetzen. Die Funktion `Mid` überträgt eine bestimmte Anzahl von Zeichen (genau drei, z.B. a:\ ), beginnend bei der Startposition 1, in die String-Variable `s`. Setzen Sie nun eine Schleife auf, die den Puffer Stück für Stück zerlegt. Innerhalb der Schleife wenden Sie die API-Funktion `GetDriveType` an. Diese API-Funktion liefert den Index für das Laufwerk in der Variablen `sLW` zurück. Jeder Laufwerkstyp weist einen eindeutigen Laufwerksindex auf. Diese Indizes können Sie der Tabelle 11.1 entnehmen.

Index	Beschreibung
2	Disketten oder auch ZIP-Laufwerk
3	Lokale Festplatte
4	Netzlaufwerk
5	CD-ROM-Laufwerk
6	RAM-Laufwerk

Tabelle 11.1: *Die Laufwerksindizes für die API-Funktion GetDriveType*

Liefert die API-Funktion `GetDriveType` den Wert `5` zurück, handelt es sich um das CD-ROM-Laufwerk und Sie können als Rückgabewert der Funktion den Inhalt der Variablen `sLW` übergeben. Entsprach das erste ermittelte Laufwerk noch nicht dem CD-ROM-Laufwerk, erhöhen Sie die Startposition um genau vier Stellen und separieren das nächste Laufwerk.

Listing 11.2: Ausgabe des CD-ROM-Laufwerkbuchstabens

```
Sub CDRomLW()
Dim s As String

   s = CdRomLWBuchstabe()
   MsgBox "Das CDROM-Laufwerk hat den Buchstaben " & s
End Sub
```

11.2 Bedienung des CD-ROM-Laufwerks

Haben Sie sich schon einmal überlegt, dass Sie Ihr CD-ROM-Laufwerk auch gut als Tassenhalter verwenden können? Dazu müssen Sie Ihr CD-ROM-Laufwerk nur öffnen, und schon haben Sie eine clevere Ablagemöglichkeit mehr. Diese etwas scherzhafte Anwendung können Sie automatisieren, indem Sie Ihr CD-ROM-Laufwerk auf Kommando öffnen bzw. schließen. Die API-Funktion für diese Aufgabe heißt `mciSendString`.

Listing 11.3: API-Funktion zum Öffnen und Schließen des CD-ROM-Laufwerks

```
Public Declare Function mciSendString _
 Lib "winmm.dll" Alias "mciSendStringA" _
 (ByVal lpstrCommand As String, _
 ByVal lpstrReturnString As String, _
 ByVal uReturnLength As Long, _
 ByVal hwndCallback As Long) As Long

Sub ÖffnenCDROMLaufwerk()
   mciSendString "Set CDAudio Door Open", 0&, 0, 0
End Sub

Sub SchließenCDROMLaufwerk()
   mciSendString "Set CDAudio Door Closed", 0&, 0, 0
End Sub
```

11.3 Wie lange läuft ein externes Programm?

Im nächsten Beispiel soll ermittelt werden, wie lange ein externes Programm läuft, und der Start- und Endezeitpunkt sollen auf einem Tabellenblatt dokumentiert werden. Als externes Programm nehmen Sie an, Sie möchten protokollieren, wann und wie lange Sie das Spiel »Solitär« gespielt haben. Dazu setzen Sie die API-Funktionen `OpenProcess` sowie `GetExitCodeProcess` ein. Die eine API-Funktion eröffnet und überwacht den Start einer externen Anwendung, die andere meldet das Beenden einer Anwendung zurück.

Listing 11.4: API-Funktion zum Festhalten der Laufzeit eines externen Programms

```
Declare Function OpenProcess Lib "kernel32" _
  (ByVal dwDesiredAccess As Long, _
    ByVal bInheritHandle As Long, _
     ByVal dwProcessId As Long) As Long

 Declare Function GetExitCodeProcess Lib "kernel32" _
  (ByVal L_Prozess As Long, _
    l_Ende As Long) As Long

 Public Const PROCESS_QUERY_INFORMATION = &H400
 Public Const STILL_ACTIVE = &H103

Sub StartenExternerAnwendung()
Dim Beginn As Double
Dim l As Long
Dim L_Prozess As Long
Dim l_Ende As Long

 Beginn = Now
 With Sheets("Tabelle2")
  .Range("A65536").End(xlUp).Offset(1, 0).Value = Now
 End With
 l = Shell("sol.exe", 1)
 L_Prozess = _
  OpenProcess(PROCESS_QUERY_INFORMATION, False, l)
 Do While l_Ende = STILL_ACTIVE
    GetExitCodeProcess L_Prozess, l_Ende
    DoEvents
 Loop
 With Sheets("Tabelle2")
  .Range("B65536").End(xlUp).Offset(1, 0).Value = _
  Format(Now - Beginn, "s")
 End With
End Sub
```

Speichern Sie gleich zu Beginn des Makros die aktuelle Uhrzeit mit Hilfe der Funktion `Now` in der Variablen `Beginn`. Danach schreiben Sie diesen Startzeitpunkt gleich in der Tabelle TABELLE2 nieder. Dabei brauchen Sie nicht extra das Tabellenblatt zu aktivieren, es reicht, wenn Sie in diesem Beispiel auf das Tabellenblatt verweisen. Über die Anweisung `Range("A65536").End(xlUp).Offset(1, 0)` gelangen Sie in die erste freie Zelle in Spalte A, in welche Sie den Startzeitpunkt schreiben. Danach setzen Sie die Funktion `Shell` ein, um das externe Programm zu starten. Dabei haben Sie die Möglichkeit, als Argument die Anordnung der externen Anwendung auf dem Bildschirm zu bestimmen. Entnehmen Sie diese verschiedenen Indizes und deren Bedeutung der Tabelle 11.2.

Tabelle 11.2: Die Möglichkeiten bei der Fensteranordnung von Programmen

Index	Beschreibung
0	Das Fenster der aufgerufenen Anwendung ist ausgeblendet und das ausgeblendete Fenster erhält den Fokus.
1	Das Fenster hat den Fokus und die ursprüngliche Größe und Position wird wiederhergestellt.
2	Das Fenster wird als Symbol mit Fokus angezeigt.
3	Das Fenster wird maximiert (Vollbild) mit Fokus angezeigt.
4	Die zuletzt verwendete Größe und Position des Fensters wird wiederhergestellt. Das momentan aktive Fenster bleibt aktiv.
6	Das Fenster wird als Symbol angezeigt. Das momentan aktive Fenster bleibt aktiv.

Rufen Sie jetzt die erste API-Funktion `OpenProcess` auf, die den aktiven Prozess (im Beispiel das Spiel »Solitär«) verwaltet. Den Rückgabewert dieser Funktion speichern Sie in einer Variablen vom Datentyp `Long`. Setzen Sie nun eine Schleife auf, die so lange abgearbeitet wird, bis die API-Funktion `GetExitCodeProcess` die Beendigung des externen Programmes meldet. Mit Hilfe der Funktion `DoEvents` übergeben Sie die Steuerung an das Betriebssystem, damit andere Ereignisse verarbeitet werden können. Somit läuft diese Schleife im Hintergrund weiter und wird erst beendet, wenn der Prozess beendet ist. Nach Beendigung der externen Anwendung schreiben Sie die Laufzeit des externen Programms in die Tabelle TABELLE2. Die Laufzeit ermitteln Sie, indem Sie wiederum die Funktion `Now` heranziehen und diese Zeit mit der vorher gespeicherten Startzeit in der Variablen `Beginn` abgleichen.

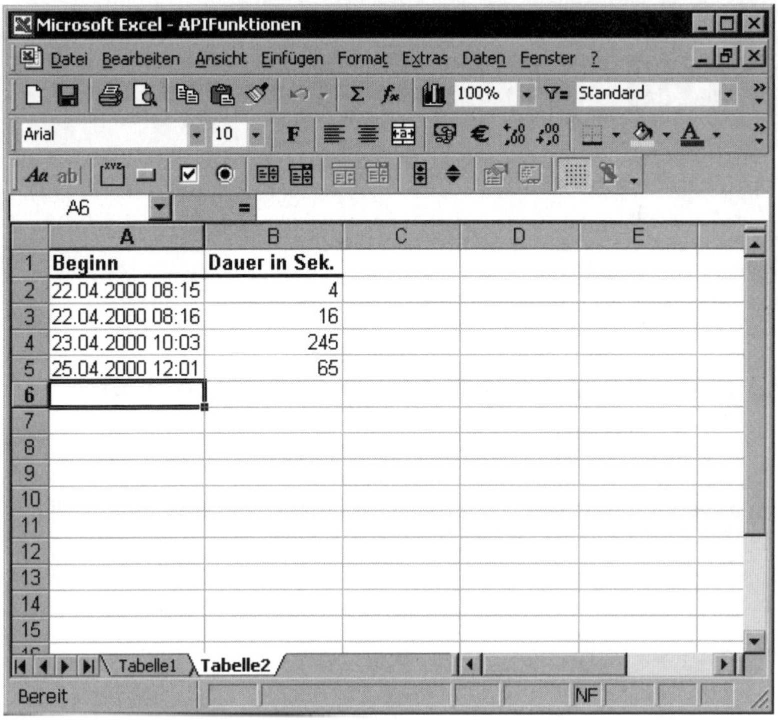

Abbildung 11.1: Alle Starts der externen Anwendung sowie deren Dauer werden protokolliert

11.4 Verzeichnisse erstellen über API

Über API-Funktionen haben Sie Zugriff auf alle Ordner und Laufwerke Ihres Betriebssystems. So können Sie auch Verzeichnisse erstellen und löschen. Im Listing 11.5 wird nach einer Benutzereingabe das gewünschte Verzeichnis erstellt.

Listing 11.5: API-Funktion zum Erstellen neuer Verzeichnisse

```
Private Declare Function CreateDirectory Lib _
 "kernel32" Alias "CreateDirectoryA" _
 (ByVal lpPathName As String, _
  lpSecurityAttributes As SECURITY_ATTRIBUTES) As Long

Private Type SECURITY_ATTRIBUTES
      nLength As Long
      lpSecurityDescriptor As Long
      bInheritHandle As Long
End Type

Sub VerzeichnisErstellen()
Dim Security As SECURITY_ATTRIBUTES
Dim l As Long
```

```
Dim s As String

s = InputBox("Geben Sie das Verzeichnis", _
    "Verzeichnis erstellen", "c:\")
If s = "" Then Exit Sub

l = CreateDirectory(s, Security)
If l = 0 Then _
MsgBox "Das Verzeichnis konnte nicht erstellt werden!", _
vbCritical + vbOKOnly
End Sub
```

11.5 Verzeichnisbaum anzeigen und auswerten

Im folgenden Beispiel wird Ihre Verzeichnisstruktur in einem Dialog als Verzeichnisbaum angezeigt und ausgewertet.

***Listing 11.6:** API-Funktion zum Anzeigen eines Verzeichnisbaumes*

```
Type BROWSEINFO
    hOwner As Long
    pidlRoot As Long
    pszDisplayName As String
    lpszTitle As String
    ulFlags As Long
    lpfn As Long
    lParam As Long
    iImage As Long
End Type

Declare Function SHGetPathFromIDList Lib "shell32.dll" _
  Alias "SHGetPathFromIDListA" _
 (ByVal pidl As Long, ByVal pszPath As _
  String) As Long
Declare Function SHBrowseForFolder Lib "shell32.dll" _
  Alias "SHBrowseForFolderA"  _
(lpBrowseInfo As BROWSEINFO) As Long
Declare Function FindWindow Lib "user32" _
 Alias "FindWindowA" (ByVal _
 lpClassName As String, _
 ByVal lpWindowName As String) As Long

Function VerzeichnisErmitteln(Msg) As String
Dim bInfo As BROWSEINFO
Dim path As String
Dim l As Long
```

```
    l = SHBrowseForFolder(bInfo)
    path = Space$(512)
    If SHGetPathFromIDList(ByVal l, ByVal path) Then
        VerzeichnisErmitteln = Left(path, InStr(path, Chr$(0)) - 1)
    Else: VerzeichnisErmitteln = ""
    End If
End Function


Sub VerzeichnisBaum()
Dim s As String
Dim sVerz As String

 s = _
"Wählen Sie aus dem Verzeichnisbaum ein Verzeichnis aus!"
    sVerz = VerzeichnisErmitteln(s)
    If sVerz = "" Then Exit Sub
    MsgBox "Das ausgewählte Verzeichnis lautet: " & sVerz
End Sub
```

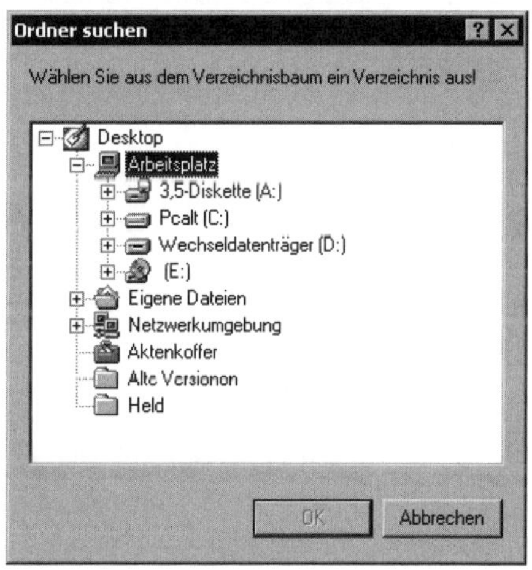

Abbildung 11.2: Der Verzeichnisbaum im Dialog

11.6 Texte mit API-Funktionen konvertieren

Wenn Sie möchten, können Sie mit Hilfe von API-Funktionen auch Texte konvertieren. So konvertiert die API-Funktion `CharUpper` einen Text in Großschreibweise und entspricht dabei der VBA-Funktion `UCase`. Die API-Funktion `CharLower` konvertiert einen vorgegebenen Text in Kleinschreibweise und findet ihre Entsprechung in der VBA-Funktion `LCase`.

Listing 11.7: API-Funktion zum Konvertieren von Texten

```
Private Declare Function CharLower Lib "user32" _
Alias "CharLowerA" (ByVal lpsz As String) As Long
Private Declare Function CharUpper Lib "user32" _
 Alias "CharUpperA" (ByVal lpsz As String) As Long

Sub TexteUmsetzen()
Dim s As String

    s = "API Funktionen sind ok!"
    Debug.Print "Originalzustand: " + s
    CharUpper s
    Debug.Print "GROß: " + s
    CharLower s
    Debug.Print "klein: " + s
End Sub
```

Das Ergebnis der Konvertierungsfunktionen wird im Direktbereich ausgegeben.

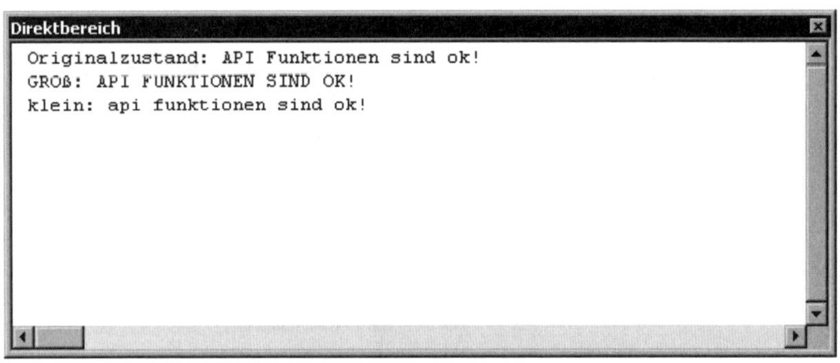

Abbildung 11.3: Texte konvertieren mit API-Aufrufen

11.7 Cursorposition in Pixel angeben

In Excel haben Sie in einer Tabelle über die Koordinaten der Zeilen und Spalten einen relativ schnellen Überblick, wo genau der Mauszeiger steht. Diese Angabe in der A1-Schreibweise sagt aber nicht aus, wo der Mauszeiger genau steht. Die genaue Position des Mauszeigers können Sie nur über die API-Funktion `GetCursorPos` bestimmen. Je nach Breite der Spalten bzw. Höhe der Zeilen ändern sich dann die Koordinaten.

Listing 11.8: API-Funktion zur Ermittlung der genauen Koordinaten des Mauszeigers

```
Declare Function GetCursorPos Lib "user32" _
(lpPoint As POINTAPI) As Long

Type POINTAPI
        x As Long
        y As Long
End Type

Sub KoordinatenErmitteln()
Dim Point As POINTAPI
Dim i As Integer

    i = GetCursorPos(Point)
    If i <> 0 Then
        MsgBox "X-Position: " & Point.x & Chr(13) & _
        "Y-Position: " & Point.y, vbInformation
    Else
        MsgBox "Es konnte keine Position ermittelt werden"
    End If
End Sub
```

Definieren Sie zuerst die Struktur `POINTAPI`, in der Sie die Position des Mauszeigers in Form der Pixel-Koordinaten speichern. Wenden Sie im Anschluss daran die API-Funktion `GetCursorPos` an, die Ihnen die aktuelle Position des Mauszeigers wiedergibt. Geben Sie die Koordinaten danach in einer Meldung auf dem Bildschirm aus.

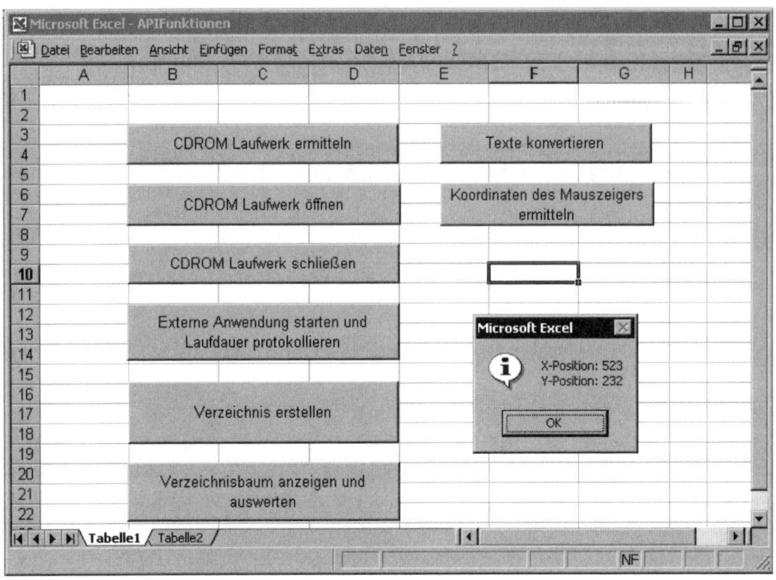

Abbildung 11.4: Die genaue Position des Mauszeigers in Pixel

Kapitel 12

Ereignisse in Excel einsetzen

Ereignisse in Excel lassen sich am leichtesten mit kleinen Beispielen erklären. So stellt jeder Mausklick, ob nun rechts, links oder auch ein Doppelklick, ein Ereignis dar. Ein Ereignis tritt auch dann ein, wenn beispielsweise eine Arbeitsmappe geöffnet oder wieder geschlossen wird. Auch der Wechsel auf ein anderes Tabellenblatt, ob Sie nun ein Tabellenblatt verlassen oder aktivieren, stellt ein typisches Ereignis dar. Auch der Druck- oder Speichervorgang in Excel ist ein Ereignis. Wie Sie an den Beispielen schon sehen, können Ereignisse sowohl auf die ganze Arbeitsmappe als auch nur auf einzelne Tabellen bzw. Zellen zutreffen.

Wie aber können Sie nun konkret diese Ereignisse für Ihre Makros nutzen? Ganz einfach, Sie nützen diese Ereignisse, welche von Excel ständig überwacht werden, und hängen Makrobefehle an.

Lernen Sie in diesem Kapitel eine Auswahl der wichtigsten Ereignisse für Arbeitsmappen und Tabellenblätter anhand von Aufgaben aus der täglichen Praxis kennen. Am Ende des Kapitels lernen Sie, wie Sie ereignisähnliche Methoden und Eigenschaften einsetzen können. Dies ist z.B. die Methode `OnKey`, mit der Sie auf bestimmte Tasten bzw. Tastenkombinationen reagieren können. Eine andere Methode ist `OnTime`. Damit können Sie in Excel Aufgaben zeitgesteuert erledigen.

Es gibt auch sehr viele Ereignisse für Formulare und Steuerelemente. Diese lernen Sie jedoch erst in den Kapiteln 14 und 15 kennen.

U.a. werden in diesem Kapitel folgende Lösungen mit Ereignissen von Arbeitsmappen angeboten:

Die Lösungen

- Nach dem Öffnen einer Arbeitsmappe soll auf das richtige Tabellenblatt an die korrekte Zellposition positioniert werden.
- Es soll nur ein bestimmter Bereich in der Tabelle für Eingaben offen stehen.
- Alle ausgeblendeten Blätter einer Arbeitsmappe sollen bei Bedarf dynamisch eingeblendet werden können.
- Der letzte Bearbeiter einer Arbeitsmappe sowie das letzte Änderungsdatum sollen protokolliert werden.
- Ein Abschluss-Makro soll am letzten Tag jedes Monats automatisch gestartet werden.
- Menü- und Symbolleisten sollen flexibel ein- und ausgeblendet werden können.
- Der Datenbestand soll vor dem Speichern einer Arbeitsmappe sortiert werden.
- Der Mauszeiger soll auf allen Tabellenblättern gleich positioniert werden.
- eine Lösung, um Druckkosten zu senken.

Interessante Lösungen mit Ereignissen für Tabellenblätter sind u.a.:

Weitere Lösungen

- das Starten einer UserForm beim Aktivieren eines Tabellenblattes
- die Neuberechnung von Daten beim Verlassen eines Tabellenblattes
- die Programmierung des Spiels »Schiffe versenken«
- das Vergleichen von zwei Spalten und dementsprechende Formatierungen
- die Änderungen in einem definierten Zellbereich sichtbar zu machen
- das Starten von unterschiedliche Makros je nach Zellenwert
- das Dokumentieren und Absichern von Wareneingängen
- das Bereinigen von Artikellisten
- die Möglichkeiten, die Lesbarkeit von Daten zu verbessern
- die automatische Suche nach Artikelnummern
- die Reaktion auf Mausklicks in einer Tabelle

12.1 Ereignisse für die Arbeitsmappe

Wichtige Ereignisse, welche für die Arbeitsmappe gelten, sind zum einen das Ereignis `Workbook_Open`, das eintritt, sobald die Arbeitsmappe geöffnet wird, und zum anderen das Ereignis `Workbook_BeforeClose`, welches automatisch ausgelöst wird, sobald die Arbeitsmappe geschlossen wird. Aber es gibt noch weitaus mehr Ereignisse für Arbeitsmappen.

INFO

Sie können jeweils nur ein gleichnamiges Ereignis in einer Arbeitsmappe einsetzen. Aus diesem Grunde werden die folgenden Beispiele in unterschiedlichen Arbeitsmappen gespeichert.

12.1.1 Allgemeine Vorgehensweise beim Erstellen von Arbeitsmappenereignissen

Das Ereignis `Workbook_Open` wird in der Praxis meist eingesetzt, um Meldungen anzuzeigen, um benutzerdefinierte Arbeitsumgebungen einzurichten, um Sachverhalte zu prüfen oder auch um viele andere Aufgaben zu erledigen, die einen vorbereitenden Charakter haben.

Um das Ereignis `Workbook_Open` zu aktivieren, gehen Sie wie folgt vor:

STEP

1. *Drücken Sie die Tastenkombination* [Alt] + [F11], *um in die Entwicklungsumgebung zu gelangen.*
2. *Im Projekt-Explorer klicken Sie den Eintrag* DIESEARBEITSMAPPE *doppelt an.*
3. *Klicken Sie im Codefenster auf den Pfeil des linken Kombinationsfeldes und wählen Sie den Eintrag* WORKBOOK *aus. Excel erstellt Ihnen nun standardmäßig ein schon vorgefertigtes Ereignismakro zur Verfügung.*

   ```
   Private Sub Workbook_Open()

   End Sub
   ```

4. *Mit einem Klick auf das zweite Kombinationsfeld bekommen Sie alle verfügbaren Ereignisse angezeigt, welche für die Arbeitsmappe einsetzbar sind.*

Alles, was Sie nun noch tun müssen, ist, das noch leere vorgefertigte Ereignismakro mit weiteren Befehlen zu füllen. Diese Befehle werden dann direkt nach dem Öffnen der Arbeitsmappe abgearbeitet.

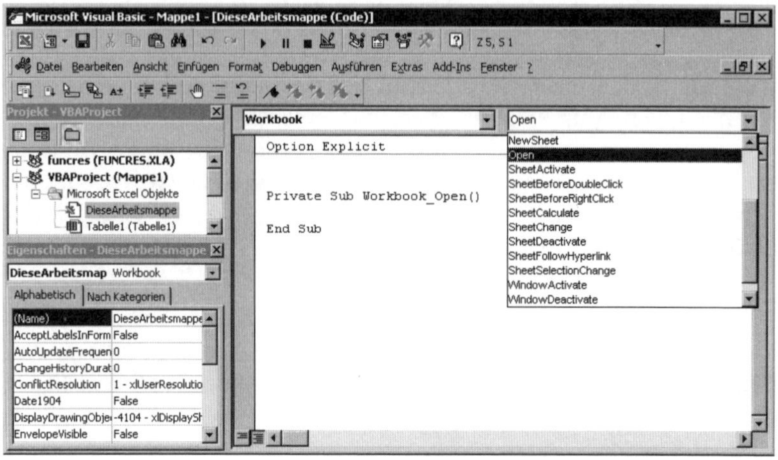

***Abbildung 12.1:** Das Arbeitsmappenereignis Workbook_Open einstellen*

:-) TIPP

Möchten Sie eine Arbeitsmappe mit hinterlegten Ereignissen öffnen und dabei auf deren Ausführung verzichten, so drücken Sie beim Öffnen der Datei die Taste [⇧].

12.1.2 Aktivieren des richtigen Tabellenblattes

Beim Öffnen einer Arbeitsmappe wird immer das Tabellenblatt aktiviert, auf welchem Sie sich vor der letzten Speicherung der Arbeitsmappe befanden. Im folgenden Beispiel haben Sie eine Arbeitsmappe, welche genau zwölf Tabellenblätter besitzt. Diese heißen TABELLE1 bis TABELLE12. Für jeden Monat wird genau ein Tabellenblatt reserviert. Beim Öffnen der Arbeitsmappe soll Excel automatisch anhand des aktuellen Datums die richtige Tabelle aktivieren.

***Listing 12.1:** Ereignis Workbook_Open zum Aktivieren des richtigen Tabellenblattes*

```
Private Sub Workbook_Open()
Dim MonatNr As Integer
Const TabName = "Tabelle"

  MonatNr = Month(Now())
  On Error GoTo fehler
  Sheets(TabName & MonatNr).Activate
  Exit Sub

fehler:
  MsgBox "Es gibt kein Blatt mit dem Namen " _
 & TabName & MonatNr
End Sub
```

Im Zusammenspiel mit den Funktionen `Month` und `Now` ermitteln Sie den aktuellen Monat und speichern diesen in der Variable `MonatsNr`. Aktivieren Sie nun das gesuchte Tabellenblatt, indem Sie den Namen der Tabelle aus der Konstanten `Tabname` und der Variablen `MonatsNr` zusammenbasteln. Vergessen Sie dabei nicht, die `On Error`-Anweisung einzubauen. Im Fall dessen, dass ein entsprechendes Tabellenblatt in der Arbeitsmappe nicht gefunden wird, wird eine Meldung am Bildschirm angezeigt.

Die Beispieldatei finden Sie auf der mitgelieferten CD im Verzeichnis KAP12 *unter dem Namen* WEREIGN01.XLS.

CD-ROM

Eine ähnliche Aufgabe ist folgende: Stellen Sie sich vor, Sie haben eine Tabelle, in der die Spalte A mit Datumswerten gefüllt ist. Die Aufgabe besteht nun darin, den Mauszeiger auf das die Zelle zu setzen, die das aktuelle Datum enthält. Dieser Vorgang soll automatisch direkt nach dem Öffnen der Arbeitsmappe stattfinden. Die Lösung dieser Aufgabe können Sie dem Listing 12.2 entnehmen.

***Listing 12.2:** Ereignis Workbook_Open zum genauen Positionieren des Mauszeigers*

```
Private Sub Workbook_Open()
Dim Zelle As Range
For Each Zelle In ActiveSheet.UsedRange
        If Zelle.Value = Date Then
            Zelle.Select
            Exit Sub
        End If
    Next Zelle
End Sub
```

Vorher haben Sie das Ereignis `Workbook_Open` eingesetzt, um auf ein gewünschtes Tabellenblatt zu positionieren. Eine weitere Möglichkeit, um immer nach dem Öffnen der Arbeitsmappe auf dem richtigen Tabellenblatt zu sein, ist, direkt vor dem Schließen der Arbeitsmappe dafür zu sorgen, dass das gewünschte Tabellenblatt aktiviert ist. Dazu setzen Sie das Ereignis `Workbook_BeforeClose` ein.

***Listing 12.3:** Ereignis Workbook_-BeforeClose, um auf das richtige Tabellenblatt zu positionieren (Index)*

```
Private Sub Workbook_BeforeClose(Cancel As Boolean)
 Worksheets(1).Activate
End Sub
```

oder:

Listing 12.4: Ereignis Workbook_-BeforeClose, um auf das richtige Tabellenblatt zu positionieren (Konstantes Tabellenblatt)

```
Private Sub Workbook_BeforeClose(Cancel As Boolean)
 Worksheets("Tabelle1").Activate
End Sub
```

Die beiden Makros müssen jedoch nicht unbedingt das gleiche Resultat haben. Die erste Variante aktiviert das Tabellenblatt, welches in der Arbeitsmappe an erster Stelle angeordnet ist. Dieses muss nicht unbedingt auch TABELLE1 heißen. In der zweiten Variante wird ganz ausdrücklich das Tabellenblatt mit dem Namen TABELLE1 aktiviert, ganz gleich, wo es sich in der Arbeitsmappe befindet. Auch hier können Sie sicherheitshalber eine `On Error`-Anweisung einbauen, um sicherzustellen, dass es zu keinen hässlichen Makrofehlermeldungen kommt.

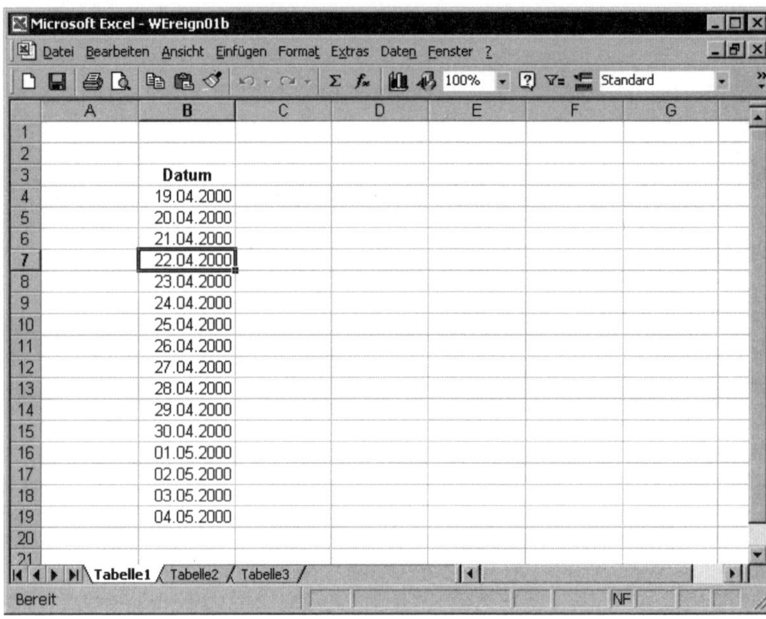

Abbildung 12.2: Schnelles Positionieren des Mauszeigers auf der aktuellen Datumszelle

CD-ROM

Die Beispieldatei finden Sie auf der mitgelieferten CD im Verzeichnis KAP12 *unter dem Namen* WEREIGN01B.XLS.

:-) TIPP

Um das Ereignis `Workbook_Open` *zu testen, brauchen Sie die Arbeitsmappe nicht zu schließen und danach wieder zu öffnen. Dieses Ereignis können Sie auch direkt in der Entwicklungsumgebung starten, indem Sie den Mauszeiger auf die erste Ereigniszeile setzen und die Taste* [F5] *betätigen.*

12.1.3 Einen Bereich begrenzen

Möchten Sie schon beim Öffnen festlegen, in welchem Bereich der Anwender auf einer Tabelle sich bewegen darf, legen Sie mit der Eigenschaft `ScrollArea` die Grenzen fest.

```
Private Sub Workbook_Open()
  Worksheets("Tabelle1").ScrollArea = "B2:G19"
End Sub
```

Listing 12.5: Ereignis Workbook_Open zum Eingrenzen des Scrollbereichs

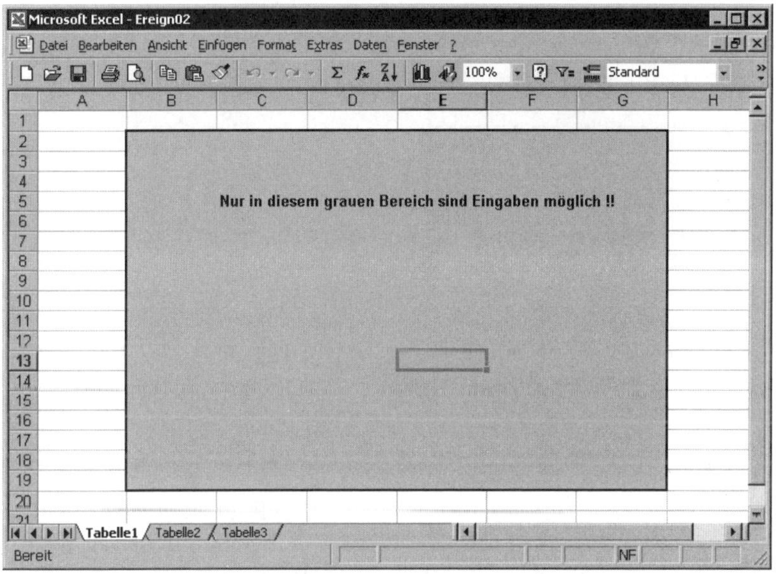

Abbildung 12.3: Die ScrollArea gleich beim Öffnen einer Arbeitsmappe festlegen

Die Beispieldatei finden Sie auf der mitgelieferten CD im Verzeichnis KAP12 *unter dem Namen* WEREIGN02.XLS.

CD-ROM

12.1.4 Alle ausgeblendeten Tabellen bei Bedarf einblenden

Oft werden ausgeblendete Tabellenblätter total vergessen. Sorgen Sie beispielsweise schon beim Öffnen dafür, dass dies gerade nicht passiert. Selbstverständlich sollen die ausgeblendeten Tabellen nicht automatisch eingeblendet werden, sondern der Anwender soll selbst entscheiden können, ob er alle Tabellen sehen möchte oder nicht.

Listing 12.6: Ereignis Workbook_Open zum Einblenden aller ausgeblendeten Tabellen

```
Private Sub Workbook_Open()
Dim Blatt As Worksheet
Dim s As String

s = _
MsgBox("Möchten Sie alle ausgeblendeten Tabellen sehen?", _
       vbYesNo)
If s = "" Then Exit Sub
  For Each Blatt In ThisWorkbook.Worksheets
   Blatt.Visible = True
  Next
End Sub
```

Bestätigt der Anwender den Dialog, werden alle ausgeblendeten Tabellenblätter in der Arbeitsmappe eingeblendet, indem die Eigenschaft `Visible` jeder Tabelle auf den Wert `True` gesetzt wird.

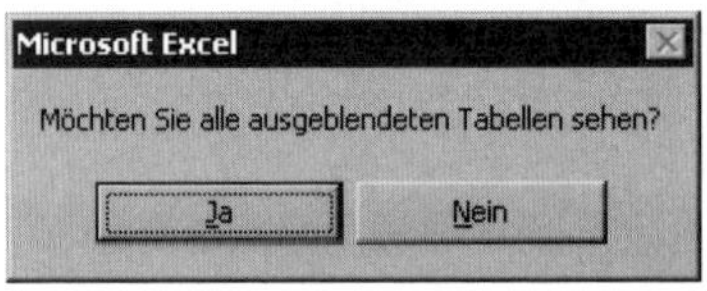

Abbildung 12.4: Der Benutzer hat noch einmal die Möglichkeit abzubrechen

CD-ROM

Die Beispieldatei finden Sie auf der mitgelieferten CD im Verzeichnis KAP12 *unter dem Namen* WEREIGN03.XLS.

12.1.5 Letzten Bearbeiter einer Arbeitsmappe ermitteln

Sicher haben Sie sich auch schon einmal gefragt, wer alles auf Ihre Arbeitsmappen zugreift und vor allem, welcher Bearbeiter als letztes eine Änderung an einer bestimmten Arbeitsmappe vorgenommen hat. Auch für diese Aufgabe ist es zweckmäßig, gleich beim Öffnen, also auf jeden Fall vor dem nächsten Speichern der Arbeitsmappe, dafür zu sorgen, dass der letzte Bearbeiter in einer Meldung auf dem Bildschirm ausgegeben wird.

Listing 12.7: Ereignis Workbook_Open zur Ermittlung des letzten Bearbeiters einer Arbeitsmappe

```
Private Sub Workbook_Open()
 MsgBox "Die Arbeitsmappe wurde zuletzt geändert von: " & _
 BuiltinDocumentProperties("Last Author").Value
End Sub
```

Um den letzten Bearbeiter einer Arbeitsmappe zu ermitteln, greifen Sie auf die Eigenschaft `BuiltinDocumentProperties` zurück, der Sie das Argument `Last Author` übergeben.

Die Beispieldatei finden Sie auf der mitgelieferten CD im Verzeichnis KAP12 *unter dem Namen* WEREIGN04.XLS.

CD-ROM

12.1.6 Makro starten am Monatsende

Manche Computerviren schlummern bis zu einem bestimmten Zeitpunkt. Oft ist für das Zuschlagen eines Virus ein ganz bestimmtes Datum festgelegt. Diese Eigenschaft können Sie aber auch im positiven Sinne für Ihre Arbeit nutzen. Stellen Sie sich vor, Sie müssten an jedem Monatsende einen Abschluss machen. Dieser Abschluss wird durch ein Makro eingeleitet. Damit Sie den Monatsabschluss nicht vergessen, können Sie Excel dazu bringen, Sie an diesen Termin zu erinnern.

Um diese Aufgabe zu realisieren, müssen Sie zuerst einmal den letzten Tag des jeweiligen Monats ermitteln. Dazu setzen Sie eine Funktion ein, die wie folgt aussieht:

```
Function LetzterTag(EingabeDatum As Date) As Date
 LetzterTag = _
 DateSerial(Year(EingabeDatum), Month(EingabeDatum) + 1, 0)
End Function
```

Listing 12.8: *Funktion, die den letzten Tag im Monat ausgibt*

Da Sie die Funktion in Listing 12.8 nicht nur einmalig haben, sondern mehrmals verwenden möchten, übergeben Sie der Funktion als Argument jeweils das aktuelle Datum über die Funktion `Date`. Die Funktion `Date` übergeben Sie gleich nach dem Öffnen der Arbeitsmappe. Dazu schreiben Sie das Ereignis `Workbook_Open`.

```
Private Sub Workbook_Open()
 If LetzterTag(Date) = Date Then Abschluss
End Sub
```

Listing 12.9: *Ereignis Workbook_Open zum Vergleichen von zwei Datumswerten*

Entspricht das aktuelle Tagesdatum dem Datum, welches die Funktion `LetzterTag` ermittelt, wird das Makro `Abschluss` gestartet. Dieses Makro erfassen Sie auf Modulebene.

Die Beispieldatei finden Sie auf der mitgelieferten CD im Verzeichnis KAP12 *unter dem Namen* WEREIGN05.XLS.

CD-ROM

12.1.7 Symbolleisten ein- und ausblenden

Haben Sie eine Arbeitsmappe, auf die Sie eine möglichst große Ansicht haben und dabei die Menü- und Symbolleisten nicht benötigen, dann blenden Sie diese Elemente einfach nach dem Öffnen der Arbeitsmappe aus. Kurz vor dem Schließen der Arbeitsmappe stellen Sie den Ausgangszustand wieder her und blenden die Menü- und Symbolleisten wieder ein.

Listing 12.10: Ereignis Workbook_Open zum Ausblenden aller Menü- und Symbolleisten

```
Private Sub Workbook_Open()
Dim cb As CommandBar
For Each cb In Application.CommandBars
cb.Enabled = False
Next cb
End Sub
```

Definieren Sie eine Objektvariable vom Typ `CommandBar` und sorgen Sie in einer `For Each`-Schleife dann dafür, dass die einzelnen Leisten über die Eigenschaft `Enabled` ausgeblendet werden. Dazu setzen Sie diese Eigenschaft auf den Wert `False`.

Für das automatische Wiederherstellen der Menü- und Symbolleisten vor dem Schließen der Arbeitsmappe sorgt das Ereignis `Workbook_BeforeClose`.

Abbildung 12.5: Alle Menü- und Symbolleisten sind ausgeblendet

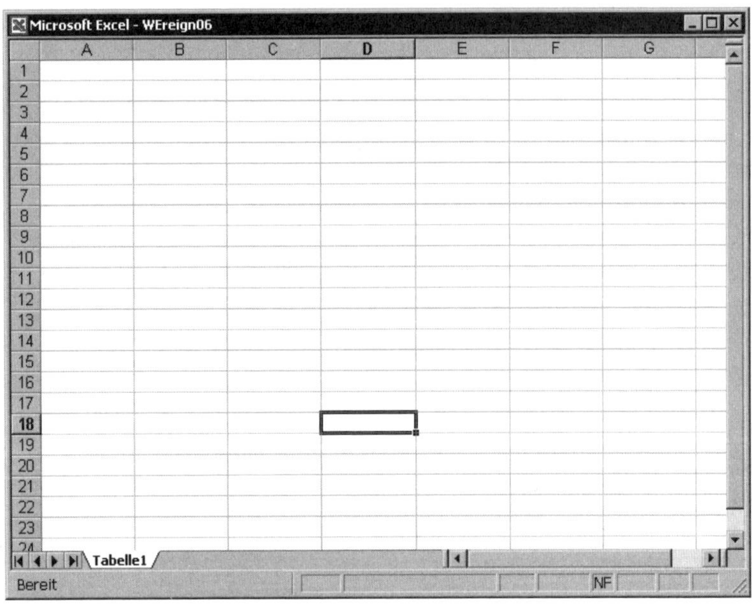

Listing 12.11: Ereignis Workbook_-BeforeClose zum Einblenden von Menü- und Symbolleisten

```
Private Sub Workbook_BeforeClose(Cancel As Boolean)
Dim cb As CommandBar
For Each cb In Application.CommandBars
cb.Enabled = True
Next cb
End Sub
```

Die Beispieldatei finden Sie auf der mitgelieferten CD im Verzeichnis KAP12 *unter dem Namen* WEREIGN06.XLS.

CD-ROM

Erfahren Sie mehr über die Programmierung von Menü- und Symbolleisten im Kapitel 16.

REF

12.1.8 Arbeitsmappe schließen bedingt verhindern

Im nächsten Beispiel lässt sich eine Arbeitsmappe nur dann schließen, wenn eine ganz bestimmte Bedingung gegeben ist.

```
Private Sub Workbook_BeforeClose(Cancel As Boolean)
    If Range("A1").Value = 1 Then
        Cancel = True
    End If
End Sub
```

Listing 12.12: Ereignis Workbook_-BeforeClose zur Kontrolle bei Schließen-Vorgang

Nur wenn in der Zelle A1 ein Wert ungleich 1 steht, kann die Arbeitsmappe geschlossen werden. In diesem Fall wird das Argument `Cancel` auf den Wert `False` gesetzt, die Arbeitsmappe gespeichert und geschlossen. Im andern Fall bleibt die Arbeitsmappe geöffnet.

Die Beispieldatei finden Sie auf der mitgelieferten CD im Verzeichnis KAP12 *unter dem Namen* WEREIGN07.XLS.

CD-ROM

12.1.9 Letztes Bearbeitungsdatum festhalten

Eine sehr nützliche Funktion ist direkt nach dem Öffnen einer Arbeitsmappe zu ersehen: wann diese Mappe zuletzt geändert worden ist. Diese Information kann entweder über die Eigenschaft `BuiltinDocumentProperties` ermittelt werden oder auch über das Ereignis `Workbook_BeforeSave`. Genau vor dem Eintritt dieses Ereignisses können Sie das aktuelle Datum in eine bestimmte Zelle schreiben. Das Ereignis `Workbook_BeforeSave` sorgt dann automatisch dafür, dass dieser letzte Eintrag auch gespeichert wird.

Die Beispieldatei finden Sie auf der mitgelieferten CD im Verzeichnis KAP12 *unter dem Namen* WEREIGN08.XLS

CD-ROM

Listing 12.13: Ereignis Workbook_-BeforeSave zum Festhalten des letzten Änderungsdatums einer Arbeitsmappe

```
Private Sub Workbook_BeforeSave _
 (ByVal SaveAsUI As Boolean, Cancel As Boolean)
     ThisWorkbook.Sheets(1).Range("A1").Value = Now()
 End Sub
```

12.1.10 Datenbestand vor dem Speichern sortieren

Stellen Sie sich vor, Sie haben eine Arbeitsmappe, die Sie sehr oft bearbeiten. Dort geben Sie beispielsweise in einer Mitarbeiterliste Daten ein. Vor jedem Speichern und Beenden der Arbeitsmappe möchten Sie aber den ganzen Datenbestand sortiert vorliegen haben, damit Sie bei der nächsten Aktualisierung nicht erst den Sortiervorgang starten müssen.

Sobald Sie die Arbeitsmappe speichern, läuft das Ereignis in Listing 12.14 an, welches den Datenbestand nach Mitarbeiternamen aufsteigend sortiert.

Listing 12.14: Ereignis Workbook_-BeforeSave zum Sortieren des Datenbestandes vor der Speicherung

```
Private Sub Workbook_BeforeSave _
(ByVal SaveAsUI As Boolean, Cancel As Boolean)
 Sheets("Personal").Activate
 ActiveSheet.UsedRange.Select
 Selection.Sort Key1:= _
 Range("A2"), Order1:=xlAscending, Key2:=Range("E2"), _
  Order2:=xlAscending, Header:=xlGuess, _
  OrderCustom:=1, MatchCase:= _
  False, Orientation:=xlTopToBottom
End Sub
```

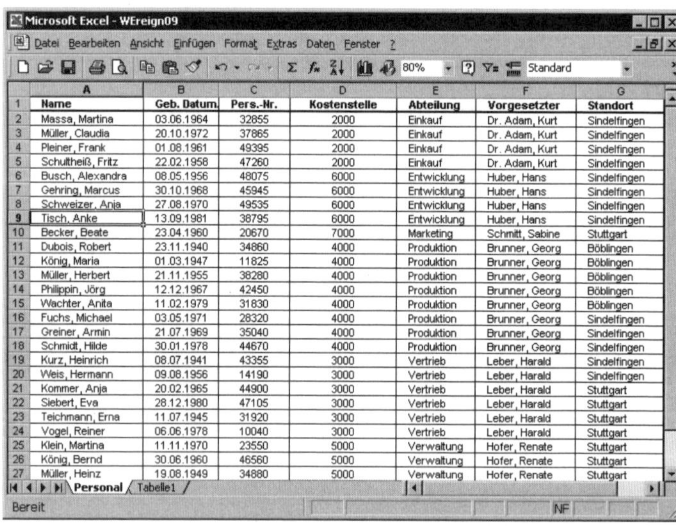

	A	B	C	D	E	F	G
1	Name	Geb. Datum	Pers.-Nr.	Kostenstelle	Abteilung	Vorgesetzter	Standort
2	Massa, Martina	03.06.1964	32855	2000	Einkauf	Dr. Adam, Kurt	Sindelfingen
3	Müller, Claudia	20.10.1972	37865	2000	Einkauf	Dr. Adam, Kurt	Sindelfingen
4	Pleiner, Frank	01.08.1961	49395	2000	Einkauf	Dr. Adam, Kurt	Sindelfingen
5	Schultheiß, Fritz	22.02.1958	47260	2000	Einkauf	Dr. Adam, Kurt	Sindelfingen
6	Busch, Alexandra	08.05.1956	48075	6000	Entwicklung	Huber, Hans	Sindelfingen
7	Gehring, Marcus	30.10.1968	45945	6000	Entwicklung	Huber, Hans	Sindelfingen
8	Schweizer, Anja	27.08.1970	49535	6000	Entwicklung	Huber, Hans	Sindelfingen
9	Tisch, Anke	13.09.1981	38795	6000	Entwicklung	Huber, Hans	Sindelfingen
10	Becker, Beate	23.04.1960	20670	7000	Marketing	Schmitt, Sabine	Stuttgart
11	Dubois, Robert	23.11.1940	34860	4000	Produktion	Brunner, Georg	Böblingen
12	König, Maria	01.03.1947	11825	4000	Produktion	Brunner, Georg	Böblingen
13	Müller, Herbert	21.11.1955	38280	4000	Produktion	Brunner, Georg	Böblingen
14	Philippin, Jörg	12.12.1967	42450	4000	Produktion	Brunner, Georg	Böblingen
15	Wachter, Anita	11.02.1979	31830	4000	Produktion	Brunner, Georg	Böblingen
16	Fuchs, Michael	03.05.1971	28320	4000	Produktion	Brunner, Georg	Sindelfingen
17	Greiner, Armin	21.07.1969	35040	4000	Produktion	Brunner, Georg	Sindelfingen
18	Schmidt, Hilde	30.01.1978	44670	4000	Produktion	Brunner, Georg	Sindelfingen
19	Kurz, Heinrich	08.07.1941	43355	3000	Vertrieb	Leber, Harald	Sindelfingen
20	Weis, Hermann	09.08.1956	14190	3000	Vertrieb	Leber, Harald	Sindelfingen
21	Kommer, Anja	20.02.1965	44900	3000	Vertrieb	Leber, Harald	Stuttgart
22	Siebert, Eva	28.12.1980	47105	3000	Vertrieb	Leber, Harald	Stuttgart
23	Teichmann, Erna	11.07.1945	31920	3000	Vertrieb	Leber, Harald	Stuttgart
24	Vogel, Reiner	06.06.1978	10040	3000	Vertrieb	Leber, Harald	Stuttgart
25	Klein, Martina	11.11.1970	23550	5000	Verwaltung	Hofer, Renate	Stuttgart
26	König, Bernd	30.06.1960	46560	5000	Verwaltung	Hofer, Renate	Stuttgart
27	Müller, Heinz	19.08.1949	34880	5000	Verwaltung	Hofer, Renate	Stuttgart

Abbildung 12.6: Der Ausgangszustand vor dem Speichern der Arbeitsmappe

Innerhalb der Ereignisprozedur wird auf das Tabellenblatt PERSONAL gewechselt und der verwendete Bereich über die Eigenschaft `UsedRange` markiert. Danach wird die Methode `Sort` eingesetzt, um die Daten zu sortieren. Direkt im Anschluss an die Sortierung wird die Arbeitsmappe gespeichert.

Die Beispieldatei finden Sie auf der mitgelieferten CD im Verzeichnis KAP12 *unter dem Namen* WEREIGN09.XLS.

CD-ROM

12.1.11 Schnell Tabellen gleicher Struktur vergleichen

Oft haben einzelne Excel-Tabellen in einer Arbeitsmappe dieselbe Struktur. Wenn Sie dann diese einzelne Tabellen am Bildschirm vergleichen möchten, steht der Mauszeiger in jeder Tabelle an einer anderen Position, d.h., Sie müssen zuerst einmal den Mauszeiger auf dem Vergleichsblatt gleich einstellen. Das dauert natürlich je nach Umfang der Tabelle eine ganze Weile und erschwert die Sache noch zusätzlich, wenn sich die zu vergleichenden Werte ähneln und Sie sich durch die ganze Arbeitsmappe quälen müssen. Ideal ist es, wenn es in Excel gelingt, schon beim Wechseln auf ein anderes Tabellenblatt dieselbe Positionierung des Mauszeigers einzustellen. Als zusätzliches Feature soll es auch möglich sein, ganze Markierungen auf dem zu vergleichenden Tabellenblatt einzustellen.

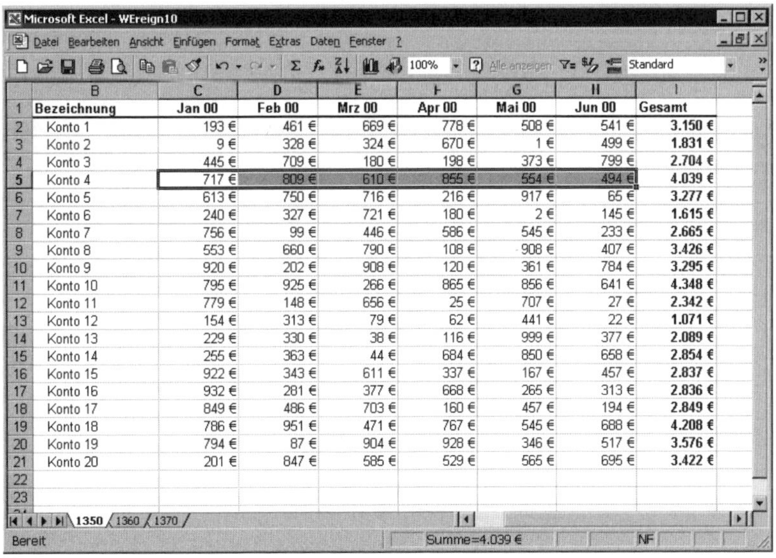

	B	C	D	E	F	G	H	I
1	Bezeichnung	Jan 00	Feb 00	Mrz 00	Apr 00	Mai 00	Jun 00	Gesamt
2	Konto 1	193 €	461 €	669 €	778 €	508 €	541 €	3.150 €
3	Konto 2	9 €	328 €	324 €	670 €	1 €	499 €	1.831 €
4	Konto 3	445 €	709 €	180 €	198 €	373 €	799 €	2.704 €
5	Konto 4	717 €	809 €	610 €	855 €	554 €	494 €	4.039 €
6	Konto 5	613 €	750 €	716 €	216 €	917 €	65 €	3.277 €
7	Konto 6	240 €	327 €	721 €	180 €	2 €	145 €	1.615 €
8	Konto 7	756 €	99 €	446 €	586 €	545 €	233 €	2.665 €
9	Konto 8	553 €	660 €	790 €	108 €	908 €	407 €	3.426 €
10	Konto 9	920 €	202 €	908 €	120 €	361 €	784 €	3.295 €
11	Konto 10	795 €	925 €	266 €	865 €	856 €	641 €	4.348 €
12	Konto 11	779 €	148 €	656 €	25 €	707 €	27 €	2.342 €
13	Konto 12	154 €	313 €	79 €	62 €	441 €	22 €	1.071 €
14	Konto 13	229 €	330 €	38 €	116 €	999 €	377 €	2.089 €
15	Konto 14	255 €	363 €	44 €	684 €	850 €	658 €	2.854 €
16	Konto 15	922 €	343 €	611 €	337 €	167 €	457 €	2.837 €
17	Konto 16	932 €	281 €	377 €	668 €	265 €	313 €	2.836 €
18	Konto 17	849 €	486 €	703 €	160 €	457 €	194 €	2.849 €
19	Konto 18	786 €	951 €	471 €	767 €	545 €	688 €	4.208 €
20	Konto 19	794 €	87 €	904 €	928 €	346 €	517 €	3.576 €
21	Konto 20	201 €	847 €	585 €	529 €	565 €	695 €	3.422 €
22								
23								

Abbildung 12.7: Die Markierung wird auf allen Tabellenblättern der Arbeitsmappe gleich eingestellt

Um den vorher beschriebenen Mechanismus umzusetzen, verwenden Sie die Ereignisse

`Workbook_SheetActivate` bzw. `Workbook_SheetDeactivate`.

Diese Ereignisse werden automatisch ausgelöst, wenn Sie in der Arbeitsmappe auf ein anderes Tabellenblatt wechseln. Dabei spielt es keine Rolle, wie Sie auf ein Tabellenblatt wechseln, sei es über einen Mausklick auf den gewünschten Tabellenreiter oder auch beispielsweise über die Tastenkombination [Strg] + [Bild↑] bzw. [Strg] + [Bild↓].

Listing 12.15: *Ereignis Workbook_-SheetActivate zum gleichmäßigen Einstellen des Mauszeigers auf allen Tabellenblättern*

```
Dim BlattAlt As Object

Private Sub Workbook_SheetActivate(ByVal Blatt As Object)
Dim lCol As Long
Dim lRow As Long
Dim sCell As String
Dim sSelection As String

  On Error GoTo Ende
  If TypeName(Blatt) <> "Worksheet" Then Exit Sub
  Application.ScreenUpdating = False
  Application.EnableEvents = False

  BlattAlt.Activate
  lCol = ActiveWindow.ScrollColumn
  lRow = ActiveWindow.ScrollRow
  sSelection = Selection.Address
  sCell = ActiveCell.Address

  Blatt.Activate
  ActiveWindow.ScrollColumn = lCol
  ActiveWindow.ScrollRow = lRow
  Range(sSelection).Select
  Range(sCell).Activate
Ende:
  Application.EnableEvents = True
End Sub

Private Sub Workbook_SheetDeactivate(ByVal Blatt As Object)
  If TypeName(Blatt) = "Worksheet" Then Set BlattAlt = Blatt
End Sub
```

Die Lösung in Listing 12.15 benötigt eine globale Variable, in der Sie jeweils den alten Zustand der Markierung speichern. Da dieser Mechanismus nur bei Tabellenblättern funktionieren kann und bei Diagrammblättern einen Fehler verursachen würde, berücksichtigen Sie im Ereignis nur Tabellenblätter. Dazu wenden Sie die Funktion `TypeName` an. Liefert diese Funktion ein Ergebnis ungleich `Worksheet`, verlassen Sie das Makro über die Anweisung `Exit Sub`. Damit Ihnen beim Einstellen des Mauszeigers auf allen Tabellenblättern am Bildschirm nicht schwindelig wird, schalten Sie die Bildschirmaktualisierung ab, indem Sie die Eigenschaft `Screenupdating` auf den Wert `False` setzen. Setzten Sie zusätzlich die Eigenschaft `EnableEvents` auf den Wert `False`, um die Ereignissteuerung kurzfristig zu deaktivieren. Damit verhindern Sie, dass Excel in eine Endlosschleife gerät, wenn das vorherige Blatt wieder aktiviert wird, um die Position bzw. die Markierung zu ermitteln. Jetzt speichern Sie die Positionsdaten des Mauszeigers, indem Sie die Eigenschaften `ScrollColumn` und `ScrollRow` verwenden. Die Eigenschaft `ScrollColumn` gibt die Nummer der Spalte, die sich auf der linken Seite des Ausschnitts oder des Fensters befindet, zurück, die in der Variablen `sCol` gespeichert wird. Mit der Eigenschaft `ScrollRow` ermitteln Sie die Nummer der Zeile, die sich auf der oberen Seite des Ausschnitts oder des Fensters befindet, und speichern sie in der Variablen `lRow`. Die Adresse der aktiven Zelle bzw. der markierten Zellen speichern Sie in den String-Variablen `sSelection` und `sCell` mit Hilfe der Eigenschaft `Address`. Im Anschluss an das Auslesen der Positionen des »alten« Tabellenblattes wird wieder auf das neue Tabellenblatt gewechselt. Da Sie vorher die Ereignissteuerung kurzfristig ausgeschaltet haben, wird dieses Mal das Ereignis `Workbook_SheetActivate` nicht ausgelöst. Nun werden die Positionen aus den Variablen auf das neue Tabellenblatt übertragen. Vergessen Sie danach nicht, die Ereignissteuerung wieder zu aktivieren, indem Sie die Eigenschaft `EnableEvents` auf den Wert `True` setzen.

Im Ereignis `Workbook_SheetDeactivate` sorgen Sie dafür, dass die globale Variable `BlattAlt` mit dem Namen des neuen Tabellenblatts gefüllt wird.

INFO

Zusammenfassend ist zu sagen, dass bei der eben vorgestellten Lösung nicht komplett alle Tabellenblätter einer Arbeitsmappe auf dieselbe Position des Mauszeigers eingestellt werden, sondern dass sich die Einstellung von Tabellenblatt zu Tabellenblatt vererbt.

CD-ROM

Die Beispieldatei finden Sie auf der mitgelieferten CD im Verzeichnis KAP12 *unter dem Namen* WEREIGN10.XLS.

12.1.12 Die Lösung für das sparsame Drucken

Auf das Symbol DRUCKEN in der Symbolleiste STANDARD ist schnell gedrückt. Oft werden dann völlig unkontrolliert und vor allem umsonst mehrere Arbeitsblätter gedruckt. Das muss nicht sein. Gehen Sie vorher in die Seitenansicht, stellen Sie die Ränder ein und passen Sie den Ausdruck bei Bedarf auf eine Seite an. Damit der Anwender an diese Sparmaßnahme erinnert wird, bauen Sie sicherheitshalber das Ereignis `Workbook_BeforePrint` ein.

Listing 12.16: *Ereignis Workbook_BeforePrint zum bewussteren Umgang mit Papier und Tinte/Toner einsetzen*

```
Private Sub Workbook_BeforePrint(Cancel As Boolean)
Dim i As Integer

i = MsgBox _
("Haben Sie die Seitenansicht kontrolliert?", _
 vbYesNo, "Drucken")
If i <> 6 Then Cancel = True: Exit Sub
End Sub
```

Abbildung 12.8: *Lieber noch einmal nachfragen*

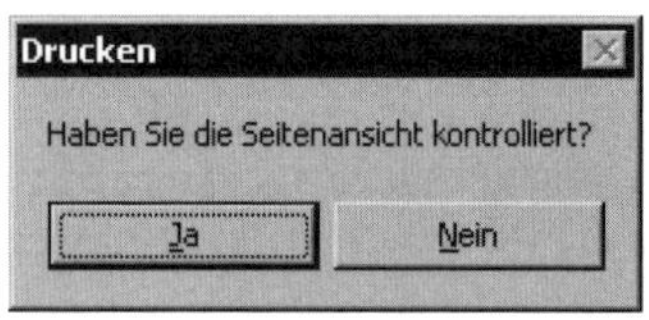

Drückt der Anwender auf die Schaltfläche NEIN, dann setzen Sie das Argument `Cancel` auf den Wert `True`, um den Druckvorgang erst gar nicht zu starten, und verlassen das Ereignis danach über die Anweisung `Exit Sub`.

12.1.13 Druckstatistik führen

Wenn Sie wissen möchten, wie oft eine ganz bestimmte Arbeitsmappe gedruckt wird, pflanzen Sie in diese Arbeitsmappe das Ereignis `Workbook_BeforePrint` ein.

Listing 12.17: *Ereignis Workbook_BeforePrint zum Ermitteln der Anzahl der Druckvorgänge*

```
Private Sub Workbook_BeforePrint(Cancel As Boolean)
   With Worksheets(1).Cells(1, 1)
         .Value = .Value + 1
   End With
End Sub
```

Vor jedem Druckvorgang wird der Wert in Zelle A1 um den Wert 1 erhöht.

12.1.14 Alle Ereignisse für die Arbeitsmappe im Überblick

Entnehmen Sie aus der Tabelle 12.1 alle möglichen Ereignisse, die Sie für die Arbeitsmappe anwenden können. Das ein oder andere Ereignis wird noch an anderer Stelle im Buch näher beleuchtet.

Tabelle 12.1: Alle Ereignisse für die Arbeitsmappe im Überblick

Ereignis	Beschreibung
`Workbook_Activate`	Tritt ein, sobald eine Arbeitsmappe aktiviert wird.
`Workbook_AddinInstall`	Tritt ein, wenn ein Add-In eingebunden wird. Dies kann entweder durch direktes Öffnen des Add-Ins erfolgen oder auch durch das Einbinden im Add-Ins-Manager.
`Workbook_AddinUninstall`	Tritt ein, wenn ein Add-In aus dem Add-Ins-Manager deaktiviert wird.
`Workbook_BeforePrint`	Tritt vor dem Druck einer Arbeitsmappe oder auch nur einzelner Tabellen ein.
`Workbook_BeforeSave`	Tritt vor dem Speichern-Vorgang ein. Dabei spielt es keine Rolle, ob Sie über Menübefehle, Symbolleiste oder Tastenkombination speichern.
`Workbook_Deactivate`	Tritt ein, wenn eine Arbeitsmappe deaktiviert wird, beispielsweise wenn eine Arbeitsmappe minimiert wird.
`Workbook_NewSheet`	Tritt ein, wenn eine neue Tabelle in die Arbeitsmappe eingefügt wird.
`Workbook_SheetActivate`	Tritt ein, wenn ein beliebiges Tabellen- oder Diagrammblatt in der Arbeitsmappe aktiviert wird.
`Workbook_SheetBefore-DoubleClick`	Tritt ein, wenn an einer beliebigen Stelle der Arbeitsmappe ein Doppelklick mit der linken Maustaste durchgeführt wird.
`Workbook_SheetBeforeRight Click`	Tritt ein, wenn an einer beliebigen Stelle der Arbeitsmappe ein Klick mit der rechten Maustaste durchgeführt wird.
`Workbook_SheetCalculate`	Tritt nach Neuberechnung jedes Tabellenblattes auf.

Ereignis	Beschreibung
`Workbook_SheetChange`	Tritt ein, wenn sich auf einem beliebigen Tabellenblatt etwas ändert, sei es durch eine Verknüpfung oder den Anwender selbst.
`Workbook_SheetDeactivate`	Tritt ein, sobald ein beliebiges Tabellenblatt in der Arbeitsmappe verlassen wird.
`Workbook_SheetFollowHyperlink`	Tritt ein, wenn der Anwender auf einen Hyperlink in einer Tabelle klickt.
`Workbook_SheetSelectionChange`	Tritt ein, wenn sich die Markierung auf einem Tabellenblatt ändert.
`Workbook_WindowActivate`	Tritt ein, wenn ein Arbeitsmappenfenster aktiviert wird.
`Workbook_WindowDeactivate`	Tritt ein, wenn ein Arbeitsmappenfenster deaktiviert wird.
`Workbook_WindowResize`	Tritt ein, wenn eine Änderung an der Größe des Arbeitsmappenfensters durchgeführt wurde.

12.2 Ereignisse für das Tabellenblatt

Ein wichtiges Ereignis, das für das Tabellenblatt gilt, ist z.B. das Ereignis `Worksheet_Activate`, mit dem Sie bestimmen können, was passieren soll, wenn ein bestimmtes Tabellenblatt aktiviert wird. Nicht minder interessant ist das Ereignis `Worksheet_Change`, mit dem Sie in die Lage versetzt werden, auf Änderungen in Ihren Tabellen zu reagieren. Des Weiteren können Sie mit den Ereignissen `Worksheet_ BeforeRightClick` und `Worksheet_BeforeDoubleClick` Mausklicks überwachen.

Der Vorteil bei den Tabellenereignissen ist der, dass Sie ganz gezielt Ereignisse für bestimmte Tabellenblätter einstellen können.

12.2.1 Allgemeine Vorgehensweise bei der Einstellung von Tabellenereignissen

Um für ein Tabellenblatt ein Ereignis einzustellen, verfahren Sie wie folgt:

STEP

1. *Drücken Sie die Tastenkombination* `Alt` + `F11`*, um in die Entwicklungsumgebung zu gelangen.*

2. *Im Projekt-Explorer klicken Sie die Tabelle, welcher Sie das Ereignis zuweisen möchten, doppelt an.*
3. *Klicken Sie im Codefenster auf den Pfeil des linken Kombinationsfeldes und wählen Sie den Eintrag* WORKSHEET *aus.*
4. *Im zweiten Kombinationsfeld wählen Sie dann das gewünschte Ereignis aus.*

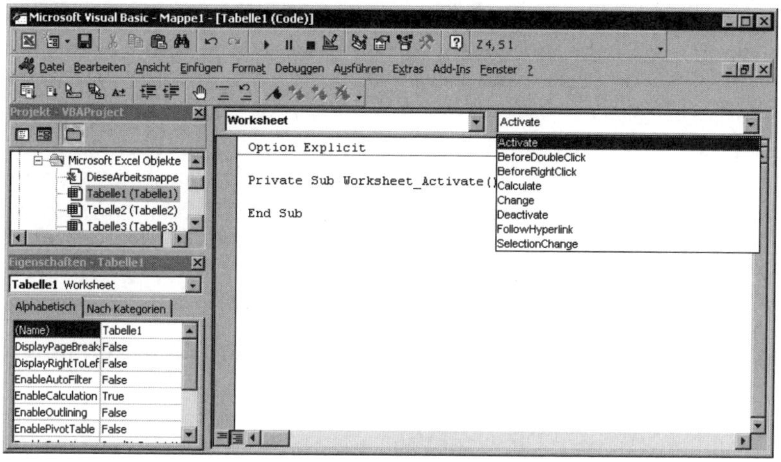

***Abbildung 12.9:** Ein Ereignis auf Tabellenebene einstellen*

12.2.2 Starten einer UserForm

Setzen Sie das Ereignis `Worksheet_Activate` dazu ein, um automatisch eine UserForm anzuzeigen, sobald die Tabelle `Tabelle1` aktiviert wird. Fügen Sie zunächst eine neue UserForm ein. Danach legen Sie hinter die TABELLE1 das folgende Ereignismakro:

***Listing 12.18:** Ereignis Worksheet_Activate zum Aufrufen einer UserForm*

```
Private Sub Worksheet_Activate()
    UserForm1.Show
End Sub
```

Immer wenn Sie die TABELLE1 aktivieren, wird automatisch die UserForm USERFORM1 angezeigt.

Wenn Sie möchten, können Sie eine weitere Bedingung für die Anzeige der UserForm einbauen. So wird im folgenden Makro die UserForm nur aufgerufen, wenn der Mauszeiger in Zelle A5 steht.

Die Beispieldatei finden Sie auf der mitgelieferten CD im Verzeichnis KAP12 *unter dem Namen* TEREIGN01.XLS.

CD-ROM

Listing 12.19: Ereignis Worksheet_-Activate zum bedingten Aufrufen einer UserForm

```
Private Sub Worksheet_Activate()
If ActiveCell.Address = "$A$5" Then
   UserForm1.Show
End If
End Sub
```

STOP

Wenn Sie die letzten beiden Ereignisse einstellen, werden Sie bemerken, dass das so nicht geht. Sie bekommen die Fehlermeldung, dass Sie einen Namen mehrfach verwenden. Selbstverständlich können Sie mehrere Ereignisse für ein Tabellenblatt jederzeit einstellen. Dabei spielt jedoch die Reihenfolge der Ereignisse eine Rolle. So werden Ereignisse für Tabellenblätter beispielsweise immer vor den Ereignissen der Arbeitsmappe ausgeführt. Auch innerhalb der Tabellenereignisse gibt es eine bestimmte Hierarchie der Ereignisse. Achten Sie darauf, dass Sie keine Ereignisse doppelt erfassen.

12.2.3 Beim Verlassen eines Tabellenblattes Daten neu berechnen

Bei umfangreichen Tabellenblättern ist es oftmals ganz gut, wenn die Daten noch einmal neu durchgerechnet werden. Das erreichen Sie, wenn Sie die Taste [F9] drücken.

Führen Sie für die nächste Aufgabe folgende vorbereitenden Arbeiten durch:

STEP

1. *Markieren Sie in Tabelle* TABELLE1 *den Bereich A1:H30.*
2. *Erfassen Sie folgende Funktion:* =ZUFALLSZAHL()*100 *und drücken Sie zur Bestätigung die Tastenkombination* [Strg] + [↵]. *Die Funktion, welche Ihnen Zufallszahlen generiert, wird nun in alle Zellen innerhalb der Markierung eingefügt.*

Immer wenn Sie die Taste [F9] drücken, werden neue Zufallszahlen angezeigt. Diese Verhaltensweise wird nun übernommen und immer automatisch angewendet, wenn das Tabellenblatt aktiviert wird.

Listing 12.20: Ereignis Worksheet_-Activate zum erneuten Rechnen von Zufallszahlen

```
Private Sub Worksheet_Activate()
   Application.Calculation = xlAutomatic
End Sub
```

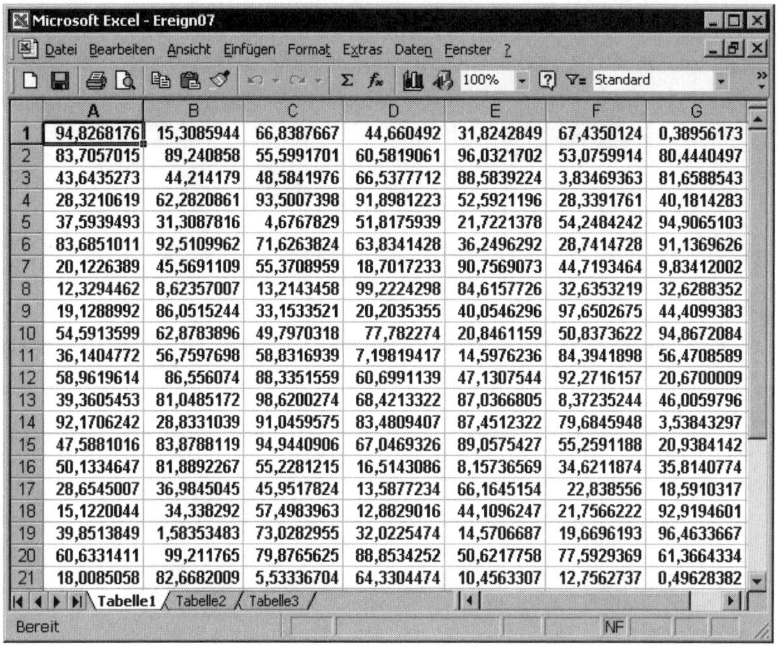

	A	B	C	D	E	F	G
1	94,8268176	15,3085944	66,8387667	44,660492	31,8242849	67,4350124	0,38956173
2	83,7057015	89,240858	55,5991701	60,5819061	96,0321702	53,0759914	80,4440497
3	43,6435273	44,214179	48,5841976	66,5377712	88,5839224	3,83469363	81,6588543
4	28,3210619	62,2820861	93,5007398	91,8981223	52,5921196	28,3391761	40,1814283
5	37,5939493	31,3087816	4,6767829	51,8175939	21,7221378	54,2484242	94,9065103
6	83,6851011	92,5109962	71,6263824	63,8341428	36,2496292	28,7414728	91,1369626
7	20,1226389	45,5691109	55,3708959	18,7017233	90,7569073	44,7193464	9,83412002
8	12,3294462	8,62357007	13,2143458	99,2224298	84,6157726	32,6353219	32,6288352
9	19,1288992	86,0515244	33,1533521	20,2035355	40,0546296	97,6502675	44,4099383
10	54,5913599	62,8783896	49,7970318	77,782274	20,8461159	50,8373622	94,8672084
11	36,1404772	56,7597698	58,8316939	7,19819417	14,5976236	84,3941898	56,4708589
12	58,9619614	86,556074	88,3351559	60,6991139	47,1307544	92,2716157	20,6700009
13	39,3605453	81,0485172	98,6200274	68,4213322	87,0366805	8,37235244	46,0059796
14	92,1706242	28,8331039	91,0459575	83,4809407	87,4512322	79,6845948	3,53843297
15	47,5881016	83,8788119	94,9440906	67,0469326	89,0575427	55,2591188	20,9384142
16	50,1334647	81,8892267	55,2281215	16,5143086	8,15736569	34,6211874	35,8140774
17	28,6545007	36,9845045	45,9517824	13,5877234	66,1645154	22,838556	18,5910317
18	15,1220044	34,338292	57,4983963	12,8829016	44,1096247	21,7566222	92,9194601
19	39,8513849	1,58353483	73,0282955	32,0225474	14,5706687	19,6696193	96,4633667
20	60,6331411	99,211765	79,8765625	88,8534252	50,6217758	77,5929369	61,3664334
21	18,0085058	82,6682009	5,53336704	64,3304474	10,4563307	12,7562737	0,49628382

Abbildung 12.10: Nach Aktivieren der Tabelle werden Zufallszahlen neu gebildet

Das Ereignis `Worksheet_Activate` *wird übrigens auch ausgelöst, wenn Sie die Arbeitsmappe öffnen und die* TABELLE1 *aktiviert ist.*

INFO

Die Beispieldatei finden Sie auf der mitgelieferten CD im Verzeichnis KAP12 *unter dem Namen* TEREIGN02.XLS

CD-ROM

12.2.4 »Schiffe versenken« spielen

Sicher haben Sie schon einmal das Spiel »Schiffe versenken« gespielt. Wie Sie sich ganz schnell dieses Spiel in Excel erstellen können, erfahren Sie jetzt.

STEP

1. *Markieren Sie in der* TABELLE1 *den Bereich A1:J10.*
2. *Wählen Sie den Menübefehl* FORMAT / SPALTE / BREITE AUS.
3. *Geben Sie als Spaltenbreite den Wert 2 ein und bestätigen Sie mit* OK.
4. *Wählen Sie den Menübefehl* ANSICHT / ZOOM *und stellen Sie den Wert* 200 PROZENT *ein, um das Ganze besser zu sehen.*
5. *Geben Sie der Markierung einen Rahmen, der die einzelnen Zellen voneinander teilt.*

Abbildung 12.11: *Blau und O bedeuten »Wasser«, Rot und X bedeuten »Treffer«*

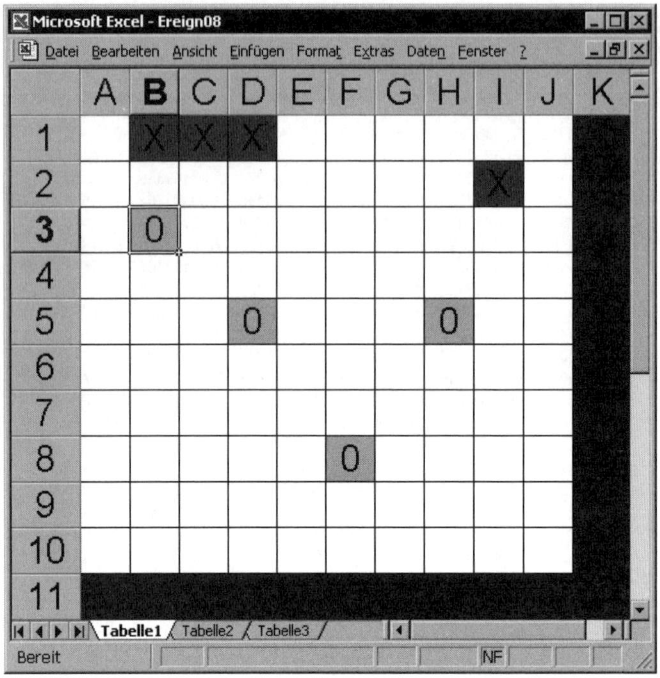

6. *Drücken Sie jetzt die Tastenkombination* `Alt` + `F11`, *um in die Entwicklungsumgebung zu gelangen.*

7. *Klicken Sie im Projekt-Explorer die Tabelle* TABELLE1 *doppelt an und erfassen Sie folgendes Ereignis:*

Listing 12.21: *Ereignis Worksheet_-Change zum Spiel »Schiffe versenken«*

```
Private Sub Worksheet_Change(ByVal Target As Excel.Range)
Dim SchiffBereich As Range
  On Error Resume Next
  Set SchiffBereich = Range("A1:K10")
  If Intersect(Target, SchiffBereich) Is Nothing _
      Then Exit Sub
   If Target.Value = "X" Then  _
   Target.Interior.ColorIndex = 3 Else _
   Target.Interior.ColorIndex = 8
End Sub
```

Definieren Sie zuerst den Gültigkeitsbereich, indem Sie einen Bereich festlegen. Bei »Schiffe versenken« gilt ein Bereich von 10x10 Feldern, also der Bereich A1:K10. Mit der Methode `Intersect` prüfen Sie, ob die Eingabe `0` für »Wasser« oder `X` für »Treffer«, im gültigen Sektor liegt. Wenn ja, wird geprüft, ob es sich bei der Eingabe um den Buchstaben `X` oder um die Zahl `0` handelt. Je nachdem wird der Hintergrund der Zelle mit einer anderen Farbe belegt.

Die Beispieldatei finden Sie auf der mitgelieferten CD im Verzeichnis KAP12 *unter dem Namen* TEREIGN03.XLS.

Das Ereignis `Worksheet_change` *tritt dann auf, wenn sich Veränderungen in Ihrer Tabelle ergeben, welche sich durch Änderungen an den Inhalten, also dem Zellenwert, ergeben. Es spielt dabei keine Rolle, wodurch sich diese Änderung ergibt. Folgende Änderungen sind möglich:*

- *Veränderung wird ausgelöst durch eine Verknüpfung zu einer anderen Datei.*
- *Veränderung wird ausgelöst durch eine direkte Verknüpfung innerhalb der Arbeitsmappe.*
- *Veränderung wird ausgelöst durch direkte Eingabe eines Wertes in eine Zelle.*

Die Änderung der Formatierung einer Zelle löst das Ereignis `Worksheet_Change` *nicht aus. Entfernen Sie jedoch die Formate einer Zelle über den Menübefehl* BEARBEITEN / LÖSCHEN / FORMATE, *wird das Ereignis ausgelöst.*

Der Einsatz des Ereignisses `Worksheet_change` *bietet sich dann an, wenn mit Gültigkeitsbereichen gearbeitet wird, für die eine Überwachung aufgesetzt werden soll.*

12.2.5 Vergleich von zwei Spalten

Sehr nützlich in der Praxis ist auch das folgende Beispiel. Die Spalten A und B sollen überwacht werden. Jeweils der kleinere Wert in der Zeile soll gekennzeichnet werden. Dabei wird die kleinere Zelle mit der Hintergrundfarbe Rot belegt.

Die Programmierung dazu sieht wie folgt aus:

Listing 12.22: Ereignis Worksheet_-Change zum Vergleich von zwei Spalten

```
Private Sub Worksheet_Change(ByVal Target As Excel.Range)
If Target.Column = 1 Then
    If Target.Value < Target.Offset(0, 1).Value _
    Then
    Target.Interior.ColorIndex = 3
    Target.Offset(0, 1).Interior.ColorIndex = 2
```

Spalten vergleichen

```
Else
    Target.Interior.ColorIndex = 2
    Target.Offset(0, 1).Interior.ColorIndex = 3
End If
End If
If Target.Column = 2 Then
    If Target.Value < Target.Offset(0, -1).Value _
    Then
    Target.Interior.ColorIndex = 3
    Target.Offset(0, -1).Interior.ColorIndex = 2
    Else
    Target.Interior.ColorIndex = 2
    Target.Offset(0, -1).Interior.ColorIndex = 3
    End If
End If
End Sub
```

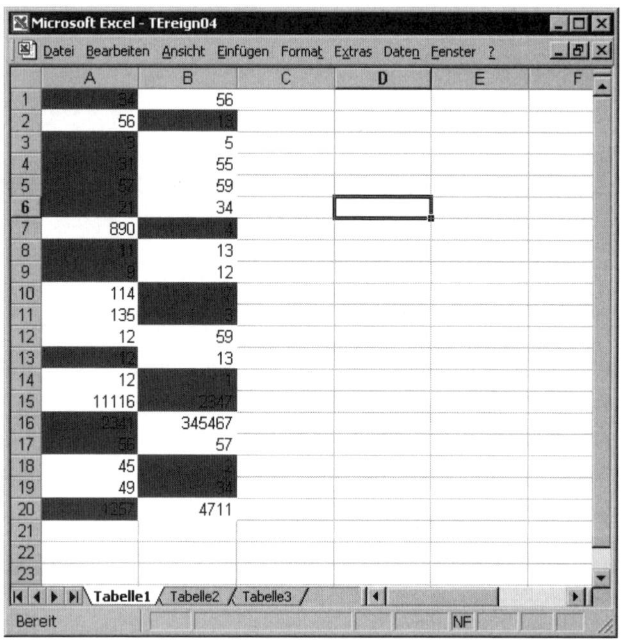

Abbildung 12.12: Schnell und sicher Werte vergleichen

Überprüfen Sie mit Hilfe der Eigenschaft `Columns`, ob die Zelle im Zielbereich liegt. Dabei muss die Eigenschaft den Wert 1 oder 2 zurückmelden (Spalte A oder B). Je nach eingegebener Zelle müssen die beiden Zellen dann miteinander verglichen werden. Bei der Eigenschaft `ColorIndex` entspricht der Wert 3 der Farbe Rot, der Wert 2 der Farbe Weiß. Als Alternative zur Farbe Weiß können Sie auch die Konstante `XlAutomatic` einsetzen. Damit blieben die Ränder der Zellen erhalten.

Die Beispieldatei finden Sie auf der mitgelieferten CD im Verzeichnis KAP12 *unter dem Namen* TEREIGN04.XLS.

CD-ROM

12.2.6 Änderungen in einer Tabelle sichtbar machen

Wenn Sie einige Änderungen auf einem Tabellenblatt vorgenommen haben, fällt es je nach Umfang der Tabelle schwer, nach den vorgenommenen Änderungen diese noch einmal zu kontrollieren. Welche Zellen wurden jetzt geändert? Dazu wenden Sie das Ereignis `Worksheet_Change` an, um alle Änderungen seit der letzten Speicherung der Arbeitsmappe aufzuzeigen. Alle geänderten Zellen werden mit der Hintergrundfarbe Grau belegt.

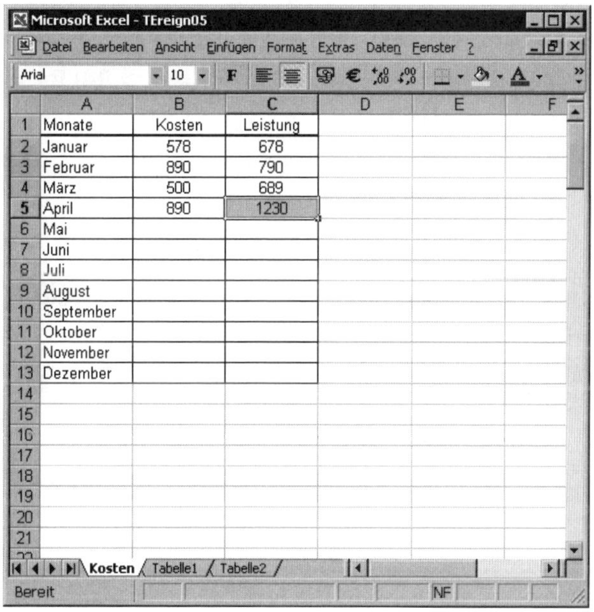

Abbildung 12.13: Die Zelle C5 wurde geändert

Die Ereignisprogrammierung entnehmen Sie dem Listing 12.23:

```
Private Sub Worksheet_Change(ByVal Target As Excel.Range)
  If Intersect(Target, Range("B2:C13")) Is Nothing _
  Then Exit Sub
  Target.Interior.ColorIndex = 15
End Sub
```

Listing 12.23: Ereignis Worksheet_-Change zur Kontrolle der geänderten Zellen im Zielbereich einsetzen

Über die Methode `Intersect` prüfen Sie, ob die geänderte Zelle im definierten Zielbereich B2:C13 liegt. Wenn ja, dann färben Sie die Zelle mit der Eigenschaft `ColorIndex`, der Sie den Index 15 (Grau) zuweisen.

Die Beispieldatei finden Sie auf der mitgelieferten CD im Verzeichnis KAP12 *unter dem Namen* TEREIGN05.XLS.

Es empfiehlt sich, diese Formatierung der geänderten Zellen vor dem Speichern der Arbeitsmappe wieder zu normalisieren. Dazu verwenden Sie das Arbeitsmappenereignis `Workbook_BeforeSave`.

Listing 12.24: Ereignis Workbook_-BeforeSave zum Entfernen von Formatierungen im Zielbereich einsetzen

```
Private Sub Workbook_BeforeSave _
(ByVal SaveAsUI As Boolean, Cancel As Boolean)
  Sheets("Kosten").Range("B2:C13"). _
  Interior.ColorIndex = xlNone
End Sub
```

12.2.7 Unterschiedliche Makros je nach Zellenwert starten

Stellen Sie sich vor, Sie haben eine Tabelle mit Preisen. Anhand einer bestimmten Zelle bestimmen Sie, in welche Währung diese Tabelle umgerechnet werden soll.

Abbildung 12.14: Die Ausgangstabelle: Alle Preise werden in € ausgegeben

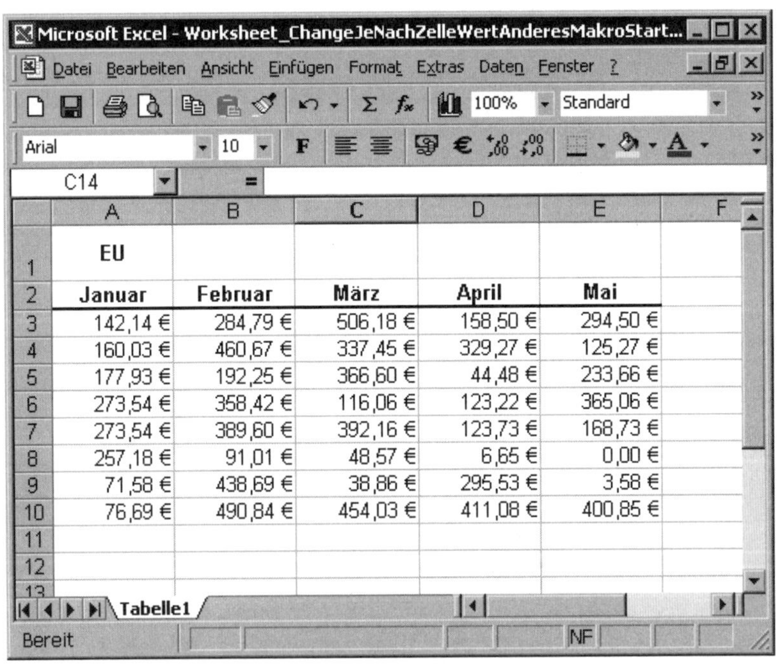

	A	B	C	D	E	F
1	EU					
2	Januar	Februar	März	April	Mai	
3	142,14 €	284,79 €	506,18 €	158,50 €	294,50 €	
4	160,03 €	460,67 €	337,45 €	329,27 €	125,27 €	
5	177,93 €	192,25 €	366,60 €	44,48 €	233,66 €	
6	273,54 €	358,42 €	116,06 €	123,22 €	365,06 €	
7	273,54 €	389,60 €	392,16 €	123,73 €	168,73 €	
8	257,18 €	91,01 €	48,57 €	6,65 €	0,00 €	
9	71,58 €	438,69 €	38,86 €	295,53 €	3,58 €	
10	76,69 €	490,84 €	454,03 €	411,08 €	400,85 €	
11						
12						

Geben Sie nun in Zelle A1 das Kürzel »DM« ein. Damit sollen dann alle Werte umgerechnet sowie das entsprechende Währungszeichen gesetzt werden. Diesen Mechanismus können Sie über das Ereignis `Worksheet_Change` erreichen. In Abhängigkeit von der Zelle A1 wird entweder das Makro `DMinEUROUmrechnen` bzw. das Makro `EUROinDMUmrechnen` gestartet. Erfassen Sie zunächst diese beiden Makros in einem Modulblatt.

Listing 12.25: Zwei Makros zum Umrechnen von Währungen

```
Sub DMinEUROUmrechnen()
Dim Zelle As Range

ActiveSheet.UsedRange.Select
For Each Zelle In Selection
If Zelle.HasFormula = True Or IsNumeric(Zelle) = False _
 Or IsEmpty(Zelle) Or IsDate(Zelle) Then
 Else
  Zelle = Zelle / 1.95583
 End If
 If IsEmpty(Zelle) Or IsDate(Zelle) Then
 Else
 Zelle.NumberFormat = "#,##0.00 _;-#,##0.00 _"
 End If
Next Zelle
End Sub
```

€ → DM

```
Sub EUROinDMumrechnen()
Dim Zelle As Range

ActiveSheet.UsedRange.Select
For Each Zelle In Selection
 If Zelle.HasFormula = True Or IsNumeric(Zelle) = False _
 Or IsEmpty(Zelle) Or IsDate(Zelle) Then
  Else
  Zelle = Zelle * 1.95583
  End If
  If IsEmpty(Zelle) Or IsDate(Zelle) Then
  Else
  Zelle.NumberFormat = "#,##0.00 $;-#,##0.00 $"
  End If
Next Zelle
End Sub
```

Die beiden Makros wurden in ähnlicher Form schon im Kapitel 5 erklärt; aus diesem Grund wird hier jetzt nicht weiter darauf eingegangen.

Sorgen Sie nun für den automatischen Start des jeweils richtigen Makros und verwenden Sie dazu das Ereignis `Worksheet_Change`.

Listing 12.26: *Ereignis Worksheet_-Change zum bedingten Starten von unterschiedlichen Makros*

```
Private Sub Worksheet_Change(ByVal Target As Excel.Range)
 If Target.Address = "$A$1" And Target.Value = "EU" _
 Then Call DMinEUROUmrechnen _
 Else If Target.Address = "$A$1" _
 And Target.Value = "DM" Then Call EUROinDMumrechnen
End Sub
```

Es wird lediglich ein Makro gestartet, wenn sich die Zelle A1 ändert. Alle Änderungen in anderen Zellen lösen den Makro-Start nicht aus.

Abbildung 12.15: *Das Endergebnis: die Preistabelle in DM*

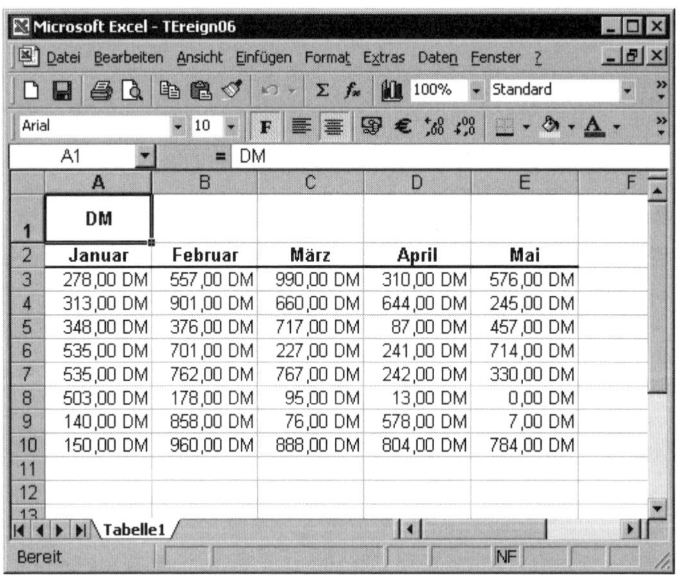

	A	B	C	D	E
1	DM				
2	Januar	Februar	März	April	Mai
3	278,00 DM	557,00 DM	990,00 DM	310,00 DM	576,00 DM
4	313,00 DM	901,00 DM	660,00 DM	644,00 DM	245,00 DM
5	348,00 DM	376,00 DM	717,00 DM	87,00 DM	457,00 DM
6	535,00 DM	701,00 DM	227,00 DM	241,00 DM	714,00 DM
7	535,00 DM	762,00 DM	767,00 DM	242,00 DM	330,00 DM
8	503,00 DM	178,00 DM	95,00 DM	13,00 DM	0,00 DM
9	140,00 DM	858,00 DM	76,00 DM	578,00 DM	7,00 DM
10	150,00 DM	960,00 DM	888,00 DM	804,00 DM	784,00 DM

Die Beispieldatei finden Sie auf der mitgelieferten CD im Verzeichnis KAP12 *unter dem Namen* TEREIGN06.XLS.

12.2.8 Wareneingänge dokumentieren

In einem Unternehmen ist es sehr wichtig alle Wareneingänge zu dokumentieren. So werden gestellte Rechnungen erst bezahlt, wenn die Ware eingegangen ist. Für diese Aufgabe können Sie eine einfache Tabelle pflegen, in welcher Sie die Wareneingänge verzeichnen. Das Datum des Wareneingangs kann Excel dann automatisch für Sie einfügen.

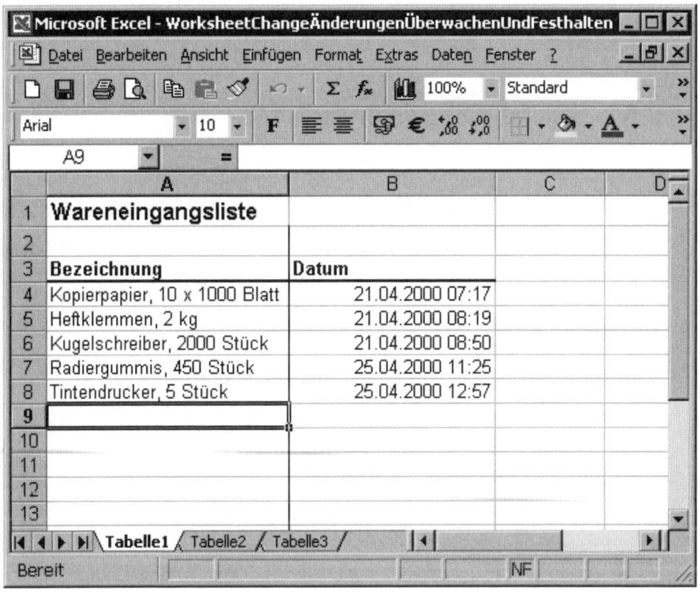

Abbildung 12.16: Die Wareneingangsliste

Sobald ein neuer Wareneingang in Spalte A eingetragen wird, fügt Excel automatisch das aktuelle Tagesdatum in Spalte B ein. Für diese Aufgabe setzen Sie das Ereignis `Worksheet_Change` ein, welches Sie Listing 12.27 entnehmen können.

```
Private Sub Worksheet_Change(ByVal Target As Range)
Dim l As Long
 l = ActiveSheet.UsedRange.Rows.Count
    If Not Application.Intersect _
    (Target, Range("A4:A" & l)) Is Nothing Then
        Target.Offset(0, 1).Value = Now
    End If
End Sub
```

Listing 12.27: Ereignis Worksheet_-Change zur Dokumentation von Wareneingängen einsetzen

Da die ersten drei Zeilen der Wareneingangsliste mit Überschriften belegt sind und diese nicht geändert werden dürfen, müssen Sie zuerst den Bereich definieren, für den diese Automatik gelten soll.

Der Geltungsbereich soll in der ganzen Spalte A gelten, mit Ausnahme der ersten drei Zellen dieser Spalte. Ermitteln Sie aus diesem Grund zuerst einmal die Anzahl der belegten Zellen in Spalte A. Prüfen Sie im nächsten Schritt über die Methode `Intersect`, ob die Zelleneingabe im Zielbereich liegt. Wenn ja, fügen Sie in der Nebenzelle das aktuelle Datum über die Funktion `Date` ein.

Die Beispieldatei finden Sie auf der mitgelieferten CD im Verzeichnis KAP12 *unter dem Namen* TEREIGN07.XLS.

12.2.9 Artikelliste bereinigen

Die Anforderungen

In der nächsten Aufgabe wird eine Artikelliste geführt. Dabei sollen Artikel, die nicht mehr im Sortiment bzw. nicht mehr lieferbar sind, zwar nicht aus der Liste gelöscht, aber ausgeblendet werden. Damit haben Sie die Möglichkeit, diese Artikel wieder aufleben zu lassen, und Sie ersparen sich dadurch lästige Schreibarbeit. Nun müssen Sie nur noch definieren, woran Sie diese Artikel identifizieren können.

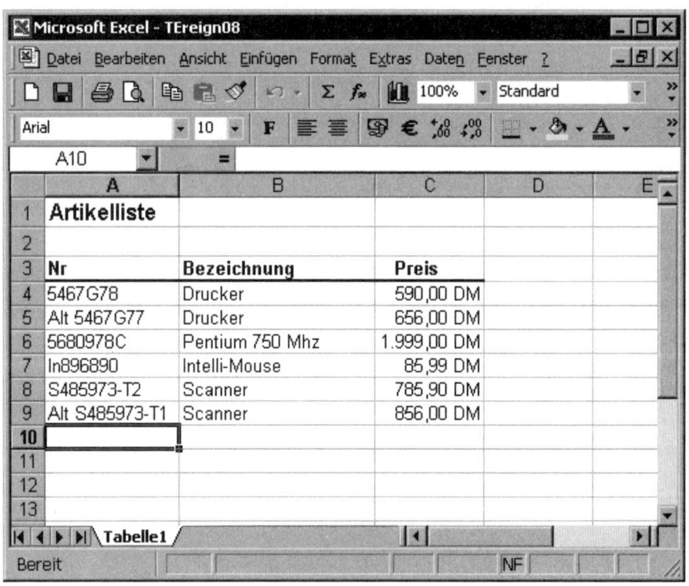

***Abbildung 12.17:** Die Ausgangssituation: eine Artikelliste mit allen lieferbaren und nicht lieferbaren Artikeln*

In der Abbildung 12.17 sehen Sie, dass für nicht mehr lieferbare Artikel in der Spalte A der Text ALT in Verbindung mit der Artikelnummer vorgesehen ist. Anhand dieser Kennzeichnung sollen zukünftig Zeilen direkt nach der Eingabe ausgeblendet werden.

```
Private Sub Worksheet_Change(ByVal Target As Range)
  If Target.Column = 1 _
  And Left(Target.Value, 3) = "Alt" _
  Then Target.EntireRow.Hidden = True
End Sub
```

Listing 12.28: Ereignis Worksheet_-Change zum Ausblenden von bestimmten Zeilen

Schränken Sie den Gültigkeitsbereich des Ereignisses ein, indem Sie zuerst einmal die Spalte angeben, für die das Ereignis gelten soll. Dazu setzen Sie die Eigenschaft `Column` auf den Wert 1. Als zweites Gültigkeitskriterium prüfen Sie, ob die ersten drei Buchstaben der Artikelnummer die Zeichenfolge `Alt` aufweisen. Wenn ja, blenden Sie die aktive Zelle aus.

REF

Das Beispiel aus Listing 12.28 blendet jeweils nur eine Zeile aus, sofern die Eingabe in Spalte A vorgenommen wurde und der Zelleneintrag mit der Zeichenfolge `Alt` *beginnt. Möchten Sie in einer Liste alle Zeilen ausblenden, die einem bestimmten Kriterium entsprechen, blättern Sie zurück ins Kapitel 6.*

CD-ROM

Die Beispieldatei finden Sie auf der mitgelieferten CD im Verzeichnis KAP12 *unter dem Namen* TEREIGN08.XLS.

12.2.10 Nur einmalige Eingabe zulassen

Die Anforderungen

Im nächsten Beispiel erstellen Sie eine Tabelle, in der jede Zelle nur einmal editiert werden kann. Nach dieser einmaligen Eingabe wird die Zelle geschützt und kann nicht mehr geändert werden. In der Praxis werden solche Lösungen oft eingesetzt, um wichtige Informationen zu schützen und zu verhindern, dass Daten im Nachhinein angefasst werden können. So können Sie sich eine Buchungsliste vorstellen, auf der einzelne Buchungspositionen aufgeführt sind. Getreu der Vorgabe »keine Buchung ohne Beleg« können einmal vorgenommene Buchungen danach nicht mehr geändert werden. Wenn Korrekturen vorgenommen werden müssen, muss ein neuer Datensatz erzeugt und unten an die Liste angehängt werden.

Um die bisher eingegebenen Daten zu schützen, setzen Sie folgendes Ereignis aus Listing 12.29 ein.

```
Private Sub Worksheet_Change(ByVal Target As Range)
    If Target.Value <> "" Then
        ActiveSheet.Unprotect
        Target.Locked = True
        ActiveSheet.Protect DrawingObjects:=True, _
        Contents:=True, Scenarios:=True
    End If
End Sub
```

Listing 12.29: Ereignis Worksheet_-Change zum Schützen bereits eingegebener Daten

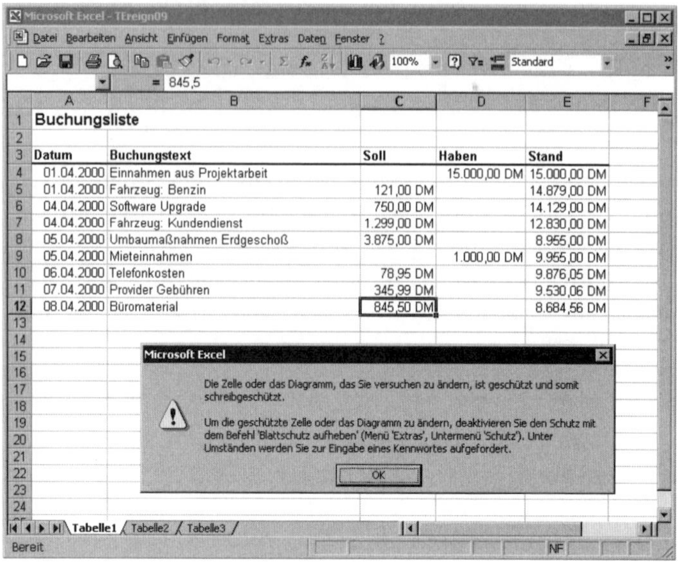

Abbildung 12.18: *Die Buchungsliste ist geschützt – nur neue Eingaben sind möglich*

Heben Sie den Schutz eines Tabellenblattes mit Hilfe der Methode `UnProtect` auf, sofern in die aktive Zelle eine Eingabe vorgenommen wurde. Setzen Sie die Eigenschaft `Locked` auf den Wert `True`, um die Zelle zu sperren, und belegen Sie die Tabelle danach über die Methode `Protect` mit einem Passwortschutz.

CD-ROM

Die Beispieldatei finden Sie auf der mitgelieferten CD im Verzeichnis KAP12 *unter dem Namen* TEREIGN09.XLS.

12.2.11 Tabellenname aus Zelle herleiten

Die Benennung einer Tabelle können Sie u.a. auch abhängig machen von einer bestimmten Zelle. Im Listing 12.30 wird die Zelle A1 für die Benennung des Tabellenblattes herangezogen. Jede Änderung dieser Zelle bedingt danach auch eine Änderung des Tabellenblattnamens.

Listing 12.30: *Ereignis Worksheet_-Change zum Benennen eines Tabellenblattes in Abhängigkeit von einem Zellenwert*

```
Private Sub Worksheet_Change(ByVal Target As Excel.Range)
Dim s As String

 If Target.Address = "$A$1" _
 And IsDate(Target.Value) Then
  s = Range("A1").Value
  s = Format(s, "mmm yy")
  ActiveSheet.Name = s
 End If
End Sub
```

Das Ereignis `Worksheet_Change` *wird nur ausgelöst, wenn in Zelle A1 eine Änderung stattfindet. Als zweites Kriterium muss in diese Zelle ein gültiges Datum eingegeben werden. Wenn beide Kriterien erfüllt sind, wird das Datum in Zelle A1 in die Variable* `s` *überführt. Danach wird das Datumsformat über die Funktion* `Format` *festgelegt. Im Anschluss daran wird der Inhalt der Variablen* `s` *als neuer Tabellenblattnamen verwendet.*

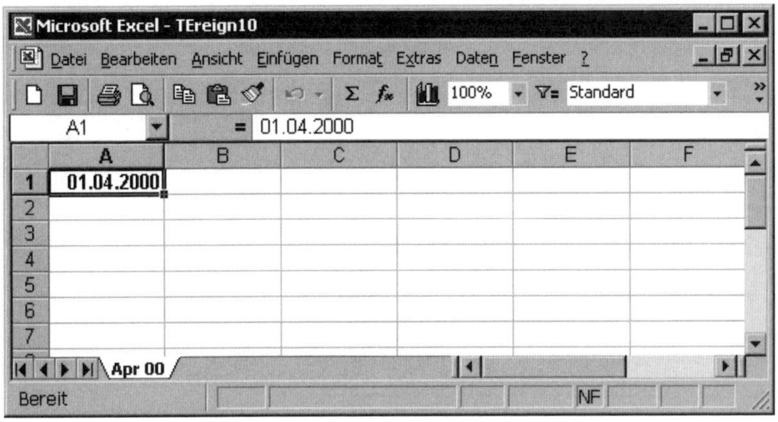

Abbildung 12.19: *Der Tabellenblattname wird aus der Zelle A1 abgeleitet*

Die Beispieldatei finden Sie auf der mitgelieferten CD im Verzeichnis KAP12 *unter dem Namen* TEREIGN10.XLS

12.2.12 Automatische Suche von Datensätzen

Vielleicht haben Sie schon einmal mit einem Suchsystem gearbeitet. Dabei geben Sie in einem Feld einen Suchbegriff ein und bekommen alle gefundenen Datensätze angezeigt. Ein solches Suchsystem können Sie auch in Excel leicht erstellen.

Die Anforderung

In einer Artikelliste soll der gesuchte Satz schnell gefunden werden. Dazu geben Sie in Zelle A1 die Artikelnummer ein und bestätigen Ihre Eingabe mit dem Drücken der [↵]-Taste. Excel sucht dann automatisch und positioniert den Mauszeiger auf die gefundene Zelle. Bei der Eingabe brauchen Sie keine kompletten Artikelnummern einzugeben. Es reicht auch, wenn Sie eine bzw. zwei Ziffern als Suchbegriff eingeben.

Der Suchen-Vorgang darf nur gestartet werden, wenn in Zelle A1 eine Eingabe vorgenommen wurde. Dazu setzen Sie das Ereignis aus Listing 12.31 ein.

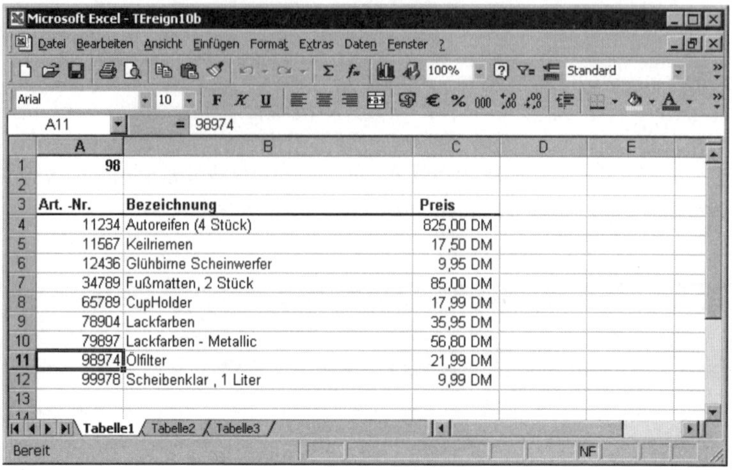

	A	B	C
1	98		
2			
3	Art.-Nr.	Bezeichnung	Preis
4	11234	Autoreifen (4 Stück)	825,00 DM
5	11567	Keilriemen	17,50 DM
6	12436	Glühbirne Scheinwerfer	9,95 DM
7	34789	Fußmatten, 2 Stück	85,00 DM
8	65789	CupHolder	17,99 DM
9	78904	Lackfarben	35,95 DM
10	79897	Lackfarben - Metallic	56,80 DM
11	98974	Ölfilter	21,99 DM
12	99978	Scheibenklar , 1 Liter	9,99 DM

Abbildung 12.20: Das Suchsystem für die Artikelliste

Listing 12.31: Ereignis Worksheet_-Change zum Starten eines Suchen-Makros einsetzen

```
Private Sub Worksheet_Change(ByVal Target As Range)
 If Target.Address = "$A$1" Then SuchenArt
End Sub
```

Wie Sie sehen, wird im Listing 12.31 ein Makro mit dem Namen `SuchenArt` aufgerufen. Erfassen Sie dieses Makro in einem Modulblatt.

Listing 12.32: Den gesuchten Artikel anhand der Eingabe einer Artikelnummer finden

```
 Sub SuchenArt()
Dim s As String
Dim i As Integer

s = Range("A1").Value
Range("A3").Select
For i = 1 To ActiveSheet.UsedRange.Rows.Count
 If Left(ActiveCell.Value, 1) = s Or _
 Left(ActiveCell.Value, 2) = s Then Exit For
 ActiveCell.Offset(1, 0).Select
Next i
End Sub
```

CD-ROM

Die Beispieldatei finden Sie auf der mitgelieferten CD im Verzeichnis KAP12 *unter dem Namen* TEREIGN10B.XLS.

12.2.13 Die Lesbarkeit der aktuellen Auswahl erhöhen

Die aktive Zelle wird durch den Mauszeiger festgelegt. Wenn Sie möchten, können Sie zusätzlich dazu jeweils die Schriftart innerhalb der Markierung vergrößern, damit noch klarer herausgestellt wird, welche Zelle bzw. Markierung aktiviert ist. Wird somit eine Zelle markiert, so wird die Schriftart kurzfristig auf den Schriftgrad 12 gesetzt. Beim Verlassen der Zelle wird der ursprüngliche Schriftgrad wieder eingestellt. Um diesen Automatismus umzusetzen, benötigen Sie das Ereignis `Worksheet_SelectionChange`. Dieses Ereignis tritt ein, wenn sich die Markierung auf einem Tabellenblatt ändert.

Listing 12.33: *Ereignis Worksheet_-SelectionChange zum temporären Vergrößern der Schriftart innerhalb der Markierung*

```
Private Sub Worksheet_SelectionChange _
 (ByVal Target As Excel.Range)
    Static Zelle As Range
    If Not Zelle Is Nothing Then
        Zelle.Font.Size = 10
    End If
    Target.Font.Size = 12
    Set Zelle = Target
End Sub
```

Setzen Sie die Anweisung `Static` ein, um eine Variable zu deklarieren, die jeweils die Adresse der aktiven Zelle aufnehmen soll. Die mit der Static-Anweisung deklarierte Variable behält ihren Wert bei, solange der Code ausgeführt wird. Mit dem Schlüsselwort `Nothing` überprüfen Sie, ob die Zelle verlassen wurde. Wenn ja, muss der Schriftgrad wieder auf 10 gesetzt werden. Wird eine neue Zelle aktiviert, wird der Schriftgrad 12 eingestellt. Am Ende setzen Sie die Objektvariable `Zelle` mit der aktiven Zelle gleich.

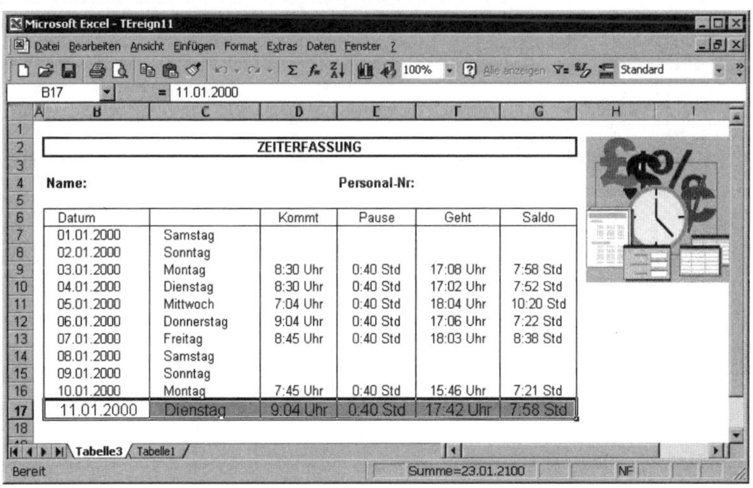

Abbildung 12.21: *Innerhalb der aktuellen Markierung wird der Schriftgrad vergrößert*

Eine weitere Möglichkeit, um die jeweils aktive Zelle bzw. den markierten Zellbereich deutlich hervorzuheben, ist die Verwendung einer helleren Hintergrundfarbe für die aktive Zelle.

Listing 12.34: Ereignis Worksheet_SelectionChange zum Belegen der jeweils aktiven Zelle mit der Hintergrundfarbe Gelb

```
Private Sub Worksheet_SelectionChange _
(ByVal Target As Range)
 Static Zelle As Range
 If Not Zelle Is Nothing Then
    Zelle.Interior.ColorIndex = xlColorIndexNone
 End If
 Target.Interior.ColorIndex = 6
 Set Zelle = Target
End Sub
```

Die Beispieldateien finden Sie auf der mitgelieferten CD im Verzeichnis KAP12 *unter dem Namen* TEREIGN11.XLS

12.2.14 Mehr Übersichtlichkeit in Tabellen herstellen

Wenn Sie auf der Suche nach einer bestimmten Information in einer Tabelle sind und diese auch gefunden haben, interessiert Sie nicht nur der Inhalt der gefundenen Zelle, sondern oft auch die Informationen, die in den übrigen Zellen der Zeile stecken. Aus diesem Grund können Sie das Ereignis `Worksheet_SelectionChange` auch einsetzen, um die Markierung einer Zelle auf die Markierung der ganzen Zeile auszuweiten.

Abbildung 12.22: Wird eine Zelle markiert, erfolgt automatisch die Markierung der gesamten Zeile

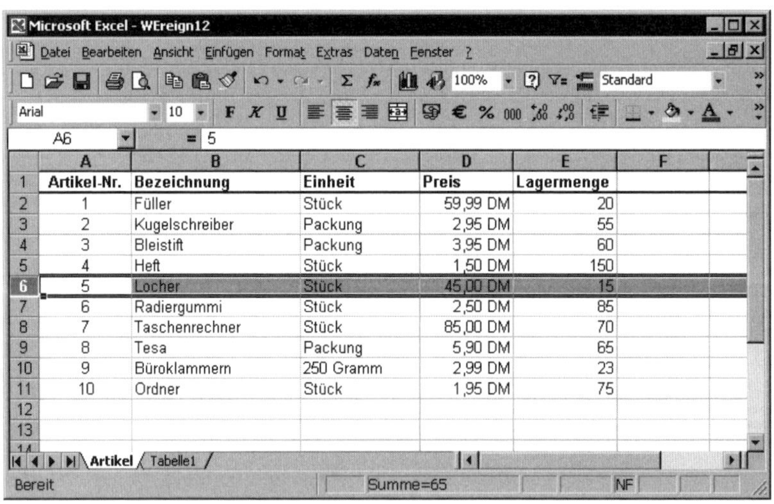

Die Lösung für dieses Feature entnehmen Sie Listing 12.35.

```
Private Sub Worksheet_SelectionChange _
(ByVal Target As Excel.Range)
    Application.EnableEvents = False
    Rows(Target.Row).Select
    Target.Activate
    Application.EnableEvents = True
End Sub
```

Listing 12.35: Ereignis Worksheet_-SelectionChange zum Erweitern der Auswahl der aktiven Zelle auf die gesamte Zeile

Im letzten Beispiel in Listing 12.35 müssen Sie die Ereignissteuerung kurzfristig ausschalten, um zu verhindern, eine Endlosschleife zu produzieren. Dazu setzen Sie die Eigenschaft `EnableEvents` auf den Wert `False`.

Danach markieren Sie die komplette Zeile und sorgen dafür, dass der Mauszeiger trotzdem wieder auf der ursprünglich markierten Zelle positioniert wird. Setzen Sie daraufhin die Eigenschaft `EnableEvent` wieder auf den Wert `True`, um die Ereignissteuerung zuzulassen.

Die Beispieldatei finden Sie auf der mitgelieferten CD im Verzeichnis KAP12 *unter dem Namen* TEREIGN12.XLS.

CD-ROM

12.2.15 Mausklicks überwachen

Mit den Ereignissen `Worksheet_BeforeRightClick` und `Worksheet_BeforeDoubleClick` können Sie entscheiden, was passieren soll, sofern die rechte Maustaste geklickt bzw. die linke Maustaste doppelt angeklickt wird.

Klick mit rechter Maustaste

Wenn Sie auf einem Tabellenblatt verhindern möchten, dass das Zellenkontextmenü für einen bestimmten Bereich herunterklappt, wenn Sie die rechte Maustaste drücken, erfassen Sie folgendes Ereignismakro:

```
Private Sub Worksheet_BeforeRightClick _
(ByVal Target As Range, Cancel As Boolean)
Dim VerbotenerBereich As Range
Set VerbotenerBereich = Range("B2:D10")
If Intersect(Target, VerbotenerBereich) _
 Is Nothing Then Exit Sub
Cancel = True
End Sub
```

Listing 12.36: Ereignis Worksheet_-BeforeRightClick zum Verhindern des Aufklappens des Kontextmenüs

Definieren Sie zuerst den Zielbereich, für den das Kontextmenü deaktiviert werden soll. Danach fragen Sie über die Methode `Intersect` ab, ob sich die aktuell markierte Zelle im Zielbereich befindet oder nicht. Wenn ja, setzen Sie das Argument `Cancel` einfach auf den Wert `True` und das Herunterklappen des Kontextmenüs unterbleibt.

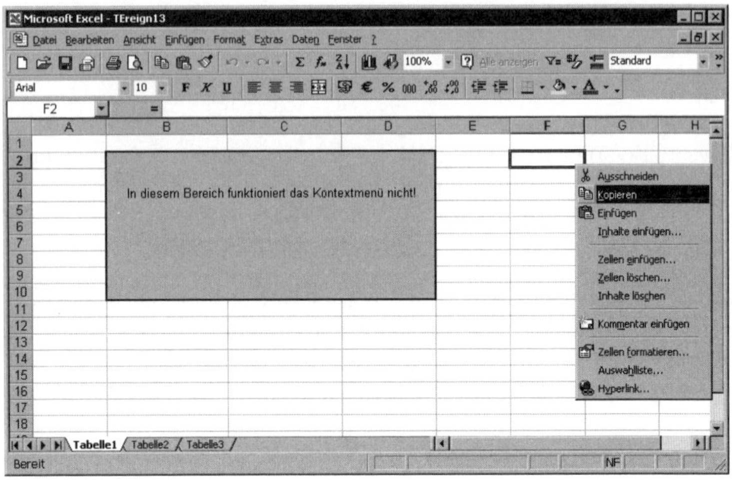

Abbildung 12.23: Kontextmenü ist aktiv, da die aktive Zelle sich außerhalb des definierten Bereichs befindet

CD-ROM

Die Beispieldatei finden Sie auf der mitgelieferten CD im Verzeichnis KAP12 *unter dem Namen* TEREIGN13.XLS.

Doppelklick mit linker Maustaste

Neben der rechten Maustaste können Sie aber auch einen Doppelklick auf eine Zelle abfangen. In der folgenden Aufgabe soll eine bestimmte Zelle immer um den Wert 1 hochgezählt werden, und zwar immer dann, wenn auf diese Zelle ein Doppelklick ausgeführt wird. Damit aber noch nicht genug. Auf diese hochgezählte Zelle sollen sich andere Zellen beziehen, sodass Sie nach jedem Doppelklick mehrere Zellen automatisch ändern.

Zelle A5 ist in Abbildung 12.24 die veränderbare Zelle. In Zelle B5 steht der Stückpreis, in Zelle C5 wird die Menge mit dem Stückpreis multipliziert (=A5*B5).

Erfassen Sie nun das Ereignis `Worksheet_BeforeDoubleClick`:

Listing 12.37: Ereignis Worksheet_-BeforeDoubleClick zum Hochzählen eines Zellenwertes

```
Private Sub Worksheet_BeforeDoubleClick _
(ByVal Target As Excel.Range, Cancel As Boolean)
    If Target.Address = "$A$5" Then
        Target.Value = Target.Value + 1
        Cancel = True
    End If
End Sub
```

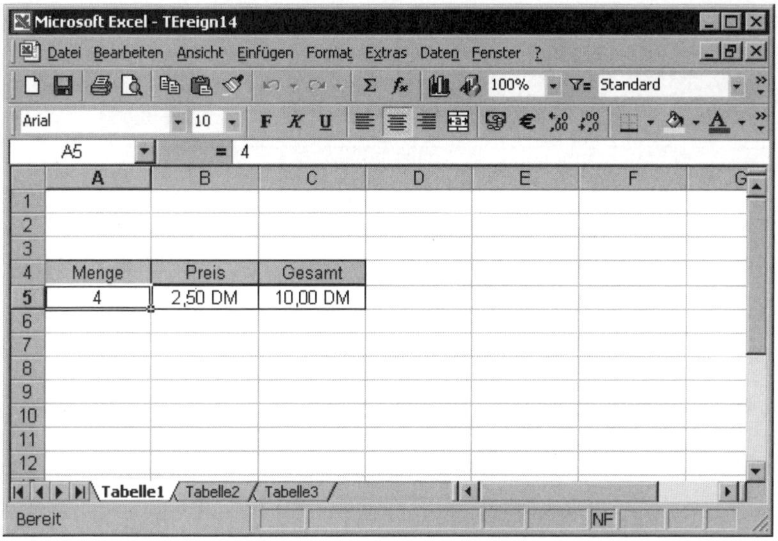

Abbildung 12.24: Tabelle Menge x Preis

Addition auf Knopfdruck

Stimmt die Zelle, auf der Sie einen Doppelklick ausführen, mit der definierten Zelle A5 überein, wird der aktuelle Zelleninhalt um den Wert 1 erhöht. Das Argument `Cancel` wird auf den Wert `True` gesetzt, um zu verhindern, dass die normale Aktion bei einem Doppelklick auf die Zelle, die direkte Zellbearbeitung, ausgeführt wird.

Die Beispieldatei finden Sie auf der mitgelieferten CD im Verzeichnis KAP12 *unter dem Namen* TEREIGN14.XLS.

CD-ROM

12.2.16 Direkte Verbindung zu einer anderen Tabelle erstellen

Neu in der Version Excel 2000 ist auch das Ereignis `Worksheet_FollowHyperlink`. Dieses Ereignis tritt dann ein, wenn Sie auf einen Hyperlink auf Ihrem Tabellenblatt klicken. Wenn Sie in Excel auf einen Hyperlink klicken, wird die im Hyperlink angegebene Webseite bzw. ein Office-Dokument geöffnet. Dabei bleibt die aufrufende Arbeitsmappe geöffnet. Möchten Sie nach dem Sprung die aufrufende Arbeitsmappe schließen, dann setzen Sie das Ereignis `Worksheet_FollowHyperlink` ein.

Abbildung 12.25: Ein Hyperlink zu einer anderen Arbeitsmappe

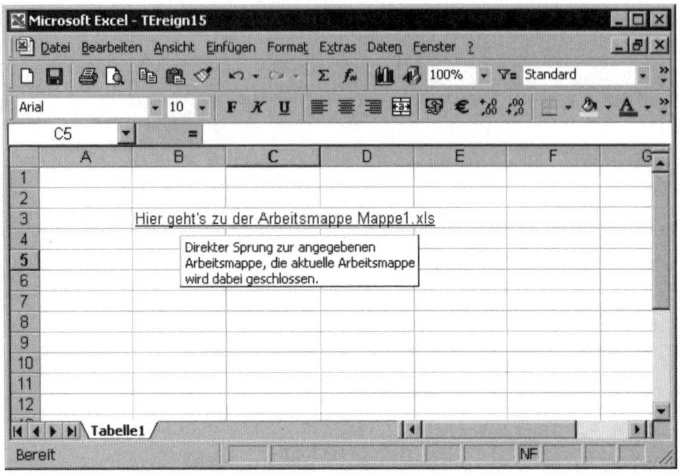

Listing 12.38: Ereignis Worksheet_-FollowHyperlink für den Sprung in eine andere Arbeitsmappe nutzen

```
Private Sub Worksheet_FollowHyperlink _
(ByVal Target As Hyperlink)
 Application.DisplayAlerts = False
 Workbooks("TEreign15.xls").Close
  Application.DisplayAlerts = True
End Sub
```

CD-ROM

Die Beispieldatei finden Sie auf der mitgelieferten CD im Verzeichnis KAP12 *unter dem Namen* TEREIGN15.XLS.

Setzen Sie die Eigenschaft `DisplayAlerts` vor dem Schließen der Arbeitsmappe auf den Wert `False`, um die Bestätigungsmeldung für das Schließen der Arbeitsmappe zu umgehen. Setzen Sie nach dem Schließen der Arbeitsmappe diese Eigenschaft wieder auf den Wert `True`, damit Meldungen und Warnungen wieder standardmäßig in Excel angezeigt werden.

REF

Lernen Sie mehr über den Einsatz von Hyperlinks in Kapitel 18.

12.2.17 Alle Ereignisse für Tabellen im Überblick

Entnehmen Sie alle Ereignisse für Tabellen und eine Kurzerklärung der Tabelle 12.2.

Tabelle 12.2: Alle Ereignisse für das Tabellenblatt in der Übersicht

Ereignis	Beschreibung
`Worksheet_Activate`	Tritt ein, wenn ein Tabellenblatt aktiviert wird.
`Worksheet_Change`	Tritt ein, wenn sich der Wert in einer Zelle ändert.
`Worksheet_Calculate`	Tritt ein, wenn eine Tabelle neu berechnet wird.
`Worksheet_Deactivate`	Tritt ein, wenn ein Tabellenblatt deaktiviert wird, beispielsweise wenn ein Tabellenblatt verlassen wird.
`Worksheet_Follow-Hyperlink`	Tritt ein, wenn der Anwender auf einen Hyperlink in einer Tabelle klickt.
`WorkSheet_Selection-Change`	Tritt ein, wenn sich die Markierung auf einem Tabellenblatt ändert.

12.3 Reaktion auf Tastendruck

Sicher kennen Sie Tastenkombinationen wie [Alt] + [F4], um eine Anwendung zu schließen, oder [Strg] + [C], um Daten in die Zwischenablage zu kopieren, bzw. [Strg] + [V], um kopierte Daten aus der Zwischenablage einzufügen, und viele mehr. Mit Hilfe der Methode `OnKey` haben Sie in Excel die Möglichkeit, bestimmte Tastenkombinationen ein- und auszuschalten oder eigene Makros bestimmten Tastenkombinationen zuzuordnen.

Das Zuordnen von Makros zu Tastenkombinationen können Sie manuell zuordnen, indem Sie wie folgt vorgehen:

STEP

1. *Wählen Sie aus dem Menü* EXTRAS *den Befehl* MAKRO/MAKROS.
2. *Im Dialog* MAKRO *klicken Sie im Listenfeld* MAKRONAME *auf dasjenige Makro, dem Sie eine Tastenkombination zuordnen möchten.*
3. *Klicken Sie auf die Schaltfläche* OPTIONEN.
4. *Weisen Sie eine gewünschte Tastenkombination zu und bestätigen Sie mit* OK.
5. *Klicken Sie zum Abschluss auf die Schaltfläche* AUSFÜHREN *bzw. auf* BEARBEITEN, *damit die Tastenkombination wirksam wird.*

Abbildung 12.26: *Eine eigene Tastenkombination zuweisen*

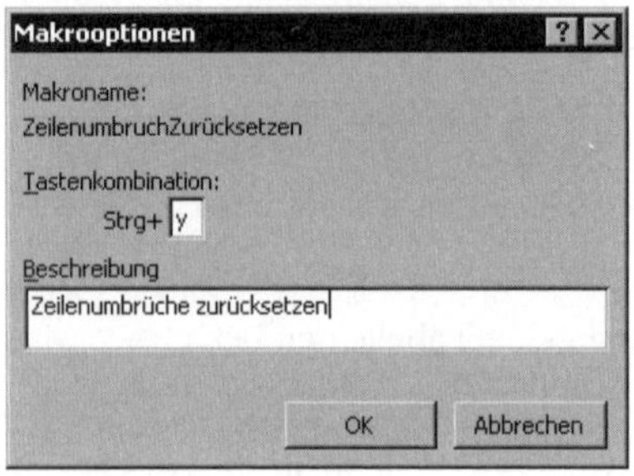

Sie können Tastenkombinationen aber auch über die Methode `OnKey` zuordnen. Die Methode `OnKey` führt die angegebene Prozedur aus, wenn eine bestimmte Taste oder Tastenkombination gedrückt wird.

Die Syntax

Die Syntax der Methode lautet: `Application.OnKey(Key, Procedure)`

Die Argumente der Methode OnKey

Das Argument `Key` entspricht der Taste(n), die gedrückt wird. Das Argument `Procedure` ist optional. Es entspricht dem Makro, welches Sie der Tastenkombination zuweisen möchten. Bleibt dieses Argument leer (""), dann hat das Drücken der Taste keine Wirkung.

:-) TIPP

Die Methode `OnKey` *können Sie übrigens erstklassig mit den bereits kennen gelernten Ereignissen kombinieren.*

Entnehmen Sie der folgenden Tabelle 12.3 alle möglichen Tasten und deren Codebelegung.

Tabelle 12.3: *Alle Tasten und deren Codebelegung*

Taste	Codebelegung
[←]	{BACKSPACE} oder {BS}
[PAUSE]	{BREAK}
[⇩]	{CAPSLOCK}
[Entf]	{CLEAR}
[Entf]	{DELETE} oder {DEL}
[↓]	{DOWN}
[ENDE]	{END}
[↵] Zehnertastatur	{ENTER}
[~]	~ (Tilde)
[Esc]	{ESCAPE} oder {ESC}
[HILFE]	{HELP}

Taste	Codebelegung
Pos1	{HOME}
Einfg	{INSERT}
←	{LEFT}
Num	{NUMLOCK}
BILD ↓	{PGDN}
BILD ↑	{PGUP}
↵	{RETURN}
→	{RIGHT}
ROLLEN	{SCROLLOCK}
⇆	{TAB}
↑	{UP}
F1 bis F15	{F1} bis {F15}

In jeder Anwendung von Windows können die Tasten aus Tabelle 12.3 auch mit den Tasten Alt, Strg oder ⇧ kombiniert werden. Entnehmen Sie aus der nachfolgende Tabelle 12.4 die Codierung dieser Zusatztasten.

Tabelle 12.4: Alle Zusatztasten auf der Tastatur

Zusatztaste	Vorangestelltes Zeichen
⇧	+ (Pluszeichen)
Strg	^ (Caret-Zeichen)
Alt	% (Prozentzeichen)
BEFEHLSTASTE	* (Sternchen)

Nachdem Sie nun wissen, unter welcher Codebelegung Sie die einzelnen Tasten und Zusatztasten ansprechen können, folgen ein paar Aufgaben aus der Praxis.

12.3.1 Tastenkombinationen ein- und ausschalten

Nehmen Sie einmal an, Sie haben ein Tabellenblatt, auf dem nicht mit Tastenkombinationen gearbeitet werden soll. Beim Zugriff auf dieses Tabellenblatt sollen also alle Tastenkombinationen deaktiviert, beim Verlassen des Tabellenblattes sollen sie alle wiederhergestellt werden. Um diese Aufgabe zu lösen, gehen Sie wie folgt vor:

Schreiben Sie zuerst das Makro für das Deaktivieren der Tastenkombinationen.

Listing 12.39: Alle Tastenkombinationen mit der Strg-Taste werden deaktiviert

```
Sub TastenkombinationenAusschalten()
    Dim i As Integer
    On Error Resume Next
    For i = 1 To 255
        Application.OnKey "^" & Chr(i), ""
    Next i
End Sub
```

Setzen Sie eine `For Next`-Schleife auf, um alle Tastenkombinationen zu deaktivieren. Dabei setzen Sie als Endwert der Schleife die Zahl 255 ein. Diese Zahl stellt den normalen Bereich für Zeichencode dar. Die Funktion `Chr` gibt einen Wert vom Typ `String` zurück, der das Zeichen enthält, das dem angegebenen Zeichen-Code zugeordnet ist. Indem Sie bei der Methode `OnKey` das Zeichen für das Dach (^) sowie die jeweilige Zeichen angeben und das letzte Argument leer lassen, sorgen Sie dafür, dass alle Tastenkombinationen mit der Strg-Taste ausgeschaltet werden.

Bauen Sie nun den Mechanismus in der Tabelle TABELLE2 ein. Dazu klicken Sie die Tabelle im Projekt-Explorer doppelt an und erfassen folgendes Ereignis.:

Listing 12.40: Ereignis Worksheet_Activate zum Starten des Makros zum Deaktivieren aller Tastenkombinationen

```
Private Sub Worksheet_Activate()
 TastenkombinationenAusschalten
End Sub
```

Damit die Tastenkombinationen beim Verlassen der TABELLE2 wieder hergestellt werden, erfassen Sie nun auf Modulebene das Makro in Listing 12.41.

Listing 12.41: Alle Tastenkombinationen mit der Strg-Taste werden wieder aktiviert

```
Sub TastenkombinationenEinschalten()
    Dim i As Integer
    On Error Resume Next
    For i = 1 To 255
        Application.OnKey "^" & Chr(i)
    Next i
End Sub
```

Nun müssen Sie noch das Ereignis `Worksheet_Deactivate` einstellen. Dieses Ereignis entnehmen Sie dem Listing 12.42.

```
Private Sub Worksheet_Deactivate()
 TastenkombinationenEinschalten
End Sub
```

Listing 12.42: Ereignis Worksheet_-Deactivate zum Starten des Makros zum Aktivieren aller Tastenkombinationen

Die Beispieldatei finden Sie auf der mitgelieferten CD im Verzeichnis KAP12 *unter dem Namen* TASTEN.XLS.

CD-ROM

12.3.2 Zeilenumbrüche zurücksetzen

Um Zeilenumbrüche wieder zu entfernen, müssen Sie aus dem Menü FORMAT den Befehl ZELLEN wählen. Anschließend wechseln Sie auf die Registerkarte AUSRICHTUNG und deaktivieren das Kontrollkästchen ZEILENUMBRUCH. Diesen Ablauf von mehreren Schritten können Sie auch elegant über eine Tastenkombination festlegen. Dazu definieren Sie schon beim Öffnen einer Arbeitsmappe, dass diese Abfolge von Befehlen beispielsweise der Tastenkombination [Strg] + [Z] zugeordnet wird. Dazu setzen Sie das Arbeitsmappen-Ereignis `Workbook_Open` aus Listing 12.43 ein.

```
Private Sub Workbook_Open()
 Application.OnKey "^z", "ZeilenumbruchZurücksetzen"
End Sub
```

Listing 12.43: Ereignis Workbook_Open für das Definieren einer Tastenkombination zum Deaktivieren von Zeilenumbrüchen

Schreiben Sie nun das Makro auf Modulebene, welches den Zeilenumbruch für die aktive Zelle bzw. den markierten Datenbereich deaktiviert.

```
Sub ZeilenumbruchZurücksetzen()
    With Selection
        .HorizontalAlignment = xlGeneral
        .VerticalAlignment = xlBottom
        .WrapText = False
        .Orientation = 0
        .ShrinkToFit = False
        .MergeCells = False
    End With
End Sub
```

Listing 12.44: Der Zeilenumbruch innerhalb einer Zellenmarkierung wird deaktiviert

INFO

Die gerade beschriebene Vorgehensweise können Sie auch für andere Arbeiten in Excel, wie das Auflösen von verbundenen Zellen, das Aus- oder Einblenden von Gitternetzlinien oder sonstige Aufgaben, einsetzen.

CD-ROM

Die Beispieldatei finden Sie auf der mitgelieferten CD im Verzeichnis KAP12 *unter dem Namen* TASTEN.XLS.

12.3.3 Texte einfügen

Im nächsten Beispiel für die Methode `OnKey` soll eine Adresse per Tastenkombination in eine Zelle eingefügt werden. Dabei soll auch schon automatisch der Zeilenumbruch eingestellt werden. Erfassen Sie dazu zuerst einmal das Ereignis `Workbook_Open`.

***Listing 12.45:** Ereignis Workbook_Open zum Zuweisen einer Tastenkombination für das Einfügen einer Adresse*

```
Private Sub Workbook_Open()
 Application.OnKey "^y", "TextEinfügen"
End Sub
```

Schreiben Sie jetzt das eigentliche Makro, welches die Adresse formatiert in die Zelle eingibt.

***Listing 12.46:** Eine Adresse wird in die aktive Zelle per Tastenkombination eingefügt*

```
Sub TextEinfügen()
  With ActiveCell
    .Value = _
     "Bernd Held" & Chr(10) & _
     "Burgherrenstr. 89" & Chr(10) & _
     "70469 Stuttgart"
    .WrapText = True
   End With
   With Selection
     .ColumnWidth = 18
     .VerticalAlignment = xlCenter
   End With
End Sub
```

Mit der Tastenkombination [Strg] + [Y] fügen Sie die Adresse in die aktive Zelle ein. Mit Hilfe der Funktion `Chr(10)` erzeugen Sie einen Zeilenumbruch. Trotzdem müssen Sie der aktiven Zelle über die Eigenschaft `WrapText` noch mitteilen, dass der Text in der Zelle umbrochen werden soll. Stellen Sie danach die Spalte in einer ausreichenden Breite ein, sodass die Zeilenumbrüche, wie Sie sie mit der Funktion `Chr(10)` festgelegt haben, auch umgesetzt werden können. Zuletzt sorgen Sie mit der Eigenschaft `VerticalAlignment` dafür, dass die Adresse in der Zelle vertikal ausgerichtet wird.

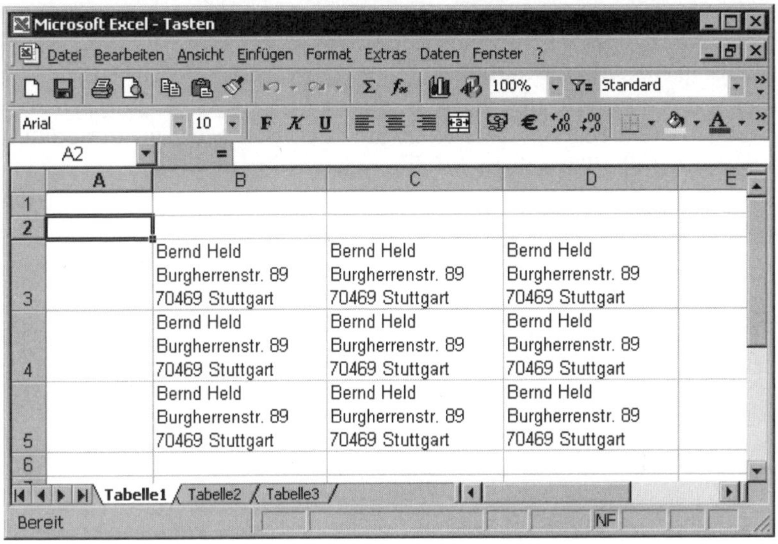

Abbildung 12.27: Die Lösung kann auch zum Erstellen von Etiketten eingesetzt werden

Die Beispieldatei finden Sie auf der mitgelieferten CD im Verzeichnis KAP12 *unter dem Namen* TASTEN.XLS.

12.3.4 Blattsperre ohne Blattschutz erstellen

Klar, Sie können ein Tabellenblatt schützen, indem Sie es mit einem Passwort belegen. Damit kann der Anwender zwar keine Daten ändern, jedoch kann er jederzeit die Daten auf dem Tabellenblatt kopieren und ungeschützt in eine neue Arbeitsmappe einfügen. Eine clevere Alternative zum Blattschutz ist die Eigenschaft `ScrollArea`. Mit dieser Eigenschaft geben Sie an, in welchem Bereich sich der Anwender bewegen darf. Legen Sie diese Eigenschaft auf die Zelle A1, damit der Anwender lediglich diese eine Zelle bearbeiten kann. Der Anwender ist zwar noch in der Lage, die Daten auf dem Tabellenblatt zu sehen, ändern bzw. kopieren kann er sie aber nicht. Diese elegante Blattsperre können Sie über eine Tastenkombination einstellen bzw. auch wieder aufheben. Dazu legen Sie diese beiden Tastenkombinationen schon beim Öffnen der Arbeitsmappe fest und setzen hierfür das Arbeitsmappen Ereignis `Workbook_Open` ein.

Listing 12.47: Ereignis Workbok_Open zum Festlegen von Tastenkombinationen für die Blattsperre

```
Private Sub Workbook_Open()
 Application.OnKey "^%ä", "BlattSperren"
 Application.OnKey "^%ö", "BlattSperreAufheben"
End Sub
```

Mit der Tastenkombination [Alt] +[Strg] + [ä] aktivieren Sie die Blattsperre. Durch die Tastenkombination [Alt] + [Strg] + [ö] heben Sie die Blattsperre wieder auf. Erfassen Sie jetzt die beiden Makros für die Blattsperre auf einem Modulblatt.

Listing 12.48: Eine Blattsperre ohne Passwort programmieren

```
Sub BlattSperren()
 Worksheets("Tabelle3").ScrollArea = "A1"
End Sub
```

Zum Aufheben der Blattsperre setzen Sie das Makro aus Listing 12.49 ein.

Listing 12.49: Blattsperre wieder aufheben

```
Sub BlattSperreAufheben()
 Worksheets("Tabelle3").ScrollArea = ""
End Sub
```

Indem Sie der Eigenschaft `ScrollArea` eine leere Zeichenfolge übergeben, kann der Anwender wieder auf das gesamte Tabellenblatt zugreifen.

:-) TIPP

Auch mit der eben vorgestellten Lösung lässt sich das Tabellenblatt in eine andere Arbeitsmappe kopieren. Dazu klicken Sie mit der rechten Maustaste auf den Tabellenreiter und wählen aus dem Kontextmenü den Befehl VERSCHIEBEN/KOPIEREN. *Aber auch dies lässt sich verhindern. Dazu deaktivieren Sie einfach das Kontextmenü mit dem folgenden Makro aus Listing 12.50.*

Listing 12.50: Kontextmenü für Tabellenreiter deaktivieren

```
Sub KontextmenüRegisterKarteDeaktivieren()
 CommandBars("Ply").Enabled = False
End Sub
```

Wenn Sie nach dem Start des Makros aus Listing 12.50 mit der rechten Maustaste auf den Tabellenreiter des Tabellenblattes klicken, unterbleibt das automatische Herunterscrollen des Kontextmenüs. Das Kontextmenü ist somit ausgeschaltet. Setzen Sie die Eigenschaft `Enabled` auf den Wert `True`, um das Kontextmenü für die Tabellenreiter wieder verfügbar zu machen.

REF

Erfahren Sie mehr über die Programmierung von Kontextmenüs im Kapitel 16.

12.4 Zeitsteuerung in Excel

In Excel haben Sie die Möglichkeit, Makros zu einem bestimmten Zeitpunkt zu starten. Des Weiteren können Sie Makros auch in bestimmten Intervallen wiederholt ausführen. Für diese Aufgabe setzen Sie die Methode `OnTime` ein.

Die Syntax

Die Syntax der Methode lautet:

```
OnTime(EarliestTime, Procedure, LatestTime, Schedule)
```

Die Argumente der Methode OnTime

Das Argument `EarliestTime` gibt den Zeitpunkt an, an dem eine Prozedur ausgeführt werden soll. Das Argument `Procedure` beinhaltet den Namen der auszuführenden Prozedur. Das Argument `LatestTime` ist optional einsetzbar und gibt den letzten Zeitpunkt an, zu dem die Prozedur ausgeführt werden kann. Das letzte Argument `Schedule` ist optional einsetzbar und führt eine neue OnTime-Prozedur aus, sofern dieses Argument auf den Wert `True` gesetzt ist. Indem Sie das Argument auf den Wert `False` setzen, löschen Sie eine vorher eingestellte Prozedur. Die Möglichkeiten, die Sie mit dieser Zeitsteuerung haben, werden in den nächsten Praxisaufgaben näher erläutert.

12.4.1 Regelmäßig die Uhrzeit anzeigen

Die Methode `OnTime` können Sie einsetzen, um regelmäßig die aktuelle Uhrzeit in der Statusleiste anzeigen zu lassen. Dabei definieren Sie das Intervall von 60 Sekunden. Jede Minute soll dann die aktuelle Uhrzeit in der Statusleiste angezeigt werden, danach soll die Zeitansage genau fünf Sekunden in der Statusleiste sichtbar sein und danach wieder ausgeblendet werden. Dazu erfassen Sie folgendes Makro aus Listing 12.51.

```
Sub Zeitanzeige()
 Application.OnTime Now + TimeValue("00:01:00"), "Uhrzeit"
End Sub
```

***Listing 12.51:** Ein Makro wird nach genau einer Minute gestartet*

Mit der Funktion `Now` ermitteln Sie sowohl das aktuelle Tagesdatum als auch die aktuelle Uhrzeit. Zu der Uhrzeit addieren Sie mit Hilfe der Funktion `TimeValue` zehn Sekunden. Damit vergehen genau zehn Sekunden bis zum Start des Makros `Uhrzeit`, welches Sie in Listing 12.52 sehen.

Listing 12.52: *Regelmäßig die aktuelle Uhrzeit in der Statusleiste ausgeben*

```
Sub Uhrzeit()
    Application.DisplayStatusBar = True
    Application.StatusBar = Date & "," & Time
    Application.Wait (Now + TimeValue("0:00:05"))
    Application.StatusBar = False
    Call Zeitanzeige
End Sub
```

Im ersten Schritt blenden Sie für alle Fälle sicherheitshalber die Statusleiste ein. Danach füllen Sie die Statusleiste mit dem aktuellen Tagesdatum, welches Sie über die Funktion `Date` bekommen, und mit der aktuellen Uhrzeit, die über die Funktion `Time` abgefragt werden kann. Im Anschluss daran sorgen Sie dafür, dass Excel diese Zeitansage fünf Sekunden lang in der Statusleiste stehen lässt. Dazu verwenden Sie die Methode `Wait`, die das Makro für fünf Sekunden anhält. Danach geben Sie die Verwaltung der Statusleiste wieder an Excel zurück, was dazu führt, dass der Text BEREIT in der Leiste angezeigt wird. Im letzten Schritt sorgen Sie dafür, dass die Zeitansage regelmäßig ausgeführt wird. Dazu rufen Sie das Makro `Zeitanzeige` erneut mit der Anweisung `Call` auf.

Abbildung 12.28: *Die regelmäßige Anzeige von Datum und Zeit in der Statusleiste*

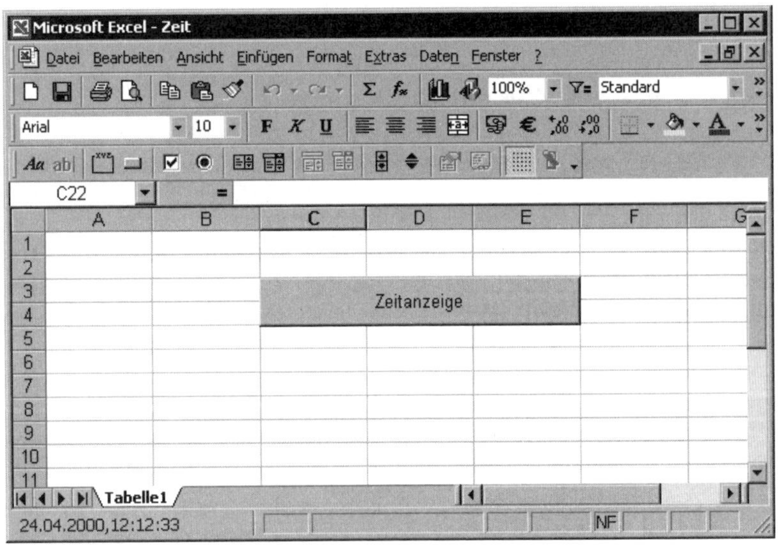

CD-ROM

Die Beispieldatei finden Sie auf der mitgelieferten CD im Verzeichnis KAP12 *unter dem Namen* ZEIT.XLS.

12.4.2 Die Zeit läuft ...

Wenn Sie möchten, können Sie in Excel auch einen Countdown einsetzen, um eine bestimmte Aufgabe auszuführen. So können Sie beispielsweise dafür sorgen, dass genau 30 Sekunden nach dem Start eines Makros Excel beendet wird.

Listing 12.53: Countdown mit Excel erstellen

```
Sub CountdownEinstellen()
 Application.OnTime _
  Now + TimeValue("00:00:30"), "ExcelEnde"
End Sub
```

Das dazugehörige Makro zum Beenden von Excel können Sie dem Listing 12.54 entnehmen.

Listing 12.54: Excel wird ohne Rückfrage beendet

```
Sub ExcelEnde()
 Application.DisplayAlerts = False
 Application.Quit
End Sub
```

Indem Sie die Eigenschaft `DisplayAlerts` auf den Wert `False` setzen, verhindern Sie, dass Sie noch eine Rückfrage vor dem Beenden von Excel bekommen. Somit werden die Änderungen an geöffneten Arbeitsmappen nicht gespeichert. Anschließend wird über die Methode `Quit` Excel geschlossen.

:-) TIPP

Möchten Sie standardmäßig vor dem Beenden alle geänderten Excel-Arbeitsmappen speichern und trotzdem nicht jede Änderung bestätigen, dann setzen Sie folgendes Makro in Listing 12.55 ein.

Listing 12.55: Excel wird beendet, vorher werden alle geöffneten Arbeitsmappen gespeichert

```
Sub ExcelEnde2()
Dim Mappe As Workbook

 Application.DisplayAlerts = False
 For Each Mappe In Workbooks
    If Mappe.Name <> ThisWorkbook.Name _
    Then Mappe.Close True
 Next Mappe
 ThisWorkbook.Save
 Application.Quit
End Sub
```

Da die aktuelle Arbeitsmappe das Makro aus Listing 12.55 enthält, darf diese Arbeitsmappe erst am Ende geschlossen werden. Die übrigen geöffneten Arbeitsmappen ermitteln Sie in einer `For Each`-Schleife, in der jede Arbeitsmappe über die Methode `Close` geschlossen wird. Indem Sie das Argument `SaveChanges` auf den Wert `True` setzen, sorgen Sie dafür, dass die jeweilige Arbeitsmappe gespeichert wird. Beim Schleifenaustritt sind alle Arbeitsmappen bis auf die Arbeitsmappe, die das Makro enthält, gesichert und geschlossen worden. Speichern Sie nun diese Arbeitsmappe, indem Sie die Methode `Save` anwenden, und beenden Sie im Anschluss Excel über die Methode `Quit`.

CD-ROM

Die Beispieldatei finden Sie auf der mitgelieferten CD im Verzeichnis KAP12 *unter dem Namen* ZEIT.XLS.

12.4.3 Regelmäßige Kontrolle, ob Arbeitsmappe verfügbar ist

Warten Sie auf eine bestimmte Arbeitsmappe eines Kollegen, um daran weiterzuarbeiten, so können Sie vereinbaren, dass Ihr Kollege die Arbeitsmappe in einem bestimmten Verzeichnis ablegen soll, wenn er mit seiner Arbeit daran fertig ist. Danach dürfen Sie die Arbeitsmappe bearbeiten.

Oft werden auch bestimmte Daten automatisch von anderen Systemen abgezogen und in einer Excel-Arbeitsmappe in einem Verzeichnis abgelegt.

In beiden Fällen sollten Sie von der Verfügbarkeit dieser Arbeitsmappe in Kenntnis gesetzt werden. Schreiben Sie daher ein Makro, welches im Abstand von zehn Minuten auf ein vorher festgelegtes Verzeichnis zugreift und prüft, ob eine bestimmte Arbeitsmappe vorhanden ist. Wenn ja, soll diese Arbeitsmappe geöffnet und das Makro anschließend beendet werden. Ist die Arbeitsmappe noch nicht in dem Verzeichnis abgelegt worden, soll das Makro im Abstand von zehn Minuten wieder gestartet werden und prüfen, ob die Arbeitsmappe in der Zwischenzeit im diesem Verzeichnis gespeichert wurde.

Listing 12.56: *Ein Makro nach genau zehn Minuten automatisch starten*

```
Sub PrüfenArbeitsmappe()
 Application.OnTime Now + TimeValue("00:10:00"), "MappeDa"
End Sub
```

Die Überprüfung übernimmt das Makro aus Listing 12.57.

```
Sub MappeDa()
Dim s As String
Const AName = "Mappel.xls"

 s = Dir("c:\eigene Dateien\" & AName)
 If s = "" Then Call PrüfenArbeitsmappe _
 Else Workbooks.Open s: Beep: Exit Sub
End Sub
```

Listing 12.57: Regelmäßige Überprüfung, ob eine bestimmte Arbeitsmappe vorhanden ist

Mit der Funktion `Dir` prüfen Sie, ob die Arbeitsmappe, die Sie vorher in der Konstanten `Aname` angegeben haben, im Verzeichnis C:\EIGENE DATEIEN\ verfügbar ist. Wenn ja, gibt die Funktion als Rückgabewert den Namen der Arbeitsmappe zurück. Ist die gesuchte Arbeitsmappe noch nicht im Verzeichnis, dann gibt die Funktion `Dir` eine leere Zeichenfolge zurück. In diesem Fall muss das Makro `PrüfenArbeitsmappe` wiederholt aufgerufen werden. Wird die gesuchte Arbeitsmappe im Verzeichnis jedoch gefunden, wird die Arbeitsmappe geöffnet und ein Signalton durch die Anweisung `Beep` ausgegeben. Danach wird das Makro beendet.

:-) TIPP

Sollte der Signalton nicht ausreichen, um Sie auf die Verfügbarkeit der Arbeitsmappe aufmerksam zu machen, dann können Sie folgendes Makro aus Listing 12.58 einsetzen.

```
Sub SignaleAusgeben()
Dim i As Integer
 For i = 1 To 10
    Beep
    Application.Wait (Now + TimeValue("0:00:01"))
 Next i
End Sub
```

Listing 12.58: Eine Alarmmeldung ausgeben

Im Makro aus Listing 12.58 wird genau zehnmal hintereinander ein Signalton ausgegeben. Damit diese Signaltöne nicht zusammenhängend abgespielt werden, setzen Sie die Methode `Wait` ein, um eine kurze Pause von einer Sekunde zwischen den Signalen festzulegen.

CD-ROM

Die Beispieldatei finden Sie auf der mitgelieferten CD im Verzeichnis KAP12 *unter dem Namen* ZEIT.XLS.

12.4.4 Zellen blinken lassen

Normalerweise können Sie in Excel keine Zellen blinken lassen. Mit einem kleinen Trick jedoch schaffen Sie es trotzdem. Weisen Sie einfach abwechselnd der aktiven Zelle die Hintergrundfarbe Grün und Weiß zu. Damit entsteht der Eindruck, die Zelle würde blinken.

Den hierfür notwendigen Code können Sie dem Listing 12.59 entnehmen.

Listing 12.59: Eine Zelle wird zum Blinken gebracht

```
Dim Nochmal As Date
Sub Blinken()
  Nochmal = Now + TimeValue("00:00:01")
  With ActiveCell.Interior
    If .ColorIndex = 2 Then .ColorIndex = 4  _
    Else .ColorIndex = 2
  End With
  Application.OnTime Nochmal, "Blinken"
End Sub

Sub BlinkenStop()
  Application.OnTime Nochmal, "Blinken", schedule:=False
  ActiveCell.Interior.ColorIndex = xlColorIndexNone
End Sub
```

Da eine normale Variable nach dem Ende eines Makros wieder zurückgesetzt, also initialisiert wird, müssen Sie eine globale Variable definieren, in welcher Sie den Zeitpunkt für das nächste Blinken der Zelle festlegen. Dieses Intervall legen Sie mit einer Sekunde fest. Danach prüfen Sie den Zellenhintergrund der aktiven Zelle. Ist dieser weiß, dann belegen Sie ihn mit der Farbe Grün, ist die Zelle jedoch in diesem Augenblick grün, dann formatieren Sie den Zellenhintergrund mit der Farbe Weiß. Danach rufen Sie am Ende des Makros das Makro gleich noch einmal auf, indem Sie die Methode `OnTime` einsetzen und als Startpunkt für das Makro den Zeitpunkt angeben, den Sie vorher in der Variablen `Nochmal` gespeichert haben. Klar, dass es sich hierbei um eine Endlosschleife handelt, die Sie aber durch das Makro `BlinkenStop` beenden können.

CD-ROM

Die Beispieldatei finden Sie auf der mitgelieferten CD im Verzeichnis KAP12 *unter dem Namen* ZEIT.XLS.

VBE-Programmierung

Kapitel 13

Über die VBE-Programmierung können Sie direkt auf Module und UserForms in einer Arbeitsmappe zugreifen. Dies werden Sie dann machen, wenn Sie beispielsweise Ihren Quellcode in Textdateien sichern oder auch weitergeben möchten. Ebenso können Sie VBE dazu einsetzen, eine Arbeitsmappe von Modulen, Ereignissen und UserForms zu säubern. Eine weitere Einsatzmöglichkeit ist, ganz gezielt Arbeitsmappen mit bestimmten Makros zu bestücken bzw. schon vorhandenen Quellcode an einer bestimmten Stelle zu aktualisieren oder zu ersetzen.

Die Beispieldatei finden Sie auf der mitgelieferten CD im Verzeichnis KAP13 *unter dem Namen* VBEPROG.XLS.

CD-ROM

13.1 Die VBE-Bibliothek einbinden

Die VBE-Programmierung ist seit der Excel-Version 97 möglich und bedingt lediglich, dass Sie die Objektbibliothek Microsoft VISUAL BASIC FOR APPLICATIONS EXTENSIBILITY 5.3 einbinden. Dazu gehen Sie wie folgt vor:

STEP

1. *Wechseln Sie in die Entwicklungsumgebung.*
2. *Wählen Sie aus dem Menü* EXTRAS *den Befehl* VERWEISE.

Abbildung 13.1: Die VBE-Bibliothek einbinden

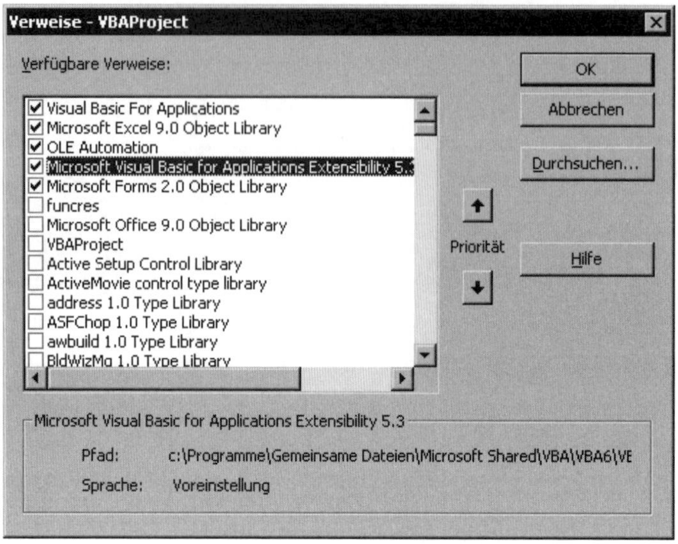

3. *Klicken Sie im Listenfeld* VERFÜGBARE VERWEISE *auf das Kontrollkästchen der Bibliothek* MICROSOFT VISUAL BASIC FOR APPLICATION EXTENSIBILITY 5.3.
4. *Bestätigen Sie diese Einstellung mit* OK.

Selbstverständlich können Sie diese manuelle Einstellung auch elegant durch ein Makro vornehmen.

Listing 13.1: Die Bibliothek für die VBE-Programmierung einbinden

```
Sub VBEAktivieren()
Dim VBEObj As Object

On Error Resume Next
VBEObj = Application.VBE.ActiveVBProject.References. _
AddFromGuid("{0002E157-0000-0000-C000-000000000046}", 5, 3)
End Sub
```

Die Methode `AddFromGuid` fügt der REFERENCES-Auflistung einen Verweis hinzu, wobei der global eindeutige Bezeichner (GUID) des Verweises verwendet wird.

Die Syntax

Die komplette Syntax lautet:

```
AddFromGuid(GUID, HauptNr, NebenNr) As Reference
```

Die Argumente der Methode AddFormGuid

Das Argument `Guid` gibt einen Wert vom Typ `String` zurück, der die Klassen-ID eines Objekts enthält. Bei der `Guid` handelt es sich um eine eindeutige Nummer, welche die Bibliothek identifiziert. Das Argument `HauptNr` gibt einen Wert vom Typ `Long` zurück, der die

Hauptversionsnummer der Klassenbibliothek, auf die verwiesen wird, enthält. Das Argument NebenNr gibt einen Wert vom Typ Long zurück, der die Nebenversionsnummer der Klassenbibliothek, auf die verwiesen wird, anzeigt. Beide Nummern sind notwendig, um die Bibliothek richtig zu adressieren. Anhand dieser beiden Nummern durchsucht die Methode AddFromGuid die Registrierung, um den hinzuzufügenden Verweis zu ermitteln und einzubinden.

13.2 Die VBE-Bibliothek deaktivieren

Der Vollständigkeit halber sei noch hinzugefügt, dass Sie Verweise auch wieder über ein Makro entfernen können. Im folgenden Listing 13.2 wird die gerade eingebundene VBE-Bibliothek wieder deaktiviert.

***Listing 13.2:** Die Bibliothek für die VBE-Programmierung wieder deaktivieren*

```
Sub VBEDeaktivieren()
Dim VBEObj As Object

 On Error Resume Next
 Set VBEObj = Application.VBE.ActiveVBProject.References
 VBEObj.Remove VBEObj("VBIDE")
End Sub
```

Über die Methode Remove entfernen Sie den Verweis auf die eingebundene Bibliothek aus der aktiven Arbeitsmappe.

INFO

Sobald Sie die Bibliothek für die VBE-Programmierung eingebunden haben, können Sie auf alle Objekte, Methoden und Eigenschaften zugreifen, die in dieser Bibliothek gespeichert sind. Um mehr Informationen zu einem bestimmten Befehl zu erhalten, können Sie sich entweder das Objektmodell ansehen und sich dann hierarchisch von oben nach unten durcharbeiten oder den Befehl mit dem Mauszeiger markieren und die Taste [F1] *drücken, um die Online-Hilfe aufzurufen.*

Das VBE-Objekt hat mehrere Auflistungsobjekte für den Zugriff auf die einzelnen Elemente.

- VBProjects-Auflistung: In diesem Auflistungsobjekt sind alle geöffneten Projekte in der Entwicklungsumgebung verzeichnet.
- AddIns-Auflistung: Sie regelt den Zugriff auf die Auflistung der Add-Ins.

- Windows-Auflistung: Stellt Methoden und Eigenschaften für den Zugriff auf die Fenster, wie z.B. Projekt- und Eigenschaftenfenster, bereit.
- CodePanes-Auflistung: Ist für den Zugriff auf die geöffneten Code-Bereiche eines Projekts verantwortlich.
- CommandBars-Auflistung: Kümmert sich um den Zugriff auf die Auflistung der Befehlsleisten.

Abbildung 13.2: Das VBE-Objekt in der Online-Hilfe

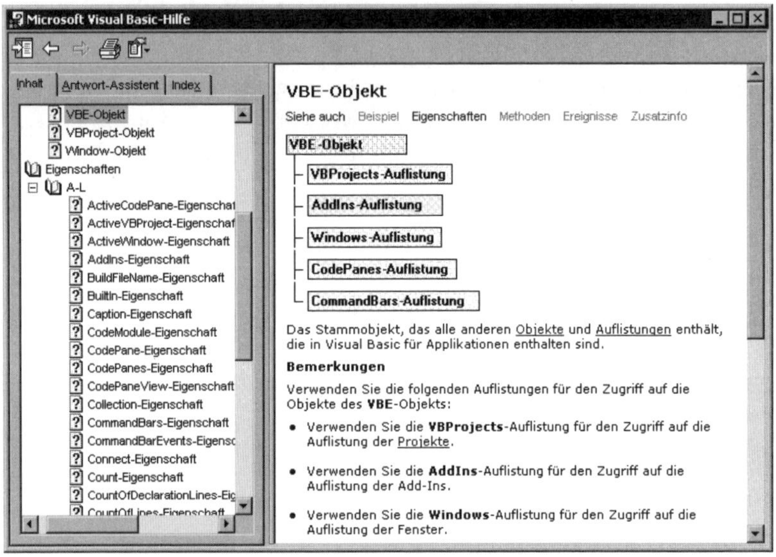

13.3 Weitere Bibliotheken einbinden

Neben der etwas kompliziert aussehenden Methode `AddFromGuid` zusätzliche Bibliotheken einzubinden, gibt es auch die Möglichkeit, Bibliotheken über deren Dateinamen einzubinden. Im folgenden Beispiel werden die Bibliotheken MICROSOFT FORMS 2.0 OBJECT LIBRARY und OLE AUTOMATION eingebunden.

Listing 13.3: Weitere Bibliotheken über deren Dateinamen einbinden

```
Sub WeitereBibliothekenEinbinden()
Dim VBEObj As Object

 Set VBEObj = Application.VBE.ActiveVBProject.References
 On Error Resume Next
  VBEObj.AddFromFile "StdOle2.tlb"
  VBEObj.AddFromFile "Fm20.dll"
End Sub
```

Mit der Methode `AddFromFile` fügen Sie dem Projekt einen Verweis aus einer Datei hinzu. Dazu muss allerdings der Name der Bibliothek bekannt sein. Diesen können Sie im Dialog VERWEISE VBA-PROJECT im Menü EXTRAS und dem Befehl VERWEISE nachsehen.

:-) TIPP

Um herauszufinden, welche Objekte, Methoden und Eigenschaften in einer bestimmten Bibliothek enthalten sind, müssen Sie diese vorher einbinden. Anschließend können Sie in der Entwicklungsumgebung die Taste [F2] *drücken, um den Objektkatalog anzuzeigen.*

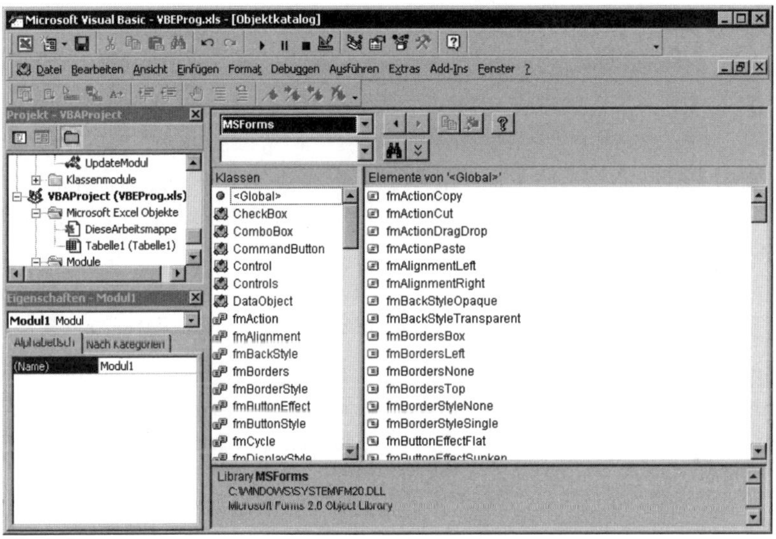

Abbildung 13.3: Der Inhalt der Bibliothek MSForms 2.0

13.3.1 Objektbibliotheken deaktivieren

Um die gerade eingebundenen Bibliotheken wieder zu deaktivieren, starten Sie das Makro aus Listing 13.4.

```
Sub BibliothekenDeaktivieren()
Dim VBEObj As Object

 On Error Resume Next
 Set VBEObj = Application.VBE.ActiveVBProject.References
 VBEObj.Remove VBEObj("MSForms")
 VBEObj.Remove VBEObj("stdole")
End Sub
```

Listing 13.4: Bibliotheken in der Entwicklungsumgebung deaktivieren

Wenn Sie die Methode Remove zum Entfernen der Verweise auf eine Bibliothek einsetzen, müssen Sie wissen, wie der entsprechende Objektnamen der Bibliothek heißt. Um diesen herauszufinden, können Sie das Makro aus Listing 13.6 starten.

Um alle Verweise auf Objektbibliotheken zu entfernen, setzen Sie folgende Makrolösung aus Listing 13.5 ein:

***Listing 13.5:** Alle Verweise auf Objektbibliotheken entfernen*

```
Sub BibliotheksVerweiseEntfernen()
Dim VBEobj As Object

  On Error Resume Next
  For Each VBEobj In ActiveWorkbook.VBProject.References
    ActiveWorkbook.VBProject.References.Remove VBEobj
  Next
End Sub
```

STOP

Die beiden Bibliotheken Excel und VBA bleiben als Mindestausstattung an Bibliotheken bei den Verweisen eingestellt. Sie können die Verweise auf diese beiden Bibliotheken nicht entfernen.

13.3.2 Informationen zu Objektbibliotheken ausgeben

Um zu sehen, welche Verweise auf Bibliotheken in Ihrer Arbeitsmappe gesetzt sind, wie die Bibliotheken heißen und wo diese gespeichert sind, wenden Sie das folgende Makro aus Listing 13.6 an.

***Listing 13.6:** Informationen zu Objektbibliotheken ausgeben*

```
Sub InfosZuBibliothekenAusgeben()
Dim Verweis As Reference

  On Error Resume Next
   For Each Verweis In _
        Application.VBE.ActiveVBProject.References
    Debug.Print "Bezeichnung: " & Verweis.Description & _
    Chr(13) & "Speicherort: " & Verweis.FullPath _
    & Chr(13) & "Name: " & Verweis.Name & Chr(13) & Chr(13)
  Next Verweis
End Sub
```

Neben dem Objektnamen jeder eingebundenen Bibliothek geben Sie zusätzlich auch noch die genaue Bezeichnung sowie den Speicherort der Bibliothek im Direktfenster aus.

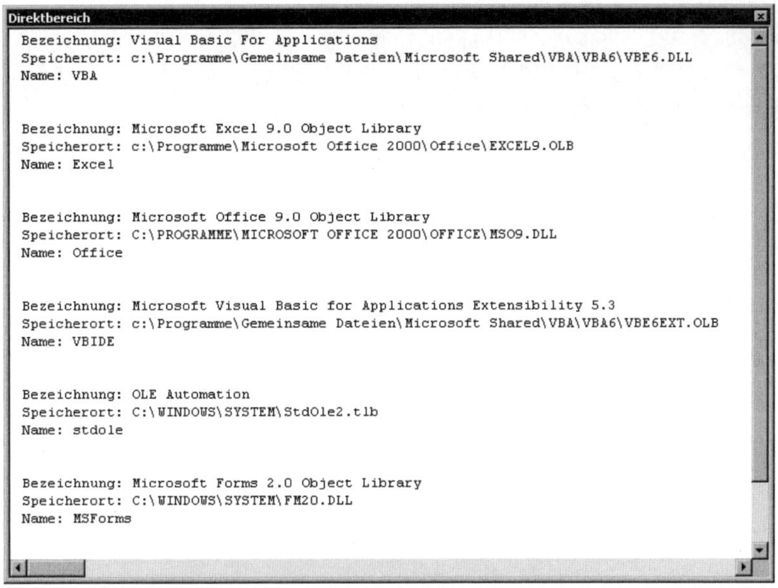

Abbildung 13.4: *Informationen zu eingebundenen Bibliotheken ausgeben*

13.4 Neue Module einfügen

Um einer Arbeitsmappe ein neues, noch leeres Modul hinzuzufügen, setzen Sie die Methode `Add` ein. Im folgenden Beispiel wird der aktiven Arbeitsmappe ein neues Modul mit dem Namen NEUESMODUL hinzugefügt.

Listing 13.7: *Modul einfügen*

```
Sub NeuesModulHinzufügen()
Dim VBKomp As VBComponent

Set VBKomp = _
ThisWorkbook.VBProject.VBComponents.Add(vbext_ct_StdModule)
 VBKomp.Name = "NeuesModul"
 Application.Visible = True
End Sub
```

Die Methode `Add` verwendet die Konstante `vbext_ct_StdModule`, welche ein normales Modul repräsentiert.

Selbstverständlich können Sie ebenso Klassenmodule und UserForms über diese Methode in Ihr Projekt einfügen. Entnehmen Sie dazu die notwendigen Konstanten der folgenden Tabelle 13.1.

Abbildung 13.5: Ein neues, noch leeres Modul wurde angelegt

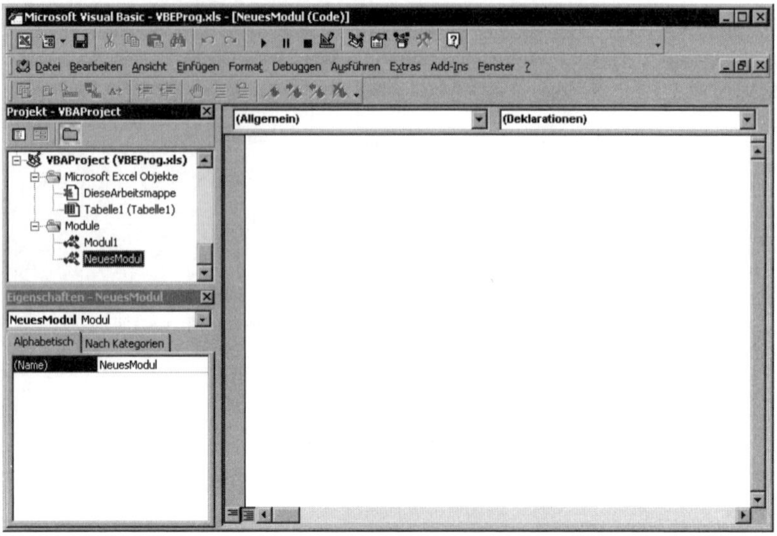

Tabelle 13.1: Die Konstanten für die Methode Add

Konstante	Erklärung
`vbext_ct_ClassModule`	Fügt der Auflistung ein Klassenmodul hinzu.
`Vbext_ct_MSForm`	Fügt der Auflistung ein Formular hinzu.
`Vbext_ct_StdModule`	Fügt der Auflistung ein Standardmodul hinzu.

13.5 Module löschen

Wenn Sie bereits vorhandene Module in einer Arbeitsmappe löschen möchten, um z.B. im Anschluss daran ein neues überarbeitetes Modul einzufügen, dann starten Sie das Makro aus Listing 13.8.

Listing 13.8: Ein bestimmtes Modul löschen

```
Sub ModulLöschen()
 On Error Resume Next
 With ActiveWorkbook.VBProject
        .VBComponents.Remove .VBComponents("Modul2")
 End With
End Sub
```

Mit der Methode `Remove` können Sie ein bestimmtes Modul löschen. Die `On Error`-Anweisung verhindert einen Makroabsturz, wenn das Modul nicht gefunden werden kann, weil es eventuell bereits gelöscht wurde.

13.6 Module mit Makros bestücken

Nachdem Sie ein neues Modul in die Arbeitsmappe eingefügt haben, können Sie nun darangehen, das Modul mit Makros zu bestücken. Je nach Umfang bieten sich dafür zwei Möglichkeiten an:

- Einfügen Zeile für Zeile in das Modul.
- Import einer Textdatei, die das komplette Makro in das Modul einfügt.

13.6.1 Makro zeilenweise in ein Modul übertragen

Fügen Sie nun ein kleines Makro zeilenweise in das gerade eingefügte neue, noch leere Modul ein. Dazu setzen Sie das Makros aus Listing 13.9 ein.

Listing 13.9: Ein neues Makro zeilenweise in ein Modul einfügen

```
Sub MakroZeilenHinzufügen()
Dim CodeModul As CodeModule
Dim i As Integer

 Set CodeModul = _
 ThisWorkbook.VBProject.VBComponents _
 ("NeuesModul").CodeModule
 With CodeModul
     i = .CountOfLines + 1
     .InsertLines i, _
 "Sub DatumUndZeit()" & Chr(13) & _
 " Msgbox ""Jetzt ist " & Now & "!"" " & Chr(13) & _
 "End Sub"
 End With
 Application.Run "DatumUndZeit"
End Sub
```

Im Makro aus Listing 13.9 wird Zeile um Zeile übertragen. Die Eigenschaft `CountOfLines` ermittelt, wie viele Codezeilen im Modul bereits enthalten sind, und addiert den Wert 1 darauf. Diese Maßnahme ist notwendig, um eventuell bereits bestehende Makros nicht zu überschreiben. Die Funktion `Chr(13)` im obigen Listing sorgt jeweils für den Zeilenvorschub. Die Eigenschaft `Now` gibt das aktuelle Datum inklusive der momentanen Uhrzeit aus. Mit der Methode `Run` wird das soeben eingefügte Makro sofort gestartet.

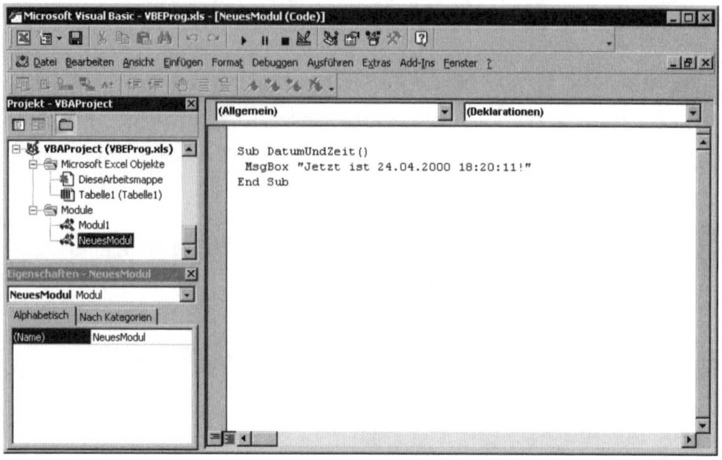

Abbildung 13.6: Ein Makro wurde in das neue Modul eingefügt

13.6.2 Makros aus einer Textdatei in ein Modul überführen

Die zweite Variante ist bei größeren Makros besser geeignet. Als Voraussetzung dafür müssen Sie ein VBA-Makro in einer Textdatei speichern und danach einlesen.

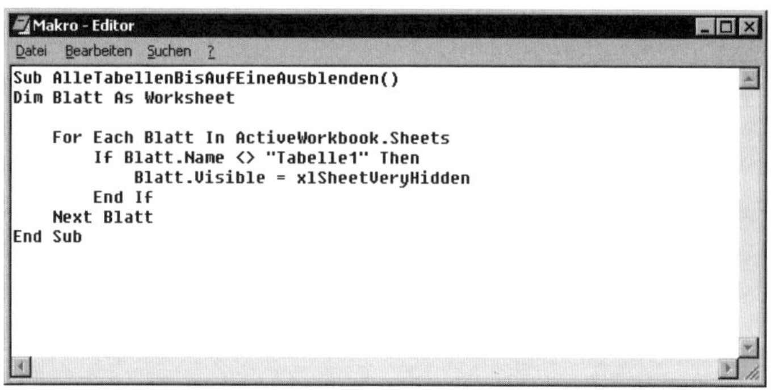

Abbildung 13.7: Makro in einer Textdatei gespeichert

Um nun die Textdatei in Abbildung 13.7 in das neue Modul einzulesen, starten Sie das folgende Makro aus Listing 13.10.

Listing 13.10: Makro aus Textdatei in neues Modul einfügen

```
Sub MakroAusTextdateiImportieren()
Dim CodeModul As CodeModule
Dim i  As Integer
Const ImportDatei = "c:\eigene Dateien\Makro.txt"

Set CodeModul = _
 ThisWorkbook.VBProject.VBComponents _
 ("NeuesModul").CodeModule
```

```
With CodeModul
     .AddFromFile ImportDatei
 End With
End Sub
```

Das Makro aus Listing 13.10 fügt in das bestehende Modul NEUES-MODUL den Inhalt der Textdatei MAKRO.TXT als neues Makro ein.

Manchmal ist es auch notwendig, gleich mehrere Arbeitsmappen mit einem bestimmten Makro auszustatten. Dazu öffnen Sie alle Arbeitsmappen, die Sie mit dem Makro aus der Textdatei MAKRO.TXTbestücken möchten, und starten folgendes Makro aus Listing 13.11.

Listing 13.11: Mehrere Arbeitsmappen mit einem Makro aus einer Textdatei versorgen

```
Sub MehrereMappenMitMakroVersorgen()
Dim VBKomp As VBComponent
Dim Mappe As Workbook
Const Importdatei = "c:\eigene Dateien\Makro.txt"

 On Error Resume Next
 For Each Mappe In Application.Workbooks
  Set VBKomp =    Mappe.VBProject.VBComponents.Add _
  (vbext_ct_StdModule)
  VBKomp.Name = "ModulNeu"
  Mappe.VBProject.VBComponents("ModulNeu") _
  .CodeModule.AddFromFile (Importdatei)
 Next Mappe
End Sub
```

In einer Schleife arbeiten Sie alle geöffneten Arbeitsmappen nacheinander ab, fügen jeweils ein neues Modul ein und importieren das Makro aus der Textdatei MAKRO.TXT.

13.7 Export von VBA-Modulen in Textdateien

Neben dem Import von Textdateien in Module ist auch eine Exportfunktion für Module in Excel vorgesehen, mit der Sie Ihre Programmierung in Textdateien sichern können.

Listing 13.12: Ein VBA-Modul komplett in einer Textdatei sichern

```
Sub ModulInTextdateiSichern()
Dim VBKomp As Object
Const ExportDatei = "c:\eigene Dateien\Sicherung.txt"

On Error Resume Next
Set VBKomp = ThisWorkbook.VBProject.VBComponents("Modul1")
```

```
With VBKomp
    .Export ExportDatei
End With
End Sub
```

Mit der Methode `Export` sichern Sie eine Komponente als Textdatei.

Abbildung 13.8: Sicherung von VBA-Modulen in Textdateien

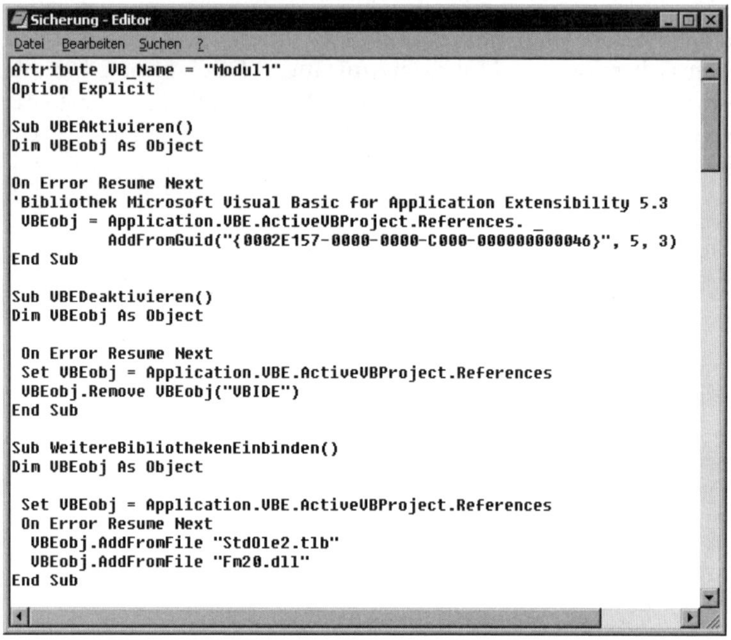

13.8 Identifikation von Komponenten

Bis jetzt haben Sie nur mit Modulen gearbeitet. In Ihrer Arbeitsmappe gibt es aber noch mehr Komponenten, wie zum Beispiel UserForms und Klassenmodule. Schreiben Sie ein kleines Makro, welches die verschiedenen Komponenten Ihrer Arbeitsmappe im Direktfenster ausgibt.

Listing 13.13: Alle Komponenten der aktiven Arbeitsmappe werden im Direktfenster ausgegeben

```
Sub KomponentenAusgeben()
Dim VBKomp As VBComponent

 For Each VBKomp In ThisWorkbook.VBProject.VBComponents
  Debug.Print "Name der Komponente: " & VBKomp.Name & _
             Chr(13) & "Typ der Komonente: " & _
             VBKomp.Type & Chr(13)
 Next VBKomp
End Sub
```

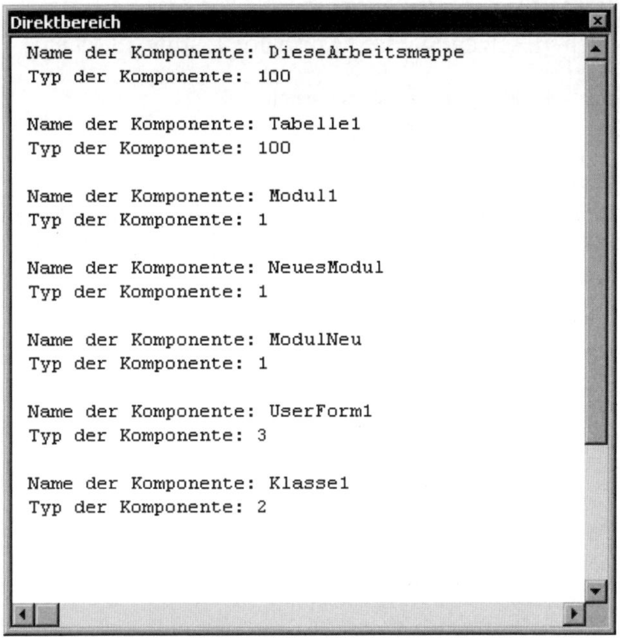

Abbildung 13.9: *Alle Komponenten der Arbeitsmappe im Überblick*

In der Abbildung 13.9 können Sie sehen, dass jede Komponente ihren eindeutigen Typ aufweist. Dies macht es leicht, gezielt auf einzelne Komponenten zuzugreifen.

13.9 VBE-Komponenten aus Arbeitsmappe löschen

Da jede einzelne Komponente über ihren Typ identifiziert werden kann, ist es leicht, bestimmte Komponenten aus der aktiven Arbeitsmappe zu entfernen. So können Sie beispielsweise in einer Arbeitsmappe alle Klassenmodule entfernen. Dazu sieht der Programmcode wie folgt aus:

Listing 13.14: *Alle Klassenmodule werden aus der aktiven Arbeitsmappe entfernt*

```
Sub LöschenKlassenmodule()
Dim VBkomp As VBComponent

On Error Resume Next
For Each VBkomp In ThisWorkbook.VBProject.VBComponents
    If VBkomp.Type = 2 Then _
    ThisWorkbook.VBProject.VBComponents.Remove VBkomp
Next VBkomp
End Sub
```

Möchten Sie alle VBE-Komponenten aus einer Arbeitsmappe löschen, setzen Sie das Makro aus Listing 13.15 ein.

Listing 13.15: *Alle VBE-Komponenten aus Arbeitsmappe entfernen*

```
Sub AlleVBEKomponentenEntfernen()
Dim VBkomp As VBComponent

On Error Resume Next
For Each VBkomp In ThisWorkbook.VBProject.VBComponents
   ThisWorkbook.VBProject.VBComponents.Remove VBkomp
Next VBkomp
End Sub
```

Was Sie bis jetzt nicht erfahren haben, ist, wie Sie Ereignisse aus einer Arbeitsmappe entfernen können. Dazu wenden Sie folgendes Makro aus Listing 13.16 an.

Listing 13.16: *Alle Tabellenereignisse der Tabelle1 entfernen*

```
Sub EreignisseEntfernen()
  With ThisWorkbook.VBProject.VBComponents _
  ("Tabelle1").CodeModule
    .DeleteLines 1, .CountOfLines
  End With
End Sub
```

UserForms, Steuerelemente, Menü- und Symbolleisten

Teil IV

Dialoge, Meldungen und UserForms programmieren

Kapitel 14

In diesem Kapitel lernen Sie, wie Sie Dialoge in der Programmierung einsetzen können, um anwenderfreundliche Anwendungen zu erstellen. Dabei haben Sie die Möglichkeit, schon bestehende Dialoge in Excel zu nutzen oder sich eigene Dialoge (UserForms) zu erstellen.

Die Fragen

U. a. werden in diesem Kapitel folgende Fragen beantwortet:

- Wie können Sie das Meldungsfenster und Eingabemasken in Excel praxisgerecht einsetzen?
- Wie können Sie bereits integrierte Dialoge für Ihre Projekte verwenden?
- Wie können Sie eigene Dialoge (UserForms) entwickeln?
- Wie können Sie Textfelder in UserForms füllen und in eine Tabelle übertragen?
- Wie können Sie Eingaben in Textfelder kontrollieren?
- Wie können Sie Text- und Bezeichnungsfelder dynamisch halten?
- Wie können Sie die Abmessung, den Hintergrund sowie die Position Ihrer UserForm festlegen?
- Wie können Sie Listen- und Dropdown-Felder für eine möglichst elegante Datenerfassung bzw. Datenanzeige verwenden?
- Welche Vorteile bieten Ihnen Multiseiten?
- Wie programmieren Sie einen Verlaufsbalken?
- Wie zeigen Sie mehrere Bilder dynamisch in Ihrer UserForm an?

14.1 Der Meldungendialog Msgbox

In den vorherigen Kapiteln wurde die Funktion `Msgbox` schon öfter eingesetzt. Diese Funktion wird z.B. dazu verwendet, um den Anwender über ein Ergebnis eines Makros zu informieren oder auch um eine Warnmeldung auf dem Bildschirm anzuzeigen. Dabei können Sie das Aussehen dieser Maske selbst bestimmen.

CD-ROM

Sie finden alle Beispiele zur Funktion `Msgbox` *auf der mitgelieferten CD im Verzeichnis* KAP14 *unter dem Namen* MSGBOX.XLS.

***Abbildung 14.1:** Eine Standardmeldung in Excel*

Die Syntax

Um eine Meldung auf dem Bildschirm anzuzeigen, verwenden Sie die Funktion `Msgbox`, welche folgende Syntax hat:

```
=MsgBox(prompt[, buttons] [, title] [, helpfile, context])
```

Die Argumente der Funktion Msgbox

Das erste Argument `prompt` muss angegeben werden. Es besteht aus einem Text, der als Meldung im Dialogfeld erscheinen soll.

Das nächste Argument `buttons` bestimmt, welche Schaltflächen Sie in Ihrer Meldung mitanzeigen möchten. Diese Einstellung können Sie entweder durch eine Konstante oder einen eindeutigen Index vornehmen. Entnehmen Sie aus der nächsten Tabelle, Tabelle 14.1, die möglichen Varianten dazu:

***Tabelle 14.1:** Die Schaltflächen für Msgbox*

Konstante oder Wert	Beschreibung
`vbOKOnly` oder `0`	zeigt nur die Schaltfläche `OK` an.
`VbOKCancel` oder `1`	Zeigt die Schaltflächen `OK` und `Abbrechen` an.
`VbAbortRetryIgnore` oder `2`	zeigt die Schaltflächen `Abbruch`, `Wiederholen` und `Ignorieren` an.
`VbYesNoCancel` oder `2`	zeigt die Schaltflächen `Ja`, `Nein` und `Abbrechen` an.
`VbYesNo` oder `4`	zeigt die Schaltflächen `Ja` und `Nein` an.

Konstante oder Wert	Beschreibung
VbRetryCancel oder 5	zeigt die Schaltflächen Wiederholen und Abbrechen an.
VbCritical oder 16	zeigt Meldung mit Stop-Symbol an.
VbQuestion oder 32	zeigt Meldung mit Fragezeichen-Symbol an.
VbExclamation oder 48	zeigt Meldung mit Ausrufezeichen-Symbol an.
VbInformation oder 64	zeigt Meldung mit Info-Symbol an.
VbDefaultButton1 oder 0	Erste Schaltfläche ist Standardschaltfläche.
VbDefaultButton2 oder 256	Zweite Schaltfläche ist Standardschaltfläche.
VbDefaultButton3 oder 512	Dritte Schaltfläche ist Standardschaltfläche.
VbDefaultButton4 oder 768	Vierte Schaltfläche ist Standardschaltfläche.
VbApplicationModal oder 0	Der Anwender muss auf das Meldungsfeld zuerst reagieren, bevor er seine Arbeit mit der aktuellen Anwendung fortsetzen kann.
VbSystemModal oder 4096	Alle Anwendungen werden unterbrochen, bis der Benutzer auf das Meldungsfeld reagiert.
VbMsqBoxHelpButton oder 16384	fügt dem Meldungsfenster eine Hilfeschaltfläche hinzu.

Die Anzahl und der Typ der im Dialogfeld angezeigten Schaltflächen wird in der ersten Gruppe beschrieben. Die zweite Gruppe beschreibt die Symbolart. Die dritte Gruppe legt die Standardschaltfläche fest.

Je Gruppe kann jeweils nur ein Wert angegeben werden.

Im nächsten Argument Title legen Sie einen Text fest, der im Fenstertitel angezeigt werden soll.

Die letzten beiden Argumente helpfile und context setzen Sie ein, wenn Sie auf einen Hilfetext im Meldungsfenster verweisen möchten.

Die maximale Länge ist je nach Breite der verwendeten Zeichen auf ca. 1.024 Zeichen beschränkt.

Gerade haben Sie erfahren, wie Sie zusätzliche Schaltflächen in einer Meldung integrieren können. Wie aber können Sie ermitteln, welche Schaltfläche der Anwender letztendlich anklickt?

14.1.1 Welche Schaltfläche wurde geklickt?

Je nachdem, welche Schaltfläche der Anwender im Meldungsfenster klickt, sollen unterschiedliche Aktionen folgen. Wird z.B. die Schaltfläche ABBRECHEN geklickt, muss das Makro sofort beendet werden. Entnehmen Sie der nächsten Tabelle die möglichen Rückgabewerte.

Tabelle 14.2: Die Rückgabewerte der Schaltflächen

Konstante oder Wert	Beschreibung
`vbOK` oder `1`	Die Schaltfläche `OK` wurde geklickt.
`vbCancel` oder `2`	Die Schaltfläche `Abbrechen` wurde geklickt.
`vbAbort` oder `3`	Die Schaltfläche `Abbruch` wurde geklickt.
`vbRetry` oder `4`	Die Schaltfläche `Wiederholen` wurde geklickt.
`vbIgnore` oder `5`	Die Schaltfläche `Ignorieren` wurde geklickt.
`vbYes` oder `6`	Die Schaltfläche `Ja` wurde geklickt.
`vbNo` oder `7`	Die Schaltfläche `Nein` wurde geklickt.

Wie Sie die Konstanten bzw. die Nummern einsetzen, erfahren Sie in den nächsten Beispielen.

14.1.2 Löschrückfrage einholen

Stellen Sie sich vor, Sie haben eine Zelle oder einen Zellbereich markiert, um diese/n mit einem Makro zu löschen. Vorher möchten Sie aber noch eine Meldung auf dem Bildschirm anzeigen lassen, die noch einmal nachfragt, ob der markierte Bereich wirklich gelöscht werden darf.

```
Sub LöschenMarkierterBereich()
Dim i As Integer
i = MsgBox _
("Wollen Sie den markierten Bereich wirklich löschen?", _
 1 + vbQuestion, "Löschenabfrage")
If i = 2 Then Exit Sub
Selection.Clear
End Sub
```

Listing 14.1: Rückfrage programmieren, ob ein Bereich wirklich gelöscht werden soll

Um zu ermitteln, welche Schaltfläche der Anwender klickt, fragen Sie die Variable `i` ab. Klickt der Anwender auf die Schaltfläche ABBRECHEN, so meldet die Variable den Wert `2`, was ein sofortiges Beenden des Makros zur Folge hat. Im anderen Fall werden über die Methode `Clear` die Daten innerhalb der Markierung gelöscht.

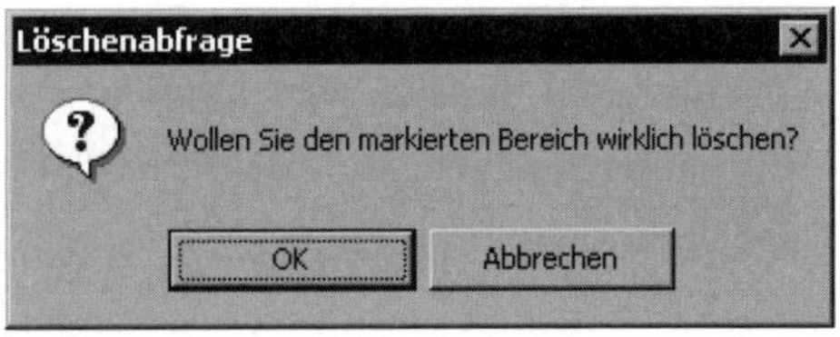

Abbildung 14.2: Erweiterte Funktionalität bei Msgbox

14.1.3 Informationen anzeigen

Im nächsten Beispiel sollen mehrere Informationen in einem Meldungsfenster auf dem Bildschirm in mehreren Zeilen angezeigt werden.

```
Sub Info()
MsgBox _
"Hallo Anwender " & Application.UserName & Chr(13) & _
 "Heute ist der " & Date & Chr(13) & "Genau " & _
   Time & " Uhr!", vbInformation, "Information"
End Sub
```

Listing 14.2: Mehrzeilige Meldung auf dem Bildschirm ausgeben

Anwender, Datum und Zeit

Wenn Sie mehrzeilige Informationen in einem Meldungsfenster ausgeben möchten, verbinden Sie die einzelnen Stücke jeweils mit einem beginnenden `&` sowie einem endenden Zeichen `&`. Am Ende jeder Zeile geben Sie ein Leerzeichen, gefolgt von einem Unterstrich, ein, um Excel mitzuteilen, dass der Befehl noch nicht zu Ende ist und in der nächsten Zeile fortgesetzt werden soll. Setzen Sie die Funktion `Chr(13)` ein, um einen Zeilenumbruch in der Meldung zu erzeugen.

Abbildung 14.3: Eine informative Meldung in drei Zeilen

14.1.4 Ist eine bestimmte Arbeitsmappe vorhanden?

Im folgenden Beispiel soll geprüft werden, ob eine bestimmte Arbeitsmappe sich auf der lokalen Festplatte im Verzeichnis C:\EIGENE DATEIEN befindet. Das Makro für diese Aufgabe können Sie dem Listing 14.3 entnehmen.

Listing 14.3: Prüfung, ob eine bestimmte Datei existiert

```
Sub IstDateiVorhanden()
Dim s As String
Const Datei = "c:\eigene Dateien\Mappe1.xls"

 s = Dir(Datei)
 If s <> "" Then MsgBox "Datei vorhanden!", vbExclamation _
 Else MsgBox "Datei " & Datei & " nicht da!", vbCritical
End Sub
```

Mit der Funktion `Dir` können Sie ermitteln, ob eine bestimmte Datei existiert. Wird der Name der gesuchten Datei in der Variablen `s` zurückgegeben, war die Suche erfolgreich. Meldet die Funktion jedoch in der Variablen `s` keinen Wert zurück, wurde die Datei nicht gefunden.

Abbildung 14.4: Negatives Suchergebnis mit entsprechendem Symbol

14.2 Textfelder für Meldungen einsetzen

Starten Sie ein längeres Makro, sollten Sie dafür sorgen, dass der Anwender auch weiß, dass ein Makro noch läuft, und ihn über eine Bildschirmmeldung davon in Kenntnis setzen. Diese Maßnahme verhindert, dass der Anwender nervös wird und womöglich der Auffassung ist, dass ein länger laufendes Makro abgestürzt ist. Gerade wenn Sie dann noch die Bildschirmaktualisierung abgeschaltet haben, kann dieser Eindruck leicht entstehen. Aus diesem Grund können Sie gleich zu Beginn des Makros ein temporäres Textfeld auf dem Bildschirm anzeigen, eine Meldung ins Textfeld schreiben und am Ende des Makros das Textfeld wieder löschen. Das Makro für diese Aufgabe können Sie Listing 14.4 entnehmen.

Listing 14.4: Beim Öffnen der Arbeitsmappe wird ein Textfeld eingeblendet, welches nach 5 Sekunden wieder ausgeblendet wird

```
Private Sub Workbook_Open()
ActiveSheet.OLEObjects.Add _
(ClassType:="Forms.TextBox.1", _
  Left:=70, Top:=60, Width:=150, Height:=25).Activate
  ActiveSheet.OLEObjects _
  (ActiveSheet.OLEObjects.Count).Name = "Nachricht"
  ActiveSheet.OLEObjects("Nachricht").Object.Text = _
  "Bitte einen Augenblick warten..."
  Application.Wait (Now + TimeValue("0:00:05"))
  ActiveSheet.OLEObjects("Nachricht").Delete
 End Sub
```

Mit Hilfe der Methode `Add` fügen Sie dem Auflistungsobjekt ein Textfeld hinzu. Im Argument `ClassType` müssen Sie angeben, um welchen Typ es sich dabei handeln soll. Sehen Sie dazu in Tabelle 14.3 die Möglichkeiten, die Sie haben.

Tabelle 14.3: Die Objekte zum Einfügen

Einzufügendes Steuerelement	Bezeichnung
CheckBox	Forms.CheckBox.1
ComboBox	Forms.ComboBox.1
CommandButton	Forms.CommandButton.1
Frame	Forms.Frame.1
Image	Forms.Image.1
Label	Forms.Label.1
ListBox	Forms.ListBox.1
MultiPage	Forms.MultiPage.1
OptionButton	Forms.OptionButton.1
ScrollBar	Forms.ScrollBar.1
SpinButton	Forms.SpinButton.1
TabStrip	Forms.TabStrip.1
TextBox	Forms.TextBox.1
ToggleButton	Forms.ToggleButton.1

In den folgenden Argumenten legen Sie die genaue Position und Größe des Textfeldes an, welches Sie einfügen möchten. Gleich nach dem Einfügen des Textfeld aktivieren Sie das Textfeld mit der Methode `Activate`. Im nächsten Schritt geben Sie dem eingefügten Textfeld einen Namen, um leichter darauf zugreifen zu können. Dazu setzen Sie die Eigenschaft `Name` ein. Um dem Textfeld nun einen Text zuweisen zu können, müssen Sie das Textfeld korrekt ansprechen. Dies gelingt Ihnen über den Namen des Textfeldes und die Eigenschaften `Object` und `Text`. Im Anschluss daran können Sie Ihre weiteren Makrobefehle abarbeiten und nach Ablauf des gesamten Makros das Textfeld über die Methode `Delete` löschen.

INFO

Im letzten Beispiel wurde die Methode `Wait` *eingesetzt, um die eingefügte Textbox genau nach fünf Sekunden wieder zu löschen.*

14.3 Die Eingabemaske Inputbox

Mit Hilfe der Methode `Inputbox` versetzen Sie den Anwender in die Lage, einzelne Eingaben in einer Maske vorzunehmen. Diese Funktion eignet sich für kleinere Aufgaben hervorragend, und auch hier können Sie Aussehen und Funktion des Dialogs selber bestimmen.

CD-ROM

Sie finden die Beispiele zur Methode `Inputbox` *auf der mitgelieferten CD im Verzeichnis* KAP14 *unter dem Namen* INPUTBOX.XLS.

Die Syntax

Die Syntax dieser Funktion sieht wie folgt aus:

```
= InputBox(prompt, title, default, Left, Top, helpFile,
helpContext, type)
```

Die Argumente der Funktion Inputbox

Das erste Argument `prompt` muss angegeben werden. Es besteht aus einem Text, der als Meldung im Dialogfeld erscheinen soll.

Im nächsten Argument `title` legen Sie einen Text fest, der im Fenstertitel angezeigt werden soll.

Im Argument `default` können Sie eine Vorbelegung wählen, die im Textfeld angezeigt wird, wenn der Benutzer keine Eingabe vorgenommen hat. Wenn Sie das Argument weglassen, wird ein leeres Textfeld angezeigt.

Mit den nächsten beiden Argumenten `left` und `top` können Sie die Position auf dem Bildschirm festlegen, wo die Inputbox angezeigt werden soll. So wird beim Argument `left` der horizontale Abstand des linken Rands des Dialogfeldes vom linken Rand des Bildschirms festgelegt. Beim Argument `top` wird der vertikalen Abstand des oberen Rands des Dialogfeldes vom oberen Rand des Bildschirms festgelegt.

Die beiden Argumente `helpfile` und `context` setzen Sie ein, wenn Sie auf einen Hilfetext im Meldungsfenster verweisen möchten.

Das letzte Argument `type` legt den Datentyp des Rückgabewertes fest. Ohne Angabe dieses Arguments gibt das Dialogfeld den Datentyp `Text` zurück. Entnehmen Sie die zulässigen Rückgabewerte der nächsten Tabelle.

Tabelle 14.4: Die möglichen Rückgabewerte der Methode Inputbox

Wert	Beschreibung
0	Formel
1	Zahl
2	Text
4	logischer Wert (True oder False)
8	Zellenbezug
16	Fehlerwert
64	Wertematrix

INFO

Wie Sie die Schaltflächen abfragen können, haben Sie bereits bei der Funktion `Msgbox` *gelernt.*

Lernen Sie nun einige praktische Anwendungsbeispiele für die Methode `Inputbox` kennen.

14.3.1 Mehrwertsteuer errechnen

Dem Anwender soll nach der Eingabe eines Nettobetrags automatisch die Mehrwertsteuer angezeigt werden.

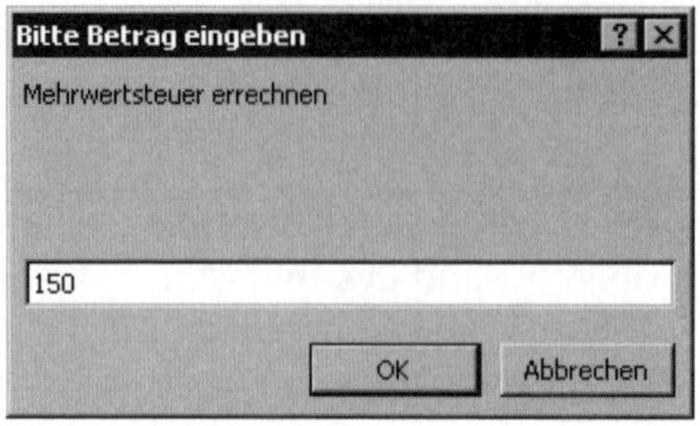

Abbildung 14.5: *Betrag über Dialog erfassen und Mehrwertsteuer ausrechnen lassen*

Listing 14.5: *Einen Betrag über einen Dialog eingeben, als Ausgabe erfolgt die Mehrwertsteuer*

```
Sub MwstErrechnen()
Dim Betrag As Currency
Dim Gesamt As Currency
Const mwst = "1,16"

 Betrag = Application.InputBox _
 ("Mehrwertsteuer errechnen", "Bitte Betrag eingeben")
 If Betrag = 0 Then Exit Sub
 Gesamt = Betrag * mwst
 MsgBox "Die Mehrwertsteuer ist: " &  _
         Gesamt - Betrag & " DM"
End Sub
```

Legen Sie zuerst in einer Konstanten den derzeitigen Mehrwertsteuersatz fest. Danach rufen Sie die Methode `Inputbox` auf und fordern den Anwender auf, einen Betrag einzugeben. Sollte der Anwender die Schaltfläche ABBRECHEN geklickt haben, wird das Programm durch die Anweisung `Exit Sub` sofort verlassen. Im anderen Fall wird zuerst der Gesamtbetrag aus dem Nettobetrag und dem Prozentsatz der Mehrwertsteuer errechnet. Danach wird der Mehrwertsteuerbetrag ermittelt und in einem Meldungsfenster ausgegeben.

14.3.2 Mehrere Eingaben erfassen

Normalerweise können Sie in einer Inputbox immer nur Daten in einem Textfeld erfassen. Wenn Sie jedoch mehrere Eingaben machen müssen, können Sie diese Funktion mehrmals hintereinander aufrufen und die erfassten Werte nacheinander in eine Tabelle schreiben.

Listing 14.6: *Mehrere Inputboxen nacheinander aufrufen und Daten in Tabelle speichern*

```
Sub MehrereEingabenErfassen()
Dim i As Integer
Dim i2 As Integer

For i2 = 1 To 5
i = Application.InputBox(prompt:="Zahl eingeben:", Type:=1)
If i <> False Then
```

```
Sheets("Tabelle1").Cells(1, i2).Value = i
Else: Exit Sub
End If
Next
End Sub
```

Die Methode `Inputbox` wird fünfmal nacheinander aufgerufen. Dazu setzen Sie die Schleife `For Next` ein. Wenn die Taste ABBRECHEN geklickt wird, erfolgt das sofortige Ende des Makros. Im anderen Falle werden die eingegebenen Daten in das Tabellenblatt TABELLE1 geschrieben.

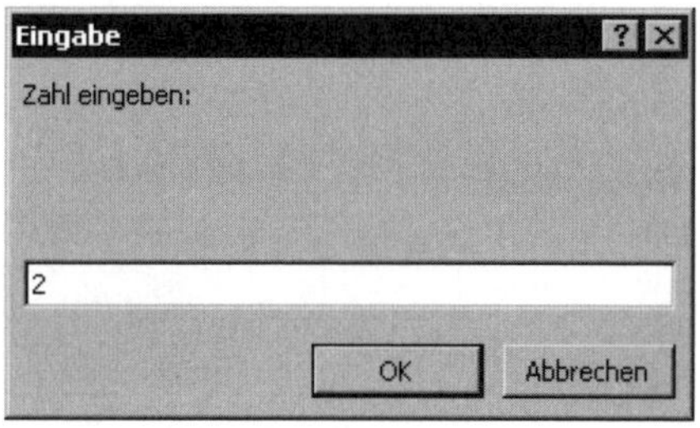

Abbildung 14.6: *Mehrmaliges Aufrufen der Inputbox*

14.3.3 Bereiche über eine Inputbox markieren

Sie können einzelne Daten über eine Inputbox erfassen, das ist klar. Haben Sie aber gewusst, dass Sie damit auch Bereiche markieren können? Sehen Sie sich dazu das folgende Makro in Listing 14.7 an.

Listing 14.7: *Mit Hilfe einer Inputbox einen Bereich markieren*

```
Sub BereicheMarkieren()
Dim Bereich As Range
 On Error Resume Next
 Set Bereich = _
 Application.Inputbox(prompt:="Bereich markieren", Type:=8)
 If Bereich Is Nothing Then
  MsgBox "Sie haben keinen Bereich ausgewählt", vbExclamation
 Else
    Bereich.Select
 End If
End Sub
```

Zuerst müssen Sie eine Range-Variable deklarieren, welche den ausgewählten Bereich aufnehmen soll. Um einen Bereich mit der Inputbox zu markieren, muss diese vom Typ `8` sein. Wird kein Bereich ausgewählt, erscheint eine Meldung auf dem Bildschirm, im anderen Falle wird der Bereich auf dem Tabellenblatt markiert.

:-) TIPP

Wenn Sie möchten, können Sie auch mehrere Bereiche über die Inputbox markieren. Dazu markieren Sie bei aufgerufener Inputbox den ersten Bereich auf dem Tabellenblatt, halten die `Strg`*-Taste gedrückt und markieren den nächsten Bereich. Klicken Sie zum Abschluss auf die Schaltfläche OK.*

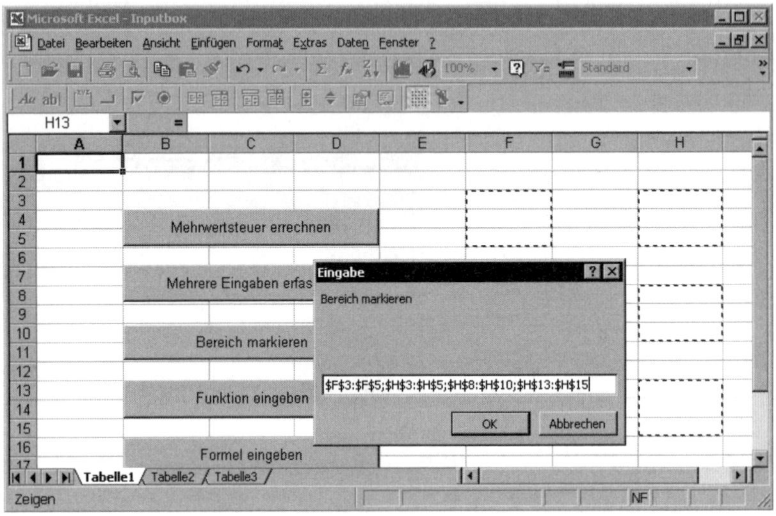

***Abbildung 14.7:** Auch mehrere Bereiche können markiert werden*

14.3.4 Funktionen eingeben über Inputbox

Wenn Sie möchten, können Sie auch Funktionen über eine Inputbox erfassen, sofern Sie weder den Funktionsassistenten einsetzen noch eine direkte Zelleneingabe zulassen möchten. Durch die Eingabe einer Funktion über ein Textfeld können Sie so beispielsweise die eingegebene Funktion noch einmal prüfen, bevor Sie diese tatsächlich in eine Zelle schreiben.

***Listing 14.8:** Funktionen und Formeln über eine Inputbox erfassen*

```
Sub FunktionEingeben()
Dim s As String
 s = Inputbox("Eingabe der Funktion", "Funktion", "=")
 If s = "" Then Exit Sub
 ActiveCell.FormulaLocal = s
End Sub
```

Im letzten Beispiel aus Listing 14.8 wurde das Gleichheitszeichen (=) als Standardeintrag im Textfeld der Inputbox schon einmal vorgegeben, da ja jede Funktion in Excel mit diesem Zeichen beginnt. Um deutsche Funktionen in das Textfeld der Inputbox einzugeben, müssen Sie die Eigenschaft `FormulaLocal` angeben. Ohne die Angabe dieser Eigenschaft würde Excel die eingegebene Funktion nicht erkennen. Wenden Sie beispielsweise die Funktion SUMME an.

Abbildung 14.8: *Eingabe einer Funktion über Inputbox*

14.4 Integrierte Dialoge einsetzen

Bei der Programmierung mit Dialogen müssen Sie nicht unbedingt eigene Dialoge erstellen. Oft reicht es auch aus, wenn Sie bereits vorhandene Dialoge in Excel für Ihre eigenen Projekte nutzen. Ein weiterer Vorteil ist, dass ein Anwender diese Dialoge bereits kennt und sich nicht mehr in fremde Dialoge einarbeiten muss.

Sie finden die Beispiele zu den integrierten Dialogen auf der mitgelieferten CD im Verzeichnis KAP14 *unter dem Namen* DIALOGE.XLS.

CD-ROM

14.4.1 Den Öffnen-Dialog aufrufen

Warum das Rad neu erfinden?

Normalerweise können Sie Excel-Arbeitsmappen auch direkt mit einem Makro öffnen, ohne den ÖFFNEN-Dialog einzusetzen. Stehen jedoch mehrere Arbeitsmappen zur Auswahl, zwischen denen sich der Anwender entscheiden muss, verwenden Sie den integrierten ÖFFNEN-Dialog und lassen den Anwender die gewünschte Arbeitsmappe auswählen. Der Vorteil liegt auf der Hand: Sie brauchen sich um bestimmte Dinge, wie das Anzeigen der Arbeitsmappen im Dialog oder auch das Markieren und Öffnen der Mappen, nicht selbst zu kümmern. Die gesamte Funktionalität ist schon vorhanden. Wie Sie den ÖFFNEN-Dialog aufrufen, sehen Sie im Listing 14.9.

Listing 14.9: *Den integrierten Öffnen-Dialog anzeigen und auswerten*

```
Sub DialogÖffnen()
Dim b As Boolean
  b = Application.Dialogs(xlDialogFindFile).Show
  MsgBox b
End Sub
```

Definieren Sie zuerst einmal eine Variable vom Typ `Boolean`, um zu ermitteln, ob eine Datei geöffnet worden ist oder nicht. Wurde über den ÖFFNEN-Dialog eine Datei geöffnet, steht in der Variablen `b` der Wert WAHR. Wurde dagegen im Dialog ÖFFNEN auf die Schaltfläche ABBRECHEN geklickt, meldet die Variable `b` den Wert FALSCH.

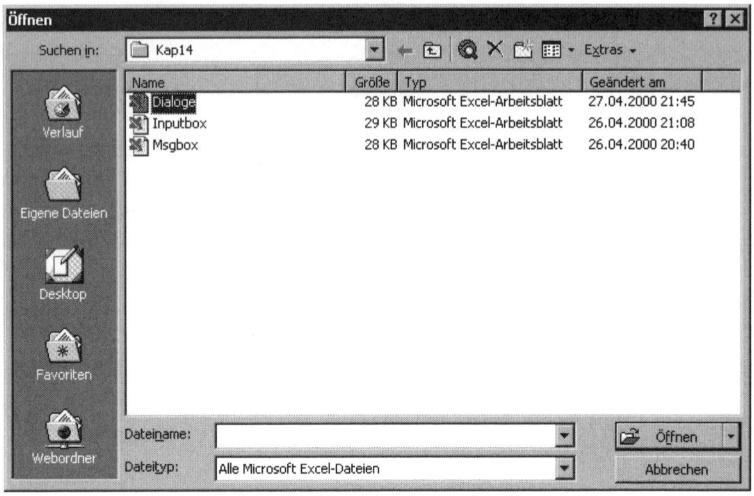

***Abbildung 14.9:** Der Dialog Öffnen im neuen Look in Excel 2000*

14.4.2 Der Dialog Öffnen mit automatischer Passworteingabe

Wenn Sie eine passwortgeschützte Arbeitsmappe über den ÖFFNEN-Dialog öffnen möchten, aber keine Lust haben, das Passwort selbst einzugeben, können Sie dies dem integrierten Dialog mitteilen.

***Listing 14.10:** Eine geschützte Datei ohne Passworteingabe öffnen*

```
Sub DialogÖffnenMitPassword()
Application.Dialogs(xlDialogOpen).Show _
 "C:\eigene Dateien\Mappe1.xls",   arg5:="test"
End Sub
```

:-) TIPP

Das fünfte Argument des Befehls entspricht dem eingestellten Passwort.

14.4.3 Den Dialog Zellen formatieren aufrufen

Wenn der Anwender selber entscheiden soll, welche Hintergrundfarbe er für bestimmte Zellen haben möchte, stellen Sie ihm per Makro den Dialog ZELLEN FORMATIEREN zur Verfügung.

```
Sub DialogZellenFormatieren()
 Range("A1").Select
 Application.Dialogs(xlDialogPatterns).Show
End Sub
```

Listing 14.11: Format-Dialog aufrufen

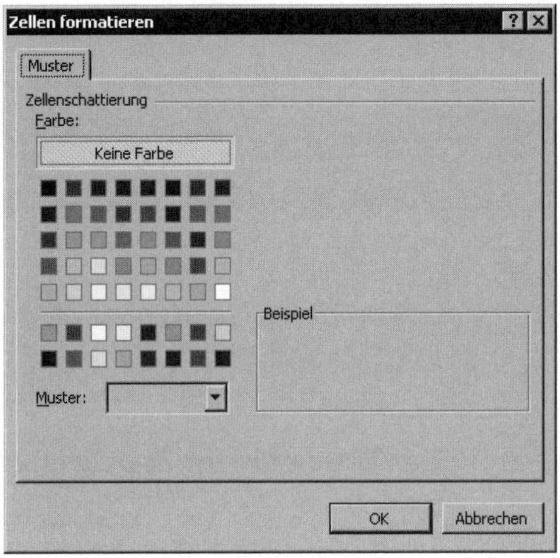

Abbildung 14.10: Welche Hintergrundfarbe soll genommen werden?

14.4.4 Den Dialog Drucken aufrufen

Um eines oder auch mehrere Tabellenblätter zu drucken, müssen Sie normalerweise über den Dialog DRUCKEN gehen. In manchen Fällen ist es aber wichtig, vorher bestimmte Einstellungen für den Druck vorzunehmen, die vom Anwender selbst bestimmt werden müssen. Im folgenden Beispiel rufen Sie den DRUCKEN-Dialog auf und stellen bestimmte Informationen, wie die Anzahl der Kopien bzw. die zu druckenden Seiten, automatisch ein.

```
Sub DialogDrucken()
Const SeiteVon = 1
Const SeiteBis = 4
Const Kopien = 2
    Application.Dialogs(xlDialogPrint).Show arg1:=2, _
     arg2:= SeiteVon, arg3:=SeiteBis, arg4:=Kopien
End Sub
```

Listing 14.12: Den integrierten Drucken-Dialog mit vorbelegten Einstellungen aufrufen

Wenn Sie beim Definieren der Druckeinstellungen mit Konstanten arbeiten und diese zu Beginn des Makros definieren, können Sie diese Einstellungen jederzeit leicht ändern.

:-) TIPP

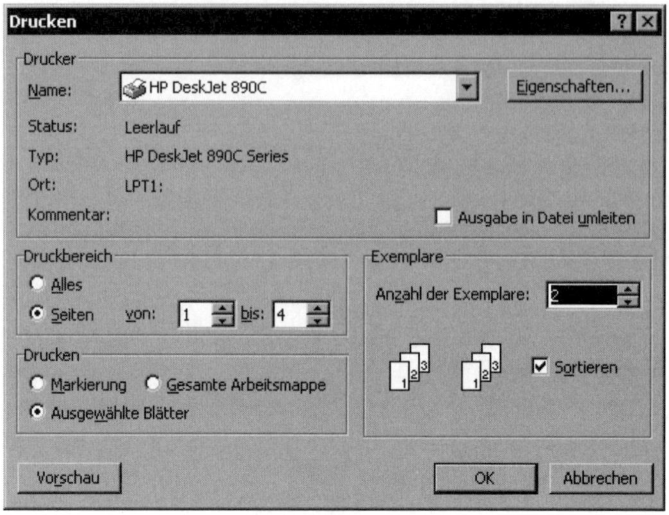

***Abbildung 14.11:** Drucken-Dialog mit Voreinstellungen aufrufen*

14.4.5 Den Dialog für den Blattschutz anzeigen

Wenn Sie Tabellenblätter vor Veränderung schützen möchten, wählen Sie aus dem Menü EXTRAS den Befehl SCHUTZ/BLATT SCHÜTZEN. Danach geben Sie ein Kennwort ein und klicken auf die Schaltfläche OK. Den Dialog können Sie aber auch direkt aufrufen. Dazu verwenden Sie folgendes Makro in Listing 14.13.

***Listing 14.13:** Den integrierten Blattschutz-Dialog aufrufen*

```
Sub DialogBlattschutz()
 Application.Dialogs(xlDialogProtectDocument).Show
End Sub
```

***Abbildung 14.12:** Blattschutz über Dialog einstellen*

14.4.6 Den Dialog Optionen aufrufen

Um Einstellungen beim Bearbeiten von Tabellenblättern einzustellen, können Sie den Dialog OPTIONEN über das Menü EXTRAS und den Befehl OPTIONEN aufrufen. Wenn Sie Makros schreiben, die eine bestimmte Einstellung bei den Optionen benötigen, können Sie die Einstellungen im Hintergrund festlegen oder aber auch den Benutzer selbst entscheiden lassen, welche Einstellungen er vornehmen möchte. Den Dialog OPTIONEN rufen Sie wie folgt auf:

```
Sub DialogExtrasOptionenBearbeiten()
 Application.Dialogs(xlDialogOptionsEdit).Show
End Sub
```

Listing 14.14: Den integrierten Optionen-Dialog aufrufen

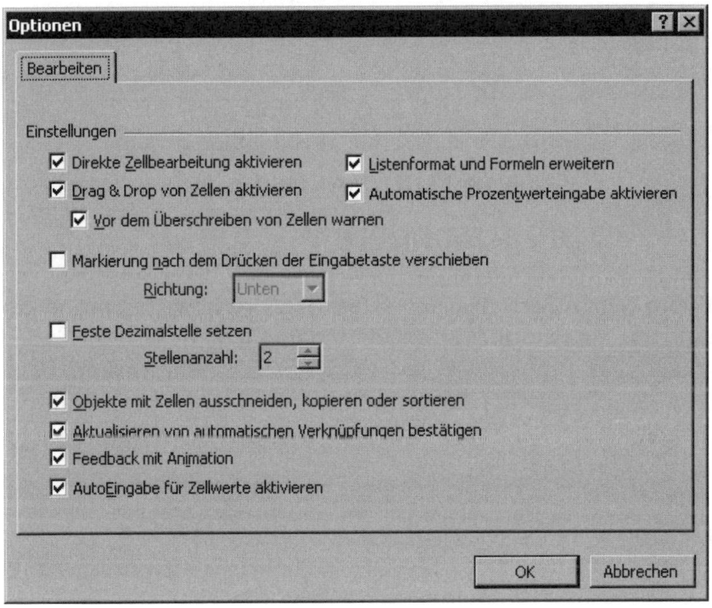

Abbildung 14.13: Der Dialog Optionen zum schnellen Einstellen von Einstellungen

14.4.7 Weitere integrierte Dialoge in Excel

Wenn Sie sich informieren möchten, welche integrierten Dialoge es in Excel gibt, und vor allem, wie diese heißen, dann rufen Sie in der Entwicklungsumgebung den Objektkatalog auf und schauen unter der Rubrik XLBUILTINDIALOG NACH.

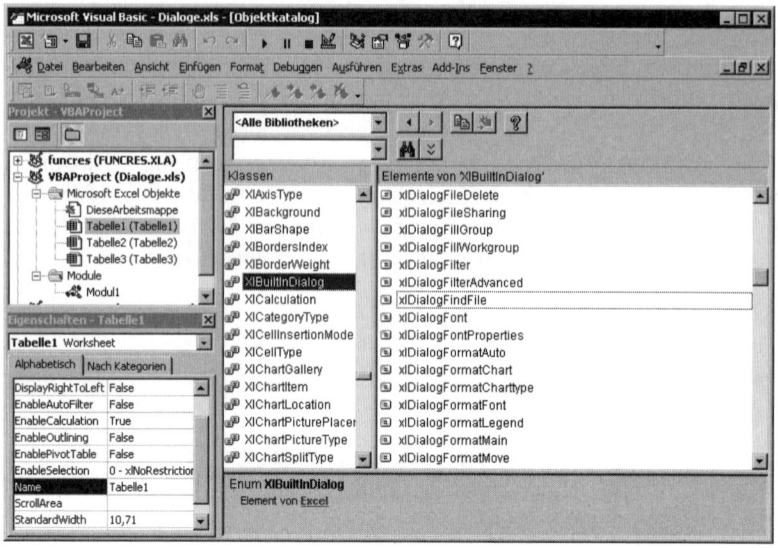

Abbildung 14.14: Alle eingebauten Dialoge in Excel im Überblick

14.5 Eigene Dialoge entwerfen und programmieren

Wenn Sie größere Aufgaben über Dialoge abwickeln möchten und mit den standardmäßig angebotenen Elementen, Eingabemasken, Meldungen und integrierte Dialoge nicht mehr auskommen, können Sie sich eigene Dialoge zeichnen und danach mit Makros automatisieren.

INFO

Die selbst gezeichneten Dialoge heißen in Excel UserForms.

CD-ROM

Sie finden die Beispiele zu den UserForms auf der mitgelieferten CD im Verzeichnis KAP14 *unter dem Namen* USERFORM.XLS.

14.5.1 Eine UserForm zeichnen

Für das Zeichnen der UserForms steht Ihnen eine eigene Symbolleiste zur Verfügung. Bevor Sie jedoch an das Zeichnen gehen, müssen Sie eine UserForm anlegen.

Dazu gehen Sie wie folgt vor:

1. *Wechseln Sie in die Entwicklungsumgebung.*
2. *Klicken Sie mit der rechten Maustaste im Bereich des Projekt-Explorers.*
3. *Wählen Sie aus dem Kontextmenü den Befehl* EINFÜGEN / USERFORM.

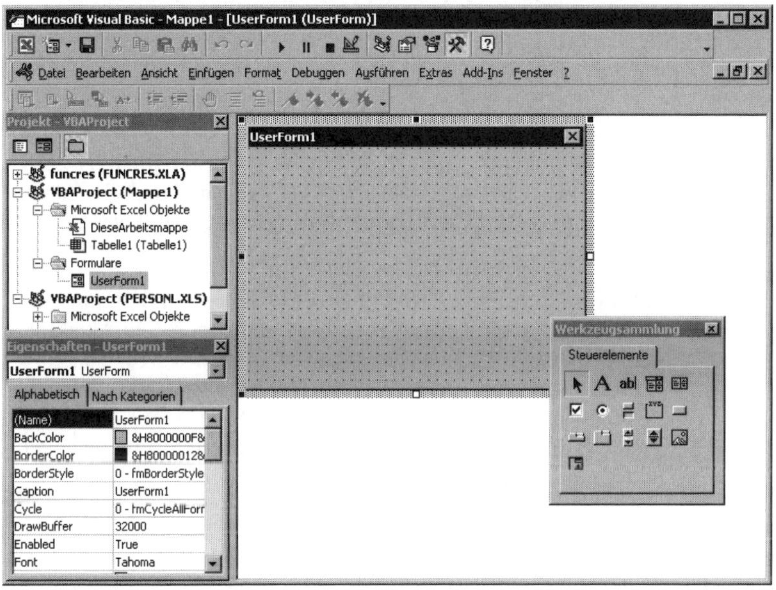

Abbildung 14.15: *Der erste Schritt – Einfügen einer UserForm*

Sobald Sie Ihre erste UserForm eingefügt haben, wird automatisch die Symbolleiste WERKZEUGSAMMLUNG *miteingeblendet. Diese Werkzeugsammlung nutzen Sie, um den noch leeren Dialog mit Elementen zu bestücken.*

Entnehmen Sie der folgenden Tabelle die wichtigsten Steuerelemente der Symbolleiste WERKZEUGSAMMLUNG.

Tabelle 14.5: *Alle Steuerelemente im Überblick*

Symbol	Funktionsbeschreibung
	Markiert das entsprechende Element in der UserForm.
	Hiermit können Sie Texte in Ihrer UserForm erfassen, meist im Zusammenspiel mit Textfeldern zu verwenden. Die Bezeichnungsfelder sind mit grauem Hintergrund auf der UserForm hinterlegt.

Symbol	Funktionsbeschreibung
	Damit sind Eingabefelder gemeint. Damit können Sie Texte oder Zahlen erfassen.
	Ein Kombinationsfeld besteht streng genommen aus einem Eingabefeld, welches mit einem Listenfeld gekoppelt ist. Kombinationsfelder erkennen Sie daran, dass sich rechts neben dem Eingabefeld ein kleiner Pfeil nach unten befindet. Mit einem Klick darauf werden Ihnen weitere Auswahlmöglichkeiten angeboten. In einem Kombinationsfeld kann immer nur ein Eintrag gewählt werden.
	Verwandt mit dem Kombinationsfeld ist auch das Listenfeld. Das Listenfeld benötigt jedoch mehr Platz, weil mehrere Einträge gleichzeitig angezeigt werden. Ein Listenfeld kann so eingestellt werden, dass mehrere Einträge ausgewählt werden können.
	Das RAHMEN-Steuerelement können Sie verwenden, um einzelne Elemente in einer Gruppe zusammenzufassen. Wichtig bei der Erstellung eines Rahmens ist, dass dieser vor den einzelnen Steuerelementen, die darin platziert werden sollen, eingefügt wird. Das Steuerelement RAHMEN besticht auch durch seine räumliche Darstellung und kann so auch eingesetzt werden, um die UserForm optisch aufzupeppen.
	Das Kontrollkästchen kann entweder aktiviert oder nicht aktiviert sein. Bei aktiviertem Zustand erscheint im Kästchen ein Häkchen. Wenn Sie Kontrollkästchen in einer Gruppe verwenden, können sowohl eines oder auch mehrere Kontrollkästchen aktiviert sein.
	Das Optionsfeld, auch bekannt als Radiobutton, kann aktiviert oder nicht aktiviert sein. Bei aktiviertem Zustand ist das Optionsfeld mit einem schwarzen Punkt ausgefüllt. Wenn Sie mehrere Optionsfelder innerhalb einer Gruppe verwenden, kann immer nur eine Option aktiviert sein.
	Das Umschaltfeld können Sie sich vorstellen wie einen Lichtschalter. Er hat genau zwei Zustände: Ein und Aus, die sich optisch leicht voneinander abheben.
	Hinter Befehlsschaltflächen legen Sie Makros, um bestimmte Aktionen durch einen Mausklick mit der UserForm auszuführen. Wenn Sie möchten, können Sie aber auch mit einer Tastenkombination eine Schaltfläche bedienen. Dazu schreiben Sie in der CAPTION-Eigenschaft das Zeichen & vor den gewünschten Buchstaben. Dieser Buchstabe in Verbindung mit der Taste % bildet dann die Tastenkombination für diese Schaltfläche.

Symbol	Funktionsbeschreibung
	Wenn Sie auf einer UserForm mehrere Register anbringen möchten, können Sie dieses Element einsetzen.
	Dieses Steuerelement verwenden Sie bei größeren UserForms, wenn Sie horizontal oder auch vertikal scrollen müssen, um bestimmt Elemente anzuzeigen.
	Das Drehfeld können Sie verwenden, wenn Sie einen Wert schrittweise hochzählen möchten. Das Steuerelement wird meist in Verbindung mit einem Textfeld verwendet.
	Mit Hilfe dieses Elements können Sie Grafiken in Ihre UserForm einfügen.

:-) TIPP

Weitere Steuerelemente können Sie jederzeit einblenden, indem Sie mit der rechten Maustaste auf die Symbolleiste klicken und aus dem Kontextmenü den Befehl ZUSÄTZLICHE STEUERELEMENTE *auswählen. Im Listenfeld* VERFÜGBARE STEUERELEMENTE *können Sie dann zusätzliche Steuerelemente per Mausklick Ihrer Symbolleiste hinzufügen.*

Definition

Bevor Sie anfangen, die Elemente einzufügen, stellt sich natürlich die Fragen, welche Aufgabe Sie damit überhaupt lösen möchten. Definieren wir nun eine kleine Aufgabe.

14.5.2 Der Entwurf einer automatischen dialoggesteuerten Rechnungserfassung

Die Aufgabe soll darin bestehen, über einen Dialog Rechnungsdaten in eine Tabelle zu schreiben. Im weiteren Verlauf der Aufgabe soll es dann möglich werden, bestimmte Rechnungsdaten aus der Tabelle über eine Suchfunktion in der UserForm anzuzeigen.

Erstellen Sie als kleine Vorarbeit eine Tabelle nach folgendem Vorbild (siehe Abbildung 14.16).

Im späteren Verlauf werden in obige Tabelle die Rechnungsdaten zurückgeschrieben, welche Sie über die UserForm erfassen.

Der Weg dahin ...

Wechseln Sie in die Entwicklungsumgebung und vergrößern Sie die UserForm, indem Sie mit der linken Maustaste ihre untere rechte Ecke anklicken und diese schräg nach unten ziehen.

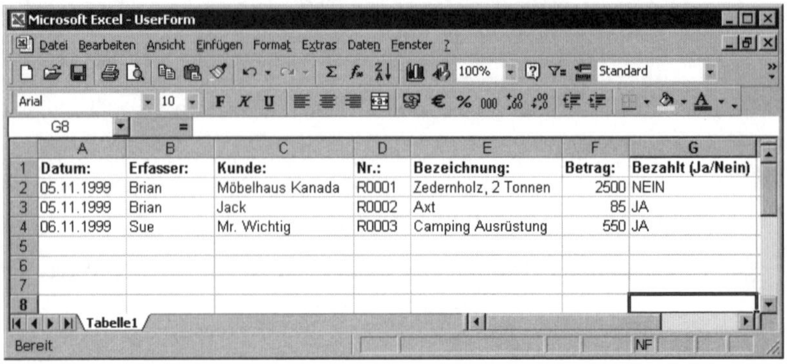

Abbildung 14.16: *Die Vorarbeit – die Rechnungstabelle*

Fügen Sie danach zunächst ein Bezeichnungsfeld und ein Textfeld ein. Dazu klicken Sie in der Symbolleiste WERKZEUGSAMMLUNG auf das entsprechende Symbol und ziehen es auf Ihrer UserForm auf. Das Bezeichnungsfeld trägt noch den Namen LABEL1. Ändern Sie diese Bezeichnung, indem Sie den Text mit der linken Maustaste markieren und den Text DATUM erfassen. Das Textfeld bekommt standardmäßig den Namen TEXTBOX1, den Sie auch beibehalten können.

Fügen Sie einen Rahmen ein, um die nächsten Textfelder darin zu platzieren und somit optisch ein wenig hervorzuheben. Der leere Rahmen trägt noch die Überschrift FRAME1.

Positionieren Sie die nächsten vier Bezeichnungsfelder und Textfelder innerhalb dieses Rahmens und passen Sie die Labels wieder an.

Fügen Sie innerhalb des Rahmens einen weiteren Rahmen ein und ändern Sie die Rahmenüberschrift.

Für die Information, ob eine Rechnung schon bezahlt ist oder nicht, verwenden Sie zwei Optionsschaltflächen, die Sie innerhalb des zweiten Rahmens anordnen.

Fügen Sie drei Befehlsschaltflächen ein. Die Beschriftung der Schaltflächen (COMMANDBUTTON1, COMMANDBUTTON2, COMMANDBUTTON3) ist noch nicht sehr sprechend. Ändern Sie die Beschriftung, indem Sie die Eigenschaft CAPTION im Eigenschaften-Fenster angeben.

Zum Abschluss möchten Sie noch eine Grafik oder ein Firmenlogo einfügen. Dazu klicken Sie in der Symbolleiste WERKZEUGSAMMLUNG auf das Symbol ANZEIGE und ziehen dieses Symbol innerhalb Ihrer UserForm auf.

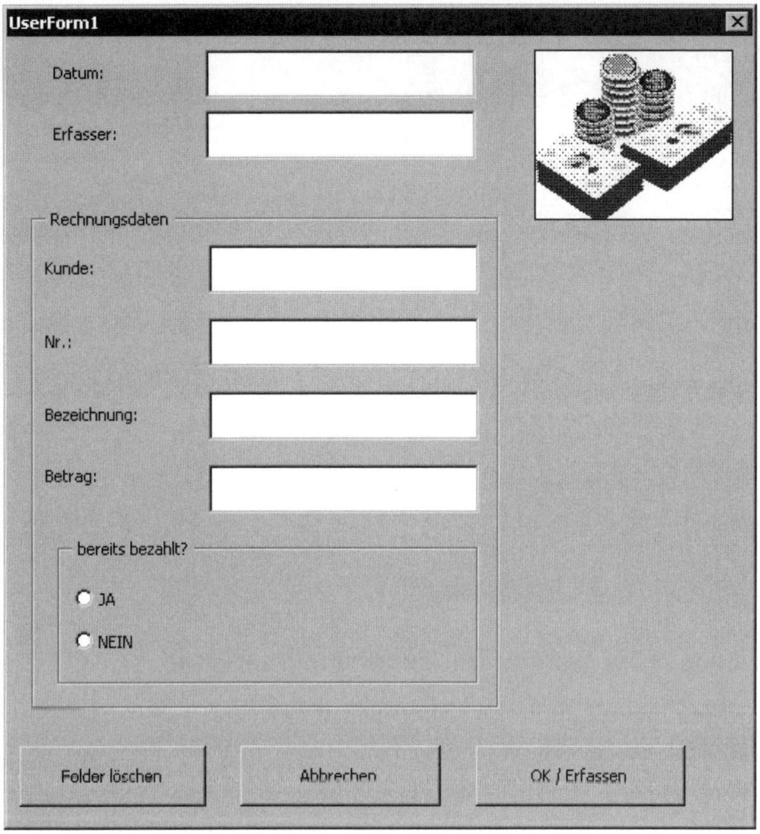

Abbildung 14.17: *Die fertige UserForm*

INFO

Wenn Sie das Symbol ANZEIGE in Ihrer UserForm markiert haben, erscheint im Eigenschaftenfenster folgende Information (siehe Abbildung 14.18).

Klicken Sie in der Zeile PICTURE auf das Symbol mit den drei Punkten und weisen Sie im Dialog BILD LADEN ein gewünschtes Bild zu, welches Sie in der UserForm anzeigen möchten.

:-) TIPP

Wenn Sie möchten, können Sie auch ganz elegant ein beliebiges Bild, z.B. ein ClipArt, in die Zwischenablage kopieren, dann in die Entwicklungsumgebung wechseln und im Eigenschaftenfenster im Feld rechts neben dem Feld PICTURE den Mauszeiger positionieren und die Tastenkombination Strg + V *drücken. Damit wird das Bild automatisch in die UserForm eingefügt.*

Eigenschaften - Image1

Image1 Image

Alphabetisch | Nach Kategorien

(Name)	Image1
AutoSize	False
BackColor	&H8000000F&
BackStyle	1 - fmBackStyleOpaque
BorderColor	&H80000006&
BorderStyle	1 - fmBorderStyleSingle
ControlTipText	
Enabled	True
Height	84
Left	270
MouseIcon	(Keine)
MousePointer	0 - fmMousePointerDefault
Picture	(Metafile-Format)
PictureAlignment	2 - fmPictureAlignmentCenter
PictureSizeMode	0 - fmPictureSizeModeClip
PictureTiling	False
SpecialEffect	0 - fmSpecialEffectFlat
Tag	
Top	6
Visible	True
Width	102

***Abbildung 14.18:** Eine Grafik in eine UserForm integrieren*

14.5.3 Der erste Aufruf der neuen UserForm

Klicken Sie mit der linken Maustaste einmal auf die UserForm und drücken Sie danach die Taste [F5].

Das Handling von UserForms

Die UserForm wird am Bildschirm angezeigt. Erfassen Sie nun einmal ein paar Daten. Sie gelangen am schnellsten von Feld zu Feld, indem Sie die Taste [⇆] drücken. Wenn Sie ein Feld zurückspringen möchten, drücken Sie jeweils die Tastenkombination [⇧] + [⇆]. Beenden Sie den Dialog, indem Sie auf das x-Symbol an der rechten oberen Ecke der UserForm klicken.

14.5.4 Reihenfolge der Elemente festlegen

Wenn Sie die Reihenfolge ändern möchten, mit der Sie über die Taste [⇆] von Element zu Element in der UserForm springen, können Sie dies ohne Weiteres einstellen. Wählen Sie dazu den Menübefehl ANSICHT / AKTIVIERREIHENFOLGE.

INFO

Die Reihenfolge ändern Sie, indem Sie das entsprechende Element im Listenfeld AKTIVIERREIHENFOLGE *markieren und auf die Schaltfläche* NACH OBEN *bzw.* NACH UNTEN *klicken.*

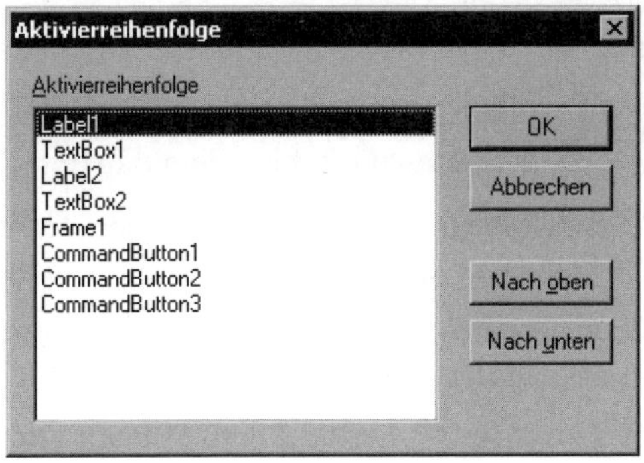

Abbildung 14.19: Die Aktivierreihenfolge ändern

Wie Sie sehen, geht schon einiges, auch ohne eine einzige Zeile zu programmieren. Um letztendlich die Funktionalität, also das Zurückschreiben der Daten zu erreichen, beginnen Sie nun mit der Programmierung der UserForm.

14.5.5 UserForms mit Makros bestücken

Um die UserForm programmgesteuert anzuzeigen, fügen Sie ein neues Modul ein und erfassen das Makro aus Listing 14.15.

Listing 14.15: Eine UserForm anzeigen

```
Sub UserFormAnzeigen()
 UserForm1.Show
End Sub
```

Die Methode `Show` aktiviert die UserForm mit dem Namen USERFORM1.

Neu in Excel 2000

In Excel 2000 ist es erstmalig möglich, Dialoge auch ungebunden aufzurufen, d.h. ungebundene Dialoge müssen nicht beendet werden, um mit anderen Arbeiten in Excel fortzufahren. Wenn Sie eine ungebundene UserForm aufrufen möchten, verwenden Sie die Anweisung `UserForm1.Show vbModeless`.

:-) TIPP

Wenn Sie eine UserForm noch nicht anzeigen, aber die UserForm schon einmal in den Speicher laden möchten, verwenden Sie die Anweisung `Load UserForm1`*. Diese Anweisung ist dann wichtig, wenn Sie eine UserForm bei Bedarf sehr schnell anzeigen möchten, und ist vor allem dann empfehlenswert, wenn Sie aufwendige Vorbereitungsarbeiten vor dem eigentlichen Anzeigen der UserForm über die Methode* `Show` *durchführen müssen. Aufwendige Vorbereitungsarbeiten umfassen z.B. das Übertragen von Tabelleninhalten in viele Textfelder. Standardmäßig wird es aber in fast allen Fällen ausreichen, auf die Anweisung* `Load` *zu verzichten.*

Die Ereignismakros

Wechseln Sie jetzt wieder auf Ihre UserForm, indem Sie im Projekt-Explorer unter der Rubrik FORMULARE auf den Eintrag USERFORM1 doppelklicken.

Als nächste Aufgabe haben Sie genau drei VBA-Makros zu schreiben:

- ein Makro zum Zurückschreiben der in der UserForm erfassten Daten auf das Tabellenblatt (Schaltfläche OK / ERFASSEN).
- ein Makro, welches die UserForm ohne weitere Aktion beendet (Schaltfläche ABBRECHEN), und
- ein Makro, um alle Textfelder auf einmal zu löschen (Schaltfläche FELDER LÖSCHEN).

Daten auf Tabellenblatt erfassen

Um das Makro für die Datenerfassung zu schreiben, führen Sie zunächst in der UserForm einen Doppelklick auf die Schaltfläche OK / ERFASSEN aus. Excel generiert Ihnen automatisch einen noch leeren Programmrahmen.

```
Private Sub CommandButton1_Click()

End Sub
```

Ergänzen Sie den Programmrahmen um die folgenden Zeilen:

Listing 14.16: *Eingegebene Daten aus UserForm in Tabelle schreiben*

```
Private Sub CommandButton1_Click()
Set Frm = UserForm1
  Sheets("Tabelle1").Activate
  Range("A65536").End(xlUp).Offset(1, 0).Select
  With Frm
  ActiveCell.Value = .TextBox1.Value
  ActiveCell.Offset(0, 1).Value = .TextBox2.Value
  ActiveCell.Offset(0, 2).Value = .TextBox3.Value
  ActiveCell.Offset(0, 3).Value = .TextBox4.Value
  ActiveCell.Offset(0, 4).Value = .TextBox5.Value
  ActiveCell.Offset(0, 5).Value = .TextBox6.Value

  If .OptionButton1.Value = True Then
  ActiveCell.Offset(0, 6).Value = "JA"
  Else
  ActiveCell.Offset(0, 6).Value = "NEIN"
  End If
  End With
End Sub
```

Bei dem Makro `CommandButton1_Click` handelt es sich um ein Ereignis, d.h., immer wenn die Schaltfläche OK / ERFASSEN geklickt wird, läuft obiges Makro ab. Als Erstes wird der Begriff `UserForm1`, welcher ja nicht gerade kurz ist, durch ein Kürzel ersetzt. Zukünftig können alle Elemente auf der UserForm kürzer und damit auch schneller angesprochen werden.

Vorher

```
UserForm1.Textbox1.value
```

Nachher

```
Frm.Textbox1.value
```

Jetzt wird das Tabellenblatt TABELLE1 aktiviert. Mit der Eigenschaft `End` wird die Position ermittelt, die die Zelle am Ende der Region darstellt, die den Quellbereich enthält. Diese Vorgehensweise entspricht dem Drücken der Tastenkombination [Strg] + [↓] auf dem Tabellenblatt.

INFO

Die Zahl 65.536 steht für die maximale Anzahl Zeilen pro Excel-Tabellenblatt. Innerhalb dieses Bereiches wird nach der zuletzt verwendeten Zelle gesucht und der Zellenzeiger um eine Zeile nach unten (nächste freie Zelle) versetzt.

Mit der Anweisung `With` machen Sie den Programmiercode noch kürzer und übersichtlicher.

Vorher

```
ActiveCell.Value = frm.TextBox1.Value
ActiveCell.Offset(0, 1).Value = frm.TextBox2.Value
ActiveCell.Offset(0, 2).Value = frm.TextBox3.Value
```

Nacher

```
With Frm
 ActiveCell.Value = .TextBox1.Value
 ActiveCell.Offset(0, 1).Value = .TextBox2.Value
 ActiveCell.Offset(0, 2).Value = .TextBox3.Value
End With
```

Ist das Kürzel einmal mit der Anweisung `With` definiert, kann weggelassen werden, stattdessen steht dafür ein Punkt.

In der Eigenschaft `Value` der Textfelder steht jeweils der vorgenommene Eintrag. Dieser Eintrag wird in die Tabelle übertragen. Dabei wird der Inhalt des ersten Textfeldes in die aktive Zelle übertragen, die Inhalte der weiteren Textfelder werden dann jeweils eine Zelle weiter nach rechts verschoben eingefügt.

Um festzuhalten, ob der Kunde bereits bezahlt hat oder nicht, verwenden Sie Optionsschaltflächen. Dabei kann jeweils nur eine Option (JA oder NEIN) möglich sein. Die Abfrage, welche Optionsschaltfläche aktiviert ist, bekommen Sie über eine `If-then-else`-Anweisung hin. Fragen Sie dazu die `Value`-Eigenschaft der ersten Optionsschaltfläche ab. Liefert diese den Wert `True`, ist eine

Optionsschaltfläche aktiviert. In diesem Fall schreiben Sie den Text JA in die Spalte G, im anderen Fall schreiben Sie den Text NEIN in die Tabelle zurück.

14.5.6 Die UserForm beenden

Wenn Sie die UserForm wieder schließen möchten, ohne eine weitere Aktion durchzuführen, dann klicken Sie auf der UserForm die Schaltfläche ABBRECHEN doppelt an und ergänzen den vorgegebenen Rahmen um die nächsten Zeilen:

Listing 14.17: Eine UserForm wird ausgeblendet

```
Private Sub CommandButton2_Click()
 UserForm1.Hide
End Sub
```

:-) TIPP

Die Methode `Hide` *blendet die UserForm aus. Damit steht die UserForm aber noch im Speicher für weitere Aktionen bereit. Möchten Sie die UserForm richtig aus dem Speicher laden, verwenden Sie die Anweisung* `unload me`.

14.5.7 Alle Textfelder initialisieren

Nachdem Sie einen Satz erfasst und abgespeichert haben, möchten Sie erreichen, dass jeglicher Inhalt aller Textfelder bei Bedarf gelöscht werden kann. Dazu klicken Sie die Schaltfläche FELDER LÖSCHEN in der UserForm doppelt an. Erfassen Sie danach das folgende Makro aus Listing 14.18.

Listing 14.18: Alle Textfelder in einer UserForm initialisieren

```
Private Sub CommandButton3_Click()
 Dim tb As Object
    For Each tb In UserForm1.Controls
      If TypeName(tb) = "TextBox" Then tb.Text = ""
    Next tb
End Sub
```

Deklarieren Sie zuerst eine Objektvariable, um die UserForm anschließend in einer `For Each`-Schleife zu durchlaufen und zu bereinigen.

14.5.8 UserForm mit Tabellendaten füllen

Wie Sie Daten aus einer UserForm in eine Tabelle schreiben, wissen Sie jetzt. Wie aber geht es genau andersherum, also aus einer Tabelle Daten in einer UserForm anzeigen? Um die Lösung dieser Aufgabe aufzuzeigen, wird dasselbe Beispiel verwendet. Im Einzelnen soll die Rechnungsnummer eingegeben werden und danach sollen alle dazugehörigen Rechnungsinformationen aus der Tabelle ermittelt und in der UserForm angezeigt werden.

Dazu gehen Sie wie folgt vor:

STEP

1. *Fügen Sie eine neue UserForm ein. Diese bekommt den Namen* USERFORM2.
2. *Da Sie für die neue USERFORM weitestgehend dieselben Elemente wie in USERFORM1 verwenden, wechseln Sie auf die USERFORM1 und drücken die Tastenkombination* [Strg] + [A], *um alle Elemente zu markieren.*
3. *Drücken Sie die Tastenkombination* [Strg] + [C], *um die Elemente in die Zwischenablage zu kopieren.*
4. *Wechseln Sie auf Ihre neue UserForm und drücken Sie die Tastenkombination* [Strg] + [V], *um die Elemente einzufügen.*

14.5.9 Der Aufruf des Suchen-Dialogs

Beim Aufrufen des Suchen-Dialoges darf nur das Textfeld NR.: editierbar sein, d.h., nur in dieses Feld dürfen Sie eine Eingabe vornehmen, alle anderen Textfelder sollen danach automatisch mit den restlichen Daten gefüllt werden.

***Listing 14.19:** Textfelder in UserForms aktivieren bzw. Fokus setzen*

Suchen-Dialog anzeigen

```
Sub SuchenDialogAnzeigen()
Set frm2 = UserForm2
With frm2
 .TextBox4.SetFocus
 .TextBox1.Enabled = False
 .TextBox2.Enabled = False
 .TextBox3.Enabled = False
 .TextBox5.Enabled = False
 .TextBox6.Enabled = False
 .Show
End With
End Sub
```

Die Kombination aus den Anweisungen `Set` und `With` haben Sie schon kennen gelernt. Damit haben Sie weniger Schreibarbeit und einen besseren Überblick über Ihren Programmcode. Mit der `SetFocus`-Methode sorgen Sie dafür, dass der Mauszeiger nach dem Aufrufen der UserForm im richtigen TEXTFELD (NR.) steht. Über die Eigenschaft `Enabled` verhindern Sie, dass Eingaben in den übrigen Feldern gemacht werden können. Indem Sie diese Eigenschaft auf den Wert `False` setzen, machen Sie es unmöglich, mit der Maus durch Drücken von Tasten, Zugriffstasten oder Tastenkombinationen auf das Steuerelement einzuwirken.

Daten suchen

Nach der Eingabe der Rechnungsnummer in das vierte Textfeld soll auf dem Tabellenblatt TABELLE 1 nach der entsprechenden Rechnung gesucht und die einzelnen Daten dazu in der UserForm angezeigt werden. Um das Makro hierfür zu erstellen, führen Sie einen Doppelklick auf die Schaltfläche OK/SUCHEN aus und geben Sie das folgende Makro aus Listing 14.20 ein:

***Listing 14.20:** Daten über eine UserForm eingeben und auf einem Tabellenblatt danach suchen*

```
Private Sub CommandButton1_Click()
Set frm2 = UserForm2
With frm2
Sheets("Tabelle1").Select
Range("D:D").Select
 On Error GoTo fehler
 Selection.Find(What:=.TextBox4.Value, After:=ActiveCell, _
 LookIn:=xlFormulas, LookAt:=xlPart, _
 SearchOrder:=xlByRows, SearchDirection:=xlNext, _
  MatchCase:=False).Activate

 .TextBox1.Value = ActiveCell.Offset(0, -3).Value
 .TextBox2.Value = ActiveCell.Offset(0, -2).Value
 .TextBox3.Value = ActiveCell.Offset(0, -1).Value
 .TextBox5.Value = ActiveCell.Offset(0, 1).Value
 .TextBox6.Value = ActiveCell.Offset(0, 2).Value

If ActiveCell.Offset(0, 3).Value = "JA" _
 Then .OptionButton1.Value = True _
 Else .OptionButton1.Value = False Range("A1").Select
 Exit Sub
fehler:
 MsgBox "Ein Rechnungssatz mit der Nummer : " & _
 .TextBox4.Value &  " konnte nicht gefunden werden!"
 End With
End Sub
```

Die Syntax

Um nach der eingegebenen Rechnungsnummer zu suchen, setzen Sie die Methode `Find` ein. Diese Methode hat folgende Syntax:

```
Selection.Find(What, After, LookIn, LookAt, SearchOrder,
SearchDirection, MatchCase)
```

Die Argumente der Methode Find

Das erste Argument `What` steht für den Suchbegriff. Dabei handelt es sich in diesem Fall um den Inhalt des Textfeldes TEXTBOX4.

Das zweite Argument `After` gibt die Zelle an, nach der die Suche beginnen soll. Dies entspricht der Position der aktiven Zelle, wenn eine Suche von der Benutzeroberfläche aus durchgeführt wird.

STOP

Bitte beachten Sie, dass das Argument `After` *eine einzelne Zelle im Bereich sein muss. Beachten Sie, dass die Suche nach dieser Zelle beginnt; die angegebene Zelle wird also erst durchsucht, wenn der Suchlauf zur Ausgangszelle zurückkehrt. Wird das Argument nicht angegeben, so ist die obere linke Zelle des Bereichs der Startpunkt für die Suche.*

INFO

In Excel können Sie die Suche auch nur auf Werte, Formeln oder Kommentare beschränken. Das Argument `LookIn` *bietet einige* `XlFindLookIn`*-Konstanten dazu an:* `xlFormulas`*, um nur in Formeln zu suchen (Standardeinstellung),* `xlValues`*, welche ausschließlich nur Werte sucht, oder* `xlComments`*, welche die Suche auf Kommentare beschränkt.*

Mit dem Argument `LookAt` können Sie festlegen, ob der Suchbegriff als ganzes Wort wiedergefunden werden muss oder ob es auch reicht, wenn der Suchbegriff als Teil eines Wortes gefunden wird. Im ersten Fall verwenden Sie die Konstante `xLWhole`, im zweiten Fall ist die Konstante `xLPart` einzusetzen.

Beim Argument `SearchOrder` ist die Suchreihenfolge gemeint. Bei `xLByColumns` wird die Tabelle erst Spalte für Spalte durchsucht. Wenn Sie dagegen die Konstante `xLByRows` verwenden, erfolgt die Suche Zeile für Zeile. Da Sie in Ihrem Beispiel jedoch vor der Suche die Spalte D markiert und damit den Suchbereich eingegrenzt haben, spielt dieses Argument hier keine große Rolle.

Das Argument `SearchDirection` gibt ebenfalls die Suchreihenfolge an. Die Konstante `xlNext` sucht jeweils nach dem nächsten vorkommenden Suchbegriff, also ist demnach eine Vorwärtssuche gemeint. Die Konstante `xLPrevious` hingegen durchsucht eine Tabelle in umgekehrter Reihenfolge.

:-) TIPP

Wenn Sie bei der Suche zwischen Groß- und Kleinschreibung unterscheiden möchten, setzen Sie das Argument `MatchCase` *auf den Wert* `True`*. Soll die Schreibweise des Suchbegriffes bei der Suche dagegen unberücksichtigt bleiben, so setzen Sie das Argument auf den Wert* `False`*.*

Wird der Suchbegriff in der Tabelle TABELLE1 gefunden, wird die entsprechende Zelle mit der Rechnungsnummer direkt angesprungen. Im Fall dessen, dass Excel bei der Suche nicht fündig wird, fabriziert die `Find`-Methode einen Fehler, den Sie aber durch die

Anweisung `On Error GoTo fehler` abfangen. Im Fehlerfall wird dann eine Meldung auf dem Bildschirm ausgegeben. Wird ein Satz zu der eingegebenen Rechnungsnummer gefunden, müssen die Daten noch in die UserForm übertragen werden.

STOP

Denken Sie daran, dass sich die aktive Zelle nach der erfolgten Suche gerade in Spalte D befindet. Um nun die gefundenen Informationen zu übertragen, müssen Sie für die Felder DATUM, ERFASSER *und* KUNDE *ein negatives Spaltenoffset bilden, um den Zellenzeiger jeweils um die benötigte Spaltenanzahl zu versetzen. Im Klartext heißt das z.B.: Wenn Sie, ausgehend von der Rechnungsnummer in Spalte D, das Datum in das Textfeld der UserForm übertragen möchten, lautet der Befehl:* `.TextBox1.Value = ActiveCell.Offset(0, -3).Value`.

Die Information über die Zahlungswilligkeit lesen Sie direkt aus der Tabelle heraus. Wurde die Rechnung schon bezahlt, steht der Text JA in Spalte G. Demnach müssen Sie die erste Optionsschaltfläche in der UserForm aktivieren. Dies gelingt Ihnen, indem Sie den Befehl `.OptionButton1.Value = True` anwenden.

:-) TIPP

In diesem Fall reicht es aus, nur eine Abfrage bezüglich der Optionsschaltflächen abzusetzen, da so oder so immer nur eine Optionsschaltfläche in einem Gruppenfeld gesetzt werden kann.

14.5.10 Textfelder mit Farben belegen

Welches Textfeld ist aktiv?

Wenn Sie möchten, können Sie für die Textfelder einen andersfarbigen Hintergrund einsetzen, sobald das entsprechende Textfeld aktiviert wird. So können Sie das jeweils aktive Textfeld mit der Hintergrundfarbe Rot belegen, sobald Sie mit der Maus oder über die [Tab]-Taste das Textfeld ansteuern. Um dieses Feature einzubauen, gehen Sie wie folgt vor:

STEP

1. *Klicken Sie das erste Textfeld in der UserForm doppelt an.*
2. *Stellen Sie das Ereignis* `Textbox1_Enter` *ein und rufen Sie innerhalb des Ereignisses das Makro* `HintergrundFärben` *auf. Das Ereignis* `Textbox1_Enter` *tritt dann automatisch ein, wenn das entsprechende Textfeld aktiviert wird.*
3. *Schreiben Sie jetzt das Makro* `HintergrundFärben`.

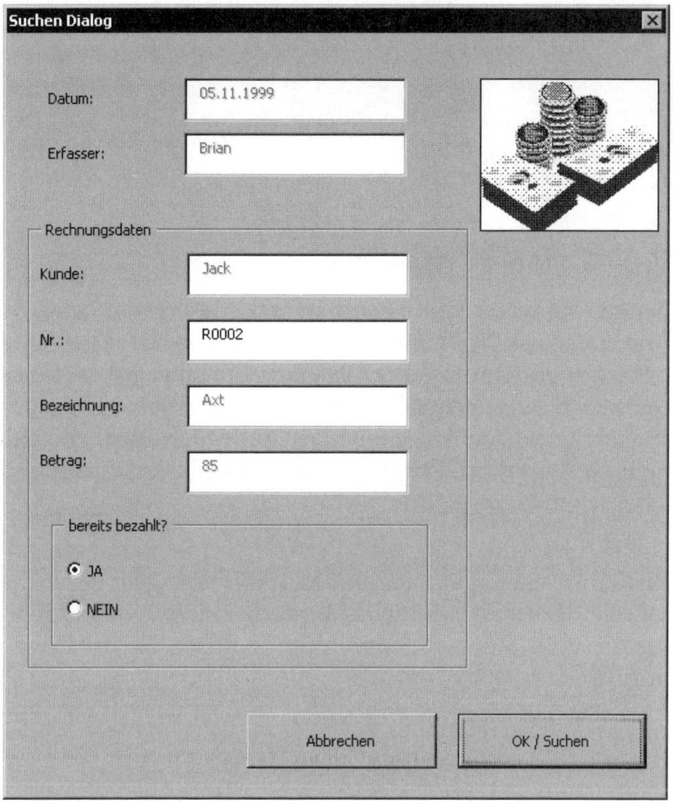

Abbildung 14.20: *Der Suchen-Dialog mit deaktivierten Infofeldern und dem editierbaren Feld Nr.*

```
Private Sub HintergrundFärben()
 Me.ActiveControl.BackColor = RGB(255, 0, 0)
End Sub
```

Listing 14.21: *Den Hintergrund des aktiven Elements in einer UserForm bestimmen*

4. *Sorgen Sie jetzt dafür, dass der Hintergrund nach dem Verlassen des Textfeldes wieder auf den Ursprungswert zurückgesetzt wird. Dazu stellen Sie das Ereignis* `Textbox1_Exit` *ein, welches automatisch eintritt, wenn Sie das angegebene Textfeld verlassen. Innerhalb des Ereignisses rufen Sie das Makro* `HintergrundZurücksetzen` *auf.*

```
Private Sub HintergrundZurücksetzen()
  Me.ActiveControl.BackColor = RGB(255, 255, 255)
End Sub
```

Listing 14.22: *Den Hintergrund des aktiven Elements in einer UserForm wieder zurücksetzen*

5. *Stellen Sie jetzt für die einzelnen Textfelder in der UserForm die beiden Ereignisse* `Textbox_Enter` *bzw.* `Textbox_Exit` *ein. Orientieren Sie sich dabei am folgenden Listing 14.23.*

Listing 14.23: Die UserForm Ereignisse Textbox_Enter und Textbox_-Exit zum Setzen der Hintergrundfarbe bei Textfeldern

```
Private Sub TextBox1_Enter()
 HintergrundFärben
End Sub

Private Sub TextBox1_Exit(ByVal Cancel As MSForms.ReturnBoolean)
 HintergrundZurücksetzen
End Sub
```

14.5.11 Textfelder prüfen

Bei der Eingabe von Daten in eine UserForm können Sie den Anwender dahingehend unterstützen, dass Sie seine Eingabe kontrollieren und ihm bei einer falschen Eingabe eine Meldung auf dem Bildschirm anzeigen. Sie können somit gleich nach einer Eingabe reagieren und den Anwender dazu auffordern, seine Eingabe zu korrigieren. Um diese Prüfung in das Beispiel einzubauen, setzen Sie das Ereignis `Textbox_Exit` ein.

Dabei überprüfen Sie beim Textfeld für die Betragseingabe, ob der Anwender einen gültigen numerischen Betrag eingegeben hat. Führen Sie dazu in der Entwicklungsumgebung einen Doppelklick auf das Textfeld TEXTBOX6 durch und erfassen Sie das Ereignis in Listing 14.24.

Listing 14.24: Überprüfen, ob in einem Textfeld ein numerischer Wert eingegeben wurde

```
Private Sub TextBox6_Exit _
 (ByVal Cancel As MSForms.ReturnBoolean)
 If Len(TextBox6.Text) = 0 Then Exit Sub
  If Not IsNumeric(TextBox6.Text) Then
    MsgBox "Sie müssen einen numerischen Wert eingeben!"
    Cancel = True
  End If
End Sub
```

Prüfen Sie im ersten Schritt, ob überhaupt eine Eingabe gemacht wurde. Wenn nicht, dann beenden Sie die Prüfung mit der Anweisung `Exit Sub`. Wurde eine Eingabe vorgenommen, überprüfen Sie mit Hilfe der Funktion `IsNumeric`, ob es sich dabei um einen gültigen numerischen Wert handelt. Gibt der Anwender versehentlich einen Text ein, dann geben Sie eine Meldung auf dem Bildschirm aus.

Das Textfeld für die Rechnungsnummer können Sie beispielsweise überprüfen, indem Sie ermitteln, ob die Rechnungsnummer mit einer Mindestlänge eingegeben wurde. So könnte die Forderung lauten, dass keine Rechnungsnummern eingegeben werden dürfen, die weniger als fünf Stellen aufweisen. Dazu setzen Sie das Ereignis `TextBox_Exit` ein.

```
Private Sub TextBox4_Exit _
(ByVal Cancel As MSForms.ReturnBoolean)
If Len(TextBox4.Text) < 5 Then _
  MsgBox "Die Rechnungsnummer muss 5 Stellen aufweisen!"
End Sub
```

Listing 14.25: Überprüfen, ob in einem Textfeld eine Eingabe mit bestimmter Länge vorgenommen wurde

Mit der Funktion `Len` können Sie die Anzahl der eingegebenen Zeichen ermitteln. Liegt die Anzahl der eingegebenen Zeichen unter dem Wert 5, geben Sie eine Meldung auf dem Bildschirm aus.

Für das erste Textfeld in Ihrer UserForm, das Feld für das Rechnungsdatum, können Sie überprüfen, ob der Anwender ein gültiges Datum eingegeben hat. Wenn ja, können Sie dafür sorgen, dass es einheitlich in das richtige Datumsformat umgesetzt wird. Dazu setzen Sie das `AfterUpdate`-Ereignis ein, das automatisch eintritt, wenn Daten im Textfeld über die Benutzeroberfläche geändert wurden.

```
Private Sub TextBox1_AfterUpdate()
 If Not IsDate(TextBox1) Then
   MsgBox "Kein gültiges Datum!", _
   vbCritical, "Falsches Datum"
   Exit Sub
 End If
  TextBox1 = Format(TextBox1, "mm/dd/yyyy")
End Sub
```

Listing 14.26: Überprüfen, ob in einem Textfeld ein gültiges Datum eingegeben wurde

Mit der Funktion `IsDate` können Sie kontrollieren, ob ein gültiges Datum im Textfeld erfasst wurde. Bei der Prüfung wird nicht nur geprüft, ob ein Datum syntaktisch richtig eingegeben wurde, sondern es erfolgt ebenso eine Prüfung auf Plausibilität.

STOP

In Windows liegen gültige Datumswerte im Bereich vom 1. Januar 100 n.Chr bis 31. Dezember 9999 n.Chr. vor.

Wurde ein gültiges Datum eingeben, dann können Sie über die Funktion `Format` noch ein einheitliches Datumsformat einstellen.

:-) TIPP

Die Einstellung auf ein einheitliches Datumsformat ist vor allem dann zu empfehlen, wenn mehrere Anwender eine UserForm ausfüllen. Damit kann jeder Anwender Datumseingaben nach eigenen Vorlieben vornehmen; bevor das Datum in die Tabelle geschrieben wird, erfolgt die Umwandlung ins gewünschte Datumsformat.

14.5.12 Bezeichnungsfelder dynamisch halten

Labels aus der Tabelle

Im Beispiel mit der Erfassung von Rechnungen in einer UserForm und anschließendem Übertragen auf ein Tabellenblatt haben Sie die Spaltenüberschriften der Tabelle und die Bezeichnungsfelder der UserForm mit demselben Text belegt. Was aber passiert, wenn Sie in der Tabelle eine Spaltenüberschrift ändern? Möchten Sie diese Änderung nicht auch automatisch in Ihrer UserForm aktualisieren?

Stellen Sie eine Verbindung zwischen Tabelle und UserForm her, indem Sie die Texte für die Bezeichnungsfelder Ihrer UserForm direkt aus der Tabelle beziehen. Dazu setzen Sie das Ereignis `UserForm_Activate` ein, welches automatisch in Kraft tritt, wenn Sie die UserForm über die Methode `Show` aufrufen.

Listing 14.27: *Bezeichnungsfelder in UserForms dynamisch halten*

```
Private Sub UserForm_Activate()
  Label1.Caption = ThisWorkbook.Sheets(1).Range("A1").Text
  Label2.Caption = ThisWorkbook.Sheets(1).Range("B1").Text
  Label3.Caption = ThisWorkbook.Sheets(1).Range("C1").Text
  Label4.Caption = ThisWorkbook.Sheets(1).Range("D1").Text
  Label5.Caption = ThisWorkbook.Sheets(1).Range("E1").Text
  Label6.Caption = ThisWorkbook.Sheets(1).Range("F1").Text
End Sub
```

Über die Eigenschaft `Caption` legen Sie fest, welcher Text für das Label verwendet werden soll. Als Text verwenden Sie Zellen direkt aus Ihrer Tabelle, deren Inhalte Sie über die Eigenschaft `Text` abfragen.

14.5.13 Textfelder ein- und ausblenden

Auf einer UserForm können Sie bei Bedarf Textfelder und Bezeichnungsfelder ein- oder ausblenden. Schauen Sie sich dazu die USERFORM3 einmal an. Dort werden über ein Kontrollkästchen weitere Textfelder sowie Bezeichnungsfelder dynamisch ein- und ausgeblendet.

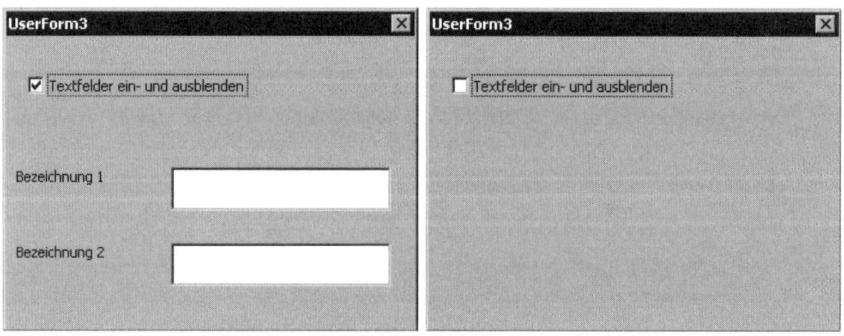

Abbildung 14.21: *Mit einem Klick zusätzliche Elemente einblenden*

Das Makro für dieses Feature sehen Sie in Listing 14.28.

```
Private Sub CheckBox1_Click()
    If CheckBox1.Value = True Then
         TextBox1.Visible = True
         TextBox2.Visible = True
         Label1.Visible = True
         Label2.Visible = True
    Else
         TextBox1.Visible = False
         TextBox2.Visible = False
         Label1.Visible = False
         Label2.Visible = False
    End If
End Sub
```

Listing 14.28: Weitere Text- bzw. Bearbeitungsfelder in einer UserForm einblenden

Das Ein- und Ausblenden der Text- und Bezeichnungsfelder machen Sie abhängig vom Zustand des Kontrollkästchen. Das Ereignis `CheckBox_Click` tritt ein, wenn Sie auf das Kontrollkästchen klicken. Im markierten Zustand werden die Text- und Bezeichnungsfelder eingeblendet, indem Sie die Eigenschaft `Visible` auf den Wert `True` setzen. Ist das Kontrollkästchen nicht markiert, setzen Sie die Eigenschaft `Visible` auf den Wert `False`.

14.5.14 Passwortabfrage über UserForm

Sie können eine UserForm auch dazu verwenden, ein Passwort abzufragen. Dazu gibt der Anwender in einem Textfeld das Passwort ein. Verschlüsselt wird das Passwort über die Eigenschaft `PasswordChar`. Dabei können Sie selbst aussuchen, welches Platzhalterzeichen Sie für das eingegebene Passwort verwenden möchten.

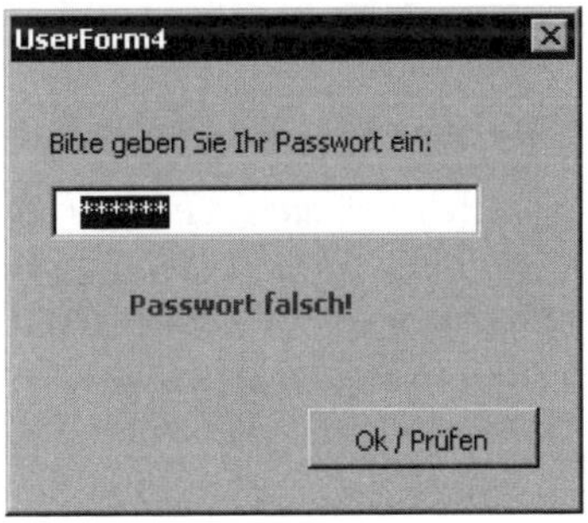

Abbildung 14.22: Passwortabfrage über eine UserForm ausführen

Rufen Sie zunächst die UserForm auf und verwenden Sie im direkten Anschluss daran das Ereignis `UserForm_Initialize`, um bestimmte Felder bzw. Zustände einzelner Felder in der Form vorher einzustellen.

Listing 14.29: UserForm-Ereignis UserForm_-Initialize zum Einstellen von Feldern einsetzen

```
Sub UserForm4Aufrufen()
 UserForm4.Show
End Sub

Private Sub UserForm_Initialize()
Dim frm As UserForm
 Set frm = UserForm4
 frm.TextBox1.PasswordChar = "*"
 frm.TextBox1.SetFocus
 frm.Label2.Visible = False
End Sub
```

Der Text PASSWORT FALSCH soll nur ausgegeben werden, wenn kein gültiges Passwort eingegeben wurde. Setzen Sie die Eigenschaft `Visible` für das Bezeichnungsfeld `Label2` auf den Wert `False`. Die Eigenschaft `PasswordChar` gibt an, ob Platzhalterzeichen anstelle der tatsächlich in einem Textfeld-Steuerelement (TextBox) eingegebenen Zeichen angezeigt werden sollen.

Führen Sie einen Doppelklick auf die Schaltfläche in Ihrer UserForm aus und erfassen Sie folgendes Ereignis aus Listing 14.30.

Listing 14.30: Verschlüsselte Passwortabfrage über ein Textfeld realisieren

```
Const Passw = "Test"
Private Sub CommandButton1_Click()
If TextBox1.Value = Passw Then
   MsgBox "Passwort OK!"
   Unload Me
 Else
    Label2.Visible = True
    TextBox1.SetFocus
    TextBox1.SelStart = 0
    TextBox1.SelLength = Len(TextBox1.Text)
 End If
End Sub
```

:-) TIPP

Definieren Sie zuerst eine globale Konstante, in der Sie das Passwort speichern. Dies erleichtert Ihnen später eine Änderung des Passwortes. Das Passwort muss somit nicht im ganzen Quellcode gesucht werden, sondern ist übersichtlich zu Beginn der Makros in einer Konstanten definiert.

Nachdem der Anwender ein Passwort eingegeben hat und auf die Schaltfläche OK / PRÜFEN geklickt hat, erfolgt die Überprüfung des eingegebenen Passwortes.

Falls ein falsches Passwort eingegeben wurde, wird das Bezeichnungsfeld mit dem Text PASSWORT FALSCH eingeblendet, indem Sie die Eigenschaft `Visible` auf den Wert `True` setzen. Danach soll der Anwender sofort die Möglichkeit haben, nochmals ein Passwort einzugeben. Für diesen Zweck markieren Sie die vorher eingegebenen Zeichen und setzen den Fokus auf dieses Textfeld. Jetzt braucht der Anwender nur noch mit dem neuen Passwort zu überschreiben und muss die vorherige Eingabe nicht löschen. Dieses automatische Markieren eines eingegebenen Textes funktioniert über die Eigenschaften `SelStart` und `SelLength`. Über die Eigenschaft `SelStart` bestimmen Sie den Anfang des eingegebenen Textes, mit der Eigenschaft `SelLength` geben Sie die Länge der eingegebenen Zeichen an, die Sie über die Funktion `Len` ermitteln.

Falsches Passwort

Wenn der Anwender das Passwort richtig eingibt, wird eine Erfolgsmeldung auf dem Bildschirm ausgegeben. Danach wird die UserForm über die Anweisung `Unload Me` entladen.

Richtiges Passwort

:-) TIPP

Möchte der Anwender die UserForm wieder schließen, ohne eine Eingabe zu machen, klickt er auf das Schließen-Symbol (X) in der rechten oberen Ecke der UserForm, oder der Anwender klickt mit der rechten Maustaste auf die Titelleiste der UserForm und wählt aus dem Kontextmenü den Befehl SCHLIESSEN. *Wenn Sie dies nicht gestatten möchten und die UserForm nur nach Eingabe des richtigen Passwortes geschlossen werden soll, können Sie das Schließen-Symbol bzw. das Kontextmenü funktionell deaktivieren, indem Sie das Ereignis* `UserForm_QueryClose` *einsetzen.*

```
Private Sub UserForm_QueryClose _
 (Cancel As Integer, CloseMode As Integer)
 If CloseMode = vbFormControlMenu Then
    Cancel = True
 End If
End Sub
```

***Listing 14.31:** Das Schließen einer UserForm verhindern*

Setzen Sie das Argument `Cancel` auf den Wert `True`, um zu verhindern, dass die UserForm beendet wird. Die möglichen Konstanten für das Ereignis `UserForm_QueryClose` entnehmen Sie aus der Tabelle 14.6.

***Tabelle 14.6:** Die Konstanten für QueryClose*

Konstante	Index	Beschreibung
`vbFormControlMenu`	0	Der Anwender hat im Systemmenü des Formulars den Befehl Schließen gewählt bzw. auf das Schließen-Symbol (X) geklickt.

Konstante	Index	Beschreibung
`VbFormCode`	1	Die Unload-Anweisung wurde aus dem Code aufgerufen.
`VbAppWindows`	2	Die aktuelle Sitzung unter dem Betriebssystem Microsoft Windows wird beendet.
`VbAppTaskManager`	3	Der Task-Manager von Microsoft Windows beendet die Anwendung.

14.5.15 Die Ausmaße von UserForms ändern

Noch mehr User-Form-Ereignisse

Anhand des folgenden Beispiels können Sie sehen, dass Sie die Größe einer UserForm auch während der Anzeige derselben anpassen können. So speichern Sie die momentanen Werte für die Höhe und Breite Ihrer UserForm direkt nach dem Aufruf. Dazu setzen Sie das Ereignis `UserForm_Activate` ein. Mit einem einfachen Klick auf die UserForm wird diese um 50 Prozent vergrößert. Ein erneuter Klick auf die UserForm stellt die ursprünglichen Abmessungen wieder her. Um die Klicks auf der UserForm abzufangen, verwenden Sie das Ereignis `UserForm_Click`. Die aktuellen Abmessungen sollen immer in der Titelleiste der UserForm angezeigt werden. Sobald sich eine UserForm in der Größe verändert, wird diese Veränderung über das Ereignis `UserForm_Resize` registriert, welches Sie dann einsetzen, um die Titelleiste zu editieren.

Listing 14.32: *UserForm-Ereignis Activate zum Speichern der aktuellen Werte der Breite und Höhe einer UserForm*

```
Dim Höhe As Integer
Dim Breite As Integer

Private Sub UserForm_Activate()
  UserForm5.Caption = "Bitte klicken Sie auf die UserForm"
  Höhe = Height
  Breite = Width
End Sub
```

Definieren Sie zwei globale Variablen, in denen Sie die aktuelle Höhe und Breite der UserForm speichern. Geben Sie der Titelleiste der UserForm über die Eigenschaft `Caption` eine Überschrift.

Fangen Sie nun die Mausklicks ab, indem Sie das Ereignis `UserForm_Click` auswerten.

```
Private Sub UserForm_Click()
Dim Höhe_Neu As Integer
Dim Breite_Neu  As Integer

  Höhe_Neu = Height
  Breite_Neu = Width
  If Höhe_Neu = Höhe And Breite_Neu = Breite Then
        Height = Höhe * 1.5
        Width = Breite * 1.5
  Else
        Height = Höhe
        Width = Breite
  End If
End Sub
```

Listing 14.33: UserForm-Ereignis Click zum Abfangen und Auswerten von Mausklicks

Definieren Sie im ersten Schritt zwei Variablen vom Typ `Integer`, in die Sie die aktuellen Abmessungen der UserForm speichern. Diese Abmessungen verändern Sie jetzt, indem Sie die aktuellen Abmessungen um den Faktor 1,5 vergrößern. Bei einem erneuten Klick auf die UserForm werden die ursprünglichen Abmessungen wieder eingestellt, die Sie vorher in den globalen Variablen `Höhe` und `Breite` gespeichert haben.

Setzen Sie das letzte Ereignis ein, um die Veränderungen an der Abmessung der UserForm in der Titelleiste anzuzeigen.

```
Private Sub UserForm_Resize()
  UserForm5.Caption = "Neue Höhe: " & Height & _
  " / Neue Breite: " & Width
End Sub
```

Listing 14.34: UserForm-Ereignis Resize zum Ermitteln von Veränderungen bezüglich der Größe einer UserForm

Abbildung 14.23: Die neuen Abmessungen werden in der Titelleiste der UserForm angezeigt

INFO

Wenn Sie Ihren Firmennamen als Titel in der UserForm anzeigen möchten, dann setzen Sie das Ereignis `UserForm_Initialize` *ein und greifen auf die Dokumenteigenschaften zu.*

***Listing 14.35:** Firmennamen als Überschrift einer UserForm verwenden*

```
Sub UserForm_Initialize()
UserForm1.Caption = _
ActiveSheet.Parent.BuiltinDocumentProperties("Company")
End Sub
```

Die Eigenschaft `BuiltInDocumentProperties` gibt eine `DocumentProperties`-Auflistung zurück, die alle integrierten Dokumenteigenschaften für die angegebene Arbeitsmappe darstellt. Die Dokumenteigenschaften können Sie einsehen, indem Sie aus dem Menü DATEI den Befehl EIGENSCHAFTEN wählen.

14.5.16 Die Hintergrundfarbe der UserForm festlegen

Sie sind nicht an die Hintergrundfarbe Grau gebunden, die zwar standardmäßig für UserForms in Excel verwendet wird, aber nicht vorgeschrieben ist. Die Hintergrundfarbe für UserForms stellen Sie in Excel über die Eigenschaft `BackColor` ein. Für die Farbzusammensetzung wenden Sie die Funktion `RGB` an. Bei `RGB` handelt es sich um ein System von Farbwerten, das verwendet wird, um Farben als eine Mischung aus Rot (R), Grün (G) und Blau (B) zusammenzusetzen. Die Farbe wird als eine Gruppe aus drei ganzen Zahlen definiert (R,G,B), wobei jede ganze Zahl im Bereich von 0 bis 255 liegt. Ein Wert von 0 zeigt an, dass diese Farbkomponente nicht vorhanden ist. Ein Wert von 255 zeigt dagegen an, dass diese Farbkomponente mit ihrer höchsten Intensität verwendet wird.

Sehen Sie die Zusammensetzung der gängigsten Farben in der Tabelle 14.7.

***Tabelle 14.7:** Die Farbzusammensetzung aus den drei Basisfarben*

Farbe	Rot-Wert	Grün-Wert	Blau-Wert
Schwarz	0	0	0
Blau	0	0	255
Grün	0	255	0
Cyan	0	255	255
Rot	255	0	0
Magenta	255	0	255

Farbe	Rot-Wert	Grün-Wert	Blau-Wert
Gelb	255	255	0
Weiß	255	255	255

In der nächsten UserForm soll nach jedem Klicken auf die Schaltfläche eine andere Hintergrundfarbe eingestellt werden. Die Auswahl der Farbe wird jeweils nach dem Zufallsprinzip ermittelt. Dabei werden die verwendeten RGB-Werte in der Titelleiste der UserForm ausgegeben.

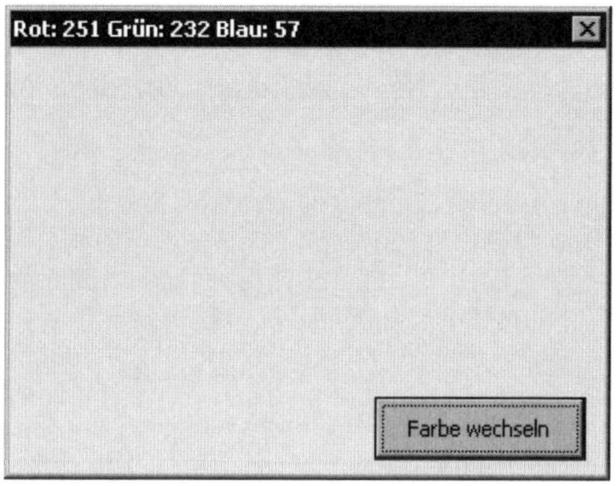

Abbildung 14.24: Mit jedem Klick eine neue Farbe

Um dieses Farbenspiel zu programmieren, wenden Sie das Ereignis `CommandButton_Click` an.

Listing 14.36: Zufallsbedingte Hintergrundfarbe bei UserForms einstellen

```
Private Sub CommandButton1_Click()
Dim Rot As Integer
Dim Grün As Integer
Dim Blau As Integer

    Rot = Int((255 * Rnd) + 0)
    Grün = Int((255 * Rnd) + 0)
    Blau = Int((255 * Rnd) + 0)
    UserForm6.BackColor = RGB(Rot, Grün, Blau)
    UserForm6.Caption = _
    "Rot: " & Rot & " Grün: " & Grün & " Blau: " & Blau
End Sub
```

Setzen Sie bei jedem Klick auf die Schaltfläche FARBE WECHSELN die Funktion `Rnd` ein, um Zufallszahlen im Bereich zwischen 0 und 255 zu erzeugen. Mit Hilfe der Funktion `Int` wird die Zufallszahl in einen ganzzahligen Wert umgewandelt. Alle so ermittelten Werte werden in den Variablen `Rot`, `Grün` und `Blau` gespeichert und im Anschluss als

Hintergrund der Eigenschaft `BackColor` und der Funktion `RGB` übergeben. Die Ausgabe der Zusammensetzung der RGB-Funktion geben Sie über die Eigenschaft `Caption` der UserForm aus.

14.5.17 Listenfelder in UserForms

Möchten Sie aus einer UserForm ein Listenfeld verwenden, um beispielsweise die Namen aller Tabellen der Arbeitsmappe einzulesen, dann fügen Sie auf einer neuen UserForm aus der Werkzeugsammlung ein Listenfeld ein. Danach führen Sie einen Doppelklick auf das eingefügte Listenfeld aus und erfassen die folgenden Ereignisse.

Das Füllen des Listenfelds führen Sie direkt vor dem Aufruf der UserForm aus. Dazu nutzen Sie das Ereignis `UserForm_Initialize`, welches solche Vorarbeiten vor dem Anzeigen der UserForm ausführt.

***Listing 14.37:** Alle Namen von Tabellenblättern in der Arbeitsmappe werden in einem Listenfeld angezeigt*

```
Private Sub UserForm_Initialize()
 Dim Blatt As Object
   For Each Blatt In ThisWorkbook.Sheets
     ListBox1.AddItem Blatt.Name
   Next
 End Sub
```

Mit der Methode `AddItem` fügen Sie dem Listenfeld jeweils eine neue Zeile hinzu.

***Abbildung 14.25:** Mit einem Klick das gewünschte Tabellenblatt aktivieren*

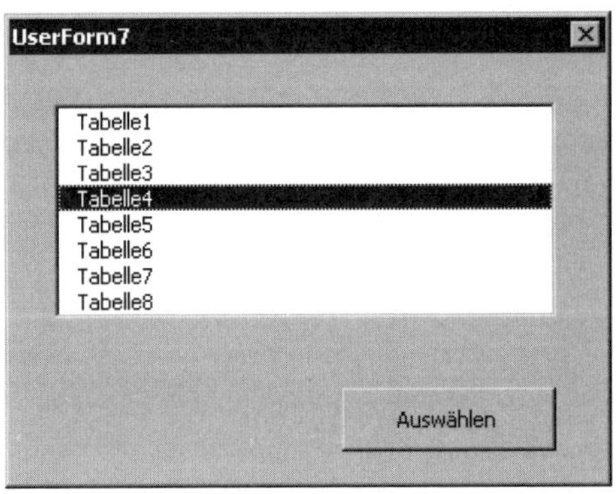

Möchten Sie die Position der Zeile im Listenfeld bestimmen, können Sie ein zweites Argument `varIndex` *anfügen. Wenn Sie einen gültigen Wert für* `varIndex` *angeben, positioniert die* `AddItem`*-Methode die Zeile an dieser Position innerhalb der Liste. Wenn Sie* `varIndex` *weglassen, fügt die Methode die Zeile am Ende der Liste an.*

Nachdem das Listenfeld gefüllt wurde, stellt sich die Frage, wie Sie die ausgewählte Zeile im Listenfeld auslesen können. Dazu setzen Sie im ersten Schritt das Ereignis `ListBox_Click` ein, um überhaupt den Mausklick auf das Listenfeld auswerten zu können.

```
Private Sub ListBox1_Click()
   ThisWorkbook.Sheets(ListBox1.Value).Activate
   Range("A1").Select
 End Sub
```

***Listing 14.38:** UserForm-Ereignis ListBox_Click zum Auswerten des markierten Listeneintrags.*

Indem Sie über die Eigenschaft `Value` des Listenfeldes auch die Position des Eintrages innerhalb des Listenfeldes bekommen, können Sie nun direkt im Hintergrund das entsprechende Tabellenblatt aktivieren, ohne jedoch die UserForm zu schließen.

:-) TIPP

Soll die Steuerung der UserForm so funktionieren, dass der Anwender zuerst die Tabelle im Listenfeld markiert und dann auf die Schaltfläche AUSWÄHLEN *klickt, müssen Sie das eben eingestellte Ereignis wieder löschen und stattdessen das Ereignis* `Klick` *der Schaltfläche verwenden.*

```
Private Sub CommandButton1_Click()
 ThisWorkbook.Sheets(ListBox1.Value).Activate
 Range("A1").Select
 Unload Me
End Sub
```

***Listing 14.39:** Ein Klick-Ereignis verwenden, um das richtige Tabellenblatt zu aktivieren*

Listenfeld und Textfeld kombiniert

Relativ oft werden bei den UserForms auch Kombinationen aus einzelnen Elementen verwendet. So werden im nächsten Beispiel ein Listenfeld und ein Textfeld miteinander verknüpft, sodass der jeweils markierte Eintrag im Listenfeld automatisch im Textfeld angezeigt wird. Diese Verknüpfung erreichen Sie, wenn Sie im Ereignis `Listbox_Click` den Wert der aktuell markierten Zeile des Listenfeldes direkt in das Textfeld übertragen. Füllen Sie zuerst ein paar Zeilen in das Listenfeld und setzen hierfür das Ereignis `UserForm_Initialize` ein.

```
Private Sub UserForm_Initialize()
     ListBox1.AddItem "Eintrag 1"
     ListBox1.AddItem "Eintrag 2"
     ListBox1.AddItem "Eintrag 3"
     ListBox1.AddItem "Eintrag 4"
 End Sub
```

***Listing 14.40:** Füllen eines Listenfelds mit konstanten Werten*

Kümmern Sie sich jetzt um die Verknüpfung zwischen Listenfeld und Textfeld. Dazu verwenden Sie das Ereignis `ListBox_Click`.

***Listing 14.41:** Verknüpfung zwischen Listenfeld und Textfeld herstellen*

```
Private Sub ListBox1_Click()
   TextBox1.Value = ListBox1.Text
 End Sub
```

Über die Eigenschaft `Text` des Listenfeldes können Sie den Text einer markierten Zeile im Listenfeld zurückgeben bzw. festlegen.

***Abbildung 14.26:** Der markierte Eintrag im Listenfeld wird auch im Textfeld angezeigt*

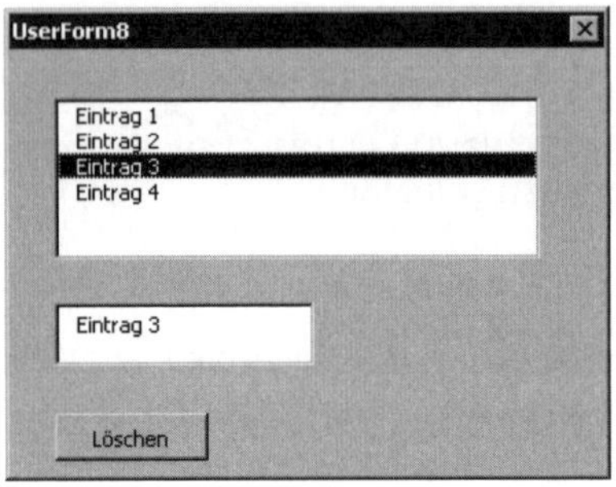

Um ein Listenfeld zu löschen, brauchen Sie nicht Eintrag für Eintrag zu löschen, so wie Sie schon beim Füllen des Listenfeldes vorgegangen sind. Hierfür reicht ein Befehl.

***Listing 14.42:** Ein Listenfeld wird komplett gelöscht*

```
Private Sub CommandButton1_Click()
 ListBox1.Clear
 TextBox1.Value = ""
End Sub
```

Setzen Sie die Methode `Clear` ein, um alle Einträge aus dem Listenfeld zu entfernen. Löschen Sie den Wert im Textfeld, indem Sie der Eigenschaft `Value` des Textfeldes einen Leerstring zuweisen.

:-) TIPP

Wenn Sie nur einzelne Einträge aus einem Listenfeld löschen möchten, setzen Sie die Methode `RemoveItem` *ein.*

***Listing 14.43:** Einzelne Einträge aus einem Listenfeld entfernen*

```
Private Sub CommandButton2_Click()
    If ListBox1.ListCount >= 1 Then
        If ListBox1.ListIndex = -1 Then
            ListBox1.ListIndex = _
                    ListBox1.ListCount - 1
        End If
        ListBox1.RemoveItem (ListBox1.ListIndex)
    End If
End Sub
```

Im ersten Schritt prüfen Sie, ob das Listenfeld überhaupt einen Eintrag hat. Wenn ja, dann kontrollieren Sie, welcher Eintrag ausgewählt ist. Ist kein Eintrag in der Liste markiert, dann entscheiden Sie sich für den letzten Eintrag im Listenfeld und löschen diesen direkt im Anschluss mit der Methode `RemoveItem`, der Sie den Index des markierten Listeneintrages übergeben.

14.5.18 Mehrzeilige Listenfelder programmieren

Wenn Sie mehr als eine Spalte in einem Listenfeld anzeigen möchten, können Sie dies jederzeit machen. Im folgenden Beispiel werden Daten aus einem Tabellenblatt in ein mehrspaltiges Listenfeld eingelesen. Um die Sätze schon beim Starten der UserForm anzuzeigen, setzen Sie die Eigenschaft `UserForm_Initialize` ein.

Listing 14.44: Füllen eines mehrspaltigen Listenfelds mit Daten aus einer Tabelle

```
Private Sub UserForm_Initialize()
Dim i As Integer

Sheets("Tabelle2").Activate
i = ActiveSheet.UsedRange.Rows.Count
 With UserForm9.ListBox1
  .ColumnCount = 3
  .ColumnHeads = True
  .RowSource = "Tabelle2!A2:C" & i
  .ColumnWidths = "2cm;3cm;2cm"
 End With
 TextBox1.Value = 1
 TextBox2.Locked = True
End Sub
```

Da Sie nur genauso viele Daten in Ihr Listenfeld einlesen möchten, wie Zeilen auf Ihrer Tabelle belegt sind, setzen Sie die Eigenschaft `Usedrange` ein und wenden die Methode `Count` an, um die belegten Zeilen zu zählen. Danach legen Sie die Eigenschaften für das Listenfeld fest. Dabei setzen Sie die Eigenschaft `ColumnCount` auf den Wert `3`, was bedeutet, dass genau drei Spalten im Listenfeld angezeigt werden sollen. Indem Sie die Eigenschaft `ColumnHead` auf den Wert `True` setzen, bestimmen Sie, dass das Listenfeld eine Überschrift bekommen soll. Diese Überschriften können Sie dann im Listenfeld nicht markieren. Die Eigenschaft `RowSource` weist dem Listenfeld den Datenbereich der Tabelle zu, welcher im Listenfeld angezeigt werden soll. Dabei halten Sie den Zeilenzähler, welchen Sie vorher in der Variablen `i` ermittelt haben, je nachdem wie viele Zeilen in der Tabelle belegt sind, dynamisch. Über die Eigenschaft `ColumnWidths` können Sie die Breite der einzelnen Spalten festlegen.

:-) TIPP

Die Eigenschaften `ColumnHead` *und* `RowSource` *hängen eng zusammen. Wenn Sie die* `ColumnHead`*-Eigenschaft auf den Wert* `True` *setzen, dürfen Sie die eigentliche Überschrift der Tabelle, also die Zeile 1, nicht in der Eigenschaft* `RowSource` *angeben. Excel verwendet sonst als Überschrift im Listenfeld die Spaltenbuchstaben der Tabelle.*

Abbildung 14.27: *Mehrspaltiges Listenfeld mit rechnenden Textfeldern*

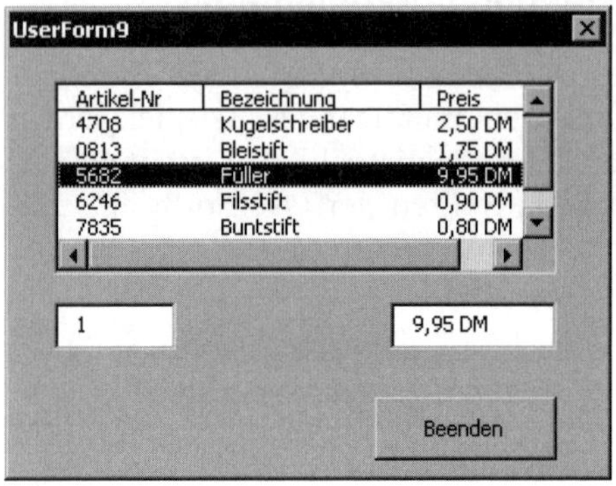

Im ersten Textfeld der UserForm soll die Menge der Artikel eingegeben werden. Diese setzen Sie standardmäßig auf den Wert 1. Das zweite Feld stellt das Ergebnisfeld dar, indem die Menge mit dem Einzelpreis multipliziert wird. Da das Ergebnisfeld nicht gelöscht werden darf, setzen Sie dazu die Eigenschaft `Locked` auf den Wert `True`. Damit kann das Textfeld nicht mehr bearbeitet werden und ist gesperrt.

Rechnen auf Mausklick

Klickt der Anwender nach Eingabe der Menge auf den gewünschten Artikel im Listenfeld, wird automatisch der Gesamtpreis aus der Multiplikation von Menge x Preise errechnet. Um den Rechenvorgang zu starten setzen Sie das Ereignis `ListBox_Click` ein.

Listing 14.45: *Mit mehrspaltigen Listenfeldern rechnen*

```
Private Sub ListBox1_Click()
Dim cu As Currency
Dim erg As Currency

With ListBox1
     .TextColumn = 3
     cu = .Text
End With
erg = TextBox1.Value * cu
TextBox2.Value = Format(erg, "#,##0.00 DM")
End Sub
```

Da sich die gewünschte Information in der dritten Spalte des Listenfeldes befindet, setzen Sie die Eigenschaft `TextColumn` auf den Wert 3 und speichern den Wert in der Variablen `cu`. Da es sich bei dieser Information um einen Währungsbetrag handelt, definieren Sie eine Variable vom Typ `Currency`. Errechnen Sie das Gesamtergebnis, bringen Sie das Ergebnis in ein gewünschtes Währungsformat und weisen Sie es dem Textfeld `TextBox2` zu.

Schließen Sie die UserForm innerhalb des Ereignisses `CommandButton_Click`.

```
Private Sub CommandButton1_Click()
 Unload Me
End Sub
```

Listing 14.46: UserForm schließen

INFO

Im Gegensatz zur Methode `Hide` *entfernen Sie mit der Anweisung* `Unload` *die UserForm komplett aus dem Speicher. Ein Klick auf das Schließen-Symbol (X) hat dieselbe Wirkung.*

14.5.19 Dropdown-Felder einsetzen

Ein Dropdown-Feld ist die platzsparendere Variante des Listenfelds. Das Dropdown-Feld lässt erst nach einem Klick auf den Pfeil seinen Listeninhalt anzeigen. In den meisten Fällen sind die Methoden und Eigenschaften dieselben wie auch beim normalen Listenfeld.

In der folgenden Aufgabe wird eine UserForm mit einem Dropdown-Feld aufgerufen. Im Dropdown-Feld befinden sich die Monate Januar bis Dezember 2000. In einem Textfeld sollen nun jeweils der erste Tag sowie der letzte Tag des Monats angezeigt werden.

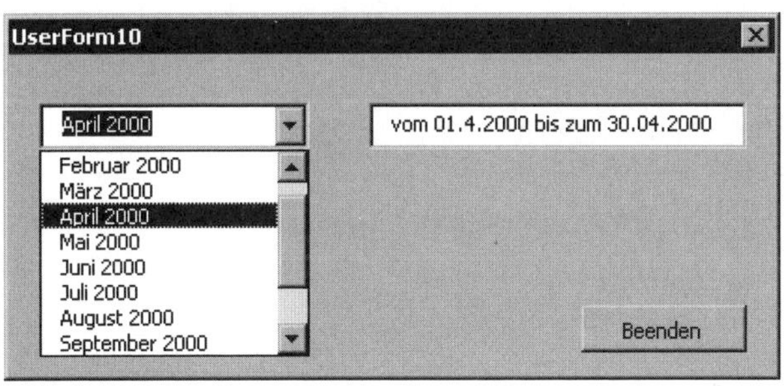

Abbildung 14.28: Wie viele Tage hat der Monat?

Um diese Aufgabe zu lösen, füllen Sie gleich vor dem Aufruf der UserForm das Dropdown-Feld.

Listing 14.47: Ein Dropdown-Feld wird mit Monatsnamen gefüllt

```
Private Sub UserForm_Initialize()
    With ComboBox1
      .AddItem "Januar 2000"
      .AddItem "Februar 2000"
      .AddItem "März 2000"
      .AddItem "April 2000"
      .AddItem "Mai 2000"
      .AddItem "Juni 2000"
      .AddItem "Juli 2000"
      .AddItem "August 2000"
      .AddItem "September 2000"
      .AddItem "Oktober 2000"
      .AddItem "November 2000"
      .AddItem "Dezember 2000"
    End With
End Sub
```

Zum Füllen des Dropdown-Feldes setzen Sie die Methode `AddItem` ein. Für die Ermittlung des letzten Tages eines Monats benötigen Sie eine Funktion, die Sie in einem Modulblatt erfassen.

Listing 14.48: Funktion, die den letzten Tag des Monats ermittelt

```
Public Function LetzterTagImMonat(Edatum As Date) As Date
  LetzterTagImMonat = _
   DateSerial(Year(Edatum), Month(Edatum) + 1, 0)
End Function
```

Die Funktion erwartet als Übergabe einen Datumswert und liefert auch wieder einen Datumswert zurück. Das Datum bekommen Sie aus der markierten Zeile des Dropdown-Feldes. Dieser Eintrag muss aber noch in ein gültiges Datumsformat umgewandelt werden. Hierfür sorgt die Funktion `CDate`. Reagieren Sie nun auf eine Veränderung im Dropdown-Feld, indem Sie das Ereignis `Combobox_Change` einsetzen.

Listing 14.49: Datumsangaben umrechnen

```
Private Sub ComboBox1_Change()
Dim s As String
Dim Edatum As Date
Dim Monat As String
Dim Jahr As String

 s = ComboBox1.Text
 Monat = Month(s)
 Jahr = Year(s)
 Edatum = CDate(s)
 Edatum = LetzterTagImMonat(Edatum)
 TextBox1.Value = "vom 01." & Monat & "." & _
                  Jahr & " bis zum " & Edatum
End Sub
```

Speichern Sie zunächst den markierten Eintrag im Dropdown-Feld in der Variablen `s`. Danach wenden Sie die Funktionen `Month` und `Year` an, um aus der Variablen `s` den Monat bzw. das Jahr herauszufinden. Wandeln Sie jetzt die Variable `s` in einen verwertbaren Datumstypen mit Hilfe der Funktion `CDate` um und übergeben Sie die neuen Variable `Edatum` der Funktion `LetzterTagImMonat`. Geben Sie im Anschluss daran das Ergebnis im Textfeld aus.

14.5.20 Abwesenheitszeiten über UserForm erfassen

In der folgenden Aufgabe werden Sie mehrere Steuerelemente auf einer UserForm einsetzen. Dabei soll eine Mitarbeiterliste geführt und die Fehlzeiten bzw. Fehlursachen dokumentiert werden. Schauen Sie sich dazu einmal Abbildung 14.29 an.

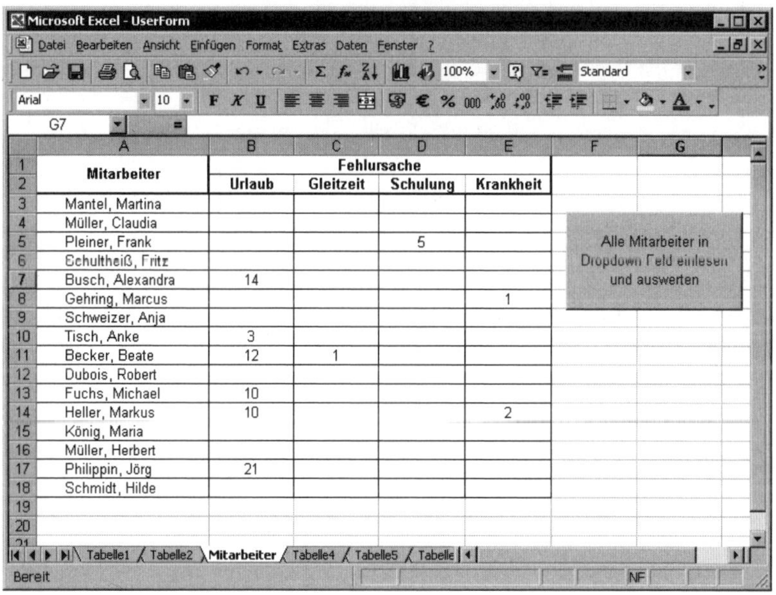

Mitarbeiter	Fehlursache			
	Urlaub	Gleitzeit	Schulung	Krankheit
Mantel, Martina				
Müller, Claudia				
Pleiner, Frank			5	
Schultheiß, Fritz				
Busch, Alexandra	14			
Gehring, Marcus				1
Schweizer, Anja				
Tisch, Anke	3			
Becker, Beate	12	1		
Dubois, Robert				
Fuchs, Michael	10			
Heller, Markus	10			2
König, Maria				
Müller, Herbert				
Philippin, Jörg	21			
Schmidt, Hilde				

Abbildung 14.29: *Die Ausgangstabelle mit den Fehlzeiten*

Mehr Sicherheit durch UserForms

Sicher ist die abgebildete Tabelle noch recht übersichtlich und kann auch manuell beherrscht werden. Stellen Sie sich aber einmal vor, die Liste wäre zehn bis zwanzigmal so lang. Da fällt es dann doch ein wenig schwerer, erst recht dann, wenn die Liste nicht sortiert ist. Ein weiterer Stolperstein ist die Addition der bereits erfassten Fehltage mit den neuen Fehltagen. Auch hier kann man sich leicht einmal vertippen bzw. in die falsche Spalte rutschen. Aus diesem Grund zeichnen Sie eine UserForm, die wie folgt aussieht:

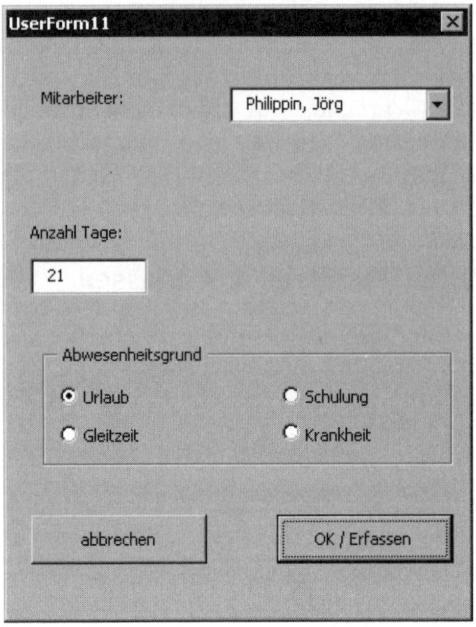

Abbildung 14.30: Eingabe der Fehlzeiten über eine UserForm

Bei der UserForm in Abbildung 14.30 muss nur die Anzahl der Fehltage eingegeben werden. Alles andere können Sie elegant über die einzelnen Steuerelemente einstellen.

Dynamisches Füllen des Dropdowns

Im ersten Schritt füllen Sie alle Namen der Mitarbeiter aus der Tabelle in das Dropdown-Feld der UserForm. Hierfür setzen Sie das Ereignis `UserForm_Initialize` ein.

Listing 14.50: Das dynamische Füllen eines Dropdown-Feldes mit Daten aus einer Tabelle

```
Private Sub UserForm_Initialize()
Dim frm As UserForm
Dim i As Integer
Dim iMax As Integer

 Set frm = UserForm11
 Application.ScreenUpdating = False
    With frm.ComboBox1
     .Clear
     iMax = ActiveSheet.UsedRange.Rows.Count
     For i = 3 To iMax
       .AddItem Worksheets("Mitarbeiter").Cells(i, 1)
     Next i
    End With
 Application.ScreenUpdating = True
End Sub
```

Über die Methode `Clear` löschen Sie alle Inhalte, die sich im Dropdown-Feld befinden. Danach ermitteln Sie die Anzahl der Zeilen, die in der Tabelle belegt sind, und speichern diese in der Variablen `iMax`. Die nachfolgende Schleife soll nur so lange Mitarbeiternamen in das Dropdown-Feld übertragen, wie es Mitarbeiter in der Tabelle gibt. Es sollen also keine leere Zeilen in das Dropdown-Feld eingelesen werden. Füllen Sie jetzt mit Hilfe der Methode `AddItem` die einzelnen Mitarbeiternamen in das Dropdown-Feld. Dabei greifen Sie über das Auflistungsobjekt `Cells` auf die korrekte Position in der Tabelle zu. In der Variablen i steht der Zeilenindex, der bei jedem Schleifendurchlauf um den Wert 1 erhöht wird. Den Spaltenindex können Sie konstant auf dem Wert 1 belassen, da sich dieser nicht ändern darf.

Automatischer Update der Tabelle

Wenn Sie einen Mitarbeiternamen aus dem Dropdown-Feld gewählt und die Fehlzeit in Tagen eingetragen haben, können Sie die Schaltfläche OK / ERFASSEN anklicken. Dahinter setzen Sie das Ereignis `CommandButton_Click` ein.

Listing 14.51: *Zusammenspiel zwischen Dropdown-Feldern, Textfeldern und Optionsschaltflächen*

```
Private Sub CommandButton1_Click()
Dim frm As UserForm
Dim iKenn As Integer
Dim index As Long
Dim Mitarbeiter as string
Dim Tage As Integer

 Set frm = UserForm11
 index = frm.ComboBox1.ListIndex
 On Error Resume Next
 Mitarbeiter = frm.ComboBox1.List(index)
 Tage = frm.TextBox2.Text
 If frm.OptionButton1.Value = True Then iKenn = 1 'Urlaub
 If frm.OptionButton2.Value = True Then iKenn = 2 'Gleittag
 If frm.OptionButton3.Value = True Then iKenn = 3 'Schulung
 If frm.OptionButton4.Value = True Then iKenn = 4 'Krank
 Sheets("Mitarbeiter").Activate
 Columns("A:A").Select
 On Error GoTo fehler
 Selection.Find(What:=Mitarbeiter, After:=ActiveCell, _
 LookIn:=xlValues, LookAt:=xlPart, SearchOrder:=xlByRows, _
 SearchDirection:=xlNext, MatchCase:=False).Activate
 Select Case iKenn
   Case 1
     ActiveCell.Offset(0, 1).Select
   Case 2
     ActiveCell.Offset(0, 2).Select
   Case 3
     ActiveCell.Offset(0, 3).Select
```

```
    Case 4
      ActiveCell.Offset(0, 4).Select
    Case Else
      MsgBox "Fehlursache konnte nicht ermittelt werden!"
  End Select
  ActiveCell.Value = ActiveCell.Value + Tage

  Exit Sub
fehler:
  MsgBox "Es konnte keine Mitarbeiter gefunden werden!"
 End Sub
```

Mit der Eigenschaft `ListIndex` ermitteln Sie die Indexnummer des aktuell markierten Elements in einem Listenfeld oder einem Dropdown-Feld. Mit der Methode `List` bekommen Sie dann den dazugehörenden Texteintrag, den Sie in der Variablen `Mitarbeiter` ablegen. Danach speichern Sie die eingegebene Fehldauer in der Variablen `Tage`. Jetzt sind die Optionsschaltflächen an der Reihe. Ist eine Optionsschaltfläche angeklickt, meldet diese den Wert `True`. Speichern Sie diese Rückmeldung in der Variablen `iKenn`. Da bei Optionsschaltflächen jeweils nur eine Option innerhalb eines Gruppenfeldes aktiviert sein kann, bekommen Sie am Ende einen eindeutigen Wert. Danach aktivieren Sie Ihre Tabelle MITARBEITER und markieren die Spalte A, welche die Mitarbeiternamen enthält. Diese Vormarkierung lässt die nachfolgende Suche gezielt und damit schneller ablaufen. Wenden Sie danach die Methode `Find` an, um den gesuchten Mitarbeiter zu finden. Mit einer `Select Case`-Anweisung ermitteln Sie jetzt, wie weit Sie den Zellenzeiger nach rechts verschieben müssen. Handelt es sich bei der Fehlursache um Urlaub, muss der Zellenzeiger um eine Spalte nach rechts verschoben werden usw. Nachdem die korrekte Zellposition erreicht ist, müssen Sie zuerst eventuell schon vorhandene Werte retten und danach die neu anfallenden Fehltage addieren.

14.5.21 Multiseiten erstellen

Reicht eine Seite auf einer UserForm nicht aus, können Sie mit Hilfe von so genannten Multiseiten zusätzlichen Platz schaffen. Dies ist z.B. bei der Programmierung von Assistenten, bei denen mehrere Informationen eingeben werden müssen, eine bevorzugte Lösungsmöglichkeit.

In der folgenden Aufgabe erstellen Sie einige Multiseiten und bestücken diese jeweils mit Kontrollkästchen. Am Ende ermitteln Sie dann, welche Kontrollkästchen aktiviert sind.

STEP

1. *Wechseln Sie in die Entwicklungsumgebung und fügen Sie eine neue UserForm ein.*
2. *Klicken Sie in der Werkzeugsammlung auf das Symbol* MULTISEITEN *und ziehen es auf Ihrer UserForm auf.*
3. *Standardmäßig werden zwei Multiseiten eingefügt. Möchten Sie mehr, dann klicken Sie mit der rechten Maustaste auf eine beliebige Registerlasche der Multiseiten und wählen aus dem Kontextmenü den Befehl* NEUE SEITE.

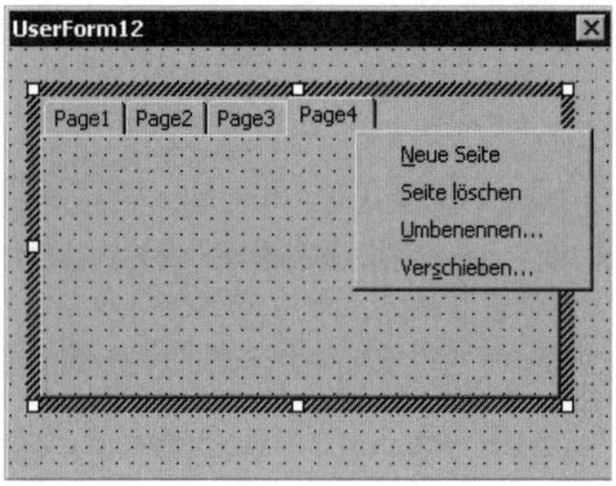

Abbildung 14.31: *Neue Multiseiten über das Kontextmenü einfügen*

4. *Bestücken Sie die einzelnen Seiten nun mit einigen Kontrollkästchen.*
5. *Rufen Sie die UserForm auf und aktivieren einige der Kontrollkästchen.*
6. *Ermitteln Sie jetzt alle aktivierten Kontrollkästchen und deren Position.*

Listing 14.52: *Alle aktivierten Kontrollkästchen einer Multiseite werden ermittelt*

```
Private Sub CommandButton1_Click()
Dim Seite As Page
Dim ctl As Control
Dim i As Integer

    For Each Seite In UserForm12.MultiPage1.Pages
        For Each ctl In Seite.Controls
           If TypeOf ctl Is MSForms.CheckBox Then
               If ctl.Value = True Then
                   i = i + 1
                   Debug.Print Seite.Name & "/" & ctl.Name
               End If
           End If
        Next ctl
    Next Seite
    Debug.Print "Sie haben " & i _
     & " Kontrollkästchen aktiviert." & Chr(13)
    Unload Me
End Sub
```

In der ersten Schleife durchlaufen Sie alle Multiseiten. In der zweiten Schleife kontrollieren Sie die aktivierten Kontrollelemente. Über die Funktion `TypeOf` können Sie ermitteln, ob es sich bei dem Steuerelement um ein Kontrollkästchen handelt. Wenn ja, prüfen Sie über die Eigenschaft `Value`, ob das Kontrollkästchen aktiviert ist. In diesem Fall gibt die Eigenschaft den Wert `True` zurück. Addieren Sie dann den Wert 1 auf die Variable `i`. Geben Sie danach Multiseitennamen und den Namen des aktivierten Kontrollkästchens über die Anweisung `Debug.Print` im Direktfenster aus.

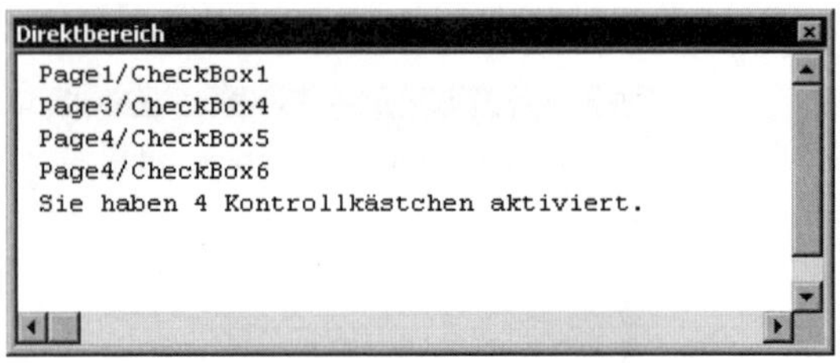

***Abbildung 14.32:** Im Direktfenster werden die aktivierten Kontrollfelder ausgegeben*

14.5.22 Multiseiten im Praxiseinsatz

Ein Blick zurück

Schauen Sie sich die Aufgabe mit den Abwesenheitszeiten noch einmal an. Dort haben Sie aus einem Dropdown den Mitarbeiter ausgewählt und anschließend über diverse Optionsschaltflächen die Fehlursache festgelegt und in die Tabelle geschrieben. Es konnte also jeweils pro Suchvorgang nur eine Fehldauer in die Tabelle eingetragen werden. Möchten Sie dagegen mehrere Fehlzeiten mit einem Suchlauf auf einmal erfassen, können Sie mit Multiseiten sowie mit Dreh- und Textfeldern arbeiten. Die entsprechenden Vorarbeiten erledigen Sie innerhalb des Ereignisses `UserForm_Initialize`.

***Listing 14.53:** Mitarbeiternamen aus einer Tabelle in ein Dropdown einlesen*

```
Private Sub UserForm_Initialize()
Dim frm As UserForm
Dim i As Integer
Dim iMax As Integer

 Set frm = UserForm13
 Application.ScreenUpdating = False
    With frm.ComboBox1
     .Clear
     iMax = ActiveSheet.UsedRange.Rows.Count
     For i = 3 To iMax
       .AddItem Worksheets("Mitarbeiter").Cells(i, 1)
     Next i
    End With
 Application.ScreenUpdating = True
End Sub
```

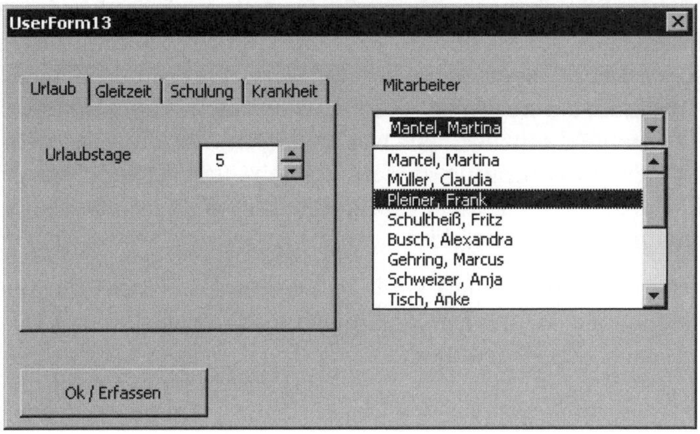

Abbildung 14.33: Die fertige UserForm zur Fehlzeiterfassung

Für jede Fehlursache wird eine Multiseite angelegt. Auf jeder Seite befinden sich jeweils ein Textfeld sowie ein Drehfeld. Nach jedem Klicken auf die Drehfeldpfeile soll das Textfeld in einem eingeschränkten Bereich addiert bzw. subtrahiert werden. Die Verbindung zwischen Text- und Drehfeld regeln Sie über das Ereignis `SpinButton1_Change`.

Listing 14.54: Drehfelder und Textfelder miteinander verknüpfen

```
Private Sub SpinButton1_Change()
 SpinButton1.Min - 1
 SpinButton1.Max = 30
 TextBox1.Text = SpinButton1.Value
End Sub

Private Sub SpinButton2_Change()
 SpinButton1.Min = 1
 SpinButton1.Max = 12
 TextBox2.Text = SpinButton2.Value
End Sub

Private Sub SpinButton3_Change()
 SpinButton1.Min = 1
 SpinButton1.Max = 10
 TextBox3.Text = SpinButton3.Value
End Sub

Private Sub SpinButton4_Change()
 SpinButton1.Min = 1
 SpinButton1.Max = 100
 TextBox4.Text = SpinButton4.Value
End Sub
```

Mit der Eigenschaft `Max` legen Sie fest, wie hoch der Maximalwert des Drehfeldes sein soll. Im Falle von Urlaub dürfte die maximale Anzahl von Tagen so um die 30 Tage liegen. Die Eigenschaft `Min` setzen Sie auf den Wert 1, sonst ist es auch möglich, negative Tage im Drehfeld einzustellen, was in diesem Beispiel unerwünscht ist. Um die Verknüpfung zwischen Dreh- und Textfeld zu erreichen, übertragen Sie einfach den eingestellten Wert des Drehfeldes in das entsprechende Textfeld.

Um die eingetragenen Fehltage nun in die Tabelle zu übertragen, klicken Sie in der Entwicklungsumgebung die Schaltfläche OK / ERFASSEN und erfassen das Ereignis `CommandButton_Click`.

***Listing 14.55:** Alle Daten aus Textfeldern von Multiseiten in eine Tabelle übertragen*

```
Private Sub CommandButton1_Click()
Dim frm As UserForm
Dim index As Long
Dim Mitarbeiter As String
Dim TageU As Integer
Dim TageG As Integer
Dim TageS As Integer
Dim TageK As Integer

 Set frm = UserForm13
 index = frm.ComboBox1.ListIndex
 On Error Resume Next
 Mitarbeiter = frm.ComboBox1.List(index)
 TageU = frm.TextBox1.Text
 TageG = frm.TextBox2.Text
 TageS = frm.TextBox3.Text
 TageK = frm.TextBox4.Text

 Sheets("Mitarbeiter").Activate
 Columns("A:A").Select
 On Error GoTo fehler
 Selection.Find(What:=Mitarbeiter, _
  After:=ActiveCell, LookIn:=xlValues, _
  LookAt:=xlPart, SearchOrder:=xlByRows, _
  SearchDirection:=xlNext,MatchCase:=False).Activate
  If TageU <> 0 Then _
   ActiveCell.Offset(0, 1).Value = _
   ActiveCell.Offset(0, 1).Value + TageU
  If TageG <> 0 Then _
   ActiveCell.Offset(0, 2).Value = _
   ActiveCell.Offset(0, 2).Value + TageG
  If TageS <> 0 Then _
   ActiveCell.Offset(0, 3).Value = _
   ActiveCell.Offset(0, 3).Value + TageS
  If TageK <> 0 Then _
```

```
    ActiveCell.Offset(0, 4).Value = _
    ActiveCell.Offset(0, 4).Value + TageK
  Exit Sub
fehler:
  MsgBox "Es konnte kein Mitarbeiter gefunden werden!"
End Sub
```

Zum Übertragen der einzelnen Textfelder auf die Multiseiten in der Tabelle setzen Sie Variablen ein, deren Inhalte Sie nachher an der richtigen Position in der Tabelle einfügen.

14.5.23 Fortschrittsbalken für UserForms programmieren

Bei länger laufenden Makros ist es empfehlenswert, den Anwender während des Makroablaufs mit gelegentlichen Meldungen in der Statusleiste oder sogar einem Verlaufsbalken über die einzelnen Schritte bzw. den Verlauf des Makros in Kenntnis zu setzen. Dazu können Sie für eine UserForm einen Verlaufsbalken erstellen. Befolgen Sie dazu die nächsten Arbeitsschritte.

STEP

1. *Fügen Sie eine neue UserForm ein.*
2. *Klicken Sie in der Werkzeugsammlung auf das Symbol* BEZEICHNUNGSFELD *und ziehen es auf Ihrer UserForm auf.*
3. *Entfernen Sie den Text* LABEL1 *aus dem Bezeichnungsfeld.*
4. *Klicken Sie im Eigenschaften-Fenster auf die Kategorie* BACKCOLOR *und stellen Sie als Hintergrundfarbe Blau (Markierung) ein.*
5. *Stellen Sie in der Kategorie* SPECIALEFFECT *den Effekt* FMSPECIALEFFECTRAISED *ein.*
6. *Fügen Sie zum Abschluss eine Schaltfläche ein und klicken Sie diese doppelt an, um das Klick-Ereignis einzugeben.*

Listing 14.56: *Einen Verlaufsbalken für eine UserForm programmieren*

```
Private Sub CommandButton1_Click()
Dim i As Integer
Dim iMax

Label1.Width = 0
iMax = 1000
For i = 1 To iMax
    Label1.Width = (i + 1) / 10
    Label1.TextAlign = fmTextAlignCenter
    Label1.Caption = Int(i / 10) & " %"
    Label1.Font.Bold = True
```

```
        Label1.ForeColor = RGB(256, 256, 256)
        DoEvents
    Next
    End Sub
```

Im ersten Schritt setzen Sie die Breite des Verlaufsbalkens auf den Wert 0. Damit wird er unsichtbar. Danach setzen Sie die maximale Größe des Verlaufsbalkens auf den Wert 1000 Pixel. Durchlaufen Sie dann die `For Next`-Schleife genau 1000-mal. Mit jedem Schleifendurchlauf wächst der Verlaufsbalken um ein Stück. Die Breite des Balkens legen Sie mit der Eigenschaft `Width` fest. Mit der `TextAlign`-Eigenschaft bestimmen Sie die Ausrichtung des Textes. Als Text soll jeweils der Prozentwert ausgeben werden, der sich aus der Formel `(i + 1) / 10` ergibt. Damit im Verlaufsbalken nur ganze Zahlen ohne Nachkommastellen angezeigt werden, verwenden Sie die Funktion `Int`. Stellen Sie die Schriftartfarbe auf Weiß sowie den Schriftschnitt Fett ein, damit der Text auf dem Verlaufsbalken auch klar erkennbar wird.

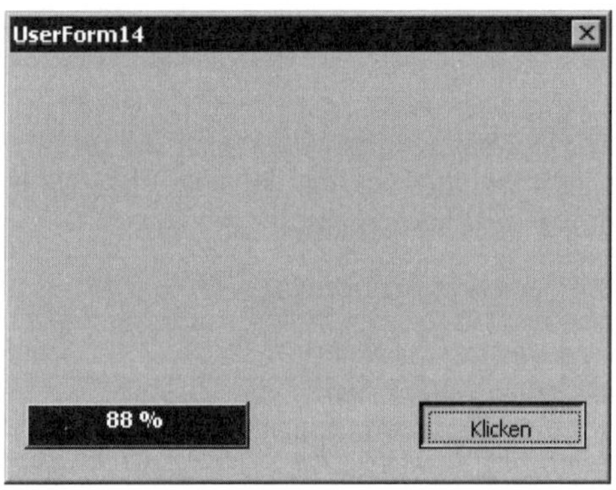

Abbildung 14.34: Der Verlaufsbalken von 1 bis 100 Prozent

14.5.24 Bilder in UserForms anzeigen

Wenn Sie möchten, können Sie in UserForms auch Bilder anzeigen. So könnten Sie beispielsweise Ihre Produkte einscannen, in einem Verzeichnis ablegen und in einer UserForm anzeigen lassen. Im folgenden Beispiel werden genau drei Bilder aus dem Verzeichnis C:\WINDOWS dynamisch in eine UserForm eingeblendet. Dabei verwenden Sie Drehfelder, um ein Bild nach dem anderen anzuzeigen. Den Namen der Datei sowie den Index geben Sie in einem Bezeichnungs- bzw. einem Textfeld aus.

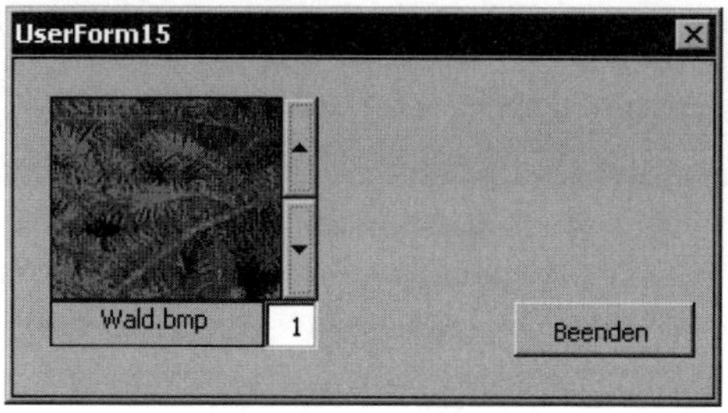

Abbildung 14.35: Eine kleine Diashow mit einer UserForm

Für diese Aufgabe brauchen Sie folgende Steuerelemente aus der Werkzeugsammlung:

Die Zutaten

- eine Schaltfläche,
- ein Bezeichnungsfeld für die Aufnahme der Bildbezeichnung,
- ein Textfeld für den Bildindex,
- das Steuerelement `Anzeige`, welches das jeweilige Bild aufnehmen soll, und
- ein Drehfeld, mit dem Sie ein Bild nach dem anderen einblenden.

Nachdem Sie alle Steuerelemente eingefügt haben, führen Sie einen Doppelklick auf das Drehfeld durch und erfassen das Ereignis `SpinButton_Change`.

Listing 14.57: Mehrere Bilder dynamisch in einer UserForm anzeigen

```
Private Sub SpinButton1_Change()
Dim s As String
SpinButton1.Max = 3
SpinButton1.Min = 1

TextBox1.Text = SpinButton1.Value
Select Case SpinButton1.Value
 Case 1
  s = "Wald.bmp"
 Case 2
  s = "Kugeln.bmp"
 Case 3
  s = "Kreise.bmp"
 Case Else
  MsgBox "Kein Bild gefunden!"
End Select
Label1.Caption = s
Image1.Picture = LoadPicture("c:\Windows\" & s)
End Sub
```

Über die Eigenschaften `Max` und `Min` stellen Sie die Ober- bzw. Untergrenze für Ihr Drehfeld ein. Im Textfeld `Textbox1` speichern Sie den aktuellen Wert des Drehfeldes. Danach werten Sie den Wert des Drehfeldes in einer `Select Case`-Anweisung aus und weisen je nach Wert das dazugehörige Bild ein. Den Bildnamen geben Sie im Bezeichnungsfeld `Label1` aus. Anschließend laden Sie mit Hilfe der Funktion `LoadPicture` das Bild direkt in das Anzeigensteuerelement `Image1`.

Steuerelemente in Tabellen programmieren

Kapitel 15

Für viele Aufgaben reicht es auch aus, auf die Programmierung von UserForms zu verzichten und lediglich einzelne Steuerelemente, wie Schaltflächen, Listenfelder, Dropdown- und Drehfelder, in Tabellen einzufügen und zu programmieren. Die einzelnen Steuerelemente können Sie den Symbolleisten FORMULAR oder STEUERELEMENT-TOOLBOX entnehmen.

Die Fragen

U.a. erfahren Sie in diesem Kapitel:

- wie Sie Schaltflächen automatisch in Ihren Tabellen einfügen
- wie Sie Schaltflächen mit Bildern und Texten belegen,
- wie Sie Umschaltflächen einfügen und programmieren,
- wie Sie Dropdown-Felder füllen und auslesen,
- wie Sie mit Drehfeldern schnell Preiskalkulationen machen,
- wie Sie Bildlaufleisten einsetzen,
- wie Sie Optionsfelder für die Währungsumrechnung verwenden,
- wie Sie über Kontrollkästchen schnell Zeilen bzw. Spalten ausblenden und
- wie Sie Steuerelemente in Tabellen identifizieren können.

:-) TIPP

Leider haben Sie bei den Steuerelementen aus der Symbolleiste FORMULAR *keine Möglichkeit, die verwendete Schriftart zu ändern bzw. die Größe der Schriftart zu vergrößern. Die weitaus umfassenderen Möglichkeiten bieten daher die Steuerelemente aus der Symbolleiste* STEUERELEMENT-TOOLBOX.

CD-ROM

Sie finden alle Beispiele zu den Lösungen mit den Steuerelementen auf Tabellenblättern auf der mitgelieferten CD im Verzeichnis KAP15 *unter dem Namen* STEUERELEMENTE.XLS.

15.1 Schaltflächen einsetzen

Möchten Sie mit Schaltflächen in Tabellen arbeiten, durch die Sie schnell Makros starten können, dann haben Sie noch die Möglichkeit zu entscheiden, ob Sie verschiedene Optionen für die Schaltfläche einstellen möchten. So können Sie beispielsweise Schaltflächen einfügen, deren hinterlegte Makros schon dann automatisch starten, wenn Sie mit der Maus darüber streichen. Eine weitere Möglichkeit ist, die Schaltfläche mit einem Bild bzw. mit einer anderen Schriftart einzufügen und vieles mehr.

15.1.1 Eine Schaltfläche automatisch in eine Tabelle einfügen

Im ersten Beispiel soll auf jedem Tabellenblatt in der Arbeitsmappe dieselbe Schaltfläche immer an derselben Position eingefügt werden. Das Makro für diese Aufgabe können Sie dem Listing 15.1 entnehmen.

***Listing 15.1:** Eine Schaltfläche auf jedem Tabellenblatt einfügen*

```
Sub SchaltflächenEinfügen()
Dim objBut As Object
Dim i As Integer

 For i = 1 To Sheets.Count
  Set objBut = Sheets(i).Buttons.Add(90, 15, 93, 24)
  objBut.OnAction = "Info"
  objBut.Caption = "Bitte hier klicken"
 Next i
End Sub
```

Definieren Sie als Erstes eine Objektvariable. Danach ermitteln Sie über die Methode Count die Anzahl der Tabellenblätter, die in der Arbeitsmappe enthalten sind. In Abhängigkeit von den Tabellenblättern fügen Sie auf jedem Blatt eine Schaltfläche über die Methode Add ein. Die vier Argumente stehen für die Position der Schaltfläche in der Tabelle in der Maßeinheit Punkt. Von links nach rechts bedeuten sie: Abstand vom linken Rand, Abstand vom oberen Rand, die Breite und Höhe der Schaltfläche. Mit der Eigenschaft OnAction geben Sie den Namen des Makros an, das ausgeführt wird, sobald die Schaltfläche angeklickt wird. Durch die Eigenschaft Caption bestimmen Sie die Beschriftung der Schaltfläche.

15.1.2 Schaltfläche mit Bild einfügen

Um eine Schaltfläche mit Bild einzufügen, sollten Sie sich aus der Symbolleiste Steuerelement-Toolbox bedienen. Das Einfügen einer solchen Schaltfläche funktioniert mit dem Makro aus Listing 15.2.

Listing 15.2: Eine Schaltfläche mit Bild einfügen

```
Sub SchaltflächeMitBildEinfügen()
Dim cmd As CommandButton

Set cmd = ActiveSheet.OLEObjects.Add _
  (ClassType:="Forms.CommandButton.1", _
  Left:=80, Top:=33, Width:=100, Height:=50).Object
    cmd.Caption = "Hier klicken"
    cmd.BackColor = RGB(256, 256, 256)
    cmd.AutoSize = True
    cmd.Picture = LoadPicture("c:\Windows\Kugeln.bmp")
    Set cmd = Nothing
End Sub
```

Definieren Sie eine Objektvariable vom Typ CommandButton und fügen Sie über die Methode Add eine neue Schaltfläche aus der Symbolleiste Steuerelement-Toolbox ein. Diese Schaltfläche entspricht dem Argument ClassType. Legen Sie danach die Position der Schaltfläche über die Argumente Left, Top, Width und Height fest. Über die Eigenschaft Caption legen Sie die Beschriftung der Schaltfläche fest. Die Hintergrundfarbe der Schaltfläche können Sie mit der Eigenschaft BackColor und der Funktion RGB bestimmen. Der RGB-Wert 256, 256, 256 entspricht dabei der Farbe Weiß. Die Eigenschaft AutoSizer sorgt dafür, dass die Schaltfläche ihre Größe so anpasst, dass sowohl Text als auch Bild komplett angezeigt werden. Über die Eigenschaft Picture legen Sie fest, dass ein Bild auf der Schaltfläche angezeigt werden soll, welches Sie über die Funktion LoadPicture einbinden. Heben Sie am Ende des Makros die Verbindung der Objektvariablen zum Objekt über die Anweisung `Set` und das Schlüsselwort `Nothing` wieder auf und geben Sie damit reservierten Speicher wieder frei.

Abbildung 15.1: Schaltfläche mit Bild

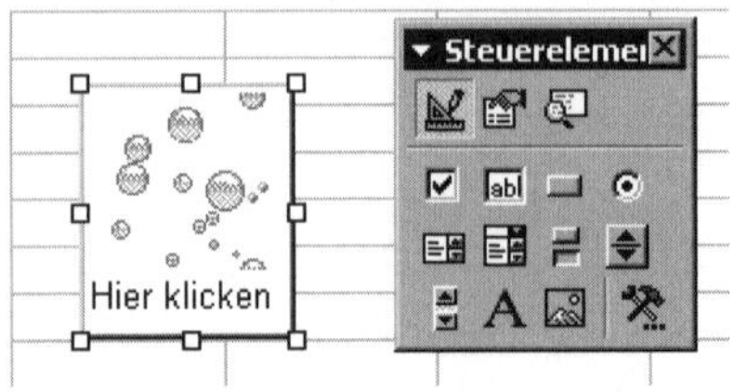

Die eben eingefügte Schaltfläche hat jedoch noch kein Makro hinterlegt. Es ist bei dieser Art von Schaltfläche nicht möglich, über das Kontextmenü ein Makro zuzuweisen. Um der Schaltfläche ein Makro, oder besser gesagt: ein Ereignismakro, zuzuweisen, gehen Sie wie folgt vor:

STEP

1. *Blenden Sie auf Ihrem Tabellenblatt die Symbolleiste* STEUERELEMENT-TOOLBOX *ein.*

2. *Klicken Sie in der Symbolleiste* STEUERELEMENT-TOOLBOX *auf das Symbol* ENTWURFSMODUS.
3. *Führen Sie anschließend einen Doppelklick auf die eingefügte Schaltfläche durch und gelangen Sie dadurch automatisch in die Entwicklungsumgebung. Es wird Ihnen nun das noch leere Klick-Ereignis zur Verfügung gestellt.*

Listing 15.3: Das Ereignis Click zum Starten von Makros mit einem Klick

```
Private Sub CommandButton1_Click()
 call Info
End Sub
```

4. *Ergänzen Sie das eingestellte Klick-Ereignis um weitere Befehle oder rufen Sie über die Anweisung* `Call` *ein anderes Makro auf.*
5. *Wechseln Sie wieder auf Ihr Tabellenblatt und deaktivieren Sie den Entwurfsmodus durch einen Klick auf das Symbol* ENTWURFSMODUS BEENDEN.

Nun ist die Schaltfläche einsatzbereit und Sie können mit einem Klick darauf die hinterlegte Ereignisprozedur starten. Das aufgerufene Makro `Info` sehen Sie im Listing 15.4.

```
Sub Info()
 MsgBox "Es ist nun genau " & Time & " Uhr!", vbInformation
End Sub
```

Listing 15.4: Aktuelle Zeitansage über eine Bildschirmmeldung

15.1.3 Makro automatisch starten

Möchten Sie nicht erst auf eine Schaltfläche klicken, um ein Makro zu starten, dann setzen Sie das Ereignis `CommandButton_MouseMove` ein. Dieses Ereignis tritt automatisch ein, wenn Sie die Maus auf die Schaltfläche setzen, und zwar ohne diese anzuklicken.

```
Private Sub CommandButton1_MouseMove(ByVal Button _
 As Integer, ByVal Shift As Integer, ByVal X As _
 Single, ByVal Y As Single)
  Call Info
End Sub
```

Listing 15.5: Ereignis MouseMove zum automatischen Starten von Makros bei Schaltflächenkontakt

15.1.4 Welche Schaltfläche wurde geklickt?

Stellen Sie sich vor, Sie haben eine umfangreiche Arbeitsmappe vorliegen. Auf jedem Tabellenblatt sind unterschiedliche Schaltflächen integriert. Jetzt möchten Sie herausfinden, welche Schaltfläche auf welchem Blatt gedrückt wurde. Dazu fügen Sie die jeweiligen Schaltflächen ein und weisen folgendes Makro aus Listing 15.6 zu.

```
Sub Schaltfläche()
 Select Case Application.Caller
     Case "Schaltfläche 1"
           MsgBox "Schaltfläche1 in " & ActiveSheet.Name
     Case "Schaltfläche 2"
           MsgBox "Schaltfläche2 in " & ActiveSheet.Name
     Case "Schaltfläche 3"
           MsgBox "Schaltfläche3 in " & ActiveSheet.Name
 End Select
End Sub
```

Listing 15.6: Ermitteln, welche Schaltfläche vom Anwender gedrückt wurde

Die Eigenschaft `Caller` gibt Ihnen eine Rückmeldung, wie das Makro aufgerufen wurde, indem der Name der Schaltfläche zurückgegeben wird. Über die Eigenschaft `Name` bekommen Sie den Namen des Tabellenblattes, welches die Schaltfläche beinhaltet.

15.1.5 Umschaltflächen programmieren

Bei Umschaltflächen handelt es sich im Prinzip um einfache Schalter, die genau zwei Zustände annehmen können. Vergleichen können Sie diese Schalter mit einem Lichtschalter, den Sie ein- und ausschalten.

Eine Umschaltfläche bleibt nach dem Klicken darauf eingerastet. Dieses Einrasten erkennen Sie daran, dass die Schaltfläche in einer helleren Hintergrundfarbe dargestellt wird. Ein erneutes Klicken gibt der Schaltfläche ihren vorherigen Zustand und die originale Farbe zurück. In der Praxis werden solche Umschaltflächen häufig eingesetzt, um bestimmte Elemente in Excel einzufügen bzw. um einzelne Einstellungen in Excel vorzunehmen. Fügen Sie zunächst eine neue Umschaltfläche ein, indem Sie wie folgt vorgehen:

STEP

1. *Blenden Sie die Symbolleiste* STEUERELEMENT-TOOLBOX *ein.*
2. *Klicken Sie auf das Symbol* UMSCHALTFLÄCHE *und ziehen Sie dieses Symbol auf Ihrer Tabelle in der gewünschten Größe auf.*
3. *Führen Sie direkt im Anschluss einen Doppelklick auf diese Schaltfläche aus. Daraufhin wird das Ereignis* `ToggleButton_Click` *automatisch eingestellt.*

:-) TIPP

Auch für Umschaltflächen können Sie weitere Ereignisse anwenden. Klicken Sie dazu in der Entwicklungsumgebung im Codebereich auf das erste Dropdown-Feld und wählen Sie den Eintrag TOGGLEBUTTON *aus. Im zweiten Dropdown können Sie daraufhin alle verfügbaren Ereignisse einsehen.*

Mit Hilfe einer Umschaltfläche soll das Gitternetz der aktiven Tabelle ein- bzw. ausgeschaltet werden. Dabei soll der Text der Umschaltfläche dynamisch angepasst werden, d.h., wird das Gitternetz mit einem Klick auf die Umschaltfläche ausgeschaltet, wird der Text GITTERNETZ `ein` auf der Umschaltfläche angezeigt. Wurde das Gitternetz hingegen schon eingeblendet, muss die Umschaltfläche die Aufschrift GITTERNETZ AUS bekommen. Das Makro für diese Aufgabe sehen Sie in Listing 15.7.

Listing 15.7: *Gitternetz über eine Umschaltfläche ein- und ausschalten*

```
Private Sub ToggleButton1_Click()
Dim TB As ToggleButton

 Set TB = ToggleButton1
    If TB.Value = True Then
    TB.Caption = "Gitternetz einschalten"
    ActiveWindow.DisplayGridlines = False
    Else
    TB.Caption = "Gitternetz ausschalten"
    ActiveWindow.DisplayGridlines = True
    End If
End Sub
```

Definieren Sie im ersten Schritt eine Objektvariable vom Typ `ToggleButton`, um später weniger Schreibarbeit zu haben. Machen Sie danach bekannt, dass das Kürzel `TB` für die Umschaltfläche `ToggleButton1` stehen soll, und fragen Sie über die Eigenschaft `Value` den Zustand der Umschaltfläche ab. Meldet die Eigenschaft `Value` den Wert True, dann ist die Umschaltfläche eingedrückt und Sie zeigen über die Eigenschaft `Caption` den Text `Gitternetz einschalten` an. Mit Hilfe der Eigenschaft `DisplayGridlines` zeigen Sie Gitternetzlinen an, indem Sie diese Eigenschaft auf den Wert `True` setzen, welcher der Standardeinstellung in Excel entspricht.

Im nächsten Beispiel haben Sie aus der ClipArt-Galerie eine Grafik eingefügt und möchten diese mit einer Umschaltfläche ein- und ausblenden. Dazu fügen Sie eine neue Umschaltfläche ein und erfassen das folgende Ereignis in Listing 15.8.

Listing 15.8: ClipArt ein- und ausblenden

```
Private Sub ToggleButton2_Click()
Dim TB As ToggleButton

 Set TB = ToggleButton2
    If TB.Value = True Then
    TB.Caption = "Bild anzeigen"
    ActiveSheet.Shapes("Picture 6").Visible = False
    Else
    TB.Caption = "Bild ausblenden"
    ActiveSheet.Shapes("Picture 6").Visible = True
    End If
End Sub
```

Um ein bereits in der Tabelle befindliches ClipArt auszublenden setzen Sie die Eigenschaft `Visible` auf den Wert `False` und passen die Aufschrift der Umschaltfläche über die Eigenschaft `Caption` an.

:-) TIPP

Wenn Sie übrigens ein Bild über eine VBA-Routine einfügen möchten, wenden Sie folgende Lösung aus Listing 15.9 an:

Listing 15.9: Ein Bild nach einer Bedingung in die Tabelle einfügen und positionieren

```
Sub BildEinfügenBeiBedingung()
Dim Pic As Picture

 On Error Resume Next
 If Range("A1").Value = "OK" Then
  Set Pic = ActiveSheet.Pictures.Insert("c:\Logo.gif")
  Pic.Top = Range("D5").Top
  Pic.Left = Range("D5").Left
 End If
End Sub
```

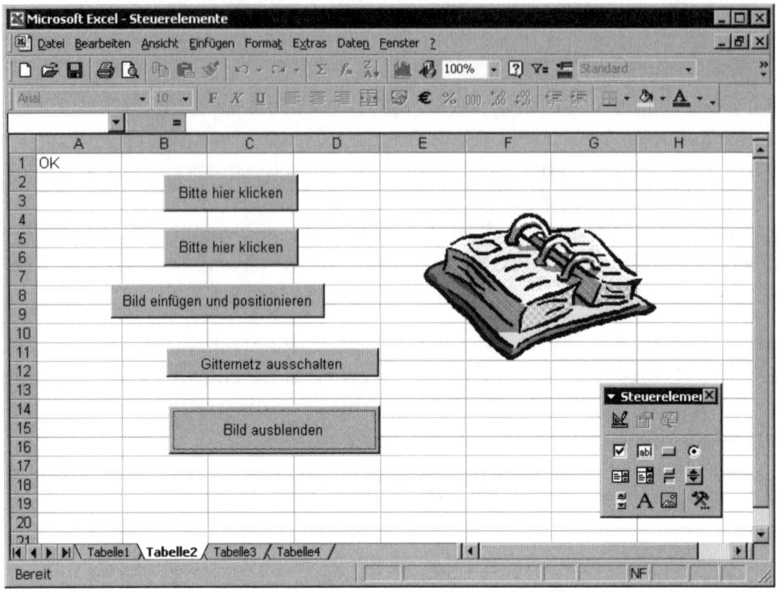

Abbildung 15.2: Ein ClipArt ein- und ausblenden

Definieren Sie zuerst eine Objektvariable vom Typ `Picture`. Danach prüfen Sie, ob die Bedingung für das Einfügen eines Bildes erfüllt ist.

Über die Methode `Insert` fügen Sie danach das Bild ein, welches Sie als Argument angegeben haben. Mit Hilfe der Eigenschaften `Top` und `Left` bestimmen Sie die linke obere Eckposition der Grafik in der Tabelle.

Haben Sie mehrere Umschaltflächen auf einen Tabellenblatt und möchten Sie diese alle ausschalten, so setzen Sie folgende Makro-Lösung aus Listing 15.10 ein:

Listing 15.10: Alle eingedrückten Umschaltflächen einer Tabelle zurücksetzen

```
Sub UmschaltflächenZurücksetzen()
Dim TB As OLEObject

 For Each TB In Worksheets("Tabelle2").OLEObjects
  If TypeOf TB.Object Is MSForms.ToggleButton Then
    If TB.Object.Value = True Then TB.Object.Value = False
  End If
 Next TB
End Sub
```

Definieren Sie zuerst einmal eine Variable vom Datentyp `OLEObject`. Darunter fallen neben verknüpften bzw. eingebetteten Objekten auch Steuerelemente wie Umschaltflächen. Setzen Sie danach eine `For Each`-Schleife auf, mit der Sie alle OLE-Objekte überprüfen. Mit

Hilfe der Eigenschaft `TypeOf` erhalten Sie den Objekttyp des OLE-Objekts. Entspricht dieser dem Typ `ToggleButton`, prüfen Sie, ob die Umschaltfläche eingedrückt ist oder nicht.

15.2 Dropdowns programmieren

Beim Einsatz von Dropdown-Feldern in Ihren Tabellen haben Sie wiederum die Auswahl, ob Sie das Dropdown aus der Symbolleiste FORMULAR oder aus der Symbolleiste STEUERELEMENT-TOOLBOX wählen. Auch hier haben Sie die weitaus besseren Möglichkeiten mit dem Dropdown-Feld aus der Symbolleiste STEUERELEMENT-TOOLBOX. Dieses Dropdown erlaubt es Ihnen, u.a. die Schriftart sowie die Schriftgröße der Einträge festzulegen. Außerdem haben Sie bei dieser Art von Dropdown die Möglichkeit, Ereignisse einzusetzen. So nutzen Sie in der folgenden Aufgabe das Ereignis `ComboBox_DblClick`, um das Dropdown mit Daten zu füllen.

15.2.1 Dropdown-Felder füllen

Beim Füllen von Dropdown-Feldern haben Sie mehrere Möglichkeiten. Entweder Sie verweisen auf einen Tabellenbereich, der die Daten enthält, die Sie in das Dropdown-Feld einlesen möchten, oder Sie füllen das Dropdown-Feld über eine Schleife.

Im ersten Beispiel werden Sie alle Tabellennamen der aktiven Arbeitsmappe in das Dropdown-Feld füllen, und zwar sobald Sie das Dropdown-Feld doppelt anklicken. Dazu gehen Sie folgendermaßen vor:

STEP

1. *Klicken Sie in der Symbolleiste* STEUERELEMENT-TOOLBOX *auf das Symbol* KOMBINATIONSFELD *und ziehen Sie es auf Ihrer Tabelle auf.*
2. *Führen Sie einen Doppelklick auf das eingefügte Dropdown-Feld durch.*
3. *Stellen Sie das Ereignis* `ComboBox_DblClick` *ein und ergänzen Sie das Ereignis um folgende Zeilen.*

Listing 15.11: Das Füllen eines Dropdown-Feldes nach einem Doppelklick

```
Private Sub ComboBox1_DblClick _
 (ByVal Cancel As MSForms.ReturnBoolean)
Dim Blatt As Object

 For Each Blatt In ThisWorkbook.Worksheets
  Worksheets("Tabelle4").ComboBox1.AddItem Blatt.Name
 Next
End Sub
```

Über die Methode `AddItem` *fügen Sie die einzelnen Tabellennamen in das Dropdown-Feld ein.*

4. *Wechseln Sie zurück auf Ihre Tabelle und klicken Sie das Symbol ENTWURFSMODUS BEENDEN auf der Symbolleiste STEUERELEMENT-TOOLBOX AN.*

Für die eigentlich Reaktion auf das Auswählen eines Eintrages im Dropdown-Feld sorgt das Ereignis `ComboBox_Change`, welches automatisch ausgeführt wird, sobald Sie einen Eintrag im Dropdown-Feld auswählen. Sobald Sie einen Tabellennamen aus dem Dropdown-Feld gewählt haben, soll auf die ausgewählte Tabelle gesprungen werden. Erfassen Sie dazu das Ereignis in Listing 15.12.

Listing 15.12: *Den markierten Eintrag eines Dropdown-Feldes auswerten*

```
Private Sub ComboBox1_Change()
 Sheets(ComboBox1.Value).Activate
End Sub
```

Wenn Sie die Inhalte Ihres Dropdown-Feldes sortieren möchten, können Sie entweder vorher dafür sorgen, dass die einzufügenden Zeilen sortiert vorliegen, oder die bereits eingefügten Zeilen im Dropdown-Feld nachträglich sortieren. Um ein Dropdown-Feld nachträglich zu sortieren, setzen Sie folgendes Makro aus Listing 15.13 auf.

Listing 15.13: *Die Inhalte eines Dropdown-Feldes sortieren*

```
Sub SortierenCombobox()
Dim i_Erster As Integer
Dim i_Letzter As Integer
Dim i_Aktuell As Integer
Dim i_Nächster As Integer
Dim s_buffer As String

 With Sheets("Tabelle4").ComboBox1
    If .ListCount = 0 Then Exit Sub
    i_Erster = 0
    i_Letzter = .ListCount - 1
    For i_Aktuell = i_Erster To i_Letzter
        For i_Nächster = i_Aktuell + 1 To i_Letzter
            If .List(i_Aktuell) > .List(i_Nächster) Then
                s_buffer = .List(i_Nächster)
                .List(i_Nächster) = .List(i_Aktuell)
                .List(i_Aktuell) = s_buffer
            End If
        Next i_Nächster
    Next i_Aktuell
 End With
End Sub
```

Im ersten Schritt benötigen Sie eine ganze Reihe Variablen vom Typ `Integer`, um die einzelnen Positionen der Einträge im Dropdown-Feld zwischenzuspeichern. Sprechen Sie das Dropdown-Feld auf der TABELLE4 direkt an, indem Sie die Anweisung `With` einsetzen. So können Sie sich im weiteren Verlauf des Makros die Wiederholung des Objektnamens sparen. Prüfen Sie danach, ob das Dropdown-Feld überhaupt Einträge enthält. In diesem Fall meldet Ihnen die Eigenschaft `ListCount` einen Rückgabewert größer Null. Legen Sie nun die Position des ersten Listeneintrages, der bei der Zahl 0 beginnt, sowie die letzte Zeile im Dropdown-Feld fest, von der Sie den Wert 1 subtrahieren müssen. Speichern Sie beide Werte in den Variablen `i_Erster` bzw. `i_Letzter`. Im Anschluss benötigen Sie zwei Schleifen, in denen Sie Eintrag für Eintrag im Dropdown-Feld vergleichen. Ist der aktuelle Eintrag im Dropdown-Feld größer als der folgende Eintrag, dann muss die Position getauscht werden. Den Tausch bekommen Sie über die Methode `List` hin, die den Eintrag des Dropdown-Feldes in einer zusätzlichen Variable vom Typ `String` parkt und dann austauscht.

Die zweite Variante, um ein Dropdown-Feld zu füllen, ist, auf einen Bereich zu verweisen, der die Quelldaten enthält.

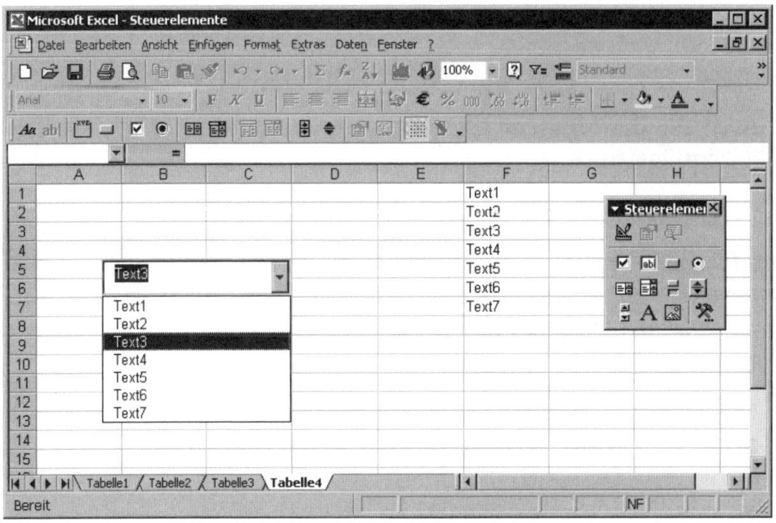

Abbildung 15.3: Einen Zellbereich als Verknüpfung angeben

Um den Zellbereich als Verknüpfung anzugeben, können Sie ein Makro auf Modulebene schreiben, welches Sie in Listing 15.14 sehen können.

Listing 15.14: Dropdown-Feldeinträge aus einem Zellbereich beziehen

```
Sub ComboboxFüllenBezug()
 Worksheets("Tabelle4").ComboBox1.ListFillRange = _
 "Tabelle4!F1:F7"
End Sub
```

Mit der `ListFillRange`-Eigenschaft geben Sie den Zellbereich an, welcher im Dropdown-Feld angezeigt werden soll. Um den ausgewählten Eintrag zu ermitteln, wenden Sie das Ereignis `ComboBox_Change` an. Dabei soll der ausgewählte Eintrag im Dropdown-Feld in die Zelle A1 geschrieben werden.

Listing 15.15: Das verknüpfte Ausgabefeld eines Dropdown-Feldes festlegen

```
Private Sub ComboBox1_Change()
 ComboBox1.LinkedCell = "A1"
End Sub
```

Mit der Eigenschaft `LinkedCell` legen Sie die Ausgabeverknüpfung des Dropdown-Feldes fest.

15.2.2 Dropdown-Felder leeren

Um ein Dropdown-Feld komplett zu leeren, reicht ein Einzeiler, den Sie dem Listing 15.16 entnehmen können.

Listing 15.16: Alle Einträge eines Dropdown-Feldes löschen

```
Sub LöschenEinträge()
 Worksheets("Tabelle4").ComboBox1.Clear
End Sub
```

Setzen Sie die Methode `Clear` ein, um aus einem Dropdown-Feld alle Einträge zu entfernen.

INFO

Da für das Listenfeld nahezu dieselben Methoden und Eigenschaften wie beim Dropdown-Feld verwendet werden können und Listenfelder schon im vorherigen Kapitel ausführlich beschreiben wurden, wird auf Listenfelder in diesem Kapitel nicht weiter eingegangen.

15.3 Drehfelder programmieren

Drehfelder werden in der Praxis oft angewendet, um bestimmte Kalkulationen in Tabellen durchzuführen. Dabei können Sie Drehfelder einsetzen, um Ihre Daten dynamisch zu halten. Sehen Sie in der folgenden Abbildung 15.4, wie Sie beispielsweise Verkaufspreise flexibel erhöhen können.

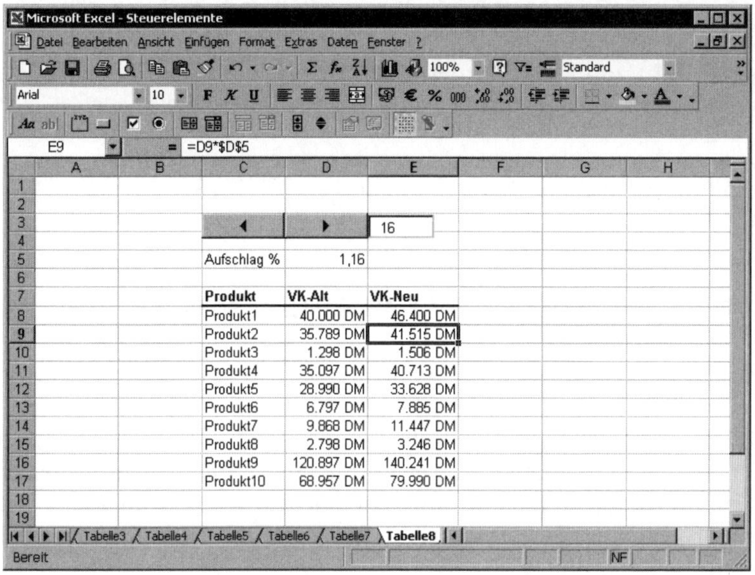

Abbildung 15.4: Flexible Preiskalkulation bei Produkten

Um diese Preiserhöhung zu gestalten, fügen Sie aus der Symbolleiste STEUERELEMENT-TOOLBOX das Steuerelement DREHFELD auf Ihrer Tabelle ein.

Fügen Sie jetzt noch ein Textfeld ein, indem Sie jeweils den Wert des Drehfeldes ausgeben.

Klicken Sie das Symbol DREHFELD in Ihrer Tabelle doppelt an und erfassen Sie das Ereignis `SpinButton_Change`.

Listing 15.17: Dreh- und Textfeld miteinander verbinden

```
Private Sub SpinButton1_Change()
 SpinButton1.Min = 1
 SpinButton1.Max = 100
 Range("D5").Value = SpinButton1.Value / 100 + 1
 TextBox1.Value = SpinButton1.Value
End Sub
```

Mit den Eigenschaften `Min` und `Max` legen Sie die Ober- bzw. Untergrenze des Drehfeldes fest. In der Zelle D5 geben Sie den Wert des Drehfeldes in der Prozentangabe an. So entspricht z.B. der Drehfeldwert 16 dem Wert 0,16 bzw. 16 Prozent. Im Textfeld `Textbox1` geben Sie hingegen den unveränderten Wert aus. Dazu verbinden Sie einfach das Drehfeld `Spinbutton1` mit dem Textfeld `Textbox1`.

Tabellenformel eingeben

In der Tabelle müssen Sie jetzt noch in die Zellen in der Spalte VK-NEU die Formel D8*$D$5 eingeben und nach unten kopieren. Verwenden Sie dabei den Absolutbezug für die Zelle D5, damit beim Ausfüllen der Formel nach unten diese Zelle konstant bleibt.

Direkte Preiskalkulation

Als weiteres Feature möchten Sie bei drastischen Preiserhöhungen nicht wiederholt auf die Drehfeldpfeile klicken, sondern durch einen Eintrag in das Textfeld für den richtigen Preisaufschlag sorgen. Dazu setzen Sie das Ereignis `TextBox_Change` ein.

Listing 15.18: *Eine Veränderung im Textfeld bedingt eine Änderung des Drehfeldes*

```
Private Sub TextBox1_Change()
 SpinButton1.Value = TextBox1.Value
End Sub
```

15.4 Bildlaufleisten einsetzen

Bildlaufleisten können Sie nicht nur dazu verwenden, um ein Bild nach oben bzw. ein Bild nach unten in Ihrer Tabelle zu gelangen. Bildlaufleisten können Sie vielmehr auch dazu einsetzen, um andere Aufgaben zu erledigen. So setzen Sie eine Bildlaufleiste in der folgenden Aufgabe ein, um sämtliche Farben in Excel im Zellbereich E10:E12 anzuzeigen. In einem Textfeld geben Sie den jeweils dazugehörigen Farbindex aus.

Abbildung 15.5: *Alle Farben nacheinander per Mausklick anzeigen*

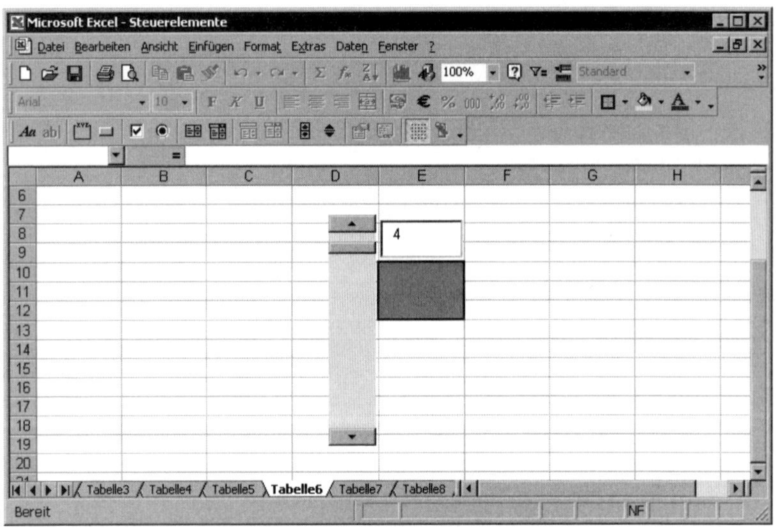

Um das Farbenspiel zu programmieren, klicken Sie in der Symbolleiste STEUERLEMENT-TOOLBOX auf das Symbol BILDLAUFLEISTE und ziehen es auf Ihrer Tabelle in der gewünschten Größe auf.

Fügen Sie danach ein Textfeld aus derselben Symbolleiste in Ihre Tabelle ein, welches Sie neben der Bildlaufleiste aufziehen.

Erfassen Sie nun das Ereignis `ScrollBar_Change` für die Bildlaufleiste.

```
Private Sub ScrollBar1_Change()
 ScrollBar1.Min = 1
 ScrollBar1.Max = 56
 TextBox1.Value = ScrollBar1.Value
 Range("E10:E12").Interior.ColorIndex = ScrollBar1.Value
End Sub
```

Listing 15.19: Farben anzeigen mit Hilfe einer Bildlaufleiste

Da es genau 56 Standardfarben in Excel gibt, die Sie übrigens auch in der Farbpalette der Symbolleiste FORMAT für die SCHRIFTFARBE bzw. die FÜLLFARBE sehen können, setzen Sie die Eigenschaft `Max` auf den Wert 56. Das Textfeld verbinden Sie direkt mit dem Wert der Bildlaufleiste, welcher nach jeder Änderung in der Bildlaufleiste somit auch im Textfeld aktualisiert wird. Dem Zellbereich E10:E12 weisen Sie über die Eigenschaft `ColorIndex` des Zellenhintergrundes den aktuellen Wert der Bildlaufleiste zu.

15.5 Schnelles Umschalten über Optionsfelder

Mit Hilfe von Optionsfeldern können Sie mehrere Zustände definieren, von denen immer nur einer gültig ist, d.h. bei Optionsschaltflächen kann immer nur ein Optionsfeld aktiviert werden, die anderen Optionsfelder sind dann deaktiviert. Dieses Verhalten können Sie in Excel dazu verwenden, um beispielsweise vom Anwender eine Entscheidung zu verlangen, wie oder welche Daten er angezeigt bekommen möchte und welche nicht. Im folgenden Beispiel entscheidet der Anwender über ein Optionsfeld, ob er eine Kosten-/Ertragsdarstellung in der Währung DM oder EURO angezeigt haben möchte.

Die Optionsfelder fügen Sie aus der Symbolleiste STEUERELEMENT-TOOLBOX ein, indem Sie das Symbol OPTIONSFELD anklicken und auf Ihrer Tabelle aufziehen.

Erfassen Sie danach das Ereignis `OptionButton_Click`, in dem Sie lediglich die beiden Makros `EUROinDMumrechnen` bzw. `DMinEUROumrechnen` aufrufen.

Beide Makros wurden schon in Kapitel 5 ausführlich beschrieben.

REF

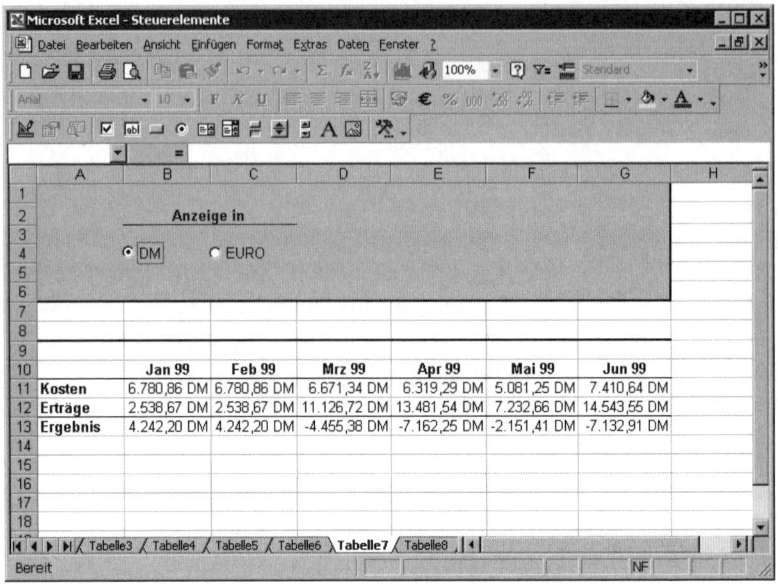

Abbildung 15.6: *Schnelles Umrechnen von Währungsdaten über die Steuerung von Optionsfeldern*

15.6 Kontrollkästchen für die Mehrfachauswahl

Im Gegensatz zu den Optionsfeldern können bei den Kontrollkästchen mehrere aktiviert sein. Somit eignet sich dieses Steuerelement dazu, mehrere Optionen gleichzeitig einzustellen.

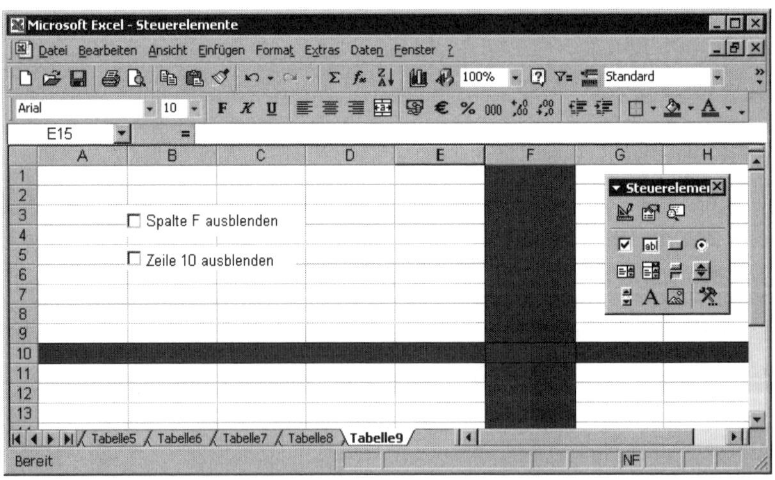

Abbildung 15.7: *Spalte F und Zeile 10 können dynamisch ein- und ausgeblendet werden*

In der nächsten Aufgabe setzen Sie Kontrollkästchen ein, um bestimmte Spalten und Zeilen ein- und auszublenden.

Klicken Sie in der Symbolleiste STEUERELEMENT-TOOLBOX auf das Symbol KONTROLLKÄSTCHEN und ziehen Sie es an der gewünschten Position und in der gewünschten Größe auf Ihrer Tabelle auf.

Erstellen Sie danach das Ereignis `CheckBox_Click` für die beiden Kontrollkästchen.

Listing 15.20: Mit Hilfe eines Kontrollkästchens eine Spalte ein- und ausblenden

```
Private Sub CheckBox1_Click()
 If CheckBox1.Value = True Then
 Columns(6).Hidden = True
 CheckBox1.Caption = "Spalte F einblenden"
 Else
  Columns(6).Hidden = False
 CheckBox1.Caption = "Spalte F ausblenden"
 End If
End Sub
```

Fragen Sie das Kontrollkästchen direkt über die Eigenschaft `Value` ab. Meldet die Eigenschaft den Rückgabewert `True`, ist das Kontrollkästchen aktiviert. In diesem Fall wenden Sie die Eigenschaft `Hidden` auf die Spalte F an, die den Spaltenindex 6 hat. Geben Sie danach dem Kontrollkästchen eine andere Beschriftung. Die Beschriftung ändern Sie mit Hilfe der Eigenschaft `Caption`, der Sie den neuen Text übergeben.

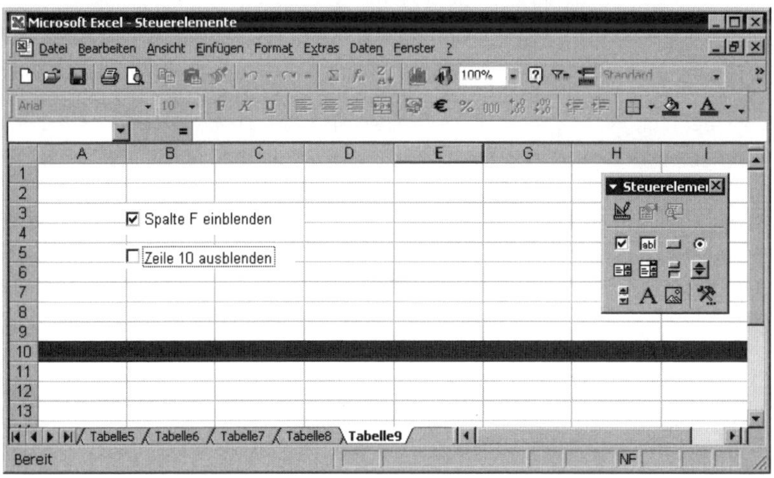

Abbildung 15.8: Spalte F ist ausgeblendet, die Beschriftung des Kontrollkästchens wurde geändert

Listing 15.21: Mit Hilfe eines Kontrollkästchens eine Zeile ein- und ausblenden

```
Private Sub CheckBox2_Click()
If CheckBox2.Value = True Then
 Rows(10).Hidden = True
 CheckBox2.Caption = "Zeile 10 einblenden"
 Else
 Rows(10).Hidden = False
 CheckBox2.Caption = "Zeile 10 ausblenden"
 End If
End Sub
```

Falls Sie eine Zeile ein- und ausblenden möchten, wenden Sie die Eigenschaft `Hidden` direkt auf die Zeile 10 an. Passen Sie auch in diesem Beispiel die Beschriftung der Kontrollkästchen über die Eigenschaft `Caption` an.

15.7 Steuerelemente identifizieren

Jedes Steuerelement in einer Tabelle hat einen eindeutigen Namen bzw. einen Index, über den Sie es ansprechen und auswerten können. Im folgenden Beispiel werden alle auf der Tabelle befindlichen Steuerelemente identifiziert und in den Direktbereich geschrieben.

Abbildung 15.9: Wie heißen die Steuerelemente?

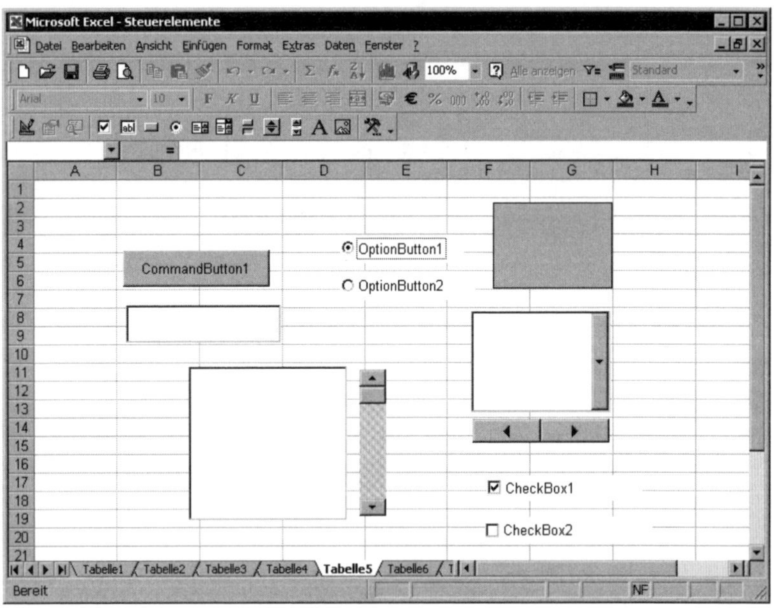

Das Makro, welches die Namen, das Kennzeichen sowie die Reihenfolge und den Zustand einzelner eingefügter Steuerelemente im Direktbereich ausgibt, entnehmen Sie dem Listing 15.22.

Listing 15.22: Alle Steuerelemente auf der Tabelle identifizieren und im Direktbereich ausgeben

```
Sub SteuerelementeIdentifizieren()
Dim obj As Object
Dim i As Integer
Dim i_St As Integer
Dim s As String

s = ""
i = 0
For Each obj In ActiveSheet.OLEObjects
i = i + 1
 Select Case TypeName(obj.Object)
  Case "TextBox"
    i_St = 1
  Case "CheckBox"
    i_St = 2
  Case "ListBox"
    i_St = 3
  Case "ComboBox"
    i_St = 4
  Case "OptionButton"
    i_St = 5
  Case "ToggleButton"
    i_St = 6
  Case "ScrollBar"
    i_St = 7
  Case "Label"
    i_St = 8
  Case "SpinButton"
    i_St = 9
  Case "CommandButton"
    i_St = 10
  Case "Image"
    i_St = 11
  Case Else
    i_St = 0
 End Select
 If i_St = 2 Or i_St = 5 Then s = obj.Object.Value _
 Else s = ""
 Debug.Print i, i_St, TypeName(obj.Object), s
Next
End Sub
```

Um die auf dem Tabellenblatt befindlichen Steuerelemente zu ermitteln, können Sie das Auflistungsobjekt `OLEObjects` einsetzen. In diesem Auflistungsobjekt sind alle Steuerelemente des Tabellenblattes verzeichnet. Über eine `For Each`-Schleife lesen Sie dieses Objekt nun heraus.

:-) TIPP

Die Reihenfolge, wie Sie die Steuerelemente in die Tabelle eingefügt haben, wird in Excel intern verwaltet. Mit der Variablen `i` *bekommen Sie somit die originale Reihenfolge zurück und geben diese auch im Anschluss im Direktbereich mit der Anweisung* `Debug.Print` *aus.*

Über die Funktion `TypName` können Sie den Namen des Steuerelementes ermitteln. Neben der Variablen, die die Reihenfolge festhält, können Sie mit der Variablen `i_St` eine Nummer festlegen, die Sie später auswerten können. So können Sie beispielsweise die Kontrollkästchen sowie die Optionsfelder auswerten. So meldet die Eigenschaft `Value` den Wert `True`, wenn das Kontrollkästchen bzw. das Optionsfeld markiert ist.

Abbildung 15.10: *Alle eingefügten Steuerelemente im Überblick*

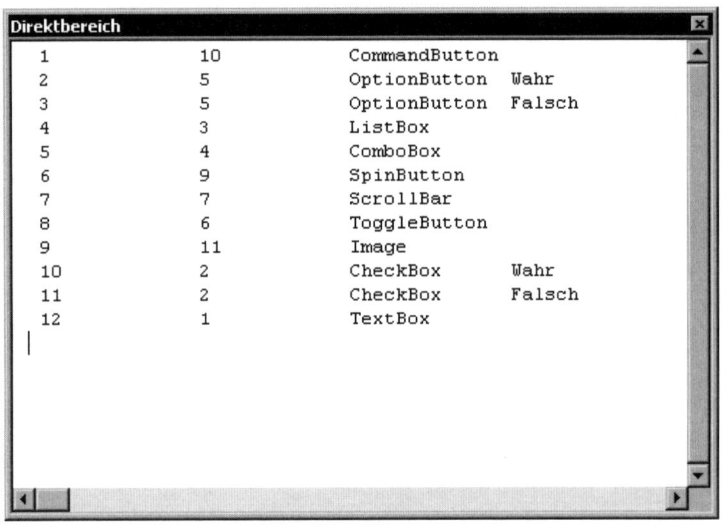

Direktbereich

1	10	CommandButton	
2	5	OptionButton	Wahr
3	5	OptionButton	Falsch
4	3	ListBox	
5	4	ComboBox	
6	9	SpinButton	
7	7	ScrollBar	
8	6	ToggleButton	
9	11	Image	
10	2	CheckBox	Wahr
11	2	CheckBox	Falsch
12	1	TextBox	

Eigene Menüs und Symbolleisten erstellen

Kapitel 16

In Excel können Sie sich eigene Menü- und Symbolleisten dynamisch erstellen lassen. In den meisten Fällen werden Sie für bestimmte Arbeitsmappen eigene Menü- oder Symbolleisten anbieten wollen, die nach dem Schließen der Arbeitsmappen wieder ausgeblendet bzw. gelöscht werden. So bieten eigene Menü- und Symbolleisten die Möglichkeit, schnell eigene Makros zu starten bzw. auch vorhandene Funktionen in Excel mit einem Mausklick zu starten. Dieses Kapitel gliedert sich in drei Teile. Im ersten Teil wird die Programmierung von Menüleisten beschrieben, im zweiten Teil werden die Kontextmenüs besprochen. Im dritten Teil wird auf die Programmierung von Symbolleisten näher eingegangen. Alle Leisten werden durch das Objekt `Commandbars` beschrieben. Die einzelnen Leisten können Sie über die Eigenschaft `Type` unterscheiden; so liefert eine Symbolleiste den Index `0`, eine Menüleiste den Index `1` und ein Kontextmenü den Index `2`. Weiterhin können Leisten ganz gezielt über einen eindeutigen ID-Wert angesprochen werden. Das folgende Makro in Listing 16.1 schreibt Ihnen alle Leisten von Excel mit deren eindeutigem ID-Wert, Namen und Typ in den Direktbereich.

***Listing 16.1:** Alle Namen, ID-Werte und Typen von Leisten werden in den Direktbereich geschrieben*

```
Sub ArtenVonLeisten()
Dim i As Integer
Dim s As String

 For i = 1 To CommandBars.Count
  Select Case CommandBars(i).Type
   Case 0
      s = "Symbolleiste"
   Case 1
      s = "Menüleiste"
   Case 2
```

```
      s = "Kontextmenü"
    Case Else
      s = "nicht ermittelbar"
    End Select
    Debug.Print i & " --> " & _
    CommandBars(i).Name & " --> " & s
  Next i
End Sub
```

Ermitteln Sie im ersten Schritt alle vorhandenen Leisten von Excel, indem Sie diese mit Hilfe der Methode `Count` zählen. Über die Eigenschaft `Type` geben Sie die Art der Befehlsleiste zurück. Entnehmen Sie die möglichen Konstanten bzw. Indexwerte der Tabelle 16.1.

Tabelle 16.1: *Die möglichen Typen von Befehlsleisten*

Index	Konstante	Befehlsleiste
0	msoBarTypeNormal	Symbolleiste
1	msoBarTypeMenuBar	Menüleiste
2	msoBarTypePopup	Kontextmenü

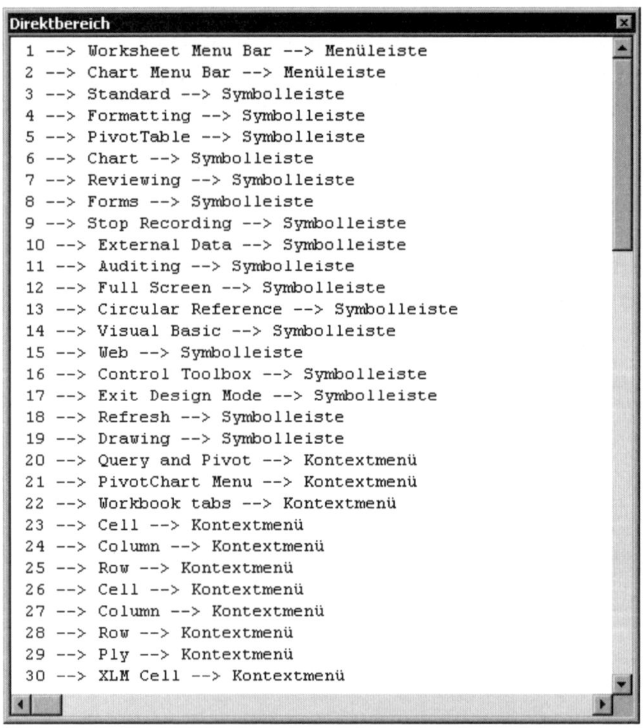

Abbildung 16.1: *Alle Leisten im Überblick*

Mit der Eigenschaft `Name` ermitteln Sie den Namen der Befehlsleiste. Den eindeutigen Index haben Sie bereits über das Hochzählen der Variablen `i` herausgefunden. Über die Anweisung `Debug.Print` geben Sie alle Informationen über die vorhandenen Befehlsleisten im Direktbereich aus.

16.1 Die Programmierung von Menüs

Sie finden alle Beispiele zu den Lösungen zum Thema Menüleisten auf der mitgelieferten CD im Verzeichnis KAP16 *unter dem Namen* MENÜLEISTE.XLS.

CD-ROM

Wenn Sie eigene Menüs erstellen möchten, können Sie sich überlegen, ob Sie die bereits bestehende Arbeitsblatt-Menüleiste ergänzen oder gar ersetzen möchten. Für die meisten Fälle empfiehlt sich jedoch die zuerst genannte Vorgehensweise, da Sie dann noch in der Lage sind, neben Ihren dazukommenden Funktionen auch bestehende Funktionen in Excel abzurufen. Die Position, an der ein Menübefehl eingefügt werden soll, können Sie in Excel ganz genau festlegen.

Neu in Excel 2000

Bei der Ermittlung der korrekten Einfügeposition kann Ihnen aber die neue Funktion in Excel 2000 mit den adaptiven Menüs einen Strich durch die Rechnung machen. Bei diesem neuen Feature handelt es sich um ein sich ständig selbst anpassendes System, nach dem Menüleisten angeordnet werden. Die am häufigsten verwendeten Funktionen werden in den Menüs ganz oben angeordnet. Die weniger häufig angewendeten Excel-Funktionen rutschen immer weiter in den Menüs nach unten und werden erst nach längerem Verweilen mit der Maus im Menü dynamisch dazu eingeblendet. Es empfiehlt sich aus diesem Grund, dieses neue Feature auszuschalten. Das Ausschalten der adaptiven Menüs können Sie manuell vornehmen, indem Sie mit der rechten Maustaste auf eine beliebige Symbolleiste klicken und aus dem Kontextmenü den Befehl ANPASSEN auswählen. Wechseln Sie danach auf die Registerkarte OPTIONEN und deaktivieren Sie das Kontrollkästchen MENÜS ZEIGEN ZULETZT VERWENDETE BEFEHLE ZUERST AN.

Diese manuelle Einstellung können Sie aber auch über ein Makro deaktivieren.

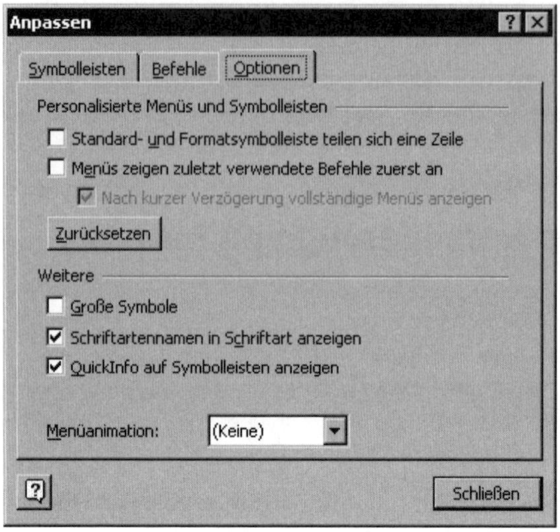

Abbildung 16.2: *Personalisierte Menüleisten deaktivieren*

Listing 16.2: *Personalisierte Menüansicht abschalten*

```
Sub AdaptiveMenüsAusschalten()
 Application.CommandBars.AdaptiveMenus = False
End Sub
```

Setzen Sie die Eigenschaft `AdaptiveMenus` auf den Wert `False`, um die personalisierten Menüs abzuschalten. Dadurch werden die Menüs wie gewohnt in Excel angezeigt.

:-) TIPP

Die Überprüfung daraufhin, ob in Excel personalisierte Menüs verwendet werden, können Sie schon beim Öffnen einer Arbeitsmappe durchführen und bei Bedarf diese Einstellung deaktivieren. Dazu setzen Sie das Arbeitsmappeneereignis `Worksbook_Open` *ein.*

Listing 16.3: *Beim Öffnen einer Arbeitsmappe werden die personalisierten Menüs abgeschaltet*

```
Private Sub Workbook_Open()
If Application.CommandBars.AdaptiveMenus = True _
Then Application.CommandBars.AdaptiveMenus = False
End Sub
```

16.1.1 Ein- und Ausblenden der Menüleiste

Möchten Sie ausschließlich mit Symbolleisten arbeiten oder ganz bewusst auf die Menüleiste verzichten, dann können Sie die Arbeitsblatt-Menüleiste bei Bedarf ein- und ausblenden. Sehen Sie dazu die beiden folgenden Makros in Listing 16.4.

```
Sub MenüleisteAusblenden()
 Application.CommandBars(1).Enabled = False
End Sub

Sub MenüleisteEinblenden()
 Application.CommandBars(1).Enabled = True
End Sub
```

Listing 16.4: Die Arbeitsblatt-Menüleiste aus- und einblenden

Die Arbeitsblatt-Menüleiste wird durch das CommandBars-Objekt mit dem Index `1` eindeutig identifiziert. Setzen Sie die Eigenschaft `Enabled` dieser Menüleiste auf den Wert `False`, um diese auszublenden.

16.1.2 Ein eigenes Menü erstellen

In der nächsten Aufgabe soll ein zusätzliches Menü genau vor dem Hilfe-Menü eingefügt werden, welches ein paar nützliche Funktionen aufnehmen soll. Dazu setzen Sie das Makro aus Listing 16.5 ein.

```
Sub NeuesMenüEinfügen()
Dim i As Integer
Dim i_Hilfe As Integer
Dim MenüNeu As CommandBarControl

 i = Application.CommandBars(1).Controls.Count
 i_Hilfe = Application.CommandBars(1).Controls(i).Index
 Set MenüNeu = Application.CommandBars(1). _
  Controls.Add(Type:=msoControlPopup, _
  Before:=i_Hilfe, Temporary:=True)
 MenüNeu.Caption = "&Eigene Funktionen"
End Sub
```

Listing 16.5: Zusätzliches Menü in Arbeitsplatz-Menüleiste integrieren

Definieren Sie im ersten Schritt zwei Integer-Variablen, die zum einen die Anzahl der Menüs ermitteln, die momentan in der Arbeitsplatz-Menüleiste eingebunden sind, und zum anderen die Position des Hilfemenüs ermitteln. Eine weitere Objektvariable vom Typ `CommandBarControl` wird gebraucht, um den neuen Menüpunkt einzufügen. Über die Methode `Count` zählen Sie die Anzahl der Menüs in der Arbeitsblatt-Menüleiste und speichern Sie in der Variablen `i`. Im nächsten Schritt ermitteln Sie die Position des Hilfe-Menüs, welches standardmäßig ganz rechts in der Arbeitsblatt-Menüleiste steht. Die Arbeitsblatt-Menüleiste können Sie direkt über das Objekt `CommandBars(1)` ansprechen. Über die Eigenschaft `Controls` bekommen Sie alle Steuerelemente der angegebenen Menüleiste.

INFO

In Excel können Menü- sowie Symbolleisten über die Eigenschaft `CommandBars` *angesprochen werden. Dabei hat die Arbeitsblatt-Menüleiste den Index* `1`*, die Symbolleiste* STANDARD *den Index* `3`*, die Symbolleiste Format den Index* `4` *usw.*

Die Syntax

Mit Hilfe der Methode `Add` fügen Sie ein neues Menü ein. Die Methode `Add` hat die Syntax:

```
Add(Type, Id, Before, Temporary)
```

Die Argumente der Methode Add

Beim Argument `Type` geben Sie an, um welche Art Steuerelement es sich dabei handeln soll. Zur Auswahl stehen die Konstanten aus der Tabelle 16.2.

***Tabelle 16.2:** Alle möglichen Konstanten für Steuerelemente in Menüleisten*

Konstante	Beschreibung
`msoControlButton`	Fügt ein Schaltflächenelement ein.
`msoControlEdit`	Fügt ein Eingabefeld ein.
`msoControlDropdown`	Fügt eine Dropdown-Feld ein,
`msoControlComboBox`	Fügt ebenso ein Dropdown-Feld ein.
`msoControlPopup`	Fügt ein Dropdown-Menü ein.

Beim Argument `ID` können Sie sich entscheiden, ob Sie zusätzlich zum Menütext auch noch ein Symbol anzeigen möchten. Dieses Argument funktioniert jedoch nur innerhalb eines Menüs, also für einen Menübefehl. Mit dem Argument `Before` legen Sie die genaue Position des Menüs fest. Übergeben Sie dem Argument die vorher ermittelte Position des Hilfe-Menüs. Setzen Sie das letzte Argument `Temporary` auf den Wert `True`, wenn das neue Steuerelement temporär sein soll. Temporäre Steuerelemente werden automatisch gelöscht, wenn die Containeranwendung geschlossen wird.

:-) TIPP

Um die Arbeitsblatt-Menüleiste wieder auf ihren Ausgangszustand zurückzusetzen, starten Sie das Makro aus Listing 16.6.

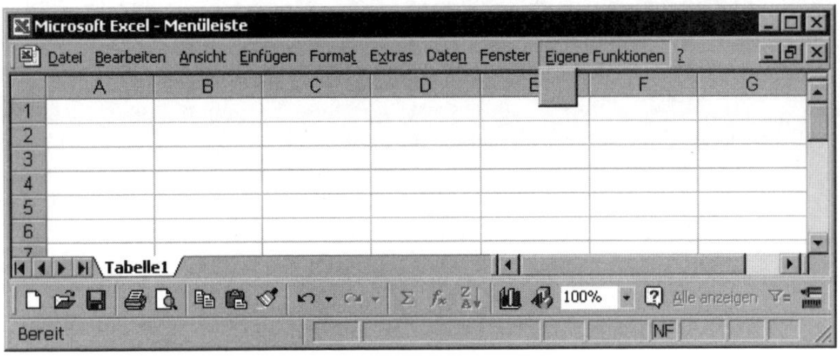

Abbildung 16.3: Das Ergebnis: das neue Menü an der gewünschten Position

Listing 16.6: Arbeitsblatt-Menüleiste zurücksetzen

```
Sub ArbeitsplatzMenüleisteZurücksetzen()
 Application.CommandBars(1).Reset
End Sub
```

Die Methode `Reset` setzt die angegebene, integrierte Befehlsleiste auf die Standardkonfiguration der Steuerelemente zurück.

Möchten Sie nicht die ganze Arbeitsblatt-Menüleiste zurücksetzen und nur gezielt das neu eingefügte Menü löschen, dann setzen Sie folgende Makrolösung aus Listing 16.7 ein.

Listing 16.7: Gezielt ein Menü aus der Arbeitsblatt-Menüleiste löschen

```
Sub MenüLöschen()
On Error Resume Next
    With Application.CommandBars(1)
        .Controls("E&igene Funktionen").Delete
    End With
End Sub
```

Wenden Sie die Methode `Delete` an, um das neu eingefügte Menü wieder zu löschen.

16.1.3 Menübefehle im neuen Menü einfügen

Das gerade eingefügte Menü enthält noch keine Menübefehle. Diese fügen Sie jetzt ein. Erweitern Sie dazu das Makro aus Listing 16.5.

Listing 16.8: Eigene Funktionen in einem Extramenü unterbringen

```
Sub NeuesMenüEinfügen()
Dim i As Integer
Dim i_Hilfe As Integer
Dim MenüNeu As CommandBarControl
Dim MB As CommandBarControl

 i = Application.CommandBars(1).Controls.Count
 i_Hilfe = Application.CommandBars(1).Controls(i).Index
 Set MenüNeu = Application.CommandBars(1). _
```

```
 Controls.Add(Type:=msoControlPopup, _
 before:=i_Hilfe, Temporary:=True)
MenüNeu.Caption = "&Eigene Funktionen"

Set MB = MenüNeu.Controls.Add _
      (Type:=msoControlButton)
   With MB
      .Caption = "&Formelzellen markieren"
      .Style = msoButtonCaption
      .OnAction = "FormelnMarkieren"
      .BeginGroup = True
   End With
Set MB = MenüNeu.Controls.Add _
      (Type:=msoControlButton)
   With MB
    .Caption =  _
  "Formeln, F&unktionen in Festwerte umwandeln _
  (aktuelles Blatt)"
      .Style = msoButtonCaption
      .OnAction = "FormelnInWerteUmwandeln"
   End With
   Set MB = MenüNeu.Controls.Add _
      (Type:=msoControlButton)
   With MB
   .Caption = "Formeln, Fu&nktionen in Festwerte  _
     umwandeln (neue Mappe)"
      .Style = msoButtonCaption
      .OnAction = "FormelnInWerteUmwandelnNeueDatei"
   End With
   Set MB = MenüNeu.Controls.Add _
      (Type:=msoControlButton)
   With MB
      .Caption = "Ak&tive Tabelle als E-Mail versenden"
      .Style = msoButtonIconAndCaption
      .OnAction = "EmailAktivesTabellenblatt"
      .FaceId = 3738
      .BeginGroup = True
   End With
   Set MB = MenüNeu.Controls.Add _
      (Type:=msoControlButton)
   With MB
    .Caption = "Akt&ive Tabelle in neuer  _
         Arbeitsmappe speichern"
      .Style = msoButtonIconAndCaption
      .OnAction = "AktivesTabellenblattAlsDatei"
      .FaceId = 3
   End With
   Set MB = MenüNeu.Controls.Add _
```

```
        (Type:=msoControlButton)
    With MB
        .Caption = "Wo&chentag, Datum und Uhrzeit anzeigen"
        .Style = msoButtonCaption
        .OnAction = "DatumUndUhrzeit"
        .BeginGroup = True
    End With
    Set MB = MenüNeu.Controls.Add _
        (Type:=msoControlButton)
    With MB
        .Caption = "Speicherort der Datei anzeigen"
        .Style = msoButtonCaption
        .OnAction = "Verzeichniszurückgeben"
    End With
       Set MB = MenüNeu.Controls.Add _
        (Type:=msoControlButton)
    With MB
        .Caption = "&Öffnen aller verknüpfter Mappen"
        .Style = msoButtonIconAndCaption
        .OnAction = "ÖffnenAllerVerknüpfterMappen"
        .BeginGroup = True
        .FaceId = 23
    End With
End Sub
```

Für die Menübefehle im Menü EIGENE FUNKTIONEN benötigen Sie eine weitere Objektvariable vom Typ `CommandBarControl`. Wenden Sie die Methode `Add` auf das neu eingefügte Menü an, um nun die einzelnen Menübefehle hinzuzufügen. Mit der Anweisung `With` legen Sie übersichtlich weitere Eigenschaften der neuen Menübefehle fest.

Beschriftung festlegen

Mit der Eigenschaft `Caption` legen Sie die Beschriftung des Menübefehls fest. Verwenden Sie das kaufmännische Zeichen &, um den Shortcut für diesen Befehl festzulegen. Ist das Menü einmal aktiviert, können Sie durch die Eingabe des unterstrichenen Buchstabens des Menübefehls die dahinter liegende Funktion bzw. das Makro starten.

Symbol festlegen

Über die Eigenschaft `FaceId` können Sie dem Menübefehl auch noch ein Symbol hinzufügen. Allerdings muss dabei dann die Eigenschaft `Styles` mit der Konstante `msoButtonIconAndCaption` angegeben werden.

REF

Erfahren Sie weiter unten im Kapitel, wie Sie die einzelnen Symbole und deren `FaceId` *ermitteln können.*

Menübefehle gruppieren

Fassen Sie Menübefehle optisch zusammen, indem Sie eine Trennlinie zwischen einzelnen Menübefehlen ziehen. Diesen Effekt erreichen Sie über die Eigenschaft `BeginGroup`. Setzen Sie diese Eigenschaft auf den Wert `True`, wenn sich der angegebene Menübefehl am Anfang einer Gruppe von Menübefehlen im Menü befindet.

Makros hinterlegen

Mit der Eigenschaft `OnAction` geben Sie an, welches Makro hinter dem Menübefehl liegt. Dabei gibt diese Eigenschaft den Namen des Visual Basic-Makros zurück, das ausgeführt wird, wenn der Anwender den entsprechenden Menübefehl auswählt.

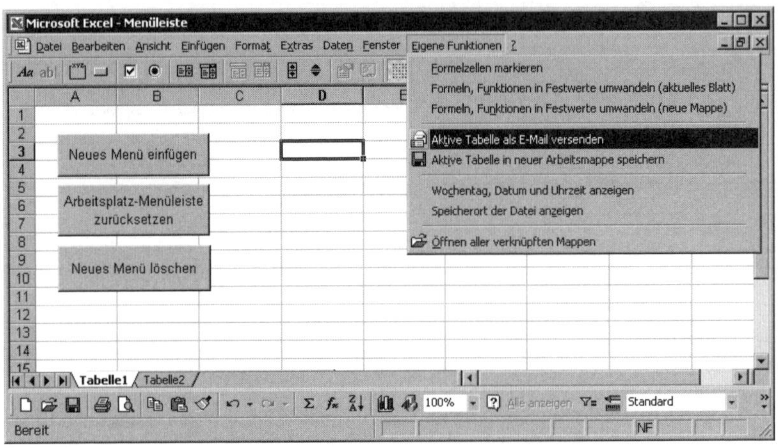

***Abbildung 16.4:** Das Ergebnis: eigene Funktionen in einem separaten Menü*

16.1.4 Erstellung der Menüleiste automatisieren

Die Erstellung der Menüleiste können Sie automatisieren, indem Sie die Menüleiste automatisch beim Öffnen der Arbeitsmappe erstellen. Dazu setzen Sie das Ereignis `Worbook_Open` ein und rufen das Makro `NeuesMenüEinfügen` auf. Sobald die Arbeitsmappe geschlossen wird, können Sie die Menüleiste wieder entfernen. Dazu setzen Sie das Ereignis `Workbook_BeforeClose` ein und rufen innerhalb der Ereignisprozedur das Makro `MenüLöschen` auf. Stellen Sie die beiden Ereignisse ein, indem Sie in den Entwicklungsbereich wechseln und im Projekt-Explorer den Eintrag DIESEARBEITSMAPPE doppelt anklicken.

***Listing 16.9:** Ereignis Workbook_Open zum Erstellen eines Menüs beim Öffnen der Arbeitsmappe*

```
Private Sub Workbook_Open()
 NeuesMenüEinfügen
End Sub
```

```
Private Sub Workbook_BeforeClose(Cancel As Boolean)
 MenüLöschen
End Sub
```

Listing 16.10: Ereignis Workbook_-BeforeClose zum Löschen eines Menüs vor dem Schließen einer Arbeitsmappe

REF

Sehen Sie später in diesem Kapitel, welche Optionen Sie für Ihr neues Menü noch einstellen können.

16.1.5 Die nützlichen Makros aus dem neuen Menü

Über die Eigenschaft `OnAction` haben Sie der Menüleiste EIGENE FUNKTIONEN bereits die Namen der Makros angegeben, die aufgerufen werden sollen. Sehen Sie jetzt auf den nächsten Seiten die dazugehörigen Makros.

```
Sub FormelnMarkieren()
On Error GoTo fehlerm
Selection.SpecialCells(xlCellTypeFormulas, 23).Select
Exit Sub
fehlerm:
MsgBox "Dieses Tabellenblatt enthält keine Formeln!"
End Sub
```

Listing 16.11: Alle Zellen mit Formeln werden markiert

Mit Hilfe der Methode `SpecialCells`, der Sie die Konstante `xlCellTypeFormulas` übergeben, ermitteln Sie alle Zellen der Tabelle, welche Formeln enthalten. Die Methode `Select` markiert diese Zellen. Mit der Taste [Tab] können Sie jetzt bequem von einer Formelzelle zur nächsten springen.

```
Sub FormelnInWerteUmwandeln()
 Cells.Copy
 Range("A1").Select
    Selection.PasteSpecial Paste:=xlValues, _
   Operation:=xlNone, SkipBlanks:= False, Transpose:=False
 Application.CutCopyMode = False
End Sub
```

Listing 16.12: Alle Formeln in Festwerte konvertieren (gleiche Arbeitsmappe)

Kopieren Sie alle Zellen der aktiven Tabelle mit Hilfe der Methode `Copy`. Setzen Sie den Mauszeiger auf die erste Zelle des Tabellenblattes und setzen Sie die Methode `PasteSpecial` ein, um die kopierten Daten einzufügen. Dabei geben Sie im Argument `Paste` an, dass nur Werte eingefügt werden sollen. Setzen Sie die Eigenschaft `CutCopyMode` auf den Wert `False`, um den Ausschneide- bzw. Kopiermodus zu deaktivieren und den Laufrahmen um die eingefügten Daten zu entfernen.

***Listing 16.13:** Alle Formeln in Festwerte konvertieren (neue Arbeitsmappe)*

```
Sub FormelnInWerteUmwandelnNeueDatei()
 ActiveSheet.Copy
 Cells.Copy
 Range("A1").Select
    Selection.PasteSpecial Paste:=xlValues, _
   Operation:=xlNone, SkipBlanks:= False, Transpose:=False
 Application.CutCopyMode = False
End Sub
```

Die Eigenschaft `ActiveSheet` im Zusammenspiel mit der Methode `Copy` hat als Ergebnis, dass das aktuelle Tabellenblatt automatisch in eine neue Arbeitsmappe kopiert wird. Sie brauchen nur noch die Methode `PasteSpecial` anzuwenden, um die kopierten Werte einzufügen.

***Listing 16.14:** Aktive Tabelle als E-Mail versenden*

```
Sub EmailAktivesTabellenblatt()
Dim s As String
Dim s2 As String

 ActiveWorkbook.Worksheets(ActiveSheet.Name).Copy
 s = InputBox _
 ("Bitte geben Sie den Adressaten ein!", "Adressat")
 If s = "" Then MsgBox "Sie haben abgebrochen!": Exit Sub
 s2 = InputBox _
 ("Bitte geben Sie den Titel der E-Mail ein!", "Titel")
 If s2 = "" Then MsgBox "Sie haben abgebrochen!": Exit Sub
 Application.Dialogs(xlDialogSendMail).Show s, s2
 ActiveWorkbook.Close savechanges:=False
End Sub
```

Fragen Sie über zwei Eingabemasken den Adressaten bzw. den Titel der E-Mail ab. Danach rufen Sie den integrierten Dialog für den E-Mail-Versand auf und übergeben die beiden Informationen.

REF

Erfahren Sie mehr über das Zusammenspiel von Excel und dem Internet im Kapitel 17.

***Listing 16.15:** Aktive Tabelle wird in neuer Arbeitsmappe gespeichert*

```
Sub AktivesTabellenblattAlsDatei()
     ActiveSheet.Copy
End Sub
```

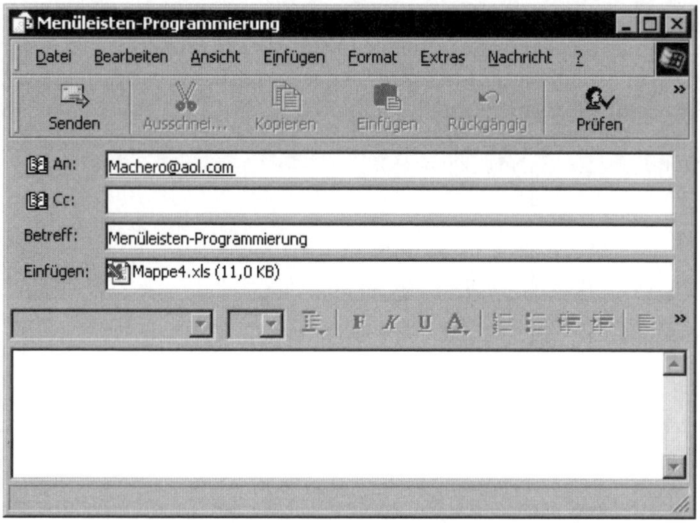

Abbildung 16.5: Die aktive Tabelle wird per E-Mail im Anhang versendet

Für diese Aufgabe reicht ein Einzeiler. Die Eigenschaft `ActiveSheet` im Zusammenspiel mit der Methode `Copy` erzeugt automatisch eine neue Arbeitsmappe.

Listing 16.16: Aktuellen Tag und die momentane Uhrzeit ausgeben

```
Sub DatumUndUhrzeit()
Dim i As Integer
Dim wota As String

i = Application.Weekday(Date)
Select Case i
 Case 1
    wota = "Sonntag"
 Case 2
    wota = "Montag"
 Case 3
    wota = "Dienstag"
 Case 4
    wota = "Mittwoch"
 Case 5
    wota = "Donnerstag"
 Case 6
    wota = "Freitag"
 Case 7
    wota = "Samstag"
End Select

MsgBox "Heute ist " & _
 wota & ", der " & Date & ", " & Time & " Uhr!"
End Sub
```

In einer `Select Case`-Anweisung werten Sie die Funktion `Weekday` aus, der Sie das heutige Datum über die Funktion `Date` übergeben. Geben Sie im Anschluss den Tagesnamen sowie die aktuelle Uhrzeit auf dem Bildschirm aus.

Listing 16.17: *Den Speicherpfad der Arbeitsmappe ermitteln und ausgeben*

```
Sub VerzeichnisZurückgeben()
Dim s As String

 s = Application.ActiveWorkbook.Path
 MsgBox "Ihre Arbeitsmappe ist im Verzeichnis " & _
          s & " gespeichert!"
End Sub
```

Über die Eigenschaft `Path`, welche Sie auf die momentan aktive Arbeitsmappe anwenden, erfahren Sie den kompletten Speicherpfad der Arbeitsmappe inklusive des Laufwerks und des Ordners.

Listing 16.18: *Alle verknüpften Arbeitsmappen werden automatisch geöffnet*

```
Sub ÖffnenVerknüpfteMappen()
Dim V_Mappen As Variant
Dim i  As Integer

   V_Mappen = ActiveWorkbook.LinkSources(xlExcelLinks)
   If Not IsEmpty(Links) Then
      For i = 1 To UBound(V_Mappen)
         Workbooks.Open V_Mappen(i)
      Next i
   Else
   MsgBox "In dieser Mappe sind  _
           keine Verknüpfungen enthalten!"
   End If
End Sub
```

Lesen Sie zuerst alle Namen der verknüpften Arbeitsmappen in einen Array ein. Danach setzen Sie eine Schleife auf, bei der Sie alle verknüpften Arbeitsmappen mit der Methode `Open` öffnen.

16.1.6 Menüs identifizieren und ansprechen

Jedes Menü in der Arbeitsplatzmenüleiste bekommt, in der Folge von links nach rechts, einen Index vergeben. Neben dem Index können Sie aber auch das Menü direkt über die Beschriftung abfragen. So geben Sie im Direktbereich alle Menübeschriftungen der Arbeitsplatz-Menüleiste aus.

Listing 16.19: Alle Menünamen der Arbeitsplatz-Menüleiste werden in den Direktbereich geschrieben

```
Sub MenüNamenAusgeben()
Dim Ctrl As CommandBarControl
Dim i As Integer

For Each Ctrl In Application.CommandBars(1).Controls
  i = i + 1
  Debug.Print "Menü " & i & " ---> " & Ctrl.Caption
Next Ctrl
End Sub
```

Definieren Sie zuerst eine Objektvariable vom Typ `CommandBarControl`, um die einzelnen Menüs danach über eine `For Each`-Schleife auszulesen. Über die Eigenschaft `Controls` ermitteln Sie alle Menüs der Arbeitsplatz-Menüleiste. Die Arbeitsplatz-Menüleiste ist in der `CommandBars`-Auflistung mit dem Index `1` anzusprechen. Die Eigenschaft `Caption` liefert Ihnen die Beschriftung der einzelnen Menüs, die Sie im Direktbereich über die Anweisung `Debug.Print` ausgeben.

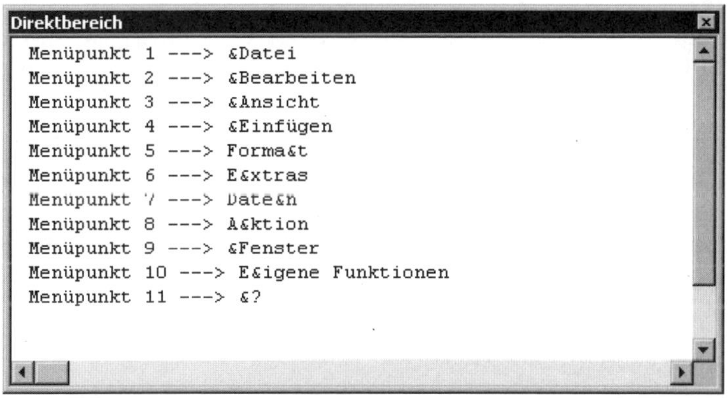

Abbildung 16.6: Alle Menüs der Arbeitsplatz-Menüleiste

16.1.7 Ganze Menüs deaktivieren

Aufsetzend auf der letzten Aufgabe, in der Sie die Namen der einzelnen Menüs der Arbeitsplatz-Menüleiste ermittelt haben, deaktivieren Sie im folgenden Beispiel alle Menübefehle im Menü FORMAT. Das Makro für diese Aufgabe können Sie dem Listing 16.20 entnehmen.

Listing 16.20: Alle Menübefehle eines Menüs deaktivieren

```
Sub AlleMenübefehleInLeisteDeaktivieren()
Dim Ctrl As CommandBarControl

For Each Ctrl In Application.CommandBars("Format").Controls
    Ctrl.Enabled = False
Next Ctrl
End Sub
```

Definieren Sie eine Objektvariable vom Typ `CommandBarControl` und durchlaufen Sie eine `For Each` Schleife, in der Sie gezielt das Menü Format ansteuern. Innerhalb der Schleife setzen Sie die Eigenschaft `Enabled` auf den Wert `False`, um den Menübefehl zu deaktivieren.

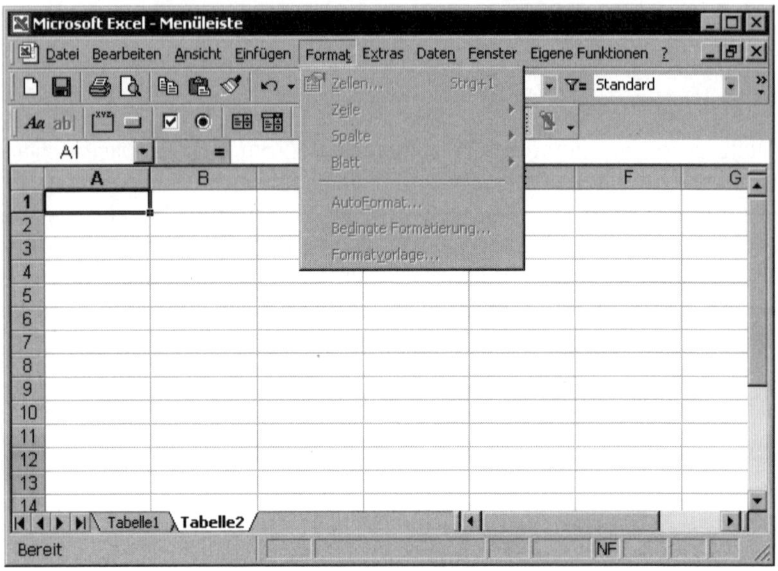

Abbildung 16.7: Alle Menübefehle im Menü Format sind deaktiviert

Machen Sie die Menübefehle des Menüs FORMAT wieder aktiv, indem Sie die Eigenschaft `Enabled` auf den Wert `True` setzen.

Listing 16.21: Alle Menübefehle eines Menüs wieder aktivieren

```
Sub AlleMenübefehleInLeisteAktivieren()
Dim Ctrl As CommandBarControl

For Each Ctrl In Application.CommandBars("Format").Controls
    Ctrl.Enabled = True
Next Ctrl
End Sub
```

16.1.8 Bestimmte Menübefehle suchen und deaktivieren

Wenn Sie möchten, können Sie auch einzelne Menübefehle suchen und dann deaktivieren. Dazu setzen Sie die Methode `Findcontrol` ein. In einem praktischen Beispiel könnten Sie aus dem Menü EXTRAS den Befehl SCHUTZ deaktivieren, um den Anwender daran zu hindern, eine Excel-Arbeitsmappe bzw. ein Excel-Arbeitsblatt mit einem Passwort zu schützen.

Im ersten Schritt müssen Sie ermitteln, an welcher Position das Menü EXTRAS steht. Je nachdem, ob Sie weitere Menüs integriert haben, kann die Position dieses Menüs in der Arbeitsblatt-Menüleiste schwanken. Gehen Sie daher auf Nummer sicher und verwenden die Methode `Findcontrol`, die Ihnen ein `CommandBarControl`-Objekt zurückgibt, das den angegebenen Kriterien entspricht.

Die Syntax

Die Kriterien können Sie in der folgenden Syntax festlegen:

```
FindControl(Type, Id, Tag, Visible, Recursive)
```

Die Argumente der Methode FindControl

Mit dem Argument `Type` legen Sie den Typ des Steuerelements fest, nach dem gesucht werden soll. Dabei können Sie u.a. aus folgenden Typkonstanten aus der Tabelle 16.3 wählen.

***Tabelle 16.3:** Die Konstanten für die einzelnen Steuerelemente*

Konstante	Beschreibung bzw. Beispiel
`msoControlButton`	normale Symbolschaltfläche
`msoControlButtonPopup`	mehrstufiger Menübefehl
`msoControlPopup`	ein Menü (Datei, Format, Ansicht)
`msoControlDropdown`	das Dropdown, um die Ansicht zu vergrößern.
`msoControlExpandingGrid`	das Dropdown aus der Symbolleiste FORMAT, um einen Rahmen um einen Zellbereich zu legen.
`msoControlGraphicCombo`	das Dropdown aus der Symbolleiste FORMAT, um die Schriftart einzustellen.
`msoControlGrid`	die Farbpalette aus der Symbolleiste FORMAT, um die Schriftartfarbe bzw. die Füllfarbe festzulegen.

Das Argument `Id` stellt einen Index dar, welcher das Menü bzw. den Menübefehl eindeutig identifiziert. Das folgende Makro schreibt Ihnen die `Id` für alle Menüs der Arbeitsblatt-Menüleiste in den Direktbereich.

***Listing 16.22:** Alle eindeutigen ID-Werte der Menüs der Arbeitsblatt-Menüleiste in den Direktbereich schreiben*

```
Sub IDsAusgeben()
Dim MenüLeiste As CommandBar
Dim i As Integer
Dim n As Integer

  Set MenüLeiste = CommandBars(1)
  n = MenüLeiste.Controls.Count
  For i = 1 To n
    Debug.Print MenüLeiste.Controls(i).ID & _
```

```
    " ---> " & MenüLeiste.Controls(i).Caption
  Next
End Sub
```

Abbildung 16.8: *Das Menü Extras hat die ID 30007*

Da Sie alle Menüs der Arbeitsblatt-Menüleiste ermitteln möchten, setzen Sie die `CommandBars`-Eigenschaft mit dem Wert `1` fest. Danach zählen Sie die Anzahl der Menüs, die in der Arbeitsblatt-Menüleiste vorhanden sind, und wenden dazu die Methode `Count` an. Setzen Sie nun eine `For Next`-Schleife auf, um die Menüs von links nach rechts in der Arbeitsblatt-Menüleiste zu durchlaufen, und geben über die Anweisung `Debug.Print` sowohl die `Id` als auch die Beschriftung im Direktbereich aus.

Um beispielsweise alle IDs der Menübefehle des Menüs EXTRAS herauszufinden, setzen Sie folgende Makrolösung aus Listing 16.23 ein.

Listing 16.23: *Alle eindeutigen ID-Werte aller Menübefehle des Menüs Extras in den Direktbereich schreiben*

```
Sub IDsMenüBefehle()
Dim MenüLeiste As CommandBar
Dim ctrl As CommandBarControl
Dim i  As Integer

Set MenüLeiste = CommandBars(1)
i = 1
For Each ctrl In MenüLeiste.Controls("Extras").Controls
 Debug.Print ctrl.ID & " ---> " & ctrl.Caption
 i = i + 1
Next ctrl
End Sub
```

Weitere Argumente von FindControl

Mit Hilfe des Arguments `Tag` können Sie nach der Beschriftung des Menüs bzw. des Menübefehls suchen. Das Argument `Visible` ist optional und liefert den Wert `True`, wenn in die Suche nur sichtbare Befehlsleisten-Steuerelemente einbezogen werden sollen.

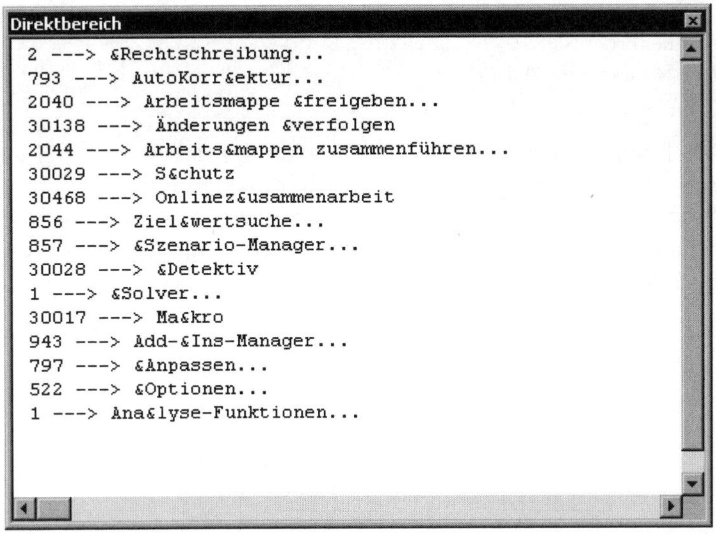

***Abbildung 16.9:** Der Menübefehl Schutz hat die ID 30029*

Sichtbare Befehlsleisten sind sichtbare Symbolleisten und alle Menüs, die zum Zeitpunkt der Ausführung der `FindControl`*-Methode geöffnet sind.*

Das Argument `Recursive` setzen Sie auf den Wert `True`, wenn die Befehlsleiste und alle zugehörigen Untersymbolleisten in die Suche eingeschlossen werden sollen.

Kann die Methode `FindControl` *kein Steuerelement finden, welches Sie in den Kriterien angegeben haben, dann meldet die Methode den Wert* `Nothing` *zurück.*

Datei und Blattschutz verhindern

Setzen Sie nun die Methode `FindControl` ein, um das Menü EXTRAS zu finden. Vorher haben Sie im Direktbereich erkennen können, dass dieses Menü den ID-Wert `3007` hat. Setzen Sie diesen Wert als Argument in der Methode `FindControl` ein.

***Listing 16.24:** Den Menübefehl Schutz aus dem Menü Extras deaktivieren*

```
Sub SchützenVerhindern()
Dim Menü As CommandBarPopup
Dim ctrl As CommandBarControl

    Set Menü = Application.CommandBars.FindControl _
    (Type:=msoControlPopup, ID:=30007)
    For Each ctrl In Menü.Controls
     If ctrl.Caption = "Schutz" Then  _
```

```
        ctrl.Enabled = False: Exit Sub
    Next ctrl
    Set Menü = Nothing
End Sub
```

Nachdem Sie das richtige Menü gefunden haben, ermitteln Sie in einer Schleife, die jeden Menübefehl des Menüs durchläuft, ob die Beschriftung stimmt. Wenn ja, dann setzen Sie die `Enabled`-Eigenschaft auf den Wert `False`, um den Menübefehl zu deaktivieren, und beenden danach mit der Anweisung `Exit Sub` das Makro.

Weitere Variante

Möglich wäre auch folgende Variante, bei der Sie über die ID des Menübefehls direkt zugreifen.

***Listing 16.25:** Auf Menübefehl über ID zugreifen*

```
Sub SchützenVerhindern2()
Dim ctrl As CommandBarPopup
 Set ctrl = Application.CommandBars.FindControl(ID:=30029)
 If ctrl Is Nothing Then Else ctrl.Enabled = False
End Sub
```

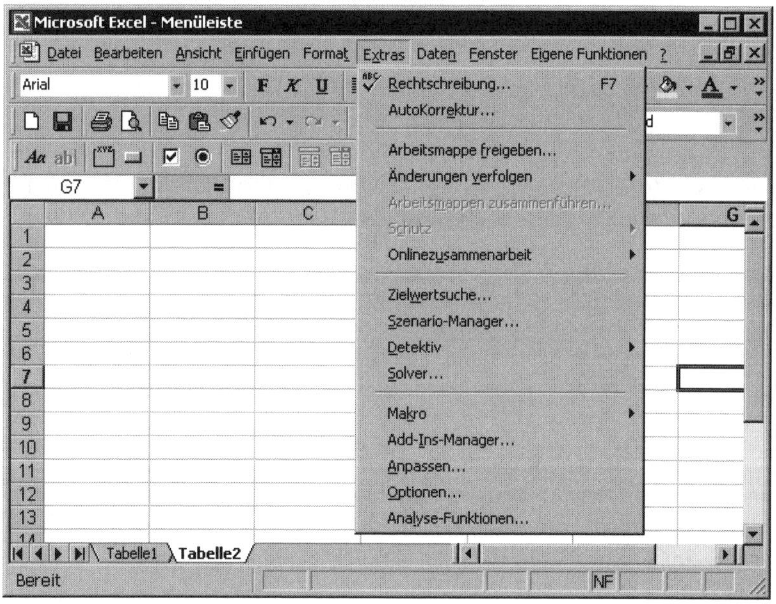

***Abbildung 16.10:** Der Menübefehl Schutz ist deaktiviert*

:-) TIPP

Sie können aber auch auf dem direktesten Weg den Menübefehl SCHUTZ *deaktivieren. Dazu gehen Sie über die Beschriftung des Menüs bzw. des Menübefehls. Setzen Sie dazu das Makro aus Listing 16.26 ein.*

Listing 16.26: Menübefehl deaktivieren auf dem direkten Weg

```
Sub SchützenVerhindern3()
Application.CommandBars(1) _
 .Controls("Extras").Controls("Schutz").Enabled = False
End Sub
```

Setzen Sie die Eigenschaft `Enabled` auf den Wert `True`, um den Menübefehl wieder zu aktivieren.

Die Lösung in Listing 16.26 hat den Nachteil, dass Sie darauf achten müssen, ob Menübefehle geändert werden bzw. wenn Sie mehrsprachige Anwender haben. Das Argument `ID` *bei der Methode* `FindControl` *bleibt beispielsweise für das Menü* EXTRAS *immer konstant, während sich die Beschriftung des Menüs ändern kann.*

16.1.9 Kaskaden-Menüs erstellen

Möchten Sie mehrere Menübefehle miteinander verschachteln, um einzelne Befehle damit zu gruppieren, erstellen Sie ein Kaskaden-Menü. So können Sie z.B. im Menü `Bearbeiten` ganz unten ein neues Kaskaden-Menü einfügen, welches Ihnen die Möglichkeit bietet, bestimmte Zellen auf dem Tabellenblatt zu markieren. Dabei sollen folgende Zellen automatisch markiert werden können.

Markierung von ...

- Zellen mit Formeln bzw. Verknüpfungen
- Zellen mit Kommentaren
- Zellen mit Gültigkeitsregeln (alle oder bestimmte)
- Zellen mit bedingter Formatierung

Die in Abbildung 16.11 abgebildete Lösung können Sie bei Bedarf natürlich noch erweitern. Das Makro zum Erstellen dieser Lösung können Sie Listing 16.27 entnehmen.

Listing 16.27: Ein Kaskaden-Menü erstellen

```
Sub KaskadenMenüErstellen()
Dim Kaskade As CommandBarPopup
Dim UnterMenu As CommandBarPopup
Dim UKaskade As CommandBarControl
Dim i As Integer

 i = CommandBars(1).Controls("Bearbeiten").Controls.Count
 Set Kaskade = _
  CommandBars(1).Controls("Bearbeiten").Controls.Add _
  (Type:=msoControlPopup, before:=i, Temporary:=True)
    With Kaskade
        .Caption = "&Markieren Zellen mit ..."
```

```
        .BeginGroup = True
    End With
  With Kaskade.Controls.Add _
  (Type:=msoControlButton, Temporary:=True)
        .Caption = "&Formeln"
        .OnAction = "FormelZellenMarkieren"
        .Style = msoButtonIconAndCaption
        .FaceId = 373
        .Enabled = True
    End With
    With Kaskade.Controls.Add _
   (Type:=msoControlButton, Temporary:=True)
        .Caption = "&Kommentaren"
        .OnAction = "KommentarZellenMarkieren"
        .FaceId = 1589
        .Style = msoButtonIconAndCaption
        .Enabled = True
    End With
    Set UnterMenu = _
    Kaskade.Controls.Add _
    (Type:=msoControlPopup, Temporary:=True)
    With UnterMenu
        .Caption = "&Gütigkeitsregeln"
        .BeginGroup = True
    End With
    Set UKaskade = _
    UnterMenu.Controls.Add(Type:=msoControlButton)
    With UKaskade
        .Caption = "&Alle Gültigkeitsregeln"
        .OnAction = "GültigkeitsZellenMarkieren"
    End With

    Set UKaskade = _
    UnterMenu.Controls.Add(Type:=msoControlButton)
    With UKaskade
        .Caption = "&gleiche Gültigkeitsregeln"
        .OnAction = "GleicheGültigkeitsZellenMarkieren"
    End With
    With Kaskade.Controls.Add _
   (Type:=msoControlButton, Temporary:=True)
        .Caption = "&bedingten Formaten"
        .OnAction = "BedingtFormatierteZellenMarkieren"
        .Style = msoButtonIconAndCaption
        .Enabled = True
        .BeginGroup = True
        .FaceId = 962
    End With
    Set Kaskade = Nothing
```

```
    Set UKascade = Nothing
    Set UnterMenü = Nothing
  Application.CommandBars(1).Controls("Bearbeiten").Execute
End Sub
```

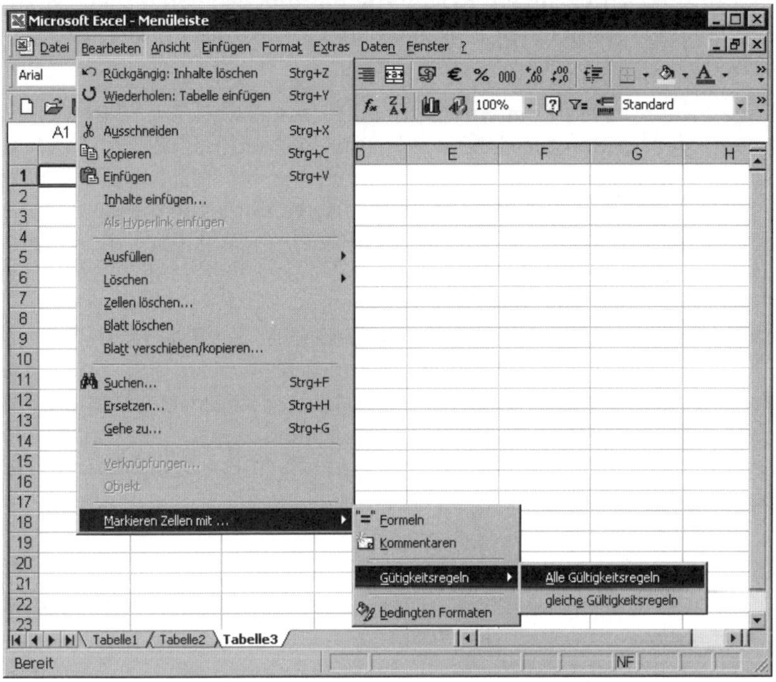

Abbildung 16.11: Ein Kaskaden-Menü zum Markieren bestimmter Zellen

Im ersten Schritt definieren Sie zwei Objektvariablen vom Typ `CommandBarPopup` und `CommandBarControl`. Mit der ersten Objektvariable legen Sie fest, dass es ein weiteres Untermenü gibt, mit der zweiten Variable sagen Sie, dass es sich um ein normales Schaltflächensymbol handeln soll. Da Sie das zusätzliche Kaskaden-Menü am Ende des Menüs BEARBEITEN einfügen möchten, zählen Sie über die Methode `Count` die bisher vorhandenen Menübefehle und speichern die Anzahl in der Variablen `i`.

Die erste Ebene

Definieren Sie nun die erste Ebene Ihres Kaskaden-Menüs, welches Sie mit Hilfe der Methode `Add` einfügen. Dabei legen Sie mit dem Argument `Type` fest, dass es noch weitere Untermenüs geben soll. Mit dem Argument `Before` geben Sie bekannt, dass dieser neue Menüpunkt am Ende des Menüs BEARBEITEN eingefügt werden soll. Aus diesem Grund haben Sie bereits vorher die Anzahl der Menübefehle in der Variablen `i` gespeichert, die Sie nun der Methode `Add` übergeben. Über die Eigenschaft `Caption` legen Sie die Beschriftung des Menübefehls fest. Möchten Sie den Menüpunkt auch über die

Tastatur schnell ansteuern können, dann setzen Sie das Zeichen `&` vor den Buchstaben der Beschriftung ein, der als Shortcut fungieren soll. Im Beispiel ist dies der Buchstabe M. Haben Sie das Menü BEARBEITEN aktiviert, reicht es, die Taste [M] zu drücken, um zum Menüpunkt zu gelangen. Setzen Sie die Eigenschaft `BeginGroup` auf den Wert `True`, um einen horizontalen Trennstrich im Menü zu ziehen.

Die zweite Ebene

Fügen Sie nun dem neuen Menübefehl einen weiteren Menübefehl hinzu. Verwenden Sie dazu wiederum die Methode `Add` und geben Sie im Argument `Type` die Konstante `msoControlButton` an. Damit legen Sie fest, dass keine weiteren Untermenüs für diesen Menübefehl mehr folgen. Geben Sie dem Menübefehl über die Eigenschaft `Caption` eine Beschriftung und hinterlegen Sie hinter der Eigenschaft `OnAction` das Makro, welches Sie ausführen möchten, wenn der Menübefehl ausgewählt wird. Mit der Eigenschaft `Style` sagen Sie aus, wie der Menübefehl angezeigt werden soll. Entscheiden Sie sich für die Konstante `msoButtonIconAndCaption`, um sowohl ein Symbol als auch eine Beschriftung anzuzeigen. Verwenden Sie die Eigenschaft `FaceId`, um ein passendes Symbol dem Menübefehl hinzuzufügen.

INFO

Wie Sie die `FaceId` *der einzelnen Symbole in Excel ermitteln können, erfahren Sie im weiteren Verlauf des Kapitels.*

ID oder FaceID?

Die Eigenschaft `FaceId` bestimmt das Aussehen, jedoch nicht die Funktion einer Befehlsleisten-Schaltfläche. Die Eigenschaft `ID` des `CommandBarControl`-Objekts bestimmt die Funktion der Schaltfläche.

Die Eigenschaft `Enabled` bietet Ihnen die Möglichkeit, einzelne Menübefehle zu aktivieren bzw. zu deaktivieren. Möchten Sie zum Zeitpunkt der Erstellung eines Menübefehls die Funktion noch nicht freigeben, um diese später nachzureichen, dann setzen Sie die Eigenschaft `Enabled` auf den Wert `False`. Fügen Sie nun dem Menübefehl MARKIEREN ZELLEN MIT ... weitere Menübefehle hinzu.

Die dritte Ebene

Für das Markieren von Zellen, die Gültigkeitsregeln beinhalten, haben Sie die Möglichkeit, entweder alle Zellen zu markieren, die eine Gültigkeitsregel hinterlegt haben, oder wahlweise auch Zellen zu markieren, die mit einer bestimmten Gültigkeitsregel ausgestattet sind. Dazu fügen Sie einen Menübefehl ein, der sich wiederum in zwei weitere untergliedert. Dabei müssen Sie bei der `Add`-Methode das Argument `Type:= msoControlPopup` verwenden, um bekannt zu geben, dass unterhalb weitere Menübefehle folgen sollen. Fügen Sie danach die beiden Menübefehle mit Hilfe der Methode `Add` und des Arguments `Type:=msoControlButton` ein, beschriften Sie die Menübefehle über die Eigenschaft `Caption` und verweisen Sie mit der Eigenschaft `OnAction` auf die entsprechenden Makros.

Speicher freigeben

Geben Sie zum Abschluss die Objektvariablen, für die im Arbeitsspeicher Platz reserviert wurde, wieder frei, indem Sie die einzelnen Variablen auf den Wert `Nothing` setzen.

:-) TIPP

Wenn Sie ein Menü automatisch aufklappen möchten, setzen Sie die Methode `Execute` *ein.*

16.1.10 Menübefehle mit Häkchen programmieren

Klappen Sie einmal das Menü ANSICHT herunter. Dort sehen Sie bei den Menübefehlen BEARBEITUNGSLEISTE und STATUSLEISTE jeweils einen Haken davor eingeblendet. Wählen Sie einen dieser beiden Menübefehle aus, verschwindet der Haken und die damit verbundene Funktion wird ausgeführt. Beim erneuten Auswählen des Menübefehls wird der Haken gesetzt. Somit können Sie diese Art von Menübefehlen nutzen, um bestimmte Elemente in Excel ein- und auszuschalten. Eine weitere Möglichkeit beschreibt das folgende Beispiel. Wenn Sie ein Tabellenblatt aktivieren bzw. auf ein anderes Tabellenblatt wechseln, soll im Hintergrund eine Prüfung stattfinden, die folgende Fragen beantworten soll.

Die Fragen

- Existieren in der aktiven Tabelle Zellen mit Gültigkeitsregeln?
- Gibt es in der Tabelle Zellen mit bedingter Formatierung?
- Sind in der Tabelle Zeilen bzw. Spalten ausgeblendet?
- Ist das Tabellenblatt geschützt?
- Gibt es auf dem Tabellenblatt Hyperlinks?

Alle gerade aufgeführten Fragen sollen in einem neuen Menü mit dem Namen ANALYSE beantwortet werden. Erstellen Sie zunächst einmal das neue Menü ANALYSE.

Das Makro, um das Menü ANALYSE zu erstellen, entnehmen Sie dem folgenden Listing 16.28.

***Listing 16.28:** Menü mit Haken erstellen*

```
Sub AnalyseMenüEinfügen()
Dim i As Integer
Dim i_Hilfe As Integer
Dim MenüNeu As CommandBarControl
Dim MB As CommandBarControl

 i = Application.CommandBars(1).Controls.Count
```

```
i_Hilfe = Application.CommandBars(1).Controls(i).Index
Set MenüNeu = Application.CommandBars(1). _
 Controls.Add(Type:=msoControlPopup, before:=i_Hilfe)
MenüNeu.Caption = "Anal&yse"

Set MB = MenüNeu.Controls.Add(Type:=msoControlButton)
   With MB
       .Caption = "Zellen mit Gültigkeitsregeln"
       .Style = msoButtonCaption
       .OnAction = "PrüfenGültigkeit"
       .State = msoButtonUp
   End With
 Set MB = MenüNeu.Controls.Add(Type:=msoControlButton)
   With MB
       .Caption = "Zellen mit bedingten Formaten"
       .Style = msoButtonCaption
       .OnAction = "PrüfenBedFormatierung"
       .State = msoButtonUp
   End With
Set MB = MenüNeu.Controls.Add _
       (Type:=msoControlButton)
   With MB
       .Caption = "Zeilen ausgeblendet"
       .Style = msoButtonIconAndCaption
       .OnAction = "PrüfenZeilen "
       .State = msoButtonUp
   End With
Set MB = MenüNeu.Controls.Add _
       (Type:=msoControlButton)
   With MB
       .Caption = "Spalten ausgeblendet"
       .Style = msoButtonIconAndCaption
       .OnAction = "PrüfenSpalten"
       .State = msoButtonUp
   End With
 Set MB = MenüNeu.Controls.Add _
       (Type:=msoControlButton)
   With MB
       .Caption = "Tabelle geschützt"
       .Style = msoButtonIconAndCaption
       .OnAction = "PrüfenSchutz "
       .State = msoButtonUp
   End With
 Set MB = MenüNeu.Controls.Add _
       (Type:=msoControlButton)
   With MB
       .Caption = "Hyperlinks"
       .Style = msoButtonIconAndCaption
       .OnAction = "PrüfenHyperlinks"
```

```
        .State = msoButtonUp
    End With
End Sub
```

Auf eine detaillierte Beschreibung des Listings 16.28 soll an dieser Stelle verzichtet werden. Es sollen lediglich die Unterschiede zu den vorherigen Beispielen herausgearbeitet werden. Im Listing 16.28 wird die Eigenschaft `State` verwendet. Diese Eigenschaft gibt die Darstellung des angegebenen Schaltflächen-Steuerelements der Befehlsleiste über eine Konstante zurück oder legt sie fest. Setzen Sie bei der Erstellung die Konstante `msoButtonUp` ein, um den Kontrollhaken im ersten Schritt noch nicht anzuzeigen.

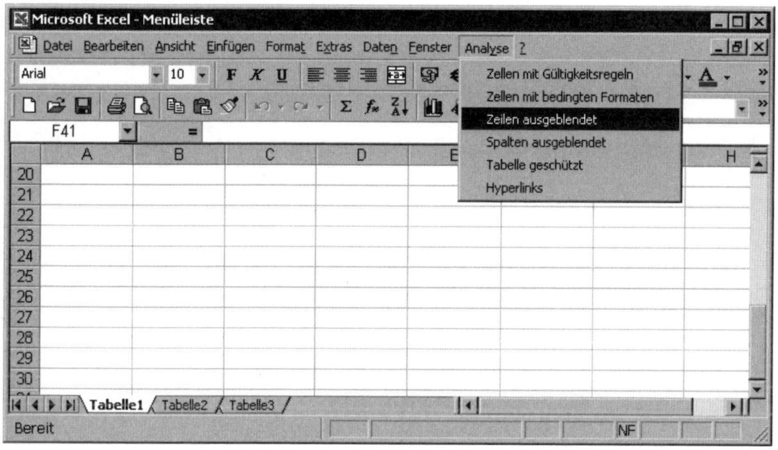

Abbildung 16.12: *Das neue Menü Analyse ohne gesetzte Haken*

Schreiben Sie nun die Makros, die die Prüfungen auf der aktiven Tabelle durchführen.

Listing 16.29: *Prüfung, ob sich Zellen mit Gültigkeitsregeln in der aktiven Tabelle befinden*

```
Sub PrüfenGültigkeit()
Dim MB As CommandBarControl
Dim Menü As CommandBarControl
Dim i  As Integer

i = 0
Set Menü = CommandBars(1).Controls("Analyse")
Set MB = Menü.Controls(1)

 i = 0
 i = ActiveCell.SpecialCells(xlCellTypeAllValidation).Count
 If i > 1 Then
 ActiveCell.SpecialCells(xlCellTypeAllValidation).Select
 MB.State = msoButtonDown
 Else
 End If
```

```
 Set MB = Nothing
 Set Menü = Nothing
End Sub
```

Definieren Sie zwei Objektvariablen vom Typ `CommandBarControl`. Die Variable `Menü` lassen Sie auf das neue Menü ANALYSE verweisen, die andere Variable `MB` lenken Sie direkt auf den entsprechenden Menübefehl. Im Anschluss daran ermitteln Sie über die Methode `SpecialCells` und die Konstante `xlCellTypeAllValidation`, ob es Zellen in der Tabelle gibt, die Gültigkeitsregeln enthalten. Zählen Sie diese Zellen, indem Sie die Methode `Count` einsetzen. Sind solche Zellen vorhanden, markieren Sie diese und setzen in der Eigenschaft `State` die Konstante `msoButtonDown` ein, was bewirkt, dass vor dem Menübefehl ein Haken angezeigt wird. Geben Sie zum Abschluss den reservierten Speicher über die Anweisung `Set`, der Sie den Wert `Nothing` zuweisen, wieder frei.

***Listing 16.30:** Prüfung, ob sich in der aktiven Tabelle Zellen mit bedingter Formatierung befinden*

```
Sub PrüfenBedFormatierung()
Dim MB As CommandBarControl
Dim Menü As CommandBarControl
Dim i As Integer

 Set Menü = CommandBars(1).Controls("Analyse")
 Set MB = Menü.Controls(2)
 i = 0
 i =  ActiveCell.SpecialCells _
 (xlCellTypeAllFormatConditions).Count
 If i > 1 Then _
  ActiveCell.SpecialCells _
  (xlCellTypeAllFormatConditions).Select
  MB.State = msoButtonDown
 Else
 End If
 Set MB = Nothing
 Set Menü = Nothing
End Sub
```

Die Ermittlung von Zellen mit bedingter Formatierung läuft genauso ab, wie Sie es auch schon im Listing 16.29 gesehen haben.

***Listing 16.31:** Prüfung, ob Zeilen in der aktiven Tabelle ausgeblendet sind*

```
Sub PrüfenZeilen()
Dim MB As CommandBarControl
Dim Menü As CommandBarControl
Dim Zeile As Object

Set Menü = CommandBars(1).Controls("Analyse")
Set MB = Menü.Controls(3)
For Each Zeile In ActiveSheet.UsedRange.Rows
```

```
 If Zeile.Hidden = True Then MB.State = msoButtonDown: _
  Exit Sub
Next Zeile
Set MB = Nothing
Set Menü = Nothing
End Sub
```

Durchlaufen Sie eine For Each-Schleife so lange bis Sie auf eine ausgeblendete Zeile im benutzten Tabellenbereich stoßen. Danach setzen Sie den Haken vor den Menübefehl und beenden das Makro.

Listing 16.32: Prüfung, ob es in der aktiven Tabelle ausgeblendete Spalten gibt

```
Sub PrüfenSpalten()
Dim MB As CommandBarControl
Dim Menü As CommandBarControl
Dim Spalte As Object

Set Menü = CommandBars(1).Controls("Analyse")
Set MB = Menü.Controls(4)
For Each Spalte In ActiveSheet.UsedRange.Columns
 If Spalte.Hidden = True Then MB.State = msoButtonDown: _
  Exit Sub
Next Spalte
Set MB = Nothing
Set Menü = Nothing
End Sub
```

Auch bei der Ermittlung von ausgeblendeten Spalten wird analog verfahren, wie Sie es schon bei den Zeilen in der vorherigen Aufgabe gesehen haben.

Listing 16.33: Prüfung, ob aktive Tabelle geschützt ist

```
Sub PrüfenSchutz()
Dim MB As CommandBarControl
Dim Menü As CommandBarControl

Set Menü = CommandBars(1).Controls("Analyse")
Set MB = Menü.Controls(5)
If ActiveSheet.ProtectContents = True Then _
  MB.State = msoButtonDown
Set MB = Nothing
Set Menü = Nothing
End Sub
```

Um zu ermitteln, ob die aktive Tabelle geschützt ist, setzen Sie die Eigenschaft ProtectContents ein. Diese Eigenschaft meldet den Wert True zurück, wenn die angegebene Tabelle geschützt ist.

Listing 16.34: Prüfung, ob die aktive Tabelle Hyperlinks enthält

```
Sub PrüfenHyperlinks()
Dim MB As CommandBarControl
Dim Menü As CommandBarControl

Set Menü = CommandBars(1).Controls("Analyse")
Set MB = Menü.Controls(6)
If ActiveSheet.Hyperlinks.Count > 0 _
Then MB.State = msoButtonDown
Menü.Execute
Set MB = Nothing
Set Menü = Nothing
End Sub
```

Bei der Prüfung, ob die Tabelle Hyperlinks enthält, reicht es aus, wenn Sie auf das Auflistungobject `Hyperlinks` zugreifen und die Anzahl der darin enthaltenen Hyperlinks mit der Methode `Count` zählen. Sind Hyperlinks in der Tabelle enthalten, setzen Sie den Haken über die Eigenschaft `State`, der Sie die Konstante `msoButtonDown` übergeben.

:-) TIPP

Setzen Sie die Methode `Execute` *ein, um das Menü* ANALYSE *automatisch herunterzuklappen.*

Sicherheitsfunktion einbauen

Um sicherzustellen, dass alle Haken richtig gesetzt bzw. auch wieder entfernt werden, schreiben Sie vorsorglich ein Makro, welches alle Haken vor den einzelnen Menübefehlen entfernt.

Listing 16.35: Alle Haken eines Menüs werden entfernt

```
Sub Zurücksetzen()
Dim Mb As CommandBarControl

 Set Mb = CommandBars(1).Controls("Analyse")
 With Mb
  .Controls(1).State = msoButtonUp
  .Controls(2).State = msoButtonUp
  .Controls(3).State = msoButtonUp
  .Controls(4).State = msoButtonUp
  .Controls(5).State = msoButtonUp
  .Controls(6).State = msoButtonUp
 End With
End Sub
```

Starten Sie dieses Makro als Erstes, wenn Sie auf eine neue Tabelle wechseln.

Sorgen Sie jetzt dafür, dass bei jedem Wechsel auf ein anderes Tabellenblatt die obigen Prüfungen automatisch ausgeführt werden. Dazu gehen Sie wie folgt vor:

Automatisierung herstellen

STEP

1. *Wechseln Sie in die Entwicklungsumgebung.*
2. *Klicken Sie im Projekt-Explorer den Eintrag* DIESEARBEITSMAPPE *doppelt an.*
3. *Erfassen Sie das Ereignis* `Workbok_SheetActivate`.

```
Private Sub Workbook_SheetActivate(ByVal Sh As Object)
On Error Resume Next
 Zurücksetzen
 PrüfenGültigkeit
 PrüfenBedFormatierung
 PrüfenZeilen
 PrüfenSpalten
 PrüfenSchutz
 PrüfenHyperlinks
End Sub
```

Listing 16.36: *Ereignis Workbook_-SheetActivate verwenden, um beim Blattwechsel automatisch mehrere Prüfungen vorzunehmen*

Das Ereignis `Workbook_SheetActivate` tritt immer dann ein, wenn Sie in einer Arbeitsmappe auf ein anderes Tabellenblatt wechseln. Rufen Sie innerhalb dieser Ereignisprozedur die einzelnen Prüfprogramme auf.

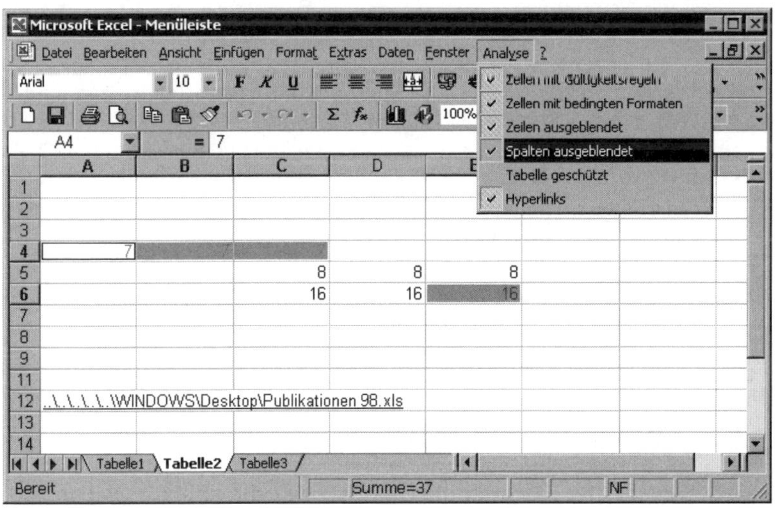

Abbildung 16.13: *Bei jedem Wechsel wird das Menü Analyse überarbeitet*

REF

Lesen Sie mehr über Ereignisse im Kapitel 12.

16.2 Die Programmierung von Kontextmenüs

Kontextmenüs finden Sie in Excel überall. Wenn Sie dabei mit der rechten Maustaste auf ein Objekt klicken, wird Ihnen in den meisten Fällen ein Kontextmenü angeboten. Dieses Kontextmenü enthält dann die wichtigsten Befehle zu dem angeklickten Objekt.

CD-ROM

Sie finden alle Beispiele zu den Lösungen zum Thema Kontextmenüs auf der mitgelieferten CD im Verzeichnis KAP16 *unter dem Namen* KONTEXTMENÜ.XLS.

Das am meisten eingesetzte Kontextmenü ist das Zellenkontextmenü, welches über das Objekt `CommandBars("Cell")` angesprochen werden kann. Entnehmen Sie der Tabelle 16.4 weitere Kontextmenüs und deren Identifikation.

Tabelle 16.4: Die gängigsten Kontextmenüs in Excel auf einen Blick

Kontextmenü	Beschreibung
`CommandBars ("Cell")`	Das Zellenkontextmenü
`CommandBars ("System")`	Das System-Kontextmenü (am oberen linken Fensterrand)
`CommandBars ("Toolbar List")`	Das Kontextmenü für die Menü- und Symbolleisten
`CommandBars ("Ply")`	Das Kontextmenü für die Registerkarten
`CommandBars ("Column")`	Kontextmenü für Spaltenköpfe
`CommandBars ("Row")`	Kontextmenü für Zeilenköpfe

16.2.1 Kontextmenüs deaktivieren

Wenn Sie möchten, können Sie beispielsweise Kontextmenüs deaktivieren, wenn Sie eine Arbeitsmappe in Excel öffnen. Dann bauen Sie das Makro `KontextmenüsDeaktivieren` in das Arbeitsmappen-Ereignis `Workbook_Open` ein.

```
Private Sub Workbook_Open()
 KontextmenüsDeaktivieren
End Sub
```

Listing 16.37: Ereignis Workbook_Open zum Deaktivieren der gängigsten Kontextmenüs

Vor dem Schließen der Datei sollen die Kontextmenüs wieder verfügbar gemacht werden. Dazu setzen Sie das Arbeitsmappen-Ereignis `Workbook_BeforeClose` ein.

```
Private Sub Workbook_BeforeClose(Cancel As Boolean)
 KontextmenüsAktivieren
End Sub
```

Listing 16.38: Ereignis Workbook_-BeforeClose zum Aktivieren von Kontextmenüs

16.2.2 Das Zellenkontextmenü erweitern

Wenn Sie sich das Zellenkontextmenü einmal ansehen, dann sehen Sie, dass die wichtigsten Befehle für die Zelle schon darin enthalten sind. Trotzdem können Sie weitere Befehle in das Kontextmenü einfügen. Praktisch wären u.a. folgende Funktionen:

Die Erweiterungsfunktionen

- eine Funktion, die alle nicht druckbaren Zeichen aus einer Zelle bzw. einem markierten Zellbereich herauslöscht. Gerade wenn Sie Daten aus anderen Anwendungsprogrammen importieren, sind oft noch maschinennahe Zeichen in der Zelle enthalten, die Excel nicht interpretieren kann.
- eine Funktion, die in einer Zelle bzw. im markierten Zellbereich automatisch einen Zellenumbruch setzt. Sie sparen sich dadurch den längeren Weg über das Menü FORMAT und den Befehl ZELLEN über die Registerkarte AUSRICHTUNG, um den Zellenumbruch dann in einem Kontrollkästchen festzulegen.
- eine Funktion, die einen relativen Zellenbezug in einer Zelle oder einem Zellbereich in einen absoluten Zellenbezug umwandelt. Sicher wissen Sie, wie mühselig es ist, manuell Zellenumzüge umzusetzen.

Das Makro, um das Zellenkontextmenü zu erweitern, entnehmen Sie dem Listing 16.39.

Listing 16.39: Das Zellenkontextmenü um weitere Funktionen erweitern

```
Sub ZellenkontextmenüErgänzen()
Dim MB As CommandBarControl

 Set MB = Application.CommandBars("Cell").Controls.Add
 With MB
     .Caption = "Zelle reinigen"
     .OnAction = "ZellenSäubern"
     .BeginGroup = True
 End With
 Set MB = Application.CommandBars("Cell").Controls.Add
```

```
 With MB
     .Caption = "Zellenumbruch setzen"
     .OnAction = "ZellenumbruchSetzen"
 End With
 Set MB = Application.CommandBars("Cell").Controls.Add
 With MB
     .Caption = "Absoluten Zellenbezug setzen"
     .OnAction = "BezugÄndernInAbsolut"
 End With
End Sub
```

Abbildung 16.14: Das Zellenkontextmenü, ergänzt um weitere Funktionen

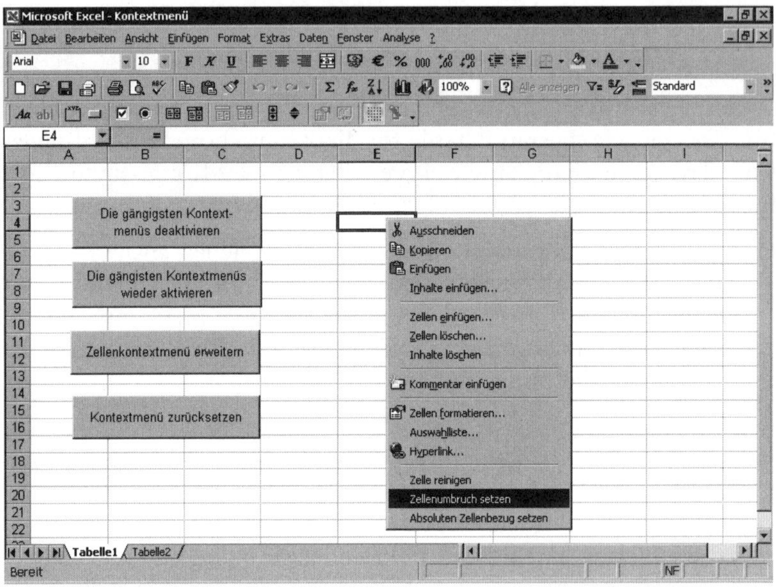

Fügen Sie über die Methode `Add` dem Kontextmenü weitere Menübefehle hinzu. Mit der Eigenschaft `Caption` geben Sie dem neuen Menübefehl eine Beschriftung. Durch die Eigenschaft `OnAction` hinterlegen Sie, welches Makro bei der Auswahl des Menübefehls gestartet werden soll. Ziehen Sie einen horizontalen Trennstreifen im Kontextmenü, indem Sie die Eigenschaft `BeginGroup` auf den Wert `True` setzen.

Entnehmen Sie nun die hinterlegten Makros den folgenden Listings.

Listing 16.40: Alle nicht druckbaren Zeichen aus Zellen entfernen

```
Sub ZellenSäubern()
Dim Zelle As Object

For Each Zelle In Selection
If Zelle.HasFormula = False Then
```

```
  Zelle.Value = _
  Application.WorksheetFunction.Clean(Zelle.Value)
 End If
Next Zelle
End Sub
```

Um diese Aufgabe zu bewältigen, werden in einer Schleife alle Zellen in der Markierung überprüft. Letztendlich sollen aber nur Zellen bereinigt werden, die keine Formeln enthalten. Diese werden durch die `IF`-Anweisung gefiltert. Die restlichen Zellen werden mit Hilfe der Funktion `Clean` gesäubert.

Listing 16.41: Den Zellenumbruch im markierten Bereich einstellen

```
Sub ZellenumbruchSetzen()
Dim Zelle As Object

 For Each Zelle In Selection
   Zelle.WrapText = True
 Next Zelle
End Sub
```

Setzen Sie die Eigenschaft `WrapText` auf den Wert `True`, um alle Zellen innerhalb der Markierung mit einem Zellenumbruch zu belegen. Zelleneinträge, die dann länger sind als die Spalte, werden damit automatisch umgebrochen.

Listing 16.42: Relative Zellenbezüge in absolute Zellenbezüge umsetzen

```
Sub BezugÄndernInAbsolut()
Dim Zelle As Object

 For Each Zelle In Selection
  If Zelle.HasFormula = True Then
  Zelle.Formula = _
  Application.ConvertFormula(Formula:=Zelle.Formula, _
     fromreferencestyle:=xlA1, _
     toreferencestyle:=xlA1, _
     toabsolute:=xlAbsolute)
  Else
  End If
 Next Zelle
End Sub
```

Auch bei dieser Aufgabe dürfen nur Formelzellen angefasst werden. Mit Hilfe der Eigenschaft `HasFormula` können Sie dies überprüfen. Diese Eigenschaft meldet den Wert `True`, wenn die Zelle eine Formel enthält. Wandeln Sie die relativen Bezüge in absolute Bezüge um, indem Sie die Methode `ConvertFormula` einsetzen. Diese Methode konvertiert Zellenbezüge in Formeln zwischen den Bezugsarten A1 und Z1S1 bzw. zwischen relativen und absoluten Bezügen.

16.2.3 Kontextmenü zurücksetzen

Möchten Sie das Zellenkontextmenü auf seinen ursprünglichen Zustand zurücksetzen, dann wenden Sie die Methode `Reset` an.

Listing 16.43: Das Zellenkontextmenü auf den Ausgangszustand zurücksetzen

```
Sub KontextmenüZurücksetzen()
 Application.CommandBars("Cell").Reset
End Sub
```

Selbstverständlich können Sie ebenso die vorher hinzugefügten Menübefehl auch einzeln entfernen.

Listing 16.44: Kontextmenübefehle löschen

```
Sub ZellenkontextmenüBefehleLöschen()
Dim Menü As CommandBar

Set Menü = Application.CommandBars("Cell")
 On Error Resume Next
 With Menü
  .Controls("Zelle reinigen").Delete
  .Controls("Zellenumbruch setzen").Delete
  .Controls("Absoluten Zellenbezug setzen").Delete
 End With
End Sub
```

Mit Hilfe der Methode `Delete` können Sie einzelne Menübefehle aus dem Kontextmenü löschen.

16.3 Die Programmierung von Symbolleisten

Auch bei der Programmierung wird auf das Objekt `CommandBars` zurückgegriffen. In Excel spielt es daher keine Rolle mehr, ob es sich um Menü- oder Symbolleisten handelt. Alle Leisten werden gleich behandelt. Aus diesem Grund folgen auf den nächsten Seiten keine grundlegenden Themen mehr, die schon bei den Menüleisten besprochen wurden, sondern Speziallösungen sollen das Thema sein.

CD-ROM

Sie finden alle Beispiele zu den Lösungen zum Thema Menüleisten auf der mitgelieferten CD im Verzeichnis KAP16 *unter dem Namen* SYMBOLLEISTE.XLS.

16.3.1 Neue Symbolleiste erstellen

Jedes einzelne Symbolschaltfläche in Excel hat eine eindeutige ID, über die Sie die Symbolschaltfläche ansprechen können. Wie aber können Sie genau diese ID in Excel ermitteln? In der folgenden Aufgabe sollen über eine UserForm bestimmte Symbole gesucht und in eine neue Symbolleiste eingefügt werden. Ebenso soll es möglich sein, Symbole aus der neuen Symbolleiste wieder zu löschen. Im ersten Schritt erstellen Sie zunächst eine neue, noch leere Symbolleiste und setzen hierfür das Makro aus Listing 16.45 ein.

Listing 16.45: Neue Symbolleiste an bestimmter Position einfügen

```
Sub NeueSymbolleiste()
Dim SB As CommandBar

 On Error Resume Next
 Set SB = CommandBars.Add("Neue Symbolleiste")
 With SB
  .Visible = True
  .Top = 400
  .Left = 70
 End With
End Sub
```

Mit Hilfe der Methode `Add` fügen Sie eine neue Symbolleiste ein. Dabei bestimmen Sie über die Eigenschaft `Visible`, dass die Symbolleiste auf dem Bildschirm angezeigt wird. Mit den Eigenschaften `Top` und `Left` legen Sie die exakte Anzeigeposition (linke obere Ecke) fest.

16.3.2 Symbole in neue Symbolleiste integrieren

Fügen Sie nun Symbole in die neue Symbolleiste ein. Dazu entwerfen Sie eine UserForm, die wie in Abbildung 16.15 aussieht.

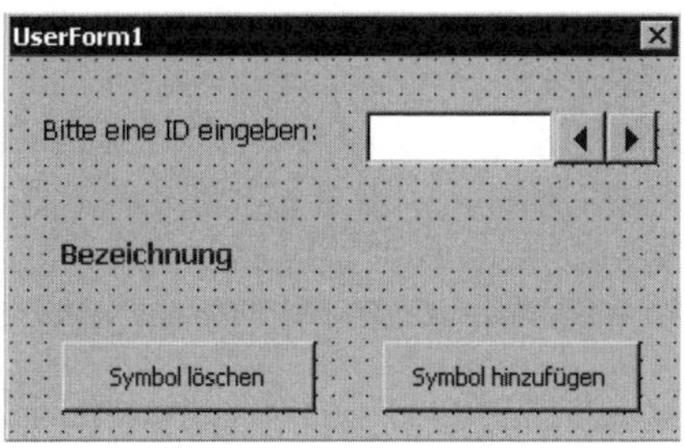

Abbildung 16.15: Die UserForm zum Suchen von Symbolen

Da jede Symbolschaltfläche in Excel einen eindeutigen Index hat, kann im Textfeld eine Zahl eingegeben bzw. über die Drehfelder vor- und zurückgeblättert werden. Im Bezeichnungsfeld wird die jeweilige Bezeichnung der Symbolschaltfläche ausgegeben. Sie entscheiden nun, ob Sie diese Funktion samt der Symbolschaltfläche in Ihre neue Symbolleiste übertragen möchten.

Listing 16.46: Symbolleiste einblenden und UserForm starten

```
Sub UseformAufrufen()
Dim SB As CommandBar

On Error Resume Next
 Set SB = CommandBars("Neue Symbolleiste")
 With SB
  .Visible = True
  .Top = 400
  .Left = 70
 End With
 UserForm1.Show
End Sub
```

Setzen Sie die Eigenschaft `Visible` auf den Wert `True`, um die bereits vorhandene Symbolleiste anzuzeigen. Starten Sie im Anschluss daran die UserForm mit der Methode `Show`.

Sobald Sie im Textfeld eine Eingabe vornehmen, werden mit Hilfe des Ereignisses `Textbox_Change` automatisch die darin enthaltenen Makrobefehle ausgeführt.

Listing 16.47: Die dialoggesteuerte Suche nach Symbolschaltflächen

```
Private Sub TextBox1_Change()
Dim SBS As Object
Dim SB As CommandBar

On Error GoTo fehler
Set SBS = CommandBars.FindControl _
(Type:=msoControlButton, ID:=TextBox1.Value)
UserForm1.Label2 = SBS.Caption
Exit Sub
fehler:
 UserForm1.Label2 = "Zu diesem Index gibt es kein Symbol!"
End Sub
```

Über die Methode `FindControl` können Sie nach der Symbolschaltfläche suchen, deren Index Sie im Textfeld TEXTBOX1 erfasst haben. Wird ein Symbol gefunden, können Sie die Beschriftung der Symbolschaltfläche im Bezeichnungsfeld LABEL2 ausgeben.

Möchten Sie die gefundene Symbolschaltfläche in Ihre neue Symbolleiste einfügen, dann starten Sie das Makro aus Listing 16.48.

Listing 16.48: Symbolschaltfläche einfügen

```
Private Sub CommandButton1_Click()
Dim SBS As Object
Dim SB As CommandBar
```

```
 On Error GoTo fehler
 Set SB = CommandBars("Neue Symbolleiste")
 Set Symbol = SB.Controls
 Symbol.Add Type:=msoControlButton, ID:=TextBox1.Value
 Exit Sub
fehler:
 UserForm1.Label2 = "Zu diesem Index gibt es kein Symbol!"
End Sub
```

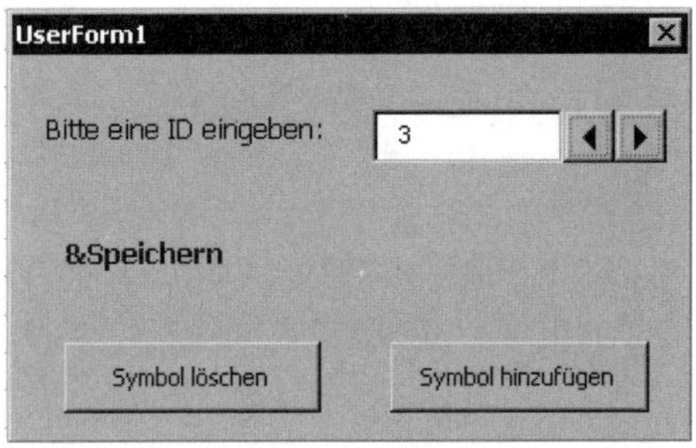

Abbildung 16.16: Das Speichern-Symbol hat den ID-Wert 3

Zum Einfügen der Symbolschaltfläche geben Sie als ID-Wert bei der Methode `Add` den Inhalt des Textfeldes TEXTBOX1 an.

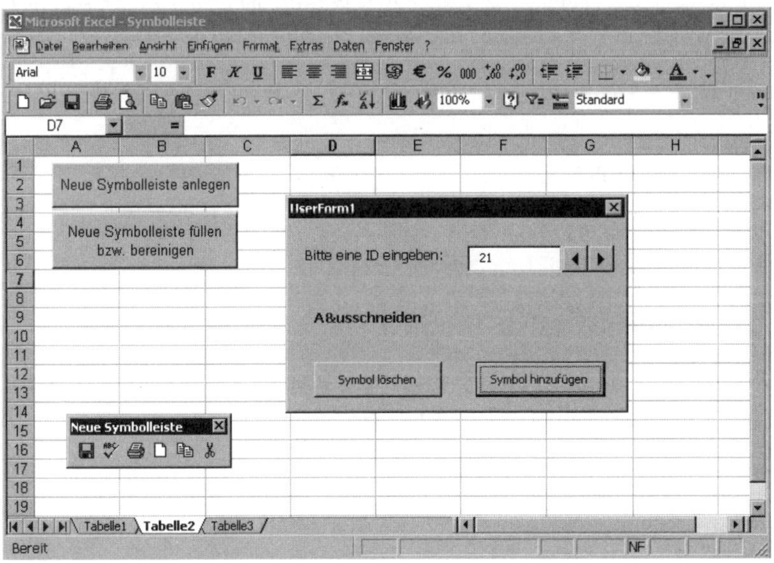

Abbildung 16.17: Automatische Übernahme von Symbolschaltflächen

Symbole löschen

Zum Löschen von Symbolen aus der neuen Symbolleiste verwenden Sie die Methode `FindControl`, die Sie dieses Mal aber innerhalb der neuen Symbolleiste durchführen.

Listing 16.49: Symbolschaltflächen suchen und löschen

```
Private Sub CommandButton2_Click()
Dim SBS As Object
Dim SB As CommandBar

Set SB = CommandBars("Neue Symbolleiste")
On Error GoTo fehler
Set SBS = SB.FindControl _
(Type:=msoControlButton, ID:=TextBox1.Value)
 SBS.Delete
 Exit Sub
fehler:
 UserForm1.Label2 = _
 "Es wurde kein Symbol in der Symbolleiste gefunden!"
End Sub
```

Übergeben Sie der Methode `FindControl` den ID-Wert der zu löschenden Symbolschaltfläche. Diesen Wert bekommen Sie direkt aus dem Textfeld TEXTBOX1 der UserForm. Wird die gesuchte Symbolschaltfläche auf der neuen Symbolleiste gefunden, wenden Sie die Methode `Delete` an, um sie zu löschen.

:-) TIPP

Möchten Sie das Textfeld in Ihrer UserForm automatisieren, dann können Sie dieses elegant selbst hochzählen lassen, indem Sie ein Drehfeld verwenden und das Ereignis `SpinButton_change` *einsetzen.*

Listing 16.50: Ein Drehfeld verwenden, um ein Textfeld zu automatisieren

```
Private Sub SpinButton1_Change()
 SpinButton1.Min = 1
 SpinButton1.Max = 1000
 TextBox1.Value = SpinButton1.Value
End Sub
```

16.3.3 Symbolleiste löschen

Möchten Sie die neu eingefügte Symbolleiste wieder löschen, dann starten Sie das Makro aus Listing 16.51.

Listing 16.51: Symbolleiste löschen

```
Sub NeueSymbolleisteLöschen()
Dim SB As CommandBar

 Set SB = CommandBars("Neue Symbolleiste")
 On Error Resume Next
 SB.Delete
End Sub
```

Setzen Sie die Methode `Delete` ein, um eine Symbolleiste zu löschen.

Denken Sie daran, die Anweisung `On Error Resume Next` *vor den Löschbefehl zu integrieren. Damit sorgen Sie dafür, dass das Makro nicht abstürzt, wenn versucht wird, die bereits gelöschte Symbolleiste erneut zu löschen.*

16.3.4 Grafiken in Symbolleisten integrieren

Möchten Sie eigene Grafiken in eine Symbolleiste integrieren und diesen Grafiken ein Makro zuweisen, dann gehen Sie wie folgt vor:

1. *Fügen Sie die Grafik in Ihre Tabelle ein.*
2. *Klicken Sie mit der rechten Maustaste auf die Grafik und notieren Sie sich den angezeigten Namen der Grafik, den Sie aus dem Namenfeld ersehen können.*
3. *Starten Sie folgendes Makro aus Listing 16.52.*

***Listing 16.52:** Eigene Grafiken als Symbolschaltflächen verwenden*

```
Sub SymbolAusTabelleInSymbolleiste()
Dim Symbol As CommandBarButton
Dim SBS As Object

 Set Symbol = _
 CommandBars("Standard").Controls.Add(msoControlButton)
 Worksheets("Tabelle1").Shapes("AutoForm 7").CopyPicture
 Symbol.PasteFace
 Set SBS = Symbol
 SBS.OnAction = "Animation"
End Sub
```

Fügen Sie der Symbolschaltfläche STANDARD eine neue Symbolschaltfläche zu, die Sie aus der eingefügten AutoForm `Smiley` aus der TABELLE1 mit Hilfe der Methode `CopyPicture` kopieren und mit `PasteFace` einfügen. Um dieser neuen Symbolschaltfläche ein Makro zuzuweisen, setzen Sie die Eigenschaft `OnAction` ein.

Das zugewiesene Makro `Animation` wird die Smiley-Grafik, die Sie vorher unter dem Namen SMILEY.TIF auf Ihrer lokalen Festplatte gespeichert haben, in regelmäßigen Abständen von einer Sekunde in Ihrem Tabellenblatt ein- und ausblenden. Um diese Verzögerung des Ein- und Ausblendens einer Grafik auch flexibel gestalten zu können, erstellen Sie für diesen Vorgang zunächst eine Funktion, der Sie die Dauer der Verzögerung in Sekunden übergeben.

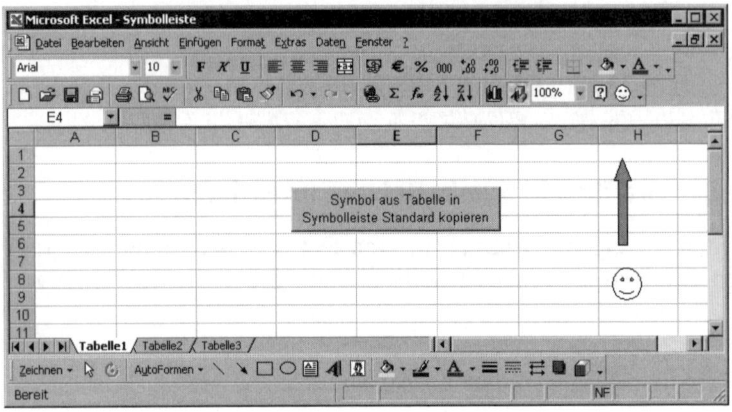

***Abbildung 16.18:** Die AutoForm Smiley als Symbolschaltfläche einsetzen*

***Listing 16.53:** Funktion, die ein Makro für eine bestimmte Zeit anhält*

```
Function Verzögerung(VZeit)
 Application.Wait Now + TimeSerial(0, 0, VZeit)
End Function
```

Mit der Funktion `Now` ermitteln Sie die aktuelle Uhrzeit. Dieser Zeit addieren Sie über die Funktion `TimeSerial` noch eine oder mehrere Sekunden hinzu, die Sie im Argument `VZeit` übergeben. Die Argumente für Stunden bzw. Minuten setzen Sie standardmäßig auf den Wert 0.

Lassen Sie die Grafik nun blinken mit folgendem Makro aus Listing 16.54.

***Listing 16.54:** Eine Grafik in einer Tabelle in einem bestimmten Zeitintervall blinken lassen*

```
Sub Animation()
Dim Pic As Picture
Dim i As Integer

  For i = 1 To 5
    ActiveSheet.Pictures.Insert ("c:\smiley.tif")
    Verzögerung (1)
    ActiveSheet.Pictures(1).Delete
    Verzögerung (1)
  Next i
  Exit Sub
End Sub
```

Mit Hilfe der Methode `Insert` fügen Sie die Grafik SMILEY.TIF in Ihre Tabelle ein. Danach rufen Sie die Funktion `Verzögerung` auf, der Sie das Verzögerungsintervall bekannt geben. Danach löschen Sie die eingefügte Grafik mit der Methode `Delete` und wiederholen den ganzen Ablauf etliche Male. Die Anzahl der Wiederholungen bzw. die Verzögerungsdauer können Sie dabei flexibel einstellen.

16.3.5 Symbolschaltflächen deaktivieren

Sie können in Excel auch bestimmte Symbolschaltflächen deaktivieren und bei Bedarf wieder aktivieren. Dies empfiehlt sich u.a., wenn Sie auf bestimmte Anlässe in Excel reagieren möchten. So können Sie z.B. eine Symbolschaltfläche standardmäßig deaktivieren und erst aktivieren, wenn Sie z.B. eine Kopieraktion durchführen. So sind Sie in der Lage, am Status eines Symbols anzulesen, ob Sie sich gerade im Kopiermodus befinden. Im folgenden Beispiel verwenden Sie dazu die letzte Symbolschaltfläche aus der Symbolleiste STANDARD, die Sie in der letzten Aufgabe eingefügt haben.

Listing 16.55: Symbolschaltfläche deaktivieren

```
Sub DeaktivierenSymbol()
Dim SB As CommandBar
Dim i As Integer

 Set SB = CommandBars("Standard")
 With SB
  i = .Controls.Count
  .Controls(i).Enabled = False
 End With
End Sub
```

Definieren Sie zuerst eine Objektvariable vom Typ `CommandBar`. Danach ermitteln Sie die letzte Symbolschaltfläche der Symbolleiste `Standard` mit Hilfe der Methode `Count` und speichern diese in der Variablen `i`.

Setzen Sie die `Enabled`-Eigenschaft auf den Wert `False`, um die Symbolschaltfläche zu deaktivieren. Die Symbolschaltfläche ist nun deaktiviert.

Listing 16.56: Symbolschaltfläche aktivieren

```
Sub AktivierenSymbol()
Dim SB As CommandBar
Dim i As Integer

 Set SB = CommandBars("Standard")
 With SB
  i = .Controls.Count
  .Controls(i).Enabled = True
 End With
End Sub
```

Aktivieren Sie die Symbolschaltfläche, indem Sie die Eigenschaft `Enabled` auf den Wert `True` setzen.

Sorgen Sie jetzt dafür, dass die Symbolschaltfläche automatisch aktiviert bzw. deaktiviert wird. Für diese Aufgabe setzen Sie das Ereignis `Workbook_SheetSelectionChange` ein, welches automatisch auftritt, sobald Sie den Mauszeiger auf Ihrem Tabellenblatt in eine andere Zelle setzen.

***Listing 16.57:** Ereignis Workbook_-SheetSelection-Change zum Überwachen des Kopiermodus einsetzen*

```
Private Sub Workbook_SheetSelectionChange _
(ByVal Sh As Object, ByVal Target As Range)
If Application.CutCopyMode = xlCopy _
Then AktivierenSymbol Else DeaktivierenSymbol
End Sub
```

Fragen Sie die Eigenschaft `CutCopyMode` ab, um den Status des Kopiermodus zu ermitteln. Je nach Status rufen Sie eines der beiden angegeben Makros auf.

STOP

Da das Ereignis `Workbook_SheetSelectionChange` *erst eintritt, wenn Sie eine andere Zelle ansteuern, müssen Sie nach dem Kopieren den Mauszeiger verschieben.*

16.3.6 Dropdowns in Symbolleisten einfügen

Wenn Sie Dropdown-Elemente in einer Symbolleiste verwenden möchten, können Sie viel Platz sparen, indem Sie beispielsweise mehrere Funktionen in diesem Dropdown-Element unterbringen. So erstellen Sie in der nächsten Aufgabe ein Dropdown-Element in einer neuen Symbolleiste, in welcher Sie folgende Funktionen abbilden:

Die Zusatzfunktionen

- Einfügen eines Hyperlinks.
- Aufruf des Funktionsassistenten.
- Aufruf des Diagrammassistenten.
- Einfügen eines Kommentars.

Da Sie auf bereits fertige Funktionen in Excel zurückgreifen, können Sie die einzelnen Symbole samt ihrer Funktion über das Argument `ID` der Methode `Add` nutzen.

***Listing 16.58:** Ein Dropdown-Element in einer Symbolleiste erstellen und mit vorgefertigten Funktionen bestücken*

```
Sub SymbolMitDropdown()
Dim SB As CommandBar
Dim DropSym As CommandBarControl
Dim Symbol As Object
Dim NeuSymb As Object

  On Error Resume Next
  Set SB = CommandBars.Add("Dropdown")
```

```
    SB.Visible = True
    Set DropSym = SB.Controls.Add(Type:=msoControlPopup)
    DropSym.Caption = "Einfügen"
    Set DropSym = SB.FindControl(Type:=msoControlPopup)
    Set Symbol = DropSym.Control.CommandBar
    Set NeuSymb = Symbol.Controls.Add _
    (Type:=msoControlButton, ID:=1576)
    NeuSymb.Caption = "Hyperlink"
    Set NeuSymb = Symbol.Controls.Add _
    (Type:=msoControlButton, ID:=385)
    NeuSymb.Caption = "Funktion"
    Set NeuSymb = Symbol.Controls.Add _
    (Type:=msoControlButton, ID:=436)
    NeuSymb.Caption = "Diagramm"
    Set NeuSymb = Symbol.Controls.Add _
    (Type:=msoControlButton, ID:=1589)
    NeuSymb.Caption = "Kommentar"
End Sub
```

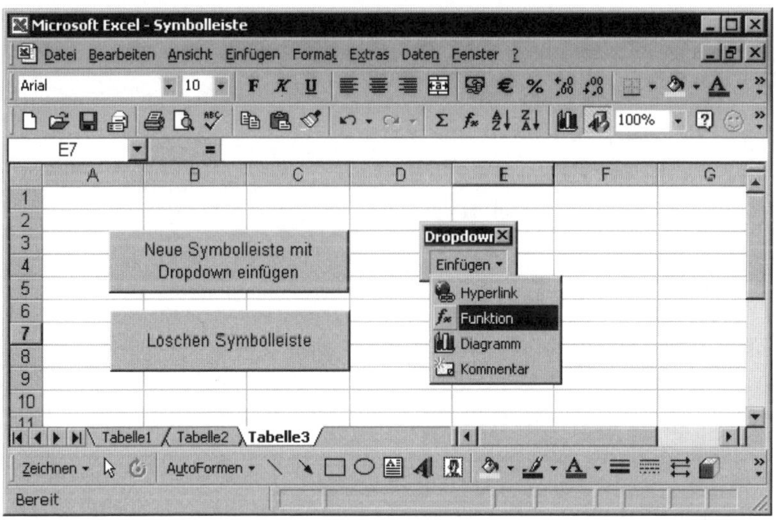

Abbildung 16.19: Mehrere Funktionen in einem Dropdown unterbringen

Dropdown mit Texten erstellen

Möchten Sie eine Symbolleiste mit einem Dropdown-Element erstellen, aus dem Sie einzelne Texte auswählen können, die Sie vorher aus einer Tabelle in das Dropdown-Element eingelesen haben, dann nutzen Sie das Ereignis `Workbook_Open`, um diese Vorarbeit auszuführen.

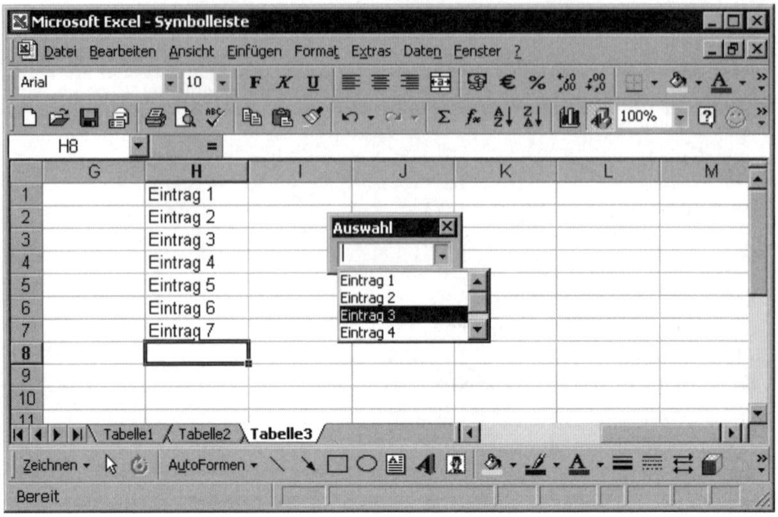

Abbildung 16.20: Dynamisches Füllen des Dropdown-Elements

Listing 16.59: Ereignis Workbook_Open zum Füllen eines Dropdown-Elements in einer Symbolleiste mit Werten

```
Private Sub Workbook_Open()
 DropdownMitTexten
End Sub

Sub DropdownMitTexten()
Dim SB As CommandBar
Dim Symbol As Object
Dim i As Integer

  Set SB = CommandBars.Add("Auswahl")
  SB.Visible = True
 Set Symbol = Application.CommandBars("Auswahl").Controls _
  .Add(Type:=msoControlComboBox)
  With Symbol
     Sheets("Tabelle3").Activate
     Range("H1").Select
     i = 1
     Do Until ActiveCell.Value = ""
      .AddItem Text:=ActiveCell.Value, Index:=i
      ActiveCell.Offset(1, 0).Select
      i = i + 1
     Loop
    .DropDownLines = 4
    .DropDownWidth = 100
    .ListHeaderCount = 0
    .OnAction = "Auswahl"
End With
```

Geben Sie bei der Methode `Add` den richtigen Typ der Symbolschaltfläche an. Da Sie ein Dropdown mit Textwerten haben möchten, müssen Sie daher die Konstante `msoControlComboBox` verwenden. Danach lesen Sie die einzelnen Inhalte des Dropdown-Elements aus der TABELLE3 ein. Über die Eigenschaft `DropDownLines` geben Sie an, wie viele Listenzeilen im Dropdown-Element angezeigt werden sollen. Mit der Eigenschaft `DropDownWidth` können Sie die Breite des Dropdown-Elements in Pixeln angeben. Die Eigenschaft `ListHeaderCount` können Sie einsetzen, wenn Sie einen horizontalen Trennstrich im Dropdown-Element haben und die Anzahl der Listenelemente bestimmen möchten, die über der Trennlinie angezeigt werden. Dabei bedeutet der Wert `0`, dass kein Listenelement über der Trennlinie angezeigt werden soll. Die Eigenschaft `OnAction` verweist auf ein Makro, welches ausgeführt werden soll, wenn ein Eintrag aus dem Dropdown-Element ausgewählt wird.

Auswahl auswerten

Nun müssen Sie nur noch ermitteln, welcher Eintrag im Dropdown-Element ausgewählt wurde. Dafür ist das Makro aus Listing 16.60 verantwortlich.

Listing 16.60: *Den ausgewählten Eintrag aus einem Dropdown-Element auswerten*

```
Sub Auswahl()
Dim index As Integer

index = Application.CommandBars("Auswahl"). _
        Controls.Item(1).ListIndex
 Select Case index
  Case 1
     Call Makro1
  Case 2
     Call Makro2
  Case 3
     Call Makro3
  Case 4
     Call Makro4
  Case Else
      MsgBox "Noch nicht zugeordet!"
 End Select
End Sub
```

Mit Hilfe der Eigenschaft `ListIndex` bekommen Sie den momentan markierten Eintrag des Dropdown-Elementes zurück. Diesen werten Sie dann in einer `Select Case`-Anweisung aus und starten danach das jeweils zugeordnete Makro.

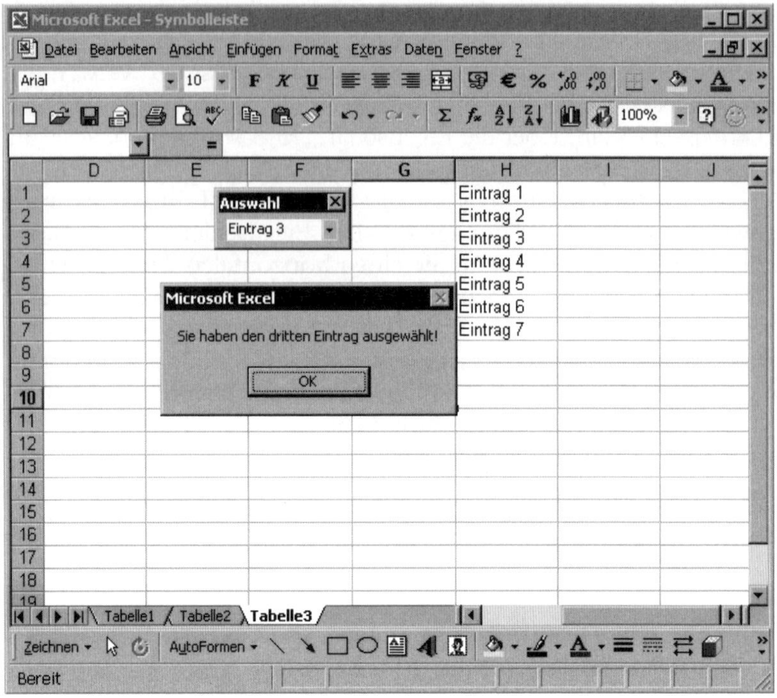

Abbildung 16.21: *Welcher Eintrag wurde ausgewählt?*

Excel und sein Umfeld

Kapitel 17

Die Tabellenkalkulation von Microsoft ist keine Anwendung, die auf sich allein gestellt ist. Sie können von Excel aus auf andere Anwendungen zugreifen und Daten austauschen. Besonders oft werden in der Praxis Excel-Tabellen in Textdateien geschrieben bzw. transferierte Textdateien von Host-Systemen in Excel eingelesen. Auch der Datenzugriff innerhalb des Office-Pakets ist geregelt. So können Sie beispielsweise Daten zwischen den beiden beliebtesten Office-Komponenten Excel und Word austauschen oder auf eine Access-Datenbank zugreifen und mit Hilfe der Zugriffsmethoden DAO bzw. ADO Daten nach Excel transferieren. Zum Abschluss des Kapitels wird das Mailing mit Excel näher unter die Lupe genommen.

Sie finden alle Beispiele zu den Lösungen zum Thema Excel und sein Umfeld auf der mitgelieferten CD im Verzeichnis KAP17 *unter dem Namen* UMFELD.XLS.

CD-ROM

17.1 Textdateien im Zugriff von Excel

In Excel haben Sie standardmäßig die Möglichkeit, Tabellen als Textdateien zu speichern. Dazu wählen Sie aus dem Menü DATEI den Befehl SPEICHERN UNTER und wählen aus dem Dropdown-Feld DATEITYP den Eintrag CSV (TRENNZEICHEN GETRENNT) oder den Eintrag TEXT (TABS GETRENNT), vergeben einen passenden Dateinamen und bestätigen mit OK. Ebenso können Sie Textdateien in Excel einlesen. Dabei wählen Sie aus dem Menü DATEI den Befehl

ÖFFNEN, stellen im Dropdown-Feld DATEITYP den Eintrag TEXTDATEIEN ein, wählen die gewünschte Textdatei aus und bestätigen mit OK.

17.1.1 Textdateien speichern

Den Vorgang des Speicherns einer Textdatei können Sie selbstverständlich auch über ein Makro automatisieren. So speichern Sie im folgenden Beispiel eine Produkttabelle in einer Textdatei. Als Trennzeichen verwenden Sie dabei das Semikolon.

Abbildung 17.1: Die Ausgangssituation: eine Produkttabelle in Excel

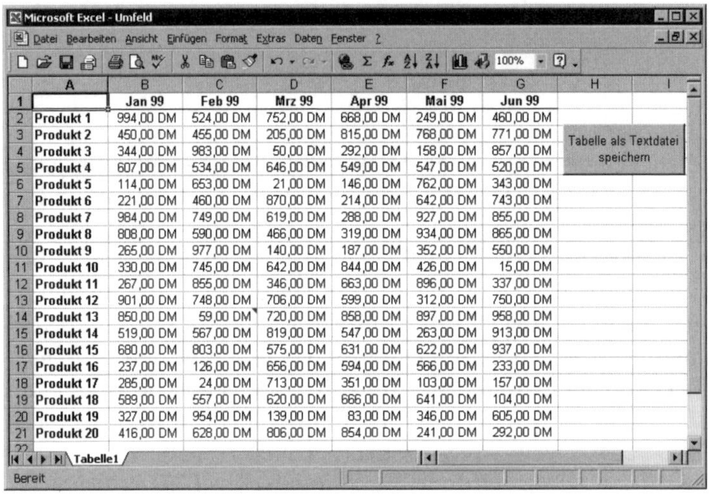

	Jan 99	Feb 99	Mrz 99	Apr 99	Mai 99	Jun 99
Produkt 1	994,00 DM	524,00 DM	752,00 DM	668,00 DM	249,00 DM	460,00 DM
Produkt 2	450,00 DM	455,00 DM	205,00 DM	815,00 DM	768,00 DM	771,00 DM
Produkt 3	344,00 DM	983,00 DM	50,00 DM	292,00 DM	158,00 DM	857,00 DM
Produkt 4	607,00 DM	534,00 DM	646,00 DM	549,00 DM	547,00 DM	520,00 DM
Produkt 5	114,00 DM	653,00 DM	21,00 DM	146,00 DM	762,00 DM	343,00 DM
Produkt 6	221,00 DM	460,00 DM	870,00 DM	214,00 DM	642,00 DM	743,00 DM
Produkt 7	984,00 DM	749,00 DM	619,00 DM	288,00 DM	927,00 DM	855,00 DM
Produkt 8	808,00 DM	590,00 DM	466,00 DM	319,00 DM	934,00 DM	865,00 DM
Produkt 9	265,00 DM	977,00 DM	140,00 DM	187,00 DM	352,00 DM	550,00 DM
Produkt 10	330,00 DM	745,00 DM	642,00 DM	844,00 DM	426,00 DM	15,00 DM
Produkt 11	267,00 DM	855,00 DM	346,00 DM	663,00 DM	896,00 DM	337,00 DM
Produkt 12	901,00 DM	748,00 DM	706,00 DM	599,00 DM	312,00 DM	750,00 DM
Produkt 13	850,00 DM	59,00 DM	720,00 DM	858,00 DM	897,00 DM	958,00 DM
Produkt 14	519,00 DM	567,00 DM	819,00 DM	547,00 DM	263,00 DM	913,00 DM
Produkt 15	680,00 DM	803,00 DM	575,00 DM	631,00 DM	622,00 DM	937,00 DM
Produkt 16	237,00 DM	126,00 DM	656,00 DM	594,00 DM	566,00 DM	233,00 DM
Produkt 17	285,00 DM	24,00 DM	713,00 DM	351,00 DM	103,00 DM	157,00 DM
Produkt 18	589,00 DM	557,00 DM	620,00 DM	666,00 DM	641,00 DM	104,00 DM
Produkt 19	327,00 DM	954,00 DM	139,00 DM	83,00 DM	346,00 DM	605,00 DM
Produkt 20	416,00 DM	628,00 DM	806,00 DM	854,00 DM	241,00 DM	292,00 DM

Transferieren Sie nun die Produkttabelle in eine Textdatei.

Listing 17.1: Excel-Tabelle als Textdatei speichern

```
Sub TabelleAlsTextdateiSpeichern()
Dim Bereich As Range
Dim Zeile As Object
Dim Zelle As Object
Dim s As String

 Set Bereich = ActiveSheet.UsedRange
 Open "c:\eigene Dateien\Artikel.csv" For Output As #1
 For Each Zeile In Bereich.Rows
    For Each Zelle In Zeile.Cells
        s = s & Zelle.Text & ";"
    Next
    Print #1, s
    s = ""
  Next
  Close #1
End Sub
```

Ermitteln Sie im ersten Schritt den verwendeten Bereich in der Excel-Tabelle. Öffnen Sie danach die Textdatei, die vorher nicht vorhanden sein muss, mit der Methode `Open`. Setzen Sie die erste Schleife auf, in der Sie alle Zeilen der Tabelle durchlaufen. In der zweiten Schleife arbeiten Sie Zelle für Zelle innerhalb einer Zeile ab. Dabei bilden Sie einen Textstring in der Variablen s, der aus den Zellen einer Zeile mit dem Semikolon als Trennzeichen besteht.

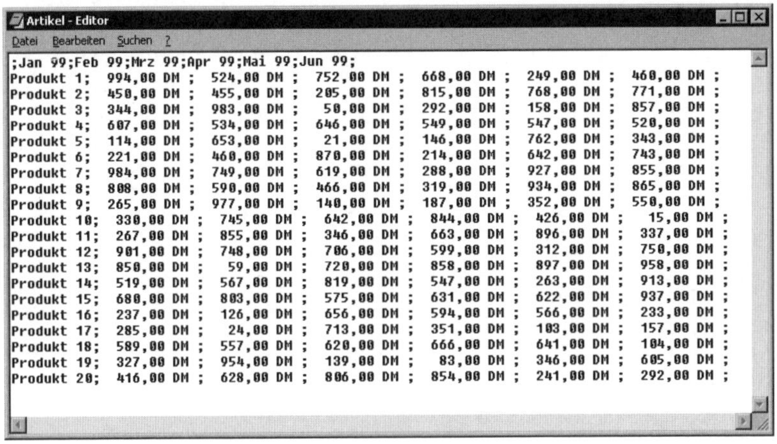
Artikel - Editor
Datei Bearbeiten Suchen ?

```
;Jan 99;Feb 99;Mrz 99;Apr 99;Mai 99;Jun 99;
Produkt 1;  994,00 DM ;  524,00 DM ;  752,00 DM ;  668,00 DM ;  249,00 DM ;  460,00 DM ;
Produkt 2;  450,00 DM ;  455,00 DM ;  205,00 DM ;  815,00 DM ;  768,00 DM ;  771,00 DM ;
Produkt 3;  344,00 DM ;  983,00 DM ;   50,00 DM ;  292,00 DM ;  158,00 DM ;  857,00 DM ;
Produkt 4;  607,00 DM ;  534,00 DM ;  646,00 DM ;  549,00 DM ;  547,00 DM ;  520,00 DM ;
Produkt 5;  114,00 DM ;  653,00 DM ;   21,00 DM ;  146,00 DM ;  762,00 DM ;  343,00 DM ;
Produkt 6;  221,00 DM ;  460,00 DM ;  870,00 DM ;  214,00 DM ;  642,00 DM ;  743,00 DM ;
Produkt 7;  984,00 DM ;  749,00 DM ;  619,00 DM ;  288,00 DM ;  927,00 DM ;  855,00 DM ;
Produkt 8;  808,00 DM ;  590,00 DM ;  466,00 DM ;  319,00 DM ;  934,00 DM ;  865,00 DM ;
Produkt 9;  265,00 DM ;  977,00 DM ;  140,00 DM ;  187,00 DM ;  352,00 DM ;  550,00 DM ;
Produkt 10;  330,00 DM ;  745,00 DM ;  642,00 DM ;  844,00 DM ;  426,00 DM ;   15,00 DM ;
Produkt 11;  267,00 DM ;  855,00 DM ;  346,00 DM ;  663,00 DM ;  896,00 DM ;  337,00 DM ;
Produkt 12;  901,00 DM ;  748,00 DM ;  706,00 DM ;  599,00 DM ;  312,00 DM ;  750,00 DM ;
Produkt 13;  850,00 DM ;   59,00 DM ;  720,00 DM ;  858,00 DM ;  897,00 DM ;  958,00 DM ;
Produkt 14;  519,00 DM ;  567,00 DM ;  819,00 DM ;  547,00 DM ;  263,00 DM ;  913,00 DM ;
Produkt 15;  680,00 DM ;  803,00 DM ;  575,00 DM ;  631,00 DM ;  622,00 DM ;  937,00 DM ;
Produkt 16;  237,00 DM ;  126,00 DM ;  656,00 DM ;  594,00 DM ;  566,00 DM ;  233,00 DM ;
Produkt 17;  285,00 DM ;   24,00 DM ;  713,00 DM ;  351,00 DM ;  103,00 DM ;  157,00 DM ;
Produkt 18;  589,00 DM ;  557,00 DM ;  620,00 DM ;  666,00 DM ;  641,00 DM ;  104,00 DM ;
Produkt 19;  327,00 DM ;  954,00 DM ;  139,00 DM ;   83,00 DM ;  346,00 DM ;  605,00 DM ;
Produkt 20;  416,00 DM ;  628,00 DM ;  806,00 DM ;  854,00 DM ;  241,00 DM ;  292,00 DM ;
```

Abbildung 17.2: Das Ergebnis: eine Textdatei mit dem Semikolon als Trennzeichen

INFO

Das Einlesen von CSV-Textdateien ist unproblematisch. Excel erkennt dieses Format und nimmt die Verteilung der Daten auf die einzelnen Spalten selbstständig vor.

Listing 17.2: CSV-Textdatei in Excel einlesen

```
Sub TextDateiEinlesen()
    ChDir "C:\Eigene Dateien"
    Workbooks.Open Filename:= _
    "C:\Eigene Dateien\Artikel.csv"
End Sub
```

17.1.2 Textdateien fixer Länge öffnen

Wenn Sie regelmäßig Textdateien bekommen, die Sie wegen der besseren Bearbeitungsmöglichkeiten in eine Excel-Tabelle überführen möchten, können Sie diese Ausgabe automatisch erledigen lassen. Sehen Sie sich dazu den Aufbau der Textdatei an.

Für obige Textdatei sind für die Produktnummer vier Zeichen, für den Bestand drei Zeichen und für den Preis zehn Stellen vorgesehen. Wichtig ist jeweils die Anfangsposition für jedes Feld. Sehen Sie sich dazu das folgende Makro in Listing 17.3 an.

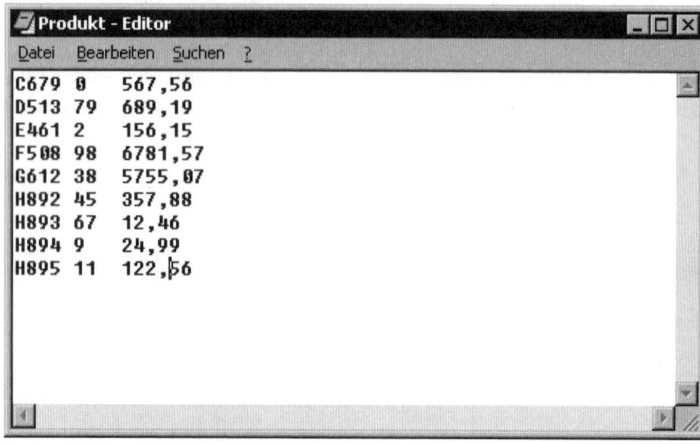

Abbildung 17.3: Die Ausgangsposition: eine Textdatei mit fixer Satzlänge

Listing 17.3: Textdatei mit fixer Satzlänge einlesen

```
Sub TextdateiFixInExcelÖffnen()
  Workbooks.OpenText Filename:= _
  "C:\eigene Dateien\Produkt.txt", _
  DataType:=xlFixedWidth, _
  FieldInfo:=Array(Array(0, 1), Array(5, 1), Array(9, 1))
End Sub
```

Über die Methode `OpenText` können Sie eine Textdatei öffnen und analysieren. Geben Sie im Argument `Filename` den Pfad und den Dateinamen der Textdatei an. Im Argument `DataType` geben Sie die Konstante `XlFixedWidth an`, was bedeutet, dass die Textdatei feste Feldlängen aufweist. Im Argument `FieldInfo` legen Sie die Startposition des jeweiligen Feldes fest.

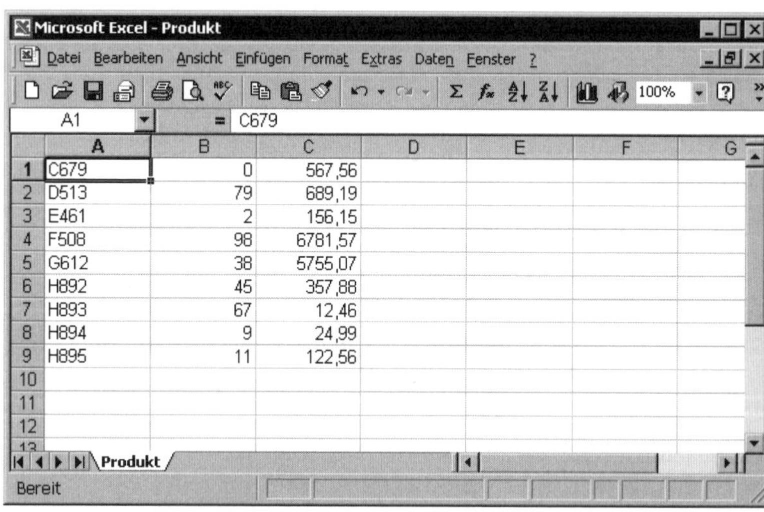

Abbildung 17.4: Das Ergebnis: die Produktdaten in einer Excel-Tabelle

:-) TIPP

Besitzt Ihre Textdatei eine Überschriftenzeile, die Sie nicht einlesen möchten, können Sie bei der Methode `OpenText` *das Argument* `StartRow:=1` *einsetzen.*

17.1.3 Mehrere Textdateien in eine Tabelle einfügen

Haben Sie gleich mehrere Textdateien, die Sie nacheinander in Excel einlesen möchten, und wollen Sie am Schluss alle Daten auf einem Tabellenblatt haben, dann setzen Sie eine Schleife ein, die alle Textdateien öffnet und auf eine Tabelle kopiert.

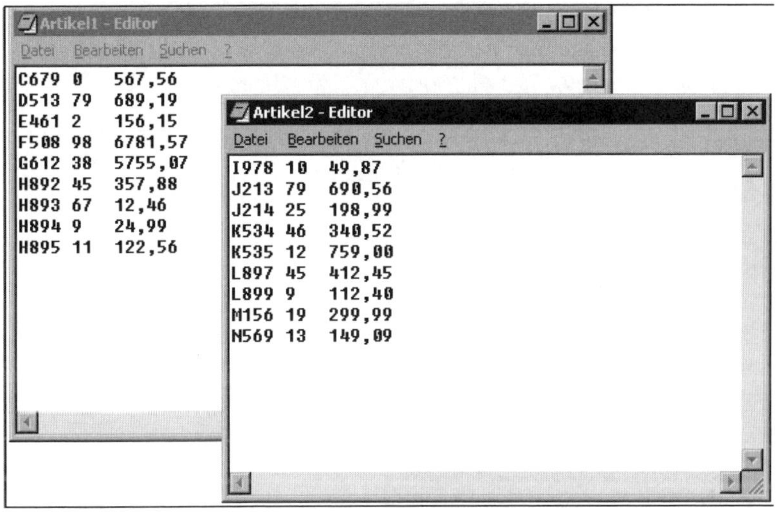

Abbildung 17.5: *Die Ausgangsposition: mehrere Textdateien im selben Format*

Starten Sie nun das Makro aus Listing 17.4, um alle Textdateien übersichtlich in eine Tabelle zu transferieren.

Listing 17.4: *Mehrere Textdateien gleichen Formats in eine Excel-Tabelle kopieren*

```
Sub TextdateienEinlesen()
Dim Mappe As Workbook

 ChDir "c:\eigene Dateien\"
 Workbooks.OpenText "Artikel1.txt"
 Set Mappe = ActiveWorkbook
 Workbooks.OpenText "Artikel2.txt"
 ActiveSheet.UsedRange.Copy
 Mappe.Activate
 Cells(Rows.Count, 1).End(xlUp) _
   .Offset(1).PasteSpecial xlAll
End Sub
```

Wechseln Sie mit der Anweisung `ChDir` in das Verzeichnis, in dem sich Ihre Textdateien befinden. Danach öffnen Sie die erste Textdatei mit Hilfe der Methode `OpenText` und definieren diese als aktive Arbeitsmappe. Öffnen Sie jetzt die zweite Textdatei und kopieren deren Inhalt und wechseln wieder in die aktive Arbeitsmappe. Dort müssen Sie die richtige Einfügeposition ermitteln. Dies gelingt Ihnen, indem Sie über die Methode `Count` und Anweisung `End` die letzte belegte Zeile ermitteln. Verschieben Sie den Mauszeiger um eine Zeile nach unten und fügen Sie mit der Methode `PasteSpecial` die vorher kopierten Daten ein.

Abbildung 17.6: *Das Endergebnis: alle Textdateien in einer Excel-Tabelle*

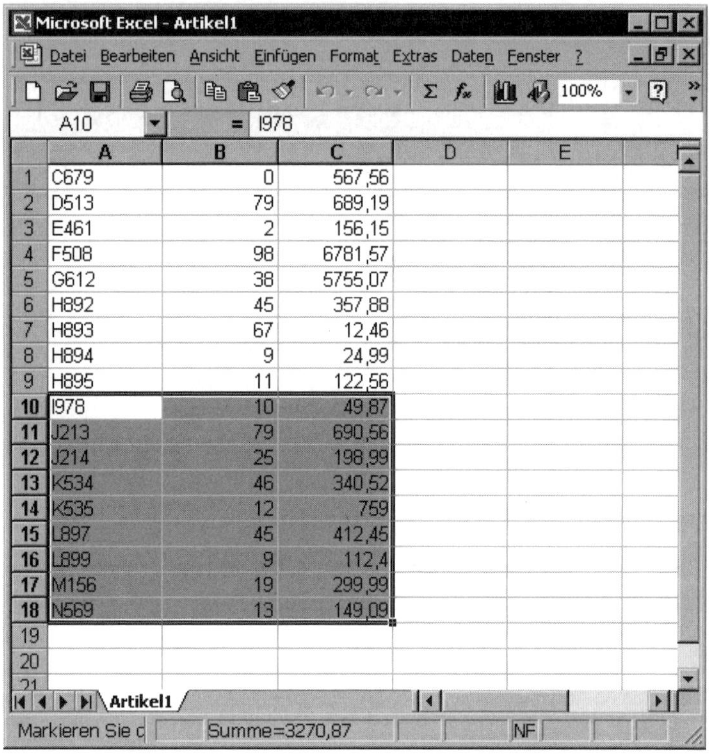

17.2 Excel und Word im Duett

Daten können Sie zwischen den beiden beliebtesten Office-Anwendungen Excel und Word hin- und herschieben. Dabei können Sie entscheiden, ob Sie die Daten verknüpft oder als Festwerte übertragen wollen.

17.2.1 Excel-Tabelle unverknüpft nach Word übertragen

In der folgenden Praxisaufgabe soll eine Excel-Teilnehmerliste in ein Word-Dokument übertragen werden. Dabei soll aber keine Excel-Tabelle in Word eingebettet, sondern in Word soll selbst eine Tabelle erstellt werden, um danach Zelle für Zelle zu transferieren.

Name	Vorname	Firma	Ort
Becker	Beate	Lufthansa	Ingolstadt
Busch	Alexandra	BMW	München
Dubois	Robert	Dekra	Hamburg
Fuchs	Michael	Deutsche Bank	Waiblingen
Gehring	Marcus	Minolta	Langenhagen
Greiner	Armin	Neocompute	Essen
Heller	Markus	Alianz	Köln
König	Maria	Alianz	Köln
Kummer	Ralf	Kommer GmbH	Hamburg
Kurz	Heinrich	Postbank	Braunschweig
Meter	Martina	Telekom	Stuttgart
Müller	Herbert	ESD	Düsseldorf
Müller	Sven	Telekom	Gerlingen
Philippin	Jörg	Postversicherung	Weilimdorf

Abbildung 17.7: Die Ausgangssituation: eine Teilnehmerliste in Excel

Übertragen Sie nun Zelle für Zelle in ein neues Word-Dokument:

Listing 17.5: Excel-Tabelle Zelle für Zelle in ein Word-Dokument übertragen (Variante 1)

```
Sub ExcelTabelleNachWord()
Dim WordObj As Object
Dim Bereich As Variant
Dim WordDoc As Object
Dim ExTab As Object
Dim i As Integer
Dim x As Integer
Dim y As Integer

Sheets("Tabelle4").Activate
i = ActiveSheet.UsedRange.Rows.Count
Bereich = Range("A3:D" & i).Value
On Error Resume Next
Set WordObj = GetObject(, "Word.Application.9")
If Err.Number = 429 Then
    Set WordObj = CreateObject("Word.Application.9")
    Err.Number = 0
End If
```

```
WordObj.Visible = True
Set WordDoc = WordObj.Documents.Add
With WordObj.Selection
   .TypeText Text:="Teilnehmerliste aus : " & _
    ActiveWorkbook.Name
    .TypeParagraph
    .TypeText Text:="vom  " & Format(Now(), "dd-mmm-yyyy")
    .TypeParagraph
End With
Set ExTab = WordDoc.Tables.Add _
 (WordObj.Selection.Range,  _
 UBound(Bereich, 1), UBound(Bereich, 2))
With ExTab
    For x = 1 To UBound(Bereich, 1)
        For y = 1 To UBound(Bereich, 2)
            .Cell(x, y).Range.InsertAfter Bereich(x, y)
        Next y
    Next x
End With
Set WordObj = Nothing
Set WordDoc = Nothing
Set ExTab = Nothing
End Sub
```

Nachdem Sie den verwendeten Bereich in Ihrer Excel-Tabelle ermittelt und diesen in einem Datenfeld gespeichert haben, rufen Sie Ihre Textverarbeitung Word auf. Dabei prüfen Sie mit Hilfe der Funktion `GetObject`, ob Word bereits gestartet ist. Wenn nicht, bekommen Sie eine Fehlernummer 429 zurück, die besagt, dass die Objektkomponente nicht verfügbar ist. In diesem Fall erstellen Sie über die Funktion `CreateObject` einen Verweis auf Word.

INFO

Haben Sie Office 97 im Einsatz, geben Sie in der Funktion `GetObject` *bzw.* `CreateObject` *als Objektverweis* `word.application.8` *an.*

Über die Eigenschaft `Visible` teilen Sie mit, dass die Textverarbeitung auch angezeigt werden soll. Dazu setzen Sie diese Eigenschaft auf den Wert `True`. Erstellen Sie nun mit der Methode `Add` ein neues Dokument. Bei den nachfolgenden Befehlen handelt es sich größtenteils um Word-VBA-Befehle.

Um die Online-Hilfe zu diesen Word-VBA-Befehlen nutzen zu können, müssen Sie zuerst die noch fehlende Word-Bibliothek in der Entwicklungsumgebung im Menü EXTRAS *unter dem Befehl* VERWEISE *aktivieren.*

STOP

Word-VBA

Mit der Eigenschaft `TypeText` können Sie einen Text in das Dokument einfügen. Dies nutzen Sie für die Erstellung der Überschrift. Mit der Methode `TypeParagraph` fügen Sie eine leere Zeile im Dokument ein. Setzen Sie die Methode `Add` ein, um eine noch leere Tabelle in das Dokument einzufügen, und füllen Sie diese Zelle für Zelle, indem Sie das vorher gefüllte Datenfeld schrittweise auslesen und mit der Methode `InsertAfter` in die Tabelle übertragen.

Setzen Sie am Ende die Objektvariablen auf den Wert `Nothing`*, um den für die Variablen reservierten Speicher wieder freizugeben.*

STOP

Nahezu dasselbe Ergebnis können Sie erreichen, wenn Sie den Datentransfer über die Zwischenablage, also blockweise, ausführen. Sehen Sie sich dazu das Makro aus Listing 17.6 an.

Listing 17.6: *Datenaustausch von Excel und Word über die Zwischenablage (Variante 2)*

```
Sub ExcelTabelleNachWordZwischenablage()
Dim WordObj As Object
Dim WordDoc As Object
Dim i As Integer

 Sheets("Tabelle4").Activate
 i = ActiveSheet.UsedRange.Rows.Count
 Range("A3:D" & i).Copy
 On Error Resume Next
 Set WordObj = GetObject(, "word.application.9")
 If Err.Number = 429 Then
    Set WordObj = CreateObject("word.application.9")
    Err.Number = 0
 End If
 WordObj.Visible = True
 Set WordDoc = WordObj.Documents.Add
 With WordObj.Selection
    .TypeText Text:="Teilnehmerliste aus : " & _
     ActiveWorkbook.Name
    .TypeParagraph
    .TypeText Text:="vom  " & Format(Now(), "dd-mmm-yyyy")
    .TypeParagraph
 End With
 WordObj.Selection.Paste
```

```
   Application.CutCopyMode = False
   Set WordObj = Nothing
   Set WordDoc = Nothing
End Sub
```

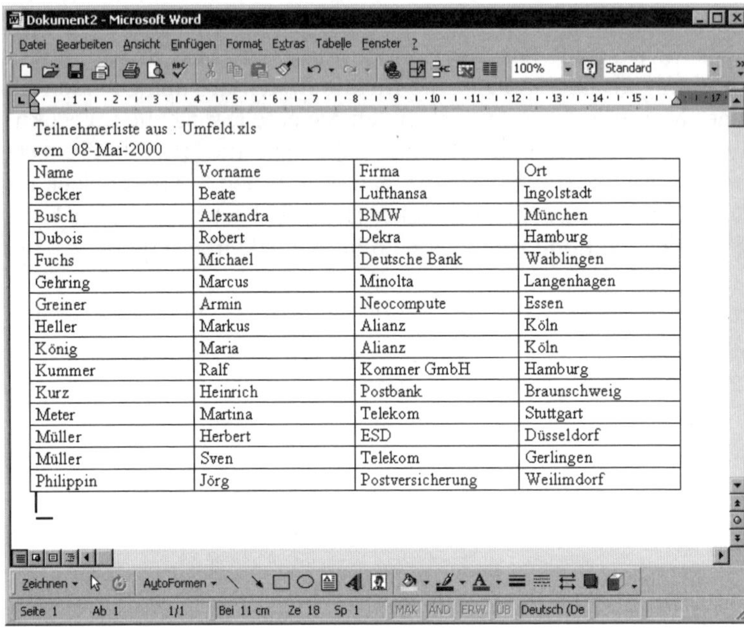

Teilnehmerliste aus : Umfeld.xls
vom 08-Mai-2000

Name	Vorname	Firma	Ort
Becker	Beate	Lufthansa	Ingolstadt
Busch	Alexandra	BMW	München
Dubois	Robert	Dekra	Hamburg
Fuchs	Michael	Deutsche Bank	Waiblingen
Gehring	Marcus	Minolta	Langenhagen
Greiner	Armin	Neocompute	Essen
Heller	Markus	Alianz	Köln
König	Maria	Alianz	Köln
Kummer	Ralf	Kommer GmbH	Hamburg
Kurz	Heinrich	Postbank	Braunschweig
Meter	Martina	Telekom	Stuttgart
Müller	Herbert	ESD	Düsseldorf
Müller	Sven	Telekom	Gerlingen
Philippin	Jörg	Postversicherung	Weilimdorf

Abbildung 17.8: Das Endergebnis: die Teilnehmerliste in Word

:-) TIPP

Der Vorteil der Variante 2 ist, dass der Vorgang erheblich schneller ausgeführt werden kann. Variante 1 ist zu empfehlen, wenn Sie vor dem Übertragen der Daten vorher eine Prüfung, Formatierung bzw. Änderung der Daten vornehmen möchten.

17.2.2 Excel-Tabelle verknüpft nach Word übertragen

In der nächsten Aufgabe soll die Verknüpfung zur Excel-Arbeitsmappe erhalten bleiben. Diese Vorgehensweise ist dann sinnvoll, wenn Sie die Daten später noch einmal ändern und daher die Änderung auch nicht in beiden Anwendungen nachziehen möchten.

Das Makro für diese Aufgabe ähnelt dem Makro aus Listing 17.7.

Listing 17.7: Excel-Daten verknüpft in ein Word-Dokument übertragen

```
Sub ExcelTabelleNachWordVerknüpft()
Dim WordObj As Object
Dim WordDoc As Object
Dim i As Integer
```

```
 Sheets("Tabelle4").Activate
 i = ActiveSheet.UsedRange.Rows.Count
 Range("A3:D" & i).Copy
 On Error Resume Next
 Set WordObj = GetObject(, "word.application.9")
 If Err.Number = 429 Then
    Set WordObj = CreateObject("word.application.9")
    Err.Number = 0
 End If
 WordObj.Visible = True
 Set WordDoc = WordObj.Documents.Add
 With WordObj.Selection
    .TypeText Text:="Teilnehmerliste aus : " & _
     ActiveWorkbook.Name
    .TypeParagraph
    .TypeText Text:="vom  " & Format(Now(), "dd-mmm-yyyy")
    .TypeParagraph
 End With
 WordObj.Selection.PasteSpecial link:=True
 Application.CutCopyMode = False
 Set WordObj = Nothing
 Set WordDoc = Nothing
End Sub
```

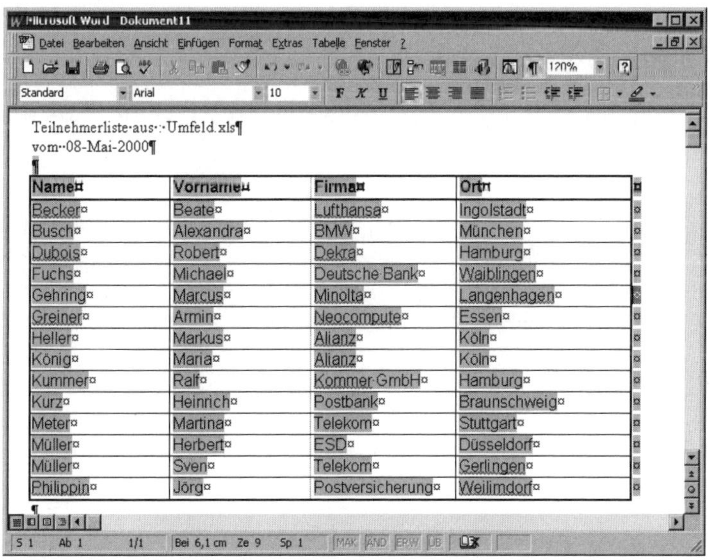
Teilnehmerliste aus : Umfeld.xls

vom 08-Mai-2000

Name	Vorname	Firma	Ort
Becker	Beate	Lufthansa	Ingolstadt
Busch	Alexandra	BMW	München
Dubois	Robert	Dekra	Hamburg
Fuchs	Michael	Deutsche Bank	Waiblingen
Gehring	Marcus	Minolta	Langenhagen
Greiner	Armin	Neocompute	Essen
Heller	Markus	Alianz	Köln
König	Maria	Alianz	Köln
Kummer	Ralf	Kommer GmbH	Hamburg
Kurz	Heinrich	Postbank	Braunschweig
Meter	Martina	Telekom	Stuttgart
Müller	Herbert	ESD	Düsseldorf
Müller	Sven	Telekom	Gerlingen
Philippin	Jörg	Postversicherung	Weilimdorf

Abbildung 17.9: Alle Felder sind noch mit dem Original verknüpft

Um die Excel-Daten im kopierten Bereich von Excel nach Word zu übertragen, müssen Sie beim Einfügen darauf achten, dass Sie bei der Methode `PasteSpecial` *das Argument* `Link` *auf den Wert* `True` *setzen.*

17.3 Excel im Zusammenspiel mit Access

Die Zusammenarbeit zwischen Excel und Access bietet interessante Möglichkeiten in der Praxis. Unbestritten ist, dass das Datenbankprogramm Access in der Verwaltung von Massendaten die geeignetere Oberfläche darstellt; wenn es jedoch um flexibles Bearbeiten von Daten geht, nimmt Excel die führende Rolle ein. So können Sie die Daten in einer Access-Datenbank speichern und über Excel darauf zugreifen. Diesen Zugriff können Sie entweder mit der älteren Zugriffsmethode DAO (Data Access Object) oder mit der neuen Methode ADO (ActiveX Data Object) bewerkstelligen. Das folgende Beispiel aus der Praxis wird aus Aktualitätsgründen mit ADO programmiert.

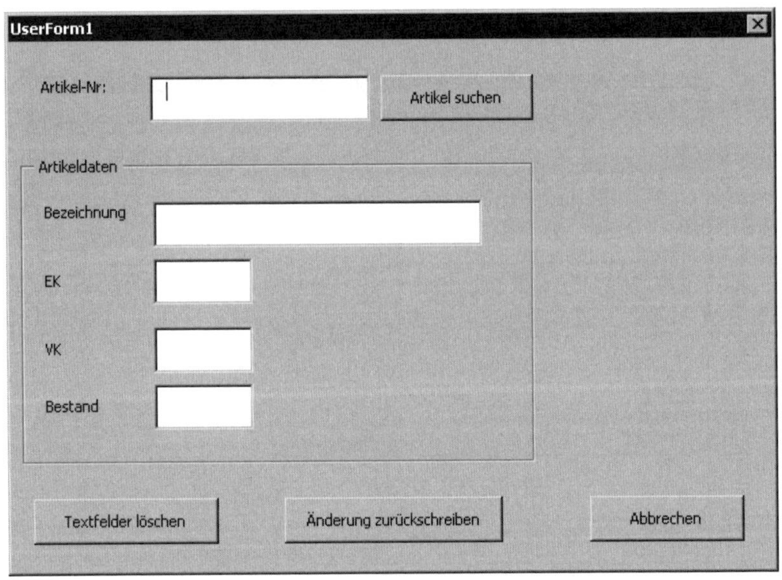

Abbildung 17.10: *Die UserForm in Excel zum Anzeigen der Artikel*

Die Aufgabe

Erstellen Sie ein Modell, bei dem Artikeldaten in einer Access-Datenbank verwaltet werden. Der Zugriff auf diese Datenbank soll von Excel mittels einer UserForm stattfinden. Unter Zugriff ist in erster Linie eine Suchen-Funktion zu verstehen, die anhand der eingegebenen Artikelnummer die restlichen Artikeldaten aus Access holt und in der UserForm anzeigt. Des Weiteren soll es aber auch möglich sein, die Daten in Excel zu ändern und in die Access-Datenbank zurückzuschreiben.

Die Realisierung

Legen Sie zuerst eine Access-Datenbank an, die die Struktur aus Abbildung 17.11 aufweist.

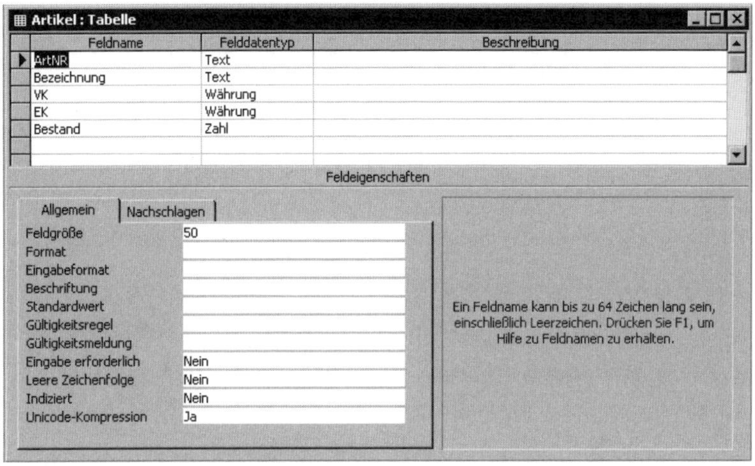

Abbildung 17.11: *Die Artikeldatenbank in Access*

Entwerfen Sie nun in Excel eine UserForm nach dem Vorbild von Abbildung 17.11.

Die Textfelder in der UserForm sind von oben nach unten durchnummeriert (Textbox1 = Artikel-Nr., Textbox2=Bezeichnung usw.). Ebenso sind die Schaltflächen von oben nach unten und von links nach rechts nummeriert.

17.3.1 Datenbankabfrage durchführen

Nun soll in das Textfeld TEXTBOX1 eine Artikelnummer eingegeben und nach dem Klicken der Schaltfläche ARTIKEL SUCHEN die Access-Datenbank im Hintergrund geöffnet, der gewünschte Artikel herausgesucht und anschließend in der UserForm von Excel angezeigt werden.

Bibliotheken aktivieren

Um mit der Datenzugriffsmethode ADO überhaupt arbeiten zu können, müssen Sie vorher noch die Bibliothek MICROSOFT ACTIVEX DATA OBJECTS 2.1 LIBRARY einbinden. Dazu wechseln Sie in die Entwicklungsumgebung, wählen aus dem Menü EXTRAS den Befehl VERWEISE, aktivieren diese Bibliothek und bestätigen mit OK.

Klicken Sie in der Entwicklungsumgebung in der UserForm auf die Schaltfläche ARTIKEL SUCHEN und erfassen Sie folgendes Makro.

Listing 17.8: Datenbankabfrage über Suchbegriff aus Excel heraus durchführen

```
Private Sub CommandButton1_Click()
Dim ADOC As New ADODB.Connection
Dim DBS As New ADODB.Recordset
Dim Dia As UserForm
Dim s As String

    ADOC.Open "Provider= _
  Microsoft.Jet.OLEDB.4.0;Data _
  Source=C:\eigene Dateien\Artikel.mdb;"
   Set Dia = UserForm1
   s = Dia.TextBox1.Value
   s = "ArtNr = '" & s & "'"
  DBS.Open "Artikel", ADOC, adOpenKeyset, adLockOptimistic
   On Error GoTo Fehler
    DBS.Find s
    With Dia
     .TextBox2.Value = DBS!Bezeichnung
     .TextBox3.Value = DBS!EK
     .TextBox4.Value = DBS!VK
     .TextBox5.Value = DBS!Bestand
    End With

    DBS.Close
    ADOC.Close
    Exit Sub

Fehler:
   MsgBox "Der Artikel mit der Nr. " & _
    s & " konnte nicht gefunden werden!"
   DBS.Close
   ADOC.Close
End Sub
```

Definieren Sie zuerst eine Objektvariable vom Typ `Connection`, um später die Verbindung zur Datenquelle herzustellen. Als zweite Objektvariable benötigen Sie ein `RekordSet`-Objekt, welches nachher alle Datensätze der Datenquelle aufnehmen soll. Um die Verbindung zur Access-Datenbank herzustellen, benötigen Sie zuerst einmal eine Verbindung zu Ihrem Provider, die Sie mit der Methode `Open` herstellen. Dieser Provider stellt alle Funktionen zur Verfügung, die notwendig sind, um auf den Access-Datenbestand zuzugreifen. Die Datenbank ARTIKEL.MDB ist jetzt geöffnet. Bilden Sie jetzt den Suchbegriff, der sich aus der Eingabe des ersten Textfeldes in Ihrer UserForm ergibt. Ergänzen Sie diese Eingabe um den Namen des Datenfeldes ARTNR. Öffnen Sie wiederum mit der Methode `Open` die Datentabelle, die den Artikelbestand enthält. Setzen Sie nun die Methode `Find` ein, der Sie den Suchbegriff übergeben.

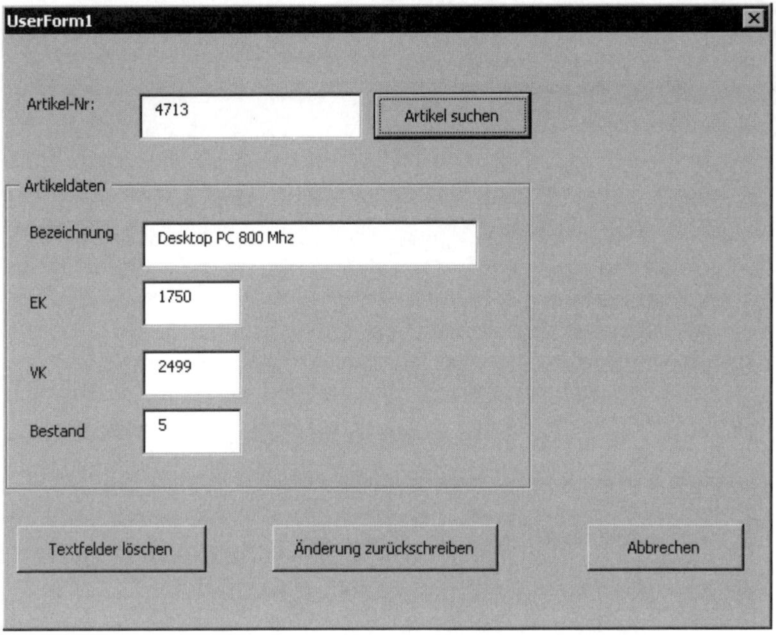

Abbildung 17.12: *Artikel wurde in der Access-Datenbank gefunden*

Die Methode sucht im Recordset-Objekt `DBS` nach dem Datensatz, der den angegebenen Kriterien entspricht. Ist das Kriterium erfüllt, wird der gefundene Datensatz zum aktuellen Datensatz des Recordsets. Jetzt können Sie die einzelnen Datenfelder aus dem Recordset-Objekt auslesen und in die Textfelder Ihrer UserForm übertragen. Wird jedoch kein gültiger Satz gefunden, sorgt die `On Error`-Anweisung dafür, dass zum Ende des Makros verzweigt wird. Dort geben Sie zur Info eine Warnmeldung auf dem Bildschirm aus.

Achten Sie darauf, dass Sie am Ende des Makros sowohl die Verbindung zum Provider trennen als auch die Datenbank wieder schließen. In beiden Fällen setzen Sie die Methode `Close` *ein.*

17.3.2 Datenbank-Update durchführen

Im nächsten Schritt werden Sie die Aktualisierung der Access-Datenbank mit eingegebenen Excel-Daten angehen. Dabei muss unterschieden werden, ob ein bereits bestehender Satz upgedatet oder ein neuer Datensatz eingefügt werden muss. Klicken Sie in der Entwicklungsumgebung auf die Schaltfläche ÄNDERUNGEN ZURÜCKSCHREIBEN und erfassen Sie das Makro aus Listing 17.9.

Listing 17.9: Datenbankaktualisierung durchführen (Neuanlage bzw. Update)

```
Private Sub CommandButton3_Click()
Dim ADOC As New ADODB.Connection
Dim DBS As New ADODB.Recordset
Dim Dia As UserForm
Dim s As String

    ADOC.Open "Provider= _
    Microsoft.Jet.OLEDB.4.0;Data _
    Source=C:\eigene Dateien\Artikel.mdb;"
    DBS.Open "Select * from Artikel", _
    ADOC, adOpenKeyset, adLockOptimistic
   Set Dia = UserForm1
   s = Dia.TextBox1.Value
   s = "ArtNr = '" & s & "'"
    On Error GoTo Fehler
    DBS.Find s
     With Dia
       DBS!Bezeichnung = .TextBox2.Value
       DBS!EK = .TextBox3.Value
       DBS!VK = .TextBox4.Value
       DBS!Bestand = .TextBox5.Value
       DBS.Update
     End With
    DBS.Close
    MsgBox "Satz geändert!"
    Exit Sub

Fehler:
 DBS.AddNew
 With Dia
       DBS!ArtNr = .TextBox1.Value
       DBS!Bezeichnung = .TextBox2.Value
       DBS!EK = .TextBox3.Value
       DBS!VK = .TextBox4.Value
       DBS!Bestand = .TextBox5.Value
       DBS.Update
     End With
    DBS.Close
    MsgBox "Satz neu eingefügt!"
End Sub
```

Stellen Sie die Verbindung mit Ihrem Provider her, öffnen Sie die Datenbank und lesen Sie mit der Anweisung `Select` alle Datensätze der Datentabelle in die Rekordset-Objektvariable `DBS`. Bilden Sie nun den Suchbegriff aus dem Inhalt des Textfeldes TEXTBOX1 (ARTIKEL-

NR.) und wenden Sie die Methode `Find` an. Wird die Artikelnummer in der Access-Datenbank gefunden, schreiben Sie die aktuellen Feldinhalte aus der UserForm direkt in die Datentabelle von Access.

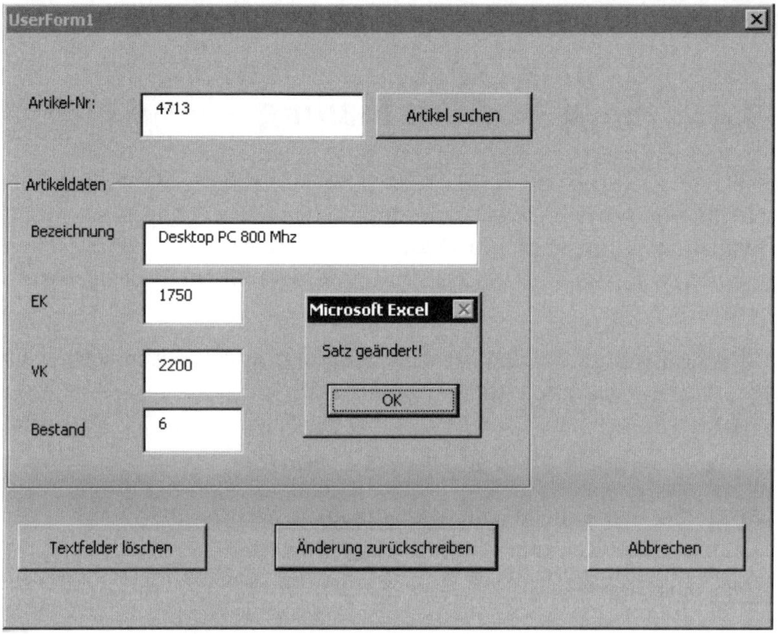

Abbildung 17.13: *VK-Preis und Bestand wurden geändert*

Vergessen Sie nicht, zum Abschluss der Übertragung die Methode `Update` *anzuwenden. Erst dann werden die Änderungen wirklich gespeichert.*

Eine kleine Zusatzfunktion, die sehr nützlich ist, ist die, alle Textfelder in der UserForm auf einmal zu löschen. Dazu wenden Sie das Makro aus Listing 17.10 an.

Listing 17.10: *Alle Textfelder in einer UserForm löschen*

```
Private Sub CommandButton2_Click()
 TextfelderLöschen
End Sub
Sub TextfelderLöschen()
Dim tb As Object
    For Each tb In UserForm1.Controls
      If TypeName(tb) = "TextBox" Then tb.Text = ""
    Next tb
End Sub
```

Klicken Sie in der Entwicklungsumgebung auf die Schaltfläche TEXTFELDER LEEREN und rufen Sie im Klick-Ereignis der Schaltfläche das Makro `TextfelderLöschen` auf. Setzen Sie eine Schleife auf, die alle eingefügten Steuerelemente kontrolliert und die ermittelten Textfelder initialisiert.

17.4 Excel und das Mailing

Seit der Version Excel 2000 müssen Sie auch nicht mehr programmieren, wenn Sie Excel-Dateien als Webseiten speichern möchten. Dabei haben Sie sogar die Möglichkeit, interaktive Webseiten zu erstellen, d.h. die Daten können auch direkt im Internet bearbeitet werden.

Ein interessanter Bereich, in dem Sie noch etwas optimieren können, ist das Versenden von E-Mails.

17.4.1 Tabelle als E-Mail versenden

Wenn Sie die Tabelle, die Sie gerade in Bearbeitung haben, per E-Mail versenden und dabei nicht die komplette Arbeitsmappe, sondern eben nur die aktive Tabelle verschicken möchten, dann setzen Sie folgendes Makro aus Listing 17.11 ein.

Abbildung 17.14: Die Ausgangssituation: die Umsatztabelle

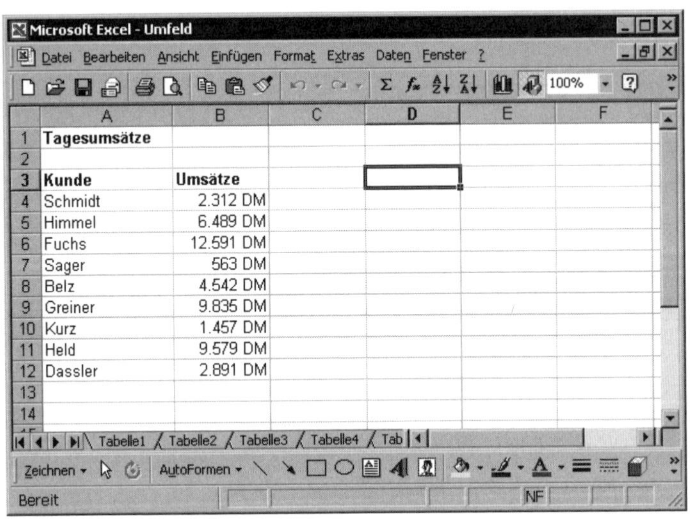

Den Text aus Zelle A1 nehmen Sie als Titel der E-Mail sowie als Namen der angehängten Arbeitsmappe. Den Empfänger fragen Sie über eine Eingabe vom Anwender ab.

```
Sub AktiveTabelleAlsEMailVersenden()
Dim Empfänger As String

 Empfänger = InputBox _
 ("Geben Sie den Empfänger des e-Mails ein!")
 If Empfänger = "" Then Exit Sub
 ActiveWorkbook.ActiveSheet.Copy
 ActiveWorkbook.SaveAs Range("A1").Value & ".xls"
 ActiveWorkbook.SendMail Recipients:=Empfänger, _
    Subject:=Range("A1").Value
 ActiveWorkbook.Close savechanges:=False
End Sub
```

Listing 17.11: *Aktive Tabelle als E-Mail mit Anhang versenden*

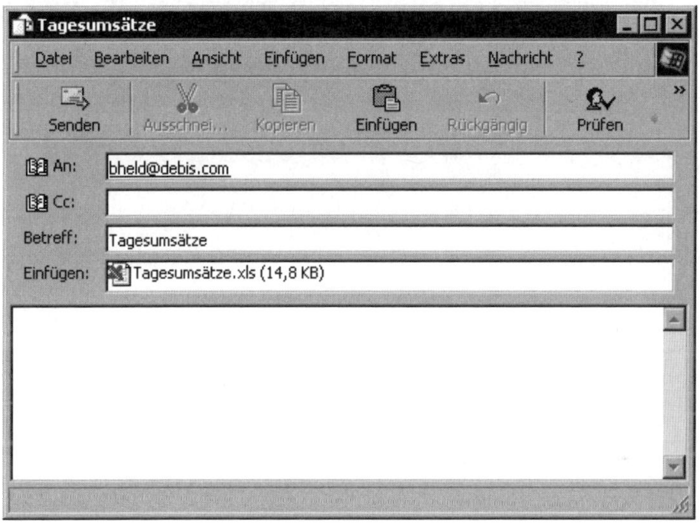

Abbildung 17.15: *Das Ergebnis: eine E-Mail mit einer Excel-Tabelle als Anhang*

Kopieren Sie die aktive Tabelle zuerst einmal in eine neue Arbeitsmappe und setzen Sie hierfür die Methode `Copy` ein. Speichern Sie die neue Arbeitsmappe gleich im Anschluss unter dem Namen, den Sie aus Zelle A1 herauslesen. Schicken Sie danach diese Arbeitsmappe über die Methode `SendMail` an Ihr installiertes E-Mail-System. Im Argument `Recipients` geben Sie den E-Mail-Empfänger an, den Sie vorher über die Funktion `Inputbox` vom Anwender erfragt haben. Im Argument `Subject` geben Sie den Namen des Betreffs ein, den Sie ebenfalls aus der Zelle A1 ermitteln. Wenn Sie möchten, können Sie noch das Argument `ReturnReceipt` einsetzen, das Sie auf den Wert `True` setzen, sofern Sie eine Empfangsbestätigung einholen möchten.

:-) TIPP

Geben Sie im Argument `Subject` *der Methode* `SendMail` *nichts an, so wird standardmäßig der Name der angehängten Datei als Betreff verwendet.*

17.4.2 Excel-Bereich als E-Mail versenden

Im nächsten Beispiel gehen Sie noch einen Schritt weiter. Versenden Sie einen vorher ausgewählten Bereich von Zellen als E-Mail.

***Abbildung 17.16:** Wählen Sie den Bereich aus, den Sie versenden möchten*

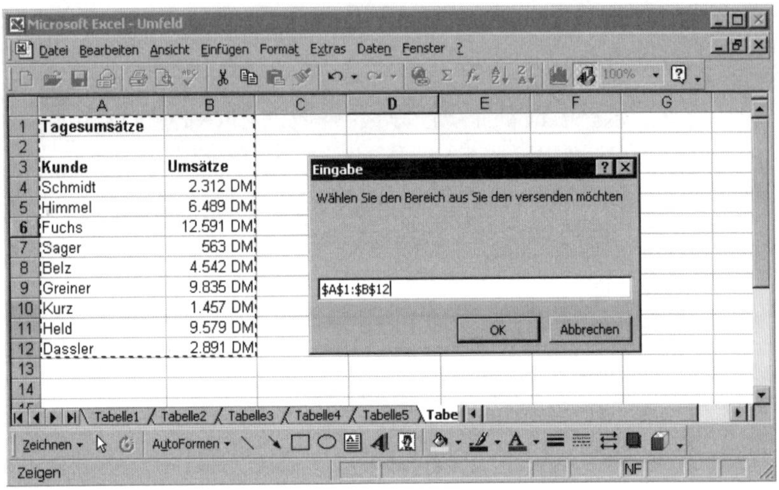

***Listing 17.12:** Markierten Zellbereich als E-Mail versenden*

```
Sub BereichAlsEMailVersenden()
Dim Empfänger As String
Dim Bereich As Range

  Application.SheetsInNewWorkbook = 1
  Empfänger = InputBox _
  ("Geben Sie den Empfänger der E-Mails ein!")
  If Empfänger = "" Then Exit Sub
  Set Bereich = Application.InputBox( _
  "Wählen Sie den Bereich aus, den Sie versenden möchten", _
   Type:=8)
  Range(Bereich.Address).Select
  Selection.Copy
  Workbooks.Add
  ActiveSheet.Paste
  ActiveWorkbook.SaveAs "Anhang.xls"
  Application.Dialogs(xlDialogSendMail).Show _
            Empfänger, "markierter Bereich"
End Sub
```

Setzen Sie die Funktion Inputbox vom Typ 8 ein, um über den Dialog eine Zellenmarkierung erreichen zu können. Danach kopieren Sie die Auswahl, fügen eine neue Arbeitsmappe ein und fügen den Inhalt der Zwischenablage in die neue Arbeitsmappe ein. Speichern Sie die Arbeitsmappe unter dem Namen ANHANG.XLS und rufen Sie den integrierten E-Mail-Dialog von Excel auf.

17.4.3 Mehrere Arbeitsmappen per E-Mail versenden

Möchten Sie regelmäßig eine ganze Reihe von Dateien versenden, können Sie diesen Vorgang automatisieren. Im folgenden Beispiel werden alle Dateien aus dem Verzeichnis C:\RECHNUNGEN\ als E-Mail-Anhang in Outlook versendet.

Listing 17.13: Alle Dateien in einem Verzeichnis an eine E-Mail anhängen und versenden

```
Sub EMailVerschickenMitAnhängen()
Dim outObj As Object
Dim Mail As Object
Dim i As Integer

  Set outObj = CreateObject("Outlook.Application")
  Set Mail = outObj.CreateItem(0)
  With Mail
    .Subject = "Rechnungen"
    .Body = "Sehr geehrte Damen und Herren " & Chr(13) & _
    "Bitte prüfen Sie die angehängten Rechnungen" & _
     Chr(13) & "Viele Grüße " & Chr(13) & _
      Application.UserName
    .To = "Rewe@Mac.de"
    .CC = "Fibu@Mac.de"
   End With
      With Application.FileSearch
        .NewSearch
        .LookIn = "c:\Rechnungen\"
        .SearchSubFolders = True
        .FileType = msoFileTypeAllFiles
        .Execute
        For i = 1 To .FoundFiles.Count
           Mail.Attachments.Add .FoundFiles(i)
        Next i
      End With
   Mail.Display
   Set Mail = Nothing
   Set outObj = Nothing
  End Sub
```

Definieren Sie zuerst zwei Objektvariablen. Die erste Variable `outObj` soll einen Verweis auf die Anwendung Outlook darstellen, die zweite Variable `Mail` gibt einen Verweis auf die Outlook-Komponente, die für das Erstellen und Verschicken von E-Mails verantwortlich ist. Über die Funktion `CreateObject` erstellen Sie ein Outlook-Objekt. Mit der Methode `CreateItem` erstellen Sie ein Outlook-Element. Entnehmen Sie der Tabelle 17.1 die einzelnen Elemente, die Sie in Outlook erstellen können.

***Tabelle 17.1:** Die Outlook-Elemente im Überblick*

Index	Konstante	Aufgabe in Outlook
0	`olMailItem`	Erstellen von E-Mails
1	`olAppointmentItem`	Termine bearbeiten und verwalten
2	`olContactItem`	Bearbeiten und Verwalten von Kontakten
3	`olTaskItem`	Bearbeiten und Verwalten von Aufträgen
4	`olJournalItem`	Journaleinträge erstellen und verwalten
5	`olNoteItem`	Bearbeiten und Verwalten von Notizen
6	`olPostItem`	Verschicken von E-Mails

:-) TIPP

Wenn Sie die Online-Hilfe nützen möchten, um zu den einzelnen Outlook-Befehlen mehr Informationen zu bekommen, müssen Sie die Objektbibliothek MICROSOFT OUTLOOK 9.0 OBJECT LIBRARY *unter dem Menü* EXTRAS/VERWEISE *einbinden.*

Legen Sie mit der Eigenschaft `Subject` den Betreff der E-Mail-Nachricht an. Über die Eigenschaft `Body` können Sie den E-Mail-Text festlegen. Mit dem Zeichen `&` können Sie diesen Text auch mehrzeilig schreiben. Mit Hilfe der Eigenschaft `To` geben Sie die E-Mail-Adresse des Empfängers der E-Mail an. Möchten Sie die E-Mail an mehrere Empfänger schicken, dann geben Sie die einzelnen E-Mail-Adressen durch ein Semikolon getrennt ein. Wenn Sie die E-Mail als Kopie an weitere Empfänger senden möchten, die nicht unmittelbar davon betroffen sind, dann verwenden Sie die Eigenschaft `CC`.

STOP

Die Eigenschaft `BCC` *können Sie einsetzen, um eine Blindkopie der E-Mail zu verschicken. Dadurch bekommt der eigentliche Adressat der E-Mail nicht mit, dass Sie die E-Mail auch noch jemand anderem als Kopie gesendet haben.*

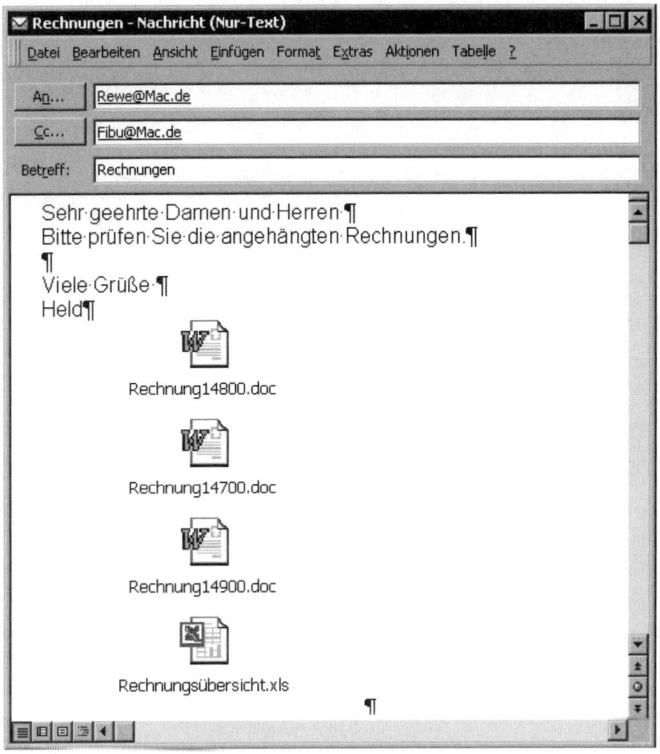

Abbildung 17.17: Alle Rechnungen zur Prüfung versenden

Setzen Sie nun die Eigenschaft `FileSearch` ein, um alle Dateien im Verzeichnis C:\RECHNUNGEN\ zu ermitteln, und hängen Sie diese mit Hilfe der Methode `Add` als Anhang an Ihre E-Mail an. Zeigen Sie zum Abschluss den E-Mail-Dialog über die Methode `Display` an und geben Sie den reservierten Speicherplatz für die Objektvariablen wieder frei.

17.4.4 E-Mail bei Änderung senden

Im letzten Beispiel zum Versenden von E-Mails soll eine Nachricht automatisch versendet werden, sobald sich in einer bestimmten Tabelle eine Änderung ergibt. Innerhalb der Tabelle soll nur eine bestimmte Spalte überwacht werden. Für diese Aufgabe setzen Sie das Ereignis `Worksheet_Change` ein und gehen dabei wie folgt vor:

STEP

1. *Wechseln Sie auf das Tabellenblatt, bei dem Sie diese Funktion hinterlegen möchten.*

2. *Klicken Sie mit der rechten Maustaste auf den Tabellenreiter des Tabellenblattes und wählen Sie aus dem Kontextmenü den Befehl* CODE ANZEIGEN.
3. *Erfassen Sie das Ereignis* `Worksheet_change`.

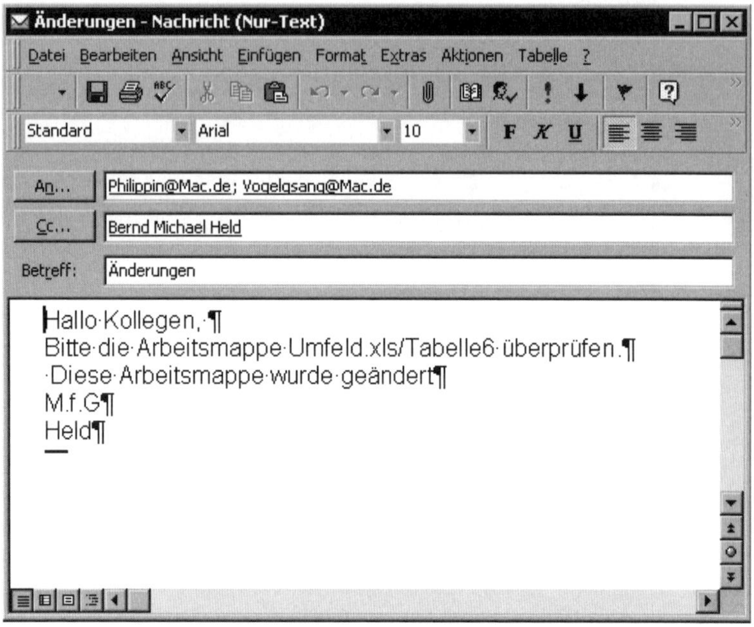

Abbildung 17.18: *Automatisches Mailing*

Listing 17.14: *Ereignis Worksheet_-Change zum Versenden einer E-Mail bei Dateiänderung*

```
Private Sub Worksheet_Change(ByVal Target As Excel.Range)
Dim outObj As Object
Dim Mail As Object

 If Target.Column = 2 Then
  ActiveWorkbook.Save
  Set outObj = CreateObject("Outlook.Application")
  Set Mail = outObj.CreateItem(0)
  Mail.Subject = "Änderungen"
  Mail.Body = "Hallo Kollegen, " & Chr(13) & _
  "Bitte die Arbeitsmappe Umfeld.xls/Tab6 überprüfen." & _
  Chr(13) & " Die Arbeitsmappe wurde geändert" & Chr(13) _
  & "M.f.G" & Chr(13) & Application.UserName
  Mail.To = "Philippin@Mac.de; Vogelgsang@Mac.de"
  Mail.CC = "Machero@aol.com"
  Mail.Display
 End If
 Set Mail = Nothing
 Set outObj = Nothing
End Sub
```

Praxisführer

Teil V

Fehlerbehandlung, Tuning und Schutz von VBA-Projekten

Kapitel 18

Dieses Kapitel hat zum Ziel, Möglichkeiten aufzuzeigen, wie Sie vorgehen können, wenn Sie bei der Programmierung Ihrer Makros auf Schwierigkeiten stoßen. Dabei können Probleme bezüglich der Syntax von einzelnen Befehlen, mit einzelnen Strukturen wie Schleifen und Verzweigungen oder mit Fehlermeldungen auftreten.

Vielleicht möchten Sie bei einer gestellten Aufgabe das Rad auch nicht noch einmal neu erfinden und vorher im Internet recherchieren. In diesem Fall blättern Sie weiter in den Anhang C.

REF

Haben Sie ein Makro zum Laufen gebracht und möchten Sie es noch optimieren, damit es schneller und sicherer abläuft, dann finden Sie in diesem Kapitel Antworten auf Ihre Fragen.

Alle Beispiele in diesem Kapitel finden Sie auf der CD im Verzeichnis KAP18 *unter dem Namen* FEHLER.XLS.

CD-ROM

18.1 Kleinere Fehler beheben

Erzeugt ein Makro einen Fehler, so sollten Sie im ersten Schritt einmal kontrollieren, ob Sie die Syntax des Befehls richtig verwendet haben.

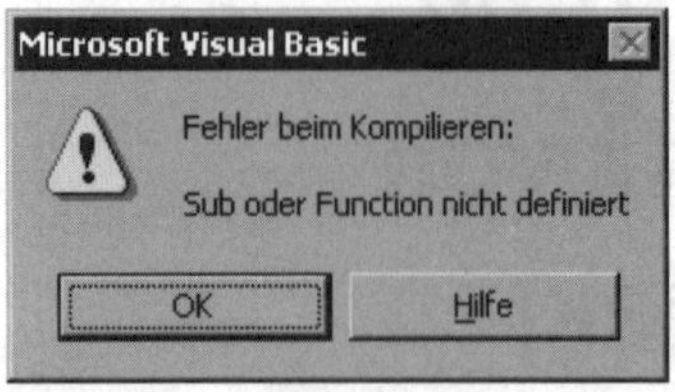

Abbildung 18.1: *Diese Meldung deutet auf einen Syntaxfehler hin*

Syntax richtig? Enthält Ihr Programmcode Syntaxfehler, dann wird bei Starten des Makros vorher eine Syntaxprüfung durchgeführt. Klicken Sie auf die Schaltfläche OK. Excel markiert dann den Befehl im Makro, an dem der Syntaxfehler auftritt. Informieren Sie sich über die richtige Syntax des Befehls, indem Sie die Taste `F1` drücken und in der Online-Hilfe nachsehen.

Variablendefinition gemacht? Einen weiteren häufigen Fehlerfall stellt das Fehlen der Definitionen von Variablen dar. Die Meldung in Abbildung 18.2 tritt jedoch nur auf, wenn Sie in Ihrem Modulblatt die Anweisung `Option=exlicit` angegeben haben. Diese Anweisung bewirkt, dass Variablen definiert werden müssen, um eingesetzt werden zu können. Diese Einstellung sollten Sie auf jeden Fall beibehalten, weil sie später die Suche nach Fehlern erleichtert und für eine bessere Übersichtlichkeit sorgt.

Abbildung 18.2: *Die Variable ist nicht definiert*

Definieren Sie die fehlende Variable und starten Sie das Makro erneut.

Objekt vorhanden? Oft treten Fehler auf, wenn Sie versuchen, auf Elemente in Excel zuzugreifen, die gar nicht zur Verfügung stehen. So liefert der Versuch, auf ein Tabellenblatt zu springen, welches in der Arbeitsmappe nicht vorhanden ist, die Fehlermeldung in Abbildung 18.3.

Wenn Sie auf die Schaltfläche DEBUGGEN klicken, springt Excel genau an die Stelle im Code, die diesen Fehler verursacht. Alternative Nummern von Fehlermeldungen für dasselbe Problem sind 424 bzw. 1004.

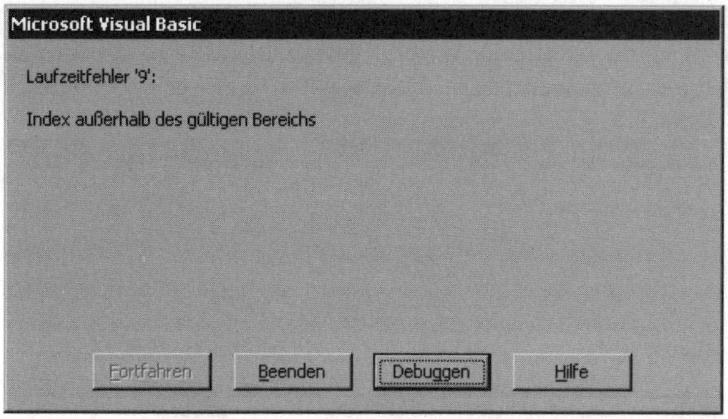

Abbildung 18.3: *Laufzeitfehler Nummer 9*

:-) TIPP

Eine komplette Liste an auffangbaren Fehlern können Sie der Online-Hilfe entnehmen, wenn Sie im Index den Suchbegriff AUFFANGBARE FEHLER *eingeben.*

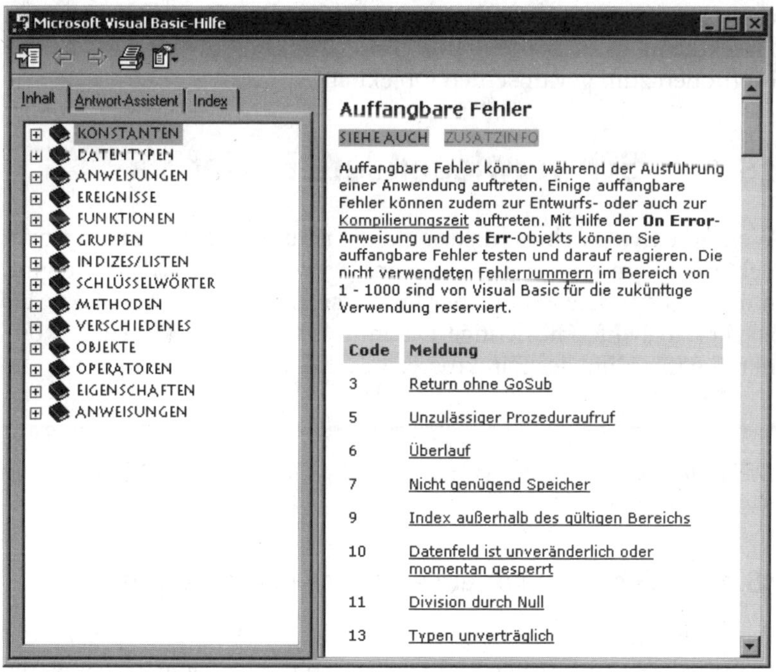

Abbildung 18.4: *Alle auffangbaren Fehler in der Online-Hilfe von Excel*

Klicken Sie auf den Hyperlink der Fehlerbezeichnung, um weitere Informationen zum Fehler und eine Beschreibung zu bekommen, wie Sie diesen Fehler vermeiden können.

Methode, Eigenschaft verfügbar?

Zum Fehler kommt es auch, wenn Sie versuchen, eine Eigenschaft bzw. eine Methode, welche gar nicht zu Verfügung steht, auf ein Objekt anzuwenden.

Abbildung 18.5: *Laufzeitfehler 438*

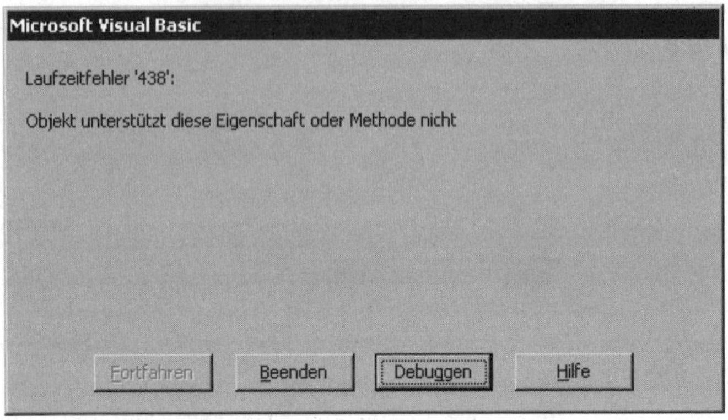

Hier empfiehlt es sich, im Objektkatalog nachzusehen, welche Eigenschaften bzw. Methoden das Objekt zur Verfügung hat. Drücken Sie in der Entwicklungsumgebung die Taste [F2], um den Objektkatalog zu starten, und listen Sie alle Eigenschaften und Methoden zum gewünschten Objekt auf.

18.2 Schwerwiegendere Fehler

Wenn die Syntax eines Makros richtig ist und es trotzdem zu einem Fehlerfall kommt, der sich aus dem Algorithmus des Makros ergibt, müssen Sie feststellen, wo der Fehler auftritt und ob das Makro bis zu diesem Fehlerfall richtige Daten lieferte. Den Test hierfür können Sie mit Hilfe des Direktbereiches durchführen.

REF

Die Bedienung der Testumgebung und des Direktbereiches können Sie in Kapitel 2 nachlesen.

18.2.1 Fehler im Vorfeld erkennen und reagieren

Besser ist es natürlich, Fehler schon im Vorfeld abzufangen und richtig darauf zu reagieren. Dazu setzen Sie standardmäßig die Anweisung `On Error` ein.

Fehlerbehandlungsroutine anspringen

Bei dieser Anweisung haben Sie die Möglichkeit, Fehlerbehandlungsroutinen in Ihrem Code anzuspringen. Dazu sehen Sie sich das Makro aus Listing 18.1 an.

```
Sub DateiÖffnen()
 On Error GoTo Fehler
    Workbooks.Open Filename:= _
 ("Q:\Daten\Mappe1.xls"), Notify:=False
   Exit Sub
Fehler: MsgBox  _
 ("Bitte Warten Sie bis die Datei wieder frei ist.")
End Sub
```

Listing 18.1: Verzweigen zu einer Fehlerbehandlungsroutine

Im Makro aus Listing 18.1 wird versucht, eine bestimmte Arbeitsmappe auf einem Netzlaufwerk zu öffnen. Ist diese Arbeitsmappe jedoch schon von einem anderen Mitarbeiter geöffnet, dann soll die Arbeitsmappe nicht geöffnet werden. Dazu setzen Sie die `On Error`-Anweisung ein, um im Fehlerfall zur Fehlerbehandlungsroutine zu springen. Dort wird eine Meldung ausgegeben, dass die Arbeitsmappe noch in Bearbeitung ist. Um im Normalfall zu verhindern, dass die Fehlerbehandlungsroutine durchlaufen wird, setzen Sie nach dem Öffnen der Arbeitsmappe die Anweisung `Exit Sub` ein, die das Makro auf der Stelle beendet.

Fehler ignorieren

In vielen Fällen müssen Sie nur verhindern, dass ein Makro abstürzt, ohne eine Fehlermeldung anzuzeigen und damit den Anwender zu beunruhigen. Sehen Sie dazu die Lösung aus Listing 18.2.

```
Sub VorherigesBlattAktivieren()
 On Error Resume Next
 ActiveSheet.Previous.Activate
End Sub
```

Listing 18.2: Das vorherige Tabellenblatt in der Arbeitsmappe aktivieren

Falls Sie sich bereits auf dem ersten Tabellenblatt der Arbeitsmappe befinden und dennoch versuchen, das Tabellenblatt davor zu aktivieren, tritt ein Fehlerfall ein, den Sie mit Hilfe der Anweisung `On Error Resume Next` jedoch an der Anzeige hindern.

Fehlerursache ermitteln

Wenn ein Laufzeitfehler auftritt, werden die Eigenschaften des `Err`-Objekts mit Information gefüllt, die den Fehler sowie die Informationen, die zur Verarbeitung des Fehlers verwendet werden können, eindeutig kennzeichnen. Jeder Fehler hat in Excel eine eindeutige Nummer, die Sie abfangen können.

```
Sub WordMitNeuemDokumentStarten()
Dim WordObj As Object
Dim WordDoc As Object

 On Error Resume Next
 Set WordObj = GetObject(, "word.application.9")
 If Err.Number = 429 Then
```

Listing 18.3: Die Fehlerursache eines Makros ermitteln

```
        Set WordObj = CreateObject("word.application.9")
        Err.Number = 0
    End If
    WordObj.Visible = True
    Set WordDoc = WordObj.Documents.Add
End Sub
```

Haben Sie Ihre Textverarbeitung Word bereits gestartet, kommt es zu keinem Fehlerfall beim Versuch, Word über die Funktion `GetObject` zu aktivieren. Im Fall dessen, dass Word noch nicht geöffnet ist, meldet Excel die Fehlernummer `429`, welche sinngemäß besagt, dass es nicht möglich war, die Applikation zu aktivieren. In diesem Fall können Sie die Anweisung `If` einsetzen, um gezielt darauf zu reagieren. Ihre Reaktion besteht nun darin, über die Funktion `CreateObject` ein Word Objekt zu erstellen.

Die Funktion IsError

Eine weitere Möglichkeit, Fehler zu umgehen, bietet die Funktion `IsError`. Diese Funktion liefert den Wert `True` zurück, wenn der Ausdruck fehlerhaft ist. Wenden Sie diese Funktion an, indem Sie innerhalb eines markierten Bereichs alle Zellen, die Fehlerwerte liefern, mit der Zahl 0 überschreiben.

Listing 18.4: *Zellen mit Fehlerwerten auf Null setzen*

```
Sub FehlerzellenAufNull()
Dim Zelle As Range

For Each Zelle In Selection
    If IsError(Zelle.Value) Then
        Zelle.Value = 0
    End If
Next Zelle
End Sub
```

Abbildung 18.6: *Fehlerhafte Zellen in Excel bereinigen*

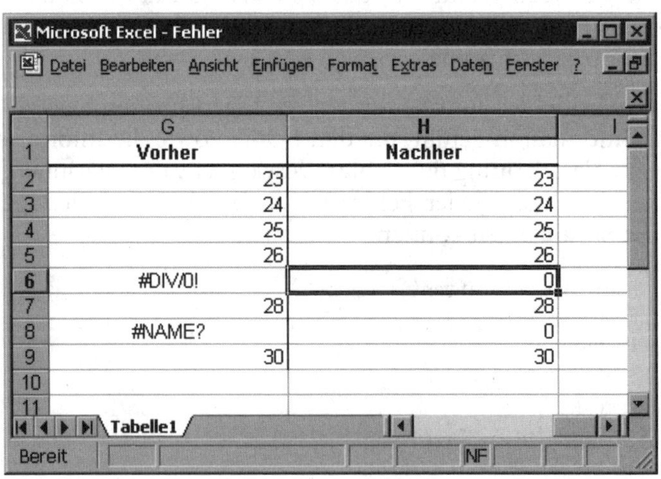

Sollten Sie bei der Suche nach Fehlern nicht weiterkommen, können Sie im Internet recherchieren. Dazu blättern Sie weiter in den Anhang C.

REF

18.3 Laufzeiten verkürzen

Laufen Ihre Makros, gibt es doch immer noch etwas zu optimieren. Optimieren können Sie die Ablaufgeschwindigkeit sowie die Strukturierung Ihres Quellcodes. So ist durch den Einsatz bestimmter Befehle und die Definition der richtige Variablen schon viel gewonnen. Nicht immer liegt es jedoch am Makro selbst, wenn die Geschwindigkeit zu wünschen übrig lässt. Auch an dieser Ecke können Sie etwas verbessern.

18.3.1 Befehle zusammenfassen

Um ein Makro noch schneller ablaufen zu lassen, müssen Sie versuchen, mit so wenig Befehlen wie möglich auszukommen. Da Excel Zeile für Zeile Ihrer Makros interpretieren muss, können viele Befehle zusammengefasst oder vereinfacht werden. Sehen Sie sich dazu die nächsten beiden Makros an.

```
Sub ZellenÜbertragenLangsam()
Dim i As Integer
Dim s As String

 Sheets("Tabelle1").Activate
 Range("A1").Select
 s = Range("A1").Value
For i = 1 To 10
 Sheets("Tabelle2").Activate
 ActiveCell.Value = s
 ActiveCell.Offset(1, 0).Select
 Sheets("Tabelle1").Activate
 ActiveCell.Offset(1, 0).Select
 s = ActiveCell.Value
Next i
End Sub
```

***Listing 18.5:** Zellen übertragen von einem Blatt zum anderen (langsame Methode)*

Vorher (nachher Listing 18.6)

Was kann im Makro aus Listing 18.5 verbessert werden?

Die Verbesserungen

1. Im ersten Schritt sollten die Namen der beteiligten Tabellenblätter gleich zu Beginn des Makros festgelegt werden. Dies erleichtert später eine Änderung des Quellcodes. Wenn sich beispiels-

weise die Namen der Tabellenblätter ändern, müssen Sie nicht im gesamten Code suchen, um die Namen der entsprechenden Tabellenblätter anzupassen.

2. Im zweiten Schritt machen Sie das Makro flexibler. Das Makro hört nach genau zehn Zeilen auf, Daten zu übertragen. Was aber passiert, wenn mehr als zehn Zellen übertragen werden sollen?
3. Im dritten Schritt versuchen Sie, weniger zwischen den Tabellenblättern hin- und her zu springen. Auch das Verschieben des Zellenzeigers sollte nicht so häufig geschehen. Wenn Sie öfters auf andere Tabellenblätter wechseln müssen, sollten Sie auf jeden Fall die Bildschirmaktualisierung mit dem Befehl `Application.Screenupdatung=False` ausschalten, um nicht ein Schwindelgefühl beim Anwender zu erzeugen bzw. überhaupt gar nicht zwischen den einzelnen Tabellen hin- und herspringen.

Abbildung 18.7: Die Ausgangssituation: eine Tabelle mit Daten

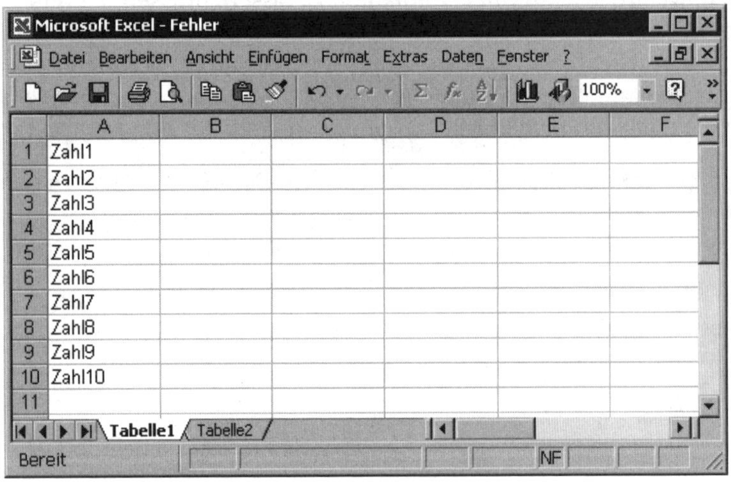

Schauen Sie sich nun die optimale Lösung in Listing 18.6 an.

Listing 18.6: Zellen übertragen von einem Blatt zum anderen (schnelle Methode)

Nachher (vorher Listing 18.5)

```
Sub ZellenÜbertragen()
Dim Tab1 As Worksheet
Dim Tab2 As Worksheet
Dim i As Integer
Dim y As Integer

   Set Tab1 = Worksheets("Tabelle1")
   Set Tab2 = Worksheets("Tabelle2")
   For i = 1 To Tab1.UsedRange.Rows.Count
```

```
        y = y + 1
        Tab2.Cells(i, 1) = Tab1.Cells(y, 1)
    Next i
End Sub
```

Zu Beginn des Makros aus Listing 18.6 definieren Sie zwei Variablen vom Typ `Worksheet`, die Sie danach mit der Anweisung `Set` füllen. Damit können die beiden Tabellen im gesamten Code in der Kurzform `Tab1` bzw. `Tab2` angesprochen werden. Danach setzen Sie eine Schleife auf, die beginnend bei der ersten Zelle bis zur letzten verwendeten Zelle der TABELLE1 die Zelleninhalte auf die TABELLE2 überträgt.

STOP

Bei dieser Methode verwenden Sie die Eigenschaft `Cells`, bei der Sie jeweils einen Zeilenindex und einen Spaltenindex angeben müssen. Da sich die zu übertragenden Daten in Spalte A befinden, können Sie den Spaltenindex in der Schleife konstant auf dem Wert 1 halten. Den Zeilenindex `i` für die TABELLE1 *und `y` für die* TABELLE2 *müssen Sie bei jedem Schleifendurchlauf um den Wert 1 erhöhen. Übertragen können Sie die Zellenwerte aus* TABELLE1, *indem Sie die jeweilige Zelle mit der gleichen Zelle auf* TABELLE2 *gleichsetzen. Es entfällt somit das zeitaufwendige Verschieben des Zellenzeigers.*

:-) TIPP

Wenn Sie beispielsweise Tabellen über Ihren Namen ansprechen, benötigt Excel länger, als wenn Sie Tabellen über einen Index ansprechen. So ist die Anweisung

```
Sheets(1).Activate
```

schneller als die Anweisung

```
Sheets("Tabelle1").Activate
```

Je kürzer, desto besser

Machen Sie fleißig von der Anweisung `With` Gebrauch. Diese Anweisung führt eine Reihe von Anweisungen für ein einzelnes Objekt oder einen benutzerdefinierten Typ aus. Damit können Sie sich eine Menge Schreibarbeit sparen und zusätzlich noch Ihr Makro schneller ablaufen lassen.

Listing 18.7: Den Office-Assistenten aufrufen (langsamere Variante)

Vorher (nachher Listing 18.8)

```
Sub OfficeAssistentAufrufenLangsam()
Dim Karle As Object

Set Karle = Assistant.NewBalloon
    Karle.Heading = "Themen"
    Karle.Icon = msoIconTip
    Karle.Mode = msoModeAutoDown
    Karle.BalloonType = msoBalloonTypeButtons
    Karle.Labels(1).Text = "Strukturierte Programmierung"
    Karle.Labels(2).Text = "Schnelle Programmierung"
    Karle.Labels(3).Text = "Sichere Programmierung"
    Karle.Animation = msoAnimationGreeting
    Karle.Button = msoButtonSetNone
    Karle.Show
End Sub
```

Im Makro aus Listing 18.7 wurde immerhin schon die Anweisung `Set` eingesetzt, um der Variablen `Karle` einen Objektverweis zu erstellen, damit Sie alle Eigenschaften und Methoden zum Objekt `Assistant` bekommen. Trotzdem fehlt dem Code noch die Anweisung `With`, die den Code noch übersichtlicher macht.

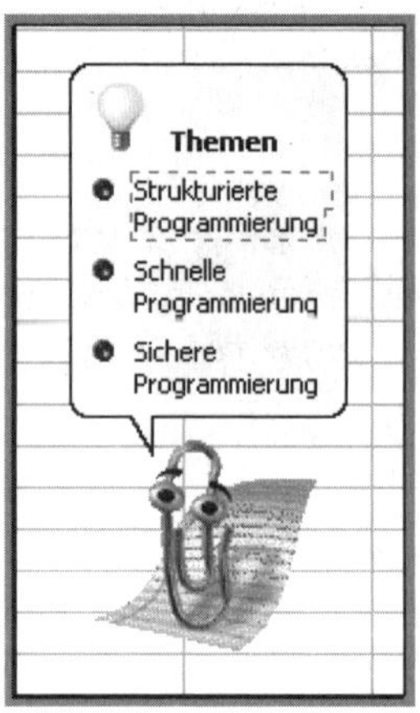

Abbildung 18.8: Karl Klammer, der Office-Assistent

Listing 18.8: Den Office-Assistenten aufrufen (schnelle Variante)

Nachher (vorher Listing 18.7)

```
Sub OfficeAssistentAufrufen()
Dim Karle As Object

Set Karle = Assistant.NewBalloon
With Karle
      .Heading = "Themen"
      .Icon = msoIconTip
      .Mode = msoModeAutoDown
      .BalloonType = msoBalloonTypeButtons
      .Labels(1).Text = "Strukturierte Programmierung"
```

```
    .Labels(2).Text = "Schnelle Programmierung"
    .Labels(3).Text = "Sichere Programmierung"
    .Animation = msoAnimationGreeting
    .Button = msoButtonSetNone
    .Show
End With
Set Karle = Nothing
End Sub
```

18.3.2 Variablen und Konstanten einsetzen

Vergessen Sie nicht, alle Variablen, die Sie im Makro verwenden, vorher zu definieren. Wenn Sie Variablen im Makro verwenden, die vorher nicht definiert worden sind, nimmt Excel an, dass es sich dabei um Variablen vom Typ `Variant` handelt.

REF

Lesen Sie mehr zum richtigen Einsatz von Variablen in Kapitel 3.

:-) TIPP

Um noch mehr Schnelligkeit beim Interpretieren der einzelnen Befehle zu bekommen, können Sie sich auch überlegen, möglichst kurze Namen bei der Benennung von Variablen und Konstanten zu verwenden. Allerdings wird dadurch die Lesbarkeit des Codes ziemlich eingeschränkt.

!! STOP

Bei der Definition von Variablen müssen Sie ebenso auf die richtige Syntax der Variablendefinition achten. So definieren Sie mit der Anweisung

```
Dim i_Map, i_Bla, i_Spa, i_Zei As Integer
```

nur die erste Variable vom Typ `Integer`. *Die restlichen Variablen sind vom Datentyp* `Variant`.

Richtig wäre:

```
Dim i_Map As Integer, i_Bla As Integer, i_Spa As Integer, _
 i_Zeile As Integer
```

:-) TIPP

Wenn Sie sich die Frage stellen, ob Sie bestimmte Werte, die während des Ablaufs eines Makros konstant bleiben, lieber in Variablen oder in Konstanten speichern möchten, entscheiden Sie sich für den Einsatz von Konstanten.

18.3.3 Berechnung und Bildschirmaktualisierung ausschalten

Bei Makros mit langen Laufzeiten ist es besser, die Bildschirmaktualisierung zu Beginn des Makros auszuschalten. Dies erreichen Sie durch die Anweisung

```
Application.Screenupdating = False
```

Setzen Sie am Ende eines Makros diese Eigenschaft wieder auf den Wert `True`.

:-) TIPP

Eine weitere wichtige Beschleunigung Ihrer Makros erreichen Sie, wenn Sie die Berechnungsfunktion von Excel zu Beginn des Makros mit der Anweisung

```
Application.Calculation = xlCalculationManual
```

ausschalten. Damit verhindern Sie, dass Excel nach einer Änderung an einer Zelle, die mit anderen Zellen verknüpft ist, ebenso die anderen Zellen sofort aktualisiert. Je nach Größe der Tabelle kann dies erhebliche Verzögerungen im Makroablauf mit sich bringen. Diese Neuberechnung können Sie meist auch noch am Ende des Makros durchführen lassen. Dazu setzen Sie die Anweisung

```
Application.Calculation = xlCalculationAutomatic
```

ein.

STOP

Sollten Sie während des Makros auf sich ändernde Zellen zugreifen wollen, dann müssen Sie schon während der Laufzeit des Makros diese Zellen gezielt aktualisieren. Dazu setzen Sie den Befehl

```
Range("A1").Calculate
```

ein. Damit wird nur die Zelle A1 aktualisiert. Diese Aktualisierung können Sie natürlich auch auf ganze Bereiche ausdehnen,

```
Range("Bereichsname").Calculate
```

bzw. auch auf einzelne Spalten oder Zeilen:

```
ActiveSheet.Rows(2).Calculate ActiveSheet.Columns(2).Calculate
```

Auch das Aktualisieren einzelner Tabellenblätter ist über den Befehl

```
Worksheets(1).Calculate
```

jederzeit möglich. Wenn Sie lediglich den Befehl

```
Application.Calculate
```

angeben, werden alle geöffneten Arbeitsmappen neu berechnet.

18.3.4 Integrierte Tabellenfunktionen anwenden

Tabellenfunktionen, die Sie auch über den Funktionsassistenten einsehen können, können Sie auch in Ihren VBA-Makros einsetzen. So ist die Anwendung der Tabellenfunktion `Sum` wesentlich schneller als das einzelne Addieren von Werten. So ist die folgende Zeile

```
Erg = Application.WorksheetFunction.Sum(Range("A1:H1"))
```

schneller als die nächsten drei Zeilen:

```
For Each Zelle In Range("A1:H1")
     Erg = Erg + Zelle.Value
 Next Zelle
```

Sie können alle Tabellenfunktionen in Excel im Objektmanager einsehen. Dazu gehen Sie in die Entwicklungsumgebung und drücken die Taste [F2]. *Unter der Klasse* WORKSHEETFUNCTION *finden Sie alle in Excel zur Verfügung stehenden Tabellenfunktionen.*

:-) TIPP

18.3.5 Weitere Faktoren zur Geschwindigkeitssteigerung

Langsam ablaufende Makros können auch zur Ursache haben, dass andere Faktoren, die nicht unbedingt direkt mit der Programmierung in Verbindung stehen, zuschlagen. U.a. sind dies folgende Faktoren:

- Haben sich auf Ihrer Festplatte Unmengen an temporären Dateien angesammelt? Diese temporäre Dateien beanspruchen Platz und sollten regelmäßig gelöscht werden.
- Auch die regelmäßige Defragmentierung Ihrer Festplatte kann entscheidende Vorteile bei der Geschwindigkeit Ihrer Makros mit sich bringen.
- Haben Sie in Outlook die Journal-Funktion aktiviert? Dabei werden alle Aktionen an Arbeitsmappen, wie das Öffnen, Speichern, Drucken, Schließen und andere, in eine Journaldatei geschrieben. Dieser Vorgang dauert unter Umständen recht lang und wirkt sich auch negativ auf die Laufzeiten Ihrer Makros aus.

Ausschalten können Sie diese Funktion, indem Sie in Outlook aus dem Menü EXTRAS den Befehl OPTIONEN wählen, auf die Registerkarte EINSTELLUNGEN wechseln und die Schaltfläche JOURNALOPTIONEN anklicken. Deaktivieren Sie dann die Journalfunktion für Excel.

- Haben Sie in SYSTEMSTEUERUNG/SYSTEM von Windows bei LEISTUNGSMERKMALE Ihres Dateisystems die Leseoptimierung auf 100 Prozent eingestellt? Damit liest Windows Daten im Voraus, wenn Daten blockweise von Excel angefordert werden.
- Haben Sie Ihre Excel-Arbeitsmappen im Mehrfachformat (Excel 95, Excel 97 und Excel 2000) gespeichert? Diese Mehrfachspeicherung beansprucht erstens um ein Vielfaches mehr Plattenplatz als eine Speicherung in der jeweils aktuellen Version und zweitens dauert die Speicherung dieser Arbeitsmappen viel länger.
- Auch die Anzahl der eingebundenen Add-Ins kann die Laufzeit Ihrer Makros beeinflussen. Binden Sie daher nur Add-Ins ein, die Sie wirklich benötigen.
- Kontrollieren Sie, ob Sie Ereignisse eingestellt haben und ob Sie diese auch wirklich brauchen. Selbst wenn nur der Rahmen des Ereignisses eingestellt ist und keine weiteren Befehle innerhalb des Ereignisses angegeben sind, können nicht verwendete Ereignisse die Laufzeit von Makros beeinträchtigen. Stellen Sie sich einmal vor, Sie haben das Ereignis `Private Worksheet_Change` eingestellt und löschen in einer Schleife mehrere Zeilen. Bei jedem Löschen einer Zeile wird somit dieses Ereignis ausgeführt. Löschen Sie daher nicht benutzte Ereignisse aus der Entwicklungsumgebung.

18.4 VBA-Projekte schützen

Haben Sie sehr viel Zeit in die Programmierung Ihrer VBA-Projekte gesteckt und möchten diese nun vor fremdem Zugriff schützen, dann haben Sie dazu mehrere Möglichkeiten:

- Vergabe eines Passwortes
- Erstellung eines Add-Ins

Passwortvergabe

Möchten Sie ein Passwort vergeben, um Ihren Code zu schützen, gehen Sie wie folgt vor:

1. *Wechseln Sie in die Entwicklungsumgebung.*
2. *Klicken Sie im Projekt-Explorer mit der rechten Maustaste auf die Arbeitsmappe, deren Code Sie schützen möchten, und wählen Sie aus dem Kontextmenü den Befehl* EIGENSCHAFTEN VON VBAPROJEKT.
3. *Wechseln Sie auf die Registerkarte* SCHUTZ.

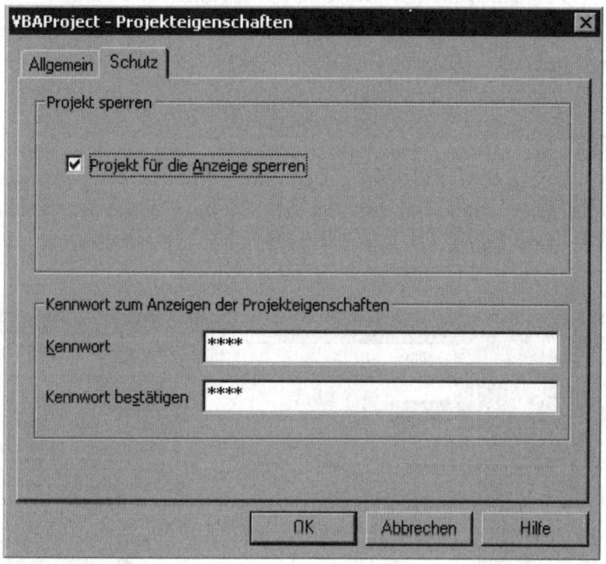

Abbildung 18.9: *VBA-Projekt schützen*

4. *Aktivieren Sie das Kontrollkästchen* PROJEKT FÜR DIE ANZEIGE SPERREN.
5. *Vergeben Sie ein Kennwort und bestätigen Sie es.*
6. *Klicken Sie zum Abschluss auf die Schaltfläche* OK.

Der Schutz Ihres VBA-Projektes ist erst nach dem erneuten Öffnen der Arbeitsmappe wirksam.

Add-In erstellen

Die zweite Variante, um Ihren Code zu schützen, ist die Erstellung eines Add-Ins. Dabei wird der Code kompiliert und ist danach nicht mehr veränderbar.

Achten Sie daher darauf, dass Sie eine Kopie im normalen Tabellenformat mit der Endung XLS *behalten und an einem sicheren Ort speichern.*

Um ein Add-In zu erstellen, gehen Sie wie folgt vor:

STEP

1. *Öffnen Sie die Arbeitsmappe, die das VBA-Projekt enthält.*
2. *Wählen Sie aus dem Menü* DATEI *den Befehl* SPEICHERN UNTER.
3. *Wählen Sie im Dialog* SPEICHERN UNTER *im Dropdown-Feld* DATEITYP *den Eintrag* MICROSOFT EXCEL-ADD-IN.
4. *Bestätigen Sie Ihre Wahl mit einem Klick auf die Schaltfläche* SPEICHERN.

TIPP

Wenn Sie nähere Angaben zum Add-In machen möchten, wählen Sie vor der Erstellung eines Add-Ins aus dem Menü DATEI *den Befehl* EIGENSCHAFTEN *und füllen die Registerkarte* ZUSAMMENFASSUNG *aus.*

Abbildung 18.10: *Informationen zum Add-In hinterlegen*

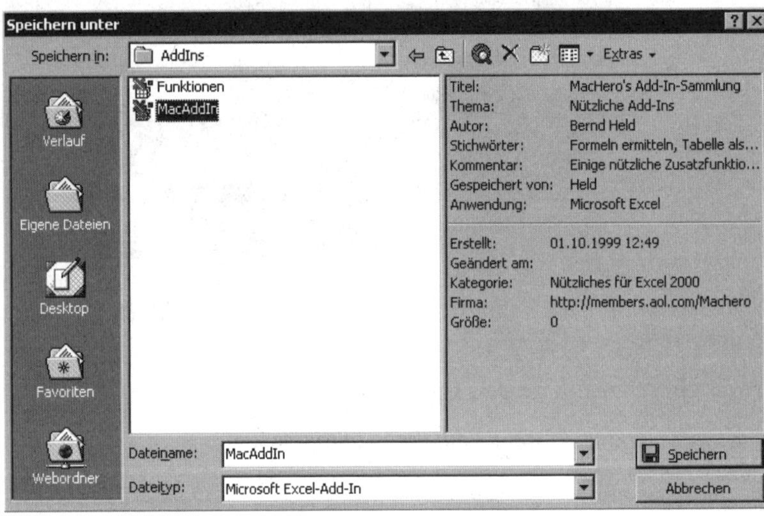

Add-In einbinden

Einbinden können Sie das Add-In, indem Sie aus dem Menü EXTRAS den Befehl ADD-INS-MANAGER wählen.

REF

Blättern Sie zum Anhang B weiter, wenn Sie mehr zu meinem Add-In erfahren möchten.

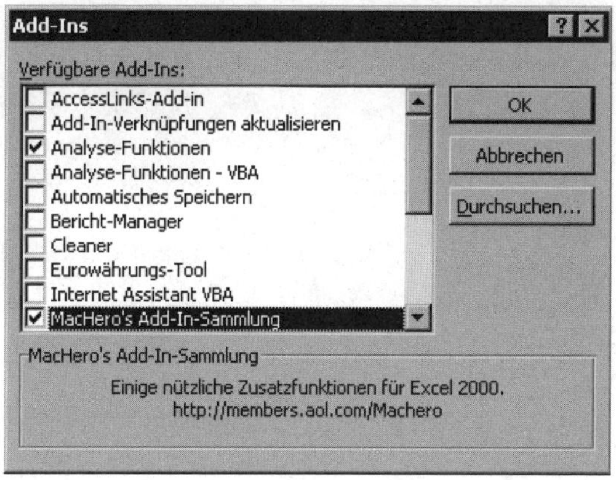

Abbildung 18.11: *Einbinden eines Add-Ins mit einem Klick*

Das Add-In MACADDIN *finden Sie auf der CD im Verzeichnis* KAPB *unter dem Namen* MACADDIN.XLA

CD-ROM

FAQ zur Programmierung mit Excel

Kapitel 19

Im zweiten Kapitel des Praxisführers können Sie auf eine FAQ (Frequently Answered Questions) zu den am häufigsten beantworteten Fragen aus den Diskussionsforen von Excel zugreifen. Dabei habe ich die häufigsten Fragen, die in den letzten Jahren gestellt wurden, sinngemäß zusammengetragen und im folgenden Kapitel beschrieben. Die Reihenfolge der folgenden Fragestellungen ist nach der Häufigkeit der Fragestellung sortiert und gibt keinen Rückschluss auf den Schwierigkeitsgrad der Aufgabe.

REF

Blättern Sie weiter in den Anhang A, wenn Sie eine Reihe von Speziallösungen kennenlernen möchten.

CD-ROM

Die Makros aus diesem Kapitel finden Sie auf der mitgelieferten CD im Verzeichnis KAP19 *unter dem Namen* FAQ.XLS.

19.1 Bildschirmaktualisierung abschalten

Frage

Wie kann ich die Bildschirmaktualisierung von Excel ausschalten?

Antwort

Gerade beim Wechseln zwischen einzelnen Tabellenblättern oder beim zeilenweisen Abarbeiten von Zellen mit diversen Kopier- und Einfüge-Aktionen aktualisiert sich der Bildschirm so schnell, dass Sie leicht einmal ein Schwindelgefühl und unter Umständen sogar Kopfschmerzen bekommen. Aus diesem Grund empfiehlt sich, die

Bildschirmaktualisierung zu Beginn des Makros auszuschalten und am Ende wieder einzuschalten. Das Ausschalten der Bildschirmaktualisierung erreichen Sie, indem Sie die Anweisung `Application.Screenupdating = False` einsetzen. Sobald Sie die Eigenschaft `Screenupdating` auf den Standardwert `True` setzen, aktualisiert sich Ihr Bildschirm wieder.

:-) TIPP

Bei länger laufenden Makros empfiehlt es sich jedoch, dem Anwender hin und wieder eine Rückmeldung zu geben, dass das Makro noch im Laufen begriffen ist und beispielsweise keine Endlosschleife programmiert wurde. Für diesen Zweck können Sie zwischendurch die Eigenschaft `Screenupdating` *auf den Wert* `True` *setzen, um gleich im Anschluss die Eigenschaft wieder auf den Wert* `False` *zu setzen. Als Alternative dazu können Sie auch die Statuszeile benutzen, um Meldungen für den Anwender auszugeben. Dazu setzen Sie den Befehl*

```
Application.StatusBar = "Text, der ausgegeben werden soll!"
```

ein. Setzen Sie die Eigenschaft auf den Wert `False`, um die Verwaltung der Statusleiste wieder an Excel zu übergeben.

REF

Eine weitere Variante ist es, einen Verlaufsbalken zu erstellen, wie Sie ihn im Kapitel 14 kennen gelernt haben.

19.2 Kopfzeile mit komplettem Pfad

Frage *Wie gelingt es mir, den kompletten Pfad meiner aktiven Arbeitsmappe in der Kopfzeile anzugeben?*

Antwort Diese Aufgabe ist tatsächlich nur über ein Makro zu lösen, welches Sie in Listing 19.1 sehen.

Listing 19.1: *Ausgabe des Pfadnamens der Arbeitsmappe in der Kopfzeile*

```
Sub KopfzeileMitPfadangabe()
 ActiveSheet.PageSetup.RightHeader = _
 ActiveWorkbook.FullName
 ActiveSheet.PrintPreview
End Sub
```

Mit Hilfe der Eigenschaft `FullName` können Sie den Namen der Arbeitsmappe inklusive des Pfades ermitteln. Das Objekt `PageSetup` enthält alle Einstellungen bezüglich der Seiteneinrichtung. So können Sie den Datei- und Pfadnamen genauso gut in der Fußzeile zentriert anordnen. Entnehmen Sie der Tabelle 19.1 die Möglichkeiten, die Sie bei der Anordnung Ihrer Pfadangabe in der Kopf- bzw. Fußzeile haben.

Tabelle 19.1: Alle Möglichkeiten zum Füllen der Kopf- und Fußzeile

Eigenschaft	Anordnung
`LeftFooter`	Fußzeile links
`CenterFooter`	Fußzeile Mitte
`RightFooter`	Fußzeile rechts
`LeftHeader`	Kopfzeile links
`CenterHeader`	Kopfzeile Mitte
`RightHeader`	Kopfzeile rechts.

Über die Methode `PrintPreview` gehen Sie direkt in die Seitenansicht der Tabelle. Möchten Sie mehrere Tabellen nacheinander in der Seitenansicht betrachten, verwenden Sie den Befehl:

```
ActiveWindow.SelectedSheets.PrintPreview
```

Damit das Makro aus Listing 19.1 funktioniert, muss die Arbeitsmappe mindestens einmal zuvor gespeichert worden sein.

Lesen Sie mehr über die Programmierung von Tabellen und Arbeitsmappen in den Kapiteln 8 und 9.

19.3 Texte suchen

Frage

Wie kann ich in einer ganzen Arbeitsmappe nach einem bestimmten Text suchen und diesen durch einen anderen Text ersetzen?

Antwort

Für die Suche nach Text in der gesamten Arbeitsmappe brauchen Sie eine Schleife, die Blatt für Blatt in der Arbeitsmappe durchsucht. Innerhalb eines Blattes kann der Text selbstverständlich auch mehrere Male vorkommen. Aus diesem Grund benötigen Sie eine weitere Schleife, die die Suche innerhalb eines Blattes mehrmals ausführt.

Listing 19.2: Text in ganzer Arbeitsmappe suchen und ersetzen

```
Sub TextInArbeitsmappeSuchenUndErsetzen()
Dim s_Such As String
Dim s_Ersetz As String
Dim Blatt As Worksheet
Dim Treffer As Range
Dim Treffer1 As Variant

  s_Such = InputBox("Geben Sie den Suchbegriff ein!")
  s_Ersetz = InputBox("Geben Sie den Ersatzbegriff ein!")
  For Each Blatt In Worksheets
    Blatt.Activate
    Set Treffer = Blatt.Cells.Find(s_Such)
    If Not Treffer Is Nothing Then
      Treffer1 = Treffer.Address
      Do
        Treffer.Activate
        Treffer.Value = s_Ersetz
        Set Treffer = Cells.FindNext(After:=ActiveCell)
        On Error Resume Next
        If Treffer.Address = Treffer1 Then Exit Do
        Treffer.Value = s_Ersetz
      Loop
    End If
  Next Blatt
End Sub
```

REF

Lesen Sie mehr über die Programmierung von Zellen und Bereichen in Kapitel 5.

19.4 Nicht benötigte Zeilen löschen

Frage *Wie kann ich in einer Tabelle alle nicht benötigten Zeilen löschen?*

Antwort Das Löschen bestimmter Zeilen in Abhängigkeit von einer Bedingung (hier bei Nichtverwendung) können Sie über die Methode `Delete` erreichen, die Sie auf die Eigenschaft `EntireRow` anwenden.

Das Makro aus Listing 19.3 löscht alle Zeilen der Tabelle TABELLE1, die entweder einen Textwert beinhalten oder einfach nur leer sind.

Listing 19.3: Löschen von Text- und Leerzellen

```
Sub ZeilenLöschen()
Dim Blatt As Worksheet
Dim Bereich As Range
Dim Zelle As Range
```

```
 Set Blatt = Sheets("Tabelle1")
 Set Bereich = Blatt.UsedRange.Rows
 Blatt.Activate
 For Each Zelle In Bereich
   If Zelle.Row > 1 Then
        If Application.Sum(Zelle) = 0 Then
            Zelle.EntireRow.Delete
        End If
    End If
 Next Zelle
 Set Zelle = Nothing
 Set Bereich = Nothing
 Set Blatt = Nothing
End Sub
```

Das Makro löscht bis auf die Überschriftenzeile alle Zeilen im verwendeten Bereich, die in der Spalte einen Textwert beinhalten bzw. leer sind.

Möchten Sie nur leere Zeilen innerhalb einer Markierung löschen, dann setzen Sie das Makro aus Listing 19.4 ein. Dabei werden in diesem Beispiel nur Zeilen gelöscht, bei denen die Spalte A in den markierten Zellen entweder den Wert 0 bzw. einen Leerwert aufweisen.

Listing 19.4: Löschen von nicht verwendeten Zeilen innerhalb einer Markierung

```
Sub ZeilenLöschenInMarkierung()
Dim l As Long

For l = Selection.Cells(Selection.Cells.Count).Row _
To Selection.Cells(1).Row Step -1
    If Cells(l, 1).Value = "" Or _
        Cells(l, 1).Value = 0 Then
            Rows(l).Delete
    End If
Next l
End Sub
```

Das Makro aus Listing 19.4 durchläuft eine `For Next`-Schleife, die in der letzten Zeile der Tabelle aufsetzt und sich dann Zeile für Zeile nach oben durcharbeitet. Die leeren Zellen werden über die Eigenschaft `Cells` ermittelt, bei der Sie einen Zeilen- und Spaltenindex angeben müssen. Da sich die Prüfung ausschließlich auf Zellen in Spalte A beschränkt, können Sie für den Spaltenindex den Wert 1 einsetzen. Den Zeilenindex halten Sie durch den Einsatz der Variablen l flexibel.

REF *Lesen Sie mehr über die Programmierung von Spalten und Zeilen in Kapitel 6.*

19.5 Rechnen mit bedingten Formaten

Frage *Wie kann ich bestimmte formatierte Zellen zählen bzw. summieren?*

Antwort Beim Zählen bzw. beim Addieren von Zellen, die eine bestimmte Formatierung enthalten, können Sie die Zellenformatierung über die Eigenschaft `Colorindex` der Schriftart bzw. des Zellenhintergrundes abfragen. Handelt es sich um einen Schriftschnitt, können Sie dazu die Eigenschaften des `Font`-Objektes, wie `Bold` oder `Italic`, abfragen.

Im folgenden Beispiel werden alle Zellen gezählt, die mit der Schriftfarbe Blau formatiert sind und zusätzlich dem Schriftschnitt Fett entsprechen.

Listing 19.5: *Zellen, die ein bestimmtes Format aufweisen, sollen gezählt werden*

```
Sub ZellenZählen()
Dim Zelle As Object
Dim i As Integer

    For Each Zelle In Selection
      If Zelle.Font.ColorIndex = 5 Or _
      Zelle.Font.Bold = True Then
            i = i + 1
      End If
    Next
    MsgBox "In der Markierung sind genau " & i & _
    " Zellen, die der angebenen Formatierung entsprechen!"
End Sub
```

Möchten Sie die Werte von formatierten Zellen addieren, dann ändern Sie das Makro aus Listing 19.6 ein wenig ab.

Listing 19.6: *Zellen, die ein bestimmtes Format aufweisen, sollen addiert werden*

```
Sub ZellenAddieren()
Dim Zelle As Object
Dim l As Long

    For Each Zelle In Selection
      If Zelle.Font.ColorIndex = 5 Or _
      Zelle.Font.Bold = True Then
            On Error Resume Next
            l = l + Zelle.Value
      End If
```

```
    Next
    MsgBox "Das Ergebnis der formatierten Zellen lautet: " & l
End Sub
```

Abbildung 19.1: Formatierte Zellen zählen und ausgeben

Definieren Sie eine Variable vom Typ `Long`, um sicherzugehen, dass die Variable `l` groß genug ist, um das Ergebnis der Addition aufzunehmen. Setzen Sie in der Schleife die `On Error`-Anweisung ein, um einen Absturz zu verhindern, der beim Versuch eintritt, wenn eine richtig formatierte Zelle, die aber einen Text enthält, addiert wird.

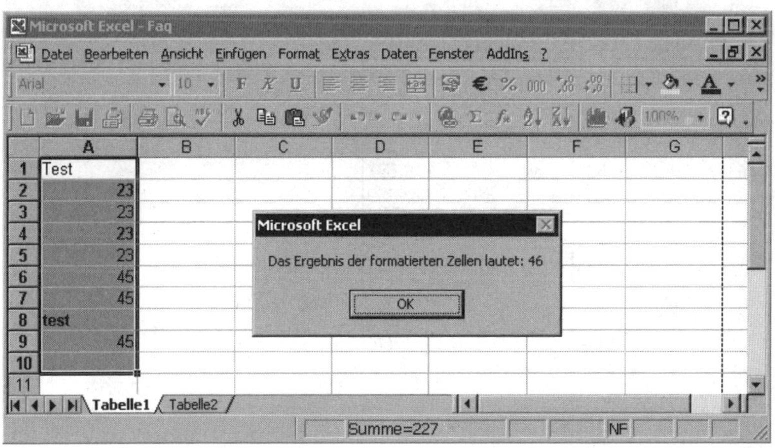

Abbildung 19.2: Formatierte Zellen addieren und ausgeben

Lesen Sie mehr zum Thema »Programmieren von Zellen und Bereichen« in Kapitel 5.

REF

19.6 Doppelte Sätze ermitteln

Frage *Wie kann ich in einer Liste doppelte Sätze herausfinden?*

Antwort Eine mögliche Lösung für diese Aufgabe ist die Anwendung des Spezialfilters von Excel. Dabei können Sie aus einer Liste alle doppelten Zeilen herausfiltern und die eindeutigen Sätze an eine andere Stelle der Tabelle kopieren.

Listing 19.7: Doppelte Zeilen über den Spezialfilter herausfinden

```
Sub DoppelteSätzeErmitteln()
Dim Blatt As Worksheet
Dim Zelle As String

 Set Blatt = ActiveSheet
 On Error Resume Next
 Blatt.Activate
 Zelle = Range("A2", Range("A2").End(xlDown)).Address
 Range(Zelle).AdvancedFilter Action:=xlFilterCopy, _
 CopyToRange:=Range("B2"), Unique:=True
End Sub
```

Abbildung 19.3: Eine Liste mit eindeutigen Nummern erstellen

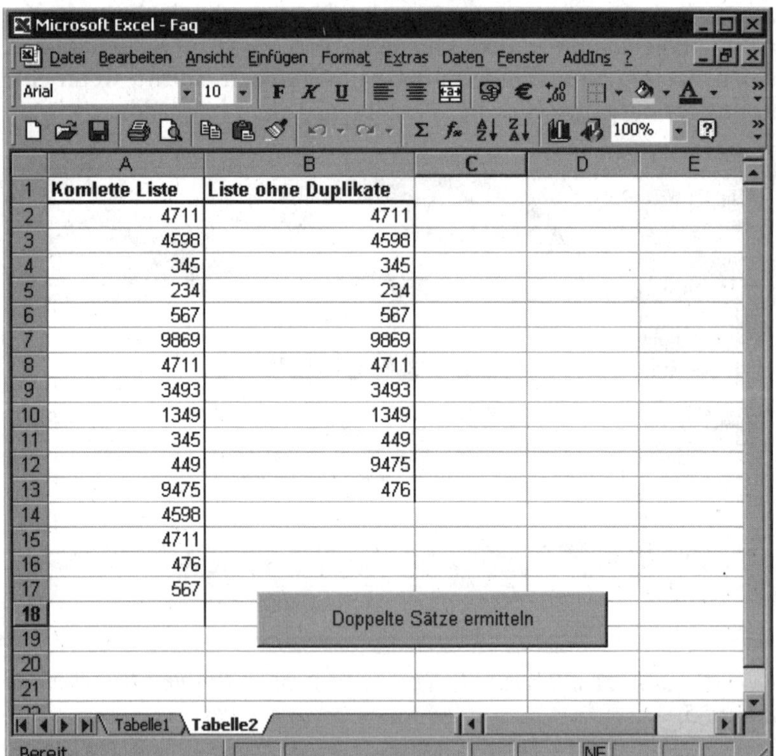

Lesen Sie mehr über die Handhabung des Spezialfilters in Kapitel 6.

REF

19.7 Zellverknüpfungen finden

Frage

Wie kann ich in einer Tabelle Zellen ermitteln, die mit anderen Excel-Arbeitsmappen verknüpft sind?

Antwort

Da Excel bei verknüpften Zellen jeweils den verknüpften Wert anzeigt und nicht die Verknüpfung, ist es recht mühselig, Verknüpfungen zu anderen Arbeitsmappen zu erkennen. Die schnellste Methode ist das Umschalten in die Formelansicht, die Sie mit der Tastenkombination [Strg] + [#] erreichen können. Mit dieser Ansicht können Sie zwar einzelne Verknüpfungen schneller lokalisieren, aber die übersichtlichste Variante ist dies auch nicht. Besser ist es, hierfür ein Makro zu schreiben, als alle Zellen, in denen Verknüpfungen zu anderen Arbeitsmappen stehen, farblich zu markieren. Sehen Sie sich dazu die Lösung in Listing 19.8 an.

Listing 19.8: *Alle Zellen mit Verknüpfungen zu anderen Arbeitsmappen werden mit der Hintergrundfarbe Rot belegt*

```
Sub VerknüpfungenKenntlichMachen()
Dim s As String
Dim Zelle As Range

Application.ScreenUpdating = False
With Selection
    For Each Zelle In ActiveSheet.UsedRange
     s = Zelle.Formula
     If s Like "*.xls*" Then
     Zelle.Interior.ColorIndex = 3
     Else
     Zelle.Interior.ColorIndex = xlNone
   End If
   Next Zelle
End With
Application.ScreenUpdating = True
End Sub
```

Prüfen Sie alle Zellen im benutzten Bereich mit Hilfe einer `For Each`-Schleife. Speichern Sie dabei die jeweilige Zellenformel in der String-Variablen `s` und werten Sie diese mit dem Operator `Like` aus. Eine externe Verknüpfung erkennen Sie an der Endung XLS. Über die Eigenschaft `ColorIndex`, die Sie auf den Wert `3` setzen, weisen Sie dem Zellenhintergrund (`Interior`) die Farbe Rot zu.

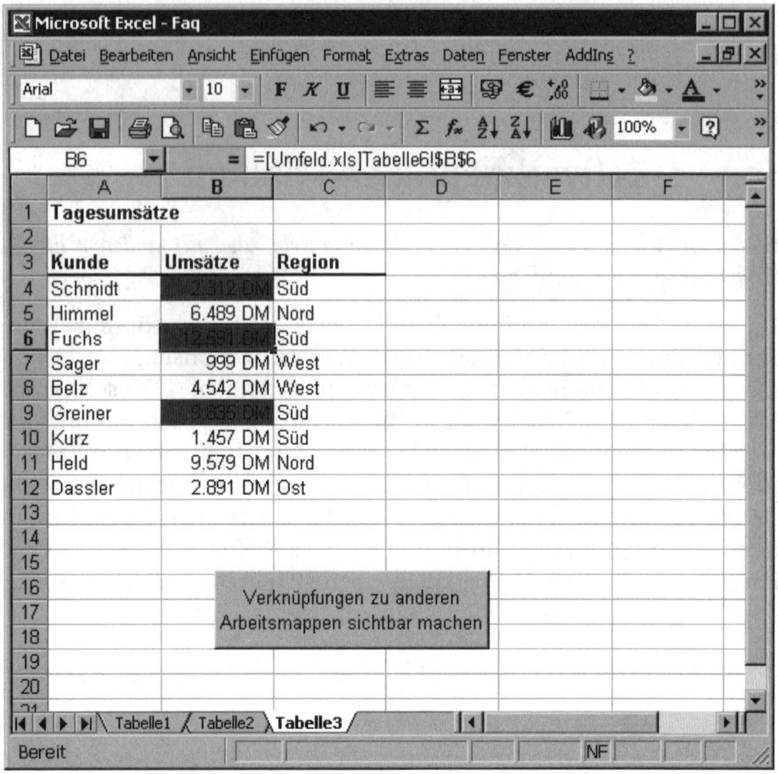

Abbildung 19.4: *Alle Kunden aus dem Süden sind mit einer anderen Arbeitsmappe verknüpft*

REF *Lesen Sie mehr zur Programmierung von Zellen und Bereichen in Kapitel 5.*

19.8 Datumsdifferenzen errechnen

Frage *Wie kann ich die Differenz in Tagen zwischen zwei Datumsangaben ermitteln?*

Antwort Im Tabellenkalkulationsprogramm Excel werden Datumswerte intern in Zahlenwerte umgesetzt, sodass Sie leichter damit rechnen können. Die Zeitzählung beginnt bei Excel standardmäßig am 01.01.1900. Dieses Datum entspricht der Zahl 1. Wenn Sie z.B. das Datum 11.01.2000 eingeben und diese Zelle dann mit dem Format STANDARD belegen, so liefert Ihnen dieses Datum die Zahl 36.536.

Im Makro aus Listing 19.9 wird die Differenz zwischen dem heutigen Datum und dem Datum, welches in Zelle A1 steht, ermittelt und am Bildschirm ausgegeben.

Listing 19.9: Die Differenz zwischen zwei Datumswerten ermitteln

```
Sub DatumsdifferenzenAusrechnen()
Dim DatWert As Date

 DatWert = Range("A1").Value
 MsgBox CLng(Date - DatWert) & " Tage ist die Differenz"
End Sub
```

Die Umwandlungsfunktion `CLng` wandelt einen Datumswert in einen Zahlenwert um, um somit mit Datumswerten rechnen zu können. Die Funktion `Date` beinhaltet das aktuelle Systemdatum.

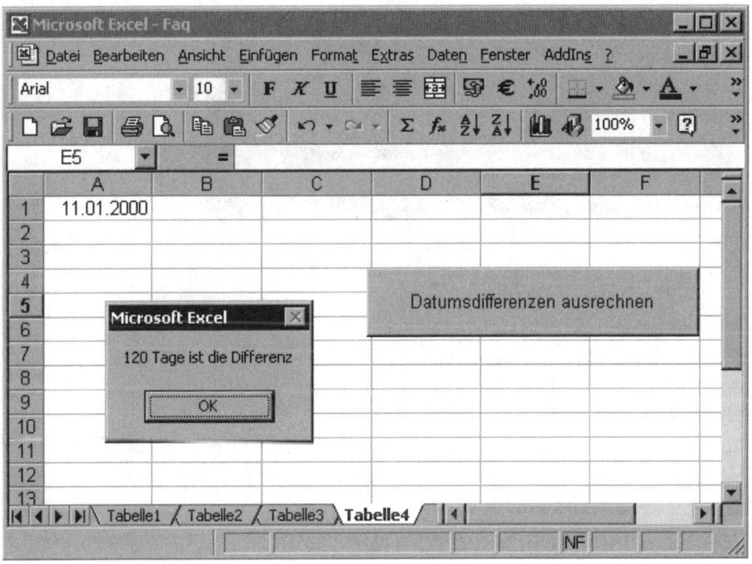

Abbildung 19.5: Datumsdifferenz am Bildschirm ausgeben

:-) TIPP

Wenn Sie prüfen möchten, ob eine bestimmte Zelle ein gültiges Datum aufweist, setzen Sie das Makro aus Listing 19.10 ein.

Listing 19.10: Prüfen, ob die aktive Zelle ein gültiges Datum enthält

```
Sub DatumPrüfen()
 If Not IsDate(ActiveCell.Value) Then
    MsgBox "Kein Datum!"
 End If
End Sub
```

Erfahren Sie mehr über Funktionen in Kapitel 10.

19.9 Warnmeldungen deaktivieren

Frage *Wie kann ich in Excel temporär bestimmte Warnmeldungen ausschalten?*

Antwort Warnmeldungen in Excel können Sie jederzeit ein- und ausschalten, indem Sie die Eigenschaft `DisplayAlerts` auf den Wert `False` setzen. So wird im folgenden Beispiel die Rückfrage in Abbildung 19.6 unterdrückt, wenn versucht wird, das letzte Tabellenblatt aus der aktiven Arbeitsmappe zu löschen.

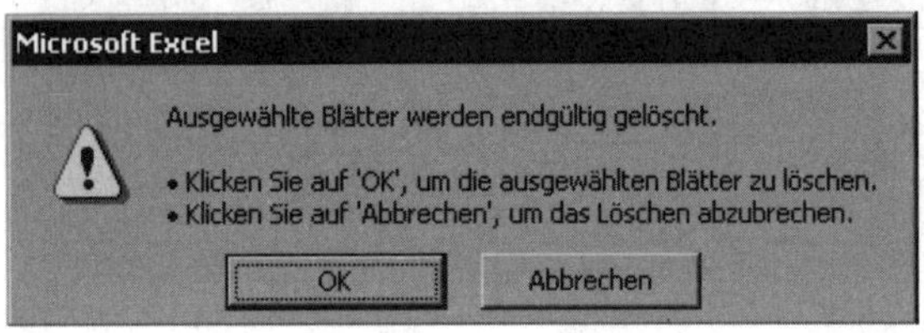

***Abbildung 19.6:** Warnmeldungen in Excel ausschalten*

***Listing 19.11:** Letzte Tabelle aus Arbeitsmappe ohne Rückfrage löschen*

```
Sub LetztesBlattInArbeitsmappeLöschen()
Dim i As Integer

 i = ActiveWorkbook.Sheets.Count
 Application.DisplayAlerts = False
 Worksheets(i).Delete
 Application.DisplayAlerts = False
End Sub
```

Vergessen Sie nicht, die Eigenschaft `DisplayAlerts` *am Ende des Makros wieder auf den Wert* `True` *zu setzen.*

Lesen Sie mehr über die Programmierung von Tabellenblättern in Kapitel 7.

19.10 Datentransport nach Word

Frage

Wie kann ich Daten aus Excel nach Word transportieren?

Antwort

Der Datenaustausch zwischen den beiden Office-Komponenten ist nahezu problemlos. Im folgenden Beispiel soll in einer Excel-Tabelle ein Bereich markiert und anschließend in ein neues Word-Dokument transportiert werden.

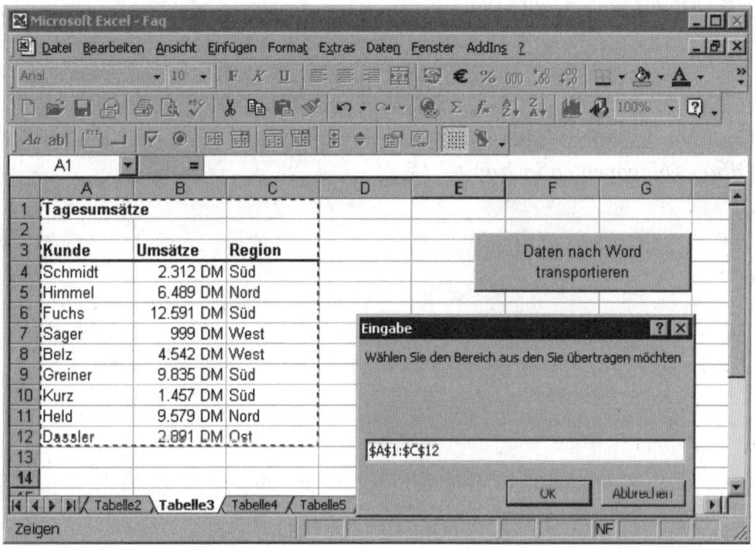

Abbildung 19.7: *Die Daten werden mit Hilfe einer Inputbox markiert*

Um mit Word-VBA-Befehlen arbeiten zu können, müssen Sie in der Entwicklungsumgebung im Menü EXTRAS *den Befehl* VERWEISE *wählen und die Objektbibliothek* MICROSOFT WORD 9.0 OBJECT LIBRARY *bzw.* MICROSOFT WORD 8.0 OBJECT LIBRARY *einbinden.*

Sehen Sie sich danach das folgende Makro aus Listing 19.12 an.

Listing 19.12: *Markierten Datenbereich aus Excel in ein neues Word-Dokument übertragen*

```
Sub DatentransferNachWord()
Dim WordObj As Object
Dim WordDoc As Object
Dim Bereich As Range

  Set WordObj = GetObject(, "word.application.9")
  If Err.Number = 429 Then
  Set WordObj = CreateObject("word.application.9")
  Err.Number = 0
  End If
```

```
 WordObj.Visible = True
 Set WordDoc = WordObj.Documents.Add

   Set Bereich = Application.InputBox _
   ("Wählen Sie den Bereich aus", Type:=8)
    Range(Bereich.Address).Copy
    WordObj.Selection.Paste
    Application.CutCopyMode = False
    Set WordObj = Nothing
    Set WordDoc = Nothing
End Sub
```

REF

Erfahren Sie mehr über das Zusammenspiel von Excel mit den anderen Office-Komponenten in Kapitel 17.

Anhänge

Teil VI

A. Nützliche und interessante Makros
B. Das Wichtigste in einem Add-In
C. Recherche im Internet
D. Die Beschreibung der Buch-CD

Nützliche und interessante Makros

Anhang A

Im ersten Kapitel des Anhangs werden einige interessante Makros vorgestellt, die Ihnen helfen sollen, noch effizienter mit Excel zu arbeiten.

Alle Beispiele in diesem Kapitel finden Sie auf der CD im Verzeichnis KAPA *unter dem Namen* TOPMAKROS.XLS.

CD-ROM

A.1 Arbeitsmappe als Verknüpfung auf den Desktop legen

Für den noch schnelleren Zugriff auf Excel-Arbeitsmappen können Sie diese beispielsweise auf dem Windows-Desktop ablegen. Dazu öffnen Sie die Arbeitsmappe, die Sie auf Ihren Desktop legen möchten, und starten das Makro aus Listing A.1.

***Listing A.1:** Eine Verknüpfung zu einer Arbeitsmappe auf den Desktop legen*

```
Sub ArbeitsmappeAufDesktopLegen()
Dim wsh As Object
Dim o_Sh As Object
Dim s_DeskTop As String

  Set wsh = CreateObject("WScript.Shell")
  s_DeskTop = wsh.SpecialFolders("Desktop")
  Set o_Sh = wsh.CreateShortcut(s_DeskTop & _
    "\" & ThisWorkbook.Name & ".lnk")
  With o_Sh
    .TargetPath = ThisWorkbook.FullName
    .Save
```

```
  End With
  Set wsh = Nothing
End Sub
```

Erstellen Sie zuerst einen Verweis auf das Objekt `Wscript.Shell` mit der Methode `CreateObject`. Danach definieren Sie als Speicherort für Ihre Verknüpfung Ihren Windows Desktop. Dazu setzen Sie Eigenschaft `SpecialFolders` ein. Jetzt erzeugen Sie mit der Methode `CreateShortcut` eine Verknüpfung auf Ihrem Desktop.

Achten Sie darauf, dass Sie beim Namen der Verknüpfung die Endung `LNK` *oder* `URL` *angeben, sonst kommt es zu einer Fehlermeldung.*

Nun müssen Sie herausfinden, wo die verknüpfte Arbeitsmappe wirklich liegt. Dazu setzen Sie die Eigenschaft `TargetPath` ein. Mit der Methode `Save` speichern Sie letztendlich die Verknüpfung auf dem Windows Desktop.

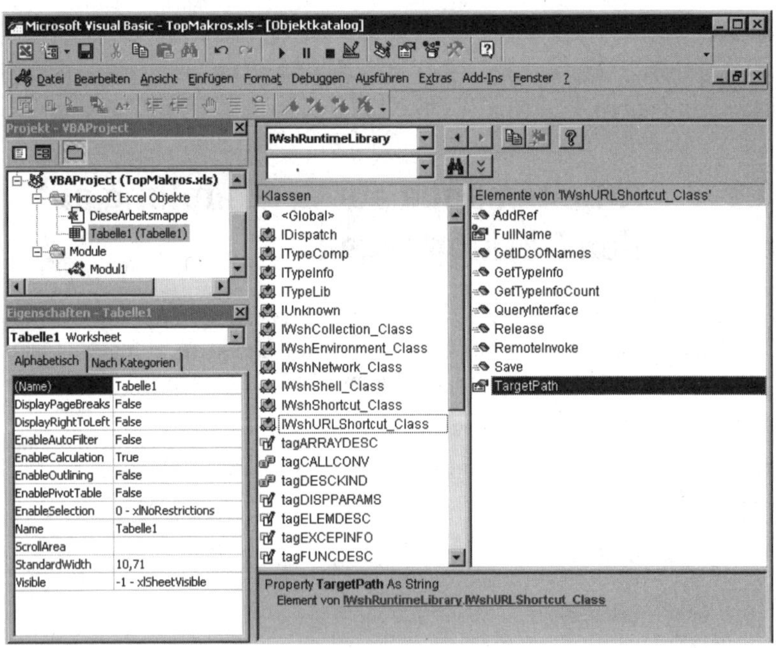

Abbildung A.1: *Die Objektbibliothek des WSH (Windows Scripting Host) im Objektmanager*

:-) TIPP

Möchten Sie mehr zum Objektmodell von Windows Scripting Host (WSH) erfahren, dann binden Sie in der Entwicklungsumgebung die Objektbibliothek WINDOWS SCRIPTING HOST OBJECT MODEL *(VERS. 1.0) ein, indem Sie in der Entwicklungsumgebung aus dem Menü* EXTRAS *den Befehl* VERWEISE *wählen. Drücken Sie danach die Taste* F2*, um in den Objektkatalog zu gelangen.*

A.2 Verknüpfungen in Festwerte umwandeln

Sicher kennen Sie das Problem: Sie haben eine Arbeitsmappe, in der unzählige Verknüpfungen zu anderen Arbeitsmappen enthalten sind. Teilweise sind die Verknüpfungen nicht mehr aktuell, weil Arbeitsmappen entweder verschoben oder gelöscht wurden. Diese Art von Verknüpfungen werden als »Ghostlinks« bezeichnet. Wie aber können Sie diese Verknüpfungen entfernen, ohne dabei die Werte, die aus der ehemaligen Verknüpfung resultieren, zu entfernen?

Verknüpfungen zu anderen Arbeitsmappen sind auch dann unerwünscht, wenn Sie eine Arbeitsmappe an einen Kollegen oder Kunden weitergeben und die verknüpften Arbeitsmappen nicht mitausliefern möchten.

Sehen Sie sich dazu das folgende Makro in Listing A.2 an.

Listing A.2: Externe Verknüpfungen in Festwerte umwandeln

```
Sub ExterneLinksInFestwerteUmsetzen()
Dim Blatt As Worksheet
Dim Zelle As Object

 For Each Blatt In ActiveWorkbook.Worksheets
  Blatt.Activate
  Set Zelle = Cells.Find(what:="[", After:=ActiveCell, _
  LookIn:=xlFormulas, lookat:=xlPart, _
  searchorder:=xlByRows, searchdirection:=xlNext, _
  MatchCase:=False)
  While TypeName(Zelle) <> "Nothing"
   Zelle.Activate
   Zelle.Formula = Zelle.Value
   Set Zelle = Cells.FindNext(After:=ActiveCell)
  Wend
 Next Blatt
End Sub
```

Für die Bewältigung dieser Aufgabenstellung benötigen Sie zwei Schleifen. Die erste Schleife sorgt dafür, dass in jedem Tabellenblatt der Arbeitsmappe nach externen Verknüpfungen gesucht wird. Die zweite Schleife prüft, ob es auf dem jeweils aktiven Tabellenblatt mehrere Verknüpfungen zu anderen Arbeitsmappen gibt, und ersetzt die Verknüpfung der einzelnen Zellen durch den Wert der Zelle. Bei der Suche nach Verknüpfungen setzen Sie die Methode `Find` ein, der Sie als Suchzeichen die eckige Klammer übergeben. Mit der Funktion `TypeName` können Sie den Status der Variablen `Zelle` abfragen. Entspricht dieser Status dem Wert `Nothing`, kann keine Verknüpfung auf der aktiven Tabelle mehr gefunden werden. Diese haben Sie entweder alle schon umgesetzt bzw. es existieren überhaupt keine Verknüpfungen auf dem Tabellenblatt. Mit Hilfe der Methode `FindNext` setzen Sie die Suche, die mit der Methode `Find` begonnen wurde, mit demselben Suchkriterium fort. Erreicht die Suche das Ende des angegebenen Suchbereichs, beginnt sie erneut am Anfang dieses Bereichs. Da Sie aber direkt nach der Suche die Verknüpfungen in Festwerte umwandeln, liefert die Variable `Zelle` irgendwann den Wert `Nothing` zurück und Sie können das nächste Tabellenblatt aktivieren und durchsuchen.

REF

Erfahren Sie mehr über Arbeitsmappen und Tabellen in den Kapiteln 8 und 9.

A.3 Tasten deaktivieren

Wissen Sie, wie Sie mit ein bisschen Glück eine Endlosschleife abbrechen können? Drücken Sie mehrmals hintereinander die Taste [Esc]. Oft ist aber gerade eine solche Unterbrechung des Ablaufes eines Makros unerwünscht. Wie schnell passiert es, dass ein Anwender während der Laufzeit aus Versehen auf die Taste [Esc] drückt. Auch gibt es manche Kollegen, die meinen, sie müssten probieren, wie man ein bestimmtes Makro zum Abstürzen bringt. Dies können Sie unterbinden, indem Sie zu Beginn des Makros folgenden Befehl in Ihren Code integrieren:

```
Application.EnableCancelKey = xlDisabled
```

STOP

Achten Sie darauf, dass Sie am Ende Ihres Makros die Möglichkeit des Abbruchs wieder zulassen, und verwenden Sie dazu den Befehl

```
Application.EnableCancelKey = xlInterrupt
```

A.4 Doppelklicks deaktivieren

Wenn Sie mit der Maustaste eine Zelle doppelt anklicken, gelangen Sie in die direkte Zellbearbeitung von Excel und können die Zelle somit leicht bearbeiten. Möchten Sie auf einer bestimmten Tabelle diese Funktion deaktivieren, dann setzen Sie das Ereignis `Worksheet_Activate` bzw. `Worksheet_Deactivate` ein.

Excel 97

Dabei gehen Sie wie folgt vor:

1. *Wechseln Sie in die Entwicklungsumgebung.*
2. *Klicken Sie die Tabelle im Projekt-Explorer doppelt an, in der Sie die Funktionalität des Doppelklicks deaktivieren möchten. (*TABELLE2 *im Beispiel)*
3. *Erfassen Sie zunächst das Ereignis* `Worksheet_Activate`, *welches auftritt, wenn Sie das Tabellenblatt aktivieren.*

```
Private Sub Worksheet_Activate()
 Application.OnDoubleClick = "KeineAktion"
End Sub
```

Listing A.3: *Ereignis Worksheet_-Activate zum Deaktivieren des Doppelklicks mit der Maus*

4. *Das Ereignis* `Worksheet_Activate` *ruft ein Makro auf, welches Sie jetzt auf Modulebene erfassen.*

```
Sub KeineAktion()
End Sub
```

Listing A.4: *Makro, welches überhaupt nichts macht*

5. *Sorgen Sie jetzt dafür, dass die Funktionalität des Doppelklicks beim Verlassen der* TABELLE2 *wiederhergestellt wird. Dazu setzen Sie das Ereignis* `Worksheet_Deactivate` *ein.*

```
Private Sub Worksheet_Deactivate()
  Application.OnDoubleClick = ""
End Sub
```

Listing A.5: *Ereignis Worksheet_-Deactivate einsetzen, um den Doppelklick wieder zuzulassen*

Weisen Sie der Eigenschaft `OnDoubleClick` einen Leerstring zu, um die Funktionalität des Doppelklicks wiederherzustellen.

Excel 2000

In Excel 2000 können Sie anstelle der Eigenschaft `OnDoubleClick` auch das Ereignis `Worksheet_BeforeDoubleClick` einsetzen, um die Funktionalität des Doppelklicks auszuschalten. Dazu setzen Sie das Argument `Cancel` des Ereignisses auf den Wert `True`.

***Listing A.6:** Ereignis Worksheet_-BeforeDouble-Click zum Deaktivieren des Doppelklicks auf eine Zelle einsetzen*

```
Private Sub Worksheet_BeforeDoubleClick _
(ByVal Target As Range, Cancel As Boolean)
Cancel = True
End Sub
```

REF

Erfahren Sie mehr über die Programmierung von Ereignissen in Kapitel 12.

A.5 Zahlenwerte richtig erkennen

In manchen Fällen erkennt Excel nach einem Import von Textdateien keine Zahlenwerte mehr. Dann werden Zahlen von Excel als Text interpretiert und Sie können damit nicht mehr rechnen. Wenn Sie nun eine solche Zelle mit der Taste [F2] aktivieren und anschließend mit der Taste [↵] die Zelle abschließen, rechnet Excel und zeigt in der Zelle den richtigen Zahlenwert an. Diese manuelle Korrektur ist bei einer großen Datenmasse natürlich sehr mühselig. Setzen Sie dazu das Makro ein, welches Sie in Listing A.7 sehen. Markieren Sie vor dem Start des Makros den Zellbereich, den Sie umsetzen möchten.

***Listing A.7:** Excel zwingen, importierte Zahlenwerte richtig zu interpretieren*

```
Sub F2ImBereich()
Dim Zelle As Object

For Each Zelle In Selection
    SendKeys "{F2}", True
    SendKeys "{ENTER}", True
Next Zelle
End Sub
```

Setzen Sie eine Schleife auf, die jede Zelle in der Markierung ansteuert. Mit der Anweisung `SendKeys` senden Sie die beiden Tastenfolgen nacheinander.

:-) TIPP

Eine weitere Möglichkeit, Excel zur richtigen Interpretation von importierten Zahlenwerten zu bewegen, ist, jeden Zellenwert mit dem Faktor 1 zu multiplizieren. Damit verändern Sie den Wert der Zelle nicht und haben als Ergebnis gültige Zellen mit Zahlenwerten.

A.6 Makro aus Word starten

Wenn Sie möchten, können Sie aus Excel heraus auch ein Word-Makro starten. Dazu setzen Sie den folgenden Code aus Listing A.8 ein.

Listing A.8: Word-Makro von Excel aus starten

```
Sub MakroAusWordStarten()
Dim WoObj As Object

    Set WoObj = CreateObject("Word.Application")
    WoObj.Documents.Open "C:\Eigene Dateien\Test.doc"

    With WoObj
      .Visible = True
      .Run "WordMakro"
      .Quit
    End With
    Set WoObj = Nothing
End Sub
```

Definieren Sie im ersten Schritt eine Objektvariable und setzen Sie die Funktion `CreateObject` ein, um einen Verweis auf die Word-Applikation zu bekommen. Danach öffnen Sie das Dokument, welches das Makro enthält. Mit Hilfe der Eigenschaft `Visible` zeigen Sie das Dokument auf dem Bildschirm an, Danach verwenden Sie die Methode `Run`, um das Word-Makro zu starten, und beenden die Textverarbeitung über die Methode `Quit`. Geben Sie am Ende den reservierten Speicher für die Objektvariable wieder frei.

REF

Erfahren Sie mehr über die Programmierung von Excel und Word in Kapitel 17.

A.7 Dateien als Objekte in Tabelle einfügen

Eine interessante Möglichkeit, mehrere Dateien in Excel-Arbeitsmappen verfügbar zu machen, ist das Einfügen der Datei als Objekt. Ein Doppelklick auf dieses eingefügte Objekt öffnet die Datei. Damit erreichen Sie eine ähnliche Funktionalität wie bei der Nutzung von Hyperlinks, nur mit dem Unterschied, dass Sie bei dieser Methode zusätzlich noch das Symbol der eingefügten Datei sehen können.

Im folgenden Beispiel wird eine Textdatei in eine Excel-Tabelle eingefügt.

Listing A.9: Textdatei als Objekt in eine Excel-Tabelle einfügen

```
Sub TextDateiAlsObjektEinfügen()
Dim Textobj As OLEObject

 On Error GoTo fehler
 Set Textobj = ActiveSheet.OLEObjects.Add( _
    Filename:="c:\eigene Dateien\Produkt.txt", _
    Link:=True, _
    DisplayAsIcon:=False)
 Exit Sub
fehler:
  MsgBox "Die Textdatei konnte nicht gefunden werden!"
End Sub
```

Definieren Sie eine Variable vom Typ `OLEObject` und fügen Sie mit der Methode `Add` die Textdatei PRODUKT.TXT in Ihre Excel-Tabelle ein. Anhand des Dateinamens der Datei erkennt Excel automatisch, dass es sich hierbei um eine Textdatei handelt. Geben Sie im Argument `Link` den Wert `True` an, wenn Sie das eingefügte Objekt mit der originalen Datei verknüpfen möchten. Setzen Sie dieses Argument auf den Wert `False`, wenn Sie eine Kopie der Originaldatei in die Excel-Tabelle einfügen möchten. Mit dem Argument `DisplayAsIcon` können Sie festlegen, ob die eingefügte Datei als Symbol oder in ihrer normalen Bilddarstellung angezeigt werden soll.

Abbildung A.2: Textobjekt ist in Tabelle verfügbar

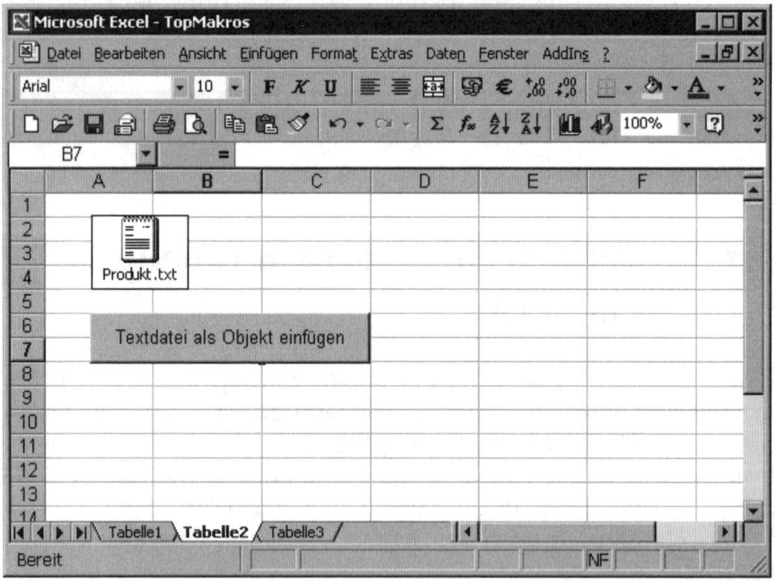

A.8 Add-In einbinden

Wenn Sie Zusatzfunktionen in Excel nutzen möchten, können Sie im Menü Extras den Add-Ins-Manager aufrufen. Dort finden Sie zahlreiche Add-Ins, die zusätzliche Funktionen für Excel bereitstellen.

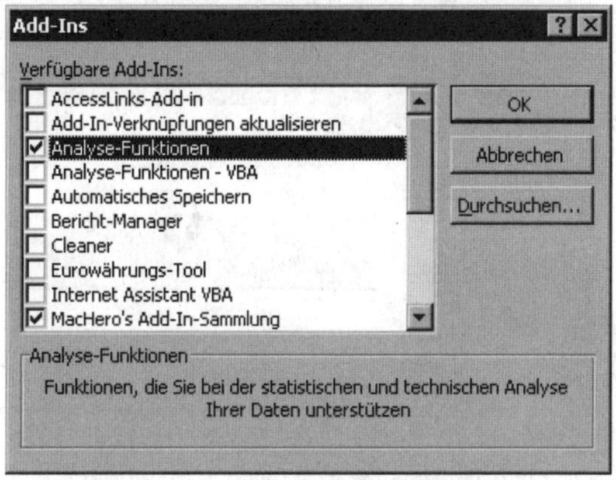

Abbildung A.3: Weitere Funktionen für Excel im Add-Ins-Manager

Möchten Sie nun prüfen, ob ein bestimmtes Add-In schon verfügbar ist, bevor Sie mit VBA auf eine Funktion zugreifen, die in einem Add-In steckt, dann setzen Sie das Makro aus Listing A.10 ein.

```
Sub AddInPrüfenUndEinbinden()
With AddIns("Automatisches Speichern")
  If .Installed = False Then .Installed = True
    MsgBox "Das Add In " & .Name & " ist nun verfügbar"
  End With
End Sub
```

Listing A.10: Automatisches Einbinden von Add-Ins in Excel

Mit Hilfe der Eigenschaft `AddIns` bekommen Sie eine Auflistung zurück, die alle im Dialogfeld ADD-INS aufgeführten Add-Ins darstellt. Über die Eigenschaft `Installed` können Sie prüfen, ob ein Add-In bereits im Add-Ins-Manager aktiviert ist. Wenn nicht, meldet die Eigenschaft den Wert `False` zurück. In diesem Fall können Sie die Aktivierung des Add-Ins veranlassen, indem Sie die Eigenschaft `Installed` auf den Wert `True` setzen.

Erfahren Sie mehr über Add-Ins im folgenden Anhang B.

REF

A.9 Runden mit Excel

Beim Runden von Zahlen in Excel können Sie entscheiden, wie Excel die vorliegenden Zahlen runden soll.

Abbildung A.4: Die Ausgangssituation: Zahlenwerte ungerundet

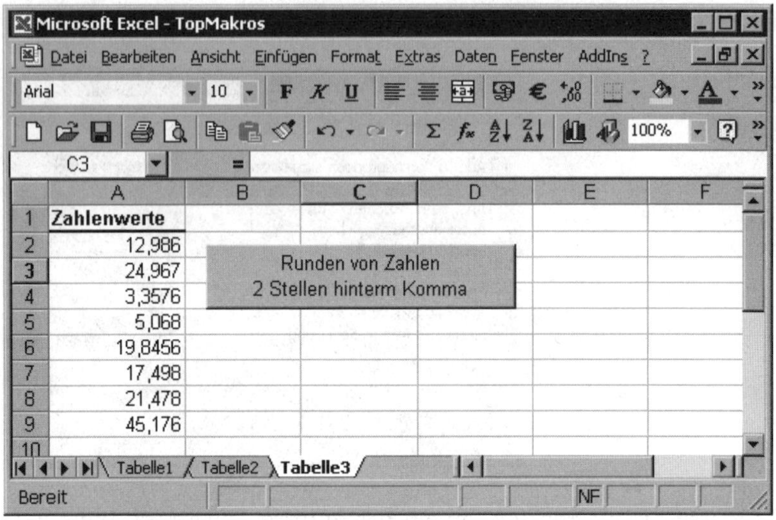

Markieren Sie nun den Bereich, der die Zahlen enthält, und starten Sie das Makro aus Listing A.11.

Listing A.11: Runden von Zahlenwerten (zwei Stellen hinter dem Komma)

```
Sub Runden()
Dim Zelle As Object

For Each Zelle In Selection
 If Zelle.Value = "" Or Zelle.Value = 0 Then
 Else
 On Error Resume Next
 Zelle.Value = _
 CDec(Format(Application.Round(Zelle.Value, 2), "0.00"))
 End If
Next Zelle
End Sub
```

In einer `For Each`-Schleife arbeiten Sie alle Zellen innerhalb der Markierung durch. Enthält die Zelle einen Leerwert bzw. eine Null, dann wird nicht gerundet. Im anderen Falle setzen Sie die Funktion `Round` ein, um die Zahlen zu runden. Das erste Argument dieser Funktion stellt die Zelle dar, die gerundet werden soll. Im zweiten Argument geben Sie die Zahl an, die aussagt, wie viele Stellen rechts vom Dezimalpunkt beim Runden berücksichtigt werden sollen. Mit

Hilfe der Funktion Format weisen Sie dem Ergebnis der Rundung ein gewünschtes Zahlenformat zu. Die Umwandlungs-Funktion CDec sorgt letztendlich dafür, dass das Ergebnis auch als Zahlenwert erhalten bleibt.

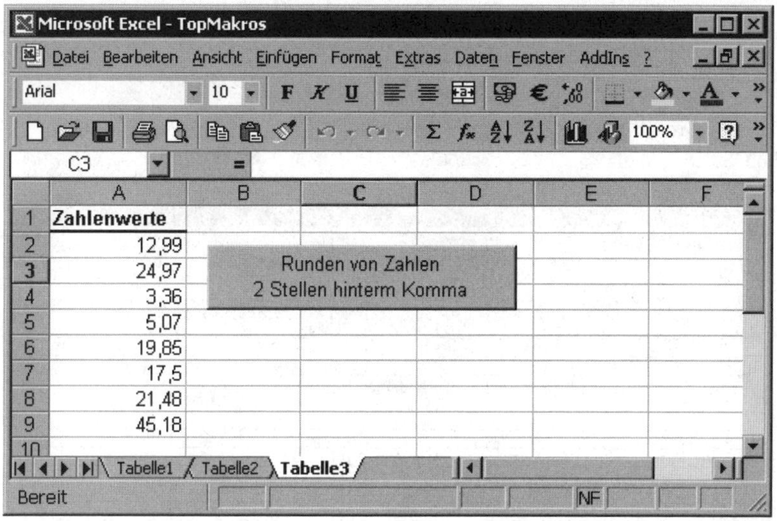

Abbildung A.5: Das Ergebnis: Die Zahlenwerte wurden nach zwei Nachkommastellen gerundet

A.10 Gefilterte Daten in einer Textdatei ausgeben

Im letzten Makro wird ein Tabellenblatt gefiltert und die Ergebnisse der Filterung werden auf ein anderes Tabellenblatt transferiert. Anschließend schreiben Sie diese gefilterten Daten in eine Textdatei.

Wenden Sie nun das Makro aus Listing A.12 an.

Listing A.12: Gefilterte Excel-Daten in eine Textdatei schreiben

```
Sub FilterungInTextdateiSchreiben()
Dim i As Integer
Dim e As Integer
Dim s As String

Sheets("Tabelle4").Activate
ActiveSheet.UsedRange.Copy
Sheets("Tabelle5").Activate
Range("A1").Select
ActiveSheet.Paste
Open "c:\Eigene Dateien\Teilnehmer.txt" For Output As #1
    For i = 1 To ActiveSheet.UsedRange.Rows.Count
```

```
        For e = 1 To ActiveSheet.UsedRange.Columns.Count
         On Error Resume Next
         s = s + Cells(i, e) & ";"
        Next e
        s = Left(s, Len(s) - 1)
        Print #1, s
        s = ""
    Next i
    Close #1
    Application.CutCopyMode = False
End Sub
```

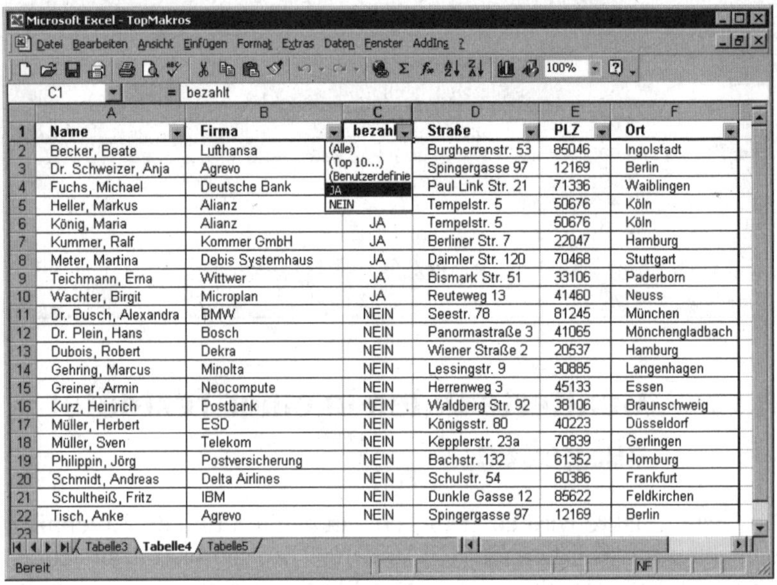

	Name	Firma	bezahl	Straße	PLZ	Ort
2	Becker, Beate	Lufthansa		Burgherrenstr. 53	85046	Ingolstadt
3	Dr. Schweizer, Anja	Agrevo		Spingergasse 97	12169	Berlin
4	Fuchs, Michael	Deutsche Bank		Paul Link Str. 21	71336	Waiblingen
5	Heller, Markus	Alianz		Tempelstr. 5	50676	Köln
6	König, Maria	Alianz	JA	Tempelstr. 5	50676	Köln
7	Kummer, Ralf	Kommer GmbH	JA	Berliner Str. 7	22047	Hamburg
8	Meter, Martina	Debis Systemhaus	JA	Daimler Str. 120	70468	Stuttgart
9	Teichmann, Erna	Wittwer	JA	Bismark Str. 51	33106	Paderborn
10	Wachter, Birgit	Microplan	JA	Reuteweg 13	41460	Neuss
11	Dr. Busch, Alexandra	BMW	NEIN	Seestr. 78	81245	München
12	Dr. Plein, Hans	Bosch	NEIN	Panormastraße 3	41065	Mönchengladbach
13	Dubois, Robert	Dekra	NEIN	Wiener Straße 2	20537	Hamburg
14	Gehring, Marcus	Minolta	NEIN	Lessingstr. 9	30885	Langenhagen
15	Greiner, Armin	Neocompute	NEIN	Herrenweg 3	45133	Essen
16	Kurz, Heinrich	Postbank	NEIN	Waldberg Str. 92	38106	Braunschweig
17	Müller, Herbert	ESD	NEIN	Königsstr. 80	40223	Düsseldorf
18	Müller, Sven	Telekom	NEIN	Kepplerstr. 23a	70839	Gerlingen
19	Philippin, Jörg	Postversicherung	NEIN	Bachstr. 132	61352	Homburg
20	Schmidt, Andreas	Delta Airlines	NEIN	Schulstr. 54	60386	Frankfurt
21	Schultheiß, Fritz	IBM	NEIN	Dunkle Gasse 12	85622	Feldkirchen
22	Tisch, Anke	Agrevo	NEIN	Spingergasse 97	12169	Berlin

Abbildung A.6: *Die Ausgangssituation: eine noch ungefilterte Tabelle*

Im ersten Schritt übertragen Sie die gefilterten Daten von TABELLE4 nach TABELLE5. Danach öffnen Sie eine Textdatei, die jedoch noch nicht existieren muss, mit Hilfe der Methode `Open`. Jetzt benötigen Sie zwei `For Next`-Schleifen. Die äußere Schleife überträgt alle Zeilen der TABELLE5, in der inneren Schleife sorgen Sie dafür, dass alle Zellen innerhalb einer Zeile übertragen werden. Sie schreiben den einen Satz erst in die Textdatei, wenn Sie in der String-Variablen `s` alle Zellen der aktiven Zeile gespeichert haben. Als Trennzeichen verwenden Sie das Semikolon. Bevor Sie aber die Anweisung `Print` einsetzen, um den Satz aus der Variablen `s` in die Textdatei zu schreiben, sollten Sie noch das letzte Semikolon in der Variablen `s` entfernen. Dazu verwenden Sie die Funktionen `Left` im Zusammenspiel mit `Len`.

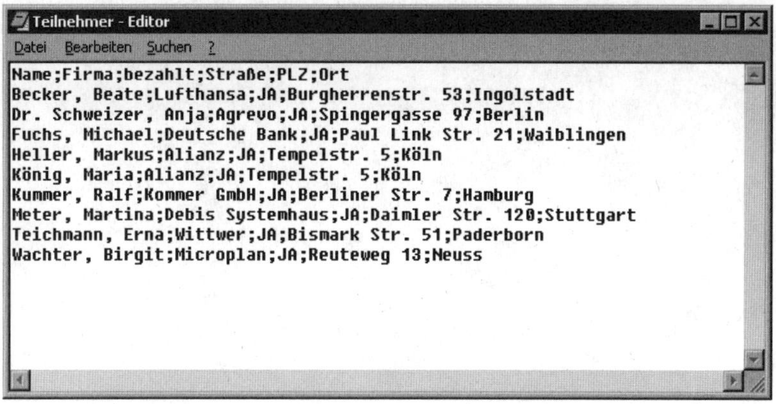

Teilnehmer - Editor

Datei Bearbeiten Suchen ?

```
Name;Firma;bezahlt;Straße;PLZ;Ort
Becker, Beate;Lufthansa;JA;Burgherrenstr. 53;Ingolstadt
Dr. Schweizer, Anja;Agrevo;JA;Spingergasse 97;Berlin
Fuchs, Michael;Deutsche Bank;JA;Paul Link Str. 21;Waiblingen
Heller, Markus;Alianz;JA;Tempelstr. 5;Köln
König, Maria;Alianz;JA;Tempelstr. 5;Köln
Kummer, Ralf;Kommer GmbH;JA;Berliner Str. 7;Hamburg
Meter, Martina;Debis Systemhaus;JA;Daimler Str. 120;Stuttgart
Teichmann, Erna;Wittwer;JA;Bismark Str. 51;Paderborn
Wachter, Birgit;Microplan;JA;Reuteweg 13;Neuss
```

Abbildung A.7: *Das Ergebnis: alle Teilnehmer mit dem Status Bezahlt in einer Textdatei*

REF

Erfahren Sie mehr über die Programmierung von Textdateien im Kapitel 17. Über die Programmierung von Filtern können Sie detaillierte Informationen in Kapitel 6 einsehen.

Das Wichtigste in einem Add-In

Anhang B

In diesem Kapitel möchte ich Ihnen mein Add-In vorstellen, das »MacAddIn«, welches einige wichtige Funktionen zur noch besseren Nutzung von Excel bereitstellt. Folgende Funktionen bietet das Add-In Ihnen an:

Sie finden alle Makros, die in diesem Kapitel beschrieben sind, auf der mitgelieferten CD im Verzeichnis KAPB *in der Arbeitsmappe* MACADDIN.XLS. *Das fertige Add-In* MACADDIN.XLA *finden Sie ebenfalls im selben Verzeichnis. Dieses fertige Add-In können Sie über das Menü* EXTRAS *und den Befehl* ADD-INS-MANAGER *einbinden.*

B.1 Die Funktionen des MacAddIns

Die Zusatzfunktionen

- Markierung aller Zellen in der Tabelle, die Formeln enthalten. Darunter fallen auch Verknüpfungen und Funktionen
- Umwandlung von Formeln und Funktionen in Festwerte in der aktiven Tabelle
- Umwandlung von Formeln und Funktionen in Festwerte als Kopie in einer neuen Datei
- Säubern aller Zellen im markierten Bereich von nicht druckbaren Zeichen
- Setzen von Zellenumbrüchen innerhalb einer Markierung
- Umwandlung von relativen Bezügen in absolute Bezüge

- Aktives Tabellenblatt als E-Mail Anhang versenden
- Aktive Tabelle in neuer Arbeitsmappe speichern
- Wochentag, Datum und Uhrzeit anzeigen
- Informationen zur aktuellen Arbeitsmappe anzeigen (Name der Arbeitsmappe, Autor, letzter Zugriff, letzte Änderung, Speicherort der Arbeitsmappe)
- Öffnen aller verknüpften Arbeitsmappen
- Verknüpfungen zu anderen Arbeitsmappen entfernen
- Suchen von Text mit Ersetzen-Funktion
- Suchen von Text mit Markierungsfunktion

Abbildung B.1: Das MacAddIn des Autors

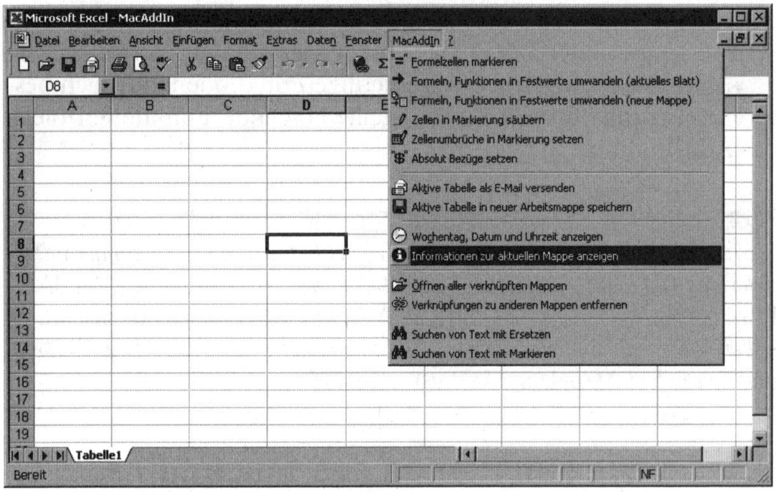

B.2 Die Ereignisse

Das Add-In MacAddIn wird in der Arbeitsblatt-Menüleiste vor dem Hilfe-Menü beim Einbinden des Add-Ins erzeugt. Dazu setzen Sie das Ereignis `Workbook_AddinInstall` ein, welches automatisch eintritt, wenn Sie im Add-Ins-Manager das Add-In MacAddIn einbinden. Innerhalb des Ereignisses rufen Sie das Makro `MenüErstellen` auf.

```
Private Sub Workbook_AddinInstall()
 MenüErstellen
End Sub
```

Listing B.1: Ereignis Workbook_-AddinInstall zum dynamischen Erstellen eines eigenen Menüs beim Einbinden eines Add-Ins

Beim Deaktivieren des Add-Ins sollte das zusätzliche Menü MACADDIN wieder entfernt werden. Dazu setzen Sie das Ereignis `Workbook_AddinUninstall` ein und rufen darin das Makro `MenüLöschen` auf.

```
Private Sub Workbook_AddinUninstall()
 MenüLöschen
End Sub
```

Listing B.2: Ereignis Workbook_-AddinUninstall zum Entfernen eines eigenen Menüs beim Deaktivieren eines Add-Ins

B.3 Der Quellcode

Die folgenden Makros werden an dieser Stelle nicht ausführlich erklärt. Sie finden jedoch kleine Referenzen, unter welchem Kapitel diese oder ähnliche Funktionen erklärt sind.

B.3.1 Menüerstellung

Listing B.3: Ein eigenes Menü erstellen

```
Sub MenüErstellen()
Dim i As Integer
Dim i_Hilfe As Integer
Dim MenüNeu As CommandBarControl
Dim Mb As CommandBarControl

 i = Application.CommandBars(1).Controls.Count
 i_Hilfe = Application.CommandBars(1).Controls(i).Index
 Set MenüNeu = Application.CommandBars(1). _
  Controls.Add(Type:=msoControlPopup, _
  before:=i_Hilfe, Temporary:=True)
 MenüNeu.Caption = "MacAdd&In"
 Set Mb = MenüNeu.Controls.Add _
    (Type:=msoControlButton)
    With Mb
    .Caption = "&Formelzellen markieren"
    .Style = msoButtonIconAndCaption
    .OnAction = "FormelnMarkieren"
    .FaceId = 373
    .BeginGroup = True
    End With
 Set Mb = MenüNeu.Controls.Add _
    (Type:=msoControlButton)
    With Mb
```

```
.Caption = _
"Formeln, F&unktionen in Festwerte umwandeln _
 (aktuelles Blatt)"
.Style = msoButtonIconAndCaption
.OnAction = "FormelnInWerteUmwandeln"
.FaceId = 39
End With
Set Mb = MenüNeu.Controls.Add _
(Type:=msoControlButton)
With Mb
 .Caption = _
"Formeln, Fu&nktionen in Festwerte umwandeln (neue Mappe)"
 .Style = msoButtonIconAndCaption
 .OnAction = "FormelnInWerteUmwandelnNeueDatei"
 .FaceId = 159
End With
Set Mb = MenüNeu.Controls.Add _
 (Type:=msoControlButton)
With Mb
 .Caption = "Zellen in Markierung säubern"
 .Style = msoButtonIconAndCaption
 .OnAction = "ZellenSäubern"
 .FaceId = 1552
End With
Set Mb = MenüNeu.Controls.Add _
 (Type:=msoControlButton)
With Mb
 .Caption = "Zellenumbrüche in Markierung setzen"
 .Style = msoButtonIconAndCaption
 .OnAction = "ZellenumbruchSetzen"
 .FaceId = 162
End With
Set Mb = MenüNeu.Controls.Add _
 (Type:=msoControlButton)
With Mb
 .Caption = "Absolut-Bezüge setzen"
 .Style = msoButtonIconAndCaption
 .OnAction = "BezugÄndernInAbsolut"
 .FaceId = 384
End With
Set Mb = MenüNeu.Controls.Add _
 (Type:=msoControlButton)
With Mb
.Caption = "Ak&tive Tabelle als E-Mail versenden"
.Style = msoButtonIconAndCaption
.OnAction = "EmailAktivesTabellenblatt"
.FaceId = 3738
.BeginGroup = True
```

```
End With
Set Mb = MenüNeu.Controls.Add _
(Type:=msoControlButton)
With Mb
.Caption = _
"Akt&ive Tabelle in neuer Arbeitsmappe speichern"
.Style = msoButtonIconAndCaption
.OnAction = "AktivesTabellenblattAlsDatei"
.FaceId = 3
End With
Set Mb = MenüNeu.Controls.Add _
(Type:=msoControlButton)
With Mb
.Caption = "Wo&chentag, Datum und Uhrzeit anzeigen"
.Style = msoButtonIconAndCaption
.OnAction = "DatumUndUhrzeit"
.FaceId = 126
.BeginGroup = True
End With
Set Mb = MenüNeu.Controls.Add _
(Type:=msoControlButton)
With Mb
.Caption = "Informationen zur aktuellen Mappe anzeigen"
.Style = msoButtonIconAndCaption
.OnAction = "InfoZurAktuellenDatei"
.FaceId = 1954
End With
Set Mb = MenüNeu.Controls.Add _
(Type:=msoControlButton)
With Mb
 .Caption = "&Öffnen aller verknüpften Mappen"
 .Style = msoButtonIconAndCaption
 .OnAction = "ÖffnenVerknüpfteMappen"
 .BeginGroup = True
 .FaceId = 23
End With
Set Mb = MenüNeu.Controls.Add _
(Type:=msoControlButton)
With Mb
.Caption = "Verknüpfungen zu anderen Mappen entfernen"
.Style = msoButtonIconAndCaption
.OnAction = "ExterneLinksInFestwerteUmsetzen"
.FaceId = 2137
End With
Set Mb = MenüNeu.Controls.Add _
(Type:=msoControlButton)
With Mb
.Caption = "Suchen von Text mit Ersetzen"
```

```
    .Style = msoButtonIconAndCaption
    .OnAction = "TextInArbeitsmappeSuchenUndErsetzen"
    .BeginGroup = True
    .FaceId = 141
    End With
    Set Mb = MenüNeu.Controls.Add _
    (Type:=msoControlButton)
    With Mb
    .Caption = "Suchen von Text mit Markieren"
    .Style = msoButtonIconAndCaption
    .OnAction = "TextInArbeitsmappeSuchenUndKennzeichnen"
    .FaceId = 141
    End With
End Sub
```

REF

Lesen Sie mehr zum Thema »Programmierung von Menüleisten« in Kapitel 16.

Für das Löschen des zusätzlichen Menüs setzen Sie das folgende Makro aus Listing B.4 ein.

***Listing B.4:** Makro zum Löschen eines Menüs*

```
Sub MenüLöschen()
On Error Resume Next
    With Application.CommandBars(1)
        .Controls("MacAdd&In").Delete
    End With
End Sub
```

B.3.2 Die Makros

Sehen Sie nun den Quellcode der Makros, die im Add-In MACADDIN enthalten sind.

B.3.3 Formelzellen markieren

***Listing B.5:** Alle Formelzellen der aktiven Tabelle werden markiert*

```
Sub FormelnMarkieren()
On Error GoTo fehlerm
Selection.SpecialCells(xlCellTypeFormulas, 23).Select
Exit Sub
fehlerm:
MsgBox "Dieses Tabellenblatt enthält keine Formeln!"
End Sub
```

Lesen Sie mehr über die Programmierung von Zellen und Bereichen in Kapitel 5.

REF

B.3.4 Formeln in Festwerte umwandeln

Listing B.6: *Alle Formelzellen der aktiven Tabelle werden in Festwerte umgesetzt*

```
Sub FormelnInWerteUmwandeln()
 Cells.Copy
 Range("A1").Select
    Selection.PasteSpecial Paste:=xlValues, Operation:=xlNone,
SkipBlanks:= _
        False, Transpose:=False
 Application.CutCopyMode = False
End Sub
```

Listing B.7: *Alle Formelzellen werden in Festwerte umgewandelt. Das Ergebnis daraus wird in eine neue Arbeitsmappe kopiert*

```
Sub FormelnInWerteUmwandelnNeueDatei()
 ActiveSheet.Copy
 Cells.Copy
 Range("A1").Select
  Selection.PasteSpecial Paste:=xlValues, _
   Operation:=xlNone, SkipBlanks:= _
   False, Transpose:=False
 Application.CutCopyMode = False
 Range("A1").Select
End Sub
```

B.3.5 Aktive Tabelle als E-Mail verschicken

Listing B.8: *Aktive Tabelle als E-Mail mit Anhang versenden*

```
Sub E-mailAktivesTabellenblatt()
Dim s As String
Dim s2 As String

 ActiveWorkbook.Worksheets(ActiveSheet.Name).Copy
 s = InputBox _
 ("Bitte geben Sie den Adressaten ein!", "Adressat")
 If s = "" Then MsgBox "Sie haben abgebrochen!": Exit Sub
 s2 = InputBox _
 ("Bitte geben Sie den Titel der E-Mail ein!", "Titel")
 If s2 = "" Then MsgBox "Sie haben abgebrochen!": Exit Sub
 Application.Dialogs(xlDialogSendMail).Show s, s2
 ActiveWorkbook.Close savechanges:=False
End Sub
```

REF

Lesen Sie ausführlicher zum Thema »E-Mails« in Kapitel 17.

B.3.6 Aktive Tabelle in neuer Arbeitsmappe speichern

***Listing B.9:** Aktive Tabelle wird in einer neuen Arbeitsmappe gespeichert*

```
Sub AktivesTabellenblattAlsDatei()
     ActiveSheet.Copy
End Sub
```

REF

Erfahren Sie mehr über die Programmierung von Tabellen in Kapitel 8.

B.3.7 Informationen zu Datum und Zeit

***Listing B.10:** Datum, Wochentag und Uhrzeit auf dem Bildschirm ausgeben*

```
Sub DatumUndUhrzeit()
Dim i As Integer
Dim wota As String

i = Application.Weekday(Date)
Select Case i
 Case 1
    wota = "Sonntag"
 Case 2
    wota = "Montag"
 Case 3
    wota = "Dienstag"
 Case 4
    wota = "Mittwoch"
 Case 5
    wota = "Donnerstag"
 Case 6
    wota = "Freitag"
 Case 7
    wota = "Samstag"
End Select

MsgBox  "Heute ist " & wota & ", der " & Date _
 & ", " & Time & " Uhr!"
End Sub
```

Lesen Sie mehr zum Thema Programmieren von Bildschirmmeldungen in Kapitel 14.

REF

B.3.8 Informationen zur aktiven Arbeitsmappe

```
Sub InfoZurAktuellenDatei()
Dim fsO As Object
Dim sName As Object
Dim sMeldung As String
Dim s As String

    s = Application.ActiveWorkbook.Path
  Set fsO = CreateObject("Scripting.FileSystemObject")
  Set sName = fsO.GetFile(ActiveWorkbook.Name)
  MsgBox ("Dateiname: " & ActiveWorkbook.Name & Chr(13) & _
 "Autor: " & ActiveWorkbook.Author & Chr(13) & _
 "angelegt am: " & sName.DateCreated & Chr(13) & _
 "Letzter Zugriff: " & sName.DateLastAccessed & Chr(13) & _
 "Letzte Änderung: " & sName.DateLastModified) & _
 "Speicherort: " & s & Chr(13) _
  , vbInformation, "Datei-Info"
End Sub
```

Listing B.11: Alle Informationen zur aktiven Arbeitsmappe sollen ausgegeben werden

Erfahren Sie mehr über die Programmierung von Arbeitsmappen in Kapitel 8.

REF

B.3.9 Öffnen aller verknüpften Arbeitsmappen

```
Sub ÖffnenVerknüpfteMappen()
Dim V_Mappen As Variant
Dim i  As Integer

   V_Mappen = ActiveWorkbook.LinkSources(xlExcelLinks)
   If Not IsEmpty(Links) Then
      For i = 1 To UBound(V_Mappen)
         Workbooks.Open V_Mappen(i)
      Next i
   Else
  MsgBox "In der Mappe sind keine Verknüpfungen enthalten!"
   End If
End Sub
```

Listing B.12: Alle verknüpften Arbeitsmappen werden geöffnet

B.3.10 Verknüpfungen zu anderen Arbeitsmappen entfernen

Listing B.13: Externe Verknüpfungen zu anderen Arbeitsmappen löschen

```
Sub ExterneLinksInFestwerteUmsetzen()
Dim Blatt As Worksheet
Dim Zelle As Object

 For Each Blatt In ActiveWorkbook.Worksheets
  Blatt.Activate
  Set Zelle = Cells.Find(what:="[", After:=ActiveCell, _
  LookIn:=xlFormulas, lookat:=xlPart, _
   searchorder:=xlByRows, _
   searchdirection:=xlNext, MatchCase:=False)
  While TypeName(Zelle) <> "Nothing"
   Zelle.Activate
   Zelle.Formula = Zelle.Value
   Set Zelle = Cells.FindNext(After:=ActiveCell)
  Wend
 Next Blatt
End Sub
```

B.3.11 Suchen von Texten in Arbeitsmappen

Listing B.14: Suchen und Ersetzen von Texten in Arbeitsmappen

```
Sub TextInArbeitsmappeSuchenUndErsetzen()
Dim s_Such As String
Dim s_Ersetz As String
Dim Blatt As Worksheet
Dim Treffer As Range
Dim Treffer1 As Variant

  s_Such = InputBox("Geben Sie den Suchbegriff ein!")
  s_Ersetz = InputBox("Geben Sie den Ersetzbegriff ein!")
  For Each Blatt In Worksheets
    Blatt.Activate
    Set Treffer = Blatt.Cells.Find(s_Such)
    If Not Treffer Is Nothing Then
      Treffer1 = Treffer.Address
      Do
        Treffer.Activate
        Treffer.Value = s_Ersetz
        Set Treffer = Cells.FindNext(After:=ActiveCell)
        On Error Resume Next
        If Treffer.Address = Treffer1 Then Exit Do
        Treffer.Value = s_Ersetz
      Loop
    End If
```

```
  Next Blatt
End Sub

Sub TextInArbeitsmappeSuchenUndKennzeichnen()
Dim s As String
Dim i As Integer
Dim Erg1 As Variant
Dim Erg2 As Variant

s = InputBox("Geben Sie den Suchbegriff ein!", "Textsuche")
If s = "" Then Exit Sub

For i = 1 To ActiveWorkbook.Sheets.Count
  Sheets(i).Activate
  Set Erg1 = Sheets(i).Cells.Find(s)
  If Not Erg1 Is Nothing Then
   Erg2 = Erg1.Address
    Do
      With Erg1
       .Activate
       .Interior.ColorIndex = 4
      End With
      Set Erg1 = Cells.FindNext(After:=ActiveCell)
      On Error Resume Next
      If Erg1.Address = Erg2 Then Exit Do
      Erg1.Interior.ColorIndex = 4
    Loop
  End If
Next i
End Sub
```

Listing B.15: *Suche nach bestimmten Texten in der aktiven Arbeitsmappe und Kennzeichnung der gefundenen Zellen*

B.3.12 Zellen bearbeiten

```
Sub ZellenSäubern()
Dim Zelle As Object

For Each Zelle In Selection
If Zelle.HasFormula = False Then
  Zelle.Value =_
  Application.WorksheetFunction.Clean(Zelle.Value)
 End If
Next Zelle
End Sub
```

Listing B.16: *Alle Zellen in der Markierung werden gesäubert*

Listing B.17: Zellenumbruch in allen Zellen innerhalb einer Markierung einstellen

```
Sub ZellenumbruchSetzen()
Dim Zelle As Object

For Each Zelle In Selection
  Zelle.WrapText = True
Next Zelle
End Sub
```

Listing B.18: Alle Zellenbezüge innerhalb einer Markierung werden in absolute Bezüge umgewandelt

```
Sub BezugÄndernInAbsolut()
Dim Zelle As Object

 For Each Zelle In Selection
  If Zelle.HasFormula = True Then
  Zelle.Formula = _
  Application.ConvertFormula(Formula:=Zelle.Formula, _
     fromreferencestyle:=xlA1, _
     toreferencestyle:=xlA1, _
     toabsolute:=xlAbsolute)
  Else
  End If
 Next Zelle
End Sub
```

Recherche im Internet

Anhang C

Möchten Sie das Internet nutzen, um noch tiefer in VBA einzusteigen oder auch ganz gezielt nach Ratschlägen suchen, dann sind Sie in diesem Kapitel genau richtig. Erfahren Sie, wie Sie sich Zugang zu den Excel-Diskussionsforen im Internet verschaffen, wie Sie VBA-Datenbanken im Internet anzapfen können und welche weiteren Möglichkeiten es im Internet zum Thema »VBA« gibt.

C.1 Zugriff auf Diskussionsforen

Die Diskussionsforen von Microsoft gibt es in zwei unterschiedlichen Ausprägungen:

- Diskussionsforen von News-Servern: Diese Diskussionsforen bedingen eine Einrichtung eines Newsreaders. Im Anschluss wird die Vorgehensweise für Outlook Express beschrieben.
- Webseitenbasierte Diskussionsforen: Diese Foren sind über einen normalen Browser verfügbar und auf ganz normalen Internetseiten abrufbar.

C.1.1 Die Einrichtung eines Diskussionsforums von Microsoft unter Outlook Express

1. *Wählen Sie sich ins Internet ein.*
2. *Starten Sie danach Outlook Express.*
3. *Wählen Sie aus dem Menü* EXTRAS *den Befehl* KONTEN.
4. *Wechseln Sie ins Register* NEWS *und klicken Sie auf die Schaltfläche* HINZUFÜGEN/NEWS.
5. *Geben Sie nun Ihren Namen ein und klicken Sie auf* WEITER.
6. *Geben Sie Ihre E-Mailadresse ein und bestätigen Sie mit* WEITER.
7. *Erfassen Sie als News-Server* MSNEWS.MICROSOFT.COM *und klicken Sie auf* WEITER.
8. *Klicken Sie zum Abschluss auf die Schaltfläche* FERTIG STELLEN.
9. *Die abschließende Frage »Möchten Sie Newsgoups vom hinzugefügten Konto downloaden?« beantworten Sie mit* JA. *Alle verfügbaren Foren dieses Servers werden Ihnen jetzt in einem Listenfeld angezeigt.*
10. *Geben Sie im Dialog* NEWSGROUPS-ABONNEMENTS *im Eingabefeld den Text* EXCEL *ein. Outlook Express listet nun alle Excel-Foren auf.*

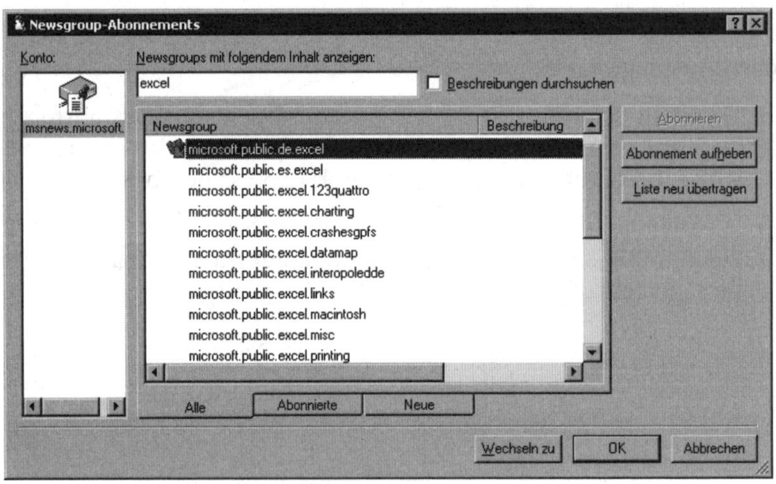

Abbildung C.1: *Excel in nahezu allen Sprachen und Kategorien*

11. *Markieren Sie das Forum* MICROSOFT.PUBLIC.EXCEL.DE *und klicken Sie auf die Schaltfläche* ABONNIEREN.
12. *Klicken Sie auf* OK.

13. *Führen Sie anschließend einen Doppelklick auf das Excel-Forum aus. Es werden jetzt alle verfügbaren Threads geladen.*

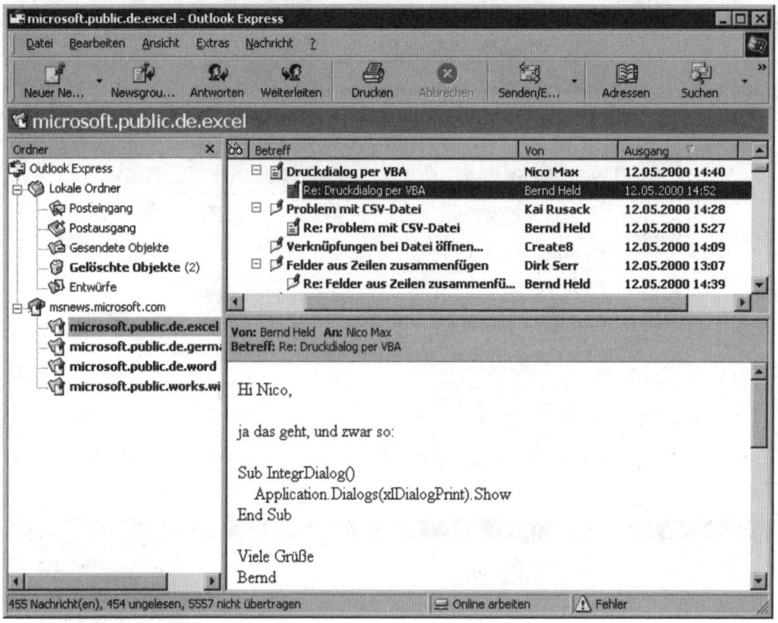

Abbildung C.2: *Ein typischer Thread aus dem deutschen Excel-Forum*

C.1.2 Homepage-gestützte Foren

Wenn Sie keinen Newsreader zur Verfügung haben, können Sie auch über ein paar Anbieter auf URL-Basis auf diese Diskussionsforen zugreifen.

Einer dieser Anbieter ist die Suchmaschine Web.de.

Die URL zu diesem Forum lautet:

```
http://netnews.web.de/action/
?&cmd=xover&group=microsoft.public.de.excel
```

Eine weitere Suchmaschine, die eine Kopie des Original-Excel-Forums von Microsoft auf URL-Basis zur Verfügung stellt, ist Deja.com.

```
http://www.deja.com/group/microsoft.public.de.excel
```

Die Threads können auch noch monatelang über diese Suchmaschine herausgesucht werden. Klicken Sie sich ein unter

```
http://www.deja.com/home_ps.shtml,
```

um gezielt nach VBA-Themen zu recherchieren.

Abbildung C.3: *Leichter Zugriff über Web.de*

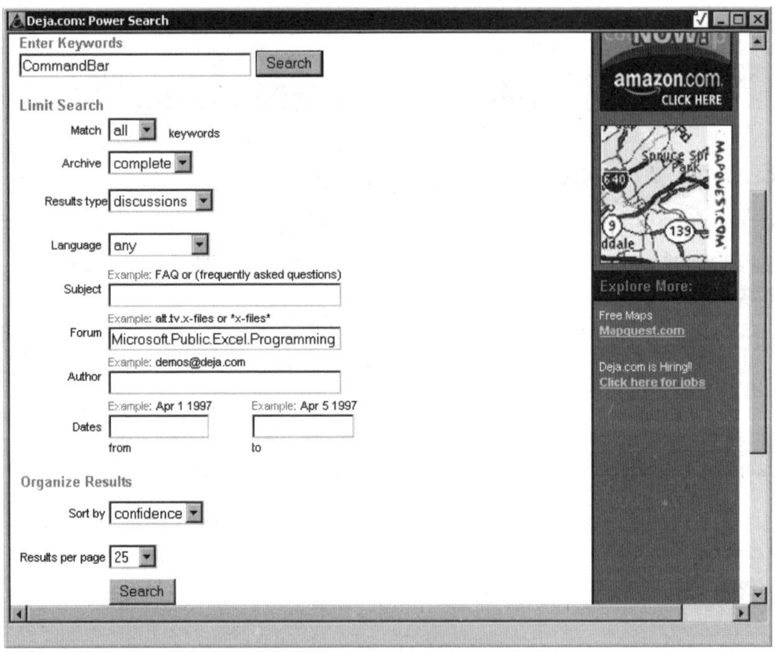

Abbildung C.4: *Die Power-Suche bei Deja.com*

C.2 VBA-Datenbanken

Neben den Diskussionforen, in denen sich täglich Tausende von Anwendern aufhalten und ihre Erfahrungen mit Excel und VBA austauschen, können Sie auch noch Datenbanken im Internet anzapfen.

Eine davon ist die Knowledge Base von Microsoft:

`http://search.eu.microsoft.com/germany/supportkb/default.asp`

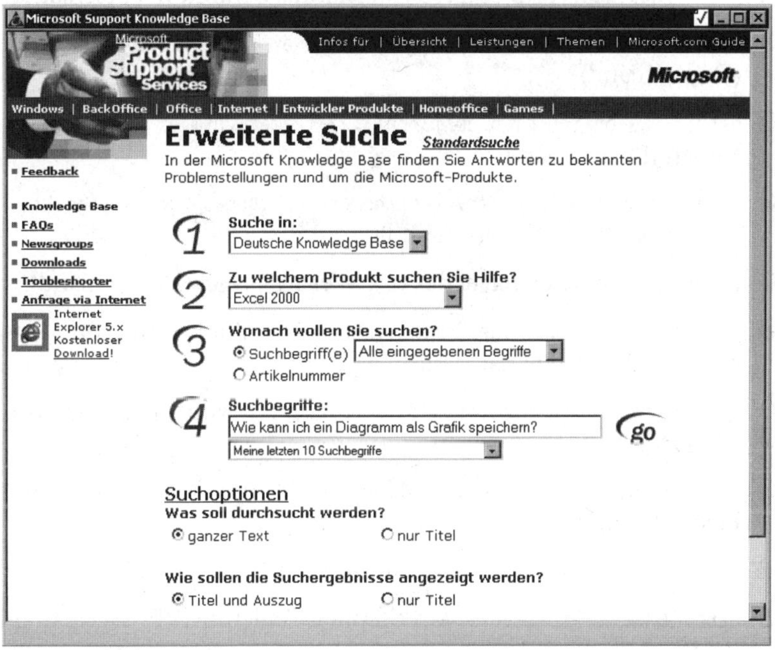

Abbildung C.5: *Die offizielle Knowledge Base von Microsoft*

:-) TIPP

Eine weitere VBA-Datenbank gibt es unter der URL:

`http://eva.dc.lsoft.com/archives/excel-l.html.`

C.3 Weitere Links interessanter Webseiten

Sehen Sie nun eine ganze Reihe interessanter Seiten aus dem Internet, die Excel-VBA zum Thema haben. Die Reihenfolge der Aufzählung hat selbstverständlich nichts mit der jeweiligen Qualität der

Homepage zu tun. Meiner Meinung nach lohnt es sich, alle Seiten zu besuchen.

- `http://www.herber.de/` von Hans Herber (MVP für Excel).
- `http://members.aol.com` (Bernd Held (MVP für Excel).
- `http://www.pixeltester.de/start.htm` von Marco Amistadi (Deutschland).
- `http://www.excel-center.de/` von Bernd Busko (Deutschland).
- `http://www.schmittis-page.de` von Markus Schmitt (Deutschland).
- `http://home.t-online.de/home/helma.spona` von Helma Spona (Deutschland).
- `http://www.online-club.de/m3/rp11522/frames1.htm` von Gerd Knoch (Deutschland).
- `http://ourworld.compuserve.com/homepages/Thomas_Igel/xlpage.htm` von Thomas Igel (Deutschland).
- http://www.werner-nagel.de/ von Werner Nagel (Deutschland).
- `http://home.t-online.de/home/SigmundHalpern/index.htm` von Sigmund Halpern (Deutschland).
- `http://www.joanneum.ac.at/services/vbaexcel` von Josef Broukal (Österreich).
- `http://www.mindspring.com/~tflynn/excelvba.html` von Thom-my Flynn (USA).
- `http://www.j-walk.com/ss/` von John Walkenbach (USA).
- `http://www.bmsltd.co.uk/` von Stephen Bullen (MVP Excel, England).
- `http://www.beyondtechnology.com/` von Rodney Powell (USA).
- `http://www.barasch.com/excel/` von Alan Barasch (USA).
- `http://www.users.dircon.co.uk/~rb-ad/rob/excelvba/index.htm` von Rob Bruce (England).
- `http://www.geocities.com/SiliconValley/Network/1030/Excel-Top.html` von Dave Steppan (USA).
- `http://archive.baarns.com/IE4/index_devonly.asp` von Don Baarns (USA)
- `http://www.cpearson.com/excel.htm` von Chip Pearson (MVP Excel, USA)

- http://www.geocities.com/davemcritchie/excel/excel.htm von David McRitchie (USA)
- http://www.cyberfrench.com/excel/ von Pierre Leclerc (Frankreich)
- http://www.geocities.com/SiliconValley/Lab/5586/ von Igor Kolupaev (Russland)
- http://w1.2735.telia.com/~u273500023/english/index.htm von Ole P. (Norwegen).
- http://www.standard.net.au/~garyradley/VBATutor.htm (USA).
- http://www.geocities.com/WallStreet/9245/ von Anthony Sun (USA)

Die Beschreibung der Buch-CD

Anhang D

Auf der mitgelieferten CD sind die Beispieldateien kapitelweise abgelegt. Entnehmen Sie dazu der Tabelle D.1 die Namen und die Position der Beispieldateien auf der CD. Im Anschluss daran erfolgt eine kapitelweise Auflistung der einzelnen Listings, die im Buch verwendet werden, inklusive einer kurzen Beschreibung.

D.1 Die Beispieldateien

Tabelle D.1: Die Beispieldateien im Überblick

Kapitel /Ordner	Beispieldatei(en)
KAP03	DATENÜBERTRAGEN.XLS
KAP04	SPRACHELEMENTE.XLS
KAP05	NAVIGATION.XLS, FORMATIERUNG.XLS, FORMELN.XLS, SONSTIGES.XLS
KAP06	FILTER.XLS, SPALTENUNDZEILEN.XLS
KAP07	KONSOLIDIERUNG.XLS, TABELLEN.XLS
KAP08	ARBEITSMAPPE.XLS, AUFRÄUMEN.XLS
KAP09	DIAGRAMME.XLS, PIVOT.XLS
KAP10	FUNKTIONEN.XLS
KAP11	APIFUNKTIONEN.XLS

Kapitel /Ordner	Beispieldatei(en)
KAP12	TASTEN.XLS, TEREIGN01.XLS, TEREIGN02.XLS, TEREIGN03.XLS, TEREIGN04.XLS, TEREIGN05.XLS, TEREIGN06.XLS, TEREIGN07.XLS, TEREIGN08.XLS, TEREIGN09.XLS, TEREIGN10.XLS, TEREIGN10B.XLS, TEREIGN11.XLS, TEREIGN12.XLS, TEREIGN13.XLS, TEREIGN14.XLS, TEREIGN15.XLS, WEREIGN01.XLS, WEREIGN01B.XLS, WEREIGN02.XLS, WEREIGN03.XLS, WEREIGN04.XLS, WEREIGN05.XLS, WEREIGN06.XLS, WEREIGN07.XLS, WEREIGN08.XKS, WEREIGN09.XLS, WEREIGN10.XLS, WEREIGN11.XLS, WEREIGN12.XLS, ZEIT.XLS
KAP13	VBEPROG.XLS
KAP14	DIALOGE.XLS, INPUTBOX.XLS, MSGBOX.XLS, USERFORM.XLS.
KAP15	STEUERELEMENTE.XLS
KAP16	KONTEXTMENÜ.XLS, MENÜLEISTE.XLS, SYMBOLLEISTE.XLS
KAP17	UMFELD.XLS, ARTIKEL.MDB, PRODUKT.TXT, ARTIKEL1.TXT, ARTIKEL2.TXT
KAP18	FEHLER.XLS
KAP19	FAQ.XLS
KAPA	TOPMAKROS.XLS, TEST.DOC, PRODUKT.TXT
KAPB	MACADDIN.XLS, MACADDIN.XLA

D.2 Die Listings

Im gesamten Buch sind weit über 600 Listings aufgeführt und erklärt worden. Entnehmen Sie den folgenden Seiten eine Auflistung der Listings mit einer kurzen Beschreibung des jeweiligen Makros und der Seitenangabe.

D.2.1 Datentypen, Variablen und Konstanten

D.2.2 Sprachelemente in VBA

D.2.3 Zellen und Bereiche programmieren

D.2.4 Die Programmierung von Spalten und Zeilen

D.2.5 Tabellenblätter programmieren

D.2.6 Die Programmierung von Arbeitsmappen

D.2.7 Diagramme und Pivot-Tabellenberichte

D.2.8 Benutzerdefinierte Funktionen

D.2.9 Programmierung durch Windows-API-Aufrufe

D.2.10 Ereignisse in Excel einsetzen

D.2.11 VBE-Programmierung

D.2.12 Dialoge, Meldungen und UserForms

D.2.13 Steuerelemente in Tabellen programmieren

D.2.14 Eigene Menüs und Symbolleisten erstellen

D.2.15 Excel und sein Umfeld

D.2.16 Fehlerbehandlung, Tuning und Schutz

D.2.17 FAQ zur Programmierung mit Excel

D.2.18 Nützliche und interessante Makros

D.2.19 Das Wichtigste in einem Add-In

Stichwortverzeichnis

Kursive Seitenzahlen weisen auf Textstellen, wo Sie den jeweiligen Begriff näher erklärt finden.